EUL VERLAG

PLANUNG, ORGANISATION UND UNTERNEHMUNGSFÜHRUNG

Herausgegeben von Prof. Dr. Dr. h. c. Norbert Szyperski, Köln, Prof. Dr. Winfried Matthes, Wuppertal, Prof. Dr. Udo Winand, Kassel, Prof. (em.) Dr. Joachim Griese, Bern, Prof. Dr. Harald F. O. von Kortzfleisch, Koblenz, Prof. Dr. Ludwig Theuvsen, Göttingen, und Prof. Dr. Andreas Al-Laham, Kaiserslautern

Band 119
Martin Eckert
Evolution von Familienunternehmen – Organisationsstruktur, Marktumfeld und Unternehmenserfolg
Lohmar – Köln 2008 • 358 S. • € 54,- (D) • ISBN 978-3-89936-677-8

Band 120
Lars-Johann Fischer
Wertorientiertes Kundenmanagement bei M&A-Transaktionen
Lohmar – Köln 2008 • 362 S. • € 54,- (D) • ISBN 978-3-89936-682-2

Band 121
Caroline Merk
Cooperation among Airlines – A Transaction Cost Economic Perspective
Lohmar – Köln 2008 • 278 S. • € 48,- (D) • ISBN 978-3-89936-692-1

Band 122
Frank P. Schmitz
Unterstützungsnetzwerke auslandschinesischer Unternehmungsgründungen
Lohmar – Köln 2008 • 258 S. • € 57,- (D) • ISBN 978-3-89936-735-5

Band 123
Baris Calisan
Anbieterinitiiertes Outsourcing – Ein marktorientiertes Management-Konzept für strategische Unternehmenspartnerschaften, dargestellt am Beispiel der deutschen und türkischen Textil- und Bekleidungsindustrie
Lohmar – Köln 2009 • 364 S. • € 64,- (D) • ISBN 978-3-89936-774-4

Band 124
Nicole Sodeik
Projektmanagement wertorientierter Mergers & Acquisitions
Lohmar – Köln 2009 • 440 S. • € 68,- (D) • ISBN 978-3-89936-805-5

JOSEF EUL VERLAG

Reihe: Planung, Organisation und Unternehmungsführung · Band 124

Herausgegeben von Prof. Dr. Dr. h. c. Norbert Szyperski, Köln, Prof. Dr. Winfried Matthes, Wuppertal, Prof. Dr. Udo Winand, Kassel, Prof. (em.) Dr. Joachim Griese, Bern, Prof. Dr. Harald F. O. von Kortzfleisch, Koblenz, Prof. Dr. Ludwig Theuvsen, Göttingen, und Prof. Dr. Andreas Al-Laham, Kaiserslautern

Dr. Nicole Sodeik

Projektmanagement wertorientierter Mergers & Acquisitions

Mit einem Geleitwort von Prof. Dr. Reinhard Meckl, Universität Bayreuth

EUL VERLAG

Bibliographische Information der Deutschen Bibliothek

Die Deutsche Bibliothek verzeichnet diese Publikation in der Deutschen Nationalbibliothek; detaillierte bibliographische Daten sind im Internet über <http://dnb.ddb.de> abrufbar.

Dissertation, Universität Bayreuth, 2008

ISBN 978-3-89936-805-5
1. Auflage Juni 2009

JOSEF EUL VERLAG GmbH
Brandsberg 6
53797 Lohmar
Tel.: 0 22 05 / 90 10 6-6
Fax: 0 22 05 / 90 10 6-88
E-Mail: info@eul-verlag.de
http://www.eul-verlag.de

Bei der Herstellung unserer Bücher möchten wir die Umwelt schonen. Dieses Buch ist daher auf säurefreiem, 100% chlorfrei gebleichtem, alterungsbeständigem Papier nach DIN 6738 gedruckt.

Geleitwort

Mergers & Acquisitions (M&A) haben sich in den letzten Jahren als wichtiges Mittel der strategischen (Re-) Positionierung etabliert. Gerade in international agierenden Großunternehmen wird jedes Jahr eine Vielzahl von M&A-Transaktionen durchgeführt, um strategische Ziele z.B. was den Eintritt in ausländische Märkte betrifft, zu erreichen. Allerdings, so zeigen empirische Studien, wird in einer großen Zahl der Fälle die beabsichtigte Wertsteigerung durch die M&A-Transaktion nicht erreicht. Die Suche nach Erfolgsfaktoren von M&A ist deshalb schon seit geraumer Zeit ein stark frequentiertes Feld in der betriebswirtschaftlichen Forschung.

Während sich in den meisten Fällen diese Forschung mit M&A-prozessimmanenten Aktivitäten und/oder einzelnen externen Rahmenbedingungen von solchen „Deals“ beschäftigt, setzt sich die hier vorliegende Arbeit ein anderes Ziel. M&A-Transaktionen zeigen die typischen Merkmale eines „Projekts“. Es liegt also nahe, die aus der Forschung zum Projektmanagement bekannten allgemeinen Erfolgsfaktoren aus der planerischen Vorbereitung, der organisatorischen und personalwirtschaftlichen Abwicklung und der controllerischen Begleitung von Projekten auf M&A-Transaktionen zu übertragen.

Allerdings stellen M&A-Transaktionen inhaltlich und strukturell sehr heterogene Projekte dar. Frau Sodeik gelingt es, einen Rahmen zu entwickeln, der es erlaubt, diese heterogenen Inhalte und Strukturen von M&A-Transaktionen vor dem Hintergrund von Erkenntnissen aus dem Projektmanagement effizient zu strukturieren. Sie orientiert sich dabei an dem Paradigma der wertorientierten Unternehmensführung und schafft so ein ökonomisch eindeutiges Zielsystem für das von ihr entwickelte „M&A-Projektmanagement“. Dieses M&A-Projektmanagement hat das Potenzial, zu einem wichtigen erfolgssteigernden Faktor für solche Transaktionen zu werden.

Das entwickelte „M&A-Projektmanagement“ ist für Wissenschaftler interessant, da es ein theoretisch fundiertes und konzeptionell anspruchsvolles System für die Abwicklung dieser speziellen Projekte abbildet. Praktiker, seien es M&A-Berater oder M&A-Professionals in den Unternehmen, können wichtige Hinweise für ihre Arbeit aufgrund der strukturell und inhaltlich konkreten Empfehlungen aus der vorliegenden Abhandlung ziehen.

Prof. Dr. Reinhard Meckl

Vorwort

Die vorliegende Arbeit entstand während meiner Tätigkeit als wissenschaftliche Mitarbeiterin am Lehrstuhl für Internationales Management bei Herrn Prof. R. Meckl an den Universitäten Jena und Bayreuth. Ihm danke ich für die Betreuung meiner Dissertation, seine Bereitschaft zur fachbezogenen Diskussion sowie die mir gewährte wissenschaftliche Freiheit. Dankbar bin ich auch Herrn Prof. T. M. Devinney als Gastgeber während meines Forschungsaufenthalts am Centre for Corporate Change an der Australian Graduate School of Management in Sydney. Nicht zuletzt danke ich Herrn Prof. H. Woratschek für die Übernahme des Zweitgutachtens.

Meine Kollegen und unsere Hilfskräfte am Lehrstuhl für Internationales Management an beiden Universitäten hatten wesentlichen Anteil daran, dass die Arbeitsatmosphäre täglich sehr angenehm war. Dafür danke ich ihnen ganz herzlich. Besonders verbunden bin ich meinem Kollegen Dr. Lars-Johann Fischer, der mir zugleich immer ein guter Freund war und ist.

Nicht immer in Sichtweite, aber immer unentbehrlich, waren während der Promotion meine Freunde. Sie haben mir stets ein Umfeld geboten, in dem ich von der Arbeit abschalten und wieder Kraft für bevorstehende Aufgaben sammeln konnte. Dafür bin ich ihnen sehr dankbar. Mein sehr persönlicher Dank gilt meinem Freund Dr. Tobias Grosche, der schon allein durch seine Anwesenheit dazu beigetragen hat, dass auch die zeitintensive Endphase der Promotion für mich eine angenehme Zeit blieb.

Widmen möchte ich diese Arbeit meiner Familie. Meinen Eltern danke ich für das stets gegebene Vertrauen in mich und in das, was ich tue, und ihre Unterstützung. Sie und meine Schwester mit ihrer Familie bieten mir einen Rückzugsort, an dem ich mich immer zu Hause fühle.

Nicole Sodeik

Inhaltsübersicht

Inhaltsverzeichnis

Abbildungsverzeichnis

Tabellenverzeichnis

Abkürzungsverzeichnis

AktG	Aktiengesetz
BGB	Bürgerliches Gesetzbuch
BSC	Balanced Scorecard
bspw.	beispielsweise
BetrVG	Betriebsverfassungsgesetz
c.p.	ceteris paribus
CAPM	Capital Asset Pricing Model
CEO	Chief Executive Officer
CFO	Chief Financial Officer
CFROI	Cash Flow Return on Investment
CKO	Chief Knowledge Officer
CMMI	Capability Maturity Model Integration
COCOMO	Constructive Cost Modell
CPM	Critical Path Method
CTB	Critical to Business Characteristics
CTQ	Critical to Quality Characteristics
DCF	Discounted Cash Flow
DIN	Deutsches Institut für Normung
DIN 69900-1	DIN 69900-1:08.87 Projektwirtschaft – Netzplantechnik – Begriffe
DIN 69900-2	DIN 69900-2:08.87 Projektwirtschaft – Netzplantechnik – Darstellungstechnik
DIN 69901	DIN 69901:08.87 Projektwirtschaft – Projektmanagement – Begriffe
DIN 69902	DIN 69902:08.87 Projektwirtschaft – Einsatzmittel – Begriffe
DIN 69904	DIN 69904:2000-11 Projektwirtschaft – Projektmanagementsysteme – Elemente und Strukturen
Diss.	Dissertation
DMAIC	Define – Measure – Analyse – Improve – Control

EBIT	Earnings before Interest and Taxes
EBITDA	Earnings before Interest, Taxes, Depreciation and Amortization
EFQM	European Foundation for Quality Management
EKN	Ereignisknotennetz
ERP	Entity-Relationship-Model
EVA	Economic Value Added
F&E	Forschung und Entwicklung
FMEA	Fehler-Möglichkeit-Einfluss-Analyse
GERT	Graphical Evaluation and Review Technique
GPM	Deutsche Gesellschaft für Projektmanagement
GUI	Graphical User Interface
H.	Heft
HRM	Human Resources Management
IPMA	International Project Management Association
IR	Investor Relations
ISO	International Organization for Standardization
ISO 9000	EN ISO 9000:2005 Qualitätsmanagementsysteme – Grundlagen und Begriffe
ISO 10006	ISO 10006:2003-06 Qualitätsmanagementsysteme – Leitfaden für Qualitätsmanagement in Projekten
IT	Informations- und Kommunikationstechnik
LBO	Leveraged Buyout
M&A	Mergers and Acquisitions
MBO	Management Buyout
MPM	Metra Potential Method
MVA	Market Value Added
NOA	Net Operating Assets
NOPAT	Net Operating Profit after Taxes
NWA	Nutzwertanalyse
OPM3	Organizational Project Management Maturity Model

PERT	Program Evaluation and Review Technique
PM	Projektmanagement
PMBOK	Project Management Body of Knowledge
PMMM	Project Management Maturity Model
PO	Projektorganisation
QFD	Quality Function Deployment
REFA	Verband für Arbeitsgestaltung, Betriebsorganisation und Unternehmensentwicklung
RKW	Rationalisierungskonsortium der Wirtschaft
ROCE	Return on Capital Employed
ROIC	Return on Invested Capital
SGF	Strategisches Geschäftsfeld
SVA	Shareholdervalue Added
UmwG	Umwandlungsgesetz
VA	Value Added
VKN	Vorgangsknotennetz
VPN	Vorgangspfeilnetz
WACC	Weighted Average Cost of Capital

1 Einleitung

1.1 Empirische und strategische Relevanz von M&A

M&A-Vorhaben, speziell großvolumige grenzüberschreitende Transaktionen, sind aktuell und werden auch in Zukunft ein beliebtes Instrument des Unternehmenswachstums bleiben, was generell eine wissenschaftliche Auseinandersetzung mit dem Thema rechtfertigt. Die nachhaltige Bedeutung ergibt sich aus der Beobachtung stetig zunehmender Aktivitäten auf dem M&A-Markt während der letzten Dekaden. M&A stellen zudem aus gesamt- und einzelwirtschaftlicher Sicht ein effizientes Instrument des Unternehmenswachstums dar. Beobachten ließ sich im ersten Quartal 2007 ein weltweites M&A-Volumen von 1,21 Bio. USD. Dieser Wert übertraf den Wert des Vorjahreszeitraums um 23% (vgl. Voss 2007, 317) – sank dann allerdings bis August 2007 infolge der Krise auf den Finanzmärkten wieder auf das Niveau von November 2004 (vgl. Schlumberger 2007, 76), was sich wesentlich auf die erschwerten Finanzierungsbedingungen zurückführen lässt. So können infolge der aktuellen Krise größere Kredite eher schwierig syndiziert werden, was die Finanzierung von M&A problematisch macht. Zurückgegriffen wird alternativ auf bestehende Zahlungsmittelüberschüsse (vgl. Schlumberger 2007, 76-77), die gleichzeitig auch Motiv vieler M&A sind (vgl. Hedtstück 2007a, 61). Strategische Investitionen stehen heute im Vordergrund und verleihen dem M&A-Wachstum weiterhin eine solide Basis (vgl. Schlumberger 2007, 76; Voss 2007, 317).

Auch aus deutscher Perspektive ist langfristig ein M&A-Wachstum zu erwarten. Die Anzahl der M&A-Transaktionen mit deutscher Beteiligung zwischen Januar und Ende Mai 2007 liegt laut einer Aussage der Universität St. Gallen um knapp 20% über dem Vergleichszeitraum im Vorjahr (vgl. Voss 2007, 318), dürfte aber auch einen Rückgang durch die Finanzmarkt-Krise erlitten haben. Die Transaktionsvolumina stiegen, wenngleich sie im Vergleich zu den USA immer noch deutlich niedriger sind. Die meisten deutschen Übernahmen finden brancheninntern statt. Eine Ausnahme bildet die Finanzdienstleistungsbranche, die auch einen hohen Anteil an Zielobjekten anderer Branchen aufweist (vgl. Voss 2007, 321). Ebenfalls hoch ist der Anteil an Unternehmenskäufen deutscher Unternehmen im Ausland im Vergleich zu deutsch-deutschen Transaktionen (44,8% versus 34,8%, Zahlen aus 2006; vgl. Angerman International 2006, 3 und zur Bedeutung grenzüberschreitender Transaktionen Gates 2007, 10).

Auch zukünftig ist zu erwarten, dass große Transaktionen von internationalen Konzernen mit einem Volumen in Milliardenhöhe und grenzüberschreitender Ausrichtung trotz der aktuellen Krise aus strategischer Sicht von nachhaltiger Bedeutung sind. So sind M&A aus **gesamtwirtschaftlicher Sicht** bei Annahme einer Überlegenheit des Marktmechanismus ein Effizienz erhöhendes Instrument zur Verteilung von Kapital durch die Reallokation von Ressourcen über den Markt für Unternehmenskontrolle. Dies gilt unter der Voraussetzung der Abwesenheit Markt beeinträchtigender Faktoren wie kartellrechtliche Beschränkungen (vgl. Lucks/Meckl 2002, 5-6; Kirchner 1991, 36). Es erhält dann dasjenige Unternehmen den Zuschlag, dessen Verbindung mit dem Zielunternehmen den größten synergetischen Nutzen verspricht, da dieses den höchsten Preis zahlen würde (vgl. Kirchner 1991, 37).

Auf **einzelwirtschaftlicher Ebene** sind externe sich auf den Märkten vollziehende Veränderungen Ursache für die Bedeutung dieses Wachstumsinstruments (vgl. Lucks/Meckl 2002, 6-8 und ähnlich auch Macharzina/Engelhard 1991, 30). So ergeben sich interne Rationalisierungen der M&A-Strategie erst aus der Veränderung der externen Rahmenbedingungen. Verändern sich die externen Rahmenbedingungen in ungünstiger Weise für das Unternehmen, üben sie einen negativen Anreiz aus und es wird sich unternehmensintern ein Veränderungsdruck aufbauen. Ist dieser stark genug oder bietet sich eine Gelegenheit, wird es auf diesen Druck reagieren – vorausgesetzt, es besitzt die Mittel hierzu. Diese Auffassung spiegelt sich auch im theoretischen Ansatz des Market-Based-View wider (vgl. z.B. Porter 1980; Porter 1990; Bain 1956 und im Überblick Meckl 2006a, 42-52) und schließt nicht aus, dass für die strategische Entscheidung auch die Ressourcensituation bedeutsam ist, die stärkere Berücksichtigung in den ressourcenorientierten Theorien findet (vgl. Meckl 2006a, 53-58; Bresser 2004).

Marktseitig getriebene Gründe für M&A ergeben sich entsprechend des Structure-Conduct-Performance-Paradigmas der Industrieökonomie aus den Trends auf Beschaffungs- und Absatzmarkt (vgl. Scherer 1980, 4-6; Mason 1958). Eine nicht mehr gewährleistete Versorgungssicherheit mit Rohstoffen infolge finanzieller Schwierigkeiten des Rohstofflieferanten, sich verkürzende Produktlebenszyklen infolge eines schneller werdenden technischen Fortschritts, die zunehmende Deregulierung und Liberalisierung bisher abgeschotteter Märkte, der Abbau von Handelsbarrieren sowie der Eintritt kostengünstiger Anbieter aus Schwellenländern (vgl. hierzu auch Lucks/Meckl 2002, 6-7) sind Beispiele für Trends mit Einfluss auf die Angebotssituation. Eine steigende Preiselastizität der Nachfrage und damit eine erschwerte Durchsetzbarkeit der geforderten Absatzpreise oder erhöhte Anforderungen der Kunden an die Qualität oder die technischen Möglichkeiten der Produkte sind Beispiele für nachfrageseitige Trends. Hierzu zählt auch die Konvergenz in Konsumgewohnheiten und Bedürfnisstrukturen als Phänomen globalisierter Märkte (vgl. auch Levitt 1983).

M&A bieten die Möglichkeit, durch Restrukturierung der Ressourcen innerhalb von Branchen und branchenübergreifend schnell auf Veränderungen des Umfelds zu reagieren (vgl. Allen/Ramlogan/Randles 2002, 316). Bei dieser Wachstumsoption kann auf bestehende Ressourcen wie Vertriebssysteme oder spezifische Marktkenntnisse, erfahrenes Personal und Kundenkontakte zurückgegriffen werden. Die Unternehmen können so einen zeitintensiven Neuaufbau dieser Werte umgehen (vgl. Lucks/Meckl 2002, 7; Vogel 2002, V; Jansen 2000, 6-7). Durch internes Wachstum oder durch Bildung von Allianzen ist eine derart schnelle Realisierung eines strategischen Ziels auf Auslandsmärkten kaum möglich.

Selten ist ein einzelnes Motiv ausschlaggebend für eine M&A-Transaktion. M&A ergeben sich meist aus einem Zusammenspiel mehrerer Gründe. Je nach Branche und/oder Region wird die Art der Motive divergieren und auch ihre relative Bedeutung wird variieren (vgl. auch Lucks/Meckl 2002, 8).

1.2 Erfolgskritische Stellung des Projektmanagements bei M&A

Internes Wachstum scheint gerade vor dem Hintergrund des erfolgskritischen Faktors Zeit keine sinnvolle Alternative zum externen Wachstum durch Unternehmenskäufe und -verkäufe zu sein. Dennoch konstatieren empirische Untersuchungen, dass M&A in der Mehrzahl scheitern. Die Misserfolgsraten liegen zwischen 40 und 85% (vgl. stellvertretend Böning/Reuter 2004, 51-52; Lientz/Rea 2003, XVII; Lucks/Meckl 2002, 10). Eine Studie von KPMG International ergab beispielsweise, dass, selbst wenn die Transaktion von knapp zwei Dritteln der Manager als Erfolg gewertet wurde, nur in ca. einem Drittel der Fälle der Marktwert des Eigenkapitals gesteigert werden konnte (vgl. KPMG 2003, 2).

Für die hohen Misserfolgsraten werden meist dieselben Gründe aufgeführt. So führt eine aktuelle Studie von Ernst & Young nach abnehmender Bedeutung geordnet ein falsches Integrationsmanagement und eine falsche Transaktionsvorbereitung als die beiden wichtigsten Misserfolgsursachen noch vor einer falschen Akquisitionsstrategie, also Fehler bei der Auswahl des Partnerunternehmens (vgl. Spill 2007, 3), auf. Diese Ergebnisse heben sich kaum von Ergebnissen früherer Studien ab, die ebenfalls feststellen, dass eine effiziente Abwicklung des Vorhabens erfolgskritisch ist (vgl. z.B. Meckl/Sodeik/Fischer 2006 und allgemein auch Klose/Weinert 2007, 366; Gerds/Schewe 2004, 45-47; Roth 2000, 14). Lucks bestätigt diese Vermutung und verweist darauf, dass sich die Erfolgsquote von M&A durch strukturierte Führungsansätze verbessern ließe. Hierzu gehöre auch die Ableitung eines Handlungsrahmens für Projektdesign und -führung (vgl. 2005a, 159). Die Bedeutung der Strategieumsetzungskompetenz für Unternehmen wird auch für andere, ähnlich gerichtete Vorhaben bestätigt – insbesondere vor dem Hintergrund, dass sich Strategien annähern und eine Abgrenzung hierüber schwieriger wird. So verweisen Hunziker und Hügel in einem aktuellen Beitrag auf empirische Ergebnisse, die zeigen, dass ohne ausreichende Kompetenz in der Strategierealisierung ein langfristiger Wettbewerbsvorteil nicht mehr sichergestellt werden kann (vgl. 2007, 13). Für Organisationsprojekte hoben Krüger und Bauermann bereits 1987 die Bedeutung eines systematischen Vorgehens hervor, da besonders Projekte dieser Art unter einer Budget- und Zeitüberschreitung litten und häufig scheiterten (vgl. 1987, 788-789).

Die Bedeutung einer strukturierten Abwicklung ergibt sich auch aus den spezifischen Charakteristika des Vorhabens. So kann die Integration der Unternehmen im Anschluss an den Kauf ca. 2.000 größere Veränderungen bei den beteiligten Unternehmen auslösen und bis zu 10.000 Nicht-Routine-Entscheidungen erfordern (vgl. Schwarz 2004, 106). Allein der Tatbestand, dass ihr Umfeld wesentlich komplexer und auch der Zeitdruck höher ist als bei Routineaufgaben, lässt auch mit logischer Überlegung erahnen, dass an das Management erhöhte Anforderungen gestellt werden. Damit eine Wertsteigerung im Unternehmen tatsächlich realisiert werden kann, liegt weiterhin die Vermutung nahe, dass M&A, die durch eine persönliche Betroffenheit des Managements selbst charakterisiert sind und mit hohen finanziellen Risiken einhergehen, eines besonderen Führungsansatzes bedürfen. Traditionelle Verfahrensweisen im Unternehmen sind in ihrer unmodifizierten Form also weniger zielführend (vgl. Gerds/Schewe 2004, 45-47; Allen/Ramlogan/Randles 2002, 319-320; Haspeslagh/Jemison 1992, 58 und 1987, 55 und im Detail zur Unzulänglichkeit bestehender Theorien der permanenten Organisation für temporäre Vorhaben Ekstedt 1999, 36).

Unternehmen weisen hinsichtlich dieses Erfolgsfaktorenbereichs Defizite auf. Eine Befragung von Ernst & Young hat zwar ergeben, dass nur ca. 10% der Unternehmen ihre Leistungen beim Projektmanagement als unzureichend einschätzen. Anders sehen dies aber Investoren, die hier Handlungsbedarf feststellen (vgl. Spill 2007, 5). Hunziker und Hügel bestätigen dies auch für die allgemeine Strategieumsetzungskompetenz. Sie nennen als Ursachen u.a. fehlende Transparenz im Umsetzungsprozess, unklare Verantwortlichkeiten und eine vage formulierte Strategie, für die keine Umsetzungsprojekte definiert werden können (vgl. 2007, 13).

Projektmanagement-Methoden, die kennzeichnend für Projektmanagement sind, haben sich bei der Durchführung von komplexen Vorhaben mit spezifischen Projektcharakteristika wie Komplexität, Neuartigkeit und begrenzte Ressourcen bewährt (vgl. Meredith/Mantel 2006, 1; Keßler/Winkelhofer 2004, 1; Ekstedt 1999, 5). Auch wenn bisher kein statistisch signifikanter Zusammenhang zu unternehmerischen Kennzahlen und dem in Unternehmen implementierten Projektmanagement-Ansatz nachgewiesen werden konnte (vgl. Besner/Hobbs 2006, 38), ist zu vermuten, dass ein effizienter M&A-Projektmanagement-Ansatz einen Wertbeitrag für die Organisation liefert. Der Ansatz bewährt sich dort, wo traditionelle eher bürokratische Unternehmensstrukturen wegen eines Mangels an Flexibilität versagen (vgl. Kerzner 2003, 1). Dies zeigt sich auch in der Empirie: immer mehr Prozesse von Unternehmen werden ganz oder teilweise in Projekten abgewickelt (vgl. Ekstedt 1999, 4-5). Projektmanagement wird von Führungskräften und Forschern als eine bedeutsame Managementmethode diskutiert, mit der sich ein komplexer Arbeitsaufwand bewältigen lässt und gleichzeitig Bürokratie reduziert werden kann (vgl. Kerzner 2003, 1). In einem Beitrag der Deutschen Gesellschaft für Projektmanagement (GPM) wird Projektmanagement sogar als strategischer Erfolgsfaktor der Zukunft angesehen (vgl. Seibert 2004, 4). Die Anwendungsgebiete sind breit und beziehen sich mittlerweile nicht mehr nur auf technische, sondern auch auf betriebliche Großvorhaben, so z.B. die Reorganisation und Veränderung von Unternehmen (vgl. Meredith/Mantel 2006, 1), für die die leistungswirtschaftliche Integration nach einem Unternehmenskauf ein Beispiel darstellt (vgl. Lucks 2005b, 875).

Eine Übertragbarkeit auf Unternehmenstransaktionen ist, sofern eine Modifikation für die besonderen Rahmenbedingungen erfolgt, anzunehmen (vgl. so auch Lucks 2005a, 160-161). Über die Bedeutung der Anpassung des Ansatzes an die spezifischen Rahmenbedingungen verschiedener Projektarten besteht weitestgehend ein Konsens in der Literatur. Die Bedeutung ergibt sich auch aus den vorliegenden Projektart-spezifischen Untersuchungen (vgl. Schwaninger/Körner 2007; Hyväri 2006; Andersen 2006; Winter et al. 2006b; Vlasic 2003; Steinle 2001; Frieß 1999; Kübler 1996; Platz/Schmelzer 1986). Auch in der Normung wird darauf verwiesen, dass der allgemeine Ansatz nur einen Rahmen bildet, den es anzupassen gilt (vgl. DIN 69904:2000-11, 6).

M&A-Transaktionen weisen ähnliche Bedingungsfaktoren auf wie klassische Projekte. Auch wenn der Projektcharakter für Teile des Gesamtvorhabens noch zu prüfen ist, kann bei M&A von einem Projektcharakter ausgegangen werden. Aus der Übertragung der Erfahrungen, die im Projektmanagement in komplexen Großprojekten gesammelt wurden und zur Entwicklung zahlreicher Instrumente und Methoden, Führungsansätze und Organisationsformen geführt haben, können sich folgende allgemeine **Vorteile** für die Abwicklung von M&A-Vorhaben in Projekten ergeben (vgl. Tabelle 1-1).

Vereinbarkeit von Stabilität und Wandel	Sensibilisierung der Mitarbeiter für die Bedeutung des Vorhabens	Nutzung der Vorteile eines effizienten Managementansatzes
Die Projektabwicklung in einer separaten Parallelorganisation mit eigens zur Verfügung gestellten Ressourcen stellt sicher, dass das Tagesgeschäft trotz der einschneidenden Veränderungen in einer stabilen Organisation aufrecht erhalten werden kann.	Die exklusiv eingerichtete Organisationsstruktur für M&A signalisiert die besondere Bedeutung des Vorhabens und trägt dazu bei, dass für die Erreichung der Projektziele besondere Anstrengungen seitens der Mitarbeiter unternommen werden.	Die Implementierung des Ansatzes beginnt mit einer Strukturierung der Aufgaben und Prozesse und zwingt zum logischen und umfassenden Durchdenken des Projekts. Die Nutzung der bewährten und ausgereiften Methoden und Instrumente des Projektmanagements ermöglichen eine bessere Beherrschung der Komplexität.

Tabelle 1-1: Vorteile der Abwicklung von M&A-Transaktionen in Projekten

1.3 Stand der Forschung zur Gestaltung eines effizienten M&A-Projektmanagement-Ansatzes

Im Folgenden wird untersucht, inwieweit die Problemstellung bereits ganz oder teilweise durch bestehende Forschung zu M&A respektive zum Projektmanagement abgedeckt ist. Ausschlaggebend für die Bewertung sind der inhaltliche Bezug zum vorliegenden Problem und die theoretische und empirische Fundierung. Analysiert werden M&A- als auch projektmanagementorientierte Arbeiten. Der Schwerpunkt liegt auf häufig zitierte und/oder für die Themenstellung augenscheinlich interessante Werke. Regional sind der US-amerikanische und der deutschsprachige Raum relevant, da hier der historische Ursprung des Projektmanagements zu finden ist bzw. diese Disziplin vor allem im deutschsprachigen Raum inhaltlich aktuell intensiv vorangetrieben wird.

Es ist zu beobachten, dass die gesamtwirtschaftliche Bedeutung und die fachliche Herausforderung der Durchführung von komplexen **M&A-Transaktionen** von einer intensiven Auseinandersetzung in der Unternehmenspraxis und wissenschaftlichen Forschung flankiert werden. Eine gut strukturierte Übersicht zur deutschsprachigen Literatur zum Thema – Aufsätze ausgeklammert – ist bei Müller-Stewens, Spickers und Deiß (vgl. 1999, 195-258) zu finden.

Eine Auswahl wichtiger englischsprachiger Beiträge zum Thema ist der aktuellen Veröffentlichung von Risberg zu entnehmen (vgl. 2006).

Monographien zu M&A, insbesondere Lehrbücher und auf praxisorientierte Einzelerfahrungen basierende Publikationen, enthalten ausführliche Analysen der wichtigsten M&A-Aufgabenbereiche und der mit ihnen verbundenen Problembereiche (vielzitierte Werke sind z.B. Wirtz 2003; Achleitner 2002; Lucks/Meckl 2002; Reed/Lajoux 1999; Steinöcker 1998; Haspeslagh/Jemison 1992). Der Fokus liegt auf den Primäraktivitäten, also Aufgaben, die sich direkt auf den Unternehmenskauf oder die Bildung der integrierten Einheit beziehen. Der klassische Prozess reicht von der Akquisitionsidee in den strategischen Erwägungen des Managements bis hin zur vollzogenen Integration. Die Werke enthalten nur vereinzelt explizite Handlungsempfehlungen für einen M&A-Projektmanagement-Ansatz. Lucks und Meckl (vgl. 2002) geben im Rahmen ihres Prozessansatzes auch Empfehlungen zur Organisation und Führung von M&A. Einen Beitrag liefern auch Forschungsarbeiten, die einen Projektmanagement-Ansatz für eine spezifische Projektart entwerfen, die M&A inkludiert oder diesen Transaktionen sehr ähnlich ist (vgl. z.B. Kübler 1996). Weiterentwicklungen im Projektmanagement und Veränderungen der Kontextbedingungen von M&A-Transaktionen der letzten Dekade wurden in Monographien bisher nicht umfassend beleuchtet. Tabelle 1-2 enthält, analog zu den drei folgenden Tabellen, einen Überblick über relevante Literatur und eine Bewertung dieser hinsichtlich der Aussagekraft für die vorliegende Fragestellung.

Autor (Jahr)	Inhalt	Bewertung
Lucks/Meckl 2002	Die Teilprozesserläuterungen umfassen auch Projektmanagement-Aktivitäten (z.B. Entwicklung eines Meilensteinplans im Prozess „Strategie“, Fragen der Projektorganisation im Prozess „Struktur“). Ein eigener Abschnitt für die interne Gesamtkoordination der Transaktion und zur Einbettung der Transaktion in die Primärorganisation ist enthalten.	Die Arbeit enthält wesentliche Inhalte zur Koordination der M&A-Aufgaben, fokussiert aber nicht systematisch auf diese. Sie deckt nur Teilbereiche eines M&A-Projektmanagements ab.
Hawranek 2004	Entwurf einer Konzeption für das bi- und multilaterale Schnittstellenmanagement bei M&A.	Deckt nur einen Teilbereich eines M&A-Projektmanagements ab.
Kübler 1996	Betrachtet das Projektmanagement als Sekundärhandlung im Akquisitionsprozess mit unterstützendem Charakter. Enthalten sind die Bereiche organisatorische Gestaltung, Planung und Kontrolle sowie Personalführung.	Die Arbeit weist einen engen Bezug zur Thematik auf, basiert aber auf einem sehr engen theoretischen Rahmen; empirische Ergebnisse und aktuelle Forschungsergebnisse werden nicht einbezogen.
Folgende weitere Monographien, vorwiegend Dissertationen, verfügen über einen Abschnitt, der explizit dem Management von M&A gewidmet ist, oder enthalten in Teilabschnitten Hinweise auf die Organisation der Beteiligten: Bark 2002, Metz 2002, Kerler 2000, Penzel/Pietig 2000, Sauermann 2000, Kraege 1997, Petri 1992, Grüter 1991.		

Tabelle 1-2: Überblick über Monographien (M&A-Forschung/-Praxis)

Einen ebenfalls großen Anteil an den Veröffentlichungen zu problematischen Teilbereichen von M&A nehmen Aufsätze in Herausgeberbänden und Fachzeitschriften ein, welche meist von Praktikern für die anwendungsinteressierte Praxis verfasst werden. Herausgeberbände verfolgen dabei das Ziel, in der Gesamtheit der eingebundenen Aufsätze eine Gesamtschau der Disziplin zu bieten. Besonders zahlreich sind Aufsätze zu konstatieren, die Spezialaspekte wie die Due Diligence diskutieren (vgl. z.B. Pack 2005; Benedek 2001; Rebien 2001). Das hier interessierende Projektmanagement von M&A findet vor allem in neueren Werken Beachtung. Allerdings decken diese Publikationen die vorliegende Problematik im Hinblick auf Tiefe und Ganzheitlichkeit nicht hinreichend ab. Der Herausgeberband von Lange (vgl. 2001) scheint sich zentral auf die Verbindung beider Forschungsbereiche zu beziehen. Allerdings widmet nur Lange selbst seinen Artikel explizit der Synthese aus Projektmanagement und M&A. Tabelle 1-3 enthält eine inhaltliche Beschreibung zentraler M&A-Aufsätze und eine Bewertung der Aussagekraft zum M&A-Projektmanagement.

Autor (Jahr)	Inhalt	Bewertung
Meckl 2006b; 2003	Enthält Bezug zu den Bereichen Organisation und/oder Führung von M&A-Projekten. Betrachtung der Hauptfelder Struktur des Projekts, Personalbereitstellung und Verantwortung.	Enthält gut aufbereitete normative Aussagen für Teilbereiche der vorliegenden Problematik.
Lucks 2005b	Enthält Bezug zu den Bereichen Organisation und/oder Führung von M&A-Projekten: Konzentration insbesondere auf die Projektorganisation bei der Integration.	Enthält gut aufbereitete normative Aussagen für Teilbereiche der vorliegenden Problematik.
Ecker/Mitter-mair 2001	Nennung einiger Tools in Abhängigkeit des zeitlichen Ablaufs einer M&A-Transaktion; Hinweis auf erforderliche Modifikationen der Tools für den M&A-Fall.	Wenig konkrete Handlungsempfehlungen und kein Nachweis über Erfolgswirkung der Methoden. Ausschließlich Verweis auf Ansatz von Patzak/Rattay (1998), aktuellere und umfassendere Publikationen fließen nicht ein.
Koch 2001	Hält im Rahmen der Beschreibung der Durchführung der Projekte eigene Abschnitte zum Projektportfolio, zur Projektorganisation und zum Projektcontrolling vor.	Kein Bezug zu bestehendem Projektmanagement-Wissen.
Lange 2001b	Beschreibt M&A-Transaktion aus Käufer- und Verkäufer-Sicht. Nennt seine allgemeinen Beschreibungen zur Durchführung der Transaktion zusammenfassend „Projektmanagement".	Kein Bezug zu zentraler Projektmanagement-Literatur; wenig konkrete Handlungsempfehlungen für ein umsetzungsorientiertes M&A-Projektmanagement.
Middelmann 2000	Der Aufsatz analysiert Erfolgsfaktoren von M&A, die den Widerspruch zwischen Bedeutung von M&A und gleichzeitig niedriger Rentabilität dieser Strategieoption auflösen können. Ein detailliertes Projektmanagement wird als wesentliche Bedingung für die erfolgreiche und systematische Gestaltung des eigentlichen M&A-Prozesses herausgestellt.	Der Autor erläutert zwar eine systematische Vorgehensweise, bezieht sich dabei jedoch nicht konsequent auf die aktuelle Projektmanagement-Forschung.
Pribilla 2000	Der Schwerpunkt liegt auf dem Faktor Mensch als erfolgskritische Variable bei M&A. Er empfiehlt für die Integrationsphase den Einsatz einer Projektorganisation, die das Management erheblicher Ressourcen optimal ermöglicht.	Verweis auf hohe Bedeutung eines ganzheitlichen M&A-Projektmanagements aber wenig konkrete Handlungsempfehlungen.

Beispiele für interessante Sammelbände : Wirtz 2006; Hölters/Bauer 2005; Picot, G. 2005a; Littkemann/Zündorf 2004; Wurl 2003; Gierkinger/Stiegler 2001; Jansen/Picot , G./Schiereck 2001; Lange 2001a; Picot, G./Nordmeyer /Pribilla 200)

Tabelle 1-3: Überblick über Aufsätze (M&A-Forschung/-Praxis)

Auch in Fachzeitschriften sind Abhandlungen zum komplexen Problembereich des M&A-Managements vereinzelt enthalten, aber auch sie sind eher einzelaspektbezogen oder enthalten nur ansatzweise Implikationen für ein ganzheitliches Konzept (Beispiele für interessante Aufsätze: Meckl 2004; Lucks 2002b; Lucks 2002a; Thommen/Sauermann 1999; Krüger 1988). Hilfreich sind die Aufsätze für das Aufdecken neuerer Entwicklungen zum M&A-

Management. Auch werden punktuell Empfehlungen für Teilbereiche eines M&A-Projektmanagement-Ansatzes geliefert.

Keine der angeführten Arbeiten enthält die Entwicklung einer theoretischen Basis zur Fundierung von Gestaltungsempfehlungen für einen ganzheitlichen M&A-Projektmanagement-Ansatz. Die meisten Publikationen basieren auf praktischen Einzelerfahrungen. Ansatzpunkte für die Entwicklung einer theoretischen Basis sind in koordinationsorientierten Forschungsarbeiten zu finden, die allerdings nicht immer einen M&A-Bezug aufweisen (vgl. Hawranek 2004, Meckl 2000, Thom/Wenger 2002). Diese Arbeiten liefern gute methodische Anhaltspunkte, decken jedoch das Gestaltungsziel nicht vollständig ab.

Empirische Studien mit Aussagekraft zu einem M&A-Projektmanagement liegen vor. So enthalten die an der Identifikation von Erfolgsfaktoren interessierten Studien häufig auch eine Untersuchung zur effizienten Abwicklung (vgl. im Überblick Meckl/Sodeik/Fischer 2006). Sie liefern wichtige Ansatzpunkte zur Ableitung von Gestaltungsempfehlungen, werden allerdings kaum konkret.

Es lässt sich insgesamt festhalten, dass für die Gestaltung eines ganzheitlichen M&A-Projektmanagements nur punktuell Implikationen in der M&A-orientierten Literatur ableitbar sind. Ein ausgereifter Gestaltungsansatz mit Handlungsempfehlungen fehlt ebenso wie eine Theorie/theoretische Basis, durch die ein entsprechender Ansatz fundiert werden könnte.

Ähnlich breit wie zu M&A ist die **Literaturbasis zum Projektmanagement**. Es gibt laufend Weiterentwicklungen und es erfolgt zunehmend eine Anpassung an spezifische betriebswirtschaftliche Probleme. Einen guten Überblick über die Struktur der Projektmanagement-Literatur im nationalen Raum erhält man bei Litke (vgl. 2002, 382) und sortiert nach Themengebiet auf der Website der GPM. Einen Überblick über wichtige Werke, die zur Entwicklung der Disziplin beigetragen haben, ist in US-amerikanischer Literatur zu finden, wie z.B. nach Themenbereichen geordnet bei Morris (vgl. 1994, 338-345). Auffällig ist die intensive Anlehnung europäischer an US-amerikanische Literatur, insbesondere in Bezug auf Beschreibungen und Definitionen, Methoden, Techniken und deren Anwendung sowie die unterschiedlichen Schwerpunktsetzungen (vgl. Litke 2002, 382).

Wichtige Grundlagenwerke zum Aufbau eines Verständnisses von Projektmanagement sowohl für Ingenieure als auch für Fachfremde stellen die Monographien dar. In der US-amerikanischen Literatur haben insbesondere die Werke von Morris (vgl. 1994), Kerzner (vgl. 2003), Meredith und Mantel (vgl. 2006) und der PMBOK®Guide des Project Management Institutes (vgl. PMI 2000) Bedeutung erlangt. Weitere, immer wieder in einschlägiger Literatur zum Thema zitierte Monographien im deutschsprachigen Raum sind die Veröffentlichungen von Litke (vgl. z.B. 2005a; 2004), Patzak und Rattay (vgl. 2004), Gareis (vgl. 2004) und Madauss (vgl. 2000). Auf europäischer Ebene ist die auf nationalen Standards basierende Competence Baseline der International Project Management Association (IPMA; vgl. Gaupin 2006) als Pendant zum PMBOK®Guide der relevante Standard. Auch sie decken das Themengebiet weiträumig ab und eignen sich gut als Lehrbücher und Nachschlagewerke zum Projektmanagement, allerdings unabhängig von einer Projektart.

Eine große Gruppe an Monographien spezialisiert sich auf instrumentelle Teilaspekte des Projektmanagements wie die Netzplantechnik (vgl. z.B. Schwarze 2001). Diese dem Forschungsbereich „Operations Research" zuzuordnenden Publikationen konzentrieren sich auf die Entwicklung/Verbesserung der methodischen Basis und ermöglichen die Aneignung eines erweiterten Projektmanagement-Basiswissens. Sie sind theoretisch und empirisch gut fundiert, enthalten allerdings kaum Implikationen für die Effizienz der Methoden für verschiedene Projektarten (vgl. so auch Winter et al. 2006b). Modifizierungen für bestimmte Arten von Projekten, wie zum Beispiel Dienstleistungs- und IT-Projekte, Projekte organisatorischen Wandels oder Joint Venture Projekte, liegen aber vor (vgl. Steinle/Bruch/Lawa 2001; Vlasic 2003; Frieß 1999; Triantis 1999). Nur in wenigen Monographien ist ein expliziter Hinweis auf die Möglichkeit des Einsatzes von Projektmanagement bei M&A zu finden. Ausnahme ist die Monographie von Lientz und Rea (vgl. 2003), deren Aussagen sind allerdings wenig tiefgehend. Ebenfalls selten ist der explizite Verweis auf die Anwendung für betriebliche Projekte. Für diese ist allgemein kaum spezifische Literatur oder ein eigener Ansatz zu finden (vgl. Winter et al. 2006a). Ein Überblick über Monographien enthält Tabelle 1-4.

Autor (Jahr)	Inhalt	Bewertung
Kerzner 2003; Meredith Mantel 2006; PMI 2000	Klassisch aufgebaute Lehrbücher zum Projektmanagement, die alle wesentlichen Bereiche eines ganzheitlichen Ansatzes abdecken und detailliert einzelne Schritte, die für ein erfolgreiches Projektmanagement notwendig sind, beschreiben.	Decken alle wichtigen Teilbereiche des Projektmanagements ab. Eine integrierte Sicht ist nicht immer gegeben, da auch bei diesen Monographien zahlreiche Autoren beteiligt sein können (Kritik gilt insbesondere für PMBOK®Guide des PMI).
Lientz/Rea 2003	Eigener Abschnitt zu M&A. In ihrem Verständnis nähern sich M&A und andere Projekte inhaltlich an, da sie wegen der zunehmenden Globalisierung der Märkte ähnlichen Rahmenbedingungen unterliegen.	Enthält eine Beschreibung von Problembereichen bei M&A-Projekten und schlägt Lösungsmöglichkeiten vor. Aufsatz bleibt dabei jedoch sehr an der Oberfläche des Problems.
Vlasic 2003; Steinle/Bruch/ Lawa 2001; Frieß 1999; Fuchs 1999	Projektmanagement-Ansatz für Software-, Dienstleistungsprojekte, Projekte des organisatorischen Wandels bzw. für Unternehmenskooperationen.	Liefern Implikationen für die Vorgehensweise zur Übertragung des allgemeinen Projektmanagement-Ansatzes auf spezifische Projektarten.
Morris 1994	Morris unterlegt die Entwicklung des Projektmanagements mit typischen Fallstudien und erläutert die Emergenz wichtiger Methoden und Instrumente. Anhand seiner Ausführungen ist der Paradigmenwechsel im Projektmanagement weg von reiner Ablauf- und Terminplanung (Netzplantechnik) hin zu ganzheitlichen Ansätzen gut nachvollziehbar.	Wenig konkrete Implikationen für den M&A-Fall, aber ganzheitlicher Ansatz als Ausgangsbasis für Parameter-Auswahl und -Gestaltung.

Tabelle 1-4: Überblick über Monographien (Projektmanagement-Forschung/-Praxis)

Im deutschsprachigen Raum decken auch Aufsätze in Herausgeberbänden und Fachzeitschriften wichtige Teilbereiche ab. Eine umfassende Veröffentlichung zum Projektmanagement liegt mit dem Handbuch in zwei Bänden der GPM vor (vgl. Reschke/Schelle/Schnopp 1989a und 1989b) – diese ist allerdings nicht mehr auf dem aktuellen Stand der Forschung. Aktueller ist das Handbuch von Litke (vgl. 2005). Sammelbänden wird allgemein eine isolierte

Sichtweise angelastet. Zudem enthalten sie wenig Implikationen für spezielle Projektarten. Sie decken damit den Problembereich nur unvollständig ab und geben keinen ganzheitlichen Blick auf die Problematik (vgl. Meredith/Mantel 2006, VI-VII). Als Ausnahme könnte man Steinle, Bruch und Lawa anführen (vgl. 2001). Der Sammelband enthält auch Beiträge, die speziell auf Dienstleistungsprojekte zugeschnitten sind.

Aufsätze in Fachzeitschriften konzentrieren sich vielfach auf die Optimierung einzelner Methoden; Umsetzungsmöglichkeiten des Projektmanagement-Ansatzes für konkrete Probleme werden eher selten aufgezeigt. Einen ersten Versuch der Entwicklung eines theoretischen Ansatzes zum Management von internen Wandlungsprozessen entwickelt Andersen in einem aktuellen Beitrag (vgl. 2006). Tabelle 1-5 enthält einen inhaltlichen Überblick und eine Bewertung von zwei zentralen Aufsätzen zu betrieblichen Wandlungsprozessen.

Autor (Jahr)	Inhalt	Bewertung
Andersen 2006	Der Schwerpunkt liegt auf betrieblichen Projekten. Andersen betrachtet, rekurrierend auf Ekstedt et al. (vgl. 1999), Projekte, denen gemein ist, dass sie die Mutterorganisation zu einem höheren und besseren Entwicklungsstand bringen sollen und die auf die Erzielung interner Ergebnisse fokussieren. Er schließt in seine Beispielliste zwar keine M&A mit ein, aber Reorganisation oder Business Process Reengineering sind Aufgaben, die auch im Rahmen von strategischen M&A bei der Integration der Unternehmen umzusetzen sind und explizit in seinem Ansatz betrachtet werden. Er schließt Vorhaben aus, die Ergebnisse für einen externen Kunden erwirtschaften. Es stehen Projekte im Vordergrund, die Inputs von der Primärorganisation erhalten und ihren Output für diese generieren.	Eine inhaltliche Nähe M&A-Projekten ist gegeben, kein systematischer Bezug auf empirische Ergebnisse, relativ knappe Erläuterungen zu den gebildeten Hypothesen. Hypothesen decken sich weitestgehend mit den Ergebnissen der empirischen Forschung, führen inhaltlich aber nicht weiter.
Schwaninger/ Körner 2003	Der Schwerpunkt liegt auf betrieblichen Projekten, vor allem Veränderungs- und Entwicklungsprojekte. Unter Rückgriff auf organisationskybernetische und systemtheoretische Konzepte stellen sie ein Instrumentarium vor, welches sich auf komplexe und dynamische Projekte bezieht. In Definitionen wie diesen ist auch die Unterstützung sozialen und institutionellen Wandels durch Projektmanagement einbezogen.	M&A werden hier zwar nicht explizit erwähnt, es besteht aber dennoch ein Anknüpfungspunkt aufgrund der gewählten Projektdefinition.

Tabelle 1-5: Überblick über Aufsätze (Projektmanagement-Forschung/-Praxis)

Neben Andersen versucht auch Turner eine allgemeine Theorie zu entwerfen (vgl. 2006), seine Herangehensweise einer undifferenzierten Sichtweise auf Projektarten ist allerdings fragwürdig.

Die empirische Forschung zum Projektmanagement (vgl. zu Primär- und/oder Sekundärstudien Schwaninger/Körner 2007; Hyväri 2006; Fortune/White 2005, Fries 1999; Lechler 1997) enthält zwar eine Reihe ausgereifter Studien mit guten Implikationen für die Bildung eines Gesamtverständnisses über erfolgsbeeinflussende Faktoren und deren Interdependenz. Die Studien sind aber wiederum nicht konkret auf M&A-Vorhaben ausgerichtet und damit nur eingeschränkt für das vorliegende Problem aussagekräftig.

Es ist insgesamt festzustellen, dass der Großteil der Publikationen zum Projektmanagement nicht zwischen Projektarten unterscheidet (vgl. so auch Andersen 2006, 15), wenngleich auf deren Variationsbreite hingewiesen wird. Insbesondere für betriebliche Projekte liegen, anders als z.B. für F&E- oder IT-Projekte, bislang kaum spezifische Veröffentlichungen vor. Die Aussagekraft ist damit zwar für die Grundlagen der Methoden groß, diese sind allerdings für M&A noch zu modifizieren. Eine auf ein ganzheitliches M&A-Projektmanagement ausgerichtete theoretische Fundierung fehlt ebenso wie eine ausgereifte empirische Basis.

Es lässt sich festhalten, dass für die Übertragung der Problemlösungsmuster des Projektmanagements auf M&A oder für die Integration des Projektmanagement-Ansatzes in M&A-Management-Konzeptionen wenige Impulse durch bestehende Literatur gegeben werden. Folgende drei wesentliche Forschungslücken bestehen:

Methodisch-konzeptionelle Lücke: Es ist ein angepasster Projektmanagement-Gestaltungsrahmen für M&A zu vermissen. Das methodische Instrumentarium ist eher auf technisch orientierte Projekte ausgerichtet, die grundlegend andere Gestaltungsbedingungen aufweisen. Es bleibt unklar, welche Gestaltungsmöglichkeiten speziell für M&A-Projekte, in denen Wissen und die Beteiligten eine zentrale Rolle einnehmen, effizient wären.

Theoretische Lücke: Es fehlt eine theoretische Basis für ein M&A-Projektmanagement, die gesicherte Aussagen über eine erfolgreiche Gestaltung der Abwicklung von M&A-Projekten zulässt. Unklar ist, was genau M&A-Projektmanagement-Erfolg ist, welche Ziele zu verfolgen sind, um diesen sicherzustellen, und welche Faktoren einen gesicherten Einfluss auf diese Ziele haben.

Normative Lücke: Zwar liegen vereinzelt pragmatische Handlungsempfehlungen zur Gestaltung eines M&A-Projektmanagements vor, diese sind aber eher einzelaspektbezogen und in der Tiefe häufig nicht ausreichend ausformuliert, um handlungsleitend sein zu können. Die Qualität der Aussagen ist zudem nicht immer auf hohem Niveau. Häufig basieren Empfehlungen nur auf persönlichen Erfahrungen der Autoren in der Praxis. Sie sind weder empirisch noch theoretisch gesichert und haben damit spekulativen Charakter. Zudem fehlt eine Integration der Partial-Ergebnisse in einen ganzheitlichen und konsistenten Rahmen. Das Gestaltungsproblem wäre auch bei eklektischer Summierung der Partialanalysen nicht in seiner ganzen Breite abgedeckt.

Trotz der Defizite liefern die vorliegenden Publikationen mit Bezug zu M&A-Vorhaben und/oder Projektmanagement eine wichtige Grundlage für die Entwicklung eines M&A-Projektmanagement-Ansatzes. Es werden Anknüpfungspunkte geboten, die im Folgenden aufzugreifen und sinnvoll in ein konsistentes und ganzheitliches Konzept einzubetten sind.

1.4 Konzeption der Arbeit

1.4.1 Ableitung der Forschungsziele

Die empirische Relevanz von M&A, flankiert von hohen Misserfolgsraten aufgrund von Defiziten in der Transaktionsabwicklung, erfordert eine weitere Beschäftigung mit dem Thema. Die Komplexität dieser Vorhaben verlangt nach neuartigen Instrumenten und Methoden zu deren Abwicklung – traditionelle Managementmethoden erscheinen weniger effizient. Der Projektmanagement-Ansatz inkludiert ausgereifte Methoden und Techniken, die auch für M&A-Projekte erfolgsversprechend erscheinen. So können sie dabei helfen, parallel Stabilität und Wandel im Unternehmen zu bewältigen und Projektbeteiligte zu sensibilisieren. Gleichzeitig besteht ein Defizit in wissenschaftlicher als auch in praxisorientierter Literatur darüber, wie ein effizienter M&A-Projektmanagement-Ansatz zu gestalten ist. An der Behebung dieses Defizits knüpft diese Arbeit an.

Die Schließungen der methodisch-konzeptionellen (1) und der theoretischen Lücke (2) können als Nebenziele definiert werden. Ihre Erreichung ergibt sich aus der Ausrichtung des Forschungsvorhabens auf die Behebung der normativen Forschungslücke (3). In diesem Sinne ordnet sich die Arbeit explizit einer angewandten Betriebswirtschaftslehre als Teil der Realwissenschaften unter, deren Gegenstand reale Problemsituationen praktisch handelnder Menschen, für deren Lösung kein befriedigendes Wissen besteht (vgl. Ulrich 1981, 5-6), ist. Die vorliegende Arbeit richtet sich konkret auf das praktische Problem eines identifizierten suboptimalen Managements von M&A-Vorhaben.

Die hierzu erforderlichen **Schritte im Forschungsprozess** sind im Folgenden aufzuzeigen. Zunächst ist auf **terminologisch-deskriptiver Ebene** die Schaffung eines einheitlichen Verständnisses für strategische M&A-Vorhaben (Objektbereich) und die Bildung eines konzeptionellen Rahmens für ein M&A-Projektmanagement (Gestaltungsbereich) erforderlich.

Strategisch ausgerichtete M&A-Vorhaben unterscheiden sich hinsichtlich ihrer Motive und Zielsetzungen sowie nach Art der für ihre Durchführung zu erbringenden Leistungen. Diese Faktoren führen wiederum zu einer unterschiedlichen Ausprägung der Rahmenbedingungen, die wiederum einen differenzierten effizienten Gestaltungsansatz erfordern. Eine genaue Abgrenzung des **Untersuchungsobjekts M&A** ist daher erforderlich. Die Konstruktion des **Gestaltungsbereichs** richtet sich auf die Schließung der festgestellten methodisch-konzeptionellen Lücke (1). Es ist vor dem Hintergrund der besonderen Charakteristika von M&A-Projekten ein modifizierter konzeptioneller Gestaltungsrahmen zu entwickeln, der die Grundstruktur des Gestaltungsansatzes vorgibt. Grundlegend hierfür ist die Charakterisierung von M&A als interne Dienstleistung. Ausgehend von den besonderen Charakteristika des Leistungserstellungsprozesses können die für diese Art von Projekten wichtigen Ziele abgeleitet werden, deren Verfolgung die Wahrscheinlichkeit eines Gesamtprojekterfolgs erhöht. Eine Charakterisierung der primär zur Leistungserstellung erforderlichen Aufgabenarten und deren zeitlich-logische Verknüpfung im M&A-Projektlebenszyklus erlaubt eine Ableitung der für die Abwicklung dieser Aufgaben erforderlichen Dimensionen eines M&A-spezifischen Gestaltungsrahmens. Innerhalb dieses Rahmens ist das für die Entwicklung des Gestaltungsansatzes verfügbare Instrumentarium als Mittel zur Erreichung des Ziels der effizienten Abwicklung von M&A-Projekten mit bestimmten Merkmalen abzugrenzen und zu ordnen.

Zur Ableitung aussagekräftiger Ergebnisse zur Gestaltung eines M&A-spezifischen Projektmanagement-Ansatzes ist eine Kenntnis der Ziel-Mittel-Relationen zwischen dem Gestaltungsbereich Projektmanagement und dem Objektbereich M&A erforderlich. Hier besteht allerdings ein Defizit (2). So liegt keine Theorie vor, aus der entsprechende Aussagen ableitbar sind. Als weiterer Schritt im Forschungsprozess erfolgt daher die **Bildung eines Bezugsrahmens** (vgl. im Detail zu auch Rößl 1990, 99; Eichhorn 1979, 83) als integrierendes System von Hypothesen über Ziel-Mittel-Relationen zur Behebung des Defizits der Theorielücke. Damit der Bezugsrahmen Theoriecharakter erhält und diese Lücke tatsächlich zu schließen vermag, sind besondere Voraussetzungen zu erfüllen. Die Aussagekraft des Bezugsrahmens ergibt sich aus der Qualität der in ihm eingebundenen Hypothesen. Diese haben generell widerspruchsfrei zu sein. Die Qualität der widerspruchsfreien Hypothesen resultiert wiederum aus dem Grad ihrer logischen Plausibilität (inhaltlicher Bezug zur Forschungsfrage), ihrer empirischen Bestätigung und ihrem Bezug zu vorhandenem als gesichert anzunehmendem Wissen (vgl. Schanz 1988, 27-28). Letztgenannter Aspekt setzt vorhandene Theorien voraus, „die als Generatoren (Deduktion) der forschungslenkenden Hypothesen dienen" (Rößl 1990, 99). Entsprechen die Hypothesen all diesen Qualitätsanforderungen, ist von einem sehr hohen Niveau auszugehen. Das höchste Qualitätsniveau erreichen sie allerdings erst, wenn sie sich auch bewährt haben und allgemeingültigen Charakter erlangen (nomologische Hypothese, vgl. im Detail Meckl 2000, 12; Schanz 1988, 27-28). Die Gesamtaussagekraft des Bezugsrahmens entspricht maximal der Hypothese mit dem geringsten Qualitätsniveau. Ein Bezugsrahmen hat das Niveau einer Theorie, wenn er sich aus nomologischen Hypothesen zusammensetzt.

Für die vorliegende Arbeit kann folgende übergeordnete Hypothese entsprechend der festgestellten Defizite aufgestellt werden und als Grundannahme dienen (vgl. zu Hypothesenformulierung allgemein Schanz 1988, 32):

> *H1: Wenn ein vor dem Hintergrund situativer Gestaltungsbedingungen effizienter Projektmanagement-Ansatz für die Abwicklung von M&A-Vorhaben verfolgt wird, steigert dies die Wahrscheinlichkeit eines M&A-Projekterfolgs.*

Die plausible Begründung und ein Ansatzpunkt zur empirischen Bestätigung für diese Hypothese ergeben sich aus den Ausführungen in Abschnitt 1.2. Ausgehend von dieser übergeordneten Hypothese ist der Bezugsrahmen aufzubauen, der weitere, möglichst nomologische Hypothesen zum konkreten Entwurf eines Projektmanagement-Ansatzes enthält. Im Gestaltungsteil der Arbeit werden diese auf die systematisierende Grundlage des entscheidungslogischen Ansatzes gestellt, von dessen nomologischen Charakter auszugehen ist (vgl. Meckl 2000, 13; Schmidt 1981, 94). Die handlungsleitende Hypothese wird wie folgt definiert:

> *H2: Wenn die Erfolgswahrscheinlichkeit für das M&A-Gesamtprojekt erhöht werden soll, ist bei Vorliegen des Gestaltungsobjekts a mit bestimmter Ausprägung der Ge-*

staltungsbedingungen und Verfolgung der Ziele z, eine Implementierung des Sets an Gestaltungsparametern c anzustreben.

Dieser Hypothese liegt die Überlegung zugrunde, dass für die Effizienz eines Sets an Handlungsparametern für ein bestimmtes Gestaltungsobjekt situativ ausgeprägte erfolgskritische Gestaltungsbedingungen entscheidend sind. In dieser Annahme spiegelt sich die Kontingenztheorie wider, die davon ausgeht, dass unterschiedliche Formen der formalen Gestaltung von Organisationen, gemeint ist das Set an Handlungsparametern, in Abhängigkeit von verschiedenen internen und externen situativen Bedingungen unterschiedlich effektiv und effizient ist (vgl. Ebers 2004, 653). Dabei ist einerseits zwischen den Kontextbedingungen und den Gestaltungsmechanismen ein Fit zu erreichen. Zum anderen müssen auch die verschiedenen Gestaltungsmechanismen zueinander konsistent sein (vgl. Ebers 2004, 660). Problematisch ist nun, dass theoretisch unendlich viele Kombinationen an Ausprägungen von Kontextbedingungen und Gestaltungsmechanismen möglich sind, womit der Ansatz wenig pragmatisch ist. Die Neo-Kontingenztheorie greift die Grundidee des Ansatzes auf und ergänzt ihn um systemtheoretische Erkenntnisse. Die Grundidee ist, dass Unternehmen und Gestaltungsmechanismen komplex sind, diese Komplexität sich aber strukturieren lässt. So wird angenommen, dass in sich homogene Cluster von Unternehmen existieren, die sich hinsichtlich der Ausprägung bestimmter erfolgskritischer interner und externer Faktoren ähneln. Es wird weiterhin angenommen, dass je nach Typ ein bestimmtes Set an strategischen Handlungsparametern effizient ist (vgl. zu diesen und weiteren Annahmen des strukturierenden Denkmodells des Konfigurationsansatzes Meckl 2000, 116-125 und allgemein auch Scherer/Beyer 1998; Mintzberg 1991).

Diese Grundgedanken der Kontingenz- und der auf ihr aufbauenden Neo-Kontingenztheorie sind auch ohne Beachtung der jeweils existierenden weiteren Modellannahmen plausibel und unterstützen die durch das entscheidungslogische Vorgehen implizierte Grundhypothese. So wird einerseits angenommen, dass bestimmte situative Einflussvariablen für die Gestaltung der formalen Organisation als Strategie für die nachhaltig erfolgreiche Abwicklung von M&A-Vorhaben entscheidend sind. Weiterhin wird angenommen, dass sich die Ausprägung dieser Gestaltungsbedingungen für Typen von M&A-Projekten signifikant unterscheiden. Dies spiegelt die Annahme der strukturierten Komplexität wider. So wird davon ausgegangen, dass trotz der Einmaligkeit von Projekten im Hinblick auf gestaltungsrelevante Bedingungen in sich homogene, zueinander aber heterogene M&A-Projekttypen existieren. Die Annahme der strukturierten Komplexität wird allerdings nicht für die Handlungsparameter unterstützt. So lassen sich diese a priori eher schwierig zu eindeutigen und effizienten „Sets“ verdichten, da keine eindeutigen Strukturmerkmale erkennbar sind, durch die sich erfolgreiche Sets auszeichnen würden. Zudem kann generell von einer Konsistenz der Parameter zueinander ausgegangen werden, da alle auf eher nicht-hierarchischen Prinzipien beruhen. Dies ergibt sich bereits aus der bewussten Herauslösung aus der Linienorganisation, die für bestimmte Vorhaben als nicht adäquat beurteilt wird (vgl. Casutt 2005, 10). Es wird damit nur dem Grundgedanken der Neo-Kontingenztheorie gefolgt. Auf eine Bildung von Strategietypen wird aber verzichtet. Vielmehr werden die Gestaltungsparameter einzeln ausgewählt und an die situativen Bedingungen angepasst. Damit wird der Forderung einer Konsistenz der Gestaltungsmechanismen mit den situativen Bedingungen bestmöglich erreicht.

Der entscheidungslogische Ansatz ist eher strukturierend und kommt nicht ohne Hinzunahme weiterer inhaltlicher Ansätze aus. So sprechen Kieser und Kubicek auch von der normativen Entscheidungstheorie eher als „Technologie“ als von einer Theorie (vgl. 1992, 43). Die Neo-Kontingenztheorie liefert ebenfalls nur das gedankliche Grundgerüst. Für die Ableitung weiterer Hypothesen zu den Komponenten des entscheidungslogischen Vorgehensmodells sind weitere Schritte erforderlich. So sind die relevanten Kriterien zur Beschreibung der Gestaltungsobjekte auszuwählen, die richtigen Ziele zur Ausrichtung der Gestaltungsparameter zu definieren und die Gestaltungsparameter selbst richtig auszuwählen und zu modifizieren. Zur Ableitung entsprechender Vermutungen wird empirisch-induktiv als auch analytisch-deduktiv vorgegangen. Die Art der Ableitung wird jeweils offengelegt. Generell sollten ein inhaltlicher Bezug zum Thema, eine hohe wissenschaftliche Qualität und die Widerspruchsfreiheit der Aussagen gewährleistet sein. Da der Forschungsgegenstand ein komplexes Problem der Praxis darstellt, wird nur eine interdisziplinäre Vorgehensweise die Erfassung und Lösung des Problems in seiner Ganzheit möglich machen. Themenbezug haben die Studien und Theorien dann, wenn sich aus Ihnen Aussagen zu einem effizienten M&A-Projektmanagement ableiten lassen, in denen der Koordination und Motivation von Menschen zur Erstellung einer wissensintensiven Leistung eine bedeutsame Rolle zukommt.

Zur Ableitung der empirisch-induktiven Aussagen erscheint die Methode der Sekundäranalyse geeignet. Sie ermöglicht, in der Primärforschung immer wiederkehrende Erfolgsfaktoren zu selektieren. Diese Faktoren weisen dann aus empirischer Sicht ein höheres Verifizierungsniveau auf als die Ergebnisse der einzelnen Primärstudien allein (vgl. zur Bedeutung der Sekundäranalyse im Forschungsprozess auch Stamm/Schwarb 1995). Voraussetzung der Anwendung ist, dass ausreichend empirische Studien zum Untersuchungsobjekt vorliegen. Dies ist im vorliegenden Fall gegeben. So liegen bereits empirische Studien zur effizienten Gestaltung eines M&A-Projektmanagement-Ansatzes vor (vgl. Abschnitt 1.3). Ergänzend können weitere Studien mit Aussagekraft zu erfolgskritischen Einflussfaktoren auf die Gestaltung des Managements betrieblicher Projekte, die durch eine den M&A-Vorhaben vergleichbare Art der Leistungserstellung charakterisiert sind, analysiert werden. Ebenfalls thematisch relevant sind die Ergebnisse der aktuellen empirischen Erfolgsfaktoren-Forschung zum Wissensmanagement, die als weitestgehend unabhängig von der Organisationsform angesehen werden können und damit auf M&A-Projekte, in denen Wissen eine besondere Bedeutung zukommt, übertragbar sind. Bei richtiger Auswahl und Analyse der Studien kann für die abgeleiteten Hypothesen von einem inhaltlichen Bezug zur Forschungsfrage und einer hohen empirischen Bestätigung ausgegangen werden.

Ergänzend zur empirisch-induktiven Ableitung von Aussagen erfolgt eine analytisch-deduktive Ableitung, die die Aussagen der Sekundäranalyse ergänzen. Auch hier ist eine interdisziplinäre Vorgehensweise sinnvoll, da eine einzelne Theorie nur einen oder wenige Teilaspekt(e) des komplexen Problems abdeckt und damit für sich gesehen partialanalytisch ist und für die Lösung praktischer Probleme zu kurz greift (vgl. Ortmann/Sydow 2001, 423-424; Gioia/Pitre 1990, 584, 587). Zur Abdeckung der Thematik werden neben den klassischen eher auf Koordination ausgerichteten Ansätzen der Neuen Institutionenökonomik auch verhaltenswissenschaftliche Theorien und die wissensbasierte Theorie auf ihre Aussagekraft für die Gestaltung eines effizienten M&A-Projektmanagement-Ansatzes geprüft. Auf die wissenschaftliche Qualität der Ansätze wird jeweils eingegangen.

Die abgeleiteten Aussagen über die Wirkung des Gestaltungsrahmens auf den Erfolg von M&A-Projekten bilden zusammen den Bezugsrahmen. Widersprüche sind aufzudecken und Lösungsvorschläge zu unterbreiten.

Im letzten Schritt des Forschungsprozesses wird die normative Lücke (3) geschlossen. Es werden aufbauend auf dem Bezugsrahmen konkrete **praxisorientierte Handlungsempfehlungen** für einen integrierten, alle relevanten Gestaltungsbereiche eines effizienten M&A-Projektmanagements abdeckenden Gestaltungsansatz abgeleitet, an die sich Praktiker für die Implementierung in der Praxis orientieren können.

1.4.2 Aufbau der Arbeit

Zur Beantwortung der Forschungsfragen wird folgende in Abbildung 1-1 dargestellte und nachfolgend erläuterte Gliederung für die weiteren Kapitel gewählt.

Zur Schaffung eines einheitlichen terminologisch-deskriptiven Verständnisses erfolgen in Kapitel 2 zunächst eine einführende Begriffsbestimmung zu M&A-Vorhaben und eine Charakterisierung der Zielstellung, die mit M&A-Transaktionen verfolgt werden, um den Objektbereich klar abzugrenzen. In **Kapitel 3** schließt sich analog eine begriffliche Bestimmung und grundlegende Charakterisierung der Zielstellung eines Projektmanagements zur Festlegung des Gestaltungsbereichs an. Aufbauend auf den Ergebnissen dieser Kapitel ist in **Kapitel 4** zu entscheiden, für welche M&A-Typen und für welche Art der Leistungserstellung im M&A-Vorhaben sich der Projektmanagement-Ansatz überhaupt als Gestaltungsansatz eignet und wie dieser ggf. zu differenzieren ist. Die Abgrenzung erfolgt auf Basis erfolgskritischer Einflussvariablen und führt zu dem Ergebnis, dass innerhalb des sich an die Typologie von Bower (vgl. 2001) anlehnenden und im Fokus stehenden komplexen M&A-Typs weitere Projekttypen zu differenzieren sind, die sich nach Art der zu erbringenden Dienstleistung unterscheiden. So wird zwischen den Teilprojekten „Integration" und „Transaktion" unterschieden, die sich durch unterschiedliche erfolgskritische Merkmalsausprägungen hinsichtlich der Phasen Vorfeld, Transaktion, Integration und Abschluss unterscheiden. Aufbauend auf diesen Grundüberlegungen können die Ziele, die mit einem M&A-Projektmanagementansatz verfolgt werden, abgegrenzt und aufbauend auf diesen ein auf M&A-Projekte ausgerichteter konzeptioneller Handlungsrahmen festgelegt werden, der die Gestaltungsmöglichkeiten vorgibt. Für den Gestaltungsrahmen wird auf der projektartunspezifischen Normierung im Projektmanagement aufgebaut.

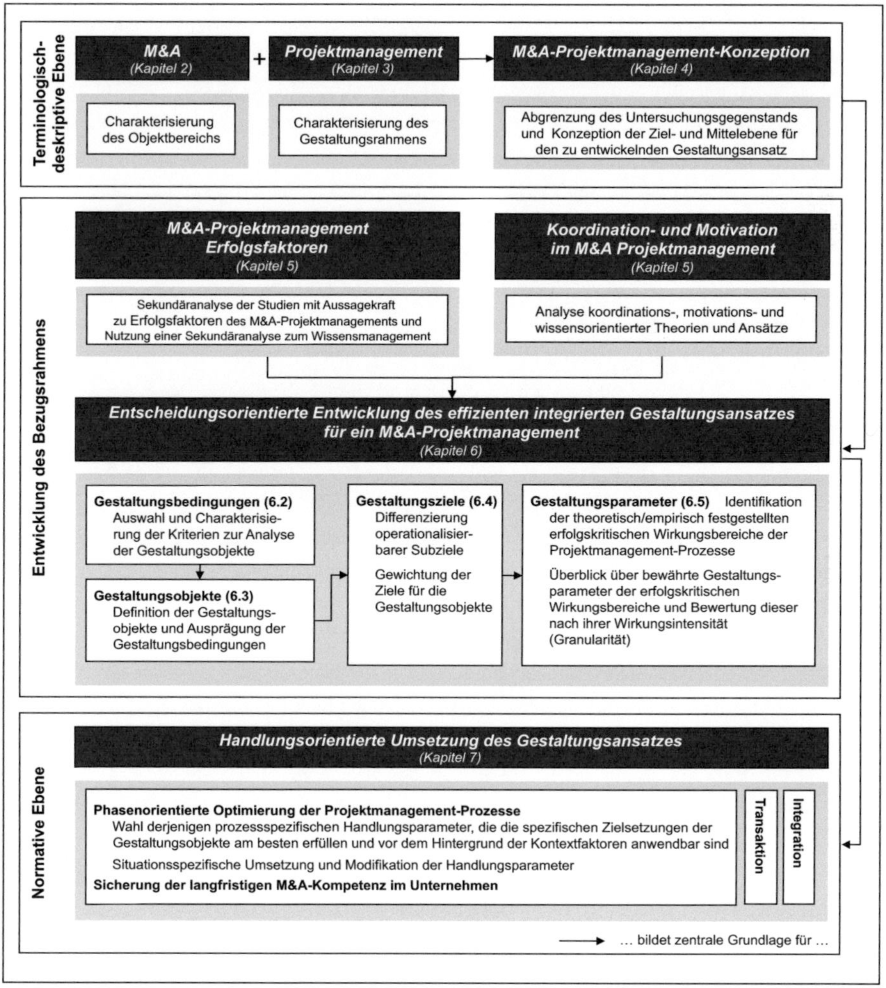

Abbildung 1-1: Aufbau der Arbeit

Zur Schaffung eines einheitlichen terminologisch-deskriptiven Verständnisses erfolgen in Kapitel 2 zunächst eine einführende Begriffsbestimmung zu M&A-Vorhaben und eine Charakterisierung der Zielstellung, die mit M&A-Transaktionen verfolgt werden, um den Objektbereich klar abzugrenzen. In **Kapitel 3** schließt sich analog eine begriffliche Bestimmung und grundlegende Charakterisierung der Zielstellung eines Projektmanagements zur Festlegung des Gestaltungsbereichs an. Aufbauend auf den Ergebnissen dieser Kapitel ist in **Kapitel 4** zu entscheiden, für welche M&A-Typen und für welche Art der Leistungserstellung im M&A-Vorhaben sich der Projektmanagement-Ansatz überhaupt als Gestaltungsansatz eignet und wie dieser ggf. zu differenzieren ist. Die Abgrenzung erfolgt auf Basis erfolgskritischer Einflussvariablen und führt zu dem Ergebnis, dass innerhalb des sich an die Typologie von Bower (vgl. 2001) anlehnenden und im Fokus stehenden komplexen M&A-Typs weitere Projekttypen zu differenzieren sind, die sich nach Art der zu erbringenden Dienstleistung unterscheiden. So wird zwischen den Teilprojekten „Integration" und „Transaktion" unterschieden, die sich durch unterschiedliche erfolgskritische Merkmalsausprägungen hinsichtlich der Phasen Vorfeld, Transaktion, Integration und Abschluss unterscheiden. Aufbauend auf diesen Grundüberlegungen können die Ziele, die mit einem M&A-Projektmanagementansatz verfolgt werden, abgegrenzt und aufbauend auf diesen ein auf M&A-Projekte ausgerichteter konzeptioneller Handlungsrahmen festgelegt werden, der die Gestaltungsmöglichkeiten vorgibt. Für den Gestaltungsrahmen wird auf der projektartunspezifischen Normierung im Projektmanagement aufgebaut.

Zur Konstruktion des Bezugsrahmens und Behebung des Theoriedefizits schließt sich in **Kapitel 5** die empirisch-induktive Ableitung von Erfolgsfaktoren eines M&A-Projektmanagements und die analytisch-deduktive Ableitung von Ziel-Mittel-Relationen an. Für den speziellen Aspekt des Wissensmanagements als wichtiger erfolgsbeeinflussender Bereich werden in einem gesonderten Abschnitt ebenfalls empirische und theoriegeleitete Aussagen zu einem effizienten Gestaltungsansatz abgeleitet. Sie dienen der systematischen Ableitung der Komponenten des entscheidungslogischen Grundmodells. Weitere Theorien und Studien mit sehr fokussierten Ergebnissen werden innerhalb des Gestaltungsteils zur Untermauerung von Einzelargumenten hinzugezogen. **Kapitel 6** enthält darauf aufbauend die Ableitung der Hypothesen zu den Komponenten der übergeordneten Hypothese. Einer Erörterung der Vorgehenswise schließt sich die Auswahl und Beschreibung der Wirkung und der möglichen Ausprägung der relevanten Gestaltungsbedingungen für die M&A-Projekttypen an. Diese werden entlang ihres Lebenszyklus durch diese Gestaltungsbedingungen charakterisiert. Damit stehen die Gestaltungsobjekte fest. Es folgt aufbauend auf den erfolgskritischen Bereichen eine Ableitung der Gestaltungsziele, an denen sich der zu entwickelnde M&A-Projektmanagement-Ansatzes zu orientieren hat. Unterschieden werden einerseits Effektivitätsmaße zur Bestimmung des Nutzens der Parameter und andererseits auch Kostenfaktoren, die die Inputfaktoren widerspiegeln, zur darauf aufbauenden Bestimmung des Effizienzmaßes. Abschließend werden die für die Gestaltung erfolgskritischen Gestaltungsparameter für die fünf als erfolgskritisch bewerteten Projektmanagement-Prozesse ausgewählt und im Hinblick auf Richtung und Intensität der Zielwirkung bewertet. Kapitel 6 enthält damit eine Vielzahl an empirisch und/oder theoretisch fundierten Hypothesen zur Untermauerung der übergeordneten Hypothese.

Die Verfolgung des normativen Forschungsziels erfolgt in **Kapitel 7**, welches die Handlungsempfehlungen für den ausgewählten M&A-Typ enthält. Es erfolgt eine heuristisch begründete Auswahl und/oder Gestaltung der Parameter innerhalb der Projektmanagement-Prozesse, für die durch unterschiedliche Gestaltungsbedingungen charakterisierten Gestaltungsobjekte derart, dass die besonders kritisch ausgeprägten Gestaltungsbedingungen bestmöglich angesprochen werden. Innerhalb der Projektmanagement-Prozesse liegt der Fokus auf dem Management des Einzelprojekts zunächst unabhängig davon, wer Träger der Aufgaben ist. Es wird damit nicht immer aus der Perspektive eines Projektleiters argumentiert. Abgewichen hiervon wird dann, wenn sich als erfolgskritisch erwiesene Gestaltungsparameter nicht seinem Handlungsbereich zuordnen lassen. In diesem Fall wird aus der Perspektive des Multiprojektmanagements oder eines anderen Bereichs der Trägerorganisation argumentiert. Die logische Struktur des Gestaltungsteils orientiert sich damit an den zu entwickelnden inhaltlichen Projektmanagement-Prozessen, die zur Umsetzung des M&A-Vorhabens erforderlich sind. Ein Verzicht auf die Beachtung von Aufgabenbereichen übergeordneter Ebenen würde wesentliche Erfolgsfaktoren ausblenden und erscheint ebenso wenig sinnvoll wie eine isolierte Betrachtung in einem separaten Abschnitt, da die Aufgabenbereiche eng miteinander verzahnt sind. Zudem ist fallspezifisch zu entscheiden, welche Aufgaben zentral auf Multiprojektebene oder in einem anderen Bereich der Trägerorganisation oder dezentral im Projekt abzuwickeln sind. Hier spielen auch die Rahmenbedingungen der Trägerorganisation eine Rolle, die wegen der allgemeinen Perspektive hier keine Beachtung finden können. Die Umsetzung erfolgt innerhalb eines Rahmens, den die Trägerorganisation vorgibt und der für den einzelnen M&A-Fall auszufüllen ist. Dieser Rahmen spiegelt die M&A-Projektmanagement-Kompetenz des Unternehmens wider. Sie ist laufend zu überwachen und einem Verbesserungsprozess zu unterziehen. Die grobe Leitlinie hierfür wird abschließend aufgezeigt.

In **Kapitel 8** ist der durch diese Abhandlung erreichte Zielerreichungsgrad im Hinblick auf die Forschungsfragen zu bewerten. Offene, nicht durch diese Arbeit abgedeckte Forschungsfragen werden aufgezeigt.

2 Charakterisierung und Typisierung von M&A

2.1 M&A-Definitionen und Formen

M&A stellen von der Grundidee ein Instrument dar, mit dem das Management eine Entscheidung über die Verteilung von Ressourcen trifft, um seine strategischen Ziele zu erreichen und im Zeitablauf über die durchschnittlichen Kapitalkosten hinausgehende Erträge zu erzielen (vgl. Palter/Srinivasan 2006, 19; Very/Schweiger 2001, 13; Haspeslagh/Jemison 1992, 57; Haspeslagh/Jemison 1987, 53). Während beim internen Wachstum der Ausbau der Geschäftsaktivitäten ohne Beteiligung eines anderen Unternehmens vollzogen wird, basiert das externe Wachstum z.B. über M&A auf einer Vereinigung mit einem Unternehmen außerhalb der eigenen Unternehmensgrenzen (vgl. zu diesen Strategien Rall 2002). Klassisches Beispiel für internes Wachstum sind Greenfield-Investments, also der eigene Aufbau eines Geschäfts (vgl. Gomez/Weber 1989, 15). Im Folgenden liegt der Fokus ausschließlich auf externem Wachstum über M&A.

Bekannte Begriffe für das aus dem US-amerikanischen Investmentbanking stammende (vgl. Müller-Stewens 2004, 333) und in der Unternehmenspraxis dominierende Begriffspaar „Mergers & Acquisitions" sind Fusionen und Akquisitionen oder Unternehmensverschmelzungen/-vereinigungen bzw. Unternehmenskäufe/-übernahmen (für weitere verwandte Begriffe vgl. z.B. Vogel 2002, 3; Gerpott 1993, 18; Kirchner 1991, 30). Einige Autoren fassen diese Begriffe als ein mehr oder weniger weites Spektrum an unterschiedlichen Strategiealternativen auf oder stellen M&A mit Unternehmenszusammenschlüssen gleich (vgl. Müller-Stewens 2004 und zu einer sehr weiten Begriffsauffassung Picot, G. 2005, 121; Vogel 2002, 3-5; Jansen 2000, 38; Willers/Siegert 1988, 261). Andere sehen M&A nur als einen Teilbereich von Unternehmenszusammenschlüssen an (vgl. Gerds/Schewe 2004, 190-191; Schuler 2004; Bark 2002, 18; Gerpott 1993, 36-37; Grüter 1991, 26). Als Grund für diese Uneinheitlichkeit kann auf eine fehlende einheitliche Definition für M&A oder verwandte Begriffe verwiesen werden. Definitionsunterschiede ergeben sich aber auch aus dem verfolgten Untersuchungsschwerpunkt.

Zur Vorbereitung einer Begriffseingrenzung für den situativ anzupassenden Gestaltungsansatz erfolgt zunächst in Tabelle 2-1 eine allgemeine Charakterisierung und Systematisierung von Unternehmenszusammenschlüssen. Diese enthält sowohl Kooperationen als auch M&A als Unterformen zu Unternehmenszusammenschlüssen. Da Kooperationen andere Anforderungen an ein Management stellen als M&A, so erfolgt in der Regel keine gegenseitige strukturelle Vereinigung der Unternehmen, werden sie im Folgenden nicht weiter betrachtet (vgl. zum Management von Kooperationen z.B. DePamphilis 2005, 597-641; Fuchs 1999 oder Beck 1994 und zu einer synoptischen Darstellung von Kooperationen und Akquisitionen Bark 2002, 19; Gerpott 1993, 38).

Unternehmenszusammenschlüsse	
Eine Mehrheit von Unternehmen oder rechtlich selbständigen Betrieben verbindet für bestimmte Teilbereiche des Leistungserstellungsprozesses ihr Handeln wirtschaftlich (vgl. Pausenberger 1993, 4437). Konstitutives Merkmal: Gemeinschaftliches Handeln; keine Aussage über die Verteilung der Eigentumsrechte.	
Quellen: Gerds/Schewe 2004, 190-191; Gerpott 1993, 36-39; Pausenberger 1993, 4439; Wöhe 1990, 407; vgl. für eine noch weitergehende Differenzierung z.B. Bausch 2003, 27	
Kooperationen	**M&A**
Resultieren nicht in der Aufgabe der rechtlichen Selbständigkeit. Bezüglich der wirtschaftlichen Selbständigkeit schränken sich die Partner nur hinsichtlich der der vertraglichen Zusammenarbeit unterworfenen Bereiche ein. Sie können heterogen in ihren Zielen und dem Grad der Verflechtung der beteiligten Unter-nehmen sein. Eine Kapitalverflechtung ist nicht erforderlich. Merkmale: Auf Dauer ausgelegt, entstehen auf freiwilliger Basis. Spezialfall: Joint Ventures (vgl. im Detail Bark 2002, 20-21).	Wirtschaftlich autonome Wirtschaftssubjekte schränken ihre Selbständigkeit durch die Übergabe von Kontroll- und Leitungsbefugnissen ein. Mindestens eines gibt die seinige auf. Zusammenfassung von zwei oder mehr Unternehmen unter eine einheitliche Leitung. Konstitutives Merkmal: Änderung der Eigentumsverhältnisse am Eigenkapital von Unternehmen/steilen. Weitere Merkmale: Auf unbefristete Dauer ausgerichtet, entstehen nicht immer auf freiwilliger Basis
Quellen: Bark 2002, 18-23; Pausenberger 1993, 4439-4440; Wöhe 1990, 407	Quellen: Allen/Ramlogan/Randles 2002, 320; Coenenberg/Schultze/Biberacher 2002, 175; Lucks/Meckl 2002, 23; Gerpott 1993, 39; Pausenberger 1993, 4439-4441

Tabelle 2-1: Definition Unternehmenszusammenschlüsse, M&A und Kooperationen

Fusionen lassen sich von Akquisitionen juristisch nach Art und Ausmaß der Übertragung der Rechte abgrenzen (vgl. Pausenberger 1993, 4440). Bei Fusionen wird nach UmwG zwischen Fusion durch Aufnahme und Fusion durch Neubildung unterschieden, bei Akquisitionen, Sonderformen der Übertragung ausgeklammert, zwischen Asset Deal und Share Deal, wobei hier auch, z.B. aus steuerlichen Gründen, Mischformen denkbar sind. Diese juristische Unterscheidung ist zivilrechtlich, steuerlich und finanzierungstechnisch von Bedeutung (vgl. Berens/Mertes/Strauch 2005, 27), hat aber weniger Auswirkungen auf betriebswirtschaftliche Fragestellungen. Tabelle 2-2 zeigt diese Formen im Überblick.

Fusionen		Akquisitionen	
Fusionen durch Aufnahme	**Fusionen durch Neubildung**	**Einzelrechtsnachfolge (Asset Deal)**	**Beteiligungskauf (Share Deal)**
Aufgabe der Rechtspersönlichkeit eines Partners Rechtsträger werden im Wege der Aufnahme durch Übertragung des Vermögens eines Rechtsträgers oder mehrerer Rechtsträger als Ganzes auf einen anderen bestehenden Rechtsträger verschmolzen (vgl. §2 Abs. 1 Nr. 1 UmwG).	Aufgabe der Rechtspersönlichkeit beider Partner Übertragung der Vermögen zweier oder mehrerer Rechtsträger jeweils als Ganzes auf einen neuen, von ihnen dadurch gegründeten Rechtsträger (vgl. §2 Abs. 1 Nr. 2 UmwG).	Sachkauf im Sinne des §433 BGB Übertragung von Vermögensgegenständen auf vermögensrechtlicher Basis Von einer Akquisition ist auszugehen, wenn die übernommenen Vermögensgegenstände und Schulden für das soziale und wirtschaftliche Gebilde prägenden Charakter haben.	Rechtskauf im Sinne des §453 Abs. 1 BGB Übertragung von Anteilen auf gesellschaftsrechtlicher Basis. Unter Akquisition fasst man alle Beteiligungen von mehr als 50 bis einschließlich 100% zusammen. In diesem Bereich erlangt das Käuferunternehmen einen beherrschenden Einfluss auf die unternehmerischen Entscheidungen des Zielunternehmens und eine einheitliche Leitung kann wahrgenommen werden.
Quellen: Berens/Mertes/Strauch 2005, 27-33; Bausch 2003, 23; Hölters 2005, 3; Achleitner 2002, 141; Lucks/Meckl 2002, 24, 28			

Tabelle 2-2: Definition Fusionen und Akquisitionen

Sonderformen von Akquisitionen bilden sogenannte „Buyouts". Das gemeinsame Kennzeichen dieser Transaktionen ist die überwiegende Finanzierung des Unternehmenskaufs mit Fremdkapital (vgl. DePamphilis 2005, 558; Vogel 2002, 27) und die Art der Investoren. Für einen Leveraged Buyout (LBO) werden Kredite zur Finanzierung des Kaufpreises aufgenommen, die aus dem Cashflow des Unternehmens bedient und mit dessen Vermögensgegenständen abgesichert werden (vgl. Hölters 2005, 31). Wenn die Gesamtkapitalrentabilität höher als der Zinssatz des Fremdkapitals ist, wird dadurch eine Hebelwirkung (Leverage) erzielt (vgl. Vogel 2002, 27). Käufer sind in der Regel kleine Investorengruppen oder Kapitalgesellschaften (vgl. Hölters 2005, 31). Bei der Form des Management Buyout (MBO), welcher häufig in der Form des LBO abgewickelt wird, ist der Investor das Management des Zielunternehmens (vgl. Hölters 2005, 31-35; Vogel 2002, 27-28). Diese Transaktionen waren in den 1990er Jahren relativ selten, nehmen aber vor allem in den USA und Großbritannien an Bedeutung zu (vgl. DePamphilis 2005, 559; Hölters 2005, 31). Buyouts gehen meist nicht mit einer Verschmelzung von Unternehmen einher. Verfolgt werden eher Restrukturierungsziele, die Motive sind meist finanzieller Natur. Die Zielsetzung unterscheidet sich damit zwar von klassischen Akquisitionen, die Aussagen der Arbeit lassen sich aber auch hier grundsätzlich übertragen. So ist ebenfalls ein Unternehmenskauf abzuwickeln und die Restrukturierung ähnlich wie eine Integration zu planen und umzusetzen. Eine explizite Beachtung erfolgt im Folgenden allerdings nicht.

Ähnliches gilt für Desinvestitionen, die ebenfalls zu M&A gezählt werden. Allerdings ist die Betrachtungsperspektive eine andere. Desinvestitionen bilden das Gegenstück zu Wachstumsstrategien. Sie gehen mit dem Rückzug aus einem Geschäftsfeld oder einer Region einher. Der Verkäufer eines Unternehmens muss bereits im Vorfeld der Transaktion beginnen, den zu verkaufenden Teil aus dem Unternehmen herauszulösen, so dass eine Weiterführung des eigenen Geschäfts ohne diesen möglich ist. Dies wird umso komplexer, je stärker der Unternehmensbereich mit dem Gesamtunternehmen verflochten ist. Auch hier ist ein umfassender Managementansatz für die Durchführung erforderlich. Die Ergebnisse dieser Arbeit sind für diese Transaktionen relevant, da prinzipiell dieselben Bereiche betroffen sind und dasselbe Know-how erforderlich ist (vgl. ähnlich Ecker/Mittermair 2001, 340). Anstelle einer Verknüpfung erfolgt eine Entbündelung. Wegen der Klarheit der Darstellung wird aber auf eine explizite Betrachtung dieser Transaktionen verzichtet (vgl. zu Desinvestitionen DePamphilis 2005, 643-700, Ecker/Mittermair 2001, 359-361; Brüggerhoff 1992; Jansen 1986).

2.2 Wertsteigerung als zentrales Ziel strategisch motivierter M&A

2.2.1 M&A-Motive und die Bedeutung des Wertsteigerungsziels für M&A

Zu einigen in den folgenden Abschnitten zu analysierenden Motiven und Zielen von M&A existieren fundierte theoretische Erklärungsansätze. So werden persönliche Motive des Managements mithin als „Empire Building Theory" beschrieben, die Übernahmeabsichten von

Raidern unter der „Raider Theory“ zusammengefasst und die Synergieerzielung mit der „Efficiency Theory“ erklärt (vgl. im Detail Trautwein 1990). Hier soll weniger der Erklärungsgehalt der Theorien für M&A untersucht werden. Vielmehr stehen die grundlegenden Motive und Ziele an sich im Vordergrund und sollen eine Abgrenzung der für die Arbeit wesentlichen Transaktionen ermöglichen (für eine detaillierte Analyse theoretischer Erklärungsansätze für M&A vgl. DePamphilis 2005, 20; Wirtz 2003, 56; Pausenberger 1993; Trautwein 1990).

Motive im hier verwendeten Sinn bezeichnen die Ursachen für das beobachtbare M&A-Verhalten von Unternehmen. M&A-Transaktionen auslösende Motive spielen eine wichtige Rolle für die Zielfestlegung und damit auch für die zielgerichtete Führung und letztendlich den Erfolg der Transaktion. In der Literatur werden strategische, finanzielle und persönliche Motive für M&A unterschieden (vgl. Wirtz 2003, 57; Achleitner 2002, 142). Insbesondere die Art der Integration im Anschluss an den Unternehmenskauf wird durch die transaktionsauslösenden Motive bestimmt. **Persönliche Motive** weisen einen divergierenden Bezugspunkt auf. Während finanzielle und strategische Motive aus Unternehmenssicht formuliert werden, werden unter persönlichen Motiven die Gründe des Managements des Unternehmens für die M&A-Entscheidung verstanden. Es steht nicht das Wohl des Unternehmens im Vordergrund der M&A-Entscheidung, sondern das Eigenwohl der Manager. Manager stellen Erfüllungsgehilfen der Eigentümer dar. Sie handeln im Idealfall in deren Interesse. Dies ist jedoch nicht immer gegeben. Persönliche Ziele können damit ebenfalls zu M&A-Entscheidungen führen (vgl. Lucks/Meckl 2002, 10; Thommen 2002, 106; Haspeslagh/Jemison 1987, 55). Dieses Problem der Anteilseigner/Management-Interessendivergenzen wird im Rahmen der Agency-Problematik in der Literatur intensiv diskutiert (vgl. z.B. Kräkel 2004 oder Sliwka 2003). Beispiele sind neben der Erweiterung des Einflussbereichs des Managements und damit von Macht, Prestige, Ansehen und Selbstbestätigung, die Zunahme der Entlohnungshöhe, die meist mit zunehmender Unternehmensgröße steigt (vgl. Lucks/Meckl 2002, 10 und zu weiteren persönlichen Motiven z.B. Wirtz 2003, 69-71; Achleitner 2002, 145). Im Folgenden wird angenommen, dass der Markt für Unternehmenskontrolle seine Schutzfunktion zugunsten der Anteilseigner und ihrer Interessen erfüllt. So wird davon ausgegangen, dass ein suboptimales Management auf Unternehmensebene für Investoren („Raider“) transparent ist und sie sehr einfach durch Übernahme des Unternehmens und anschließendem Austausch des Managements Wertgewinne erzielen können. Um einem hieraus resultierendem Machtverlust zu entgehen, werden Manager nach wirtschaftlichen Prinzipien handeln (vgl. im Detail Bühner/Stiller 2004, 572-573). Bei dieser Annahme können persönliche Motive ausgeblendet werden. Während der Druck auf die Manager in Deutschland wegen einer Unterentwicklung des Markts für feindliche Übernahmen noch eher gering ist, stellt die Übernahmewelle der 1980er Jahre in den USA ein Beleg für dessen Funktionsfähigkeit dar (vgl. Günther/Landrock/Muche 2000, 69-70) und liefert zumindest ansatzweise eine empirische Bestätigung für diese These. Diese Annahme gilt allerdings nur für das Top-Management, für weitere Ebenen sind persönliche Ziele zu beachten.

Aus Investorensicht werden finanzielle und strategische Motive unterschieden. **Finanzielle Motive** werden unabhängig von langfristigen Wertschöpfungs- und Marktpositionierungsüberlegungen verfolgt. Neben oben erwähnten „Raidern" haben z.B. Banken und Versicherungen oder Kapitalanlagegesellschaften häufig eher finanzielle Motive. Sie sind an der Bilanzgestaltung interessiert oder streben eine Risikodiversifizierung ihres Kapitals an (vgl. im Detail Wirtz 2003, 58, 65-69). Finanziell begründete M&A sind eher kurz- bis mittelfristig ausgerichtet; ein zentrales Merkmal ist nicht die leistungswirtschaftliche Integration, sondern die Wertsteigerung durch Performanceverbesserungen des Zielunternehmens im Alleinzustand (vgl. Lucks 2005b, 874). Sie werden daher aus der weiteren Analyse ausgeklammert, auch wenn Übertragungspotenzial des Gestaltungsansatzes im normativen Teil der Arbeit auch für diese Vorhaben gegeben ist. Z.B. würde anstelle der Integrationsaufgaben die Planung und Umsetzung der Restrukturierung in den Vordergrund rücken. Von rein finanziell motivierten Transaktionen sind Transaktionen mit strategischen Zielen im Finanzbereich abzugrenzen. Im letztgenannten Fall steht die Zusammenlegung der Finanzbereiche im Vordergrund mit dem Ziel, die Kapitalbeschaffung als eine Kernfunktion des Unternehmens zu verbessern. Sie fallen daher unter strategisch motivierte Transaktionen.

Neben dem Finanzbereich stellen weitere Funktionsbereiche Quellen für akquisitionsbedingte Veränderungen des Gesamtwerts der beteiligten Unternehmen dar. Wird eine grundsätzliche Neuausrichtung eines Unternehmens zur Sicherung seines langfristigen Bestehens angestrebt, spricht man von **strategisch motivierten M&A**. Wenn ein Unternehmen beispielsweise langfristig plant, den Kern der Geschäftstätigkeit durch Zukauf eines Unternehmens(-teils) derselben Branche zu verstärken oder durch Zukauf eines branchenfremden Unternehmens(-teils) zu verschieben, liegt eine strategische Transaktion vor. Eine Auswirkung auf die Ressourcenbasis ergibt sich aus dem Geschäftsumbau oder einer Zusammenlegung von Funktionsbereichen zur Realisierung von Wertsteigerungen durch Verbundeffekte mit dem gegenwärtigen Geschäft (vgl. Lucks 2005b, 874; Gomez/Weber 1989, 20-21). Strategisch motivierte M&A stehen im Kern der Untersuchung und werden im Folgenden tiefergehend analysiert.

Als übergeordnetes Ziel dieser M&A, hierin unterscheiden sie sich nicht von finanziell motivierten M&A, wird im Folgenden die **Unternehmenswertsteigerung** definiert. Die Ausrichtung der Unternehmensführung an den Interessen der Anteilseigner wird zwar kontrovers diskutiert (vgl. z.B. Kürsten 1999, 360; Rockholtz 1999, 12-16; Gomez/Weber 1989, 14-15), entspricht aber der breiten Meinung in M&A-spezifischer Literatur (vgl. Richter 2005, 199; Lucks/Meckl 2002, 9; Vogel 2002, V; Kerler 2000, 17; Kürsten 1999, 360; Gomez/Weber 1989, 14; Lubatkin 1987), nicht zuletzt seit der Veröffentlichung von Rappaport (vgl. 1986, 1998). Weitere grundlegende, sich diesem Grundgedanken der Maximierung des Wohls der Eigentümer verpflichtende Konzepte sind in chronologischer Reihenfolge der Veröffentlichung das DCF-Konzept von McKinsey (vgl. Copeland/Koller/Murrin 1990), das EVA-Konzept von Stern, Stewart & Co. (vgl. Stewart 1991) und das CFROI-Konzept von der BCG (vgl. Lewis/Stelter 1995). Die Wertsteigerung des Gesamtunternehmens als oberstes Ziel der

Unternehmensführung wird mit der Bedeutung des Wohls der Aktionäre, auch Shareholdervalue, begründet und mit diesem gleichgesetzt. Dies ist möglich, wenn man vernachlässigt, dass diese gleichzeitig auch Gläubiger des Unternehmens sein können und Forderungen aus Fremdkapital oder ihrem Arbeitseinsatz haben (vgl. im Detail zum Shareholdervalue-Ansatz Kürsten 1999 und zur Heterogenität der Aktionärsstruktur und deren zu differenzierendes Interessenprofil Kürsten/Meckl/Krostewitz 2005). Neben den Anteilseignern und dem Management weisen weitere Gruppen wie Mitarbeiter und deren Vertretungen, Gläubiger, Lieferanten oder Kunden, zusammen auch als Gruppe der Stakeholder definiert, eigene Ziele in Verbindung mit M&A auf (vgl. zu unterschiedlichen Stakeholdern und deren Ziele bei M&A z.B. Gerpott 1993, 62; Vogel 2002, 32; Haspeslagh/Jemison 1992, 33; Gomez/Weber 1989, 14; Haspeslagh/Jemison 1987, 54). Aus gesamtökonomischer Sicht ist es aber sinnvoll, eine eindeutige Ausrichtung an den Eigentümern anzustreben. So ist eine genaue Zielsetzung möglich und Eigeninteressen der verschiedenen Managementebenen sind besser beherrschbar. Eine Zieldefinition, die alle Interessen dezidiert berücksichtigt, wäre sehr komplex und zur Ausrichtung der Unternehmensführung wenig pragmatisch. Die Manager hätten große Handlungsfreiräume, die sie opportunistisch ausnutzen könnten (vgl. Ballwieser 2004, 1615), was letztendlich auch für die Stakeholder schädlich wäre. So wären z.B. Arbeitsplätze der Mitarbeiter und Forderungen der Gläubiger bei einem aus wirtschaftlicher Sicht suboptimalen Management in Gefahr. Wertorientierung berücksichtigt damit implizit auch die Interessen weiterer Stakeholder. Die Ausrichtung am Shareholdervalue kann somit allen Partialinteressen als gemeinsames Ziel übergeordnet werden. Dieses Ziel ist zudem nur dann zu erreichen, wenn auf Ebene der Subziele die Interessen der weiteren Beteiligten berücksichtigt werden. Andernfalls würden Mitarbeiter demotiviert sein, Kunden abwandern und Banken die Bereitstellung von Fremdkapital einschränken. Die Rechte der Stakeholder sind zudem vertraglich gesichert, z.B. durch Arbeits-, Kredit- oder Kaufverträge. Ein Interessenmonismus liegt daher auch aus dieser Perspektive nicht vor, da die Einhaltung dieser Verträge für die Unternehmensleitung eine Nebenbedingung erzeugt (vgl. Ballwieser 2004, 1616).

2.2.2 Wertkomponenten strategisch motivierter M&A

Der Wert eines M&A-Vorhabens setzt sich aus verschiedenen Komponenten zusammen. Im Rahmen der Unternehmensbewertung werden regelmäßig Synergie-, Restrukturierungswert und Kosten des Vorhabens berücksichtigt. Im Folgenden reicht eine ex-post Betrachtung aus. Es interessiert nicht die Prognose dieser Werte, sondern die tatsächliche Ausprägung der Wertkomponenten. Auf einen bei der Bewertung zusätzlich zu berücksichtigenden Risikoabschlag und auf Prognoseprobleme wird daher nicht näher eingegangen (vgl. hierzu im Detail Lucks/Meckl 2002, 175-190; Dibelius 2005).

Ausgangspunkt der Betrachtung bildet der Wert des durch ein Unternehmen (A) zu kaufenden Zielunternehmens (B) „wie es steht und liegt“ (Stand-alone-Wert), also sein Wert als separat geführtes Unternehmen. Der zusätzliche Wert, der sich durch M&A ergibt, setzt sich zusammen aus Restrukturierungs- und Synergiewert abzüglich der Kosten, die durch deren Erwirtschaftung entstehen. **Restrukturierungsmaßnahmen** beim Kaufobjekt beeinflussen den Wert positiv, wenn zuvor identifizierte Wertlücken z.B. durch eine Verbesserung des Managements geschlossen werden können. Ein negativer Wert wäre möglich, wenn Managementerfahrung erst noch für die Führung der integrierten Einheit aufzubauen wäre (vgl. Lucks/Meckl 2002, 185).

Wertsteigernd wirkt der sogenannte **Synergiewert**. Eine einheitliche Definition des wirtschaftswissenschaftlichen Synergiebegriffs fehlt in der Literatur (vgl. zu einem Überblick über Definitionen Kerler 2000, 70-71; Rockholtz 1999, 130-132; Rodermann 1999, 160). Am weitesten verbreitet ist jedoch die durch Ansoff geprägte Kurzformel „2+2=5“ (vgl. 1988, 55). Synergien bei M&A können als positive Verbundeffekte verstanden werden, die zusätzlich zum Stand-alone-Ergebnis bei der physischen Konsolidierung vormals selbständiger Unternehmen entstehen (vgl. Chatterjee 1992, 270). Das Zusammenwirken von vormals getrennten Unternehmen dient also im Umkehrschluss dazu, Vorteile zu erzielen. Diese Definition bringt die Entstehungsursache durch das Zusammenwirken von mindestens zwei Unternehmen zum Ausdruck und fokussiert auf den Zweck der Vorteilserzielung über die Summe der einzelnen Teile hinaus. Die Richtung des Zusammenwirkens wird dagegen nicht näher spezifiziert, da die Auffassung vertreten wird, dass alle Richtungen denkbar sind, so z.B. zwischen gleichartigen Aktivitäten unterschiedlicher Geschäftseinheiten oder derselben Geschäftseinheit, aber auch zwischen vor- oder nachgelagerten Aktivitäten derselben Geschäftseinheit (vgl. im Detail Porter 1987, 54; Rodermann 1999, 18-19). Die Synergieerzielung ist das in der M&A-spezifischen Literatur dominierende Ziel strategischer M&A und führt in der Praxis der Unternehmensbewertung häufig zu einem hohen Wertzuschlag bei Unternehmenskäufen (vgl. Risberg 2006, 5).

Negativen Einfluss auf die Wertentwicklung haben die **Kosten des Vorhabens**. Diese liegen im Idealfall unterhalb der Summe aus Restrukturierungs- und Synergiewert. Die Kosten umfassen zwangsläufige Folgen der Realisierung positiver Synergien. Beispiel sind die Kosten der Einrichtung einer Projektorganisation (vgl. z.B. Lucks/Meckl 2002, 185). Große Kostenblöcke stellen Beratungshonorare und Maklergebühren sowie Opportunitätskosten dar, die aus der Nutzung interner Kapazitäten wie Top-Management und Manager/Mitarbeiter der Geschäftsbereiche entstehen (vgl. Lucks/Meckl 2002, 188).

Diese Wertkomponenten sind Abbildung 2-1 zu entnehmen. In dieser ist zusätzlich zur Verdeutlichung der Verteilung der Wertschaffung auf Käufer und Verkäufer der realisierte **Kaufpreis für Unternehmen B** eingezeichnet (graue Fläche). Ebenfalls enthalten ist der **Stand-alone-Wert des Käuferunternehmens A**. Dieses leistet einen wesentlichen Beitrag zum Wert der integrierten Einheit und zum Synergiewert. Auch (positive) Restrukturierungswerte resultieren in erster Linie durch die aus dieser Einheit initiierten und im Gesamtunternehmen umgesetzten Maßnahmen. Die zweite Säule stellt damit den Gesamtunternehmenswert nach

Berücksichtigung der Stand-alone-Werte von Unternehmen A und Zielunternehmen B, des Restrukturierungsergebnisses, der Synergieerzielung und des Abzugs der Kosten dar (vgl. zu einer ähnlichen Darstellung Lucks/Meckl 2002, 176, 191).

Die Werterzielung erfolgt für den Käufer in der Höhe, wie der Saldo aus Restrukturierungs-, Synergiewert und Kosten die gezahlte **Kaufpreisprämie** übersteigt. Wertbeeinflussend für den Käufer ist damit auch die zu zahlende Kaufpreisprämie. Wo der Kaufpreis letztendlich liegt, ist Verhandlungssache der Partner und bemisst sich auch an der Marktlage (vgl. im Detail Lucks/Meckl 2002, 190-193).

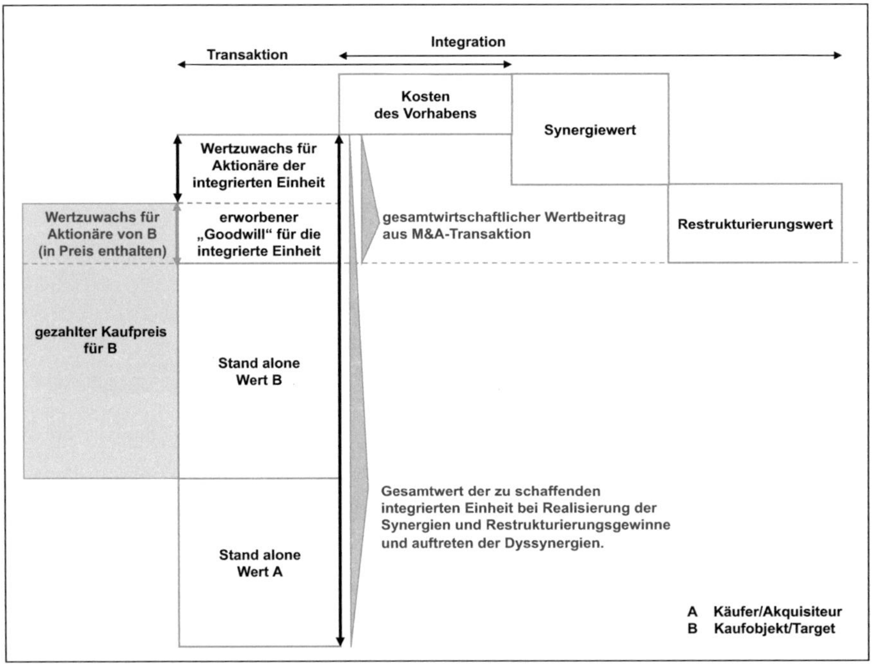

Abbildung 2-1: Wertkomponenten bei M&A

In Abbildung 2-1 ist unterstellt, dass aus gesamtwirtschaftlicher Sicht Wert geschaffen wird und dieser gleichverteilt an Käufer und Verkäufer geht. Die Kaufpreisprämie, also der Teil des Kaufpreises, der den Stand-alone-Wert des Unternehmens B übersteigt, stellt aus Sicht des Käufers einen erworbenen „Goodwill“ dar. Dieser Betrag wird im Beispiel durch die realisierten Restrukturierungen und Synergien nach Abzug der Kosten erwirtschaftet. Ein anderes, negatives Szenario für den Käufer wäre denkbar, wird hier aber nicht weiter beachtet.

Weiterhin ist zu berücksichtigen, dass auch eine gesamtwirtschaftliche Wertschaffung zu einer Wertvernichtung bei einem der Verhandlungspartner führen kann. Dies ist dann der Fall, wenn der Kaufpreis die Summe aus dem Stand-alone-Wert des gekauften Unternehmens B und dem Wertbeitrag aus der M&A-Transaktion übersteigt. Dann erleiden die Aktionäre der integrierten Einheit einen Wertverlust. Denkbar wäre auch, z.B. im Rahmen einer Erfolgsmessung, von der zweiten Säule den Wert abzuziehen, der durchschnittlich von allen Wettbewerbern im Zuge einer Branchenkonsolidierung erzielt wird (vgl. Rothenbücher/Ungerath 2007). Hier läge die Fiktion zugrunde, dass dieser Teil des Wertzuwachses nicht der Transaktion zuzurechnen wäre, sondern im weiteren Sinne der Branchenentwicklung zuzuschreiben ist. Die Wertsteigerung durch M&A wäre damit deutlich kleiner.

Aus der Unterscheidung der Wertkomponenten wird deutlich, dass im Rahmen von M&A zwei zu differenzierende Aufgabentypen zu erfüllen sind. Einerseits ist der Unternehmenskauf effizient durchzuführen, so dass die Kaufpreisprämie möglichst niedrig gehalten wird. Zum anderen sind die Synergien durch die leistungswirtschaftliche Verflechtung und die Restrukturierungsgewinne umzusetzen.

Das Wertpotenzial beim Unternehmenskauf, im Folgenden als **Transaktion** bezeichnet, liegt in einer realistischen Einschätzung des Synergie- und Restrukturierungswerts, der Minimierung der Kosten des Vorhabens und einer erfolgreichen Verhandlungsführung mit Durchsetzung von Verträgen, die neben einem fairen Kaufpreis unterhalb der Preisobergrenze auch Risiken berücksichtigen. Besonders bedeutsam ist die Prognose der Werte der Komponenten im Vorfeld, da der Preis für das zu integrierende Unternehmen bereits im Vorfeld der Integration zu zahlen ist, wenn noch Unklarheiten darüber bestehen, ob die geschätzten Synergien und Restrukturierungen tatsächlich umsetzbar sind.

Wertpotenzial der leistungswirtschaftlichen Verflechtung, im Folgenden mit dem Begriff **Integration** belegt, liegt in der Umsetzung der Synergien und der Restrukturierungsvorteile. Im Folgenden liegt der Fokus der Einfachheit halber auf verschiedenen Synergiearten, für Restrukturierungserlöse kann analog argumentiert werden. Eine wichtige Unterscheidung ist die nach ihrem inhaltlichen Bezug (vgl. hierzu und zu weiteren Klassifizierungen Kerler 2000, 240; Rockholtz 1999, 20; Gerpott 1993, 80; Coenenberg 1988, 698; Ansoff 1988, 58), da an diesem auch eine Verknüpfung zu den Vorteilen eines Managementansatzes verdeutlicht werden kann. Im Vordergrund stehen **leistungswirtschaftliche Synergien**, die bei strategisch motivierten Transaktionen eine Schlüsselrolle spielen. Sie lassen sich den Bereichen der Wertkette eines Unternehmens zuordnen. Beispiel für eine beschaffungsbezogene Synergie ist die Verringerung der Abhängigkeit von Lieferanten und damit bessere Preisverhandlungsmöglichkeiten (vgl. Haspeslagh/Jemison 1992, 43). Zentrale F&E-bezogene Synergie ist der Zukauf von Patenten für wichtige Technologien mit dem Ziel der besseren Ausnutzung dieser im verbundenen Unternehmen im Vergleich zum externen Bezug, wenn diese im Unternehmen nicht ausreichend vorhanden sind. Synergien auf weiteren Ebenen sind je nach Geschäftsart und Konfiguration der Wertschöpfungskette denkbar. Insbesondere werden Synergien auch, unabhängig von der Branche, auf Führungsprozessebene z.B. durch Zusammenlegung der Personalabteilungen möglich (vgl. allgemein zu Zielen oder Synergien von M&A

z.B. Hölters 2005, 25; Wöhe/Döring 2005, 287-292; Lucks/Meckl 2002, 5-10; Gerpott 1993, 63; Haspeslagh/Jemison 1992, 42-53; Ansoff 1988, 58). Die leistungswirtschaftlichen Synergien sind im Rahmen der Durchführung von M&A als konkrete operative Vorgaben zu formulieren. Sie schlagen sich im finanziellen Ergebnis nieder.

Das **finanzielle Gesamtergebnis** stellt einen sehr hoch aggregierten Wert dar. Zur weiteren Konkretisierung eignet sich die Unterscheidung in Kostensenkungen und Umsatzsteigerungen bzw. **Kosten- und Umsatzsynergien** der verbundenen Einheit (vgl. so auch Gerpott 1993, 63). Je nach Geschäftsaktivität wären neben Einnahmen aus Umsatzsteigerungen im Kerngeschäft auch weitere Synergien denkbar, wie z.B. aus einem positiven Handelsergebnis bei Nicht-Banken. Diese Einnahmen können, je nach Geschäftsaktivität, auch betrieblicher Art sein. Häufiger zählen sie jedoch zum sonstigen Ergebnis und werden bei der Berechnung zentraler Erfolgskennzahlen wie EBIT oder NOPAT ausgeklammert. Im Folgenden werden die Vorteile aus M&A nur an Umsatz- und Kostensynergien veranschaulicht, da nur sie bei der Mehrzahl der Unternehmen das betriebliche Ergebnis beeinflussen.

Mögliche finanzielle Folgen leistungswirtschaftlicher Synergien sind geringere Einstandspreise durch höhere Marktmacht. Eine geringere Abhängigkeit von Lieferanten und geringere Kapitalkosten durch besseren Zugang zum Kapitalmarkt führen zu wichtigen Kostenvorteilen resultierend aus M&A-Transaktionen. Kostensynergien ergeben sich auch durch Kosteneinsparungen infolge des Zukaufs neuer Technologien, weil eine Selbstentwicklung meist langwieriger und damit häufig auch teurer ist. Gleichzeitig sind Umsatzsynergien möglich, da die Produktqualität durch die weiter entwickelten Technologien verbessert werden kann und damit ggf. ein höherer Preis erzielbar ist oder weil mehr Kunden angezogen werden können. Analog ließen sich weitere finanzielle Auswirkungen operationeller Synergien ableiten.

In diesen Bereichen sind auch negative Effekte möglich. So kann es bei M&A zu Kunden- und Mitarbeiterabwanderungen kommen, weil diese verunsichert sind oder das Tagesgeschäft durch die sehr aufwändige Abwicklung des M&A-Vorhabens leidet.

Generell ist wichtig, dass diese Effekte auch nachhaltig sind. Schnelle Wertbeiträge können z.B. durch ausgereifte Optimierungen der Übertragungsmodalitäten oder durch Verkauf mit erworbener, aber nicht benötigter Unternehmensteile erzielt werden. Diese Effekte sind zwar wichtig, da sie als schnelle Erfolge der Transaktion kommunizierbar sind und motivierend wirken können. Sie sind jedoch einmalig. Wichtiger bei M&A sind dauerhafte Synergien (vgl. Haspeslagh/Jemison 1987, 54), da diese langfristig den größten Wertbeitrag ergeben.

Zusammenfassend lässt sich festhalten, dass der Wert eines M&A-Vorhabens durch verschiedene Komponenten beeinflusst wird. Im Rahmen der Transaktion wird die Kaufpreisprämie festgelegt, an deren Höhe sich bemisst, welcher Teil der Gesamtwertsteigerung durch die Integrationsmaßnahmen an die Eigentümer des Käuferunternehmens fließt. Abbildung 2-2 veranschaulicht abschließend diese Verknüpfungen zwischen dem Ergebnis aus Integration, Transaktion und den Kosten, die durch die Durchführung dieser Aufgaben entstehen. Insgesamt stellt die aus einem M&A-Vorhaben resultierende Wertsteigerung den Saldo aus Umsatzsteigerungen und Kostensenkungen abzüglich der akquisitions- und umsetzungsbezogenen Kosten und der meist positiven aber zu minimierenden Akquisitionsprämie dar.

Ebenfalls enthalten sind Beispiele für Vorteile eines M&A-Managements, welches auf diese Ziele einwirkt. Es bildet zwar einen wesentlichen Kostenfaktor, wirkt sich aber bei richtiger Gestaltung positiv aus (vgl. ähnlich Rockholtz 1999, 131). Die Restrukturierungserlöse beziehen sich auf dieselben Bereiche wie die Synergien und wurden nicht extra aufgeführt. Die Einflüsse und Synergiepotenziale sind als beispielhaft anzusehen und erheben nicht den Anspruch auf Vollständigkeit.

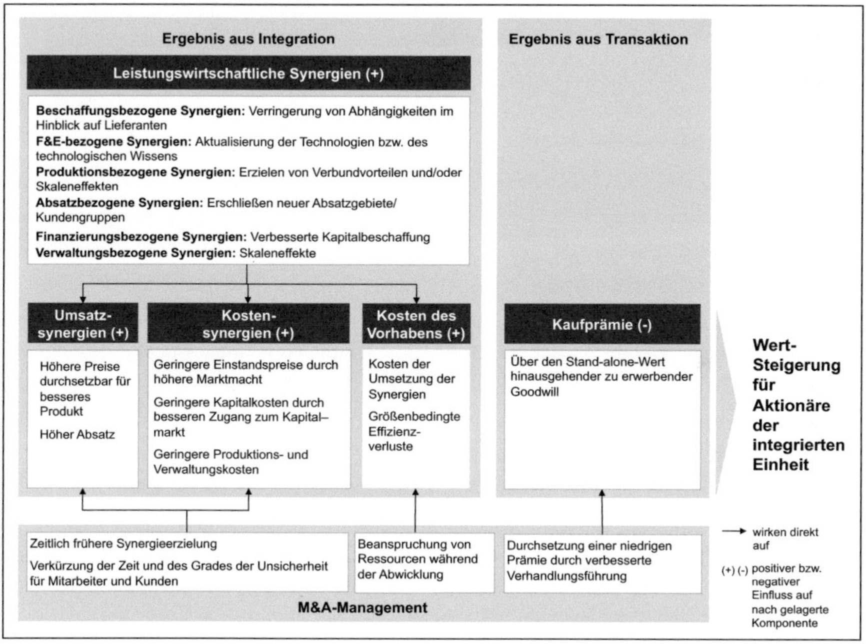

Abbildung 2-3: Bezug der operativen Ebene und des M&A-Projektmanagements zu den M&A-Wertkomponenten

2.3 Merkmale von M&A und Differenzierung von M&A-Typen

2.3.1 Merkmale von M&A

Relevant für die Entwicklung eines situationsangepassten Managementansatzes sind Unterscheidungsmerkmale für M&A. Zur Spezifizierung bieten sich Merkmale mit Auswirkungen auf betriebswirtschaftliche Fragestellungen an. Hierzu wird im Folgenden auf die Kriterienkataloge in der Literatur verwiesen (vgl. z.B. Böckli 2003, 15; Pausenberger 1993, 4337-4438; Grüter 1991, 28). Abbildung 2-4 zeigt eine Übersicht über betrachtete Unterscheidungsmerkmale und deren mögliche Ausprägungen. Diese Merkmale machen eine erste Abgrenzung der betrachteten M&A möglich. Welche Merkmalsausprägungen vordergründig angenommen werden, zeigen die grau unterlegten Felder. Die Erläuterung erfolgt im Anschluss.

Merkmale	Merkmalsausprägungen		
Gewichtung der Autonomieveränderung	einseitige Aufgabe an Autonomie (Verkäufer)	gemeinsame Einengung der Autonomie	einseitige Aufgabe an Autonomie (Käufer)
Grad der wirtschaftlichen Integration	vollständige leistungs-wirtschaftliche Verflechtung	leistungswirtschaftliche Verflechtung in Teilen	keine leistungswirtschaftliche Verflechtung
Größe/ Bedeutsamkeit des Deals	Top-Management involviert	Top-Management nicht involviert	
Geographische Ausrichtung	international	national	
Freiheitsgrad der Entscheidung über M&A	freiwillig	aufgezwungen ("feindliche Übernahme")	

Abbildung 2-4: M&A-Merkmale und Merkmalsausprägungen

Analog zur juristischen Unterscheidung in Fusionen und Akquisitionen können aus betriebswirtschaftlicher Perspektive Vorhaben unterschieden werden, die entweder eher Fusions- oder Akquisitionscharakter aufweisen. Die Unterscheidung lässt sich an den Kriterien „Gewichtung der Autonomieeinschränkung der Partner“ und „Grad der leistungswirtschaftlichen Verflechtung“, also der organisatorischen Integration festmachen. Zunächst zur **Gewichtung der Autonomieeinschränkung**. Engen die Partner ihre Autonomie in gleichem Ausmaß ein, liegt eher ein Vorhaben mit Fusionscharakter vor. Ist diese Einengung nur einseitig zu verzeichnen, würde man von einem Vorhaben mit Akquisitionscharakter sprechen. Dabei dürfte eine Autonomieeinschränkung regelmäßig nur beim Verkäufer zu beobachten sein. Bausch hat dieses Kriterium der Veränderung der wirtschaftlichen Autonomie zur Ableitung generischer Unternehmenszusammenschlussformen in ähnlicher Weise herangezogen (vgl. 2003, 21). Andere Autoren zielen an Stelle der Autonomieveränderung die Größe der beteiligten Unternehmen als Kriterium heran (vgl. z.B. Schawel 2002, 8). Dies sagt allerdings wenig über das tatsächliche Kräfteverhältnis im Prozess des Zusammenschlusses aus und ist damit hier weniger zielführend. Grundsätzlich sind M&A mit ungleicher Einschränkung der Autonomie einfacher in der Durchführung, da anzunehmen ist, dass weniger Verhandlungen zwischen den Partnern notwendig sind. Auch in der Praxis sind sie wesentlich häufiger anzutreffen (vgl. Lucks/Meckl 2002, 24). Es wird im Folgenden zu Gunsten der Klarheit der Darstellung stringent aus Sicht des dominanten Partners im Kaufprozess argumentiert, also von einseitiger Aufgabe der Autonomie ausgegangen. Dies bedeutet jedoch nicht, dass zu Gunsten von Machtausübung argumentiert wird. Es stehen rationale, ökonomisch sinnvolle Handlungen im Mittelpunkt.

Verschiedene Intensitäten lassen sich nach dem **Grad der wirtschaftlichen Integration** unterscheiden. So zeigt Abbildung 2-5 Beispiele für Wertschöpfungsbereiche und Intensitäten der Unternehmensverschmelzung. Die Abwicklung wird dann komplex, wenn die Funktionsbereiche und Arbeitsprozesse der Unternehmen vollständig zusammengelegt und aufeinander abgestimmt werden sollen, also eine gemeinsame Bündelung und Neustrukturierung der Kräfte auf allen Ebenen erfolgen soll. In dem Fall sind alle Unternehmensbereiche involviert und die Abwicklungskoordination ist am anspruchsvollsten.

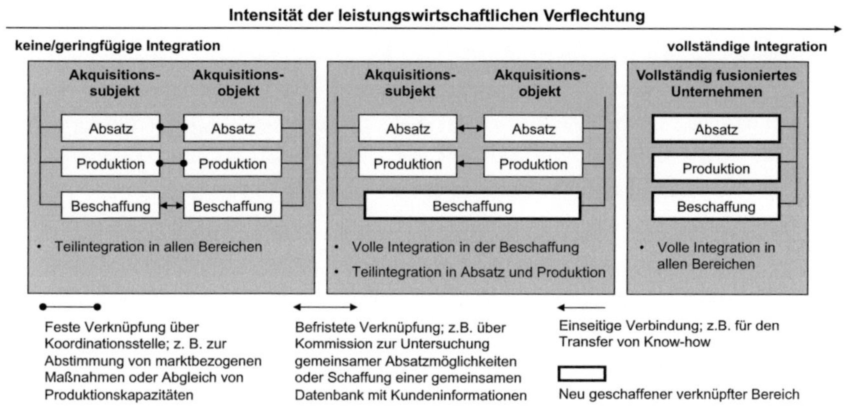

Quelle: In Anlehnung an Bark 2002, 147; Child/Faulkner/Pitkethly 2001, 96

Abbildung 2-5: Einordnung von M&A nach Intensität der leistungswirtschaftlichen Integration

Eine **leistungswirtschaftliche Integration** der Unternehmen ist nicht nur bei Fusionen, sondern auch bei Akquisitionen möglich und zumeist auch Ziel. Im Folgenden wird auf M&A-Transaktionen fokussiert, die auf ein Mindestmaß an leistungswirtschaftlicher Verflechtung abzielen, also mindestens einen neu geschaffenen verknüpften Funktionsbereich umfassen. Dieser kann sich auch auf Unterstützungsfunktionen beziehen. Eine intensive Verflechtung der Unternehmen wird umso schwerer sein, je höher die mit der Transaktion verbundenen Änderungsziele sind (vgl. Gates 2007, 9; Lucks 2005a, 159). Ein Gegenbeispiel wären eher komplementaritätsgetriebene M&A, bei denen die Marktausweitung im Vordergrund steht (vgl. Lucks 2005b, 875). Es sind dann weniger die Wertschöpfungsstufen neu zu ordnen, sondern vielmehr die Schnittstellen zu verknüpfen. Eine Zusammenlegung wird dann eher nur Zentralbereiche (wie Personal, Finanzen o.ä.) betreffen.

Eng verbunden mit dem Aspekt der leistungswirtschaftlichen Verflechtung ist die **strategische Bedeutsamkeit.** Diese kann sich zum einen auf ein einzelnes Vorhaben aber auch auf die Bedeutung der M&A-Strategie allgemein für das Unternehmen beziehen. Zum letztgenannten Aspekt kann generell von einer hohen Bedeutung ausgegangen werden, da andernfalls die Durchführung von M&A aus transaktionskostentheoretischer Sicht durch ein Beratungsunternehmen erfolgen würde und ein interner M&A-Managementansatz nicht erforderlich wäre. Nur bei einer langfristig hohen Bedeutung von M&A ist davon auszugehen, dass eine spezialisierte M&A-Abteilung im Unternehmen gehalten wird und Investitionen in Ressourcen zur langfristigen Optimierung des Gesamtprozesses getätigt werden (vgl. auch Lucks 2005a, 162 und im Detail zur internen versus externen Abwicklung Hinne 2008; Sauermann 2000; Thommen/Sauermann 1999). Siemens hat beispielsweise eine Closing-Frequenz von jährlich rund 50 Transaktionen bei einem Investitionsvolumen von durchschnittlich ca. 2 Mrd. EUR (vgl. Lucks 2005a, 162), die DPWN hat seit 1997 mehr als 120 Akquisitionen erfolgreich abgeschlossen (vgl. Ernst/Hackethal/Vater 2006, 84), Bayer zwischen 2001 und 2005 20 größere Akquisitionen und Desinvestitionen mit einem Volumen von mehr als 40 Mrd. EUR abgewickelt (vgl. Courth 2008, 9) und GE Capital Services mehr als 100 Akquisitionen zwischen 1993 und 1998 (vgl. Ashkenas/DeMonaco/Francis 1998, 6), was auf eine hohe Frequenz und Bedeutung der M&A-Strategie generell bei diesen Unternehmen schließen lässt.

Anhaltspunkte für die strategische Bedeutung eines einzelnen Vorhabens liefert der Wert des Vorhabens im Verhältnis zur Größe des Unternehmens. Kleinere Vorhaben werden häufig in der entsprechenden Division oder Geschäftseinheit oder durch spezielle Fachabteilungen/Stäbe initiiert und durchgeführt (vgl. Lucks 2005a, 162; Meckl 2004, 456; Very/Schweiger 2001, 16; Sauermann 2000, 51-68). Erst bei Vorhaben ab einem bestimmten Wert ist das Top-Management involviert (vgl. Very/Schweiger 2001, 16), auch wenn nur ein Bereich des Unternehmens betroffen ist. Meist wird es aber so sein, dass großvolumige M&A das gesamte Unternehmen betreffen oder einen strategisch wichtigen Unternehmensteil. Dann sind tendenziell alle oder ein bedeutender Teil der Unternehmensbeteiligten von der leistungswirtschaftlichen Integration betroffen. Größere Vorhaben führen zudem zu stärkeren Unsicherheiten hinsichtlich des Umfelds, da tendenziell ein höheres öffentliches Interesse besteht und potenziell mehr Widerstand oder stärkere Reaktionen der Marktpartner zu erwarten sind (vgl. ähnlich auch Allen/Ramlogan/Randles 2002, 316). Ihre Durchführung ist ebenfalls risikoreicher, da der Integrationsaufwand höher ist (vgl. Schlumberger 2007, 77).

Die Arbeit ist trotz des Fokus auf größere M&A, die auch den Einbezug des Top-Managements erfordern, auch für Vorhaben mit geringerer Größe aussagekräftig, da auch diese, insbesondere in Bezug auf die Integration der Unternehmen, nahezu den gleichen Aufwand verursachen können wie große Vorhaben (vgl. Lucks 2005b, 91). Bei kleineren Vorhaben schlägt Meckl z.B. vor, einen für großvolumige M&A entwickelten Ansatz in der Umsetzung relativ zur Projektgröße zu verkleinern (vgl. 2004, 457).

M&A weisen nicht nur zunehmend hohe Volumina auf, sondern finden meist international statt (vgl. Abschnitt 1.1). Diese auch **„Cross-Border-M&A“** genannten Vorhaben unterscheiden sich aus betriebswirtschaftlicher Sicht kaum von der Durchführung nationaler Transaktionen. Die Rahmenbedingungen (Kultur, Sprache, Rechtsystem etc.) sind jedoch um ein Vielfaches komplexer, was einige Auswirkungen auf das Management hat (vgl. Lucks 2005a, 162; Very/Schweiger 2001, 15) und häufig auch zu einer längeren Dauer führt (vgl. Cartwright/Cooper 1996, 35). Wegen der zunehmenden Bedeutung von Cross-Border-M&A und um alle potenziellen Problembereiche eines M&A-Vorhabens abzubilden, wird innerhalb der Arbeit auf Besonderheiten dieser M&A eingegangen, welche wegen der Abstrahierung von einer bestimmten Region aber nur sehr allgemein erfolgen können. Dies schließt die Relevanz für Vorhaben im nationalen Rahmen nicht aus. Analog lässt sich für die **Branche** argumentieren. So können brancheninterne und branchenübergreifende Vorhaben unterschieden werden. Letztgenannte führen analog zu grenzüberschreitenden Vorhaben tendenziell zu einer erhöhten Komplexität, da unterschiedliche Unternehmenskulturen aufeinander treffen.

Nach Grad der **Freiwilligkeit des Zusammenschlusses** unterscheidet man freundliche und feindliche M&A. Bei freundlichen M&A geht das Management des Zielunternehmens die Akquisition freiwillig ein, bei feindlichen nicht. Eine Übernahme gilt als feindlich, wenn das öffentliche Übernahmeangebot von den Gremien des Zielunternehmens mit der Begründung abgelehnt wurde, dass die Interessen des Unternehmens in seiner Gesamtheit bei Annahme nicht ausreichend gewahrt würden (vgl. Vogel 2002, 22 und zur Unterscheidung zwischen freundlichen und feindlichen Übernahmen DePamphilis 2005, 7-8; Vogel 2002, 18-27; Gomez/Weber 1989, 67). In der Anzahl sind feindliche Übernahmen weit weniger bedeutend als freundliche (vgl. Schuler 2004, 106, 113). Sie führen meist zu einem höheren Kaufpreis und einer Komplexitätserhöhung bei der Integration (vgl. DePamphilis 2005, 7). Die Untersuchung ist auf feindliche Übernahmen übertragbar, insbesondere, weil auch Motivationsaspekte beleuchtet werden. Wegen der Stringenz der Argumentation wird auf Detailprobleme allerdings nicht eingegangen. Grundsätzlich ist davon auszugehen, dass für eine erfolgreiche Integration eine freundliche Gesinnung beider Seiten anzustreben ist.

Grenzüberschreitende M&A mit hoher leistungswirtschaftlicher Verflechtung und strategischer Bedeutung sind inhaltlich und damit auch organisatorisch besonders komplex. Grund für die Wahl dieses Ausgangspunkts ist, dass genau für diese M&A-Vorhaben die Gestaltung eines systematischen Managementansatzes am schwierigsten und gleichzeitig am erfolgskritischsten sein dürfte. Sie erfordern nicht nur ein systematisches Management, sondern rechtfertigen wegen ihrer Bedeutung und Größe auch den Aufwand der Implementierung einer eigenen Struktur. Eine genaue Festlegung der Schwelle zur Komplexität und damit eine genaue Abgrenzung des Untersuchungsschwerpunkts ist allerdings schwierig. Beispielhaft seien Vorhaben mittlerer bis großer Größe und Aktivitäten in zwei Regionalmärkten genannt, bei denen rund 40 Parteien einzubinden sind (vgl. den Fall Siemens bei Lucks 2002a, 198). Einer Übertragbarkeit auf andere Transaktionen steht dies nicht im Wege – lediglich der Umfang der Maßnahmen wird dann geringer sein und auf bestimmte Module des zu entwickelnden Ansatzes kann ggf. verzichtet werden.

2.3.2 Abgrenzung von M&A-Typen

Anknüpfend an obige Merkmale können Typen von M&A und deren empirische Bedeutung unterschieden werden. Bezugspunkte sind der Grad der leistungswirtschaftlichen Verflechtung, die Größe, die internationale Ausrichtung des Vorhabens und der Branchenbezug.

In der Literatur werden verschiedene Typologisierungen von M&A unterschieden. Jansen unterscheidet nach Art der betroffenen Wertschöpfungsstufe in Front-end (Marketing/Vertrieb etc.), Back-end (Administration/Personal/Finanzen etc.) und Operational Merger (Beschaffung/Produktion etc.; vgl. 2005, 535), Haspeslagh und Jemison nach Art und Intensität der leistungswirtschaftlichen Verflechtung in Absorption, Symbiose, Holding und Erhaltung (vgl. 1992, 173-175). Ähnlich unterscheidet auch Lucks eher komplementaritätsgetriebene versus auf Konsolidierung ausgerichtete Vorhaben (vgl. 2005b, 875).

Einen umfassenden Ansatz, in dem sich auch obige Typologien wiederfinden, bietet Bower (2001), der nach strategischen Gründen für M&A fünf Typen unterscheidet, für die er auf die empirische Relevanz in den USA und einen distinktiven Gestaltungsansatz hinweist und die sich relativ gut den obigen Typen zuordnen lassen. Sie sind in Abbildung 2-6 zusammengefasst:

M&A-Typen nach Bower 2001 – Zielsetzungen und Beispiele

Szenario I Overcapacity M&A	Szenario II Geographic Roll-up M&A	Szenario III Product/ Market Extension M&A	Szenario IV M&A as R&D	Szenario V Industry Convergence M&A
Konsolidierungs-M&A in reifen Branchen zur Reduktion von Überkapazitäten	M&A zur Konsolidierung in jungen fragmentierten Branchen. Ziel: economies of scale und scope	M&A zur Ausweitung der Produktlinie/ Erschließung neuer geografischer Märkte	M&A als Mittel zum schnellen Know-how Zukauf/ als F&E-Ersatz	M&A als Mittel zur schnellen strategischen Neuausrichtung infolge sich wandelnder Branchen
Fusion Daimler-Benz und Chrysler zu DaimerChrysler (1998); Fusion Rhône-Poulenc und Hoechst zu Aventis (1999)	Akquisitionen von Banc One in den 1980er Jahren; Zukäufe der DPWN zwischen 1997 und 2006	Kauf ENIs Nuovo Pignone durch GE 1994; Kauf Snapple durch Quaker Oats 1994; Kauf Schering durch Bayer 2006	Akquisitionen von Cisco zwischen 1996 und 2001; zahlreiche Akquisitionen von Biotech-Unternehmen durch Pharmakonzerne	Kauf Paramount und Blockbuster durch Viacom 1994, Fusion TimeWarner mit AOL 2001; Kauf Dresdner Bank durch Allianz 2001

Abbildung 2-6: M&A-Typen nach Bower

Ähnliche Strategien unterscheiden Ashkenas, DeMonaco und Francis für GE Capital (vgl. 1998, 8). Die empirische Bedeutung der M&A-Typen nach Bower variiert. Die Szenarien I und III traten nach einer Analyse US-amerikanischer Deals in den Jahren 1997-1999 mit 37 bzw. 36% am Gesamtmarkt der M&A über 500 Mio. USD Volumen auf. Szenarien II, V und IV traten mit 9, 4 respektive 1% relativ selten auf. Der Rest über 13% umfasst Verkäufe an Finanzinvestoren, die nicht Thema dieser Arbeit sind (vgl. zu den Daten Bower 2001). Gates verweist in einer aktuellen Analyse auf abweichende Ergebnisse für diese Szenarien. So stellen einer Analyse des Conference Board zufolge M&A des Szenarios II und III mit 55 bzw. 45% die weitaus häufigsten Fälle dar, gefolgt von 28% „Overcapacity“, 19% R&D und 16% Industry Convergence M&A (prozentualer Anteil der Unternehmen, die der jeweiligen M&A-Strategie eine kritische bis hohe Bedeutung beimessen; vgl. 2007, 10).

M&A des Szenarios I (**Overcapacity M&A**) sind in eher reifen oligopolistischen Branchen wie der Automobil- und petrochemischen Industrie zu beobachten. Ziel ist vor allem aus beiden Unternehmen einer Branche die wettbewerbsfähigen Bereiche zu erhalten und zu optimieren/konsolidieren und sich von weniger wettbewerbsfähigen und ineffizienten Bereichen zu lösen. Letztendlich soll auf diese Weise der Marktanteil vergrößert und die Prozesse sollen effizienter werden. Überkapazitäten werden abgebaut und damit die Wettbewerbsfähigkeit gestärkt (vgl. Bower 2001, 95). Synergien ergeben sich aus einer intensiven leistungswirtschaftlichen Verflechtung und einem tiefen Eingriff in die Wertschöpfungsketten der Unternehmen auf theoretisch allen Unternehmensebenen, wobei der Schwerpunkt auf der Hebung produktionsbezogener Synergien liegen dürfte. Die Ausrichtung ist meist international und die Vorhaben sind großvolumig.

Unter Szenario II (**Geographic Roll-up M&A**) fallen M&A von größeren Unternehmen, die sukzessive branchenintern kleinere, meist mittelständisch geprägte Wettbewerber in nahe liegenden Ländern kaufen. Mit dieser M&A-Strategie wird in frühen Phasen des Branchenlebenszyklus vor allem auf Skalen- und Verbundvorteile abgezielt. Im Vordergrund steht nicht die Konsolidierung und Schrumpfung bereits etablierter Industrie-Giganten wie in Szenario I, sondern Wachstum, das erst zur Bildung eines solchen Branchenführers führt (vgl. Bower 2001, 98). Synergien ergeben sich aus der Ausweitung des Absatzmarkts und der Erschließung neuer Kunden – sie sind eher, in Anlehnung an die Typologie bei Lucks, komplementaritätsgetrieben. Relativ hoch ist auch das Restrukturierungspotenzial bei den Zielunternehmen. So werden zumeist die effizienteren Prozesse des Käufers übertragen und können zu weiteren Wertzuwächsen führen (vgl. Gates 2007, 12).

Den Roll-up M&A teilweise sehr ähnlich sind M&A des Szenarios III (**Product or Market Extension M&A**). Als Unterscheidungsmerkmal kann die Unternehmensgröße angeführt werden. Während in Szenario II eher kleine Wettbewerber Zielobjekt sind, fallen in dieses Szenario größere Unternehmen mit breiterer Produktpalette oder Marktabdeckung als bei Unternehmen in Szenario II. Ziel ist die Komplettierung des eigenen Produktprogramms oder die erweiterte Marktabdeckung – sie sind also ebenfalls eher komplementaritätsgetrieben. Da größere Unternehmen betrachtet werden, können sich aber Überschneidungen in der Marktabdeckung ergeben und auch eine Konsolidierung erforderlich machen. Je größer bzw. kleiner der Größenunterschied zwischen Käuferunternehmen und gekauftem, desto eher sind die Rahmenbedingungen mit Szenario II respektive Szenario I vergleichbar. Es ergibt sich z.B. ein Synergiepotenzial auf interner Prozessebene oder absatzmarktbezogen. Bei diesen M&A ist vor allem das Wissen der neuen Mitarbeiter über die neuen Produkte/Märkte essenziell (vgl. Gates 2007, 12) und damit die Grundlage für Wertgenerierung. Die Ausrichtung ist international und eine leistungswirtschaftliche Verflechtung wird angestrebt, ist aber weniger komplex als bei Szenario I.

Eine etwas andere Stoßrichtung wird mit Szenario IV (**M&A as R&D**) beschrieben. Im Zentrum dieser M&A stehen Unternehmen, die durch Zukauf von kleineren Firnen mit Know-how in Forschung und Entwicklung den hohen Zeitaufwand der Eigenentwicklung umgehen wollen. Dieses Ziel ist der Erweiterung der Produktpalette als Ziel in Szenario III nicht unähnlich, da letztendlich auch durch den Zukauf von Entwicklungs-Know-how neue Produkte entwickelt werden können. Synergien ergeben sich damit auf F&E-Ebene. Die zugekauften

Unternehmen werden eher autonom weitergeführt. Relevant für den Käufer ist das entwickelte Produkt.

Szenario V (**Industry Convergence M&A**) umfasst Vorhaben, die zu einer Neuordnung von Branchen führen oder sich im Zuge der Konvergenz von historisch separaten Branchen vollziehen. Während die vier zuvor erörterten Szenarien einen Fokus auf Zielunternehmen innerhalb der Branche haben, konzentrieren sich die Vorhaben dieses Szenarios auf Zusammenschlüsse, aus denen neue Geschäftsmodelle resultieren (vgl. Bower 2001, 100). Beispielhaft wwerden von Bower der Kauf der TV- und Kino-Produktionsfirma Paramount und des Video- und DVD-Vertriebsunternehmens Blockbuster durch den Medienkonzern Viacom 1994 und die Akquisition des Computerherstellers NCR durch das Telekommunikationsunternehmen AT&T 1990 angeführt (vgl. zu diesen und weiteren Beispielen Bower 2001, 100-101). Auch die Fusion des Medienkonzerns TimeWarner mit dem Onlinedienst AOL in 2001 oder der Erwerb der Dresdner Bank durch den Versicherungskonzern Allianz im selben Jahr dürften dazugehören. Eine starke Verflechtung der Strukturen wird bei diesen branchenfremden M&A angestrebt und erfordert wegen meist starker (unternehmens-) kultureller und geschäftsspezifischer Unterschiede enorme Anstrengungen. Synergien ergeben sich durch eine Neukonfiguration des Geschäftsmodells und der sich daraus ergebenden verbesserten Erfüllung von Kundenwünschen.

Szenario II und IV und ggf. auch V, wenn mehrere kleinere Unternehmen betroffen sind, können auch als „String-of-Pearls"-Akquisitionen bezeichnet werden. Dieser Begriff umfasst eine Menge kleinerer Deals, die zeitlich nah beieinander liegen und zum Ausfüllen strategischer Lücken dienen. Sie sind relativ ähnlich strukturiert und resultieren aus derselben strategischen Planung. Es bietet sich daher an, um möglichst große Lerneffekte auszunutzen, sie in sukzessiven, ähnlich gestalteten Umsetzungsprojekten abzuwickeln. Die US-Firma Cisco führt derartige „Transaktionsfolgen" bereits erfolgreich durch (vgl. Lucks 2005b, 916; Bower 2001, 99; Child/Faulkner/Pitkethly 2001, 3; Maher 2000).

3 Grundlagen zum Projektmanagement

3.1 Projekte

3.1.1 Bedeutung und Merkmale zur Beschreibung und Abgrenzung von Projekten

Die Projektorganisation stellt eine besondere Form der Sekundär- oder Parallelorganisation dar, die die Primärorganisation für bestimmte Vorhaben ergänzt. Weitere bekannte Formen der Sekundärorganisation sind die Parallel-Hierarchie oder die strategische Geschäftseinheit als spezifische ausgekoppelte Produkt/Markt-Kombination (vgl. im Detail Staehle 1999, 762-772; Vahs 2005, 138-139). Die Einrichtung einer solchen Parallelorganisation ist nicht für jedes Vorhaben sinnvoll. Eine klare Abgrenzung ist daher wichtig. So sind bestimmte Vorhaben besser von permanenten Organisationseinheiten abzuwickeln, da nicht nur die Implementierung einer Parallel- oder Sekundärorganisation „Projekt" einen erheblichen Aufwand erfordert, der zu rechtfertigen ist. Auch die Anwendung von Projektmanagement-Methoden und Instrumenten für Vorhaben ohne Projektcharakter ist kaum vorteilhaft. Sie kann sogar dysfunktional wirken, da die Implementierung des verfügbaren komplexen Instrumentariums nicht nur Nutzen stiftet, sondern auch zusätzlichen Aufwand erfordert. Zudem unterscheiden sich die Rollen, Karrierewege, Ausbildungen und Anreizsysteme in Projekten von denen einer permanenten Organisation (vgl. Gareis 2004, 45). Gefahren eines inadäquaten Einsatzes von Projektmanagement-Methoden ergeben sich z.B. aus überhöhten Erwartungen. Generell ist davon auszugehen, dass bei steigender Komplexität des Projekts auch der Projektmanagement-Ansatz komplexer sein darf (vgl. Gaupin 2006, 40).

Weiterhin führt eine undifferenzierte Verwendung des Projektbegriffs zu einer Verwässerung. Projekte werden wegen einer inflationären und undifferenzierten Verwendung des Projektbegriffs häufig von Projektbeteiligten als nicht wichtig empfunden (vgl. Seibert 2004, 5; Gareis 2004, 25; Kraus/Westermann 2004, 12). Unliebsame Aufgaben werden auf Projekte abgeschoben und verlaufen im Sande (vgl. Seibert 2004, 5), was zu negativen Effekten auf die wichtigen Projekte im Unternehmen führen kann. Gibt es bereits eine Vielzahl an Projekten im Unternehmen, die keiner Hervorhebung bedurft hätten, besteht die Gefahr, dass das eigentliche Ziel, Projekten mit dieser Bezeichnung eine Sonderstellung und damit erhöhte Aufmerksamkeit zukommen zu lassen, verfehlt wird. Es sollten daher nur Vorhaben als Projekt deklariert werden, die Projekteigenschaften aufweisen (vgl. auch Kraus/Westermann 2004, 12). Für einfache Vorhaben reicht häufig auch die kurzfristige Einrichtung einer weniger formal arbeitenden Arbeitsgruppe aus (vgl. Gareis 2004, 45) oder die Abwicklung der Aufgaben hat eher den Charakter einer unbefristeten Linienaufgabe. Die Entscheidung über den Projektcharakter einer bestimmten Aufgabenstellung oder Handlung stellt damit eine wichtige Aufgabe dar (vgl. Drews 2003, 20).

Die Merkmale zur Definition von Vorhaben als Projekte lassen sich aus der Projektdefinition selbst ableiten. Eine umfassende Zusammenstellung verschiedener Projektdefinitionen liefert z.B. Dülfer aufbauend auf die Arbeit von Pinkenburg, der 18 verschiedene Definitionen systematisch miteinander vergleicht (vgl. Dülfer 1982; Pinkenburg 1980; 101). Insgesamt kristallisieren sich aus den Definitionen und Charakterisierungen in zentraler Literatur einheitliche Merkmale zur Beschreibung von Projekten heraus, die sich auch mit DIN 69901 decken. Sie definiert ein Projekt als ein Vorhaben, das im Wesentlichen durch Einmaligkeit der Bedingungen in ihrer Gesamtheit gekennzeichnet ist. Als Beispiele für Bedingungen werden die Zielvorgabe, zeitliche, finanzielle, personelle oder andere Begrenzungen, die Abgrenzung gegenüber anderen Vorhaben und eine projektspezifische Organisation angeführt (vgl. DIN 1987c, 1). Herausgegriffen für die folgende Betrachtung werden die Einmaligkeit der Zielsetzung sowie der begrenzte Zeitrahmen, da sich Projekte in diesen Punkten am besten von Aufgaben der Primärorganisation abgrenzen lassen (vgl. Turner 2006, 1; Ekstedt 1999, 5). Neben den konstitutiven Merkmalen wird die Komplexität als wichtiges Beschreibungsmerkmal herausgegriffen. Sie bemisst sich an der Heterogenität der Beteiligten und der Anzahl an Beziehungen und Abhängigkeiten zwischen den Beteiligten (vgl. Luhmann 1980, 1064). Die Charakterisierungen der drei Beschreibungsmerkmale für Projekte sind Tabelle 3-1 zu entnehmen.

Einmaligkeit der Zielsetzung	Zeitliche Befristung	Komplexität
Außergewöhnliche Aufgaben, die nicht in der gleichen oder einer unmittelbar vergleichbaren Form laufend durchgeführt werden. Meist auch neuartig, da für jeweils nur einmal durchgeführte Projekte keine spezifischen Erfahrungen vorliegen.	Projekte weisen ein von Beginn an zu planendes Projektende auf. Die Projektdauer ist dabei unerheblich. Projekte können sich über wenige Tage aber auch über mehrere Jahre erstrecken.	Komplexität bei Projekten entsteht durch die Vielzahl an beteiligten Personen oder Institutionen und Sachmitteln, die in einem wechselseitigen Abhängigkeitsverhältnis stehen und ansonsten nicht zusammen arbeiten.
Nachweis der Bedeutung des Faktors in projektspezifischer Literatur: Kolhoff 2004, 15; Patzak/Rattay 2004, 18; Schelle 2003b, 27; Zielasek 1995, 6; Haberfellner 1992, 2090	Nachweis der Bedeutung des Faktors in projektspezifischer Literatur: Keßler/Winkelhofer 2004, 9; Kolhoff 2004, 15; Kraus/ Westermann 2004, 187; Kerzner 2003, 2; Schelle 2003b, 27-28; Haberfellner 1992, 2090	Nachweis der Bedeutung des Faktors in projektspezifischer Literatur: Kolhoff 2004, 15; Patzak/Rattay 2004, 20; Schelle 2003b, 27; Ehlers 1997, 15; Rinza 1994, 3

Tabelle 3-1: Projektcharakteristika

Nur wenige Autoren beziehen neben einmaligen Projekten in ihre Definition auch auf ähnliche Art und Weise wiederkehrende Projekte mit ein (repetitive Projekte). Grund für diese divergierende Meinung dürfte die unterschiedliche Begriffsauffassung für „einmalig“ sein. Im Folgenden wird eine weite Auffassung angenommen. So ist davon auszugehen, dass auch einmalige Projekte Gemeinsamkeiten aufweisen, da sich andernfalls keine Disziplin Projektmanagement gebildet hätte, die auf der Übertragung von Problemlösungsmustern für Projekte basiert. Hieraus folgt, dass Projekte bis zu einem gewissen Grad auch standardisierbar sind. Die Einmaligkeit bezieht sich also weniger auf jedes Projektdetail, sondern vielmehr auf das Vorhaben als Ganzes. Selbst wenn dieses Vorhaben in ähnlicher Weise wiederholt durchgeführt wird, können die Rahmenbedingungen divergieren und damit das Projekt einen einmaligen Charakter erhalten (vgl. zur Diskussion der Einmaligkeit Schelle 2003c, 28). Auch dann dürfte ein gewisses methodisches Standardisierungspotenzial gegeben sein.

Ein weiterer Aspekt, der häufig zur Abgrenzung von Projekten gegenüber Linienaufgaben herangezogen wird, ist die Einrichtung einer Parallel- oder Sekundärorganisation. Das Vorliegen einer Projektorganisation als Sekundärstruktur ist allerdings nur schwierig für die Beurteilung des Projektcharakters eines Vorhabens verwendbar, da sie eher eine Folge dieser Beurteilung darstellt. Das heißt, dass für ein Vorhaben erst nach Feststellung des Projektcharakters eine eigene Organisationsstruktur aufgesetzt wird. Neben diesen spezifischen Abgrenzungskriterien von anderen Vorhaben weisen Projekte weitere Charakteristika auf, die bei der Gestaltung des Projektmanagements zu beachten sind.

Abschließend ist noch eine Abgrenzung des Projektbegriffs von dem Begriff „Programm" vorzunehmen. Programme werden neben der permanenten Organisation und Projekten als weiterer Gegenstand von Managementaufgaben charakterisiert. Die Abgrenzung zu Projekten ist dabei relativ klar an der Größe und Komplexität des Vorhabens festzumachen. So grenzt Gareis Programme von Projekten insofern ab, als diese in Bezug auf Leistungsumfang, Bedeutung, Dauer, Ressourceneinsatz, Kosten und Anzahl der betroffenen Organisationen größer, länger oder höher sind (vgl. Gaupin 2006, 14; Gareis 2004, 22, 43). Programme sind meist aus mehreren Teilprojekten zusammengesetzte Projekte (vgl. Beck 1996, 69). Da im Folgenden wesentlich auf die Projektmanagementliteratur rekurriert wird, die auch für Programme relevant ist (dies wird z.B. explizit bei der Netzplantechnik, speziell der Methode PERT – genauer der „Programme Evaluation and Review Technique" – deutlich) und dieser Begriff auch für Großprojekte allgemein gebräuchlicher ist, wird im Folgenden diese Abgrenzung nicht getroffen und nur der Projektbegriff verwendet.

3.1.2 Differenzierung von Projektarten

Erst die Identifikation der Projektart ermöglicht die notwendige Anpassung hinsichtlich des Umfangs und der Ausgestaltung der allgemeinen Projektmanagement-Konzeption für den konkreten Fall. Zur Unterscheidung verschiedener Projektarten hat sich eine Reihe von Klassifizierungsmöglichkeiten herauskristallisiert (vgl. zu einer Übersicht z.B. Keßler/Winkelhofer 2004, 32-35; Kolhoff 2004, 16). Wesentlich für die Unterscheidung von Projekten ist weniger die Art des Betriebs, der eine Leistungserstellung anstrebt, sondern vielmehr die Art der anzustrebenden Leistungserstellung; diese stellt den Gegenstandsbereich des Projektmanagements dar (vgl. Schelle 1989, 13; Platz/Schmelzer 1986, 12). Im Folgenden wird die Unterscheidung der Projektart am Gegenstand und an der Stellung des Auftraggebers festgemacht.

Die grundlegende Einordnung erfolgt nach dem **Projektgegenstand**. So gibt es Projekte, die sich auf die Herstellung eines materiellen Produkts beziehen und eher kapital- und weniger arbeitsintensiv sind und einen rigideren methodenintensiven Ansatz ermöglichen, da vor allem Objekte zu steuern sind, die keine Eigendynamik entfalten können. So z.B. beim Bau einer Rakete, einer Brücke oder eines Bürogebäudes. Demgegenüber stehen Projekte, die eine immaterielle Leistung zum Ziel haben und in die vor allem menschliche Arbeitskraft und

Wissen eingehen. Sie stellen besondere Anforderungen an einen Gestaltungsansatz. Als Beispiele zu nennen sind die Organisation von (Groß-) Veranstaltungen wie die EXPO, die Software-Entwicklung, die Abwicklung von Unternehmenskäufen sowie Reorganisations- und Personalentwicklungsprojekte.

Hieran knüpft die Unterscheidung von Projekten nach **Stellung des Auftraggebers** an. Von ihrem Ursprung können Projekte sowohl auf einem unternehmensinternen als auch auf einem unternehmensexternen Auftrag basieren, d.h. Auftraggeber ist ein Unternehmensangehöriger bzw. ein externer Auftraggeber (vgl. Kolhoff 2004, 16). Internen Projekten ist gemein, dass sie eine von der Primär- oder Mutterorganisation temporär eingerichtete Sekundärorganisation sind, die damit beauftragt ist, für den eigenen Zweck eine Aufgabe durchzuführen (vgl. auch Andersen 2006, 15-16 und im Detail zur Typologisierung von betrieblichen Projekten Ekstedt 1999, 64-65). Die temporäre Organisation erhält damit ihre Inputs von der Mutterorganisation und liefert an diese ihre Ergebnisse (vgl. Andersen 2006, 17; Kolisch 2003, 206). Beispiele für interne Projekte sind Unternehmenskäufe und Reorganisationsprojekte, die durch das Top-Management, das Inhouse-Consulting oder die betroffene Division ausgelöst werden und im Unternehmen selbst abgewickelt werden.

3.2 Projektmanagement

3.2.1 Begriffsdefinition und Charakterisierung von Primär- und Sekundäraktivitäten

Der Begriff des Projektmanagements hat seit einigen Jahren auch Verwendung in den betriebswirtschaftlichen Disziplinen gefunden. Die Vorstellungen über die Inhalte divergieren allerdings (vgl. Zielasek 1995, 1 und zu einer Auflistung verschiedener Definitionen Schwager/Haar 1996, 34-36). Vielfach wird zwar der Begriff verwendet, selten wird jedoch der klassische Projektmanagement-Ansatz oder eine Weiterentwicklung dessen darunter verstanden (vgl. Abschnitt 1.3). In der allgemeinen Projektmanagement-Literatur findet man zahlreiche Definitionsversuche für diesen Begriff. Z.B eine Definition des Deutschen Instituts für Normung (DIN). Diese geht deduktiv vom Managementbegriff aus und definiert Projektmanagement als „die Gesamtheit von Führungsaufgaben, -organisation, -techniken und -mittel für die Abwicklung eines Projekts“ (vgl. DIN 1987c, 1). Aus dieser Definition lassen sich einerseits die zentralen Komponenten eines Projektmanagements ableiten, andererseits legt sie die grundlegende Ausrichtung fest. Projektmanagement umfasst somit spezifische Aufgaben, Träger der Aufgaben und Instrumente und ist auf das operativ-taktische Management des Projekts ausgerichtet. Damit grenzt es sich wesentlich vom linienorientierten Management ab, welches eher die Formulierung und dauerhafte Durchsetzung der Gesamtheit der Festlegungen, die die Ziele des Unternehmens sowie sein Verhalten langfristig determinieren, umfasst und eher strategisch auf das langfristige Bestehen des Unternehmens ausgerichtet ist (vgl. Domschke/Scholl 2003, 342, 346). Die operativ-taktische Ausrichtung spiegelt sich auch in dem Aufgabenbereich des Projektleiters wider, der „die Erreichung des vorher spezifizierten

Projektziels im vorgegebenen Kosten- und Terminrahmen“ (Madauss 2000, 87) sicherzustellen hat und damit eher koordiniert als direkt Wert schafft.

Die Abgrenzung zum allgemeinen Managementbegriff erfährt der Projektmanagementbegriff durch den eingeschränkten Fokus „Projekt“. Dies bedeutet, dass die gesetzten Ziele, anders als bei Führungsaufgaben der Primärorganisation, meist in kürzerer Zeit erreicht werden müssen, was der begrenzten Lebensdauer von Projekten geschuldet ist.

Dies bedeutet aber nicht, dass Projektmanagement analog zu Projekten zeitlich befristet ist. Projektmanagement kann vielmehr als ein auf Dauer im Unternehmen angelegtes Führungskonzept für laufend durchgeführte, zeitlich begrenzte Vorhaben angesehen werden (vgl. ähnlich Krüger 2006a, 807). Dies impliziert auch, dass Projektmanagement im Unternehmen dauerhaft zu verankern ist. Dies erfolgt z.B. im Rahmen eines Multiprojektmanagements, auf das im Detail bei den Trägern des Projektmanagements noch eingegangen wird.

Im Projektmanagement oder auch Management von Projekten sind verschiedene Betrachtungsebenen zu unterscheiden. Zum einen das Objektsystem, also das Handlungsergebnis oder zu erstellende Produkt, und zum anderen das Handlungssystem, welches den Handlungsprozess umfasst (vgl. Patzak/Rattay 2004, 149, ISO 10006 zitiert nach DIN 2004, 11). Im Objektsystem wird direkt zur Wertschaffung des Unternehmens beigetragen. Die zur Erstellung der Leistung erforderlichen Aktivitäten stellen in Anlehnung an Porters Wertkette (vgl. 1989 und 1999a), die von ihm für die Analyse von Wettbewerbsvorteilen bezüglich strategisch relevanter Tätigkeiten in Unternehmen entwickelt wurde, **Primäraktivitäten** dar.

Das Handlungssystem dient der Führung und Unterstützung dieser Aktivitäten. Diese sogenannten **Sekundäraktivitäten** oder auch Führungs- und Unterstützungsaktivitäten dienen in erster Linie der Ressourcenbereitstellung und der Schaffung adäquater infrastruktureller Bedingungen zur Gewährleistung einer reibungslosen Abwicklung der Kernaktivitäten (vgl. Porter 1999a, 69). Sie weisen nur einen indirekten Bezug zur Wertschöpfung auf.

Auf beiden Ebenen sind Managementaufgaben zu erfüllen. Im Vordergrund steht im Folgenden die Gestaltung der Sekundärebene und deren inhaltliche Ausrichtung. Im Fokus dieses durch ISO 10006 explizit als „Projektmanagement-Prozesse“ definierten Bereichs (vgl. DIN 2004, 11) steht ähnlich wie bei anderen betriebswirtschaftlichen Fragestellungen auch der Optimierungsgedanke der operativen Projektabwicklung (vgl. Morris bei Seibert 2004, 4 und allgemein Schelle 1989, 18). Die Durchführung der Leistungserstellung ist durch das Projektmanagement möglichst effizient zu gewährleisten. Ziel der Arbeit ist es damit, einen M&A-spezifischen Gestaltungsansatz für diese Projektmanagement-Prozesse zu entwerfen. Der Objektbereich bleibt aber weiterhin relevant, da er die Rahmenbedingungen für das Handlungssystem vorgibt, die entscheidend für die situative Anpassung des Handlungssystems sind.

3.2.2 Theoretische Fundierung des Projektmanagement-Ansatzes

Projektmanagement ist durch unterschiedliche Herangehensweisen geprägt (vgl. Steinle 2001a, 15). Dies erstaunt zunächst vor dem Hintergrund der Existenz allgemeiner Begriffsdefinitionen und Zertifizierungen, lässt sich aber durch die Heterogenität der Autoren und Anwendungsbereiche (vgl. Steinle 2001a, 15) sowie durch ein fehlendes und auch kaum mögliches, allgemeines Verständnis von Projektmanagement oder eines geschlossenen theoretischen Ansatzes für Projekte (vgl. Abschnitt 1.3) erklären. Projektmanagement wurde wesentlich durch die betriebliche Praxis geprägt und aus ihr heraus entwickelt. In letzer Zeit wurden zwar Versuche unternommen, sie auf ein theoretisches Fundament zu stellen. Die Versuche sind aber noch wenig ausgereift (vgl. Abschnitt 1.4.1). Im Folgenden wird auf die Bildung eines entsprechenden Theorieverständnisses hingearbeitet.

Ein wesentlicher Anteil der Projektmanagement-Forschung fokussiert auf methodische Aspekte, auch „Task Perspective“ (vgl. Andersen 2006, 17). Dieses **traditionelle Verständnis von Projektmanagement** wurde allgemein zu Beginn der Entwicklung als eigenständige Disziplin vertreten. Die theoretische Basis lieferten im Wesentlichen die Forschungsrichtung Operations Research und spezielle REFA-Methoden (vgl. Gareis 2004, 55; Schelle 1989, 18). Die Projektmanagement-Definition war damit sehr eng gefasst. Gegenstand waren vor allem technische oder quantitative Methoden wie die Netzplantechnik, Methoden des Risikomanagements und zur Kontrolle des Leistungsfortschritts, der Projekttermine und Projektressourcen und -kosten (vgl. Gareis 2004, 55-56; Steinle 2001a, 13; Schelle 1989, 11-12).

Diese traditionelle Sicht des Projektmanagements als eine Ansammlung von Planungs- und Kontrollinstrumenten und die Angemessenheit der Anwendung der formalen Modelle bei komplexen Projekten wurde bereits Anfang der neunziger Jahre in Frage gestellt. So werden die den Modellen zugrunde liegenden Annahmen vielfach als zu restriktiv qualifiziert (vgl. Kraus/Westermann 2004; Bruijn/Heuvelhof/Veld 2002; Schelle 2003b, 36 und Schelle 1989, 18). Der Übergang von einem methodenorientierten Projektmanagement zu einer ganzheitlichen Sicht, auch „Organizational Perspective“, die ein breiteres Spektrum an Gestaltungsmöglichkeiten umfasst, hat sich infolge der zunehmenden Komplexität von Projekten, ihrer wirtschaftlichen Bedeutung und des mit ihnen verbundenen Risikos für Unternehmen vollzogen (vgl. ähnlich Patzak 1989, 28-29) und gilt insbesondere für betriebliche Projekte, in denen komplexe sozio-technische Systeme im Vordergrund stehen (vgl. Pinkenburg 1980, 169-170). So verweist einschlägige Literatur zum Thema zunehmend auf die Bedeutung einer **ganzheitlichen Betrachtung** (vgl. Morris 1994; Kerzner 2003; Meredith/Mantel 2006; Madauss 2000).

Die Definition von Projekten als komplexe Ganzheit spiegelt sich in der Normierung wider. So erschien 1970 zum Projektmanagement die erste DIN-Norm zur Netzplantechnik: DIN 69900-1 Netzplantechnik – Begriffe. Der zweite Teil zur Darstellungstechnik (DIN 69900-2) wurde 1974 ergänzt (vgl. Waschek 2005, 7). Im Zuge der Erkenntnis, dass die Netzplantechnik nur den Kern einer ganzen Reihe von Instrumenten und Methoden der Planung und Kontrolle bildet, nahm man alle Begriffe aus den beiden Netzplantechnik-Normen heraus, die streng genommen keinen Bezug zu ihr haben, und überführte sie 1979/1980 in ein eigenes Normblatt: DIN 69901 (vgl. Waschek 2005, 8). Im Laufe der Jahre erschienen weitere Normen, die unter dem Begriff der „Projektwirtschaft" zusammengefasst wurden und es vollzog sich eine Abkopplung vom Forschungsbereich „Operations Research" (vgl. Waschek 2005, 8-9). Projektmanagement erhält zunehmend den Charakter eines komplexen Managementansatzes. Es wird dementsprechend eine Neuordnung der zum Teil veralteten DIN Normen unter dem mit den Normen der ISO 9000 Familie („Qualitätsmanagementsysteme") vergleichbaren Begriff „Projektmanagementsysteme" gefordert (vgl. Waschek 2005, 10-11). Die aktuelle internationale Qualitätsnorm ISO 10006 trägt der Ganzheitlichkeit bereits Rechnung, indem sie Prozesse einschließt, die sich z.B. auch auf Personalführungsaspekte beziehen (vgl. DIN 2004, 11). In einer ganzheitlichen Sicht steht die Bewältigung des sich aus dem teilweise schwer durchschaubaren Beziehungsgefüge im Projekt und der Umweltdynamik ergebenden Komplexitätsproblems im Vordergrund (vgl. Patzak 1989, 29).

Für die Weiterentwicklung zu einem ganzheitlichen Projektmanagement-Ansatz diente insbesondere die kybernetische Systemtheorie als Impulsgeber (vgl. zum Ursprung Bertalanffy 1956 und 1962 und zur Weiterentwicklung für die Sozialwissenschaften Parsons 1951; Luhmann 2004, 12 und allgemein zu den Grundlagen der Theorie Lehmann 1992; Drews 2003; Kieser/Kubicek 1992). In der frühen Phase systemtheoretischen Denkens wurde der Blick im Wesentlichen auf den Systemaufbau gerichtet. Systeme wurden als Ganzheiten definiert, die aus untereinander verbundenen Teilen bestehen. Im Fokus stehen die Elemente des Systems und die Interdependenzen zwischen diesen Elementen. Durch die Verknüpfung ihrer Elemente bauen Systeme geordnete Komplexität auf (vgl. Tacke 2004, 1393), auch als „Systemzustand" zu bezeichnen. Diese Sichtweise wurde jedoch als zu statisch kritisiert. Das Defizit der rein morphologischen Betrachtung von Systemen wurde durch die Rezeption der Kybernetik, als Wissenschaft von der Steuerung und Regelung (vgl. Vahs 2005, 36), und dem Einzug des Regelkreisschemas in organisatorisches Denken (vgl. Schreyögg 1998, 91) gemindert. Dieses hieraus entstandene systemtheoretisch-kybernetische Verständnis schließt neben den genannten statisch-strukturellen Aspekten mit der Betrachtung des Verhältnisses von Systemen zu ihrer Umwelt auch dynamische Aspekte in die Betrachtung mit ein. Im Mittelpunkt der Überlegungen steht das Systemverhalten. Es wird danach gefragt, wie sich mit Einsatz bestimmter Regelungsmechanismen das Systemgleichgewicht in einer sich verändernden Umwelt oder bei systeminternen Transformationsprozessen, allgemein unter Störungen zusammengefasst, durch Übergang von einem Systemzustand in einen anderen aufrechterhalten kann (vgl. Vahs 2005, 37; Schreyögg 1998, 94; Lehmann 1992, 1839).

Ein Großteil der Projektmanagement-Literatur greift auf dieses ganzheitliche, disziplinübergreifende, die Umwelt in die Betrachtung einbeziehende Denkschema (vgl. Vahs 2005, 37) zurück. Erfasst und gestaltet werden Projekte als Systeme sowohl unter statisch-struktureller als auch dynamischer Perspektive. Fokussiert wird auf die Art und Anzahl der Beziehungen zwischen den Elementen innerhalb des Projekts sowie zwischen Projekt und Projektumfeld. Auch neuere Entwicklungen systemorientierten Denkens, zu denen der evolutionstheoretische Ansatz zählt, in dem autopoietische d.h. sich selbst produzierende Systeme im Vordergrund stehen (vgl. im Detail z.B. Becker 2004; Kirsch/Seidl 2004; 1369; Lehmann 1992, 1846), werden in der Projektmanagement-Literatur rezipiert (vgl. z.B. Frieß 2000 oder Petersen/Witschi 2002; Balck 1991; Balck 1990). Projekte als sich selbst entwickelnde und sich selbst ordnende Systeme in Anlehnung an ein biologisches Systemverständnis einer evolutorischen Sicht zu interpretieren, ist jedoch wenig zielführend. Derartige Systeme nehmen von außen kommende Impulse eher als Störung wahr (vgl. Kirsch/Seidl 2004, 1369). Dies wäre gleichzusetzen mit einer Ablehnung der Fremdinitiierung und -gestaltung von Systemen bzw. der Führung als intervenierende Variable (vgl. im Detail zur Kritik Drews 2003, 17). Dieser Meinung schließt sich die vorliegende Arbeit an, auch wenn diese Denkweise in Teilbereichen einfließt. So wird zum Beispiel davon ausgegangen, dass Organisationen durch ihre Mitglieder lernfähig sind und Erfahrungen zielgerichtet auswerten und damit für zukünftiges Verhalten nutzbar machen können. Damit kann zumindest eine gewisse Selbstregulierungs- und Selbstorganisationsfähigkeit als gegeben angesehen werden und ist bei der Gestaltung zu beachten. Es wird also davon ausgegangen, dass Projekte zweckorientierte, offene und dynamische Systeme sind, die mit ihrer Umwelt in Wechselbeziehungen stehen (vgl. ähnlich auch Vahs 2005, 38) und bis zu einem bestimmten Grad auch fähig sind, sich selbst zu regulieren.

Die theoretische Basis des Projektmanagements ist nur rahmengebend. Erforderlich sind weitere Ansätze, die eine Ableitung von konkreten Ziel-Mittel-Relationen möglich machen. Im Projektmanagement liegen allerdings nur wenige Informationen darüber vor, welche Ansätze relevant sind (vgl. Abschnitt 1.3). Diese theoretische Fundierungsleistung ist daher im Rahmen dieser Arbeit zu leisten und erfolgt im Anschluss an die Konkretisierung von Objekt- und Handlungsrahmen in Kapitel 5. Der im Projektmanagement einheitlich als wichtig erachtete Grundgedanke der Systemtheorie ist im neo-kontingenztheoretischen Ansatz, der für diese Arbeit das gedankliche Grundgerüst liefert, enthalten (vgl. Abschnitt 1.4.1).

Für die in den systemischen Ansatz einzubettenden Methoden ist von einer guten theoretischen Fundierung auszugehen. Die Methoden des traditionellen Projektmanagements wurden laufend weiterentwickelt und auch an eine systemorientierte Denkweise angepasst. Eine Modifikation für M&A-Projekte, die sich durch spezifische, von Industrieprojekten, für die die Methoden vornehmlich entwickelt wurden, interne und externe Kontextvariablen auszeichnen, ist allerdings erforderlich (vgl. Abschnitt 1.4.1).

4 Entwicklung einer M&A-Projektmanagement-Konzeption

4.1 M&A-Projekte

4.1.1 Nachweis des Projektcharakters für die M&A-Typen und die Teilleistungen Transaktion und Integration

Es stellt sich die Frage, inwiefern die M&A-Typen und die verschiedenen Aufgabentypen innerhalb eines M&A-Vorhabens als Projekte bezeichnet werden können und welcher Projektart sie entsprechen. Macht man den Projektcharakter an den zentralen Merkmalen Einmaligkeit der Zielsetzung, zeitliche Beschränkung, Ressourcenknappheit, Komplexität und strategische Bedeutung fest, so fällt die Entscheidung für M&A relativ eindeutig aus, was sich im Folgenden zeigt. Für die Prüfung des Projektcharakters wird nach Aufgabentyp und den M&A-Typen nach Bower unterschieden (vgl. Abschnitt 2.2.2 bzw. 2.3.2).

Generell wird eine Einmaligkeit der Zielsetzung angenommen, nicht zuletzt wegen des jeweils spezifischen Kontexts in dem M&A durchgeführt werden (vgl. Morosini 2001, 460). Allerdings variiert der Grad der Neuartigkeit für die Typen. Bei den Transaktionsaufgaben ist das Umfeld zu analysieren, welches aus der Perspektive des M&A planenden Unternehmens hinsichtlich der Analyseobjekte grundsätzlich konstant bleibt. So werden sich die Analyseobjekte im Zeitablauf über verschiedene Vorhaben nicht wesentlich verändern, weswegen die Einmaligkeit geringer ausgeprägt ist. In Bezug auf die Integrationsaufgaben ist eher eine Einmaligkeit gegeben, da die Analyseobjekte stärker unternehmensspezifisch sind. Kein Akquisitionsobjekt gleicht dem anderen, da es spezifische Prozesse, eine spezifische Organisation und eine eigene Kultur aufweist. Allerdings dürfte das Ausmaß des Unterschieds branchenübergreifend und für verschiedene Unternehmensgrößen divergieren. Auch branchenintern wird es bei historisch gewachsenen, reifen Unternehmen Unterschiede geben.

Hinsichtlich der Szenarien ist weiter zu differenzieren. Der einmalige Charakter der integrationsbezogenen Aufgaben wird vor allem bei Szenario I anzutreffen sein, da ein Unternehmen M&A in dieser Größenordnung meist nur einmal oder sehr selten durchführt. Für das Szenario V dürfte bei erstmals mit dieser Zielrichtung verfolgtem Vorhaben ebenfalls ein hoher Neuigkeitsgrad vorliegen. Im Zeitablauf werden sich aber weitere ähnliche Vorhaben ergeben. Ähnliches gilt auch für Szenario III, wobei eine noch stärkere Vergleichbarkeit anzunehmen ist. Szenario IV-Vorhaben dürften nach relativ gut standardisierbarem Schema ablaufen, da die Unternehmen sich hinsichtlich Kultur, Mitarbeiter und Struktur relativ ähnlich sein dürften. Die Strategie in diesem Szenario ist zudem langfristiger Natur, was für die Einrichtung einer Abteilung in der Linie zur laufenden Abwicklung hier einzuordnender M&A spricht. Für Szenario II dürfte sich die Einmaligkeit an der Art des zugekauften Unternehmens bemessen. Da zumeist aber der Käufer der dominante Part ist und er seine Prozesse auf den kleineren Partner überträgt, dürfte aus seiner Sicht das Ablaufschema relativ gut standardisierbar sein. Hieraus ergibt sich, dass ein Projekt im klassischen Sinn nach diesem Kriterium bei den Integrationsaufgaben im Rahmen der Szenarien I, III und V vorliegt. In etwas eingeschränktem Maße gilt der Projektcharakter auch für die Transaktionsaufgaben, da diese stärker repetitiven Charakter haben.

Projekte haben unabhängig vom Typ ein genau definiertes Ende, sind also zeitlich befristete Vorhaben. Die genaue Bestimmung des Projektendes ist allerdings schwierig. Dies gilt weniger für die transaktionsbezogenen Aufgaben. Deren Ende ist mit dem Abschluss des Kaufvertrages relativ eindeutig bestimmbar. Schwieriger ist die Bestimmung eines zeitlichen Endes für die Integration. So laufen parallel eine Reihe an Aktivitäten zur Integration der Unternehmensbereiche ab, die vor einer mehr oder weniger komplexen Aufgabe stehen und zu unterschiedlichen Zeitpunkten beendet werden. Die Frage ist, ob diese Einzelinitiativen noch einer übergeordneten Projektorganisation bedürfen, oder ob der Abschluss der Projektorganisation bereits früher zu terminieren ist. Generell ließen sich aber Anfang und Ende definieren. Positiver Effekt einer zeitlichen Begrenzung ist ein implizit aufgebauter Zeitdruck, der sich auch aus dem Ziel der Synergieerwirtschaftung ergibt. Verzögert sich die Synergierealisierung durch eine langsame Integrationsabwicklung, sinkt ihr Barwert und damit der Gesamtwert der Transaktion, was wiederum das Projektbudget schmälert. Eine zeitliche Befristung für die Integration ist daher auch aus wirtschaftlicher Sicht sinnvoll, auch wenn die Festlegung schwierig ist.

Für laufend abzuwickelnde Transaktionen einer bestimmten Art wie in Szenario IV und ggf. auch bei Szenario II oder V stellt sich die Frage der zeitlichen Befristung eher auf projektübergeordneter Ebene. So ist die Abwicklung von M&A dann eher als langfristige Aufgabe zu verstehen und einzelne Transaktionen stellen nur einen Teil dieser unbefristeten Gesamtaufgabe dar, was wiederum den stärkeren Projektcharakter der Szenarien I, III und V hervorhebt, auf denen im Folgenden auch der Schwerpunkt liegt.

Eine allgemeine Komplexität ist bei M&A anzunehmen (vgl. Meckl 2004, 455). Generell dürfte sie bei Szenario I, III und V am höchsten sein, da hier der Umfang und die Heterogenität des Geschäfts und der Unternehmenskulturen am höchsten sind. Eine phasenspezifische Bewertung der Komplexität erfolgt in Abschnitt 6.3, da sie eine wesentliche Gestaltungsbedingung darstellt.

Bei einer Gesamtbetrachtung haben M&A-Transaktionen des Szenarios I und unter bestimmten Voraussetzungen auch III und V hinsichtlich der Projektkriterien am ehesten Projektcharakter. Ausgangspunkt ist daher im Folgenden ein sehr komplexer M&A-Fall dieser Szenarien, so dass die (deterministischen) Ausprägungen der Gestaltungsbedingungen eher problematisch sind. Beispielhaft wird angenommen, dass die Transaktion länderübergreifend zwischen zwei Großunternehmen stattfindet, die ihre Prozesse in weiten Teilen zusammenlegen. Von diesem komplexen Fall, der wegen der Neuartigkeit und Einmaligkeit der Transaktion für ein einzelnes Unternehmen noch am ehesten Projektcharakter hat, sind Aussagen für M&A-Fälle mit günstigeren Gestaltungsbedingungen ableitbar. Variationen ergäben sich z.B.

hinsichtlich der Sekundäraufgaben im zur Verfügung stehenden Budget. So wird für großvolumige Transaktionen auch ein höheres Projektbudget zur Verfügung stehen. Hinsichtlich der Motivation dürften vor allem Szenario I- und V-Transaktionen Probleme verursachen, da hier vordergründiges Ziel ist, Kosten einzusparen, was meist Arbeitsplatzabbau zur Folge hat bzw. zwei sehr unterschiedliche (Unternehmens-) Kulturen aufeinandertreffen.

Unterscheidet man nach Aufgabentyp, dann liegt für die transaktionsbezogenen Aufgaben zwar ein Projektcharakter vor, sie sind allerdings weniger komplex. Ein Projekt im klassischen Sinn liegt vor allem bei den integrationsbezogenen Aufgaben vor. Im Folgenden werden auch die transaktionsbezogenen Aufgaben als Projekt definiert, allerdings sind die Gestaltungsbedingungen gesondert zu untersuchen und die Projektmanagement-Gestaltung wird in der inhaltlichen Ausgestaltung andere Schwerpunkte haben als bei den integrationsbezogenen Aufgaben.

Zur Unterscheidung wird fortfolgend zwischen Transaktions- und Integrationsprojekt unterschieden (vgl. zur Bedeutung der Unterscheidung dieser Teams auch Lucks 2005b, 918). Auf Unterschiede zwischen diesen Projekten wird, sofern erforderlich, hingewiesen.

4.1.2 Der M&A-Projektlebenszyklus

4.1.2.1 Einteilung der Phasen

Bevor auf die Konzeption des M&A-spezifischen Gestaltungsrahmens eingegangen wird, ist das Objektsystem näher zu spezifizieren. Dies erfolgt zunächst anhand einer phasenspezifischen Betrachtung.

Projekte durchlaufen einen Projektlebenszyklus, im Rahmen dessen die Projektleistung erbracht wird. So auch M&A-Projekte. Die Phasensicht stellt eine wichtige Perspektive im Projektmanagement dar. Sie ermöglicht Transparenz über objektive Zäsuren in Form definierter Meilensteine im Projektablauf, die als Basis für die Entscheidung über die Weiterführung oder Anpassung des Projekts dienen. Zudem wird gewährleistet, dass die Folgephasen auf bereinigten und genehmigten Zwischendokumenten aufbauen können (vgl. Litke 2004, 29).

Diese Ebene der Strukturierung umfasst die Aufteilung des Gesamtprozesses in zeitlich sukzessive Projektphasen. Die Projektphasen sind nach DIN normiert. DIN 69901 definiert eine Projektphase als (DIN 1987c, 2): „Zeitlicher Abschnitt eines Projektablaufs, der sachlich gegenüber anderen Abschnitten getrennt ist.“ Merkmale der Phasen sind damit ihre zeitliche Begrenzung und ein definiertes sachliches Teilziel. Das allgemeine Phasenmodell umfasst meist vier distinkte Phasen: Projektdefinition und -konzeption, Projektplanung, Projektsteuerung und -durchführung und Projektabschluss, die häufig weiter differenziert werden (vgl. Ahlemann/Schroeder/Teuteberg 2005, 17; Marr/Steiner 2004, 1198-1199 und zu einer differenzierteren Sicht z.B. Madauss 2000, 67-73, der auch einen Überblick über verschiedene Phasenkonzepte bietet). Der konkrete Phasenverlauf und auch inhaltliche Schwerpunkte innerhalb der Phasen unterscheiden sich je nach Projektart (vgl. Schelle/Ottmann/Pfeiffer 2005, 119; Hoehne 2003, 221). Für M&A wird meist eine Unterscheidung von drei bis vier zeitlichen Abschnitten vorgeschlagen (vgl. Lucks/Meckl 2002, 54; Vogel 2002, 113-114; Jansen 2000, 154 und zu mehr Phasen Gerds 2000, 12; Haspeslagh/Jemison 1992, 26; Gomez/Weber 1989, 39), die jeweils eine Sequenz von weiter zu differenzierenden Einzelaktivitäten umfassen (vgl. Richter 2005, 199; Very/Schweiger 2001, 12).

Es folgt eine Einteilung der Phasen in Vorfeld-, Transaktions-, Integrations- und Abschlussphase. Diese Terminologie ist mit bestehender M&A-Literatur konsistent und spiegelt den inhaltlichen Schwerpunkt der Phasen wider, wobei allerdings einer expliziten Abschlussphase als vierte Phase seltener in der M&A-Literatur ein Augenmerk geschenkt wird. So wird die Abschlussevaluierung meist innerhalb der Integrationsphase berücksichtigt (vgl. z.B. Lucks/Meckl 2002, 59). Die explizite Betrachtung einer Abschlussphase, trotz dieses doch im Vergleich zu den anderen Phasen recht kurzen Zeitabschnitts, lässt sich begründen. So wird häufig auf Probleme einer Erfolgsbeurteilung bei M&A hingewiesen, die klassischerweise Inhalt einer Projektabschlussphase ist. Erfolgt die abschließende Projektevaluierung im Rahmen einer separaten Phase, wird die Bedeutung der Aktivität betont und es wird für eine explizite und systematische Erfolgsbeurteilung von M&A-Projekten Platz im Prozess geschaffen. Zudem unterscheidet sich die Art der Aufgabe signifikant von den Aufgaben der Integrationsphase und erfordert daher auch einen anderen Gestaltungsansatz.

Dahingegen wird die Phase der Projektdefinition nicht explizit zum Projekt gezählt. Diese Aufgaben haben weniger Projektcharakter. Sie werden eher im Strategiestab der Unternehmenszentrale angesiedelt sein. Diese Trennung der Vorfeldaufgaben von den Projektaufgaben ist nicht unstrittig. In der Strategieplanung begangene Fehler können bereits Ursache für einen Projektmisserfolg darstellen, was einige Autoren zum Anlass nehmen zu fordern, dass auch diese Aufgaben mit in das Projektmanagement zu integrieren sind, um bereits hier einen Einfluss auf den Gesamterfolg des Projekts ausüben zu können (vgl. z.B. Besner/Hobbs 2006, 39). Dies wäre aber auch über eine personelle Verknüpfung möglich. Richtig ist allerdings, dass die Gesamtbeurteilung auch die Strategieauswahl als mögliche Fehlerquelle mit einzubeziehen hat. Einfachere Methoden können aber durchaus bereits in der Phase der Projektdefinition angewendet werden, um auch hier Zeitverzögerungen zu vermeiden.

Corsten rechnet der Lebensdauer eines Projekts auch eine Nachlaufphase zu (vgl. 2000, 26). Diese ist insbesondere für Projekte notwendig, deren Erfolg sich erst eine gewisse Zeit nach Projektabschluss beurteilen lässt. Eine Nachlaufphase wird z.B. im industriellen Anlagenbau und in der Luft- und Raumfahrt berücksichtigt (vgl. Corsten 2000, 26) und ist auch bei M&A-Projekten sinnvoll, da auch hier der Projekterfolg meist erst Jahre nach Abschluss gemessen werden kann. Dies soll aber nicht davon ablenken, dass die Definition einer möglichst genauen Zeitspanne für das Projekt unbedingt eingehalten werden sollte. Generell sollte auch eine Nachlaufphase befristet sein.

Während das Transaktionsprojekt relativ klar mit dem Closing endet, ist die Definition des Projektendes für das Integrationsprojekt, also der Übergang von der Integrations- zur Abschlussphase und die Übergabe der Projektorganisation an die Linie, schwieriger (vgl. Abschnitt 4.1.1). Das Hauptproblem ist, dass die Integration eines Partnerunternehmens ein langwieriges Vorhaben ist. Im Vorfeld zu bestimmen, wann die Integration abgeschlossen ist, ist daher nicht unproblematisch. Nicht ganz einfach ist auch die Definition des Projektbeginns. Projektstart kann mit der Entscheidung für die Strategiealternative M&A gleichgesetzt werden oder aber auch schon die Vorplanung mit einschließen, die einen wesentlichen Beitrag zum Projekterfolg liefert. Als Start wird die Entscheidung der Unternehmensleitung für die Einrichtung einer Projektorganisation definiert. Das Projektende könnte man wie folgt definieren: „Nach Abschluss aller der im Integrations-Plan aufgeführten Aufgaben" zum Tag X oder innerhalb einer gewissen Frist, in der die aus der Transaktion resultierenden Zahlungsströme zu realisieren sind. Bei Bayer wird der Zeitraum für komplexe Integrationen z.B. auf 15 Monate festgelegt (vgl. Courth 2008, 13). Die genaue Definition ist je nach Projekt unterschiedlich. Relevant aus Sicht des Projektmanagements ist, dass ein Zeitpunkt für die Abschlussevaluation definiert wird. Sich daran anschließende Änderungsmaßnahmen sind der Nachlaufphase zuzuordnen.

Die Phasenübergänge wurden an einschneidenden Ereignissen des M&A-Projekts gelegt. Über diese gibt es divergierende Meinungen in der Literatur (vgl. Richter 2005, 203; Lucks/Meckl 2002, 54). Im Folgenden wird das Ende der Vorfeldphase mit dem Abschluss von Vorverträgen und die Transaktionsphase mit dem Abschluss der Verträge nach kartellrechtlicher Genehmigung gleichgesetzt. Ohne auf Details eingehen zu müssen, kann behauptet werden, dass sich zu diesen Zeitpunkten die Gestaltungsbedingungen ändern. Die vordergründig durch ein Management zu lösenden Probleme unterscheiden sich dann signifikant voneinander. Eine Anpassung des Managements bzw. ein Wechsel der fachlichen Verantwortung ist erforderlich (vgl. Lucks 2005a, 164; Bausch 2003, 62 und Kolisch 2003, 205 und allgemein zu einem lebensphasenbezogenen Problemlösungszyklus im Projektmanagement Steinle 2001b, 26-28; Besner/Hobbs 2006, 38; Madauss 2000, 64). So verweist auch Hyväri die Ergebnisse von Pinto und Prescott (1988) aufgreifend auf die Veränderlichkeit von Erfolgsfaktoren des Projektmanagements in Abhängigkeit der Lebenszyklusphase (vgl. 2006, 33).

Die Einzelaktivitäten werden rein chronologisch und wegen der starken Verknüpfung für Transaktions- und Integrationsprojekt zusammen erläutert. Es wird zudem auf die den Projekten vorausgehenden strategischen Aufgaben eingegangen, da diese deren Grundausrichtung bestimmen. Sekundäraufgaben, die den Gestaltungsrahmen bilden, werden ausgeklammert.

4.1.2.2 Phasenspezifische Einzelaktivitäten

Projektdefinition und Vorfeldphase umfassen eine erste Analyse der Ausgangssituation und die darauf basierende Formulierung eines Unternehmens- und Projektziels sowie erste Vorbereitungen zur späteren Umsetzung. Die Vorfeldphase schließt sich der Definition an und bildet den Start sowohl für das Transaktions- als auch für das Integrationsprojekt. Die strategische Zielsetzung im Rahmen der Definition hat für beide Teilprojekte weit reichende Implikationen, da diese auf die strategische Zielsetzung auszurichten sind und die Ziele laufend auch auf ihre Machbarkeit zu hinterfragen sind (vgl. Lucks 2005b, 879; Clever 1993, 124).

Abbildung 4-1 enthält einen Überblick über diese beiden zeitlichen Abschnitte, deren wesentliche Inhalte sowie eine Zuordnung der Aufgaben zu Transaktions- (T) und/oder Integrationsprojekt (I). Der zeitliche Abschnitt, der die strategische Planung umfasst, wurde wegen des nur begrenzt vorliegenden Projektcharakters hellgrau unterlegt. Abbildung 4-2 und 4-3 für die weiteren Phasen sind analog aufgebaut. Erläuterungen zu den Einzelaktivitäten sind im Detail im Wesentlichen den folgenden Quellen zu entnehmen: Lucks/Meckl 2002; Reed/Lajoux 1999; Ashkenas/DeMonaco/Francis 1998 und Gomez/Weber 1989.

Projektdefinition	Inhalte
Basisstrategie	Bestimmung alternativer Strategieoptionen
	Stärken/Schwächen-und Umfeld-Analyse
	Zielfestlegung
	Wertbeitragsrechnung
Kandidatenbewertung/-auswahl	Erstellung eines Anforderungskatalogs
	Erstellung einer Liste und Rangfolge potenzieller Kandidaten

Vorfeldphase	Inhalte	T	I
Vorfeldsondierung	Vertiefte Informationssuche zum Wunschkandidaten	■	
	Kontaktaufnahme und ggf. Pressemitteilung	■	
	Konzeption der Zusammenarbeit	■	■
Abwicklungstaktik für die Transaktion	Maßnahmenplanung für die Transaktionsphase vertiefen	■	
Entwicklung Führungskonzept	Gesellschaftsrechtliche Konstruktion		■
	Entwicklung der Führungs- und Dealstruktur		■
	Standortplanung		■
	Design der Corporate Governance		■
	(Implementierung einer Übergangsstruktur)		■
Simulation	Simulation der integrierten Einheit auf Basis der Planungen		■
Grobbewertung	Grobe Kaufpreisbestimmung auf Basis der Simulation	■	
Beurteilung Genehmigungsfähigkeit	Prüfung der Einhaltung rechtlicher Bestimmungen	■	
	Erstellung einer Projektvorlage	■	
Vorverträge	Abschluss der Vorverträge/ Pflege Zusammenarbeit	■	■

Abbildung 4-1: Wichtige Einzelaktivitäten der Vorfeldphase

Im Rahmen der **Projektdefinition** ist zunächst zu entscheiden, ob eine M&A-Transaktion die zweckmäßige Strategie zur Erreichung der Unternehmensziele ist (vgl. Clever 1993, 124). Die Entscheidung manifestiert sich im zu entwickelnden **Basiskonzept**, auf dem dann weitere Schritte aufbauen können (vgl. Madauss 2000, 46). Zur Erstellung ist eine in- und externe Analyse des Unternehmens erforderlich, aus der die zu verfolgenden strategischen Ziele abzuleiten und die strategischen Alternativen im Rahmen der Möglichkeiten, die die vorliegenden

Daten bieten, zu bewerten (Wertbeitragsrechnung) und gegeneinander abzuwägen sind (vgl. Lucks/Meckl 2002, 78; Frank 1993, 140; Haspeslagh/Jemison 1987, 53).

Auf Grundlage des Basiskonzepts ist die **Kandidatenbewertung und -auswahl**, auch „Screening", durchzuführen. Sie umfasst die systematische Identifikation und Analyse der für die Zielrealisierung in Frage kommenden Kandidaten im Gesamtmarkt auf Basis eines aus der strategischen Analyse abzuleitenden Anforderungskatalogs und deren Einordnung in eine Rangfolge nach Maßgabe der Eignung als Akquisitionsobjekt (vgl. Lucks 2005b, 884-887; Bark 2002, 27-29; Vogel 2002, 153; Kerler 2000, 236; Gomez/Weber 1989, 44-45, 49 und zur „Fit-Analyse" Jung 1993, 163).

Als Projektstart (**Vorfeldphase**) gilt der Zeitpunkt, ab dem ein Vorhaben zur Durchführung vom Vorstand freigegeben wird. Das kann für beide Projekte bereits nach Basiskonzeption und Screening gegeben sein, da erst im Anschluss an diese Aufgaben ein Transaktionsteam mit der detaillierten Analyse der priorisierten Kandidaten und der Anbahnung eines Kaufvertrags und ein Integrationsteam mit der Planung des Führungskonzepts zu beauftragen sind (vgl. z.B. für das Integrationsprojekt Courth 2008, 9). Bereits nach Abschluss des Screenings ergibt sich, ob potenziell in Frage kommende Kandidaten existieren, die in einem weiteren Schritt zu kontaktieren sind. Dies erfolgt über das Transaktionsprojekt, welches seinen Auftrag faktisch über den Anforderungskatalog aus dem Screening von den Trägern der strategischen Aufgaben erhält und das spätestens zu diesem Zeitpunkt aufzusetzen ist. Auch das Integrationsteam kann zu diesem Zeitpunkt eingerichtet werden, zumindest ist Wissen aus der ersten Kontaktaufnahme in das Integrationsprojekt zu überführen, welches bereits zu diesem Zeitpunkt mit der Entwicklung des Führungskonzepts beginnt.

Generelles Ziel dieser **Vorfeldsondierung** ist die Interessenprüfung des Top-Kandidaten hinsichtlich eines Zusammenschlusses. Vorweg sollte jedoch die Informationsbasis über den engeren Kreis der in Frage kommenden Kandidaten verbessert werden (vgl. Lucks/Meckl 2002, 86-87; Vogel 2002, 153; Kerler 2000, 238). Diese beschränkt sich meist noch auf die Abschätzung allgemeiner Markteinschätzungen und Technologieentwicklungen, aus denen sich aber dennoch strategische Intentionen ableiten lassen (vgl. Vogel 2002, 153). Eine Verknüpfung zum Integrationsprojekt besteht insofern, als dass die erste Kontaktaufnahme zur weiteren Informationsbeschaffung für die Integrationsplanung genutzt werden sollte. Je nach Umstand kann ggf. auch schon eine Zusammenarbeit durch Entsendung von Mitarbeitern des Zielunternehmens in das Integrationsprojekt erfolgen. Anzumerken ist, dass die Informationsbeschaffung bei feindlichen Transaktionen oder im Rahmen eines Bieterverfahrens schwieriger sein wird, da kein persönlicher Kontakt zum Zielunternehmen besteht. Dies erhöht die Unsicherheiten in dieser Phase zusätzlich.

Nach einer Entscheidung für einen Kandidaten können im Rahmen der Projektführung detailliertere konzeptionelle und inhaltliche Planungen für die Abwicklung des Transaktions- und des Integrationsprojekts initiiert und durchgeführt werden, da nun auch aus dem ersten Kontakt weiter reichende Informationen zur Verfügung stehen. Damit wird der Grundstein für die Folgephasen gelegt (vgl. Eckrich 2003, 46-47). Hinsichtlich des Transaktionsprojekts ist mit der Planung der Durchführung der Due Diligence zu starten (Informationsbeschaffung). Das Team ist zu bestimmen und eine **Abwicklungstaktik** für die Umsetzung der mit ihr verbundenen Ziele ist zu entwerfen, um die knappe Zeit der Informationsbereitstellung durch den Verkäufer bestmöglich systematisch nutzen zu können. Liegen hierzu Erfahrungswerte vor, ist auf diese zurückzugreifen. Ebenfalls sind erste Entwürfe für die weitere Planung des Verlaufs des Transaktionsprojekts zu entwickeln (Vergabe der Bewertungsaufgaben, Verhandlungstaktik etc.; vgl. ähnlich Kerler 2000, 242; Gomez/Weber 1989, 69). Die Planungen im Integrationsprojekt beziehen sich auf die zu entwickelnde integrierte Einheit und beginnen mit der Entwicklung eines **Führungskonzepts** (vgl. Clever 1993, 128). Der Sinn einer frühzeitigen Integrationsplanung wird kaum bestritten. Dies ist Voraussetzung für den Start der Integrationsumsetzung ab Tag 1 nach Closing (vgl. z.B. Gates 2007, 8, 13). Neben der Festlegung einer gesellschaftsrechtlichen Struktur (Rechtsform, Grad der rechtlichen Selbständigkeit etc.) sind unter anderem auch Fragen der Führungs- und Dealstruktur (Organisationsstruktur, Finanzierungskonzept, bilanztechnische Ausstattung etc.) und der Verteilung der Entscheidungskompetenzen, kurz der „Corporate Governance" zu klären. Die Standorte sind ebenfalls zu planen (vgl. Lucks/Meckl 2002, 97; Clever 1993, 128).

Das Führungskonzept bildet die Grundlage für eine **Simulation** der geplanten integrierten Einheit, deren Ziel es ist zu ermitteln, ob diese in der Lage wäre, die strategischen Ziele zu erreichen (vgl. Lucks 2005b, 887-890; Lucks/Meckl 2002, 88-89). Zu diesem Zweck ist eine weitere Vertiefung der Analyse für den oder die priorisierten Partner erforderlich. Die Simulation umfasst einen Vergleich der Situation, in der das Zielunternehmen unabhängig weitergeführt würde mit der Situation im Verbund. Auf Basis der Ergebnisse ist ein Maßnahmenplan zu entwerfen (vgl. ausführlich hierzu Lucks/Meckl 2002, 88-91).

Das Transaktionsprojekt übernimmt auf Basis dieser Daten die **Grobbewertung**. Ziel ist die Schätzung des Unternehmenswerts, welcher dem noch nicht verbindlichen Kaufpreisangebot im Rahmen von Vorverträgen zugrunde liegt (vgl. Vogel 2002, 172). Die Bewertung beinhaltet eine Verwertung der verfügbaren Informationen zur Unterstützung bei der Entscheidung über die Weiterführung des Projekts (vgl. Lucks/Meckl 2002, 174).

Der Markt für Unternehmen und Beteiligungen ist in den westlichen Industriestaaten ordnungspolitisch geregelt. Im Rahmen von M&A ist zu prüfen, ob das Führungskonzept **genehmigungsfähig** ist. Eine wichtige Rolle spielen neben kartell- und börsenrechtlichen auch branchen- und länderspezifische Rahmenbedingungen eine Rolle (vgl. Lucks/Meckl 2002, 108-109). Ein Verbot nach bereits öffentlichem Kaufinteresse könnte einen Vertrauensverlust seitens der Investoren oder Kunden nach sich ziehen (vgl. Lucks/Meckl 2002, 108-109) und ist durch eine entsprechende Prüfung im Vorfeld zu vermeiden. Neben Verboten können zusätzliche Auflagen zu erfüllen sein, die weiter zu berücksichtigende Kosten nach sich ziehen und das Vorhaben unprofitabel werden lassen können. Auch dies ist im weiteren Transaktionsverlauf zu beachten. Sollte die Prüfung negativ ausfallen, also eine Genehmigungsfähigkeit voraussichtlich nicht vorliegen oder mit nicht tragbaren zusätzlichen Auflagen verbunden sein, ist es sinnvoll, sich frühzeitig eine Strategie zur Überwindung der Ursachen für eine Ablehnung zu überlegen (z.B. Verkauf von Unternehmensteilen) oder das Projekt sogar abzubrechen. Die Ergebnisse sind in einer Projektvorlage für den Vorstand zu fixieren, welche ihm eine objektive Entscheidung über den Abschluss von Vorverträgen ermöglicht.

Das Ende der Vorfeldphase ist durch den Abschluss nicht-bindender **Vorverträge** gekennzeichnet. Häufige Verträge sind die Absichtserklärung („Letter of Intent") zur Dokumentation der Verhandlungsabsichten der Partner und die Punktuation („Memorandum of Understanding") zur Fixierung der Verhandlungsposition im Vorfeld der Detailverhandlungen (vgl. Semler 2005, 662-663; Lucks/Meckl 2002, 110). Vorverträge sind Voraussetzung für die folgende Due Diligence, die die Offenlegung vertraulicher Informationen beinhaltet. Sie enthalten meist auch eine Abrede, die Verhandlungen vertraulich zu behandeln, eine Erklärung, zunächst keine Verhandlungen mit Dritten aufzunehmen und Zulassungen zu Prüfungen durch den Erwerber und damit zu wichtigen Informationen (vgl. Semler 2005, 663; Kerler 2000, 238; Gomez/Weber 1989, 69). Die Verträge sind zwar rechtlich nicht bindend, können aber dennoch zu rechtlichen Konsequenzen aufgrund des Rechtsinstituts des Verschuldens bei Vertragsverhandlungen führen (vgl. Semler 2005, 663). Wichtig ist es zu beachten, dass parallel zu den Verhandlungen auch Aspekte der zukünftigen Zusammenarbeit Inhalt der persönlichen Treffen sein sollten. Damit ist diese Aktivität auch für das Integrationsprojekt von Bedeutung.

Die Tätigkeitsfolge in der **Transaktionsphase** entspricht hinsichtlich des Ablaufs und des Typs den Aufgaben der Vorfeldphase ab Kontaktaufnahme. Zu Beginn erfolgt, analog zur Konzeption der Zusammenarbeit in der Vorfeldsondierung, eine Offenlegung von Informationen, die nun auch einen Zugang zu sensibleren Daten ermöglicht (vgl. Mahler/Massen 2006, 60; Lucks/Meckl 2002, 174). Informationslücken können gezielt geschlossen werden (vgl. Lucks/Meckl 2002, 162; Vogel 2002, 172). Dies erfordert einen erneuten Ablauf der Prüfungen, Planungen und Bewertungen der Vorfeldphase und führt zu einer Ausweitung des Spektrums der Aufgaben. Besondere Bedeutung kommt der Due Diligence als wichtigster Datenlieferant in der Transaktionsphase zu. Im Anschluss ist, analog zur Erstellung des Führungskonzepts und der Simulation und aufbauend auf diese und der weiteren Informationen, ein Pre-Closing-Integration-Plan zu erstellen. Dieser enthält weitere Planungen hinsichtlich potenzieller Wertsteigerungsbereiche. Die Maßnahmen sind analog zur Simulation in einer Nettozahlungsreihe abzubilden und dienen wiederum als Grundlage für die Detailbewertung. Auch die Genehmigungsfähigkeit durch die Kartellbehörden ist erneut zu prüfen und eine Vorstandsvorlage auf Basis der Ergebnisse der Integrationsplanung für interne Beschlüsse zu erarbeiten. Diese dient dann als Grundlage für die Verhandlungsführung, die zur Unterzeichnung der Kaufverträge führt und weiterhin die Zielerreichung zu priorisieren hat (vgl. Lucks/Meckl 2002, 92). Formales Ende der Phase ist das Closing.

Hauptaktivitäten der Transaktionsphase sind damit die Informationsbeschaffung und -prüfung sowie die Detailbewertung des Unternehmens (Transaktionsprojekt) nach Maßgabe der Planungen. Weiterhin ist die Verarbeitung dieser in die Maßnahmenpläne für das Integrationsprojekt in diese Phase einzuordnen, damit nach Abschluss der Verträge ohne Zeitverzug mit der Integration gestartet werden kann.

Transaktionsphase	Inhalte	T	I
Due Diligence	Informationsbeschaffung in relevanten Prüfungsfeldern	■	
	Informationsbeschaffung Integration		■
	Erstellung eines Due Diligence Reports	■	■
Pre-Closing-Integration-Plan	Verfeinerung Planung Integrationsphase		■
Detailbewertung	Kaufpreisfestsetzung	■	
Interne Beschlüsse	Erstellung der Investitionsvorlage für den Vorstand	■	
	Erfüllung weiterer Informationspflichten	■	
	Entwurf einer Vorlage mit Soll-Vorgaben für Verhandlungen	■	
Detaillierung Maßnahmenplan Transaktion	Vorgehenskonzept für Verhandlungen entwickeln	■	
Verhandlungen/Umsetzungsverträge	Verhandlungsführung und Signing	■	
	Planung der Zusammenarbeit		■
	Erstellung der Umsetzungsverträge	■	
Kartellrechtliche Prüfung	Durchführung relevanter Prüfungen	■	
(Übergangsstruktur)	Implementierung einer Übergangsstruktur		■
Closing	Prüfung weiterer Angaben zwischen Signing und Closing	■	■

Abbildung 4-2: Wichtige Einzelaktivitäten der Transaktionsphase

Eine erste wichtige Tätigkeit für beide Teilprojekte stellt die sorgfältige Prüfung des Kaufobjekts dar. Die für die folgende Prüfung des Kandidaten üblichen Bezeichnungen sind **Due Diligence** oder auch „Pre-Acquisition Audit" (vgl. Jansen 2000, 176). Inhaltlich umfasst die Due Diligence die detaillierte und systematische Prüfung eines Unternehmens und wurde ursprünglich dem US-amerikanischen Kapitalmarktrecht entnommen (vgl. im Detail Pack 2005; Vogel 2002, 159). Im Rahmen der Due Diligence wird die Informationsbasis aus der Vorfeldphase hinsichtlich der relevanten Unternehmensbereiche, für die spezielle Prüfungen durchzuführen sind, erweitert. Häufige Due Diligence Felder sind: „Strategic/Market/Technology", „Financial", „Legal", Tax", „Human Resource", „Organization & IT", „Environment" und neuerdings auch „Culture" (vgl. im Detail Pack 2005; Berens/Hoffjan/Strauch 2005, 144-161; Wildemann 2005, 106-107; Lucks/Meckl 2002, 165-167; Vogel 2002, 163-171). Insgesamt sind diejenigen Informationen zu besorgen, die eine realistische Bewertung des Kaufobjekts durch das Transaktionsprojekt sowie eine detaillierte Maßnahmenplanung für die Umsetzung der Integration ab Tag 1 nach Closing durch das Integrationsprojekt ermöglichen (vgl. Gates 2007, 13; Lucks 2005b, 890). Je nach Prüfungsbereich ist das Integrations- oder Transaktionsteam zuständig. So wird das Integrationsteam sich insbesondere für die Cultural Due Diligence verantwortlich zeigen (vgl. Gates 2007, 13), das Transaktionsteam für die Financial, Legal und Tax Due Diligence. Im Ergebnis soll auf Basis der Due Diligence eine solide Entscheidungsgrundlage in Bezug auf die Kaufkonditionen generiert werden (vgl. Lucks/Meckl 2002, 162). Sie wird für den Käufer als besonders erfolgskritisch beurteilt (vgl. Vogel 2002, 159). Die Due Diligence ist für spätere Beweiszwecke in einem „Due Diligence-Report" zu dokumentieren. Auch Zwischenberichte zur Dokumentation des Fortschritts können sinnvoll sein (vgl. Berens/Hoffjan/Strauch 2005, 163-164). Zu dokumentieren sind auch Ergebnisse, die dem Integrationsprojekt dienlich sind (vgl. im Detail Lucks/Meckl 2002, 162-169).

Die in der Due Diligence gewonnenen Informationen werden in den **Pre-Closing-Integration-Plan**, auch „Integration Blueprint“, überführt. Dieser enthält konkretere Planungen zur Umsetzung der sich anschließenden Integration (vgl. Gates 2007, 13; Lucks/Meckl 2002, 167, 169; Aiello/Watkins 2000, 104). Die bei M&A zur Integration notwendigen funktionsbezogenen Aktivitäten umfassen die Konkretisierung des Gesamtkonzepts zur Bildung der funktionalen Organisation und Identifikation der Kernbereiche mit hohem Wertsteigerungspotenzial (vgl. Lucks/Meckl 2002, 111, 117; Clever 1993, 128). Da detaillierte Anweisungen in dieser Phase noch schwierig zu formulieren sind, enthält der Integrationsplan nur grobe Vorgaben, die nach dem Closing in konkrete Einzeltätigkeiten aufzuschlüsseln sind (vgl. Lucks/Meckl 2002, 111-112).

Analog zu den Ausführungen bei der Grobbewertung steht die detaillierte **Bemessung des ökonomischen Werts** des Kaufobjekts, der sich aus der strategischen und finanziellen Analyse des Zielunternehmens ergibt (vgl. Gomez/Weber 1989, 56), im Vordergrund.

Interne Beschlüsse über die Weiterführung des Projekts können nach Detailbewertung durch die Geschäftsführung gefasst werden (vgl. Lucks/Meckl 2002, 117). Weitere Investitionen ins Vorhaben sind dann sinnvoll, wenn das prognostizierte Wertsteigerungspotenzial die zusätzlich zu investierenden Ressourcen übersteigt (vgl. Lucks/Meckl 2002, 190). Zur Vorbereitung ist die Formulierung einer auf dem Pre-Closing-Integration-Plan basierenden Investitionsvorlage für den Vorstand erforderlich, welcher auf dieser Basis über das Projekt entscheidet und Modifizierungen vornehmen kann. Je nach M&A-Zielrichtung und Unternehmensorganisation sind weitere Gremien wie Vertreter der Landesgesellschaften über das Vorhaben zu informieren (vgl. Lucks/Meckl 2002, 92, 202).

Bei Entscheidung zur weiteren Verfolgung des Vorhabens können **Verhandlungen** mit dem Partner nach Maßgabe der **Planung für die Transaktionsabwicklung** aufgenommen werden (vgl. im Detail zur vertraglichen Gestaltung Picot, G. 2005b, 138-186). Nach Erreichen eines bestimmten Verhandlungsergebnisses sind rechtlich bindende Verträge aufzusetzen und zu unterzeichnen (Signing) (vgl. Lucks/Meckl 2002, 118; Kerler 2000, 242). Referenzpunkt für die Verhandlungen ist der im Rahmen der Detailbewertung ermittelte Unternehmenswert und der darunter liegende durchzusetzende Kaufpreis (vgl. Lucks/Meckl 2002, 190). Der tatsächliche Preis ergibt sich aus den Verhandlungen und dem Verhandlungsgeschick in der spezifischen Situation. Eine Abweichung von den jeweiligen Preisgrenzen bei Fehlen eines Einigungsbereichs ist aus Käufersicht nur dann zu empfehlen, wenn sich aus den Verhandlungen zusätzliches, nicht in die Unternehmensbewertung eingeflossenes Wertsteigerungspotenzial ergibt (vgl. Lucks/Meckl 2002, 190-191). Die Gespräche sollten sich nicht allein auf die Verhandlung des Preises und rechtliche Absicherungen konzentrieren, sondern auch darauf abzielen, Informationen mit Implikationen für die Umsetzung der Integrationsphase zu gewinnen (vgl. Aiello/Watkins 2000, 104).

Nach der Unterzeichnung erfolgt die Ausarbeitung von **Umsetzungsverträgen** (vgl. Lucks/Meckl 2002, 118), in denen auch der festgelegte Kaufpreis inklusive der vereinbarten Nachbesserungsklauseln, Garantien, sonstigen Risikoübernahmen und Bedingungen zu fixieren ist (vgl. Lucks/Meckl 2002, 192). Zu beachten ist, dass zuvor Beschlossenes gemäß den Verhandlungen in die Verträge aufgenommen und damit festgelegt wird und eine Schätzung des endgültigen Kaufpreises möglich ist (vgl. Lucks/Meckl 2002, 118-119, 192-193).

Bevor es zum endgültigen Abschluss der Transaktionsphase („Closing“) kommt, ist noch die **Prüfung der Kartellbehörden** und weiterer nationaler und internationaler Institutionen, wie z.B. Börsenaufsicht, Ministerien und in bestimmten Branchen auch der Regulierungsbehörde, abzuwarten (vgl. Lucks/Meckl 2002, 119). Neben der kartellrechtlichen Prüfung kommt es an dieser Stelle auch zur Etablierung einer ggf. notwendigen **Übergangsstruktur**. Ein Scheitern oder eine Änderung der Pläne ist grundsätzlich immer noch möglich.

Das Ende der Transaktionsphase und damit auch des Transaktionsprojekts wird mit dem wenige Wochen nach der Unterzeichnung stattfindenden **„Closing“** gesetzt und erfolgt nach der kartellrechtlichen Genehmigung. Zwischen Signing und Closing hat der Käufer Zeit, die Angaben des Verkäufers zu prüfen (vgl. Jansen 2000, 212; Kerler 2000, 242) oder weitere Auflagen z.B. der Behörden zu erfüllen (vgl. Richter 2005, 205). Ab diesem Zeitpunkt erfolgen die im Signing festgelegten und nun vorzunehmenden Rechtshandlungen wie Besitzwechsel oder zeitliche Begrenzungen von Rücktrittsmöglichkeiten und die Kaufpreiszahlung (vgl. Jansen 2000, 211). Das neue Unternehmen verfügt über einen einheitlichen Auftritt und ist nun rechtlich etabliert (vgl. Lucks/Meckl 2002, 120, 200). Forderungen gegen den Verkäufer können nur noch sehr eingeschränkt und in vertraglich bestimmten Fällen gestellt werden (vgl. Kerler 2000, 242). Zu diesem Zeitpunkt erfolgt auch die offizielle Bekanntgabe des Projekts gegenüber der Öffentlichkeit federführend vorbereitet durch das Integrationsteam (vgl. Gates 2007, 13).

Es schließt sich mit der **Integrationsphase** der umfangreichste Phasenabschnitt an. Sie hat die Durchführung des Integrationsprojekts, also die koordinierte Umsetzung der geplanten Integrationsmaßnahmen zur Zusammenführung der Unternehmen (vgl. Grewe 2005, 25-26) zum Ziel. Die gezeichneten Verträge werden nun auch formal verkündet (vgl. Lucks/Meckl 2002, 120, 139) und geschlossene Verträge sind zu prüfen. Ab Tag 1 nach dem Closing sind Maßnahmen zur Gestaltung und Begleitung der Integration der Unternehmen umzusetzen.

Analog zu den vorhergehenden Phasen ist erneut in bestimmten Bereichen eine Prüfung des Unternehmens, welches nun erst im Eigentum des Käufers ist, vorzunehmen. Informationen stehen nun erstmals ungehindert offen. Der Integrationsplan ist wiederum zu verfeinern und geht in den Post-Closing-Integration-Plan über. Eine weitere Bewertung ist hier allerdings nicht erforderlich, vielmehr sind nun die Maßnahmen derart umzusetzen, dass die (quantifizierten) Ziele erreicht werden. Es sind also der Bewertung zugrunde liegende Maßnahmen zu verfolgen. Anstelle der erneuten Bewertung erfolgt eine Zielverfolgung, die nun die Einzelmaßnahmen laufend auf die Zieleinhaltung überprüft. Bei Abweichungen sind Anpassungen erforderlich (vgl. hierzu Lucks/Meckl 2002, 142, 169 und im Detail zu den Inhalten der Phase Abschnitt 2.3.3). Die Integrationsphase beinhaltet einen umfassenden organisatorischen Wandlungsprozess für die beteiligten Unternehmen (vgl. Grewe 2005, 26; Meckl 2004, 459) und wird auch als „Business-Reengineering" bezeichnet (vgl. Lucks 2005b, 875). Im Rahmen dieser Umsetzung sind die zu erzielenden Synergien und Restrukturierungsvorteile zu verwirklichen und weitere Potenziale aufzudecken (vgl. Lucks/Meckl 2002, 124; Jansen 2000, 212; Gomez/Weber 1989, 72). Die Länge dieser Phase ist damit stark abhängig von Art, Anzahl und Größe der zu integrierenden Bereiche der Partner.

Dieser Phase schließt sich die **Abschlussphase** an. Sie ist relativ kurz und beinhaltet das formale Ende des Projekts sowie eine abschließende Bewertung. Sie bezieht sich damit auf die Detailbewertung in der Transaktionsphase und auf den Maßnahmenplan in der Umsetzungsphase. Die der Detailbewertung zugrunde liegenden Prognosen sind zu überprüfen und Abweichungen sind zu analysieren. Die Ergebnisse sind aufzubereiten und zu dokumentieren. Das Projekt ist aufzulösen und gebundene Ressourcen sind wieder an die Primärorganisation zurück zu transferieren.

In Abbildung 4-3 sind die Aktivitäten, die einer **Nachlaufphase** zuzuordnen sind, grau unterlegt und abgesetzt. Sie beziehen sich auf sich im Anschluss an das Audit ergebende Restrukturierungen, die in Folgeprojekten oder durch die Linienorganisation umzusetzen sind, und weitere Audits.

Integrationsphase	Inhalte	T	I
Umsetzung der Verträge	Sicherstellung der Umsetzung der Verträge und Prüfung der Werthaltigkeit	■	
Post-Closing-Integration-Plan	Verfeinerung des Pre-Closing-Integration-Plans und Anpassung aller Projektmanagementbereiche für die Integrationsphase		■
Umsetzung der Planungen	Implementierung der gesellschaftsrechtlichen Struktur, Umsetzung der Corporate Governance und Implementierung der Organisationsstruktur, Besetzung der Schlüsselstellen; Implementierung eines begleitenden Kulturmanagements		■

Abschluss- und Nachlaufphase	Inhalte	T	I
Abschluss-Audit Gesamtprojekt	Abschlussbewertung der Ergebnisse	■	■
Folgerestrukturierungen	Planung/Umsetzung der Anpassungsmaßnahmen		■
Weitere begleitende Audits	Bewertung der Nachfolgeaktivitäten		■

Abbildung 4-3: Wichtige Einzelaktivitäten in Integrations- und Abschlussphase

Das allgemeine Ziel der **Integrationsphase** ist, die in der Vorfeldphase definierten und in der Transaktionsphase ausdifferenzierten Ziele zu verfolgen, bestehende strukturelle Probleme zu klären und die Implementierung der Planungen und vertraglichen Vorgaben aus der Transaktionsphase umzusetzen (vgl. Lucks/Meckl 2002, 120-121; Kerler 2000, 242).

Das Transaktionsprojekt ist mit dem Closing noch nicht beendet. So hat das Transaktionsteam im Anschluss für die **Vertragsumsetzung** zu sorgen und die Werthaltigkeit des Kaufobjekts zu prüfen. Bei Abweichungen sind Kompensationsleistungen einzufordern und ggf. Folgeverträge aufzusetzen und zu schließen (vgl. Lucks 2005b, 918).

Der Pre-Closing-Integration-Plan geht in einen **Post-Closing-Integration-Plan** über. In dessen Rahmen sind die groben Informationen mit Hilfe der nach dem Closing zur Verfügung stehenden Informationen in konkrete Maßnahmen zur Integration zu detaillieren (vgl. Lucks/Meckl 2002, 141-142; Clever 1993, 128-129). Es schließt sich die umfangreichste Tätigkeit der **Umsetzung der Maßnahmen** an. So sind die gesellschaftsrechtliche Struktur im Rahmen der rechtlichen Umsetzung (vgl. Picot, G. 2005c; Lucks/Meckl 2002, 129) und die Organisationsstruktur zu implementieren sowie die Prozesse der Leistungserstellung als auch die Unterstützungsprozesse zu gestalten. Auch die personalwirtschaftlichen Vorgaben aus den Integrationsplänen sind umzusetzen und (kulturelle) Integrationsbarrieren seitens der Mitarbeiter der zu integrierenden Einheiten zu mindern (vgl. Lucks/Meckl 2002, 124). Bei der Umsetzung sind „weiche Faktoren" zu berücksichtigen (vgl. Lucks/Meckl 2002, 152), hier bezeichnet mit „kultureller Wandel". Ziel ist es, kulturelle Konflikte, die sehr häufig mit M&A einhergehen, zu minimieren oder gar zu vermeiden. Wenn sie dennoch auftreten, sollten zumindest Lerneffekte realisiert werden (vgl. hierzu und zu einer detaillierten Analyse von kulturellen Divergenzen bei M&A Strähle 2006; Lucks/Meckl 2002, 152-154 sowie allgemein zur personalwirtschaftlichen und kulturellen Integration Picot, G. 2005d).

An dieser Stelle spielt neben einer effizienten Koordination der Aufgaben und Beteiligten auch ein umfassendes projektbegleitendes Controllingsystem zur Durchführung regelmäßiger Audits eine wichtige Rolle. Es ermöglicht die rechtzeitige Einleitung von Korrekturmaßnahmen (vgl. Eckrich 2003, 47-48; Kruse 2003, 94; Ashkenas/DeMonaco/Francis 1998. 7). Ein erstes Audit wird zumeist schon nach Abschluss der ersten 100 Tage nach dem Closing durchgeführt, um den Umsetzungsdruck für zeitkritische Aufgaben sicherzustellen (vgl. Lucks 2005b, 911). Für jedes Audit sind Abweichungsursachen zu analysieren (vgl. Kerler 2000, 242) und Korrekturmaßnahmen einzuleiten (vgl. Lucks/Meckl 2002, 193). Weitere Evaluierungen der Zielerreichung können monatlich oder jährlich erfolgen.

Ein abschließendes Audit ist nach Abschluss der Gesamttransaktion (vgl. Ernst/Hackethal/Vater 2006, 85) durchzuführen. Dies ist der vorerst letzte Schritt im Akquisitionsprozess (**Abschlussphase**). Diese abschließende Kontrolle der Erreichung der strategischen und finanziellen Akquisitionszielsetzungen wird auch Zielverfolgung oder Post Merger Audit, hier nur **Abschluss-Audit**, genannt (vgl. Jansen 2000, 220-221; Kerler 2000, 242). Lucks empfiehlt ein Abschlussaudit ein Jahr nach Closing durchzuführen (vgl. 2005b, 913), was aber nicht gleichbedeutend mit dem Projektende sein muss. Auch dieser Phase geht eine Detaillierung der Maßnahmenplanung und ein Entwurf der unterstützenden Funktionen voraus. Das abschließende Audit bezieht auch das Transaktionsprojekt mit ein, für dessen Evaluation erst im Verlauf der Integrationsphase alle relevanten Informationen vorliegen.

Die im Anschluss ggf. erforderlichen **Folgerestrukturierungen** können der **Nachlaufphase** zugeordnet werden, da diese zeitlich relativ schlecht definierbar ist. Im Rahmen dieser sind Anpassungen der integrierten Einheit nach Abschluss der Integration zu planen und umzusetzen. Dies kann erforderlich sein, wenn die Realisierung der implementierten Struktur fehlschlägt oder allgemein strategische Vorgaben nicht erfüllt werden konnten (vgl. Lucks/Meckl 2002, 130). Zeitlich kann diese Aktivität auch einige Jahre nach dem Closing erfolgen (vgl. Lucks/Meckl 2002, 130), da die Integration langwierig ist und die Ergebnisse sich erst nach vollständiger Implementierung zuverlässig messen lassen. Probleme ergeben sich analog zu den bereits abgeschlossenen primären Aktivitäten (vgl. Lucks/Meckl 2002, 131).

Auch die Folgerestrukturierungen sind mit **regelmäßigen Audits** zu bewerten. Sich ergebene Anpassungsmaßnahmen aus dem 100-Tage-Audit und laufende Zielkontrollen sind direkt innerhalb der Umsetzungspläne zu berücksichtigen und zählen eher zur Integrationsphase (vgl. Ashkenas/DeMonaco/Francis 1998, 7). Idealerweise wird auch für die Nachlaufphase ein Endtermin festgelegt, an dessen Ende eine Gesamtprojektbewertung erfolgt, kann aber in der Praxis auch anders gehandhabt werden (vgl. Reichwald 2007, 271), insbesondere dann, wenn ein Endtermin mit zu großen Unsicherheiten behaftet wäre. Inhaltlich ist dann eine Abgrenzung zu klassischem organisatorischen Wandel im Rahmen einer kontinuierlichen Verbesserung, für den eine M&A-Transaktion nicht zwingend der Auslöser sein muss, schwierig (vgl. Lucks/Meckl 2002, 130-131). Dies birgt eine Gefahr der Verzerrung der Projektevaluation, weswegen auf jeden Fall auch zeitnah nach Closing eine Evaluation anzuraten ist.

Dieser Ablauf entspricht einer zeitlichen Zerlegung des Projekts, wie sie häufig in der Literatur vorzufinden ist und anhand derer die Einzelaktivitäten redundanzfrei darstellbar sind. Fokussiert wurde zur Erarbeitung der Sachergebnisse auf den Projektinhalt. Aktivitäten, die den Problemlösungszyklus führen und unterstützen, wurden nur am Rande berücksichtigt.

4.1.3 M&A-Beteiligte

Bei M&A sind interne und externe Beteiligte zu unterscheiden. Diese stammen aus den sich zusammenschließenden Unternehmen bzw. dem Gesellschafts- und Wirtschaftssystem (vgl. im Detail Achleitner/Wecker/Wirtz 2004a/b; Lucks/Meckl 2002, 29-50; Vogel 2002; Kerler 2000, 242-258; Sauermann 2000). Abbildung 4-4 gibt eine Übersicht über M&A-Beteiligte.

M&A-Beteiligte		
Akquisiteur / Zielunternehmen	**M&A-Experten**	**Wirtschafts- und Sozialpartner**
Oberes Management		**Kunden**
Mittleres Management (betroffene operative Bereiche)	**Full-Service-Berater** (M&A-Berater, Investmentbanken, Beratungen)	**Lieferanten**
M&A-Profis aus M&A-Stab/-Bereich		**Kartellbehörden**
Support-Stäbe/Zentrale Bereiche (Finanzen, Strategie etc.)	**Spezialisierte Berater** (Wirtschaftsprüfer, Steuerberater)	**Wirtschaftsverbände**
Mitarbeiter		**etc.**

Abbildung 4-4: M&A-Projektbeteiligte

Bei **internen Beteiligten** unterscheidet man Beteiligte aus dem Zielunternehmen und Beteiligte des Käufers. Diese Gruppe ist direkt an der Leistungserstellung beteiligt und stellt den größten Anteil an Personen im M&A-Projektteam. Die internen Beteiligten lassen sich weitestgehend identischen Untergruppen zuordnen. Aktiv beteiligt aus dem Käuferunternehmen sind in der Regel das Top-Management und die Leiter der betroffenen operativen Bereiche. Weiterhin werden Führungskräfte/Mitarbeiter der Zentralbereiche und/oder Supportstäbe Finanzen, Unternehmensstrategie, Kommunikation etc. einbezogen sein. In der Literatur wird weiterhin auf die Beteiligung einer M&A-Abteilung und deren Mitarbeiter verwiesen. Generell sind Mitarbeiter aus den Bereichen, die zusammenzulegen/neu zu strukturieren sind, einbezogen. Dieselben Gruppen sind beim Zielunternehmen zu unterscheiden Sie unterscheiden sich allerdings dahingehend, dass nur die Beteiligten des Akquisiteurs von Beginn an beteiligt/einbezogen sind. Beteiligte des Käufers werden erst ab dem Zeitpunkt einbezogen werden, ab dem die beiden Unternehmen in Kontakt getreten sind. Dann ist es von der Kooperationsbereitschaft des Zielunternehmens und dem Willen des Käufers abhängig, in welchem Ausmaß oder ob überhaupt Beteiligte schon vor dem Closing ins Projektteam abgestellt werden. Vorteil des Einbezugs wäre eine breitere Wissensbasis in Bezug auf das Zielunternehmen.

Eine weitere wichtige interne Gruppe sind die Eigentümer der Unternehmen. Deren Interessen wurden in Abschnitt 2.2.1 erörtert. Da sie die Führung des Unternehmens oder Teile desselben ans Management delegieren und meist nicht aktiv bei M&A eingebunden werden, finden sie an dieser Stelle keine weitere Beachtung. Sie spielen eher indirekt eine bedeutende Rolle, da sie durch Anteils (-ver-) kauf die Bewegung der Aktienkurse und damit den Wert des Unternehmens über die Akquisitionswährung „Aktie“ beeinflussen (vgl. Lucks/Meckl 2002, 29-30).

Bei **externen Beteiligten** im weitesten Sinn unterscheidet man Wirtschafts- und Sozialpartner einerseits und M&A-Experten andererseits. Die erste Gruppe setzt sich aus passiv betroffenen Anspruchsgruppen (Zulieferer, Wettbewerber, Kunden, öffentliche Institutionen, Regierungen und Fremdkapitalgeber) zusammen, die auf Primäraktivitätsebene dann eingebunden sein können, wenn Prozesse zu strukturieren sind, die in direkter Verknüpfung zu diesen Gruppen bestehen (z.B. Kunden und Lieferanten). Zumeist sind sie aber nicht direkt ins Team eingebunden. Wichtiger erscheint die zweite Gruppe der M&A-Experten. Mit der zunehmenden Bedeutung von Unternehmenszusammenschlüssen hat sich die spezialisierte Beratungstätigkeit stark ausgeweitet (vgl. Kerler 2000, 242). Wegen des starken Konkurrenzdrucks im M&A-Beratungsgeschäft übernehmen spezialisierte Berater zunehmend überlappende Dienstleistungen bis hin zur Betreuung des ganzen Prozesses (vgl. Lucks/Meckl 2002, 40; Kerler 2000, 246) und werden damit zu „Full-Service-Beratern“. Neben einigen großen Investmentbanken sind insbesondere M&A-Boutiquen, internationale Management-Beratungen und spezialisierte Beratungen (z.B. PR oder Umwelt) zu nennen (vgl. Kerler 2000, 242, 246). Über weiteres besonderes Spezialwissen verfügen Anwaltskanzleien, Steuerberater und Wirtschaftsprüfer. Welche Berater im konkreten Fall eingesetzt werden, hängt von der unternehmensinternen Erfahrung, der Branche, dem regulatorischen Umfeld und der Größe und Komplexität der Transaktion ab (vgl. Kerler 2000, 246 und allgemein zu externen Beteiligten bei M&A Lucks/Meckl 2002, 37-50).

4.1.4 Der Dienstleistungscharakter der M&A-Projekttypen

M&A sind eine spezifische Art betrieblicher Projekte mit internem Auftraggeber. Im Rahmen der Transaktion ist es die Abwicklung des Unternehmenskaufs, der den Akt der Übertragung von Eigentum an Rechten oder Vermögensgegenständen, für die eine Gegenleistung zu erbringen ist (z.B. Kaufpreiszahlung), umfasst. Die Integration bezieht sich auf die physische und rechtliche Verschmelzung der Unternehmen. Dieses Projekt fällt unter die Kategorie „Business Reengineering“. Da davon ausgegangen wurde, dass diese Arbeiten intern abgewickelt werden, stellen sie grundsätzlich Arbeitsleistungen (von Menschen an den Arbeitgeber vermietete Leistungsfähigkeiten) dar, die sich zumeist auch auf dessen interne Faktoren beziehen (vgl. Meffert/Bruhn 2006, 32). Unabhängig hiervon lassen sich aber einige Erkenntnisse der Dienstleitungsforschung übertragen, wenn man davon ausgeht, dass letztendlich auch das M&A-Projekt einen Dienst für die Eigentümer der Primärorganisation leistet, in dem es dazu beiträgt, eine Wertsteigerung für diese zu erzielen. Dass sie Charakteristika einer Dienstleistung aufweisen, ergibt sich aus der Charakterisierung der Art des Leistungserstellungsprozesses anhand der konstitutiven Merkmale einer Dienstleistung.

Die Definition von Dienstleistungen erfolgt meist in Abgrenzung zu Sachleistungen und recht uneinheitlich (vgl. Woratschek 1996, 59). Weitestgehend Konsens besteht aber über drei Merkmale (vgl. Olbrich 2006, 292), die sich in der Definition von Meffert/Bruhn widerspiegeln. Sie weisen bei Dienstleistungen hinsichtlich einiger Teilaspekte meist eine andere Ausprägung auf als bei Sachgütern: Dienstleistungen liegen vor, wenn aus den spezifischen Fähigkeiten und der Bereitschaft des Dienstleistungsanbieters zur Erbringung der Dienstleistung (Potenzialorientierung) und der Einbringung des externen Faktors durch den Dienstleistungsnachfrager als prozessauslösendes und -begleitendes Element (Prozessorientierung) ein Dienstleistungsergebnis (Ergebnisorientierung) resultiert (vgl. 2006, 28). Die Ausprägung der Elemente kann dabei variieren. Im Folgenden werden die beiden M&A-Typen im Hinblick auf die Ausprägung dieser Merkmale charakterisiert. Für eine detaillierte kritische Diskussion der Abgrenzung zur Sachleistungen sei auf die Literatur verwiesen (vgl. im Detail z.B. Engelhardt/Kleinaltenkamp/Reckenfelderbäumer 1993).

Auf der Ebene der **Potenzialorientierung** sind Dienstleistungen dadurch charakterisiert, dass der Dienstleistungsanbieter über die Fähigkeit und den Leistungswillen verfügt, die Dienstleistung zu erbringen, und dies bei der Vermarktung im Vordergrund steht (vgl. Olbrich 2006, 292; Engelhardt/Kleinaltenkamp/Reckenfelderbäumer 1993, 398-399). Hierzu muss er über Potenzialfaktoren verfügen. Die Potenzialfaktoren können Personen sein, auf die der Dienstleitungsanbieter zur Erstellung der Dienstleistung zurückgreift. Bei M&A sind dies insbesondere hochqualifizierte Projektbeteiligte. Diese müssen sowohl über die Fähigkeiten (Kenntnisse/Erfahrungen und Fähigkeiten) zur Erbringung der Leistung verfügen als auch über die Motivation, diese Leistung zu erbringen (vgl. zu diesem Potenzialfaktor allgemein Olbrich 2006, 293-294; Picot, A. 2005, 49; Werder 1999, 413). Neben Personen können auch Techniken, Methoden oder Strukturen/Prozesse Potenzialfaktoren sein, die in den Leistungsprozess eingebracht werden (vgl. ähnlich Meffert/Bruhn 2006, 31). Da M&A sehr komplex sind, sich im Zeitablauf die Rahmenbedingungen laufend ändern und zahlreiche Überarbeitungsschritte erforderlich sind, kommt auch den Strukturen eine besondere Bedeutung als Potenzialfaktor zu. Die Art ihrer Gestaltung ermöglicht es erst, vorausgesetzt, die Beteiligten sind motiviert und leistungsfähig, die Leistungserstellung in konstant hoher Qualität bei minimalen Kosten zu erbringen und damit die Bedürfnisse der Eigentümer zu befriedigen.

Häufig genutztes Unterscheidungsmerkmal für Sachleistungen ist die Integrativität von Dienstleistungen auf der **Prozessebene**. Viele Dienstleistungen können nur erbracht werden, wenn der Nachfrager sich selbst oder ein in seinem Dispositionsbereich befindliches Objekt in den Leistungserstellungsprozess einbringt (vgl. Corsten 1985, 127). Entscheidend ist, wie tief und wie intensiv dieses Objekt in die Leistungserstellung mit eingebracht wird (vgl. Woratschek 1996, 659). Im **Transaktionsprojekt** werden im Wesentlichen Informationen als externer Faktor einbezogen (vgl. zu einem Überblick über verschiedene Arten des externen Faktors Corsten 1985, 128-129). So liefert die Primärorganisation des Akquisiteurs Informationen über die strategische Zielrichtung des eigenen Unternehmens, die bei der Verhandlungsführung zu berücksichtigen sind. Die Integrativität der Leistung ist eher gering, da kaum ein direkter Kontakt zur Primärorganisation gegeben sein muss. Dieser ist nur dann erforderlich, wenn Entscheidungen zu treffen sind. Die Erstellung der Vorlagen kann aber gut losgelöst von der Organisation erfolgen. Anders sieht dies im **Integrationsprojekt** aus. Externer Faktor sind die Primärorganisationen von Käufer und Zielunternehmen, die es zu einer Einheit zu verschmelzen gilt. Hierzu sind tiefe Eingriffe in die Wertschöpfungskette erforderlich. Besonderheit ist, dass der Käufer erst nach Abschluss des Closings die Verfügungsgewalt über das Zielunternehmen hat und diesen Faktor vorher nicht einbringen kann oder die Einbringung von der Kooperationsbereitschaft des Managements des Zielunternehmens abhängt. Die Stärke und Qualität der Einbringung hat einen wesentlichen Einfluss auf die Qualität der Leistungserstellung, da eine Integration nur bei guter Informationslage über das Zielunternehmen möglich ist. Dies erfordert wiederum persönlichen Kontakt und Kooperationsbereitschaft seitens der Zielgesellschaft. Von einer hohen Integrativität kann daher meist erst ab dem Closing ausgegangen werden, da häufig erst dann ein enger persönlicher Kontakt zwischen den Projektteams als Leistungserbringer und den Mitarbeitern/Führungskräften der Primärorganisationen als Leistungsnachfrager möglich ist (vgl. allgemein zu Integrativität Woratschek 1996, 69).

Auch auf der **Ergebnisebene** sind einige Besonderheiten zu beachten. Wichtiges Kriterium ist die Immaterialität des Ergebnisses (Engelhardt/Kleinaltenkamp/Reckenfelderbäumer 1993, 400). Das Ergebnis des Transaktionsprojekts ist immateriell. So wird ein Unternehmenskaufvertrag abgeschlossen, dessen Wert sich nicht aus dem Papier ergibt, auf dem er fixiert ist, sondern aus den Inhalten. Für das Integrationsprojekt sind die Vorarbeiten zu Bildung der integrierten Einheit sehr arbeitsintensiv. Das Ergebnis weist aber materielle als auch immaterielle Bestandteile auf. So sind die Logik der Struktur/Prozesse oder die neue strategische Ausrichtung immaterielle Werte. Die physischen Standorte, Gebäude und Anlagen, die im Integrationsprozess umstrukturiert werden, sind materieller Art. Im Ergebnis dürfte aber der immaterielle Wert, der aus der Zusammenlegung entsteht und zu Synergien führt, den bedeutsameren Teil der Leistung ausmachen.

Abbildung 4-5 zeigt Merkmale von Dienstleistungen am Beispiel der Integrationsaufgaben. Zu beachten ist der „externe Faktor", repräsentiert durch das Käuferunternehmen A selbst und das Kaufobjekt B. Die zu bildende Einheit entsteht aus der Fusion von A und B und den dazu notwendigen Prozessen der Potenzialfaktoren.

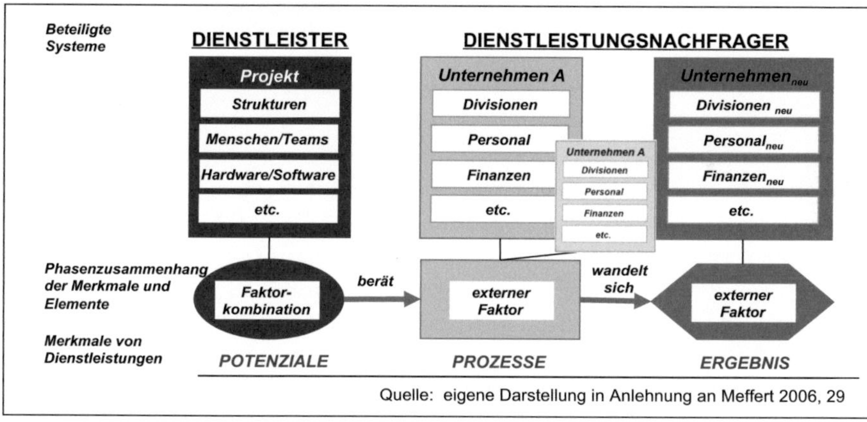

Abbildung 4-5: Potenzial-, Prozess- und Ergebnisdimension bei M&A-Projekten

Wie in Abschnitt 4.1.2.2 deutlich wurde, verändert sich der Schwerpunkt der Aufgabenstellung im Zeitablauf. Dies hat Auswirkungen auf den Grad der Integrativität und den Grad der Immaterialität der Leistung. Im Transaktionsprojekt erfolgt eine leichte Zunahme der **Integrativität** im Rahmen der Due Diligence. Dann können neben der reinen Analyse von Daten in einem physischen oder virtuellen Datenraum, die keinen persönlichen Kontakt erfordern, auch Betriebsbegehungen erforderlich sein. Im Integrationsprojekt dagegen wäre der Idealzustand eine hohe Integrativität von Beginn an. Diese ist allerdings aus wettbewerb (-srecht-) lichen Gründen nicht erlaubt bzw. strategisch aus Sicht des Zielunternehmens nicht sinnvoll (vgl. im Detail Abschnitt 4.1.2.2). Eine hohe Integrativität wird daher erst ab Closing erreicht und nur bei Kooperationsbereitschaft des Verkäufers ggf. auch schon nach Abschluss der ersten Vorverträge eine leichte Zunahme erzielt. Während die Leistungen des Transaktionsprojekts immer immateriell sind, umfasst das Integrationsprojekt auch eine physische Veränderung der Unternehmen und hat daher auch in der Integrationsphase einen zunehmend **materiellen Charakter**, wenn auch die Hauptleistung immateriell bleibt. Folgende Abbildung veranschaulicht diese Zusammenhänge anhand der Einordnung der Teilprojekte in die Typologie von Engelhardt, Kleinaltenkamp und Reckenfelderbäumer (1993, 417).

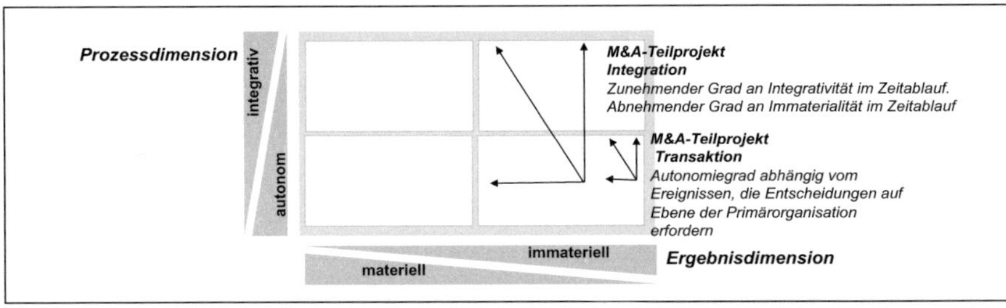

Abbildung 4-6: Einordnung der M&A-Teilprojekte in die Leistungstypologie von Engelhardt, Kleinaltenkamp und Reckenfelderbäumer

4.1.5 Zwischenfazit

Die bisherigen Ergebnisse zusammenfassend kann Folgendes für die weiteren Schritte der Arbeit festgehalten werden: Es wird angenommen, dass der beschriebene Ablauf in Abschnitt 4.1.2.2 ein typisches komplexes strategisch und international und wertorientiert ausgerichtetes M&A-Projekt des Szenarios I, III oder V widerspiegelt. Es wird eine freundlich gesinnte Transaktion unterstellt. Ziel ist die leistungswirtschaftliche Verflechtung mit wesentlichen Geschäftsbereichen des Akquisiteurs, aus dessen Sicht die Argumentation aufgebaut ist (vgl. Abschnitt 2.3). Ersichtlich ist, dass eine Reihe komplexer Aufgaben umzusetzen ist, die ein breites Wissen und damit eine Vielzahl hoch qualifizierter Beteiligter erfordern (vgl. Abschnitt 4.1.2 und 4.1.3). Dieses Projekt kann als interne Dienstleistung für die Primärorganisation des Käufers charakterisiert werden, die wiederum im Interesse ihrer Eigentümer handelt. Zur Leistungserstellung greift das M&A-Projekt auf menschliche und strukturelle Potenzialfaktoren zurück. Mit diesen erstellt es relativ autonom (Transaktionsprojekt) bzw. integrativ (Integrationsprojekt) unter Einbezug eines externen Faktors (Primärorganisation von Käufer und Zielunternehmen) eine immaterielle (Transaktion) bzw. immateriell/materielle Leistung (Integration) (vgl. Abschnitt 4.1.4).

Um diese komplexe Gesamtleistung bestmöglich zu erbringen, bedarf es einer geeigneten Gesamtstruktur, für deren Gestaltung auf den Projektmanagement-Ansatz zurückgegriffen werden kann. Der gebotene verfügbare Gestaltungsrahmen des Projektmanagements ist einerseits außerordentlich umfangreich und zum Zweiten nicht auf M&A-Projekte zugeschnitten (vgl. Abschnitt 3.2). Aufgabe der folgenden Abschnitte dieses Kapitels ist es daher, den konzeptionellen Rahmen festzulegen, der die Basis für die M&A-orientierte inhaltliche Ausgestaltung des Projektmanagement-Ansatzes in Kapitel 6 liefert. Die konkrete Umsetzung eines M&A-Projektmanagements liefert dann Kapitel 7. Die Rahmendefinition bereits hier in Kapitel 4 ist erforderlich, da Projektmanagement ein sehr breit angelegter Managementansatz ist, der in diesem Umfang für M&A-Projekte nicht sinnvoll ist.

4.2 M&A-Projekt- und -Projektmanagement-Ziele

Zur Festlegung des Gestaltungsrahmens sind zunächst die Ziele festzulegen, an denen sich die Modifikation des Rahmens zu orientieren hat und an denen auch der Erfolg des Gestaltungsansatzes zu messen ist. Eine theoretisch fundierte Festlegung von Zielen für ein M&A-Projektmanagement liegt nicht vor. Sie sind im Folgenden aus den besonderen M&A-Rahmenbedingungen abzuleiten.

Übergeordnetes Formalziel, denen weitere Formal- oder Sachziele untergeordnet werden können, ist bei M&A-Transaktionen der Shareholdervalue. M&A-Projekte verfolgen keine eigenen Ziele, sondern dienen der Verbesserung oder Entwicklung der Primärorganisation (vgl. auch Meckl 2004, 456). Das Projektgesamtziel ist daher dem Unternehmensziel untergeordnet und wird an der Wertschaffung festgemacht (vgl. Abschnitt 2.2). Die wertorientierte Betrachtung ist sinnvoll, da berücksichtigt wird, dass Projekte mit anderen Investitionsalternativen um knappe Unternehmensressourcen konkurrieren und sie nur dann durchgeführt werden sollten, wenn sie für das eingesetzte Kapitel den größtmöglichen Rückfluss, der mindestens den Kapitalkosten entspricht, ermöglichen. Dieses Ziel weist aber ein recht allgemeines Niveau auf und ist wenig zielführend für die Ausrichtung des Verhaltens der Projektbeteiligten. Es sind Ziele zu definieren, die eine konkrete Steuerung des Leistungserstellungsprozesses ermöglichen (vgl. im Detail zu Zielen Thommen/Achleitner 2004, 100).

Für die Unterscheidung von operativeren Sachzielen ist nach Aufgabentyp zu differenzieren. Hierzu ist zunächst zwischen Projektmanagement-Zielen und Projektzielen zu unterscheiden (vgl. Gaupin 2006, 40). Während die Primäraufgaben sich an den Projektzielen ausrichten, sind für das Projektmanagement die Projektmanagement-Ziele handlungsleitend. Beide Ziele richten sich an dem Unternehmensgesamtziel aus. Die Projektmanagement-Ziele wirken dabei eher indirekt über die Förderung der Projektziele auf das Gesamtziel, haben aber auch eine direkte Wirkung (vgl. anschaulich auch Abbildung 2-2 in Abschnitt 2.2.2).

Wichtige sachliche Projektziele beziehen sich auf die Qualität der Durchführung des Unternehmenskaufs bzw. auf die Qualität der zu gestaltenden integrierten Einheit und die Kosten, die bei der Sicherung des sachlichen Projektergebnisses entstehen. Beispiel für wichtige Qualitätsziele des Integrationsprojekts sind Synergierealisierung und Erarbeitung von Restrukturierungsvorteilen, die sich in weitere Subziele zerlegen lassen. Wichtige Qualitätsziele des Transaktionsprojekts sind die realistische Bewertung des Kaufobjekts, die Gestaltung optimierter Verträge, die keine Lücken hinsichtlich wichtiger Risiken lassen, und die Verhandlung eines fairen Kaufpreises unterhalb der ermittelten Preisobergrenze. Bei der Erarbeitung dieser Ziele ist der Zeitfaktor zu berücksichtigen. Je früher die Ergebnisse erzielt werden, dies gilt insbesondere für das Integrationsprojekt, desto höher ist ihr Barwert und desto höher ist folglich ihr Beitrag zur Wertgenerierung (bei der Grundannahme, dass die Ergebnisse positiv sind; vgl. im Detail Abschnitt 2.2). Auch für diese Ziele sind weitere Subziele denkbar. Orientierung für diese Ziele bietet beispielsweise das Werttreiberkonzept von Rappaport (vgl. 1998). Zur Erreichung der Ziele sind die Kosten zu beachten, die intern anfallen (Mitarbeiter, Strukturen, Gebäude etc.) und durch den Einbezug externer Kompetenzen (externe Berater, Rechtsanwälte etc.) entstehen.

Die Sekundärstruktur des Projekts, im Folgenden als „Projektbüro“ bezeichnet, ist von der Grundidee her so ausgerichtet, dass sie die Primäraktivitäten bei der Erfüllung der Aufgaben zur Leistungserstellung zu unterstützen hat (vgl. Abschnitt 3.2.1). Konkrete Ziele auf Projektmanagementebene sind daher die Sicherstellung einer hohen Qualität des Ergebnisses und die Minimierung der Kosten und der Dauer des Projekts (vgl. zu diesen Projektzielgrößen des sogenannten „Zieldreiecks“ Andersen 2006, 17; Kerzner 2003, 4; Meyer 2003, 1215).

Aus Qualitätssicht hat es die Qualität der Potenzialfaktoren sicherzustellen. Dies bedeutet auf der Ebene der operativen Umsetzung (M&A-Projektebene), dass sowohl Leistungsfähigkeit und Leistungswillen der Mitglieder der Projektteams gesichert sind als auch, dass die Strukturen effektiv gestaltet sind (vgl. Abschnitt 4.1.4). Da es selbst einen wichtigen Potenzialfaktor darstellt, hat es weiterhin die eigene Effektivität sicherzustellen (Mitarbeiter und Strukturen des Projektbüros). Aus Kostensicht hat es die Kosten des Gesamtprojekts, bei Wahrung der Qualität und Berücksichtigung des Zeitfaktors, sicherzustellen. Dies schließt wiederum die Kosten sowohl auf M&A-Projektmanagementebene als auch auf M&A-Projektebene mit ein.

In Bezug auf die konstitutiven Merkmale des internen M&A-Dienstleistungsprojekts (vgl. Abschnitt 4.1.4) kann Folgendes für die Projektmanagement-Ziele vermutet werden:

Ist die Effektivität der Potenzialfaktoren gewährleistet, so kann von einer hohen Wahrscheinlichkeit ausgegangen werden, dass die Qualitätsziele in beiden Teilprojekten erreicht werden. Auf personeller Ebene ist die Sicherstellung der Leistungsfähigkeit im Hinblick auf M&A-projektrelevante Fähigkeiten und Kenntnisse (Qualifikation) und der Leistungswille (Motivation) zur unternehmenszielorientierten Teilnahme an den Leistungserstellungs- und Unterstützungsprozessen zu gewährleisten. Auf Ebene der Strukturen steht die Koordination im Vordergrund. Diese umfasst sowohl die Koordination von Leistungserstellungsprozessen als auch die Koordination der Projektmanagement-Prozesse selbst. Diese Ebenen werden auch im Projektmanagement unterschieden. So unterscheiden Patzak und Rattay zwischen Qualität des technologischen Prozesses (Projektebene) und Ergebnisses und Qualität des Managementprozesses (vgl. 2004, 35).

Sichert das M&A-Projektmanagement zugleich eine minimale Dauer und eine Verursachung minimaler Kosten, wird Wertsteigerung als übergeordnetes Projektziel auf Ergebnisebene erzielt.

Wenig Einfluss besteht auf Prozessebene, da Unsicherheit über den externen Faktor besteht, der vor allem im Integrationsprojekt eine entscheidende Rolle spielt. So ist der Erfolg wesentlich von der Kooperation der Mitarbeiter abhängig. Da der externe Faktor Teil des Leistungserstellungsprozesses ist und der Kontakt auf der Projektebene stattfindet, ist dort nur eine direkte Beeinflussung möglich, z.B. über Meinungsbildung im Rahmen von Kommunikationsaktivitäten auf Primäraktivitätsebene. Die Prozessebene wird ebenso wie das weitere externe Umfeld (Kunden, Lieferanten, Wettbewerber etc.) zu den allgemeinen externen Faktoren gerechnet. Der Gesamtzusammenhang ist in Abbildung 4-7 ersichtlich.

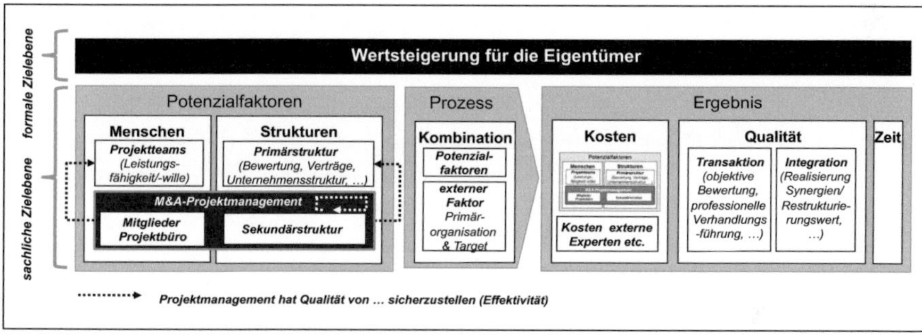

Abbildung 4-7: M&A-Projektmanagement als wichtiger Potenzialfaktor im M&A-Gesamtprojekt

Damit stehen die Ziele des M&A-Projektmanagements fest. Im Folgenden stellt sich die Frage, mit welchem Instrumentarium diese Ziele erreicht werden können. Weiterhin sind die relevanten Träger, die hier allgemein zunächst zum Projektbüro zusammengefasst wurden, einzugrenzen.

4.3 M&A-Projektmanagement-Dimensionen

4.3.1 Überblick

Im weiteren Verlauf sind die Dimensionen eines Projektmanagement-Ansatzes zu charakterisieren, die zur Projektmanagement-Zielerreichung zu gestalten sind und zusammen ein vollständiges Projektmanagement-System bilden. Projektmanagement lässt sich analog zu allgemeiner Management-Literatur in funktionales, institutionales und instrumentales Projektmanagement differenzieren (vgl. Corsten 2000, 7). Während der funktionalen und institutionalen Sicht allgemein eine weite Verbreitung in der Management-Literatur zukommt (vgl. zu dieser Einteilung z.B. Domschke/Scholl 2003; 341-342; Dworatschek 2003, 8; Vogel 2002, 103; Dülfer 1997, 1), wird die instrumentale Sicht vorwiegend in spezifischer Literatur zum Projektmanagement aufgegriffen (z.B. bei Litke 2004, 22; Marr/Steiner 2004, 1198; Lechler 1997, 37). Auch dies dürfte auf den ursprünglich sehr stark methodenbasierten und koordinationsorientierten Ansatz zurückzuführen sein (vgl. Abschnitt 3.2.2).

Unter den **institutionellen Trägern** sind diejenigen Personen/Gruppen zu fassen, die für die Durchführung der Projektmanagement-Aufgaben verantwortlich sind. Auf dieser Ebene ist es besonders bedeutsam, eine begriffliche Klarheit zu schaffen, da sich die Aktivitäten des Projektmanagements nicht nur auf die Gestaltung der Projektebene, sondern auch auf die Projektmanagementebene selbst beziehen. Da die Gestaltungsempfehlungen später auf eine oder beide Ebenen bezogen werden, ist die Abgrenzung deutlich herauszuarbeiten.

Die **instrumentale Sicht** fasst die für die Projektmanagement-Aufgaben erforderlichen Gestaltungsparameter zusammen. Anstelle der Funktionssicht als Aufgabenebene in auf Dauer angelegten Unternehmen kommt in Projekten eher eine **prozessorientierte Sicht** zum Tragen. Diese stellt die zentrale Gestaltungsdimension dar.

Der Zusammenhang zwischen den Dimensionen Prozess, Träger und Parameter ist teils komplementär, teils überlappend. So umfassen die ersten beiden Ebenen die Führungsaufgaben/-prozesse und deren Träger, die instrumentale Dimension die bei der Aufgabenerfüllung im Projektmanagement-Ansatz zum Einsatz kommenden Gestaltungsparameter. Diese drei Dimensionen stellen zusammen das Handlungssystem dar, welches eine Einwirkung auf die Potenzialfaktoren im M&A-Projekt ermöglicht. Der Zusammenhang zwischen den drei Dimensionen inklusive der zeitlichen Perspektive wird in Abbildung 4-8 visualisiert.

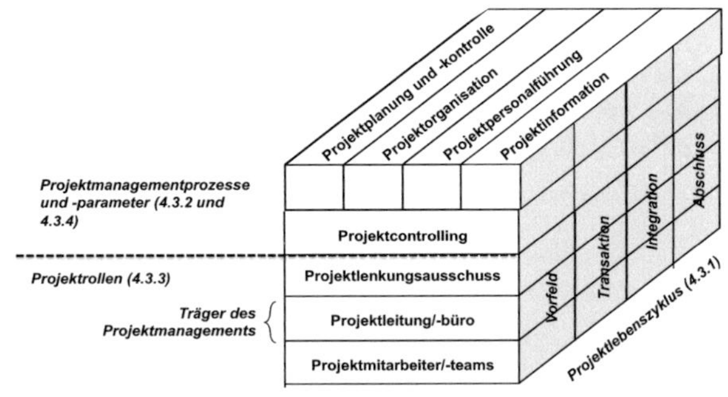

Abbildung 4-8: Dimensionen des M&A-Projektmanagements

4.3.2 M&A-Projektmanagement -Prozesse

4.3.2.1 Bedeutung der Prozesssichtweise im M&A-Projektmanagement

Bei der **phasenorientierten Beschreibung** des Leistungserstellungsprozesses ist deutlich geworden, dass die Aufgaben sachlich stark aufeinander aufbauen. Dies zeigt sich in der Reihenfolge der ablaufenden Einzelaktivitäten des beschriebenen M&A-Projektlebenszyklus. So liegen im Zeitablauf zunehmend detaillierte Informationen vor, so dass in jeder Phase die Einflussfaktoren auf das Projektergebnis spezifiziert bzw. neue aufgedeckt werden können und die Einschätzung des Ausmaßes ihres Einflusses fundierter wird (vgl. ähnlich auch Eckrich 2003, 43). Damit sind zeitlich versetzte Aufgaben inhaltlich interdependent.

Eine Möglichkeit der Berücksichtigung dieser Abhängigkeiten bietet die Zergliederung nach sachlichen Gesichtspunkten, was durch eine **prozessorientierte Sicht** erzielt wird. So hilft die Prozessstruktur, schnell und effektiv die anstehenden Veränderungsinhalte zu lokalisieren, strukturieren, zielgerichtet zu steuern und erfolgreich zu beenden. Die iterativen Schleifen auf Primäraktivitätsebene haben Auswirkungen auch auf die Sekundäraktivitätsebene. So sind z.B. die Planungen und auch die eigene Struktur laufend anzupassen, weswegen auch für diese Ebene von einer prozessorientierten Sicht ausgegangen wird. Die Prozesssicht wurde zudem schon sehr früh für das Management von Projekten empfohlen und ist auch in der aktuellen projektbezogenen ISO 10006 als wichtiger Bestandteil eines qualitätsorientierten Projektmanagements enthalten (vgl. z.B. Platz/Schmelzer 1986, 12 bzw. DIN 2004, 11).

Die Prozesssicht, oder genauer prozessorientierte Organisation, wurde ursprünglich durch die Publikationen von Hammer und Champy geprägt. Prozesse können ihnen zufolge als Gruppen verwandter Aufgaben, für deren Abwicklung verschiedene Inputs erforderlich sind und die zusammen für den Kunden Wert ergeben, definiert werden (vgl. 1999, 56). Gaitanides greift diese Definition auf und charakterisiert sie weiter als strukturierte Menge von Aktivitäten mit einem Anfang und einem Ende (vgl. 2004, 1212). Prozesse sind demzufolge gleichartig strukturierte Gruppen von Aufgaben oder Tätigkeitsfolgen mit klar definiertem Zeitrahmen und spezifischen Ressourcenbedürfnissen sowie einer klaren, übergeordneten Zielsetzung: der Schaffung von Wert für den Kunden. Sinn der Prozessorganisation ist, sowohl horizontal teamübergreifend als auch vertikal über Hierarchien hinweg, Arbeitsgänge in mengenmäßiger und zeitlicher Hinsicht innerhalb der gegebenen Aufbaustruktur zu koordinieren (vgl. Gaitanides 2004, 1209) und auf das Gesamtziel auszurichten.

4.3.2.2 Das M&A-Prozessmodell von Lucks und Meckl

Lucks und Meckl haben die Überlegenheit der Prozessorganisation für M&A in ihrem Grundlagenwerk (vgl. 2002) plausibel abgeleitet. Sie stellen die Primäraktivitäten in den Vordergrund. Das Modell bietet sich als Grundlage für die folgende Systematisierung der Sekundärprozesse an. Das Modell wurde explizit so entwickelt, dass es flexibel für Erweiterungen ist (vgl. Lucks/Meckl 2002, 58).

Bei der Definition der Prozesse unterscheiden die Autoren zum einen nach inhaltlichen Gesichtspunkten und zum anderen hierarchisch nach der Relevanz für die Wertsteigerung drei Kern- und vier Unterstützungsprozesse (vgl. 2002, 55 und zur Hierarchisierung von Prozessen allgemein vgl. Gaitanides 2004, 1213; Wilhelm 2003, 2). Sie definieren diese Prozesse als

„Teilprozesse" des M&A-Prozesses. Im Folgenden wird anstelle von Teilprozess auch der Begriff „Prozess" verwendet. Wird auf das Gesamtsystem an Prozessen verwiesen, so wird der Begriff Gesamtprozess verwendet.

Die Kernprozesse sind mit den Begriffen Strategieplanung, Strukturentwicklung und -durchsetzung und Personalveränderung, kurz „Strategie", „Struktur" bzw. „Personal" belegt (vgl. Lucks/Meckl 2002, 55-56). Die Prozessziele definieren sie wie folgt. Ziel des Strategieprozesses ist neben der Überprüfung der grundsätzlichen Sinnhaftigkeit des Vorhabens auch die Identifikation und Auswahl geeigneter Partnerunternehmen zur Erreichung der strategischen (Synergie-) Ziele (vgl. Lucks/Meckl 2002, 74-75). Die Festlegung und Implementierung der Deal-Struktur und die Entwicklung und Durchsetzung einer Aufbau- und einer Ablauforganisation sowie Identifikation des Führungskonzepts für die integrierten Geschäftseinheiten und damit die Umsetzung der im Strategieprozess festgelegten Wertsteigerungsziele sind Ziel des Strukturprozesses (vgl. Lucks/Meckl 2002, 94-95). Der Personalprozess hat zur wesentlichen Aufgabe, die aus quantitativer und qualitativer Sicht optimale Versorgung der integrierten Einheit mit Humanressourcen sicherzustellen (vgl. Lucks/Meckl 2002, 133).

Die Unterstützungsprozesse werden mit den Begriffen „Information", „Bewertung", „Kommunikation" und „Controlling" belegt (vgl. Lucks/Meckl 2002, 56-57). Ziel des Informationsprozesses ist es, alle für die Entscheidungsfindung im M&A-Prozess notwendigen Informationen zur richtigen Zeit, in der benötigten Qualität und an den richtigen Stellen zur Verfügung zu stellen. Es steht also die Informationsbeschaffung und -verarbeitung im Mittelpunkt (vgl. Lucks/Meckl 2002, 156). Ziel des Bewertungsprozesses ist die möglichst exakte Bewertung des Zielobjekts und die Verhandlung des Preises im Rahmen des Kaufvertrags (vgl. Lucks/Meckl 2002, 172-173). Mit dem Dialog mit den verschiedenen in- und externen Interessengruppen sind die Beteiligten des Kommunikationsprozesses beschäftigt (vgl. Lucks/Meckl 2002, 195). Hier geht es in Abgrenzung zum Informationsprozess im Wesentlichen um die Meinungsbildung bei den Stakeholdern der beteiligten Unternehmen. Beteiligte des Controllingprozesses haben die Einhaltung der Ziele zu überwachen und ggf. Anpassungsmaßnahmen einzuleiten. Hierzu zählt sowohl das übergeordnete Ziel der Wertschaffung als auch die Kontrolle und Bewertung von Einzelmaßnahmen, die den Gesamterfolg bestimmen (vgl. Lucks/Meckl 2002, 210).

Ebenso könnte man weitere Prozesse definieren oder eine andere Einteilung vornehmen (vgl. auch Lucks/Meckl 2002, 58). In neueren Publikationen fügt Lucks z.B. einen vierten Kernprozess „Verhandlungen und Verträge", hinzu (vgl. 2005b, 878), der im Mittelpunkt des Transaktionsprojekts steht. Dieser Kernprozess ist konkret auf den Abschluss von Vorverträgen und des Unternehmenskaufvertrags ausgerichtet und umfasst auch die dafür erforderlichen Verhandlungen. Generell schließen die Autoren eine differenzierte Prozessdefinition, also eine Definition weiterer oder anderer Prozesse, abweichend von der vorgeschlagenen Logik für den spezifischen Fall nicht aus (vgl. Lucks/Meckl 2002, 58). Eine Entscheidung wird danach zu fällen sein, wo das Unternehmen seine eigenen Kernkompetenzen sieht.

Zur Beurteilung des Prozessmodells ist zu sagen, dass es einen ganzheitlichen, strukturierten, die Komplexität und Vielschichtigkeit von M&A-Transaktionen berücksichtigenden Ordnungsrahmen bildet, welcher sowohl inhaltlich transparent als auch flexibel für notwendige iterative Schleifen aufgrund von Lernprozessen und verbesserter Informationslage im Prozessfortschritt ist. Zudem wird die Gefahr des Vergessens wichtiger Teilschritte durch sie eingeschränkt und Lernprozesse werden gefördert. Auch Einzelaktivitäten können besser aufeinander abgestimmt werden und ein laufendes Transaktionscontrolling sowie eine gezielte Steuerung des Prozesses werden erleichtert. Zudem ist eine Parallelisierung von Arbeitsschritten, aus der eine Zeit- und damit auch Kostenersparnis resultiert, einfacher zu gestalten und zu koordinieren (vgl. im Detail Lucks/Meckl 2002, 18-19 und 62-63).

ISO 10006 unterscheidet konkret Projektmanagement-Prozesse und Prozesse, die sich auf das Projekt-Produkt beziehen (vgl. DIN 2004, 11-12). Letztgenannte Prozesse sind mit dem Modell von Lucks und Meckl umfassend beschrieben. Eine explizite Differenzierung von Prozessen, die zusammen das Projektmanagement-System widerspiegeln, fehlt. Im Folgenden sind daher zunächst die Projektmanagement-Prozesse zu definieren und diese dann in das vorgestellte Modell einzubetten.

4.3.2.3 Ableitung der Projektmanagement-Prozesse

4.3.2.3.1 Projektmanagement-Elemente nach DIN 69904

Ausgangspunkt für die Prozessdefinition des Projektmanagements bilden im Folgenden die Projektelemente nach DIN 69904, die zusammen den Maximalrahmen des Projektmanagements abbilden. Diese sind dann in einem zweiten Schritt komplexitätsverkürzend auf die wesentlichen Prozesse zu reduzieren bzw. zusammenzufassen.

Die Projektmanagement-Elemente nach DIN 69904 stellen einen umfassenden Katalog an Wirkungsbereichen dar, der insgesamt alle potenziell für unterschiedliche Projekttypen wichtige Komponenten eines Projektmanagement-Ansatzes enthält. Projektmanagement-Elemente sind nach dieser Norm „Träger bestimmter Funktionen in einem Projektmanagementsystem", wobei die Wahl der Elemente je nach Projektart zu bestimmen ist und auch verschiedene Elemente zusammengefasst werden können (vgl. DIN 2000, 6). Unter Trägern sind im Sinne der Norm keine Personen oder Instanzen, sondern die Aufgabenbereiche des Projektmanagements zu verstehen.

Tabelle 4-1 zeigt die Projektmanagement-Elemente dieser Norm und die wichtigsten Inhalte im Überblick. Die erste Spalte kennzeichnet den Gliederungspunkt innerhalb der Norm. Die vergebene Nummer dient der eindeutigen Kennzeichnung für den späteren Verweis auf diese Elemente. Ähnliche Elemente umfasst auch die IPMA Competence Baseline (vgl. Gaupin 2006).

Nr.	Bezeichnung	Aufgabeninhalte der Projektmanagement-Elemente
3.02	**Zieldefinition**	Festlegung von Zielen für das Projekt und seine Subsysteme: Ziele des Gesamtprojekts, Projektziele und Projektmanagementziele; Messbarkeit der Zielerreichung sicherstellen. Regelung des Abstimmungs- und Genehmigungsprozesses für die Ziele mit der Trägerorganisation.
3.03	**Strukturieung**	Generell: Planung der Primäraktivitäten und Planung der Projektplanung (Metaplanung). Strukturierung des Projekts - abgeleitet aus der Zieldefinition; Möglichkeit der Darstellung von Projektaufbau, -ablauf und -management sowie Einsatzmitteln, Kosten, Dokumentationen und Randbedingungen.
3.04	**Organisation**	Aufbau- und Ablauforganisation des Projektmanagements für das Gesamtprojekt und Teilprojekte (Primär- und Unterstützungsbereiche). Ablauforganisation: Gestaltung und Aufrechterhaltung aller Prozesse.
3.05	**Personal-management**	Auswahl, Aus- und Weiterbildung der Projektmitarbeiter (Primär- und Sekundäraufgaben); Gewährleistung der erforderlichen Qualifikation. Zusammensetzung Projektteam: Zuordnung von Mitarbeitern zu Teams; Führung, Motivation und Unterstützung der Projektmitarbeiter; Wiedereingliederung nach Projektabschluss.
3.06	**Vertrags-management**	Analyse, Gestaltung, Abschluss und Änderung von Verträgen zwischen Projekt und Auftraggeber; laufende Überwachung der Vertragserfüllung.
3.07	**Nachforderungs-management**	Sammeln, Sichern und Durchsetzen oder Abwehren von Nachforderungen aus Vertragsabweichungen oder -änderungen gegenüber dem Auftraggeber.
3.08	**Konfigurations-management**	Konfigurationsidentifizierung, -überwachung, -buchführung, -auditierung (Konfiguration ist gleichzusetzen mit dem zu erstellenden Produkt).
3.09	**Änderungs-management**	Erfassung, Bewertung und Entscheidung über die Änderung von Projektzielen und deren Prioritäten; Management der Umsetzung.
3.10	**Aufwands-ermittlung**	Ermittlung der Mengengerüste für Projekt und Projektmanagement: Ableitung der Kosten, des Einsatzmittel- und Zeitbedarfs aus dem Aufwand je Einheit und Daten der Mengengerüste.
3.11	**Kosten-management**	Kalkulation und Planung, Ermittlung, Überwachung und Steuerung von Kosten des Projekts und des Projektmanagements, Abrechnung.
3.12	**Einsatzmittel-management**	Planung und Einsatz von Personal und Sachmitteln, die zur Durchführung von Vorgängen, Arbeitspakten oder Projekten benötigt werden (vgl. im Detail zu Einsatzmitteln DIN 69902). Qualität der Einsatzmittel, Personalbeschaffung und Sicherung der Verfügbarkeit für die Mitarbeit im Projekt; Berücksichtigung von Änderungen (Bedarf und/oder der Anforderungen bezüglich der Einsatzmittel)
3.13	**Ablauf- /Termin-management**	Planung der Reihenfolge und Ermittlung der Voraussetzungen und Verknüpfungen der einzelnen Vorgänge, Fristen und Termine; Sicherstellung des Ablaufs und der Termineinhaltung im Projekt.
3.14	**Multiprojekt-koordination**	Koordinierung des Projektportfolios, insbesondere zur Abstimmung oder Zuordnung von Finanz- und Einsatzmitteln zu den einzelnen Projekten.
3.15	**Risiko-management**	Ermittlung, Analyse, Bewertung und Minderung von Risiken des Projekts.
3.16	**Informations- und Berichts-wesen**	Zielgruppenorientierte Information und Berichterstattung: Sicherung einer effektiven Kommunikation zwischen allen Projektbeteiligten. Vollständige Bereitstellung aller notwendigen Informationen festlegen und sicherstellen. Abstimmung mit der Dokumentation. Inhalte: Analysen, Bewertungen, Trendaussagen, Rechnungslegung.
3.17	**Controlling**	Sicherung des Erreichens der Projekt- und Projektmanagementziele: Erfassen von Ist-Daten, Soll-Ist-Vergleich, Feststellung und Analyse der Abweichungen, Bewertung der Konsequenzen und Vorschlagen von Korrekturmaßnahmen, Mitwirken bei der Maßnahmenplanung und Überwachung ihrer Durchführung; Festlegen der Bewertungskriterien und -maßstäbe; Ableitung von Handlungsvorschlägen aus dem Soll-Ist-Vergleich. Betriebswirtschaftliches (projektabwicklungsbezogen) und technisches Controlling (gebrauchswertbezogen).
3.18	**Logistik**	Management der Bewegung sowie der örtlichen Zuordnung/Anordnung von Einsatzmitteln innerhalb des Projekts und des Projektmanagements, inklusive der unterstützenden Tätigkeiten. Beschaffung, Distribution, Entsorgung.
3.19	**Qualitäts-management**	Sicherstellung und Festlegung der Qualitätsforderung an das Projekt.
3.20	**Dokumentation**	Dokumentation des Projektgeschehens unter Beachtung des geltenden Rechts und der vertraglichen Vereinbarungen. Festlegung, wer, was, wie und wo zu dokumentieren und archivieren hat.

Tabelle 4-1: Projektmanagement-Elemente nach DIN 69904

DIN 69904 ist in der Breite sehr umfassend. Sie ist in der Tiefe jedoch, wie die Systematisierung des IPMA auch, wenig aufschlussreich, da nur wenige Gestaltungsempfehlungen enthalten sind. Sie berücksichtigt zudem keine spezifische Projektart. Der Katalog an Elementen kann daher nur als ein Maximal-Rahmen für die Definition von Prozessen herangezogen werden. Der volle Umfang und die Tiefe der Aufgabengliederung sind aber für M&A-Projekte nicht erforderlich.

4.3.2.3.2 Charakterisierung der M&A-Projektmanagement-Prozesse und Zuordnung der Elemente

Ziel des M&A-Projektmanagements ist die Sicherstellung effektiver Potenzialfaktoren zu minimalen Kosten. Für die Bewältigung dieser Problematik hat sich im klassischen Management bereits eine Aufteilung in einige wenige Gestaltungsbereiche bewährt, die im Folgenden zur Systematisierung der M&A-Projektmanagement-Prozesse dienen.

Das Management- oder Führungssystem umfasst, stützt man sich auf den kleinsten gemeinsamen Nenner in der Managementliteratur, die Bereiche Planung und Kontrolle, Organisation, Personalführung, Information und Controlling (vgl. Küpper 2005, 29-30; Küpper/Weber/Zünd 1990, 284). Ähnliche Funktionsbereiche findet man aggregiert auch als Kapitel in der Projektmanagement-Literatur wieder (vgl. z.B. Litke 2004). Speziell für M&A-Projekte verweisen Ecker und Mittermair auf die Bedeutung folgender Bereiche: Projektplanung, -organisation, -teamführung und -controlling (vgl. 2001, 341). Im Fortgang der Arbeit werden Führung und Management synonym verwendet und dienen als Oberbegriff für das gesamte Managementsystem. Personalwirtschaftliche Aspekte werden im Bereich der „Personalführung" zusammengefasst.

Der Unterteilung bei Küpper entsprechend, die auch die Empfehlung von Ecker/Mittermair widerspiegelt, werden die Projektmanagement-Prozesse wie folgt abgegrenzt und benannt: Projektplanung und -kontrolle, -organisation, -personalführung, -information und -controlling. Diesen Kategorien lassen sich die Elemente gut zuordnen. Die Reduktion des Gesamtrahmens auf diese fünf Bereiche entspricht einer ersten Komplexitätsreduktion für die Gestaltung des M&A-Projektmanagements, ohne auf wesentliche Wirkungsbereiche des Gesamtrahmens verzichten zu müssen.

Die folgenden Schritte dienen der Eingrenzung und Ordnung des Gestaltungsrahmens. Es sind die Prozesse zu charakterisieren. Die Elemente werden entsprechend inhaltlich zugeordnet. Weiterhin sind die Unterschiede zwischen den Prozessen deutlich zu machen.

Ausgeklammert oder dem Projektcontrolling zugeordnet wurden die Bereiche Vertrags-, Nachforderungs- und Änderungsmanagement (3.06, 3.07 bzw. 3.09), da diese Aufgaben bei internen M&A-Projekten eine untergeordnete Rolle spielen. Das Vertragsmanagement zur Vorbereitung und zum Abschluss der Unternehmensverträge ist den Primäraktivitäten zuzuordnen (vgl. z.B. zum Vertragsmanagement bei M&A Lucks 2005b). Nachforderungen sind bei der internen Abwicklung obsolet, da Abnehmer der Leistung die Trägerorganisation ist. Das Änderungsmanagement (3.09) ist durch den Bereich des Controllings abgedeckt und erhält seine Informationen aus den anderen Teilfunktionen.

Projektplanung und -kontrolle

3.02 Zieldefinition; 3.03 Strukturierung (nur Ablauforganisation); 3.04 Organisation (nur Ablauforganisation); 3.10 Aufwandsermittlung; 3.11 Kostenmanagement; 3.12 Einsatzmittelmanagement (ohne Personalfragen); 3.13 Ablauf- und Terminmanagement; 3.17 Controlling (nur Kontrolle)

Projektplanung und Projektkontrolle stellen zwei separate, aber eng verknüpfte Führungsfunktionen dar (vgl. Küpper 2005, 199). Weil sie sich auf denselben Gegenstandsbereich beziehen, werden sie im Folgenden zu einem Prozess zusammengefasst. Sie sind eng verzahnt mit dem separat erörterten Projektcontrollingprozess. Die Loslösung vom Controllingprozess erfolgt, weil der Planungs- und Kontrollbereich in Projekten einen erheblichen Aufgabenumfang umfasst, der einen eigenen Prozess rechtfertigt. Auf die organisatorische Verankerung wird explizit im Gestaltungsteil eingegangen.

Ziel der Projektplanung und -kontrolle ist die Koordination der Elemente eines Projekts derart, dass diese ihre Ziele bestmöglich erreichen. Die Hauptaufgabe der Projektplanung ist, die Elemente eines Projekts zu ordnen und festzulegen, welche Tätigkeiten in welcher Qualität (Arbeitspakete), durch wen (verantwortliche Person/Gruppe), wann (Start- und Endtermin/-zeitspanne, Abhängigkeiten), mit welchen Ressourcen (Personal/Sachmittel), zu welchen Kosten während der Projektabwicklung ausgeführt werden, um möglichst schnell und sicher zur gewünschten Leistung zu gelangen (vgl. Litke 2005b, 303-305; Litke 2004, 83). Die Wirkungsbereiche der Planung sind damit vielfältig. Im Wesentlichen konzentriert sie sich jedoch auf den Projektablauf inklusive der Termine (Ablauf- und Terminplanung), die Aufgabengliederung, die Gestaltung der Arbeitsaufträge (Projektstrukturierung), auf Kosten, Aufwand und erforderliche Ressourcen wie Mitarbeiter, Einsatz-/Sachmittel, etc. (Ressourcen-/Kostenschätzung) (vgl. ähnlich Ecker/Mittermair 2001, 341; Krüger/Bauermann 1987, 789-790). Einige Autoren ordnen auch die Qualitätsplanung und das Risikomanagement in diesen Bereich mit ein. Diese eher qualitativ ganzheitlich ausgerichteten Bereiche werden im Folgenden aber im Projektcontrollingprozess abgebildet. Entsprechend sind im Folgenden die Termin- und Ablaufplanung, die auf der Projektstrukturplanung aufbaut und in die die Aufwands- und Terminschätzung als auch der Zeit- und Kostenplan einfließen, relevant. Risiko- und Qualitätsmanagement sind durch das Controlling abzudecken.

Die Projektplanung lässt sich gliedern in die konkrete Planung des Projekts inklusive der Festlegung und Überwachung von Teilzielen einerseits (Planung der Primäraktivitäten) und die Managementplanung (Planung der Sekundäraktivitäten) andererseits (vgl. Litke 2004, 86; Ecker/Mittermair 2001, 341; Steinle 2001a, 34). Inhalte der Managementplanung, auch Metaplanung, sind die Festlegung des Verantwortlichen für die Planung des Planungsablaufs und des Zeit- und Kostenaufwands der Planung (vgl. Litke 2004, 86). Der Übergang beider Planungsbereiche ist fließend und sie sind miteinander abzustimmen.

Entsprechend der Eingrenzung der Planung ist auch die Projektkontrolle im Folgenden auf die eher technischen Aspekte der Termin- und Ablaufplanung ausgerichtet, Primär- als auch Sekundärebene inkludierend. Im Vordergrund steht der Soll-Ist-Vergleich in Bezug auf die Wirkungsbereiche der Planung. Die entsprechenden Abweichungsanalysen beziehen sich auf die bereichsinternen Ursachen (unzureichende Planungserfahrung, falsche Einschätzung der Komplexität, fehlende Erfahrungswerte etc.) (vgl. Litke 2004, 153). Die Ursachen müssen aber nicht im Planungsbereich liegen. Die übergeordnete Abweichungsanalyse erfolgt im Projektcontrolling, das z.B. auch Daten zur Arbeitseffizienz aus dem Personalprozess erhält. Dieses kann auch Korrekturmaßnahmen in anderen Prozessen initiieren.

Durch die sinnvolle Strukturierung des Projekts haben Planung und Kontrolle nicht nur eine Wirkung auf die Koordination, sondern indirekt auch auf die Leistungsfähigkeit der Beteiligten, da beispielsweise die Aufgaben so verknüpft sind, dass alle relevanten inhaltlichen Verknüpfungen einer Aufgabe transparent sind und damit verfügbar.

Projektorganisation

3.03 (Aufbau); 3.04 Organisation (nur Aufbau); 3.05 Personal (Zusammensetzung Projektteams)

Der Strukturierung des Managementprozesses dient die „Organisation", die generell die Gestaltung des Unternehmensgefüges (Aufbauorganisation) und die im Unternehmen ablaufenden Prozesse (Ablauforganisation) umfasst (vgl. Domschke/Scholl 2003, 342; DIN 69904). Der Bereich der Ablaufplanung ist bereits im Planungsprozess abgedeckt. Diese Aktivität des Organisierens ist abzugrenzen von der Institution Projektorganisation. Dieser Begriff wird bereits für den Prozess des Organisierens verwendet. Zur Unterscheidung wird im Folgenden, wenn auf die Institution abgestellt wird, nur der Begriff „M&A-Projekt" verwendet.

Hauptaufgabe ist der Entwurf eines Designs für die innere und äußere Struktur des Gesamtprojekts (vgl. Casutt 2005, 33; Kremer 2005a, 76). Die innere Struktur umfasst die Verteilung von Verantwortlichkeiten und die Teamzusammensetzung und -verknüpfung. In diesem Zuge sind sowohl die Sekundärstrukturen (Projektmanagementebene) als auch die Primärstrukturen (Projektebene) festzulegen. Die äußere Rahmenstruktur umfasst die Koordination des Einzelprojekts mit der Primärorganisation und damit die Einbettung in die Trägerorganisation. Weiterhin ist bedeutsam, die Schnittstellen, die zwischen den in getrennten Strukturen arbeitenden Projektbeteiligten existieren, durch verknüpfende Elemente beherrschbar zu machen. Dies gilt sowohl projektintern als auch zur Projektträgerorganisation und sonstigen externen Experten.

Der Projektorganisationsprozess dient in erster Linie der Koordination der Beteiligten im komplexen System. So greift sie einerseits auf Ebene der Strukturen ein, in dem sie die innere und äußere Struktur des Projekts vorgibt. Andererseits schafft sie auf Ebene der Zusammensetzung von Teams auch Voraussetzungen für eine Beeinflussung der Motivation und Leistungsfähigkeit (vgl. z.B. Helm/Meckl/Sodeik 2007, 230), die wiederum die Qualität des Endergebnisses beeinflussen.

Projektpersonalführung

3.05 Personal (ohne Zusammensetzung der Projektteams); 3.12 Einsatzmittelmanagement (Personal)

Eng verbunden mit der Organisation ist der Prozess der Projektpersonalführung. Sie dient in erster Linie der Motivation der Beteiligten im Projekt und umfasst sämtliche Regelungen und Maßnahmen zur zielgerichteten Beeinflussung des Verhaltens der Mitarbeiter. Zudem ist die Leistungsfähigkeit sicherzustellen (vgl. Domschke/Scholl 2003, 343 und ähnlich auch Weibler 2004, 296).

Wichtige personalwirtschaftliche Bereiche zur Sicherung von Leistungsfähigkeit und Leistungswillen sind die zielgerichtete Personalauswahl, die langfristige projektübergreifende Personalentwicklung/-karriereplanung und auch die Personalbeurteilung und die Gestaltung des Anreizsystems, wobei die beiden erstgenannten Bereiche auch unter „Personalbereitstellung" zusammengefasst werden (vgl. ähnlich zu Personalaufgaben auch Meyer 2003). Ebenfalls zum Personalbereich zählbar sind das Konfliktmanagement und Maßnahmen zur Kultursensibilisierung, der gerade in internationalen Projekten eine bedeutsame Rolle zukommt. Wegen der zeitlichen Befristung ist auch die Planung der Wiedereingliederung der Projektbeteiligten nach Projektabschluss bedeutsam. Die Personalfreisetzung wird als Bereich ausgeklammert, da sie in Projekten selbst wegen der zeitlichen Befristung eine untergeordnete Rolle spielt. Vereinfachend wird angenommen, dass ein im Projekt nicht mehr benötigter Beteiligter zurück an die Primärorganisation transferiert wird, innerhalb derer dann über eine Weiterbeschäftigung entschieden wird. Die Entlassung aus anderen Gründen ist nicht projektspezifisch und daher hier auch nicht Inhalt dieses Prozesses.

Die Wirkungsrichtung ist relativ eindeutig. Da explizites Ziel die Motivierung und Qualifizierung ist, wirkt der Personalführungsprozess in erster Linie auf eine Effektivitätserhöhung des Potenzialfaktors „Mensch" und damit indirekt auf die Strukturen als auch auf alle Ergebnisbereiche, da diese wiederum durch die Mitarbeiter gestaltet/erarbeitet werden.

Projektinformation

3.16 Informations- und Berichtswesen; 3.18 Logistik (Gegenstand: Informationen; weniger: Roh-, Hilfs- und Betriebsstoffe); 3.20 Dokumentation

Unter diesen Prozess fallen Faktoren, die der Verteilung von Informationen und Daten als wichtige Führungsfunktion zum Zwecke der Koordination und Abstimmung zwischen Beteiligten im arbeitsteiligen System (vgl. Küpper 2005, 127) dienlich sind. Der Informationsprozess hat dafür Sorge zu tragen, dass die Techniken/Medien und Systeme ausgewählt und implementiert werden, die kostengünstig sicherstellen, dass die Projektbeteiligten die für ihre Teilaufgaben erforderlichen Informationen rechtzeitig in der entsprechenden Form und Detaillierung zur Verfügung haben und auch nutzen (vgl. ähnlich Patzak/Rattay 2004, 259).

Es wird bewusst auf den Begriff **Wissensmanagement** verzichtet, was sich wie folgt begründen lässt. Wissensmanagement ist in den letzten Jahren für Unternehmen zu einem zentralen Thema geworden und spielt gerade bei M&A eine wesentliche Rolle. Dieses sehr dynamische Feld steht auch in neueren managementorientierten Publikationen zu Projekten als zentraler Trend zur Diskussion (vgl. z.B. Litke 2005a, 65; Litke 2005c, 57-58; Bundschuh 2003, 206). Ein wichtiger Fokus dieser Literatur liegt auf der Gestaltung der Führungssubsysteme derart, dass die Wissensprozesse wie Wissensteilung, -verteilung und -bewahrung effizient ablaufen (vgl. Probst/Raub/Romhardt 2006). Hierzu ist eine Gestaltung der gesamten Projektmanagement-Prozesse erforderlich, da Wissen mehr umfasst als nur die technisch mediale Unterstützung von Informations-/Wissensprozessen. Hierauf wird im Detail noch bei der Analyse der empirischen/theoretischen Basis in Abschnitt 5.4 eingegangen. Der Projektinformationsprozess stellt damit nur einen sehr fokussierten Teilbereich dar. Die Verankerung des Wissensmanagements als Ganzes erfolgt über die Ziele des M&A-Projektmanagements.

Über diese Definition des Informationsprozesses und mit einem Verweis auf die Wissensprozesse nach Probst/Raub/Romhardt (2006) lässt sich der Informationsprozess gut von den Primäraktivitäten als auch von den anderen Projektmanagement-Prozessen abgrenzen. Nicht dem Projektmanagement, sondern eher den Primäraktivitäten dezentral zuzuordnen, sind Entscheidungen über die relevanten Wissensinhalte und die Festlegung des extern/intern zu erwerbenden bzw. generierenden Wissens (Festlegung der Wissensziele, Wissensidentifikation und Wissenserwerb/-generierung). Hierzu liegen in der M&A-Literatur detaillierte Ausführungen vor (vgl. im Detail z.B. Fischer 2008, 216-246; Lucks/Meckl 2002, 156-171). Die Umsetzung der Wissensgenerierung erfolgt dann in erster Linie im Projektpersonalführungsprozess über eine zielgerichtete Personalauswahl und -entwicklung. Dieser Prozess hat zudem durch die Ausrichtung der Aktivitäten auch auf Wissensziele die Wissensteilung, -nutzung und Wissensbewahrung aus motivationaler Sicht sicherzustellen. Der Informationsprozess unterstützt lediglich die Umsetzung dieser Wissensaktivitäten in den anderen Prozessen durch die adäquate Gestaltung der IT-Infrastruktur.

Bei M&A ist die Informationsversorgung auf mehreren Ebenen sicherzustellen. Zum einen innerhalb des Projekts zwischen den arbeitsteilig arbeitenden Wissensträgern, zum anderen projektübergreifend zu weiteren mit dem Projekt verknüpften Ebenen der Primärorganisation oder zu externen Partnern.

Durch die geeignete Unterstützung fördert die Projektinformation eine Orientierung der Beteiligten im komplexen System und hat damit auch eine Wirkung auf die Leistungsfähigkeit der Projektbeteiligten. Ein Einfluss auf die Motivation ergibt sich indirekt über die Möglichkeit der Bereitstellung von Wissen/Informationen, die zur Motivation z.B. zur Informationsnutzung beitragen. Generell hat die effektive und effiziente Informationsverteilung einen kostensenkenden Effekt, da die richtigen und relevanten Informationen schneller und einfacher verfügbar sind.

Es wird an dieser Stelle bewusst auf den Begriff „**Kommunikation**" verzichtet, da dieser eher mit Kommunikationsmaßnahmen im Sinne der Öffentlichkeitsarbeit verbunden ist. Hier steht aber die Information im Vordergrund. Die globale Kommunikationspolitik im Verhältnis zu wichtigen Stakeholdern wie Mitarbeiter, Lieferanten oder Gläubiger (vgl. Abschnitt 2.2.1) ist bei M&A eher eine transaktionsbezogene Primäraufgabe (vgl. hierzu im Detail Lucks/Meckl 2002, 195-209).

Projektcontrolling

3.08 Konfigurationsmanagement; 3.09 Änderungsmanagement; 3.14 Multiprojektkoordination; 3.15 Risikomanagement; 3.17 Controlling; 3.19 Qualitätsmanagement

Projektplanung und -kontrolle wurde bereits als separater Prozess erörtert, was dem Umfang dieser Aufgaben geschuldet ist. Die Separierung der Planung und Kontrolle in einen eigenen Prozess kommt der sehr extremen Controlling-Definition von Küpper entgegen, der Planung und Kontrolle als separate Prozesse auffasst und das Controlling selbst nur als übergeordnete Koordinationsfunktion definiert (vgl. Küpper 2005, 30). Unabhängig davon, ob der/die Prozesse als eigenständig definiert werden oder nicht, ist die Art der Tätigkeiten relativ ähnlich (Festlegung von Soll-Werten, Erhebung der Ist-Werte, Soll-Ist-Vergleich, Analyse der Abweichungen und Initiierung von Korrekturmaßnahmen), weswegen eine (organisatorische) Zusammenfassung sinnvoll ist. Im Folgenden wird der durch Planung und Kontrolle nicht abgedeckte Bereich der Koordination erörtert.

Für ein Projektcontrolling liegt keine einheitliche Definition vor; dies spiegelt sich auch in der Vielzahl an existierenden und vielfältigen Konzeptionen des Controllings wider (vgl. für einen Überblick z.B. Küpper 2005, 12-13; Horváth 2006, 61-64; Weber 2004). Im Folgenden wird eine koordinationsorientierte Auffassung in Anlehnung an aktuelle Literatur vertreten. Wichtige Vertreter der koordinationsorientierten Auffassung sind Horváth (2006) und Küpper (2005) (vgl. Weber 2004, 152-153) und im Projektmanagement Corsten (2000). Ohne auf die einzelnen Definitionsversuche einzugehen, dient Controlling in Anlehnung an die koordinationsorientierte Literatur der Unterstützung der Führung bei der Gestaltung der Führungsteilsysteme (systembildend) und deren Abstimmung (systemkoppelnd). Es ist zudem darauf ausgerichtet, das übergeordnete Unternehmensziel über alle Führungssubsysteme möglichst effizient zu sichern (vgl. Horváth 2006, 134) und bezieht sich damit auf die Sicherstellung aller in Abschnitt 4.2 erörterten Ziele, die Qualität des Leistungsergebnisses (Konfigurationsmanagement) inkludierend. Es stellt damit eine Querschnittsfunktion über die anderen Prozesse als „Contre Rôle" zur Gesamtprojektleitung dar, an die es berichtet. Das Management erhält auf diese Weise eine fundierte Entscheidungsgrundlage.

Controlling kann kurz- und mittelfristig als auch langfristig ausgerichtet sein – es wird entsprechend zwischen operativem und strategischem Controlling unterschieden (vgl. Küpper/Weber/Zünd 1990, 284-285). Während Planung und Kontrolle über den Soll-Ist-Vergleich in Bezug auf Termine, Kosten/Ressourcen koordinieren, steht beim Projektcontrolling eine übergeordnete Ebene im Vordergrund, auf der diese Einzeldaten zusammengeführt werden und ein ganzheitliches Bild ergeben. Dabei sind nicht nur die internen Umsetzungen zu beachten (Einzelprojektebene), sondern auch die Änderungen der Rahmenbedingungen zu überwachen. Sofern Ziele nicht eingehalten werden oder Rahmenbedingungen sich ändern, sind die Ursachen für die Abweichungen zu analysieren und Entscheidungsgrundlagen für das Management zu entwerfen. Diese Aufgaben schließen auch ein effizientes Risikomanagement-System mit ein.

Projektcontrolling umfasst auch eine Kontrolle der Effizienz der Primär- und Sekundärprozesse, der Aufbaustrukturen und Personen, die zur M&A-Abwicklung erforderlich sind und dehnt sich damit auch auf ein Controlling des Projekt (-management-) systems aus. Diese Aufgabe spiegelt sich im Element 3.14 der Multiprojektkoordination wider, die bei der Differenzierung der Management-Träger noch näher spezifiziert wird. Weiterhin ist die Effizienz des M&A-Projektmanagement-Ansatzes langfristig für das Unternehmen sicherzustellen.

Controlling wirkt wegen seiner ganzheitlichen Ausrichtung auf alle erfolgskritischen Bereiche eines M&A-Projekts, da es die Gesamtstruktur permanent im Hinblick auf ihre Effektivität und Effizienz überwacht.

Mit der Zuordnung der Projektmanagement-Elemente nach DIN 69904 vollzieht sich implizit eine Zuordnung relevanter noch zu diskutierender Projektmanagement-Parameter. Dies ist ein Vorteil, um den Projektmanagement-Ansatz systematisch auf M&A übertragen zu können, da viele Methoden auf die Elemente ausgerichtet sind.

4.3.2.4 Einbettung der Projektmanagement-Prozesse in das M&A-Prozessmodell von Lucks und Meckl

Im Folgenden sind die Projektmanagement-Prozesse in das Prozess-Modell von Lucks und Meckl (2002) zu integrieren. Die Autoren ordnen die Prozesse nach Bedeutung für die Wertsteigerung in Kern- und Unterstützungsprozesse. Diese Sicht lässt sich kombinieren mit einer Unterscheidung nach Bezug zur Wertsteigerung in Primär- und Sekundäraktivitäten, die für die Abgrenzung des Projektmanagements wichtig war (vgl. Abschnitt 3.2.1). So können auch direkt mit der Leistungserstellung verbundene Aufgaben als unterstützend definiert werden, wenn diese für die Wertsteigerung eher untergeordnet sind. Dies wäre z.B. bei M&A für Bewertungsaufgaben anzunehmen (vgl. so auch Lucks/Meckl 2002, 57). Kernaufgaben tragen dagegen wesentlich zur Wertschöpfung bei – bei strategischen M&A sind dies insbesondere die Planung und Umsetzung der Integration auf allen Ebenen (Integrationsprojekt) bzw. der

Verhandlungen und Vertragsgestaltung inkl. der kartellrechtlichen Prüfungen (Transaktionsprojekt).

Lucks und Meckl richten ihr Augenmerk auf die Leistungserstellung, also auf M&A-Primäraktivitäten. Projektmanagement-Aufgaben als Sekundäraktivitäten fließen in die entsprechenden Prozesse mit ein. Abbildung 4-9 zeigt beispielhaft, an welchen Stellen Projektmanagement-Aufgaben in die Prozesse einfließen.

Teilprozesse	Abwicklungsspezifische Inhalte der Teilprozesse nach Lucks/Meckl 2002
Struktur	• Festlegung der Verantwortlichkeiten sowie des Zusammenwirkens aller Beteiligten für einzelne Maßnahmen (vgl. S. 95) • Einrichtung einer Teamstruktur für die Integration (vgl. S. 122-123)
Personal	• Bennennung einer Person für das termingerechte Erreichen der Integrationsziele (vgl. S. 145) • Klärung der Trägerschaft der personalwirtschaftlichen Maßnahmen (vgl. S. 151)
Information	• Bereitstellung der für die Entscheidungsfindung im M&A-Prozess relevanten Informationen (vgl. S. 156) • Dokumentation der beschafften Informationen (vgl. S. 158-159)
Kommunikation	• Festlegung des Trägers der Kommunikationsarbeit und Rekrutierung (vgl. S. 202)
Controlling	• Sicherstellung der Wertschaffung des M&A-Projekts und der Erreichung der Ziele (vgl. S. 210, 215) • Planungsrisiken des Projektes beherrschbar machen (vgl. S. 210) • Organisatorische Implementierung des Controllings (vgl. S. 224)
M&A-Projekt-management	• Koordination der M&A-Aufgaben projektintern und Abstimmung mit weiteren M&A-Transaktionen und der Primärorganisation

Abbildung 4-9: Positionierung des Projektmanagements im M&A-Prozessmodell von Lucks und Meckl

Diese Aufgaben sind vorwiegend organisatorischer Natur und wurden wegen der Klarheit der Darstellung in separate Prozesse des Projektmanagements überführt. In einer neueren Veröffentlichung von Lucks ist das M&A-Projektmanagement ebenfalls als zusätzlicher Kernprozess aufgeführt und in weitere Teilprojekte im Laufe des Projektlebenszyklus differenziert (vgl. 2005a, 163, 165).

Abbildung 4-10 gibt einen Überblick über das modifizierte Prozessmodell. Enthalten sind modifizierte Prozesse nach Lucks und Meckl 2002, neu definierte Projektmanagement-Prozesse und deren jeweilige Zuordnung zu Transaktions- und Integrationsprojekt. Ebenfalls enthalten ist ein Hinweis auf den jeweiligen Charakter der Prozesse. So ist ersichtlich, welche Bedeutung (Kern-/Unterstützungsprozess) und welchen Bezug (direkt/indirekt) sie zur Wertsteigerung haben. Durch die Hervorhebung der Prozesssicht rückt die zeitliche Ebene im modifizierten Modell in den Hintergrund. Die parallele Darstellung von Transaktions- und Integrationsprojekt ist nicht mit einer zeitlichen Gliederung gleichzusetzen, sondern entspricht nur einer sachlichen Trennung. Die zeitliche Ebene für das Gesamtprojekt aus dem Phasenmodell in Abschnitt 4.1.2 bleibt aber bedeutsam und wird bei der Berücksichtigung der Ablaufstruktur im Bereich der Planungsgestaltung in Kapitel 7 wieder aufgegriffen.

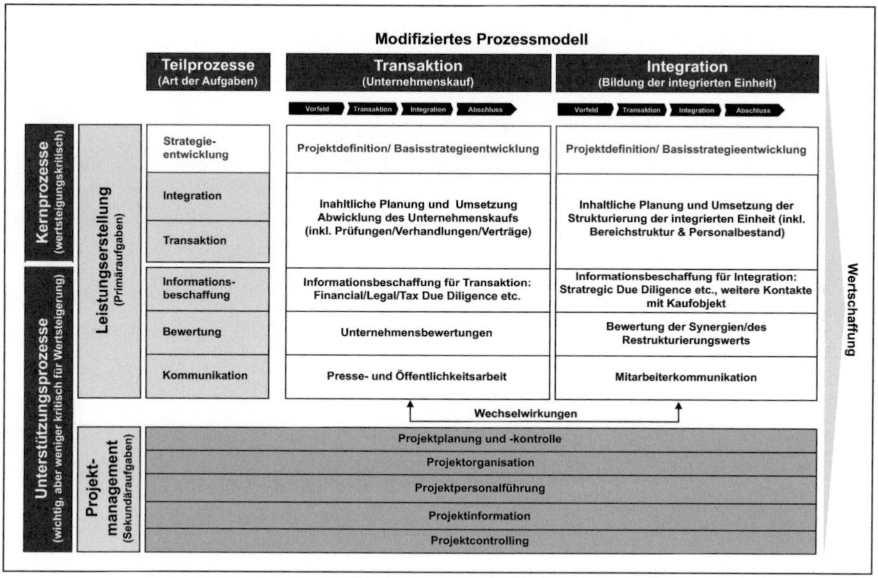

Abbildung 4-10: Modifiziertes Prozessmodell für das M&A-Gesamtprojekt

Der erste Kernprozess **Strategieentwicklung** umfasst die strategische Zielsetzung, die mit beiden Projekten verfolgt wird und die diese inhaltlich verknüpft, da beide auf dieser aufbauen bzw. zur Umsetzung dieser Zielsetzung beitragen. Die Projektaktivitäten haben sich an dieser auszurichten. Die strategische Planung steht damit als Leitlinie hierarchisch über der eigentlichen Leistungserstellung, wird aber hier integriert als Kernprozess betrachtet, da sie unverzichtbar für die anderen Prozesse ist.

Variierend von dem ursprünglichen Modell wurden die Kernprozesse Struktur und Personal in einen Block zusammengefasst, der jeweils die Planung und Umsetzung der Transaktion bzw. Integration umfasst. Der Prozess Transaktion enthält speziell die zielorientierte Planung und Umsetzung der Verhandlungen und Vertragsgestaltung (vgl. so z.B. Lucks 2005b, 945). Für die Integration ist je nach Komplexität und Problemschwerpunkten die Definition von Kernprozessen für die Planung und Umsetzung einzelner Teilbereiche der Integration möglich. So z.B. können für die Planung des Personalstamms der integrierten Einheit, die Unterstützung des kulturellen Wandels oder für die Planung und Umsetzung einzelner Geschäftsfelder und/oder Prozesse separate Prozesse definiert werden. Die Neuordnung hebt die Trennung zwischen Transaktion und Integration stärker hervor. Ersichtlich ist, dass sowohl der Ablauf des Unternehmenskaufs (Verhandlungstaktik etc.) als auch die Integration der Unternehmen im Vorfeld (Integrations- und Maßnahmenpläne) inhaltlich zu planen und während der Transaktions- bzw. Integrationsphase für alle Bereiche der Leistungserstellung gleichermaßen umzusetzen sind. Die Vorgehensweise entspricht einer Herauslösung der transaktionsbezogenen Tätigkeiten aus den Prozessen Struktur und Personal in einen separaten Prozess.

Planungen und Umsetzungen der integrierten Einheit sind Gegenstand der sachlichen Projektebene, da sie direkt auf die Integration bzw. den Unternehmenskauf ausgerichtet sind. Die Planung des Führungskonzepts auf sachlicher Ebene bezieht sich z.B. auf die Auswahl und Ausstattung der Standorte mit Ressourcen. Hiervon abzugrenzen ist die Projektplanung, eingebunden in einen umfassenderen Prozess **Projektplanung und -kontrolle** zur Abstimmung von Terminen, Kosten und Ressourcen (vgl. im Detail Abschnitt 4.3.2.3.2).

Der Informationsprozess von Lucks und Meckl wurde, um die Aufgaben des Projektmanagements stärker zu betonen, in zwei Prozesse untergliedert. So wurde ein **Informationsprozess** für das Projektmanagement als auch einer für die Primäraktivitäten definiert (vgl. hierzu auch Abschnitt 4.3.2.3.2). In Bezug auf die Leistungserstellung umfasst dieser die Informationsbeschaffung zur Entwicklung der integrierten Einheit bzw. des Kaufvertrages. Diese erfolgt bei beiden Teilprojekten während des persönlichen Kontakts mit dem Zielunternehmen, vor allem aber im Rahmen des eigens zu gestaltenden Vorgangs der Due Diligence. Dieser Prozess umfasst auch die Definition der Wissensziele, also die Festlegung, welches Wissen erforderlich und zu beschaffen ist. In Bezug auf das Projektmanagement ist eher die technisch-mediale Unterstützung der Versorgung der Projektbeteiligten mit den für ihre Aufgaben erforderlichen Informationen Inhalt des Prozesses. Es geht also primär um die Informationsverteilung zwischen den arbeitsteilig arbeitenden Personen. Diese Trennung wurde vorgenommen, da die Anforderungen an diese Aufgaben divergieren. Während für die Due Diligence vor allem Fachwissen zur Branche und zum Geschäft erforderlich ist, sind für die Gestaltung der Informationsverteilung eher IT-/Wissensmanagement-Experten einzubeziehen.

Der **Projektcontrollingprozess** umfasst die integrierte Kontrolle und Koordination auf projektübergreifender Ebene und wird wegen der besonderen Bedeutung und des inhaltlich umfassenderen Rahmens in einem separaten koordinationsorientierten Projektcontrollingprozess abgebildet.

Diese neu definierten und die weiteren Projektmanagement-Prozesse entsprechen inhaltlich den Definitionen der Prozesse in Abschnitt 4.3.2.3.2. Aufgabe des Projektmanagements ist eine Gestaltung beider Prozesstypen (Primär- als auch Sekundärprozesse).

Abschließend zeigt Abbildung 4-11 diese Prozesse und die ihnen zugeordneten Einzelaktivitäten im Überblick. Erkennbar ist, dass die Prozesse Schwerpunkte in bestimmten Phasen aufweisen, dennoch aber laufend im M&A-Projekt involviert sind. Auf der Abszisse der sieben Koordinatensysteme sind die Phasen und innerhalb dieser die insgesamt 19 von links nach rechts in chronologischer Reihenfolge durch Lucks und Meckl (2002) charakterisierten Einzelaktivitäten abgetragen. Diese sind jeweils durch dünne vertikale Linien markiert. Zur

Erstellung der Koordinatensysteme für die Prozesse wurde jeweils auf der Ordinate die Bedeutung der Aktivität für den entsprechenden Prozess abgetragen. Die Einzelaktivitäten entsprechen weitestgehend den in Abschnitt 4.1.2.2 beschriebenen.

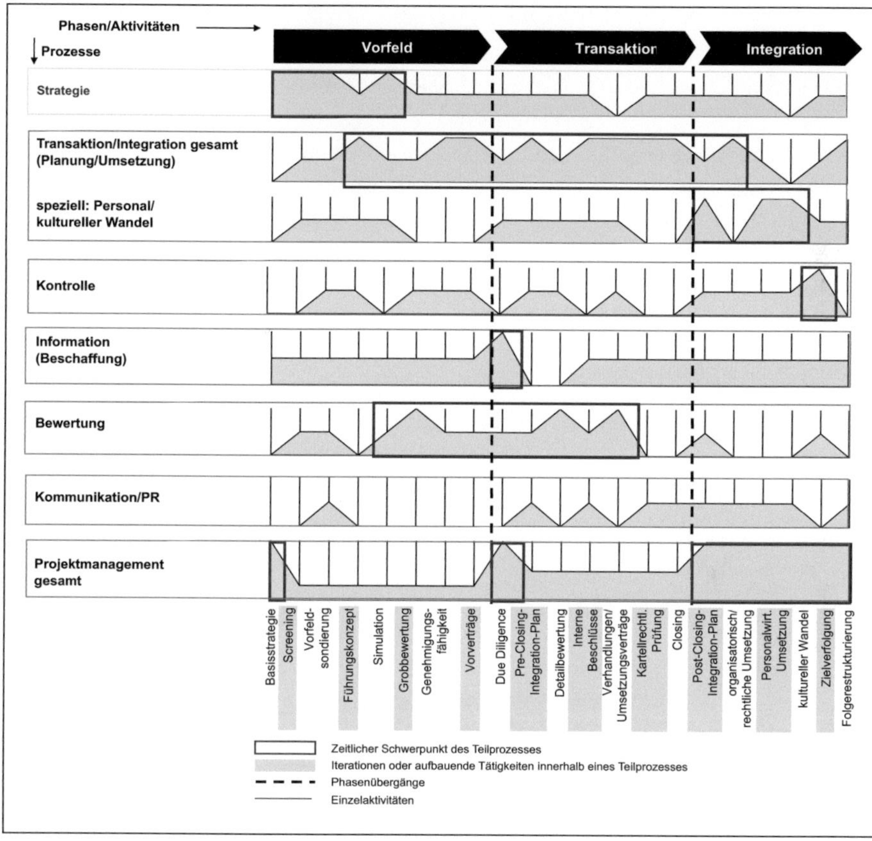

Abbildung 4-11: Schwerpunkte der M&A-Primär- und Sekundärprozesse im M&A-Projektlebenszyklus

Zur Konstruktion des Modells wurde den von Lucks und Meckl als Randaktivitäten qualifizierten Einzelaktivitäten eine 1, den Hauptaktivitäten eine 2 zugeordnet. Hat eine Einzelaktivität keine nennenswerte Bedeutung für einen Prozess, wurde eine 0 zugewiesen. Der Informationsprozess wurde entsprechend des modifizierten Modells auf Beschaffungsaktivitäten reduziert, die vermutlichen Schwerpunkte liegen dort, wo persönlicher Kontakt zum Transaktionsobjekt gegeben ist. Die Informationsverteilung ist im zusätzlichen Projektmanagement-Prozess abgedeckt. Für diesen Prozess liegt die Annahme zu Grunde, dass der Umfang der Aktivitäten mit dem Projektumfang zunimmt. Zudem wurde angenommen, dass in Zeiten der neu verfügbaren Informationen auch das Projektmanagement anzupassen ist – zu Beginn der Phasen ist daher von einem sprunghaften Anstieg des Arbeitsaufkommens auszugehen. Generell zu zeitlichen Schwerpunkten von Projektaktivitäten im Gesamtverlauf findet man im Bereich der Software-Entwicklung nähere, auch empirisch gesicherte Informationen (vgl. z.B. Jacobson/Booch/Rumbaugh 2003, 11).

Die Flächen dienen nur der grafischen Betonung, die Bereiche zwischen den nominal skalierten Einzelaktivitäten sind nicht definiert. Würde man die Abszisse als Zeitstrang definieren, wären auch Flächen denkbar. Allerdings wäre es in dem Fall unrealistisch anzunehmen, dass alle Aktivitäten den gleichen Zeitraum zur Abwicklung erfordern und die höchste Bedeutung der Abwicklung bei der Halbzeit der Abwicklung läge. Optisch verdeutlichen sie gut den Prozesscharakter der M&A-Aufgaben. Umrandet sind die Bereiche, in denen der jeweilige Prozess einen Schwerpunkt in der Phase hat.

Im Folgenden liegt der Schwerpunkt auf der Sekundärprozessgestaltung, für die Primärprozesse sei auf die Monographie von Lucks und Meckl (vgl. 2002) verwiesen.

4.3.2.5 Das Regelkreismodell im M&A-Projektmanagement

Anknüpfend an den Projektcontrollingprozess wird auf das aus der Kybernetik stammende Regelkreiskonzept verwiesen. Das Regelkreiskonzept bildet den Zusammenhang zwischen Planung und Kontrolle des Gesamtsystems einerseits und die Konsequenzen bei Abweichung von realisierten Ergebnissen von den Plangrößen andererseits ab. Die koordinative Funktion zur Sicherstellung dieser Funktion ist das Projektcontrolling. Das Regelkreiskonzept fundiert die Bedeutung des Controllings und stellt dessen besondere Bedeutung bei der Führung allgemein und hier speziell für das M&A-Projektmanagement gesondert heraus. Der Ablauf ist im Folgenden skizziert.

Regelung stellt ebenso wie die Steuerung einen Mechanismus dar, mit dessen Hilfe die Differenz zwischen einem vorgegebenen Soll-Wert und einem realisierten Ist-Wert zu minimieren ist (vgl. Kirsch/Seidl 2004, 1366-1367). Regelung und Steuerung unterscheiden sich hinsichtlich der Wirkungsrichtung. **Steuerung** basiert auf dem Wirkungsprinzip der Vorwärtskopplung. Sie greift bereits vor Eintritt der Störung ein und ist inputbezogen und zukunftsorientiert. Es werden a priori Strukturen und Verhaltensweisen meist nach dem Top-down-Prinzip festgelegt. Das Koordinationsproblem wird also im Voraus durch eine koordinierende Einheit geplant. Dies setzt voraus, dass die zu koordinierenden Elemente und ihre Beziehungen untereinander im Vorfeld bekannt sind, das Koordinationsproblem also gut strukturiert und wenig dynamisch ist (vgl. Meckl 2000, 23). Gegenstück der Steuerung ist die **Regelung**. Sie greift erst nach Eintritt der Störung ein, ist outputorientiert und vergangenheitsbezogen. Bei der Regelung wird die eingetretene Koordinationswirkung mit einem im Voraus festgelegten Koordinationsergebnis verglichen und bei Abweichungen korrigierend eingegriffen. Dieses Vorgehen impliziert eine Bottom-up-Koordination, da die Korrektur auf der untersten Stelle zuerst zu implementieren ist (vgl. Meckl 2000, 24). Sie bietet sich vor allem bei komplexen, wenig strukturierten Problemen an, da die Kenntnis der Strukturen im Vorfeld meist nur sehr vage ist und eine Steuerung schwierig machen. Für Projekte, denen Komplexität inhärent ist, kommt daher insbesondere der Regelung eine große Bedeutung zu.

Gegenstand der **Regelung auf Einzelprojektebene** ist das System, welches einen Input (z.B. der externe Faktor) zu einem Output (Transaktion; Integration) verarbeitet und auch als Regelstrecke bezeichnet wird (vgl. Kirsch/Seidl 2004, 1367; Meckl 2000, 211). Ein Beispiel für ein einfaches Regelkreismodell im Projektmanagement ist Abbildung 4-12 zu entnehmen.

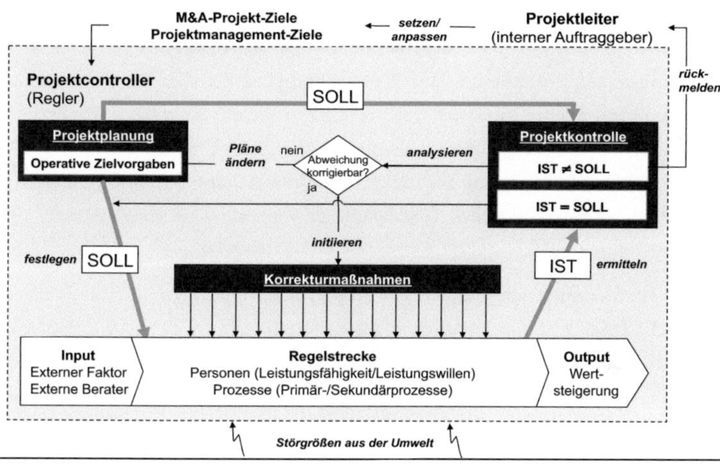

Quelle: eigene Darstellung modifiziert nach Dworatschek 2003, 14; Zielasek 1995, 169, 175

Abbildung 4-12: Einfaches Regelkreismodell im M&A-Projektmanagement

Der Projektcontroller als zentraler Regler im internen Projektsystem erhält seine strategischen Vorgaben durch die Projektleitung (Auftraggeber aus projektinterner Sicht), für die er im Rahmen der Projektplanung operative Soll-Zielgrößen festlegt. Diese dienen als Soll-Vorgaben für die Regelstrecke (Potenzialfaktoren und Prozesse, in denen diese unter Einbezug des externen Faktors einen Output erzielen). Im Projektverlauf wirkt der Projektcontroller bei leichter Abweichung der Soll- von den Ist-Werten mit Korrekturmaßnahmen auf die Regelstrecke ein, die im Rahmen der Leistungserstellung und deren Unterstützung durch ihre Leistungen und ihr Verhalten sowie ggf. weiteren Inputgrößen (z.B. der externe Faktor) einen bestimmten Output generieren und von der externen Umwelt beeinflusst werden, die als Störgröße zu bewerten ist, da sie Anpassungen des Systems zur Folge haben kann. Der Wert des Outputs ist anhand der operationalisierten Zielgrößen (Soll-Vorgaben des Reglers an die Regelstrecke) zu ermitteln und den Ist-Daten im Transformationsprozess (Fortschrittskontrolle) und am Projektende (Realisationskontrolle) gegenüber zu stellen (vgl. zu Kontrollformen Küpper 2005, 191-192). Der Ist-Wert (Regelgröße) wird der regelnden Einheit über einen dafür bestimmten Rezeptor rückgemeldet.

Bei Abweichung über einen während der Planung festgelegten Toleranzwert hinaus erfolgt eine Rückmeldung an den Projektleiter (Rezeptor) im Rahmen des Reporting und eine Analyse der Abweichungen. Sind diese durch direkte Korrekturmaßnahmen, die im Verantwortungsbereich des Projektcontrollings liegen, durch Einwirken auf die Regelstrecke zu beseitigen, z.B. durch Veränderung des Termin- und Ablaufplans, werden diese erfolgen (vgl. Kirsch/Seidl 2004, 1367). Andernfalls sind die operativen Zielvorgaben anzupassen. Ist auch dies nicht möglich, kann es erforderlich sein, die übergeordneten Ziele für das Projekt/Projektmanagement durch den Projektleiter ggf. in Abstimmung mit dem Auftraggeber (Primärorganisation) anzupassen. Bei Abweichungen unterhalb des Toleranzwerts wird es sicherlich auch einfachere Reaktionen zur Korrektur geben, die nicht gesondert eingezeichnet sind (vgl. zu einer detaillierten Beschreibung des Prozesses Dworatschek 2003, 13-17). Dieser Prozess wird solange fortgesetzt, bis die Soll-Ist-Abweichung eliminiert ist. Durch die Rückkopplung über den Projektleiter (Rezeptor) ergibt sich ein geschlossenes System (vgl. Kirsch/Seidl 2004, 1367).

In komplexen Systemen wie dem M&A-Projekt wird ein einzelnes Regelungssystem nicht ausreichen. Es steht in einem interdependenten Verhältnis zu weiteren Regelstrecken in einem **multiplen Regelkreissystem**. Die Regelstrecken übernehmen in dem Fall gleichzeitig auch die Rolle des Reglers für zeitlich nachgelagerte oder hierarchisch untergeordnete Regelstrecken (vgl. Kirsch/Seidl 2004, 1368; Meckl 2000, 212-213). Innerhalb von Projekten könnten vertikal und horizontal verknüpfte Regelkreise für Teilprojekte definiert werden. Projektübergreifend wird eine horizontale Verknüpfung zu weiteren parallel abgewickelten Projekten gegeben sein. Eine vertikale Verknüpfung kann zwischen Primärorganisation und Einzelprojektebene sowie der Gesamtheit der parallel abgewickelten Projekte sinnvoll sein. Mit Integration der Teilsysteme in ein verknüpftes Regelungssystem können Änderungen auf einer Ebene mit Auswirkungen auf weitere Ebenen transparent und damit regel- oder koordinierbar gemacht werden.

4.3.3 Management-Träger und organisatorische Ebenen im M&A-Projekt

Im Folgenden erfolgt eine systematische Unterscheidung von organisatorischen Ebenen und Managementträgern im Projekt. Das Management von Projekten erfordert auf **Ebene des Einzelprojekts** spezifische Qualifikationen oder Fähigkeiten. Die Fähigkeiten werden durch die Management-Institutionen bereitgestellt (vgl. Drucker 1974, 47). Diese Sicht steht im Folgenden im Mittelpunkt. Ganz allgemein sind unter den Managementinstitutionen/-trägern, die am Managementprozess beteiligten Aufgabenträger zu verstehen. Diesen sind alle Führungs- und Unterstützungsaufgaben zu übertragen (vgl. Domschke/Scholl 2003, 344).

Die Definition der Führungsrollen im Projektmanagement bettet sich in ein umfassenderes Rollenkonzept ein, welches weiterhin auch nicht an der Führung beteiligte Stellen, in Projekten allgemein als Rollen bezeichnet, umfasst (vgl. zum Rollenkonzept im Projektmanagement z.B. Litke 2004, 65-68 oder Patzak/Rattay 2004, 98-121). Rollen lassen sich durch die zu erfüllenden Aufgaben, die Entscheidungsbefugnisse und die Verantwortlichkeiten beschreiben. Die Fixierung von Rollen stellt einen Teil der Organisation dar und unterstützt die Klarheit der Strukturierung (vgl. Gareis 2004, 77-78). Im Folgenden werden Rollen mit Führungs- oder Führungsunterstützungsfunktion abgegrenzt von Rollen, die zur Umsetzung der Leistungserstellung/-unterstützung beitragen. Es ist eine klare Terminologie erforderlich, um Rollen auf Projektebene von Rollen auf Projektmanagementebene in den späteren Abschnitten eindeutig abgrenzen zu können. Der Rollenbegriff wird für alle Aufgaben-/Verantwortungsbereiche der Projektbeteiligten verwendet. Teams umfassen mehrere Rollen.

Die institutionelle Ebene, die für die Erstellung des Projekt-Produkts verantwortlich ist, wird als Projektteam bezeichnet (vgl. zur Teamdefinition z.B. Högl 2004, 1401-1402; Patzak/Rattay 2004, 53-54; Corsten 2000, 63). Die potenziell auf dieser Ebene Beteiligten wurden in Abschnitt 4.1.3 bereits charakterisiert. Als Managementträger/-rollen auf dieser Ebene sind Teilprojekt- oder Teamleiter relevant, je nachdem, welche hierarchische Stellung sie einnehmen. Für die Primärprozesse können zusätzlich Prozessverantwortliche bestimmt werden (Prozessmanager auf Primäraktivitätsebene).

Die institutionelle Ebene, die für das M&A-Projektmanagement verantwortlich ist, wird als Projektmanagement/-rolle oder Projektmanagementträger bezeichnet. Auf dieser Ebene werden Prozessverantwortliche unterschieden. Den Prozessverantwortlichen (auch als Prozessmanager bezeichnet) zugeordnete Mitarbeiter werden nicht gesondert benannt, da sie lediglich der Entlastung der Prozessverantwortlichen dienen und keine eigenen gesonderten Verantwortungsbereiche haben. Auch auf der Projektebene können Prozessmanager definiert werden. Sofern nicht explizit eine Unterscheidung erfolgt, sind im Folgenden nur die Prozessverantwortlichen auf Projektmanagementebene gemeint. Teams auf Ebene der Führungs- und Unterstützungsprozesse werden als Organe, Gremien oder Projektmanagementteams bezeichnet.

Beiden Ebenen übergeordnet ist die Projektleitung, auch Gesamtprojektleitung genannt, die die Interessen der Trägerorganisation sicherzustellen hat. Der Projektleiter ist im Prinzip der CEO des Projekts. Ihm sind jeweils die Prozess- und Teilprojektleiter hierarchisch untergeordnet. Die Einbindung der Managementträger/-rollen als Oberbegriff für alle Rollen mit Managementfunktion und der ihnen zugeordneten Beteiligten erfolgt über das Projektbüro, welches als Projektzentrale fungiert (vgl. Hyväri 2006, 32).

Für die bisher definierten Rollen sind die Beteiligten meist vollzeit ins Projekt eingebunden. Wird nicht zwischen verschiedenen Rollen oder Hierarchieebenen differenziert, so wird allgemein, wie in den vorherigen Abschnitten auch, von (Projekt-) Beteiligten gesprochen.

Zeitweise eingebunden sind weitere Beteiligte, die im Folgenden zu charakterisieren sind. Sie zählen nicht zum M&A-Kernteam. Dem Projektleiter übergeordnet ist der Auftraggeber, auch repräsentiert durch einen Lenkungsausschuss, der sicherzustellen hat, dass die Interessen und Ziele der Primärorganisation im Projekt verfolgt werden. Zur fachlichen Unterstützung für Sonderfragen kann ein Fachausschuss definiert werden. Zusätzlich ist auch die Definition von weiteren Ausschüssen und Macht-/Fachpromotoren möglich.

Die Bedeutung der **Ebene der Trägerorganisation** im Gesamtgefüge ergibt sich aus ihrer Rolle als Aufraggeber und durch die Einbringung des externen Faktors (vgl. Abschnitt 4.1.4). Die Interessen der Trägerorganisation (Akquisiteur) im Hinblick auf die Gestaltung der Integration der Primärorganisationen und des Unternehmenskaufvertrages können auf mehreren Ebenen mit ins Projekt einfließen. So ist die Einrichtung eines Projektbüros auf einer dem Einzelprojekt übergeordneten Ebene denkbar (vgl. Gaupin 2006, 15). Im Folgenden wird dieses Büro als Multiprojekt-Büro bezeichnet, um Verwechslungen zum Projektbüro zu vermeiden. Andere Autoren verwenden auch den Begriff Programm-Büro. Dieses hat die Koordination der parallel und sequenziell ablaufenden M&A- und ggf. auch weiterer Projekte zu überwachen (Multiprojektkoordination). Im Folgenden wird angenommen, dass das Multiprojekt-Büro im M&A-Zentralbereich im Unternehmen angesiedelt ist (vgl. Abschnitt 2.3.1). Dieser Bereich hat sicherzustellen, dass der verfolgte M&A-Projektmanagement-Ansatz im Unternehmen laufend auf seine Qualität geprüft wird. Er ist für die Entwicklung und Weiterentwicklung des Rahmens zuständig, innerhalb dessen M&A-Projekte im Unternehmen abgewickelt werden. Beide Bereiche zusammen werden im Folgenden als Multiprojektmanagement bezeichnet.

Eine weitere Institution mit übergreifender Koordinationswirkung sind Lenkungskreise, auch Projektportfolio-Lenkungsausschüsse genannt (vgl. Corsten 2000, 74; Lomnitz 2004, 272). Diese dienen einer horizontalen Verknüpfung auf Ebene des Auftraggebers und damit eher der strategischen Abstimmung zwischen den Einzelprojekten und zwischen der Gesamtheit der Einzelprojekte und den Unternehmenszielen. Während der Lenkungskreis am ehesten mit einem Lenkungsausschuss auf übergeordneter Ebene verglichen werden kann und meist kaum die Zeit haben wird, auf operativer Umsetzungsebene eine systematische Verknüpfung zwischen parallel laufenden Projekten zu schaffen, kann das Multiprojekt-Büro (vgl. Beck 1996, 102-103) dies eher leisten.

Auch über diese M&A-projektspezifischen Institutionen hinaus ist eine Abstimmung mit der Primärorganisation, konkret ihren Zentralbereichen/Stäben, erforderlich, da das Projekt auf wichtiges Know-how aus dieser zurückgreift. Auf strategischer Ebene im Integrationsprojekt ist eine enge Abstimmung mit dem Bereich Unternehmensstrategie erforderlich, da hier letztendlich deren Vorgaben in der Umsetzung der Integration zu erfüllen sind. Im Transaktionsprojekt ist eine Koordination mit dem Finanz- und/oder Controllingbereich sinnvoll, da hier das entsprechende Know-how für die Umsetzung entsprechender Aufgaben bereits vorliegt und auch auf das Projekt übertragen werden kann/sollte.

Die Rollen sind zueinander relational, was sich auch in deren Einbindung in eine Organisationsstruktur widerspiegelt. Empfehlungen zur Gestaltung der Verknüpfungen und zur Zusammensetzung der Management-Institutionen sowie zur Besetzung zentraler Schlüsselrollen erfolgen im Gestaltungsteil der Arbeit in Kapitel 7. Für allgemeine Beschreibungen zu Projektorganisationsformen und zum Rollenkonzept sei auf die Literatur zum Projektmanagement verwiesen (vgl. stellvertretend Kremer 2005a bzw. Kremer 2005b; Beck 1996, 96-131).

4.3.4 M&A-Projektmanagement-Parameter

Die dritte Dimension im Projektmanagement („instrumentelle Dimension") bezieht sich auf die Führungstechniken und -mittel. Diese sind zentraler Inhalt der Projektmanagement-Handbücher. Die instrumentelle Dimension umfasst das für eine Projektrealisierung zur Verfügung stehende Instrumentarium und Methodenspektrum, welches im Projektmanagement eine enorme Breite aufweist (vgl. Lechler 1997, 40) und grundsätzlich aus unterschiedlichen Disziplinen stammen kann (vgl. Thommen 2002, 1115).

Instrumente können im weitesten Sinn als Techniken oder Werkzeuge, Methoden als Prozeduren oder Verfahren verstanden werden, welche zur Unterstützung des Projektmanagements durch Projektpraktiker genutzt werden (vgl. zu Instrumenten und Methoden des Projektmanagements Srivannaboon/Milosevic 2004, 179; Rinza 1994, 4-5 und allgemein auch Hermann/Götze/Wahrig 2003). Diese Definition ist sehr allgemein und unterscheidet nicht nach dem Konkretisierungsgrad der Instrumente. So sind streng genommen nur Werkzeuge das, was man klassischerweise unter „Instrumenten" versteht, so z.B. Anreizsysteme oder Datenbanken. Im Folgenden wird aber, in Anlehnung an Reiß, von einer weiteren Begriffsauffassung ausgegangen und auch Methoden und Prinzipien mit unter die instrumentelle Ebene gefasst. Diese schließen auch Mechanismen der Selbst- und Fremdkoordination oder personelle Potenziale wie z.B. bestimmte Fähigkeiten/Kenntnisse mit ein (vgl. im Detail Reiß 2004, 691-694 und auch Rühli 1992). Im Folgenden wird wegen der breiten Auffassung der Begriff (Gestaltungs-) Parameter für die instrumentelle Ebene genutzt.

Die einzelnen Parameter unterscheiden sich nach **Art der Konzeption**, die eine gute Zuordnung zu den Projektmanagement-Prozessen zulässt. Dementsprechend werden technokratische und personelle Instrumente unterschieden (vgl. Meckl 2000, 39). Einige Autoren zählen weitere Klassen auf wie strukturelle oder informationelle Instrumente (vgl. z.B. Reiß 2004, 694). Technokratische Instrumente sind nach Reiß Gegenstand des Controllings/der Planung, strukturelle Instrumente sind der Organisationsgestaltung entlehnt, personelle Koordination erfolgt durch Instrumente des Personalmanagements und unter informationellen Instrumenten versteht man Informations- und Kommunikationstechniken (vgl. 2004, 691-694 und ähnlich Meckl 2000, 39-61; zu einer weiteren Ordnung vgl. Macharzina 2003, 875-877). Damit sind alle Prozesse abgedeckt. Kulturelle Koordination liegt an der Schnittstelle zu diesen Bereichen und stellt kein Instrument dar, sondern ein gewachsenes Konstrukt, welches ebenfalls eine Wirkung auf die Koordination im Unternehmen entfaltet. Diese Kategorisierung erscheint auch hier sinnvoll. So hat die Gestaltung aller Projektmanagement-Prozesse grundsätzlich auch eine Wirkung auf die Art der sich bildenden Projektkultur (vgl. hierzu auch Helm/Meckl/Sodeik 2007).

Um letztendlich die Instrumente zielgerichtet einsetzen zu können, wird neben einer Einordnung nach Prozessen auch eine **Unterscheidung nach Art ihrer Wirkung** angestrebt. Zu unterscheiden sind diesbezüglich Instrumente, die auf die Motivation und/oder die Leistungsfähigkeit von Personen gestaltend einwirken oder die sich auf die Gestaltung effizienter Strukturen beziehen. Im Vordergrund stehen damit die Motivierung, die Qualifizierung und die Koordinierung von Personen/Organisationselementen.

Instrumente zur Motivierung und Qualifizierung beziehen sich auf die personelle Ebene, müssen aber nicht zwangsläufig dem Personalführungsprozess zugeordnet sein. Beispiele für motivationsorientierte Instrumente sind neben bedürfnisgerechten Anreizsystemen auch Organisationsstrukturen. Sie fördern den Leistungswillen durch eine Einwirkung auf die Bedürfnisse der Beteiligten. Beispiele für Parameter zur Qualifizierung sind neben Schulungen auch Wissensdatenbanken, die durch den Informationsprozess zu unterstützen sind.

Koordinationsorientierte Parameter richten sich auf die Handhabung von Komplexität der Strukturen, was durch den Aspekt der „besseren Beherrschbarkeit“ in folgender Definition zum Ausdruck kommt: „Die Vielzahl und die Vielfalt von Elementen und Beziehungen zwischen Elementen sollen durch … Abstimmung [im Original in Klammern] besser beherrschbar gemacht werden ...“ (Reiß 2004, 689). Die Koordination hat sowohl innerhalb von Gruppen als auch gruppenübergreifend zu erfolgen. Durch Koordination wird die Ausrichtung einer Vielzahl interdependenter Elemente eines Systems, die durch Differenzierung (Aufgaben- und Kompetenzverteilung) abgegrenzt wurden und potenziell dysfunktional wirken, auf das Ziel des Gesamtsystems angestrebt (vgl. Rühli 1992, 1165). Reiß fügt seiner Definition den Begriff des „Komplexitätsmanagements“ an (vgl. 2004, 689), was nochmals die Bedeutung der Koordination für komplexe Beziehungen verdeutlicht. Koordinierende Wirkung haben insbesondere der Projektplanungs- und -kontrollprozess und die Projektorganisation. Der Informationsprozess unterstützt die Koordination, indem er die koordinierenden Verknüpfungen mit geeigneten Techniken/einem geeigneten IT-System transparent macht.

Die koordinationsorientierten Parameter blenden die Frage der Motivation und Qualifizierung zwar meist aus (vgl. Frese 2005, 4-5), haben aber dennoch eine Wirkung auch auf diese Ziele. Auch die Instrumente der Motivierung und Qualifizierung weisen Wechselwirkungen untereinander und mit den koordinationsorientierten Parametern auf. Insgesamt lassen sich die Parameter damit nicht einer bestimmten Wirkungsart eindeutig zuordnen. Eine Zuordnung erfolgt daher zunächst nur zu den Projektmanagement-Prozessen, was relativ gut möglich ist. Hieraus ergibt sich auch die Wirkung der Prozesse auf mehrere Zielkategorien.

Abschließend stellt sich die Frage nach den für M&A-Projekte erfolgskritischen Parametern. Hierzu liegen nur wenige Ergebnisse vor. Anhaltspunkte liefert die Studie von Besner und Hobbs (2004). Die Autoren haben empirisch den Status quo der Anwendungshäufigkeit von Gestaltungsparametern des Projektmanagements untersucht. Sie benennen die untersuchten Parameter alle zwar als „Tools", es sind aber auch allgemeinere Methoden oder Prinzipien enthalten, weswegen „Parameter" als Übersetzung besser geeignet erscheint als „Werkzeug".

Die Liste in Abbildung 4-13 zeigt eine Auswahl der von den beiden Autoren untersuchten 70 Parameter. Für diese ist auch im deutschen Sprachraum eine englische Bezeichnung üblich, daher erfolgt keine Übersetzung. Die Reihenfolge der Anordnung (von links oben nach rechts unten) entspricht ihrer allgemeinen Bedeutung unabhängig von der Projektart. Bei Beachtung der Projektart ergäbe sich eine andere Reihenfolge. Beispielhaft wurde die Bedeutung der Parameter für betriebliche Projekte und Großprojekte durch Hervorhebungen kenntlich gemacht. Für Großprojekte wurden die Ränge der zehn wichtigsten Parameter zusätzlich notiert.

eher häufige Anwendung	→	eher seltene Anwendung
Progress report (1)	Project management software for resource scheduling	Quality plan
Kick-off meeting (4)	Project charter	Feasibility Study
Project management software for task scheduling (2)	Responsibility assignment matrix	Stakeholder analysis
Gantt chart (3)	Customer satisfaction surveys	Network diagram
Scope statement (7)	Communication plan	Project web site
Milestone planning (6)	Top-down estimating	Earned value analysis/ management
Change request (5)	Risk management documents	Databases of lessons learned
Requirement analysis (10)	Cost-benefit analysis	Life cyle cost
Work breakdown structure (8)	Critical path method and analysis	Probabilistic duration estimate
Statement of work	Bottom-up estimating	Quality function deployment
Activity list	Team building events	Value analysis
Project management software for monitoring of schedule (9)	Self directed work teams	Database of risks
Lessons learned/ post-mortem	Ranking of risks	Trend chart or s-curve
Baseline plan	Financial measurement tools	Control charts
Client acceptance form		Decision tree
Quality inspection		Cause and effect diagram/ Ishikawa diagram/ fishbone diagram

Tool wird bei betrieblichen Projekten häufig genutzt
Tool wird bei betrieblichen Projekten weniger genutzt
Tool wird bei großen Projekten häufig genutzt (Top Ten)

Abbildung 4-13: Überblick über Projektmanagementparameter und ihre empirische Bedeutung

Der Grad der Intensität der Anwendung der Parameter ist von Projektgröße und -komplexität abhängig und an diese anzupassen (vgl. Rinza 1994, 5 und für M&A auch Ecker/Mittermair 2001, 341). Die obig aufgelisteten Parameter entstammen einer selbst erstellten Liste von Besner und Hobbs. Diese Liste ließe sich noch erweitern oder auch kürzen/verdichten. Es sind nur vage Anhaltspunkte für die Bedeutung der Parameter für unterschiedliche Projektarten/-

größen gegeben. So kann bei seltener Verwendung einiger Parameter nicht auf deren Qualität oder Erfolgspotenzial für bestimmte Projektarten/-größen geschlossen werden. Der Grund für seltener genutzte Parameter könnte auch darin liegen, dass sie sich nur bei bestimmten Projekten eignen, weil z.B. ihre Implementierung kompliziert oder teuer ist und sich wirtschaftlich rechnen muss (vgl. so auch Besner/Hobbs 2004, 342). Eine konkrete Prüfung der Praktikabilität der seltener eingesetzten Methoden liegt nicht vor. Es lässt sich aber grundsätzlich feststellen, dass bei betrieblichen Projekten weniger Gestaltungsparameter häufig genutzt werden als bei Industrie- oder IT-Projekten (fünf versus 20 bzw. 22, vgl. Besner/Hobbs 2004, 345).

Ähnliche Ergebnisse findet man zur Entwicklung von Dienstleistungen, für die u.a. auch Projektmanagement-Methoden eingesetzt werden. Einer Analyse von Fähnrich und Opitz zufolge werden folgende Parameter häufig eingesetzt (mehr als 20% Zustimmung): Wirtschaftlichkeitsanalysen, Kosten-Nutzen-Analysen, Wettbewerbsanalysen, Stärken-Schwächen-Analysen und Kreativitätstechniken. Mindestens gelegentlich eingesetzt bei mehr als 20% der Befragten werden zusätzlich Chancen-Risiken-Analysen, Prozessmodellierung, Prototyping, objektorientierte Modellierung und Target Costing. Selten oder gar nicht eingesetzt werden die Fehler-Möglichkeit-Einfluss-Analyse (FMEA), Rollenkonzepte, Gap-Analysen, Quality Function Deployment (QFD) und Service Blueprinting (vgl. 2006, 99).

Wegen der Defizite einer eindeutigen Erfolgsbeurteilung bestimmter Parameter für betriebliche Projekte oder speziell M&A sind weitere Überlegungen erforderlich. Die Liste von Besner und Hobbs kann aber für betriebliche und/oder Großprojekte als erste Auswahlbasis dienen. Ergänzend enthält die umfangreiche M&A- und Projektmanagement-Literatur weitere relevante Parameter. Insbesondere zur Unterstützung der motivationsorientierten Ziele ist die Literaturbasis zu erweitern, da der Fokus auf Projekten liegt, bei denen dem Motivationsaspekt eine hohe Bedeutung zukommt, dem aber in Projektmanagement-Literatur eher nur flankierend Beachtung geschenkt wird.

5 Empirische und theoretische Basis der M&A-Projektmanagement-Konzeption

5.1 Überblick

In Abschnitt 1.4.1 wurde auf die Bedeutung der empirischen und theoretischen Fundierung von Hypothesen verwiesen. Dies erfolgt in den folgenden Abschnitten. Analysiert werden Theorien und empirische Studien, die Aussagekraft zur effizienten Gestaltung eines **M&A-Projektmanagements** aufweisen. Die zu analysierende empirische Basis lässt erste Rückschlüsse auf erfolgskritische Gestaltungsmaßnahmen eines M&A-Projektmanagements zu. Da die Ergebnisse sehr allgemeiner Natur sind und wenig gesicherte Aussagen über konkrete Handlungsempfehlungen zulassen, erfolgt ergänzend eine Analyse theoretischer Ansätze. Insgesamt sind damit konkrete Aussagen zu den erfolgskritischen Gestaltungsbereichen, Gestaltungsbedingungen und den auf diese einwirkenden Gestaltungsparametern möglich.

Weiterhin werden Ergebnisse der empirischen und theoretischen Forschung zum **Wissensmanagement** analysiert, die auf die Gestaltung von Organisationen (Unternehmen/Projekte) abzielen, in denen Wissen für die Leistungserstellung eine entscheidende Bedeutung zukommt. So verweisen Osterloh und Frost auf die zunehmende Bedeutung von Wissen, die sie ergänzend zur Bedeutung des Koordinations- und Motivationsproblems hervorheben (vgl. 2000, 487). Die Bedeutung von Wissen für M&A-Projekte ergibt sich aus der Art des Projekttyps. So kommt der menschlichen Leistungsfähigkeit und dem Leistungswillen eine bedeutsame Rolle zu (vgl. Abschnitt 4.1.4). Während Koordination und Motivation die beiden zentralen Ziele bei der Gestaltung von Organisationen darstellen, repräsentiert Wissen eine wichtige Ressource. Die Gestaltungsempfehlungen beziehen sich damit auf dieselben Gestaltungsbereiche/-prozesse, allerdings ist der Blickwinkel ein anderer, weswegen eine separate Analyse in Abschnitt 5.4 erfolgt.

Zur Nutzung aller Ansätze für den **integrierten Bezugsrahmen** (vgl. Abschnitt 1.4.1) ist sicherzustellen, dass keine widersprüchlichen Empfehlungen vorliegen. Die Prüfung erfolgt abschließend in Abschnitt 5.5.

5.2 Empirische Erfolgsfaktoren der Gestaltung eines M&A-Projektmanagement-Ansatzes

5.2.1 M&A-Erfolg und -Erfolgsfaktoren

5.2.1.1 Definition des M&A-Erfolgs

Voraussetzung für die Ableitung von Faktoren, die einen wesentlichen Einfluss auf den Erfolg von M&A haben, ist die Bestimmung des Erfolgs von M&A. Erfolg wird gemeinhin als Grad der Zielerreichung definiert. Auf M&A bezogen kann Erfolg mit dem Erreichen der mit ihrer Umsetzung verfolgten Unternehmensziele gleichgesetzt werden (vgl. Lucks 2002c, 15). Da als M&A-Projektgesamtziel die Wertsteigerung definiert wurde, würde der Erfolg mit der Erzielung einer Wertsteigerung für das Gesamtunternehmen durch das Projekt gleichzusetzen sein (vgl. Abschnitt 2.2.1). Führt das Projekt zur Werterhöhung des Unternehmens, würde es demzufolge als erfolgreich bewertet werden; führt es zu einer Wertminderung, wäre das Projekt ein Misserfolg.

Auf den in Abschnitt 4.2 weiter differenzierten Ziel-Ebenen wäre Erfolg mit einer Erreichung der Projektziele (realisierter Barwert der Synergieerzielung/Kaufpreisprämie entspricht Soll-Vorgabe) und der Projektmanagementziele (Sicherung der Effizienz des Gesamtsystems) gleichzusetzen. Um Projekterfolg sicherzustellen, ist ein Erfolg auf beiden Ebenen erforderlich. Während erstgenannte Zielebene eine Hauptbedingung für den Projekterfolg darstellt, stellen die Ziele auf Projektmanagementebene eher eine Nebenbedingung dar. Anders ausgedrückt, wenn die Primäraufgaben, also z.B. die Wahl des richtigen Partners (strategische Aufgabe), die Erzielung eines fairen Kaufpreises (Transaktionsprojekt) und die effiziente Strukturierung der integrierten Einheit (Integrationsprojekt) nicht gewährleistet sind, kann das Projektmanagement dennoch erfolgreich sein, das Projekt wird es allerdings nicht sein. Z.B. wird es schwierig sein, mit einem Partner, dessen Produktpalette strategisch nicht zum Kerngeschäft des Käufers passt, über die Stand-alone-Ergebnisse hinausgehende Gewinne zu erzielen. Umgekehrt kann ein Projekt mit dem richtigen Gegenstand auch bei fehlendem oder suboptimalem Projektmanagement zum Erfolg führen, allerdings mit geringerer Wahrscheinlichkeit und/oder in geringerem Ausmaß. Im Folgenden steht der Projektmanagement-Erfolg als Nebenbedingung für den Projektgesamterfolg im Fokus. Während der Erfolg des Projektmanagements bei M&A selten gemessen oder empirisch erhoben wird, ist dies bei dem übergeordneten Konzept des M&A-Projekterfolgs gegeben. Es wird daher analog zu den Ausführungen in Abschnitt 4.2 vermutet, dass das Projektmanagement eine Dimension des Projekterfolgs ist, zu der sich bestimmte M&A-Erfolgsfaktoren zuordnen lassen.

5.2.1.2 Definition und Systematik der Erfolgsfaktoren von M&A-Projekten

Damit die Erfolgswahrscheinlichkeit von M&A erhöht wird, muss der Käufer wissen, an welchen Stellen es bei der Abwicklung des Vorhabens zu Ineffizienzen kommen kann, die den Erfolg gefährden. Darauf aufbauend können dann Maßnahmen zur Bewältigung der Probleme entwickelt und implementiert werden (vgl. Lucks 2002b, 44). Es muss sich also nicht nur über das Projektziel und die Projektmanagement-Ziele im Klaren sein, sondern auch der strategisch bedeutsamen Vorsteuergrößen des monetären Erfolgs von M&A, der Erfolgsfaktoren, bewusst sein (vgl. zu Erfolgsfaktoren Steinle/Kirschbaum/Kirschbaum 1996, 15).

Der Bereich der Erfolgsfaktorenforschung unterstellt, dass trotz Mehrdimensionalität und Multikausalität des Erfolgs einige wenige Einflussgrößen (unabhängige Variablen) über den Erfolg (abhängige Variable) entscheiden. Diesem Gedanken wird bei M&A teilweise widersprochen. So behaupten einige Autoren, dass jede Übernahme so spezifisch sei, dass Erfahrungen aus bereits durchgeführten M&A sich nicht auf folgende übertragen ließen. Dieser Annahme wird entgegen gehalten, dass einige Autoren bei erfolgreichen Unternehmenstransaktionen spezifische Struktur-, Kompetenz- und Handlungsmuster festgestellt haben, welche Erfolgsfaktorencharakter für M&A haben können (vgl. Lucks 2002b, 45). Dieser Eindruck wird auch durch die intensive Erfolgsfaktorenforschung bei M&A verstärkt. So wurden seit den siebziger Jahren regelmäßig empirische Studien zu M&A-Erfolgsfaktoren veröffentlicht. Auch einige Sekundäranalysen im Bereich der M&A-Erfolgsfaktorenforschung liegen vor (vgl. z.B. Meckl/Sodeik/Fischer 2006; Dicken 2000; Jung 1993, 23-24; Krüger 1988).

Der M&A-Erfolg wird durch **interne und externe Einflussgrößen** bestimmt. Die Einteilung in interne und externe Größen wurde ähnlich auch bei Krüger und in Anlehnung an ihn auch bei Jung vorgenommen (vgl. Krüger 1988, 372 bzw. Jung 1993, 23-24). Interne Einflussgrößen auf einzelne Teilbereiche oder das ganze M&A-Projekt sind beispielsweise die Gesamtunternehmensstrategie, die Unternehmensstruktur und -kultur sowie ganz allgemein die Potenziale/Ressourcen des Unternehmens. Diese internen Einflussfaktoren unterliegen weiterhin dem Einfluss externer Faktoren, also dem M&A-Umfeld. Beispiele sind die Wettbewerbssituation oder gesellschaftliche Rahmenbedingungen (vgl. Jung 1993, 23). Letztere entziehen sich grundsätzlich einer Gestaltung, weswegen sie im Folgenden trotz ihrer Relevanz ausgeklammert werden. Grund ist, dass der Fokus auf der Gestaltung von M&A liegt und damit nur Bereiche interessant sind, auf die die Projektbeteiligten auch Einflussmöglichkeiten haben. Es werden nur Aspekte als Erfolgsfaktoren definiert, die gestaltbar sind (z.B. Leistungswille und -fähigkeit der Potenzialfaktoren).

Abbildung 5-1 gibt einen Überblick über diese Systematisierung der M&A-Erfolgsfaktoren. Die internen Faktoren werden im Anschluss weiter konkretisiert und beziehen sich auf die Ziele in Abschnitt 4.2.

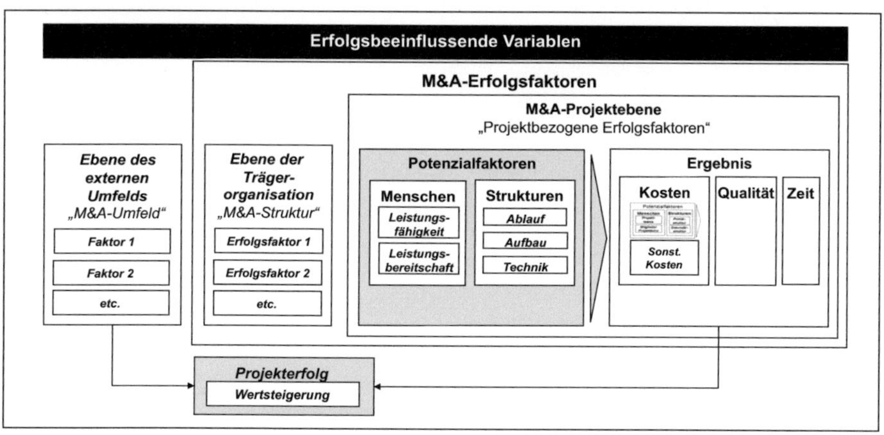

Abbildung 5-1: Interne und externe erfolgsbeeinflussende Bereiche eines M&A-Projekts

Die internen Faktoren, auch **M&A-Erfolgsfaktoren**, lassen sich weiter in Erfolgsfaktoren auf Ebene der Trägerorganisation und projektbezogene Erfolgsfaktoren differenzieren. Erstgenannte Faktoren können sich auf das M&A-Volumen, die geografische Stoßrichtung oder die finanzielle Lage der Partnerunternehmen beziehen und werden hier zunächst nicht weiter beachtet, da diese Faktoren ebenfalls bei der Abwicklung des Vorhabens eine Konstante darstellen. Die Faktoren des M&A-Umfelds und der M&A-Struktur bleiben insofern relevant, als dass es angemessene Mechanismen im Projekt geben muss, die gewährleisten, dass diese Größen beachtet und relevante Veränderungen dieser Größen frühzeitig erkannt werden, um sie bei der Gestaltung der Maßnahmen zu berücksichtigen bzw. korrigierende Maßnahmen einleiten zu können (vgl. Abschnitt 4.3.2.5).

Projektbezogene Erfolgsfaktoren umfassen die Erfolgsfaktoren zur Ausführung der Primär- als auch der Sekundäraufgaben (Menschen und Strukturen) und beziehen sich auf die in Abschnitt 4.2 definierten Ziele auf Potenzialebene, die wiederum einen Einfluss auf die Ergebnisebene hat. Die Erfolgsfaktoren zum Potenzialfaktor Mensch umfassen seine Leistungsfähigkeit oder Leistungsbereitschaft, die Erfolgsfaktoren auf Ebene der Strukturen können die Gestaltung der Primär- und der Sekundärprozesse als auch die Elemente der Aufbauorganisation und Techniken betreffen. Im Folgenden liegt entsprechend der Zielsetzung der Arbeit der Fokus auf den Potenzialfaktoren auf der M&A-Projektebene, auf die das Projektmanagement potenziell einen Einfluss haben kann (vgl. für eine Analyse der Erfolgsfaktoren auf Primäraktivitätsebene Meckl/Sodeik/Fischer 2006, 173-176). Eine Erläuterung der sich aus der Studienauswertung ergebenden Systematisierung der Erfolgsfaktoren erfolgt im Anschluss an die Erörterung der Vorgehensweise zur Studienauswahl.

5.2.2 Studienauswahl und -überblick zu Erfolgsfaktoren des M&A-Projektmanagements

Es folgt eine Analyse der empirischen Forschung mit Aussagekraft zu den Erfolgsfaktoren des M&A-Projektmanagements. Bevor auf die Studienauswahl eingegangen wird, sind einige Anmerkungen zur Sekundäranalyse erforderlich. Allgemeines Ziel der Sekundäranalyse als Querschnittsanalyse bestehender Primärforschung ist es, Faktoren, die immer wieder in empirischen Erhebungen als erfolgskritisch eingestuft werden, zu identifizieren und diese Faktoren damit auf ein höheres Verifizierungsniveau zu heben (vgl. Abschnitt 1.4.1).

Diese Analysen sind allerdings auch mit einigen Problemen behaftet. Um Studienergebnisse zusammenführen zu können, müssen sie vergleichbar sein, dies gilt insbesondere dann, wenn statistische Auswertungsmethoden zum Zuge kommen sollen (vgl. zu den Anforderungen an eine Metaanalyse z.B. Stamm/Schwarb 1995). Vergleichbarkeit ist aber bei den Studien zu M&A selten gegeben. Unterschiede können sich in Bezug auf die gewählte Erhebungsmethode für den M&A-Erfolg und die Erfolgsfaktoren ergeben. Häufige Erhebungsmethoden sind Kapitalmarktanalysen, jahresabschlussorientierte Analysen, ereignisorientierte Erfolgsanalysen und Befragungen (vgl. im Detail Meckl/Sodeik/Fischer 2006, 165, Kerler 2000, 85-107;

Gerpott 1993; Bühner 1990, 5). Sie verfolgen jeweils hinsichtlich der Zieldefinition und Messung des Erfolgs einen anderen Ansatz. Ähnliches gilt für die für die Analyse der Erfolgsfaktoren genutzten Methoden. Generell denkbar sind, in Reihenfolge einer zunehmenden Aussagekraft, uni-, bi- und multivariate Methoden (vgl. im Detail zu Analysemethoden in empirischen M&A-Erfolgsfaktorenstudien Meckl/Sodeik/Fischer 2006, 167 und allgemein zu den Analysemethoden Backhaus 2000, I-XXVII). Weitere Unterschiede können sich hinsichtlich der Stichprobenzusammensetzung und -größe ergeben. Neben der Problematik der Zusammenführung heterogener Ergebnisse zu eindeutigen Erfolgsfaktoren/-kategorien, besteht auch das Problem der Interpretation widersprüchlicher Ergebnisse. Trotz dieser Einschränkungen liefern Sekundäranalysen wichtige Informationen zu den relevanten Einflussbereichen für den M&A-Erfolg. Es werden daher im Folgenden einzelne Querschnittsanalysen auf die Aussagekraft für die vorliegende Fragestellung analysiert und hinsichtlich ihrer Ergebnisse aggregiert. Die Probleme sollen an dieser Stelle nicht weiter vertieft und gelöst werden, sie sind aber bei der Interpretation der Ergebnisse zu berücksichtigen. Eine gewisse Homogenität wurde durch die systematische Auswahl erreicht.

Ergebnisse empirischer Forschung für das vorliegende Forschungsproblem werden aus den im Rahmen der Sekundäranalyse zu **M&A-Erfolgsfaktoren** von Meckl, Sodeik und Fischer ausgewählten Studien extrahiert. Für Details zur Auswahl und Bewertung der Studien wird auf diese Quelle verwiesen (vgl. 2006, 168-170). Angemerkt sei, dass den Studien als Erhebungsmethode im Wesentlichen Befragungen zugrunde lagen und die Auswertung meist nur auf Basis univariater Methoden erfolgte, was ebenfalls für die Beurteilung der Aussagekraft der Ergebnisse zu beachten ist. So lassen univariate/deskriptive Methoden keine Aussagen über kausale Zusammenhänge der Variablen zu, was ihre Aussagekraft hinsichtlich des Einflusses der Variablen auf den Erfolg stark einschränkt. Anspruchsvollere bi- oder multivariate Methoden, die auch Rückschlüsse auf die Verknüpfung zweier Variablen oder sogar auf komplexe Kausalzusammenhänge zulassen, wurden nur sehr selten genutzt.

Für die hier zu untersuchende Problemstellung wurde eine weitere Eingrenzung der Studien vorgenommen. Es wurden nur Studien einbezogen, die Aussagen zum effizienten Management bzw. zur Abwicklung von M&A zulassen. Sieben Studien (Kengelbach/le Grand/Roos 2003; Right Management Consultants 2003; Capron/Pistre 2002; Krishnan/Park 2002; Towers Perrin 2002, 3. Studie; Wesner 2002 und Habeck/Kröger/Träm 2000) fielen damit heraus. Einige aktuell recherchierte Studien wurden zusätzlich aufgenommen (Geighardt 2007; Spill 2007; Böning/Reuter 2004).

Bei einer Gesamtbetrachtung der Ergebnisse fällt auf, dass die Bedeutung der Integrationsphase in der Aggregation der M&A-Studien hervortritt. Dies liegt daran, dass einige der Studien allein diese Phase betrachten, weswegen sie häufiger betrachtet wurde als andere potenzielle Erfolgsfaktoren-Bereiche. Die Stichprobe ist damit hinsichtlich des Untersuchungsgegenstandes inhomogen. Die Studien wurden, obwohl sie nur einen Teilbereich von M&A abbilden und damit die Ergebnisse verzerren, nicht aus der Sekundäranalyse ausgeschlossen, da anzunehmen ist, dass die Fokussierung durch die Autoren wegen der hervorgehobenen Bedeutung erfolgte. Dieser Fokus wird als sinnvoll erachtet, was eine stärkere Gewichtung auch für die weitere Untersuchung rechtfertigt.

Ebenfalls geeignet für die vorliegende Fragestellung sind **Studien zu Projekten mit betrieblicher Zielsetzung**. Diese wurden separat recherchiert. Insgesamt sind nur wenige Studien nachweisbar (vgl. auch Schwaninger/Kaiser 2007, 151). Dies passt ins Bild, dass Projektmanagement betrieblicher Projekte insgesamt ein unerforschtes Gebiet darstellt (vgl. Winter et al. 2006b). Zwei Primärstudien konnten ausfindig gemacht werden (Schwaninger/Körner 2007; Hyväri 2006). Ihnen liegt ebenfalls die Annahme zugrunde, dass betriebliche Projekte spezifische Erfolgsfaktoren aufweisen. Hyväri versucht zudem, Interdependenzen zwischen den Faktoren zu beschreiben. Neben diesen beiden Primärstudien wurde auch eine gemischte Analyse zu Problemursachen und Schwachstellen von Organisationsprojekten einbezogen. Diese Studie von Fries (1999) umfasst nicht nur empirische Querschnittsanalysen, sondern auch Fallstudien, einfache Erfahrungsberichte und Expertenmeinungen. Es wurden keine statistischen Auswertungen vorgenommen. Auf konkrete Angaben zu Häufigkeiten wird bei der Ergebnisauswertung daher verzichtet. Zwar wäre eine Auszählung der hinter den Aspekten aufgeführten Quellen möglich, allerdings ist die Zuordnung häufig unklar und ähnliche Aspekte werden in unterschiedlichen Dimensionen aufgeführt, so dass zumindest hier eine genaue Zählung wenig zuverlässig wäre. Allgemein werden pro Aspekt nur ein bis vier Quellenbelege geliefert – also relativ wenig im Vergleich zur Datenbasis bei den restlichen Studien. Die Studie wurde mit in die Analyse aufgenommen, da die Ergebnisse inhaltlich gut aufbereitet sind und viele neue plausible Aspekte zu betrieblichen Projekten enthalten sind, die durch die anderen Studien nicht abgedeckt werden. Durch den Einbezug können so weitere Anhaltspunkte speziell für betriebliche Projekte aufgedeckt werden.

Neben den Studien zum M&A-Erfolg und zu Erfolgsfaktoren betrieblicher Projekte, die Ergebnisse für die Gestaltung des Projektmanagements liefern, liegen auch **Studien zu Erfolgsfaktoren des Projektmanagements** unabhängig vom Projekttyp vor, die trotz der Annahme, dass Erfolgsfaktoren von Projekten je nach Projekttyp variieren (vgl. Schwaninger/Kaiser 2007, 151), auf M&A-Projekte übertragbar sein könnten, da sie zumindest betriebliche Projekte mit einschließen. Trotz der Vielfalt dieser Studien ist festzustellen, dass es bisher keinen allgemeingültigen Katalog an Erfolgsfaktoren des Projektmanagements gibt (vgl. auch Hyväri 2006, 32; Belassi/Tukel 1996, 141). Die Ergebnisse dieser Studien wurden den Ergebnissen der M&A-Studien gegenübergestellt. Hierfür wurde auf eine aktuelle und umfangreiche Sekundäranalyse anglo-amerikanischer Studien von Fortune und White (2006) rekurriert, die 63 Studien zu Erfolgsfaktoren des Projektmanagements untersuchen. Wegen des regionalen Fokus dieser Studie wurde auch die Sekundäranalyse von Lechler hinzugezogen (vgl. 1997), die auch Studien aus dem deutschsprachigen Raum enthält. Auch sie enthält Ergebnisse zu betrieblichen Projekten (so z.B. von Daum 1993). Die beiden Analysen überschneiden sich kaum in Bezug auf die einbezogenen Studien und werden daher als unabhängig betrachtet.

Tabelle 5-1 zeigt die Studien, versehen mit einer laufenden Nummer, auf die später verwiesen wird und sowohl Angaben zur Stichprobe als auch zu Erhebungs- und Auswertungsmethoden. Die laufende Nummer entspricht der chronologischen Reihenfolge der Veröffentlichung.

Die Angaben zur Zusammensetzung der Stichproben sind uneinheitlich. So geben einige Autoren als Basis die Anzahl der Unternehmen an, andere Anzahl und Status der Befragten. In letztgenanntem Fall ist unklar, wie vielen unterschiedlichen Unternehmen die Befragten angehören. Hier könnte ggf. ein Unternehmens-Bias vorhanden sein. Zudem ist eine kapitalmarkt-, jahresabschluss- oder ereignisorientierte Analyse nur auf Unternehmens- oder Akquisitionsebene möglich – eine andere Angabe würde hier keinen Sinn ergeben. Die Studien enthalten alle Befragungen. Weitere Methoden wie die Analyse von Sekundärdaten (Börsenkurse, Jahresabschlüsse etc.) wurden vereinzelt ergänzend hinzugenommen. Zur Auswertung beschränken sich die Autoren weitestgehend auf deskriptive Statistik – im Wesentlichen Häufigkeiten oder arithmetisches Mittel.

Lfd. Nr.	Studie	n	Basis	Erhebung	Auswertung
Studien mit Ergebnissen zu Erfolgsfaktoren des Projektmanagements bei M&A					
1	Geighardt 2007	68	Unternehmen	B	D,M
2	Spill 2007	189 + 147 + 53	M&A + Unternehmen + Stakeholder	B,K	D
3	Gerds/Schewe 2005	120	Unternehmen	B	D,M
4	Haynes 2005	1590	M&A-Experten	k.A.	D
5	Ungerath/Hoyningen-Huene 2005	130	Akquisitionen	B	B
6	Accenture 2004	109	leitende Angestellte	B	D
7	Angwin 2004	70	Akquisitionen	B	k.A.
8	Böning/Reuter 2004	121	M&A-Experten	B	D
9	Towers Perrin 2004	201	leitende Angestellte	B	D
10	Bain 2003	724	Unternehmen	B,K	D
11	Bark/Klötzle 2003	55	leitende Angestellte	B	D
12	Homburg/Bucerius 2003	232	M&A	B	D
13	KPMG 2003	122	Unternehmen	B,K	D
14	Towers Perrin 2002 (1. Studie)	132	leitende Angestellte	B	D
15	Towers Perrin 2002 (2. Studie)	k.A.		B	k.A.
16	KPMG 2001	118	Unternehmen	B,K	D
17	Jansen 2000	103	Zusammenschlüsse	B,K	D
18	PwC 2000	125	Unternehmen	B,J	D
19	BAH 1999	34	Unternehmen	k.A.	D
20	Habeck/Kröger/Träm 1999	115	Unternehmen	k.A.	k.A.
Studien mit Ergebnissen zu Erfolgsfaktoren des Projektmanagements bei betrieblichen Projekten					
A	Schwaninger/Körner 2007	137	Projektleiter	B	M
B	Hyvari 2006	25	PM-Experten	B	D
C	Frieß 1999	10 empirische Studien, 7 Fallstudien, 8 Erfahrungsberichte, 12 Expertenaussagen			
Sekundäranalysen mit Ergebnissen zu Erfolgsfaktoren des Projektmanagements					
D	Fortune/White 2006	63	Studien zu Erfolgsfaktoren des PM	S	D
E	Lechler 1997	44	Studien zu Erfolgsfaktoren des PM	S	D

Erhebungsmethoden
B Befragung
K Kapitalmarktorientierte Methoden
J Jahresabschlussbasierte Methoden
E Event-Studien
S Sekundäranalyse

Auswertungsmethoden
D Deskriptive Statistik/univariate Methoden
B Bivariate Methoden
M Multivariate Methoden

n Stichprobenumfang

Tabelle 5-1: Überblick über empirische Studien mit Aussagekraft zu Erfolgsfaktoren des M&A-Projektmanagements

Zur Messung des Erfolgs wurden unterschiedliche Operationalisierungen gewählt. Tabelle 5-3 gibt einen Überblick über Messgrößen der abhängigen Variablen in den Studien.

Operationalisierung des M&A/Projekt-Erfolgs	Studien
Finanzielles Projektergebnis: Unternehmensspezifische Kennzahlen: Bruttogewinn, Gewinnwachstum, Umsatz, Umsatzrendite, Cashflow, EBITDA, Profit, Rentabilitätsentwicklung, Profitabilität, Gesamtrückflüsse an Aktionäre inklusive Dividenden, herausgerechnet die Kosten des Eigenkapitals, Aktienkurs allgemein, Innovationskraft, Produktqualität, technischer Erfolg	1, 5, 10, 12, 13, 17, 18, 19, E
Inhaltliches Projektergebnis: Integrationserfolg – z.B. anhand eines festgelegten Kriterienkatalogs, durchschnittlicher Realisierungsgrad der Akquisitionsziele, Realisierung der umsatzsteigernden und kostensenkenden Motive, Erfolg und Misserfolg von M&A-Prozessen allgemein, Mittelwert verschiedener Indikatoren für positive Ergebnisse des Projekts, Effizienz	2, 3, 5, 6, 7, 8, A, E
Wettbewerbsbezogene Messung: Wettbewerbssituation, relative Aktienkursveränderung im Vergleich zur durchschnittlichen Branchenentwicklung vom Vorfeld bis ein Jahr nach Abschluss der Transaktion	1, 16
Kundenbezogene Messung: Kundenzufriedenheit, Kundenbeziehungen	1, 12
Mitarbeiterbezogene Messung: Leistungsträgerfluktuation, Motivation der Mitarbeiter, Zufriedenheit, sozialer Erfolg	1, 12, A, E

Tabelle 5-3: Überblick über die Art der Erfolgsmessung

Wie ersichtlich, werden nicht immer konkrete Aussagen getroffen, eine allgemeine Tendenz lässt sich aber festhalten. Neun der Studien, die Angaben zur Operationalisierung des Erfolgs als abhängige Variable enthalten, machen diesen in der Regel an bestimmten Unternehmenskennzahlen fest, die wenig Aufschluss über die interne Gestaltung geben. Das zu gestaltende Unternehmen selbst stellt das Projektergebnis dar, da M&A wie auch betriebliche Projekte die Verbesserung der Primärorganisation zum Ziel haben. In acht Studien wird versucht, den Integrationserfolg direkt zu messen – der Erfolg wird in dem Fall an den zuvor festgelegten Zielen bemessen, die sich ebenfalls eher auf die integrierte Einheit selbst beziehen. Als Erfolg gewertet werden auch effiziente Prozesse. So ist relevant, ob ein angestrebter Soll-Output mit dem erzielten Ist-Output übereinstimmt. Diese Messung zielt ebenfalls auf den Zielerreichungsgrad ab, allerdings auch bezogen auf Ziele der Abwicklung. Vier Studien, setzen den Erfolg mit Mitarbeitermotivation und/oder -zufriedenheit mit dem Gesamtergebnis gleich. Nachrangig sind Benchmarking und kundenbezogene Messungen.

5.2.3 Analyse der Ergebnisse

5.2.3.1 Systematik der Erfolgsfaktoren des M&A-Projektmanagements

Die Grundsystematik der Erfolgsfaktoren ergibt sich aus der Prozesssystematik in Abschnitt 4.3.2.3.2. So wurden die Erfolgsfaktoren den fünf prozessorientierten Untersuchungsfeldern „Projektplanung und -kontrolle“, „Projektorganisation“, „Projektpersonalführung“, „Projektinformation“ und „Projektcontrolling“ zugeordnet. Untersuchungsfelder gruppieren die potenziellen Erfolgsfaktoren nach inhaltlicher Ausrichtung und werden daher im Folgenden auch als Erfolgsfaktorenbereiche bezeichnet. Neben diesen nach Projektmanagement-

Prozessen geordneten Untersuchungsfeldern wurden zusätzlich die „Geschwindigkeit" und die „Projektkultur" als Untersuchungsfelder mit aufgenommen. Sie ergeben sich erst aus der Gestaltung der Projektmanagement-Prozesse. Da eine konkrete Zuordnung zu diesen aber schwierig war, wurden separate Untersuchungsfelder definiert.

Die Erfolgsfaktoren beziehen sich sowohl auf die personellen als auch auf strukturelle Potenzialfaktoren, wobei die Ergebnisse zu den strukturellen Faktoren umfassender sind. Eine systematische Differenzierung der aggregierten Ergebnisse nach M&A-Projektphasen war nicht möglich, da die Studien diese Unterscheidung nicht durchgängig vornehmen. Eine separate Bewertung der Phasen erfolgt im Anschluss an die teilprozessbezogenen Ergebnisse.

Der Aufbau der folgenden Abschnitte gestaltet sich wie folgt: Im Abschnitt zu den prozessbezogenen Erfolgsfaktoren erfolgt eine Analyse der empirischen Ergebnisse, wobei der Fokus auf Ergebnissen zu Erfolgsfaktoren mit drei oder mehr Bestätigungen liegt. Lücken der Untersuchung, unplausible und widersprüchliche Ergebnisse werden ebenfalls diskutiert. So liegen für einige nicht bestätigte Einflussfaktoren Hinweise zu deren Bedeutung in praxisorientierter Literatur vor. Dies gilt insbesondere für das gesamte Untersuchungsfeld Projektcontrolling.

Die Übersichtstabellen 5-4 bis 5-9 zu den Ergebnissen sind analog aufgebaut. Sie enthalten eine Beschreibung der Erfolgsfaktoren und die Zuordnung einer eindeutigen Nummer je Faktor. Verwiesen wird auf die M&A- bzw. projektmanagementbezogenen Studien, die Aussagen zu dem Faktor mit der benannten Ausprägung enthalten. Die Ergebnisse der Studien zu betrieblichen Projekten (A, B, C) und die Ergebnisse der Sekundäranalysen zu Erfolgsfaktoren des Projektmanagements (D, E) werden im Text gesondert kommentiert. Für die einzelnen mit einer laufenden Nummer versehenen Studien sind auch Indizes notiert. Diese lassen auf die dem Erfolgsfaktor oder Untersuchungsfeld innerhalb der Studie beigemessene Bedeutung schließen. Sterne stehen für Signifikanzniveaus, Plus-Zeichen für Häufigkeiten. Lagen zur Bedeutung eines Einflussfaktors keine Ergebnisse vor, wurde dies mit dem Zusatz „k.A." (keine Angabe) deutlich gemacht. Genaueres ist der Legende in Abbildung 5-2 zu entnehmen.

+++/*** > 45% Zustimmung, Mittelwert > 4/5 der obersten Skalenstufe bzw. Signifikanzniveau < 0,001
++/** > 30% Zustimmung, Mittelwert > 3/5 der obersten Skalenstufe bzw. Signifikanzniveau < 0,01
+/* > 15% Zustimmung, Mittelwert > 2/5 der obersten Skalenstufe bzw. Signifikanzniveau < 0,05
kein Index: (k.A.)

Bei Studien D und E: +++ > 20; ++ >10; + sonst; bei Studie E: +++ > 10; ++ > 5; + sonst

Abbildung 5-2: Erläuterungen zu Tabellen 5-3 bis 5-8

Für detaillierte Ergebnisse der Studien sei auf Anhang A verwiesen, der alle Ergebnisse der Studien enthält. Die spezifischen Ergebnisse zum M&A-Projektmanagement sind durch Unterstreichung gesondert hervorgehoben.

5.2.3.2 Prozessbezogene Ergebnisse

Die Ergebnisse der Studien im Untersuchungsfeld der **Projektplanung und -kontrolle** beziehen sich eher auf die Primäraufgaben und weniger auf die Metaebene (vgl. zur Unterscheidung Abschnitt 4.3.2.3.2). Das Vehikel für die Konkretisierung von Zielen ist die Projektplanung, die sich als sehr wichtiger erfolgsbeeinflussender Prozess herauskristallisiert. Insbesondere die Transaktions- und/oder Integrationsplanung (E1.01) ist bei M&A von entscheidender Bedeutung. Von den elf M&A-Studien, die dies bestätigen, weisen sogar vier dieser eine sehr hohe und weitere drei eine hohe Bedeutung zu (8, 11, 13, 19 bzw. 1, 4, 14), wobei zumeist die Integrationsplanung als besonders erfolgskritisch hervorgehoben wird (1, 4, 5, 11, 13, 19, 20). Unklar ist allerdings, welche Planung genau gemeint ist (Projektplanung oder Planung auf sachlicher Ebene; vgl. Abschnitt 4.3.2.4). Auf die Bedeutung richtig gesetzter Meilensteine (E1.02) verweisen zwei Studien (5, 19). Klare Zielvorgaben (E1.05) werden ebenfalls von zwei Studien bestätigt (11, 20). Wesentlich mehr Ergebnisse liegen zu sachlichen Zielinhalten für die Gestaltung der Primärorganisation selbst vor. Für diese wird auf eine hohe Bedeutung der Klarheit verwiesen (vgl. Meckl/Sodeik/Fischer 2006, 175).Vergleichbare Ergebnisse sind den Projektmanagement-Studien zu entnehmen, bei denen allerdings der Klarheit der Ziele eine weitaus höhere Bedeutung beigemessen wird (A, B, C, D, E). Es ist aber nicht auszuschließen, dass dieser Aspekt bei den M&A-Studien bei der sorgfältigen Transaktionsplanung (E1.01) bereits enthalten ist. Wegen der nicht immer differenzierten Beschreibung der Faktoren lässt sich dies aber nicht genau nachvollziehen. Weitere Aspekte wie die optimale Ressourcenausstattung (E1.03) und -allokation (E1.04) werden insbesondere bei den Projektmanagement-Studien als wichtig erachtet (B, D, E), bei M&A-Projekten scheinen sie unproblematisch zu sein. Dies erstaunt, da durch eine optimierte Ressourcenallokation knappe Ressourcen zu Zeiten von Kapazitätsengpässen, wie sie in der Integrationsphase zu vermuten sind, erhebliche Vorteile bringen dürfte. Kaufpreis beeinflussend sind neben dem Stand-alone-Wert des Zielobjekts auch die Restrukturierungserlöse und Synergien sowie die Kosten der Transaktion (vgl. Abschnitt 2.2.2), die es möglichst gut zu prognostizieren gilt. Auch hier sollte ein angemessenes Budget zur Verfügung stehen und nach wirtschaftlichen Gesichtspunkten verteilt werden. Ein Einfluss auf den Erfolg müsste daher da sein, wird hier aber nicht bestätigt. Ein bedeutsamer Einfluss wird auch nicht bei den Studien, die sich auf das Ergebnis der Primäraktivitäten, die einen noch viel bedeutenderen Einfluss aufweisen dürften, nachgewiesen. So wird die Priorisierung von anderen als Kostensynergien in nur zwei Studien erwähnt (vgl. Meckl/Sodeik/Fischer 2006, 175-176). Nicht für M&A untersucht wurden die Bedeutung von Führungsinstrumenten und deren Auswahl (E1.07 und E1.08). Für Projekte allgemein und betriebliche Projekte scheint dies aber sehr wichtig zu sein (C, D) und dürfte damit auch für M&A-Projekte nicht unbedeutend sein, insbesondere vor dem Hintergrund der Vielzahl an existierenden Instrumenten und den kritischen Meinungen zur Anwendbarkeit einiger Methoden für komplexe Projekte (vgl. insbesondere Kraus/Westermann 2004 und Bruijn/Heuvelhof/Veld 2002).

Vor dem Hintergrund der hohen Misserfolgsraten bei M&A erstaunt die geringe Bedeutung, die den Kontrollaufgaben zukommt. Nur zwei M&A-Studien stellen eine erfolgskritische Stellung einer Planfortschrittskontrolle (E1.09) oder einem aufrechtzuerhaltenden Fortschrittsdruck fest (11 bzw. 19), aber drei Projektmanagement-Sekundäranalysen (C, D, E). Insgesamt ist die Projektplanung und -kontrolle aber ein Baustein mit wesentlicher Bedeutung für den M&A-Prozess. Tabelle 5-4 zeigt die Ergebnisse im Überblick.

Lfd. Nr., Bezeichnung des Erfolgsfaktors	Studien M&A	Studien PM
E1.01 Bedeutung einer (sorgfältigen und frühzeitigen) *Transaktions-/Integrationsplanung*, gute Abstimmung der Abläufe	1^{**}, 4^{++}, 5^{*}, 8^{+++}, 11^{+++}, 13^{+++}, 14^{++}, 16^{+}, $17^{(k.A.)}$, 19^{+++}, $20^{(k.A.)}$	$C^{(k.A.)}$, D^{+++}, E^{+++}
E1.02 *Terminplanung*; realistische Meilensteine	5*, 19^{+++}	$C^{(k.A.)}$, D^{++}
E1.03 *angemessenes Budget/ausreichende Ressourcen*	5*	B^{++}, D^{++}, E^{+}
E1.04 *Optimale Ressourcenallokation;* Priorisierung von nicht kostenbezogenen Synergien		D^{++}
E1.05 *Klarheit der Zielvorgaben*	11^{+++}, $20^{(k.A.)}$	A***, B^{++}, $C^{(k.A.)}$, D^{+++}, E^{+++}
E1.06 *Transparenz der Planung*	8++	$C^{(k.A.)}$
E1.07 Allgemein: *Planungs- und Steuerungsinstrumente*		E^{+}
E1.08 *Richtige Auswahl der Methoden/Instrumente*		$C^{(k.A.)}$, D^{++}
E1.09 *Kontinuierliche Planfortschrittskontrolle (Monitoring),* Aufrechterhaltung des Fortschrittdrucks/effektives Kontrollsystem mit sachgemäßer und aktueller Erfassung von Ist-Daten	11^{+++}, 19^{++}	$C^{(k.A.)}$, D^{++}, E^{++}

Tabelle 5-4: Erfolgsfaktoren der Projektplanung und -kontrolle (E1)

Das Untersuchungsfeld **Projektorganisation** umfasst im Folgenden sowohl die institutionelle Ebene (vgl. Abschnitt und 4.3.3) als auch den Prozess des Organisierens (vgl. Abschnitt 4.3.2.3.2), da erstgenannte erst Ergebnis des Organisierens ist und beide Bereiche eng verknüpft sind.

Die Projektstruktur (E2.01) wird ganz allgemein von beiden Sekundäranalysen zum Projektmanagement und einer weiteren Studie hervorgehoben (B, D, E). Auch bei drei M&A-Studien ist ein entsprechendes Ergebnis nachweisbar. So werden eine gute Organisation und Richtlinien ebenso hervorgehoben wie eine gute Organisation und ein institutionalisiertes Vorgehen (2, 5, 10). Hier ist insbesondere die Aufbauorganisation gemeint. Studie 5 hebt in diesem Zusammenhang eine zentralistische Entscheidungsbefugnis hervor. Die neben der Struktur wichtigsten Faktoren sind der Einsatz eines erfahrenen Top-Teams (E2.04), die Bestimmung der Projektleitung (E2.3) und die Top-Management-Unterstützung (E2.02) (sechs, fünf bzw. vier M&A-Studien). Allgemeiner Tenor ist, dass die Projektleitung frühzeitig eindeutig zu bestimmen und mit weit reichenden Kompetenzen auszustatten ist. Einige der Studien legen dabei den Schwerpunkt auf den Integrationsprozess (3, 11, 19). Auch die beiden allgemeinen Projektmanagement-Sekundäranalysen und die gemischte Studie zu betrieblichen Projekten unterstützen diesen Aspekt (D, E bzw. C). Sieben Studien stellen als wichtigen Erfolgsfaktor die effektive Führung durch ein Top-Team bzw. den Einsatz eines M&A-Kern-Teams auf Projektebene heraus (1, 9, 10, 11, 17, 19, C), welches implizit den Projektleiter mit umfassen dürfte und damit auch diesen Punkt unterstützt. In drei Studien wird für ein gemischtes Team plädiert oder die Bedeutung der Auswahl des Top-Teams (E2.05) mit hohen Werten hervorgehoben (1, 9, 19). Die Einrichtung eines Projektmanagements obliegt grundsätzlich der Unternehmensleitung. Diese entscheidet, welche Strategien im Unternehmen umzusetzen sind und ob hierfür eine sekundäre Organisationsform wie ein Projekt einzurichten ist. Neben dieser initiierenden Aufgabe kommt der Unternehmensleitung aber auch, folgt man den Ergebnissen beider Studienkategorien, im Projektmanagement selbst eine herausragende Bedeutung zu, wobei die Bedeutungszuweisung durch die Studien zum Projektmanagement noch stärker ist als durch die M&A-Studien. Insgesamt weisen 1/5 der M&A-Studien ihren Einbezug als bedeutend nach, dagegen aber alle Projektmanagement-Studien, bei denen zudem die Stichprobengröße durch den Einbezug der Sekundäranalysen weitaus höher ist. Als Beispiele für eine Top-Management-Unterstützung (E2.02) werden physische Präsenz und deren Einbindung in den Integrationsprozess sowie die eigene Einsatzbereitschaft und Vorleben genannt. Weiterhin wichtig ist auch der Einbezug verschiedener Beteiligtengruppen (E2.07). Hier unterscheiden einige Studien unterschiedliche Beteiligte. Erwähnt wird der Einbezug von (betroffenen) Mitarbeitern (beider Firmen) (8, 19, A, C) und Kunden (12, 17). Drei M&A- und zwei Projektmanagement-Studien (2, 8, 16, C, D) werten den Einbezug von unabhängigen externen Beratern z.B. bei der Post-Deal-Bewertung als Erfolg beeinflussend – was angesichts der Tatsache, dass mehr als die Hälfte der Studien von Unternehmensberatern durchgeführt wurden, erstaunlich wenig ist. Insgesamt enthalten aber immerhin neun verschiedene M&A-Studien (1, 2, 8, 10, 12, 15, 16, 17, 19) Aussagen zum Einbezug von bestimmten Beteiligtengruppen. Neben beiden Sekundäranalysen bewerten auch zwei Studien zu betrieblichen Projekten diesen Aspekt als erfolgskritisch (A, C, D, E), was diesen Erfolgsfaktor dann neben der Top-Management-Unterstützung sogar zum wichtigsten des Untersuchungsfelds Projektorganisation macht. Studie C zu betrieblichen Projekten umfasst eine Reihe weiterer plausibel erscheinender Faktoren, die allerdings in den anderen Studien nicht untersucht wurden und wegen der Vorgehensweise bei Studie C auch kaum als empirisch bestätigt gelten dürfen. Zu nennen sind die als „sonstige organisationsspezifische Aspekte“ bezeichneten Faktoren (E2.09): Die Einordnung der Projekt- in die Primärorganisation, die Berücksichtigung von Selbstorganisationsprozessen (vgl. Abschnitt 3.2.2) und damit der Grad der Autonomie im Projekt, eine geregelte Beendigung der Projektorganisation, die positiven Einfluss auf die Motivation der Beteiligten und die Projektevaluierung haben dürfte, eine situationsadäquate Projektorganisation und die Gestaltung formeller und informeller Beziehungen allgemein. Wenige Ergebnisse liegen auch zur Bedeutung einer dauerhaften M&A-Abteilung (vgl. Abschnitt 4.3.3; E2.08) vor – dieser Aspekt ist allerdings auch schwierig von E2.04 zu separieren. Für E2.09 und E2.08 wäre daher weitere Forschung interessant. Der Überblick über die Ergebnisse ist Tabelle 5-5 zu entnehmen.

Lfd. Nr., Bezeichnung des Erfolgsfaktors	Studien M&A	Studien PM
E2.01 *Projektorganisationsstruktur* allgemein	2^{+++}, 5^{+}, $10^{(k.A.)}$	B^{++}, D^{++}, E^{+}
E2.02 *Top-Management-Unterstützung* (Vorleben, Setzen von Visionen/Zielen, physische Präsenz, Einbindung in die Integration)	11^{+++}, $15^{(k.A.)}$, 16^{+}, 19^{+++}	A^{***}, B^{+++}, $C^{(k.A.)}$, D^{+++}, E^{++}
E2.03 *Projektleitung:* (frühzeitige) Benennung eines (starken) Promotoren mit weit reichender Verantwortung	3^{++}, 5^{*}, 11^{+++}, 16^{++}, 19^{+++}	$C^{(k.A.)}$, D^{++}, E^{++}
E2.04 Effektive Führung durch ein (frühzeitig/dauerhaft eingesetztes)Top-Team/Einsatz von *erfahrenen Integrations- und Projektteams* bei der Umsetzung (Institutionalisierung), angemessener Kompetenz- und Handlungsspielraum für das Projektteam	1^{*}, 9^{++}, $10^{(k.A.)}$, 11^{+++}, $17^{(k.A.)}$, 19^{+++}	$C^{(k.A.)}$
E2.05 *Teamzusammensetzung* (gemischt)/Auswahl Top-Team	1^{**}, 9^{++}, 19^{+++}	
E2.06 *Klare Verteilung von Verantwortlichkeiten*	16^{+}	B^{++}
E2.07 Einbindung von Beteiligten (frühe)	$15^{(k.A.)}$	$C^{(k.A.)}$, D^{+++}, E^{+}
Betroffenes Linienmanagement	2^{+}, $10^{(k.A.)}$	
Personalmanagement	1^{**}	
Mitarbeiter (z.B. durch Transparenz)/Betroffene (z.B. Kunden)	8^{+}, $12^{(k.A.)}$, $17^{(k.A.)}$, 19^{+++}	A^{**}, $C^{(k.A.)}$
Externe Experten/Berater	2^{+}, 8^{+}, 16^{+++}	$C^{(k.A.)}$, D^{++}
E2.08 *M&A-Abteilung*	1^{*}, $10^{(k.A.)}$	
E2.09 *Sonstige organisationsspezifische Faktoren*: Einbindung der Projekt- in die Primärorganisation, Berücksichtigung von Selbstorganisationsprozessen, Gestaltung formeller und informeller Beziehungen der Projektteams zu ihrer Umwelt, Projektorganisation ist der Projektsituation anzupassen, geregelte Beendigung der Projektorganisation		$C^{(k.A.)}$

Tabelle 5-5: Erfolgsfaktoren der Projektorganisation (E2)

Die Projektorganisation stellt aus empirischer Sicht einen der erfolgskritischsten Untersuchungsbereiche für M&A dar und ist eng mit dem **Personalführungsbereich** verknüpft, welcher ein weiterer wichtiger Erfolgsfaktorenbereich für den M&A-Erfolg darstellt. Im Folgenden werden ergänzend zu den Inhalten des Prozesses auch Aspekte gefasst, die keine Managementaufgabe darstellen, sondern wie das Profil der Mitarbeiter Gestaltungsobjekt sind. Die zwei bedeutsamsten Aspekte der Personalführung im Projekt sind mit sieben bzw. sechs bestätigenden Studien der Grad des Könnens und der Erfahrung (E3.05) der M&A-Beteiligten und der Grad des Wollens (E3.04), also der Bereitschaft der Beteiligten zum Gelingen des M&A-Projekts beizutragen (2, 3, 6, 10, 11, 14, 19 bzw. 3, 5, 6, 11, 14, 15). Die Bedeutung dieser Faktoren wird auch in fast allen Projektmanagement-Studien (A, B, D, E bzw. B, C, D, E) bestätigt. Dies dürfte insbesondere der zunehmend erkannten besonderen Bedeutung des personellen Faktors geschuldet sein (vgl. auch Abschnitt 1). Beiden Bereichen stehen spiegelbildlich die Bedeutung von Schulungen (E3.02), eher geeignet zur Überwindung von Begrenzungen hinsichtlich der Leistungsfähigkeit, und Anreizsystemen (E3.03), eher geeignet zur

Überwindung der Barrieren im Hinblick auf den Leistungswillen, gegenüber. Sie werden jeweils von einer bzw. drei M&A-Studien (1 bzw. 3, 5, 19), aber nur von zwei Projektmanagement-Studien (C, D), und bei denen auch nur in Bezug auf Schulungen, als erfolgsbeeinflussend bewertet. Zu beobachten ist, dass fachliche Schulungen nur in einer ganz aktuellen M&A-Studie als Erfolgsfaktor benannt werden. Auch eine Überforderung scheint eher negativ zu sein – wird aber nur von der gemischten Studie zu betrieblichen Projekten untersucht (C). Hinsichtlich der Erfahrung (E3.05) als Teilaspekt der Leistungsfähigkeit stellen z.B. Bain & Company (10) fest, dass Unternehmen, die häufiger M&A durchführen, erfolgreicher sind, was ebenfalls auf die Bedeutung von Akquisitionserfahrung schließen lässt. Hier lässt sich auch ein Bezug zur Bedeutung der Projektdokumentation (E4.03) feststellen. Wird diese durchgehend für alle M&A-Projekte im Unternehmen implementiert, kann auch auf dokumentierte Erfahrungen zurückgegriffen werden, was ebenfalls dazu beiträgt, dass bestimmte Fehler nicht wiederholt werden (Leistungsfähigkeit der Prozesse). Keine Aussage wird darüber getroffen, wo diese personalbezogenen Aufgaben anzusiedeln sind, also welche Aufgaben im Projekt selber durchgeführt werden und welche von der Personalabteilung der Trägerorganisation übernommen werden sollten. Die Bedeutung spezieller Kenntnisse und Fähigkeiten im Bereich Management und Führung von M&A oder Veränderungsprozessen, welches sich im Profil des Projektleiters (E3.01) manifestiert, weisen vier M&A-Studien (1, 2, 6, 16), davon zwei ganz aktuelle, und vier Projektmanagementanalysen (B, C, D, E) nach. Hierunter fällt auch die Bedeutung der Auswahl des Projektleiters. Auch hier können Divergenzen in den Ergebnissen auf die Zuordnung dieser auf Faktoren zurückzuführen sein. So unterscheiden die Projektmanagement-Studien hinsichtlich des Profils der Akteure nicht systematisch zwischen unterschiedlichen Beteiligten (vgl. zur Unterscheidung Abschnitt 4.3.3), wie es hier aber gemacht wurde. Eine andere Möglichkeit ist, dass sie sie implizit in dem hier eher als organisationsspezifisch deklarierten Aspekt Benennung eines starken Projektverantwortlichen (E4.02) berücksichtigen, dem wiederum eine besondere Bedeutung in beiden Sekundäranalysen zukommt (D, E). Ein Überblick folgt in Tabelle 5-6, der zeigt, dass grundsätzlich alle untersuchten Faktoren dieses Bereichs erfolgskritisch sind.

Lfd. Nr., Bezeichnung des Erfolgsfaktors	**Studien M&A**	**Studien PM**
E3.01 *Profil des Projektleiters* (Erfahrung, Führungskompetenz – eher partizipativ/kooperativ als autoritär/kontrollierend)	$1^{**}, 2^{*}, 6^{++}, 16^{++}$	B^{++}, $C^{(k.A.)}$, D^{+++}, E^{++}
E3.02 *Personalentwicklung* (fachliche/technische Schulung)	1^{**}	$C^{(k.A.)}$, D^{+}
E3.03 *Anreize/Anreizsysteme*	$3^{+}, 5^{*}, 19^{+++}$	
E3.04 *Leistungsbereitschaft* steigert Erfolg (Motivation), Macht- und Beziehungskonflikte hemmen Erfolg	$3^{+++}, 5^{*}, 6^{++}, 11^{+++}, 14^{+++}, 15^{(k.A.)}$	B^{++}, $C^{(k.A.)}$; D^{+}, E^{++}
E3.05 *Leistungsfähigkeit* wirkt erfolgssteigernd (Fähigkeit/Kenntnisse)	$2^{+}, 3^{++}, 6^{+}, 10^{+}, 11^{+++}, 14^{+++}, 19^{(k.A.)}$	$A^{***}, B^{+++}, D^{+++}, E^{++}$
E3.06 Vermeidung personeller Überforderung		$C^{(k.A.)}$

Tabelle 5-6: Erfolgsfaktoren der Projektpersonalführung (E3)

Wichtige, wenn auch den anderen Bereichen untergeordnete Bedeutung erfährt der Untersuchungsbereich der **Projektinformation**, welcher einen wesentlichen Teilaspekt des Wissensmanagements (vgl. Abschnitt 4.3.2.3.2) im Projekt darstellt. Der Wissenstransfer (E4.01) oder eine intensive Kommunikation stellt den wichtigsten Aspekt innerhalb des Felds dar, obwohl auch er nur von drei M&A-Studien als bedeutend/sehr bedeutend eingestuft wird (5, 11, 19), dafür aber von beiden Sekundäranalysen des Projektmanagements als sehr bedeutend (D, E). Wichtig erscheint auch die Kommunikation von Ergebnissen der Projektarbeit (E4.04) (15, 20, C). Problematisch bei diesem Aspekt ist, dass in den Studien nicht klar herauskommt, ob sich die Kommunikation auf die Motivation der Projektbeteiligten oder die Mitarbeiter der Primärorganisation bezieht. Nur relativ eindeutige Ergebnisse wurden berücksichtigt, der Faktor dürfte aber bedeutsamer sein, als es diese Ergebnisse widerspiegeln, da die allgemeine Kommunikation, die den Primäraktivitäten zugeordnet wurde, viel häufiger genannt wird (s. auch Anhang A). Die relativ geringe Bedeutung der Dokumentation (E4.03) wichtiger Ergebnisse nach Abschluss der Transaktion (10, 17) erstaunt. Allerdings könnte hier die separate Erfassung der „Erfahrung" eine Rolle spielen, die eng mit diesem Aspekt verknüpft ist und bereits als sehr bedeutsam herausgestellt wurde. Erklärt werden könnte dies auch damit, dass sich die Dokumentation des Projekts A nicht auf den Erfolg von Projekt A, sondern eher auf das Folgeprojekt B auswirken dürfte, da erst dann von den Erfahrungen profitiert werden kann, was wiederum die Bedeutung von Fähigkeiten und Erfahrung unterstützt. Liegt der Fokus auf der Unternehmensperspektive und damit auf mehreren Projekten, sollte diesem potenziellen Erfolgsfaktor entgegen den empirischen Ergebnissen eine besondere Bedeutung beigemessen werden (s. Tabelle 5-7 zu einem Ergebnisüberblick).

Lfd. Nr., Bezeichnung des Erfolgsfaktors	Studien M&A	Studien PM
E4.01 *Wissenstransfer* allgemein (regelmäßiger Informationsaustausch, intensive Kommunikation)	5*,11^{+++},19$^{(k.A.)}$	D^{+++},E^{+++}
E4.02 Entwicklung von *Instrumenten für den Wissenstransfer/Nutzung benutzerfreundlicher Technik*	17$^{(k.A.)}$	D^{++}
E4.03 *Dokumentation* der wichtigsten Ergebnisse nach M&A-Abschluss	10$^{(k.A.)}$, 17 $^{(k.A.)}$	
E4.04 *Vermittlung von Ergebnissen und Neuerungen* durch die Projektarbeit in der Primärorganisation, Werbung für Projektergebnisse betreiben	15$^{(k.A.)}$, 20$^{(k.A.)}$	C$^{(k.A.)}$

Tabelle 5-7: Erfolgsfaktoren der Projektinformation (E4)

Zu den Koordinationsaufgaben des **Projektcontrollings** (vgl. Abschnitt 4.3.2.3.2) liegen kaum empirische Ergebnisse vor. Genannt werden für ein Projektcontrolling die Bedeutung der Koordination der Projektteams (E5.01) – z.B. die Verknüpfung von Planung und Umsetzung, Vorbereitung situationsadäquater Steuerungsmaßnahmen (E5.02) als auch die Integration der M&A-Aufgaben in die täglichen Geschäftsabläufe (E5.03). Dass letztgenannter Faktor weniger bedeutend zu sein scheint (10, C), könnte daran liegen, dass die Beteiligten häufig

Vollzeit im M&A-Projekt arbeiten. Er hätte auch im Rahmen des Untersuchungsfelds „Projektorganisation" aufgegriffen werden können, da die Abstimmung auch wesentlich über die Gestaltung der Organisation beeinflusst wird.

Ebenfalls selten erwähnt werden ein explizites Risikomanagement (E5.05) und die Sachlichkeit der Entscheidungen (E5.06) (20, C, D bzw. A, B). Auch dies erstaunt, da M&A-Transaktionen mit großen Unsicherheiten behaftet sind, eine herausragende Bedeutung eines Risikomanagements daher plausibel wäre. Zudem besteht wegen der Betroffenheit der Entscheidungsträger die Gefahr, persönliche Interessen bei den Entscheidungen mit einfließen zu lassen (vgl. im Detail Abschnitt 2.2), weswegen die Objektivierung der Entscheidungen ebenfalls sicherzustellen wäre. Für betriebliche Projekte wird zudem auf die Bedeutung qualitativer Kenngrößen und die Evaluierung des Gesamtprojekterfolgs zum Abschluss (E5.07 und E5.08) hingewiesen (C).

Zwei weitere M&A-Studien und eine Sekundäranalyse zum Projektmanagement-Erfolg sehen das Erkennen von Problemen und einen rechtzeitigen Dealabbruch (E5.04) bei Vorliegen bestimmter Kriterien als ausschlaggebend für den Erfolg an (2, 10 bzw. D), wobei dem Aspekt jeweils innerhalb der Studien nur ein eher schwaches Gewicht beigemessen wird. Auch hier ist die Ursache nicht ganz klar – zumal die hohen Misserfolgsquoten bei M&A eigentlich ein anderes Ergebnis erwarten lassen. Der Überblick ist Tabelle 5-8 zu entnehmen.

Lfd. Nr., Bezeichnung des Erfolgsfaktors	Studien M&A	Studien PM
E5.01 *Koordination der Projektteams*, Verknüpfung Planung und Umsetzung		$C^{(k.A.)}$
E5.02 *Angemessenheit der Steuerungsmaßnahmen* für die Projektsituation		$C^{(k.A.)}$
E5.03 *Integration* der M&A-Aufgaben in die täglichen Geschäftsabläufe, Abgrenzung des Ressourceneinsatzes zwischen Primär- und Projektorganisation	$10^{(k.A.)}$	$C^{(k.A.)}$
E5.04 *Rechtzeitiger Abbruch*/Erkennen von Problemen	2^{+},$10^{(k.A.)}$	D^{+}
E5.05 *Explizites Risikomanagement,* Bezug des Risikomonitorings zu wichtigen, projektrelevanten Ereignissen	$20^{(k.A.)}$	$C^{(k.A.)}$, D^{++}
E5.06 *Sachlichkeit der Entscheidungen*		A^{***},B^{++}
E5.07 Einbezug *qualitativer und quantitativer Kenngrößen* für die Evaluation des Projekt-Ist-Zustands		$C^{(k.A.)}$
E5.08 *Überprüfung des Projekterfolgs* in der Endphase		$C^{(k.A.)}$

Tabelle 5-8: Erfolgsfaktoren des Projektcontrollings (E5)

Trotz der fehlenden empirischen Bestätigung wird von einer hohen Bedeutung eines koordinationsorientierten Projektcontrollings bei M&A ausgegangen. So wird in praxisorientierter M&A-Literatur auf die Bedeutung eines Projektcontrollings hingewiesen, welches die Integration von Teilprojekten inne hat (vgl. Lucks 2003, 15). Ein Hinweis für die Rationalität des

Controllings im Allgemeinen bietet dessen nachhaltige Implementierung in der Praxis (vgl. Weber 2004, 158).

Auch inhaltlich lässt sich die Bedeutung begründen. Aus der ganzheitlichen, anwendungsorientierten Sicht ergibt sich eine erhöhte Komplexität. Insbesondere bei den Prozessen ist festzustellen, dass sie nicht nur systemintern, sondern auch untereinander Interdependenzen aufweisen. Dies spiegelt sich grob im Management-Regelkreis wider (s. Abschnitt 4.3.2.5). So sind alle Managementprozesse, insbesondere aber Planung und Kontrolle, auf die Versorgung mit relevanten Informationen angewiesen. Anreizsysteme, deren Implementierung zur Personalführung zu zählen ist, funktionieren nur in Verknüpfung mit Planung und Kontrolle zielgerichtet (vgl. zu diesen und weiteren Interdependenzen Küpper 2005, 39). Obwohl inhaltlich ein enger Bezug zwischen diesen Prozessen besteht, bewirkt die wegen der Komplexität der Bereiche notwendige Arbeitsteilung und Zuordnung zu verschiedenen Einheiten innerhalb der Rahmenorganisation auch eine Isolation und es besteht eine Gefahr von Insellösungen. Die Ausrichtung der Subsysteme auf die für sie besonders relevanten Ziele erfolgt in der prozessinternen Perspektive. Eine vollständige Abdeckung der Gesamtkoordination wird hierdurch allerdings nicht erreicht (vgl. im Detail Küpper 2005, 30-31). Um die Konsistenz der Prozesse untereinander und mit dem Gesamtprozess zu gewährleisten, ist eine zusätzliche Koordinationsfunktion erforderlich (vgl. Küpper 2005, 30-31). Sind Projekte komplex, ist diese Aufgabe besonderes bedeutsam, da dann die Kompatibilität der Vielzahl der zur Anwendung kommenden Methoden und Techniken miteinander verträglich sein müssen (vgl. Litke 2004, 67). Dem Projektcontrolling kommt damit eine wesentliche Bedeutung zu.

5.2.3.3 Weitere empirische Ergebnisse

5.2.3.3.1 Geschwindigkeit und Projektkultur

Bevor auf die Ergebnisse zu den weiteren Untersuchungsfeldern Kultur und Geschwindigkeit eingegangen wird, zunächst einige Anmerkungen zum Verständnis der **Projektkultur**. Der Ursprung der Unternehmenskultur entstammt der Sichtweise, Unternehmen als Kultursystem zu begreifen, in dem sich eigene, unverwechselbare Vorstellungs- und Orientierungsmuster entwickeln, die das Verhalten der Mitglieder und der internen Prozesse nachhaltig prägen. Analog gilt dies für Projekte, da diese als „Unternehmen auf Zeit“ definiert werden können (vgl. Lohoff, H./Lohoff, P. 2001, 69). Das aus der Organisationstheorie stammende Konzept „Kultur“ wird als interne Variable verstanden. Kultur in diesem Sinne entsteht in einer Organisation und wird durch sie indirekt beeinflusst, um gewünschte Ziele zu erreichen (vgl. Ernst 2002, 4-5). Die Organisationskultur ist von einer gemeinsamen Erfahrungswelt und einem breit geteilten Orientierungs- und Wertemuster geprägt, aus denen heraus Menschen motiviert sind, sich unabhängig von zugrunde liegenden Verträgen in bestimmter Weise zu verhalten (vgl. Schreyögg, 1998, 441). Organisationen weisen also, entsprechend dieses Kulturverständnisses, verschiedene Charakteristika auf, die sich entweder positiv oder negativ auf das

Verhalten ihrer Mitglieder auswirken können. Anzumerken ist, dass die Projektkultur vor allem durch die Gestaltung der Handlungsebenen im Projekt und der Zusammensetzung ihrer Beteiligten geprägt wird (vgl. insbesondere Helm/Meckl/Sodeik 2007, 228-229). Sie ist damit nicht ganz unabhängig von den anderen Erfolgsfaktorenkategorien, wird hier aber der Klarheit halber gesondert aufgeführt. Zudem wird auf diese Weise die Bedeutung dieses Faktors für die Gestaltung des M&A-Projektmanagements gesondert hervorgehoben.

Nur die Studien C und D und drei aktuelle M&A-Studien (1, 2, 3) enthalten Ergebnisse zur Gestaltung einer Projektkultur, was daran liegen könnte, dass allgemein die Auffassung vertreten wird, dass die Projektkultur kaum direkt gestaltbar ist, sondern sich aus der Gestaltung des Systems ergibt. Sie wäre damit eher abhängige Variable und könnte z.B. durch die Zufriedenheit der Projektbeteiligten gemessen werden. Hinsichtlich der Projektkultur wird allgemein deren Gestaltung (E6.01) als wichtig erachtet (durch Teamentwicklung oder Konfliktmanagement) oder für die Sensibilisierung (E6.02) der Teammitglieder plädiert. Diese Faktoren unterstreichen zusätzlich die Bedeutung des Personalmanagements, insbesondere der Schulungen (E3.02) und Bereitschaften (E3.04).

Die **Geschwindigkeit** (E7.01) bezieht sich auf den zeitlichen Ablauf des M&A-Projekts. Sie ist eng verknüpft mit dem Planungs- und Kontrollprozess, wird wegen der besonderen Bedeutung, die dem Faktor in den empirischen Studien zukommt, aber gesondert erfasst. Die Frage ist, welche Geschwindigkeit für die Abwicklung von M&A optimal wäre. Die M&A-Studien kommen zu kontroversen Ergebnissen. Sechs Studien weisen eine starke bis sehr starke Bedeutung einer schnellen Geschwindigkeit oder einer frühzeitigen Durchführung von Schlüsselaktivitäten für den Transaktionserfolg nach (7, 11, 16, 18, 19, 20); eine Studie eine nicht weiter erläuterte Bedeutung (5). Angwin (7) konnte einen signifikant positiven Zusammenhang zwischen dem Akquisitionserfolg in Bezug auf Marktanteilsgewinnung und Umsatzsteigerung bei drei oder vier Jahre alten Akquisitionen und der Anzahl der Veränderungen in den ersten 100 Tagen messen. Vier Studien kommen zu dem Ergebnis, dass eine moderate Geschwindigkeit sinnvoll ist (3, 12, 15, 17), wobei bei diesen Studien die Stärke der Bedeutung als eher gering eingestuft wird oder nicht angegeben wurde. Die Aussage einer moderaten Geschwindigkeit gilt vor allem für die Integration (3, 12, 15). Anders hierzu 5 und 11, die auch einer schnellen Integration eine hohe bis sehr hohe Bedeutung beimessen.

Die ambivalenten Ergebnisse lassen vermuten, dass ein kurzer Zeitraum der Abwicklung zu schnelleren Ergebnissen und damit zur zeitlichen Vorverlagerung von Synergien und Restrukturierungserlösen führen und wegen der positiv zu berichtenden Maßnahmen auch motivierend wirken kann sowie positiv vom Kapitalmarkt honoriert wird. Gleichzeitig birgt ein schneller Prozessfortschritt aber auch die Gefahr, dass die Umsetzung nicht ausreichend gut durchdacht vorangebracht wird, z.B. aufgrund der Überforderung der Beteiligten, einer nicht ausreichenden Berücksichtigung der Interessen der Beteiligten (vgl. Ashkenas/DeMonaco/Francis 1998, 11) oder wegen einer zu oberflächlichen Entscheidung über die strategische Ausrichtung der integrierten Einheit (vgl. Gates 2007, 11). Langfristig könnten damit die Anfangsgewinne durch Nachteile im Zeitablauf zunichte gemacht werden. Insgesamt dürfte der einzuplanende Zeitraum für die Abwicklung vom Grad der internen Widerstände, der kulturellen Barrieren, dem Grad der Verunsicherung beim Kunden und der Intensität der Verflechtung sowie der Komplexität der Umsetzung einer Verflechtung abhängig sein (vgl. ähnlich auch Gates 2007, 11; Lucks/Meckl 2002, 12; Dicken 2000, 361). Festgehalten werden kann, dass eine hohe Geschwindigkeit anzustreben ist, Barrieren aber adäquat zu überwinden sind, was insgesamt zu einer moderaten Geschwindigkeit führen dürfte. Dies bestätigt auch eine aktuelle Fallstudie zum Bayer-Schering Zusammenschluss, aus der u.a. für die definitive Festlegung von Zielen und Verantwortlichkeiten für die ersten drei Management-Ebenen die Bedeutung einer schnellen Geschwindigkeit hervorgeht. Für langfristige Ziele, die Gestaltung der Geschäftsprozesse und Kernkompetenzen betreffende Unternehmensbereiche sind dagegen detailliertere Analysen einzuplanen (vgl. Courth 2008, 13-14).

Dieser Aspekt ist wie auch die Projektkultur nicht als unabhängig zu betrachten, da sie durch die Gestaltung der Projektmanagement-Prozesse maßgeblich bestimmt wird. Tabelle 5-9 gibt abschließend einen Überblick auch über diese beiden Faktoren.

Untersuchungsfeld	**Lfd. Nr., Bezeichnung des Erfolgsfaktors**	**Studien M&A**	**Studien PM**
E6 Projektkultur	E6.01 *Maßnahmen zur Gestaltung einer Projektkultur* (Teamentwicklung, Konfliktmanagement)	1*, 3^{+}	$C^{(k.A.)}$, D^{+}
	E6.02 Berücksichtigung der Unternehmenskultur durch die Projektteams/*Sensibilisierung für Kulturaspekte*	1**, 2^{+}	$C^{(k.A.)}$
E7 Geschwindigkeit	E7.01 *Schnelligkeit*: Schnelle Durchführung der Transaktion, frühe Abarbeitung der M&A-Schlüsselaktivitäten	**pro:** 5*, 7*, 11^{+++}, 16^{++}, 18^{+++}, 19^{+++}, $20^{(k.A.)}$ **contra:** 3^{+}, $12^{(k.A.)}$, $15^{(k.A.)}$, $17^{(k.A.)}$	

Tabelle 5-9: Weitere Erfolgsfaktoren: Projektkultur und Geschwindigkeit

5.2.3.3.2 *Phasenspezifische Betrachtung der Erfolgsfaktoren*

Die Erfolgsfaktoren wurden bei der Analyse der Ergebnisse zunächst nach den Projektmanagement-Prozessen geordnet. Zu einigen der Faktoren liegen Ergebnisse zu ihrer Bedeutung nach Projektphasen vor. Diese Ergebnisse sind allein der Studie von Hyväri (2006, 38) entnommen, die betriebliche Projekte untersucht.

Abbildung 5-3 veranschaulicht den Zusammenhang für sechs Erfolgsfaktoren (E1.01, E1.05, E1.09, E2.02, E2.07, E5.04) und zwei Untersuchungsfelder (Personal E3, Kommunikation E4). Die grauen Balken spiegeln die Bedeutung im Zeitablauf wider. Die Bedeutung (= Höhe des Balkens) ergibt sich aus einer Klassifizierung der Faktoren von 1 (sehr wichtig) bis 10 (unwichtig) (vgl. Hyväri 2006, 38). Umrandet sind die Zeitabschnitte, für die nach Hyväri dem jeweiligen Faktor eine besonders hohe Bedeutung beigemessen wurde. Die Ordnung der Faktoren wurde entsprechend ihrer Bedeutung im Zeitablauf gewählt. Dabei fällt auf, dass den Aktivitäten zwar ein Schwerpunkt im Prozess zugeordnet werden kann, sie aber grundsätzlich über die gesamte Dauer ablaufen, was den Prozesscharakter der Bereiche zusätzlich verdeutlicht.

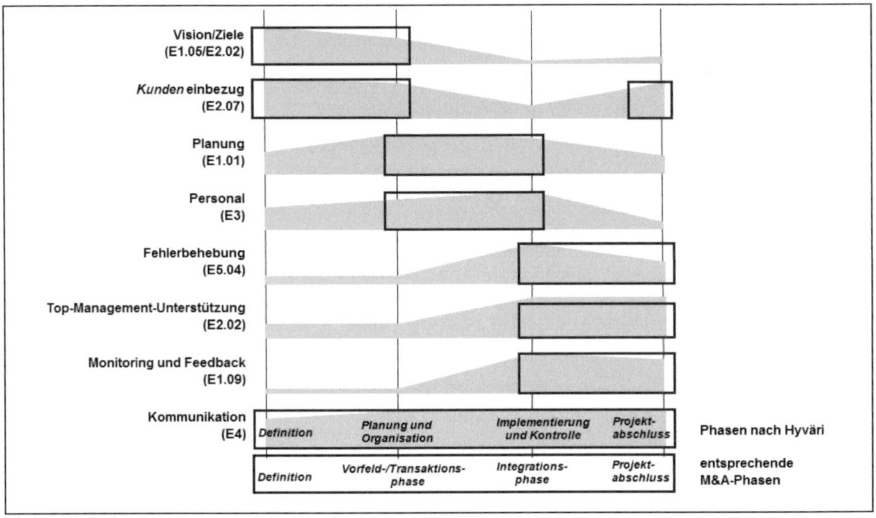

Abbildung 5-3: Erfolgsfaktoren betrieblicher Projekte nach Projektphasen

In der **Definitionsphase** und auch für die **Vorfeld- und Transaktionsphase** spielen in erster Linie die Zielformulierung und die Vorgabe von Visionen durch das Top-Management (E1.05/E2.02) sowie der Einbezug wichtiger Beteiligter (E2.07) eine große Rolle. Als Kunde können im internen M&A-Projekt neben den Kunden der Trägerorganisation auch die Mitarbeiter der zu bildenden integrierten Einheit verstanden werden. Sie sind letztendlich die, die in der integrierten Einheit arbeiten und Leistungen zur Erreichung des Gesamtziels erbringen sollen. Die Skizzierung eines positiven und wünschenswerten Bildes über die zu bildende integrierte Einheit (Vision) und konkreter Ziele dienen als klare Orientierung für die Abarbeitung der komplexen und vielschichtig verflochtenen Aufgaben und tragen damit zum Erfolg bei. Allerdings ist zu beachten, dass M&A häufig zu Beginn erst nur einem kleinen Personenkreis bekannt sind. Die Kommunikation der Strategie dürfte erst zu Beginn der Integrationsphase möglich sein. Möglich wäre aber, spätestens beim Post-Closing-Integration-Plan, auch betroffene Mitarbeiter mit einzubeziehen. Ein Bezug besteht aber auch zur Basisstrategieentwicklung, im Rahmen derer auch die Vision und das Leitbild für die integrierte Einheit zu entwerfen sind, die dann den Projektbeteiligten der zukünftigen Teilprojekte/Phasen als Orientierung dienen (vgl. zu den M&A-Aktivitäten Abschnitt 4.1.2.2).

Für die gesamte Dauer wichtig, vor allem aber in der **Transaktions- und Integrationsphase**, sind die Projektplanung (E1.01) und die Projektpersonalführung (E3). Wegen der wenig differenzierten Sicht in der Studie könnte man für die Planung eine Ebene höher gehen und auch hier das gesamte Untersuchungsfeld einbeziehen. Man könnte zusätzlich auch den Organisationsaspekt mit hineinnehmen, da dieser ganz wesentlich die Bestimmung eines Projektverantwortlichen und der Teamzusammensetzung, also auch als Personalfragen interpretierbare Aktivitäten, umfasst. Auf M&A bezogen hieße dies, dass im Anschluss an die Formulierung der Basisstrategie zunächst die Projektplanung zu entwerfen und das Projektteam zusammenzustellen ist (Auswahl der Beteiligten und Teamzusammensetzung).

Das Monitoring (E1.09) und die Fehlerbehebung (E5.04) werden erst gegen Ende des Projekts bei der **Integration** und zum **Abschluss** als wichtig erachtet, weisen aber auch einen Prozesscharakter auf. Dieser ist allerdings nicht besonders stark ausgeprägt. Dies verwundert, da Fehler bereits zu Beginn des Projekts entstehen können und auch dann zu beheben sind. Die Implementierung eines Monitorings müsste damit bereits in der Planungsphase erfolgen. So könnten Fehler frühzeitig behoben werden. Ebenfalls verwunderlich ist, dass die Top-Management-Unterstützung (E2.02) erst zum Ende bedeutender zu werden scheint – auch diese, so würde man vermuten, sollte von Beginn an gegeben sein, um dem Projekt von Anfang an eine hohe Bedeutung im Unternehmen zukommen zu lassen. Der Kommunikation (E4), hier verstanden als Sicherung der Informations-/Wissensflüsse, kommt **in allen Phasen** die höchste Relevanz zu, was mit der Projektart und der besonderen Bedeutung von Wissen für diese zusammenhängen dürfte und auch für M&A so anzunehmen ist.

Hinsichtlich der Bedeutung einzelner M&A-Phasen lässt sich festhalten, dass insbesondere die Integrationsphase eine sehr wichtige Rolle für den Projekterfolg spielt (vgl. Jansen 2000, 212; Frank 1993, 141; Gomez/Weber 1989, 72; Jemison/Sitkin 1986, 148), was die grundlegenden Probleme, die Reorganisationsprojekten anhaften (vgl. Ortmann 2007, 231), auch für M&A unterstreicht. Generell bleiben aber auch eher fachlich-technisch getriebene transaktionsbezogene und Projektmanagement-Aufgaben bedeutsam, obwohl deren Umsetzung weniger Probleme als die der Integration bereiten dürfte (vgl. so auch Lucks 2005a, 160). Allerdings sollte auch hier die optimierte Abwicklung sichergestellt sein und es sollten keine Effizienzverluste inkauf genommen werden.

5.2.3.4 Zusammenfassung und kritische Würdigung

Abbildung 5-4 fasst die Ergebnisse der prozessbezogenen Erfolgsfaktorenanalyse zusammen. Enthalten sind die Untersuchungsfelder und diesen zuzuordnende eher bestätigte (schwarze Schrift)/eher unbestätigte (graue Schrift) Erfolgsfaktoren mit Angabe der Häufigkeit der Nennung in den Studien in Klammern nach folgendem Schema (Anzahl der Nennungen in den M&A Studien – Anzahl der Nennungen in den Projektmanagement-Studien). Bei der Geschwindigkeit sind kontroverse Ergebnisse zu finden. Die Notierung „7-4-0“ kennzeichnet daher sowohl die Häufigkeit der positiven als auch negativen Nennungen (7 bzw. 4) neben der Anzahl der Nennungen in Projektmanagement-Studien (0). Der Projektmanagement-Erfolg ist in dem analysierten Modell die abhängige Variable, in Bezug auf den Projekterfolg stellt er eine moderierende Variable dar.

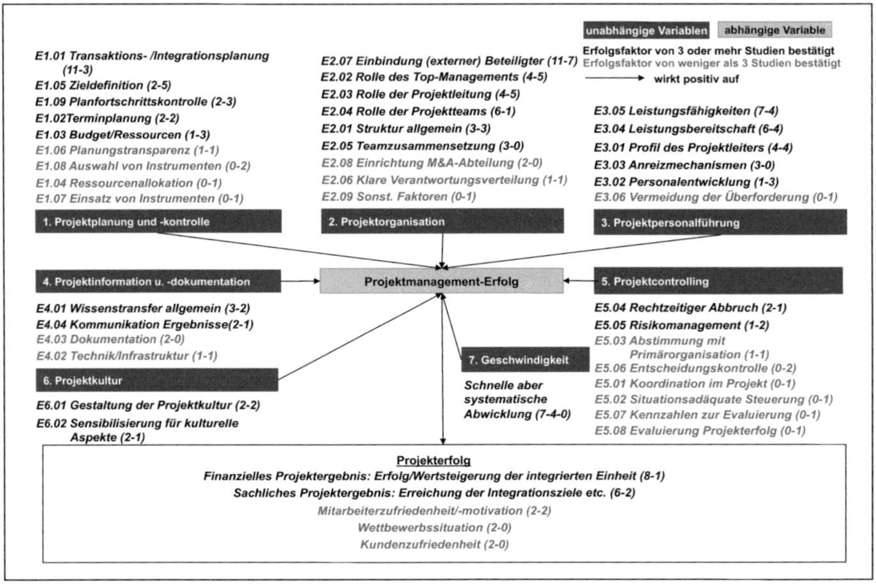

Abbildung 5-4: Überblick über Erfolgsfaktoren des M&A-Projektmanagements

Für die schwarz markierten Faktoren wird vermutet, dass sie im Zusammenspiel, sofern sie vorliegen, die Erfolgswahrscheinlichkeit von M&A-Projekten erhöhen. Die Ergebnisse decken sich in vielen Bereichen mit den Vorschlägen der ISO 10006 zu einem qualitätsorientierten Projektmanagement (vgl. DIN 2004, 13-42).

Hinsichtlich der Untersuchungsfelder ist zu beachten, dass eine eindeutige Zuordnung der Erfolgsfaktoren nicht immer möglich war – dies wurde bereits ansatzweise im Rahmen der Erläuterungen der Ergebnisse deutlich. Probleme gab es bei der Projektpersonalführung (E3), die sich sowohl auf den zukünftigen Personalbestand der zu gestaltenden integrierten Einheit beziehen kann als auch auf das Projektpersonal – hier wurde auf Basis der verfügbaren Informationen in den Primärstudien entschieden. Mehrdeutigkeiten gab es auch bei der Beurteilung der Kommunikation (E4) als Erfolgsfaktor. Es könnten die Kommunikations- als auch die Informationsaktivitäten gemeint sein (vgl. Abschnitt 4.3.2.3.2). Auch hier war teilweise eine genaue Zuordnung schwierig und es sind nur die weitestgehend eindeutigen Ergebnisse in den Tabellen und damit auch in der Analyse enthalten.

Um die Ergebnisse nicht zu verzerren, wurde jedes Einzelergebnis der Primärstudien nur einmal in der Analyse berücksichtigt. Hierfür war es vereinzelt notwendig, einen Faktor der Primärstudie, der in der Systematik durch zwei oder mehr Faktoren ausgedrückt wird, eindeutig zuzuordnen. Probleme gab es bei dem Faktor Einsatz erfahrener Projektteams (E4.03). Dieser wurde nur der Projektorganisation zugeordnet, weil anzunehmen ist, dass der Teamaspekt im Vordergrund steht. Nicht eingeflossen ist der Aspekt beim Personalfaktor Leistungsfähigkeit (E3.05), obwohl auch die Erfahrung meist bei den identifizierten Faktoren genannt wurde. Dies hebt in dem Fall zusätzlich die Bedeutung des Faktors E3.05 hervor, obwohl die Zusammenfassung dies nicht explizit widerspiegelt. Ein analoges Problem besteht hinsichtlich des Einsatzes eines starken Projektleiters (E4.02) und dessen Profil (E3.01). Umgekehrt gab es in den Studien auch Faktoren, die sich inhaltlich ähneln, aber dennoch doppelt erhoben wurden. Auch diese Ergebnisse wurden nur einmal gezählt. So enthält beispielsweise Studie 1 separat Ergebnisse zu Erfahrung und Führungskompetenz des Projektleiters. Diese zwei Ergebnisse wurden unter dem allgemeinen Faktor Profil des Projektleiters (E3.01) zusammengefasst. Mit anderen doppelt erfassten Faktoren wurde analog vorgegangen. Es wurde jeweils die Bedeutung des höher bewerteten Faktors übernommen.

Die Systematik ist empirisch nicht gesichert aber plausibel, da diesen Untersuchungsfeldern die Erfolgsfaktoren, abgesehen von wenigen Zuordnungsproblemen, relativ eindeutig und überschneidungsfrei zugeordnet werden können. Die Ordnung ist inhaltlich sinnvoll, da sie traditionellen Managementaufgaben entsprechen, die bereits in gleicher Weise in Abschnitt 4.3.2.3.2 plausibilisiert wurden.

Mit der Untersuchung konnten wesentliche Erfolgsfaktoren eines M&A-Projektmanagements identifiziert werden. Nicht untersucht wurde, in welchem wechselseitigen Beziehungsgeflecht die einzelnen Faktoren zueinander stehen. Hierzu sind in vereinzelten Studien Ergebnisse zu finden, die sich aber kaum zu einem empirisch gestützten Gesamtkonzept verdichten lassen. Generell kann aber eine starke Interdependenz angenommen werden, da sich die Erfolgsfaktoren auf Projektmanagement-Prozesse beziehen, die generell als System interdependenter Faktoren aufzufassen sind (vgl. Abschnitt 4.3.2.3). Dies bestätigen Studien, die sich direkt mit der Untersuchung von Interdependenzen befassen (vgl. z.B. Belassi/Tukel 1996). Ebenfalls nicht genau untersucht wurde, wie die Umsetzung genau zu erfolgen hat. So stehen in der Regel mehrere Gestaltungsoptionen für die Erfolgsfaktoren zur Verfügung.

Für bestehende Lücken liefern theoretische Ansätze einen relevanten ergänzenden Erklärungsbeitrag, die Inhalt des folgenden Abschnittes sind.

5.3 Theoriebasis zur Gestaltung eines M&A-Projektmanagement-Ansatzes

5.3.1 Auswahl der Theorien und Ansätze

Eine theoretische Basis für das Projektmanagement allgemein und für betriebliche Projekte oder M&A existiert bisher nicht (vgl. Abschnitt 3.2.2). Im Folgenden sind Theorien auszuwählen, die eine Aussage zu Wirkungen bestimmter Gestaltungsmechanismen vor dem Hintergrund erfolgskritischer Rahmenbedingungen zulassen.

Diese Theorien bilden den theoretischen Bezugspunkt für später abzuleitende Annahmen über die Wirkungskraft bestimmter Parameter. Damit diese Annahmen eine hohe Aussagekraft haben, sind Theorien auszuwählen, die bestimmten Anforderungen genügen. Sie müssen einen Bezug zum Forschungsbereich aufweisen, konkrete handlungsorientierte Aussagen enthalten, eine hohe wissenschaftliche Reife aufweisen und in ihrer Gesamtheit widerspruchsfrei sein (vgl. Abschnitt 1.4.1). Konkrete handlungsorientierte Aussagen lassen sich insbesondere dann gut ableiten, wenn Theorien einbezogen werden, aus denen sich klare im Popperschen Sinn falsifizierbare Konditionalaussagen der „Wenn..., dann...“-Form ableiten lassen (vgl. Petri 1976).

Durch die Orientierung an diesen Anforderungen wird zwar die Theoriebasis eingeschränkt, dafür erhalten die Empfehlungen aber auch eine hohe Aussagekraft. Problematisch ist, dass wegen der hohen Anforderungen nur eine sehr begrenzte Auswahl an Theorien berücksichtigt werden kann und nicht alle Facetten des komplexen Problems abgedeckt werden können. Dieses Problem der Theorielücke kann durch Hinzunahme von Konzepten oder empirisch-induktiver Aussagen, die nicht unbedingt den Anspruch des kritischen Rationalismus an wissenschaftliche Hypothesen und Erklärungen entsprechen, gelöst werden (vgl. ähnlich auch Ulrich 1981, 19, 21). Ähnlich gehen auch Gioia und Pitre vor, indem sie eine sehr breite Definition von Theorie vorschlagen und hierunter „... any coherent description or explanation of observed or experienced phenomena“ (1990, 587) subsumieren. Sie gewährleisten damit eine breite Theoriebasis. Ein Abweichen von der strengen Regel wird daher im Einzelfall nicht ausgeschlossen, wird aber gesondert zu kennzeichnen sein. Ergänzend einbezogene Ansätze oder Konzepte müssen zumindest die Anforderung des Themenbezugs erfüllen und grundsätzlich wahr oder zumindest gut bestätigt und widerspruchsfrei sein (vgl. zu Anforderungen an Modelle Eichhorn 1979, 76).

Ein Bezug zur Thematik haben Theorien, wenn sie Aussagekraft für den Erfolg eines M&A-Projekts aufweisen. Als relevante Ebenen von erfolgsbeeinflussenden Variablen wurden das externe Umfeld, die Ebene der Träger-/Primärorganisation und die M&A-Projekt-/Projektmanagement-Ebene unterschieden (vgl. zur Systematisierung dieser Abschnitt 5.2.1.1). Im Folgenden sind für diese Ebenen die relevanten Theorien zu finden, die allgemeine Aussagen darüber zulassen, wie bestimmte Ausprägungen von Faktoren auf diesen Ebenen erfolgsbeeinflussend/beeinträchtigend wirken können und mit welchen Gestaltungsmechanismen eventuell bestehende Probleme/Barrieren gemindert oder beherrscht werden können. Da die Theorien meist Aussagen zu mehreren erfolgsbeeinflussenden Variablen enthalten, ist es sinnvoll zunächst die Aussagen der Theorien zu analysieren und dann erst in einem zweiten Schritt die Aussagen den erfolgsbeeinflussenden Bereichen zuzuordnen.

Es folgt eine Begründung der Auswahl. Den im Folgenden ausgewählten Theorien ist in Klammern eine Abkürzung angefügt, auf die später in Kapitel 6 für die Ableitung der Aussagen verwiesen wird. Ergänzend zu den empirischen Ergebnissen zu einem effizienten M&A-Projektmanagement (M&A PM) werden folgende Theorien analysiert: Auf die Bedeutung der Ebene des externen Umfelds für die Strategieausrichtung von Unternehmen wurde bereits in Abschnitt 1.1 eingegangen. Als theoretische Basis dienen die industrieökonomischen Ansätze (IÖ) (vgl. Abschnitt 1.1). Da bei der Zielsetzung die Konfiguration des externen Umfelds zu berücksichtigen ist, sind auch Änderungen in diesem Umfeld erfolgskritisch und können eine Anpassung der Ziele erforderlich machen. Diese Ebene bleibt damit für den Gestaltungsansatz als Rahmenbedingung relevant. Bei M&A-Projekten können sich z.B. Veränderungen im Wettbewerbsumfeld auf das generelle Erfolgspotenzial des Vorhabens auswirken.

Auf Ebene des internen Umfelds wurde mit der Festlegung des Wertziels als übergeordnetes Ziel bereits eine Grundannahme im Hinblick auf die Gesamtausrichtung getroffen. Zugrundeliegender Ansatz ist der Shareholdervalue-Ansatz (SV), der sich in der Praxis als allgemein für wirtschaftlich orientierte Vorhaben als bedeutsames Ziel etabliert hat und damit auch die Ausrichtung des M&A-Projektmanagements bestimmt (vgl. Abschnitt 4.2). Auf dieses Ziel sind die Beteiligten im M&A-Projekt auszurichten. Es besteht damit eine Situation, die sich mit der Prinzipal-Agenten-Theorie (PAT) beschreiben lässt. So wickelt der Agent (M&A-Projektleiter) für den Prinzipal (Trägerorganisation) das M&A-Projekt ab, um für ihn eine überdurchschnittliche Wertsteigerung zu erzielen.

Diese Theorie liefert neben den weiteren Ansätzen der Neuen Institutionenökonomik (NIÖ) auch einen wichtigen Beitrag zur Beschreibung der projektinternen Situation. So besteht auch zwischen Projektleitung und Projektbeteiligten eine Prinzipal-Agenten-Situation, die bei der Gestaltung des Projektmanagement-Ansatzes zu berücksichtigen ist. Relevant ist auch die Transaktionskostentheorie (TKT), da sie Aussagen über kosteneffiziente Strukturen zulässt und damit die wichtige Ebene der Projektkosten mit einbezieht. Die zweite wichtige einzubeziehende Theorierichtung der verhaltenswissenschaftlichen Ansätze fokussiert speziell auf den menschlichen Potenzialfaktor und lässt Aussagen über effiziente Strukturen mit Wirkung auf den Leistungswillen zu. Neben Motivationstheorien (MT) werden speziell auch Führungsansätze untersucht, die allgemeine Menschenbilder (MB) unterscheiden, um daraus Aussagen für die bedürfnisadäquate Gestaltung von Strukturen abzuleiten. Weiterhin werden ressourcenorientierte Theorien einbezogen, speziell wissensbasierte Ansätze (WBA), die als Weiterentwicklung der ressourcenorientierten Theorien verstanden werden können und die Ressource Wissen, der bei M&A eine besondere Bedeutung zukommt (vgl. Abschnitt 5), in den Vordergrund stellen.

Verhaltenswissenschaftliche und institutionenökonomische Ansätze finden allgemein auch in Forschungsarbeiten Beachtung, die sich mit ähnlich gerichteten Koordinationsproblemen auseinandersetzen und damit ebenfalls einen inhaltlichen Bezug zur vorliegenden Arbeit aufweisen (vgl. z.B. Schewe/Lohre/Ortwein 2007; Meckl 2000, Osterloh/Frost 2000; Frese 2005,

1980; Picot, A./Dietl/Franck 2005, 1997; Hawranek 2004; Thom/Wenger 2002, Theuvsen 1997; Windsperger 1996). Generell entspricht die Theorieauswahl dieser Arbeiten in weiten Bereichen der hier gewählten und unterstützt damit die Relevanz der ausgewählten Theorien/Ansätze.

Die wissenschaftliche Qualität der Ansätze und ihre Aussagekraft werden im Folgenden zu prüfen sein. Die Beurteilung der Widerspruchsfreiheit erfolgt abschließend in Abschnitt 5.5.

5.3.2 Neue Institutionenökonomik

Einen wichtigen Beitrag zur Lösung der Koordinations- und Motivationsproblematik in Organisationen liefert die Neue Institutionenökonomik (vgl. Bronner 2004, 224 und im Detail zu Vorgängern und der Herausbildung einer Neuen Institutionenökonomik z.B. Holl 2004). Ihre Bedeutung für die betriebswirtschaftliche Forschung ist unumstritten. Auf sie wird in fast allen oben genannten Publikationen rekurriert.

Bisher liegt allerdings keine einheitliche Theorie vor (vgl. Picot, A./Reichwald/Wigand 2003, 44). Es existieren vielmehr drei sich ergänzende Ansätze: die Theorie der Verfügungsrechte (auch Property-Rights-Theorie), die Prinzipal-Agenten-Theorie (auch Agenturtheorie) und die Transaktionskostentheorie (vgl. Ebers/Gotsch 2006, 247), die nicht ganz überschneidungsfrei sind (vgl. Picot, A./Schuller 2004, 518). Diese Ansätze versuchen, spezifische Probleme der Koordination und Motivation in Organisationen zu überwinden, indem sie Hinweise auf die Gestaltung von Leistungsbeziehungen geben (vgl. Picot, A./Schuller 2004, 514). Dies erfolgt auf Basis der Gestaltung von Institutionen, unter denen Normen und Regeln, korporative Gebilde und Instrumente der Koordination und Motivation zu fassen sind, die die Höhe der Koordinations- und Motivationskosten beeinflussen (vgl. Picot, A./Schuller 2004, 516) und in deren Rahmen wirtschaftlicher Austausch vollzogen wird (vgl. Ebers/Gotsch 2006, 247). Verfügungsrechte, Verträge, Hierarchien/Unternehmen und Märkte stellen Beispiele für Institutionen dar (vgl. Ebers/Gotsch 2006, 247; Kutschker/Schmid 2002, 438). Aber auch „Vertrauen“ stellt eine Institution dar, welche handlungsleitend sein kann und auch als „Institutionensubstitut“ bezeichnet wird (vgl. Picot, A./Dietl/Franck 2005, 20). Institutionen können erwartungsbildend und konfliktmindernd wirken und führen regelmäßig zu sinkenden Organisations- und Transaktionskosten, vorausgesetzt, sie werden von der Mehrheit der Akteure des jeweiligen Bezugsbereichs akzeptiert (vgl. Picot, A./Schuller 2004, 516-517).

Die Grundannahmen dieser theoretischen Richtung sind begrenzte Rationalität, individuelle Nutzenmaximierung (inkl. Opportunismus) und methodologischer Individualismus (vgl. Picot, A./Schuller 2004, 514-515). Begrenzte Rationalität ergibt sich aus der begrenzten Fähigkeit von Menschen, in komplexen und mit Unsicherheiten behafteten Situationen die objektiv beste Entscheidung zu treffen (vgl. Picot, A./Schuller 2004, 515 und im Detail zum Konzept der „Bounded Rationality“ Simon 1991 und 1957). Konkrete Probleme stellen Mängel in der Arbeitsteilung und Strukturierung dar, die bei komplexen Projekten besonders problematisch sind. Diese Probleme sind eher koordinativer Art. Unter der Annahme der individuellen Nutzenmaximierung ist zu verstehen, dass Individuen in erster Linie selbstinteressiert sind und gemäß ihren individuellen Präferenzen ggf. auch unter Inkaufnahme der Verletzung von Präferenzen anderer (Opportunismus) handeln (vgl. Picot, A./Schuller 2004, 514-515). Das Problem ist demnach die Akzeptanz der Strukturierung der Aufgaben oder anders ausgedrückt, die Motivation im Sinne des vorgegebenen Gesamtziels des Unternehmens oder Projekts zu handeln. Der Aspekt ist dann bedeutsam, wenn Informationen und Wissen eine wichtige Rolle spielen, sie aber asymmetrisch verteilt sind. Die Möglichkeiten opportunistischen Verhaltens sind dann besonders vielfältig und die Folgen gravierend. Individuelle Nutzenmaximierung und begrenzte Rationalität können zu suboptimalen Entscheidungen führen, da individuelle Ziele dem Gesamtziel der Unternehmung entgegenlaufen können oder die optimale Handlungsalternative aus begrenzter Informationsverarbeitungskapazität heraus nicht erkannt wird. Für dieses Problem liegen Gestaltungsempfehlungen innerhalb der einzelnen Ansätze der Neuen Institutionenökonomik vor. Alle Eigenschaften eines sozialen Systems hängen von dem Verhalten der Individuen ab und werden durch diese konstituiert. Davon geht das Prinzip des methodologischen Individualismus aus (vgl. im Detail zu den Annahmen Picot, A./Schuller 2004, 515). Dies unterstreicht die Bedeutung der Individuen und deren Interessenausrichtung auf das Gesamtziel bei M&A zusätzlich.

Die Annahmen sind differenzierter als das im Scientific Management zugrunde gelegte Menschenbild, weil Abstand von der vollständigen Rationalität der Entscheidungen und Information genommen wird. Individuelle Nutzenmaximierung wird zwar durch weitere Aspekte wie altruistisches Verhaltens ergänzt, spielt aber weiterhin die übergeordnete Rolle. Dies ergibt insgesamt ein relativ realistisches Bild und wird in der Literatur kaum als problematisch empfunden (vgl. z.B. Nonaka/Takeuchi 1997, 182).

Praktische Aussagen für die Gestaltung des Projektmanagements zur Erreichung dieser Ziele können gut aus den Ansätzen der Neuen Institutionenökonomik abgeleitet werden, da innerhalb der spezifischen Theorien Kostenarten und Einflussfaktoren identifiziert werden, die Aussagen über die Effizienz bestimmter koordinations- oder motivationsorientierter Maßnahmen erlauben. Vorteilhaft ist zudem, dass die Ansätze dieser Theoriengruppe ein hohes wissenschaftliches Niveau aufweisen und daher auch als „Theorie" bezeichnet werden können. Trotz des hohen Niveaus sind die Annahmen hinsichtlich der Fähigkeiten und Bereitschaften von Menschen, an denen die Verhaltenssteuerung ansetzt, relativ realistisch. Dies dürfte auch der Grund für die weite Verbreitung der Theorien sein.

Die **Vertrags- oder Verfügungsrechttheorie** ist ein Ansatz dieser Theoriegruppe. Er fragt danach, ob und in welcher Weise sich unterschiedliche Zuordnungen von Rechten auf die Verhaltensweisen wirtschaftender Akteure auswirken (vgl. Picot, A./Schuller 2004, 518). Diese Fragestellung lässt sich auch mit Hilfe der Transaktionskostentheorie beantworten. Diese ist zudem wie auch die Prinzipal-Agenten-Theorie konzeptionell weiter ausgereift (vgl.

Ebers/Gotsch 2006, 256-258, 272-276, 296-298), weswegen im Folgenden der Schwerpunkt auf Prinzipal-Agenten- und Transaktionskostentheorie liegt.

Das am weitesten verbreitete Konzept der Koordinationseffizienz, in das der sparsame Einsatz von Ressourcen als Effizienzgröße einfließt, ist die **Transaktionskostentheorie**. Ihre Grundlagen sind in der Theorie der Firma von Coase (1937) zu sehen. Eine erste Operationalisierung der Transaktionskosten-Problematik findet sich einige Jahre später bei Williamson (s. z.B. 1975) und Alchian und Demsetz (s. 1972; vgl. im Detail Williamson/Masten 1999, XI-XII und zu einer Kritik Ghoshal/Moran 1996). Im Mittelpunkt stehen unter bestimmten Verhaltensannahmen koordinations- und motivations- bzw. transaktionskostenminimale institutionelle Lösungen wie die marktliche Transaktion vs. Eigenerstellung in der Hierarchie in Abhängigkeit der kostenwirksamen Faktoren Spezifität, strategische Bedeutsamkeit, Häufigkeit und Unsicherheit (vgl. Picot, A. 2005, 53; Picot, A./Schuller 2004, 518; Reiß 2004, 690; Kutschker/Schmid 2002, 439) und weiterer soziokultureller und technischer Faktoren, die wiederum die Kosten der alternativen institutionellen Lösungen determinieren. Grundidee ist, dass Transaktionen über den Markt nicht kostenfrei und daher unter bestimmten Umständen organisationsintern günstiger durchführbar sind (vgl. Kutschker/Schmid 2002, 438).

Transaktionskosten sind Kosten der Kommunikation und Information, die für die Vereinbarung und Kontrolle eines Leistungsaustauschs zwischen Aufgabenträgern innerhalb und zwischen Unternehmen und Märkten entstehen. Sie treten zusätzlich zu den Produktionskosten (Kosten des direkten Faktoreinsatzes für die Leistungserstellung) auf und sind monetär nur schwer erfassbar (vgl. Picot, A. 2005, 53). Als Beispiele für Transaktionskosten werden die Kosten der Anbahnung (z.B. Reise-, Beratungs- und Informationskosten), der Vereinbarung (z.B. Verhandlungskosten, Kosten der Vertragsformulierung und Kosten der Abstimmung und Planung), der Abwicklung (z.B. Kosten der Steuerung des Produktionsprozesses und Managementkosten der Führung und Koordination), der Kontrolle (z.B. Kosten der Qualitäts- und Terminüberwachung) und der Anpassung (z.B. Durchsetzung von Termin-, Qualitäts- und Preisänderungen) angeführt (vgl. Picot, A. 2005, 53; Kutschker/Schmid 2002, 439).

Wegen der schweren Quantifizierbarkeit der Transaktionskosten hat Williamson (1975) ein Modell der kostenwirksamen **Einflussvariablen auf die Höhe der Transaktionskosten** entwickelt. Zu den wesentlichen Einflussfaktoren zählt er die Verhaltensannahmen, die Umweltfaktoren und die Transaktionsatmosphäre (vgl. Picot, A. 2005, 54). Die Verhaltensannahmen wurden bereits diskutiert. Als wichtigste **Umweltfaktoren** gelten Unsicherheit, Spezifität und strategische Bedeutung. Unsicherheit ist ein Maß der Vorhersehbarkeit notwendiger Änderungen der Leistungsvereinbarung während der Leistungserstellung. In durch Unsicherheit geprägten Situationen sind Leistungsvereinbarungen mit exakten Modalitäten nicht formulierbar und es eröffnen sich Verhaltensspielräume, die negativ ausgenutzt werden könnten (vgl. Picot, A./Dietl/Franck 2005, 59). Spezifität wird definiert als das Ausmaß, in welchem der Nutzen, den eine erstellte Leistung beim vorgesehenen Leistungsempfänger stiftet, vom Nutzen abweicht, den ein Dritter bei Verwendung dieser Teilleistung hätte. Je größer die

Wertdifferenz zwischen der beabsichtigten und der zweitbesten Verwendung, desto höher der Spezifitätsgrad (vgl. Picot, A./Dietl/Franck 2005, 59). Spezifität kann hinsichtlich tangibler (z.B. Investitionen in Anlagen oder Gebäude) als auch intangibler Ressourcen (z.B. Investitionen in Wissen) bestehen. Die strategische Bedeutung ist nicht ganz überschneidungsfrei zur Spezifität, da beide Eigenschaften regelmäßig miteinander einhergehen. Strategische Aufgaben im Sinne von wettbewerbsrelevant sind zumeist auch spezifisch (vgl. Picot, A./Dietl/Franck 2005, 60). Ein weiterer Einfluss wird mit der Häufigkeit beschrieben, die aber als nachrangig gewertet wird, da mit ihr alleine keine besonderen Probleme der Koordination oder Motivation verbunden sind. Mit ihr wird abgebildet, dass sich bestimmte Investitionen in interne Assets erst dann amortisieren, wenn eine bestimmte Wiederholungshäufigkeit der Austauschvorgänge gegeben ist (vgl. Picot, A./Dietl/Franck 2005, 60-61).

Zu den relevanten Umweltfaktoren zählen auch die Messkosten. So werden bei Messproblemen die Such- und Kontrollkosten bei der Leistungs- und Qualitätsbewertung zunehmen. Dies ist insbesondere bei der Leistungserstellung in Teams ein Problem, da dann eine eindeutige Zurechenbarkeit der Ergebnisse nicht gegeben ist, was einen Anreiz zur Leistungszurückhaltung bei einzelnen Teammitgliedern begründen kann.

Zur **Transaktionsatmosphäre** zählen soziokulturelle und technische Faktoren, die in einer bestimmten Situation einen Einfluss auf die Transaktionskosten der Motivations- und Koordinationsinstrumente haben. Beispiele sind der Grad der freundschaftlichen Atmosphäre zwischen den Beteiligten und die Anschauungen dieser (vgl. Picot, A./Dietl/Franck 2005, 61).

Die Entscheidungsregel lautet, diejenige Regelung auf dem Kontinuum zwischen marktlicher und hierarchischer Koordination zu wählen, die c.p. die geringsten Kosten verursacht. Für die Entscheidung sind sowohl die Produktionskosten als auch die Transaktionskosten zu bestimmen. Ziel ist die Minimierung der Gesamtkosten.

Eine einfache Anwendbarkeit im Projektmanagement ergibt sich für die Frage, ob dieses intern abzuwickeln ist oder extern durch einen Berater durchgeführt werden sollte. Diese Frage steht aber außerhalb der hier gestellten Forschungsfrage, da die interne Abwicklung angenommen wurde (vgl. Abschnitt 2.3.1). Auf M&A-Projekte übertragbare, mehr oder weniger konkrete Handlungsempfehlungen lassen sich aus der Literatur wie folgt ableiten. Die linke Spalte in Tabelle 5-10 enthält, analog zu den Tabellen 5-11 bis 5-15 und 5-17 bis 5-18 die „Wenn…-Komponente", die rechte Spalte die „Dann…-Komponente" im Sinne einer handlungsleitenden Hypothesenformulierung (vgl. Abschnitt 5.3.1).

Annahmen/ Rahmenbedingungen	Gestaltungsmechanismen zur Erreichung von Motivation und Koordination
Begrenzte Rationalität und individuelle Nutzenmaximierung	Implementierung von Anreizsystemen, die besondere Verhaltensannahmen berücksichtigen (Interessenangleichung anstreben). Optimierung der Ablaufstruktur und Transparenz, so dass begrenzte Rationalität weniger gravierend wirkt.

Hohe Unsicherheit und strategische Bedeutung, Messprobleme	Hierarchische Formen mit intensiver und systematischer Koordination (vgl. Meckl 2006, 72-73), um Probleme beherrschbar zu machen. Vereinbarung von Garantien oder einer Beteiligung am Gewinn (vgl. Picot, A./Dietl/Franck 2005, 61).
Spezifität hinsichtlich organisationsbezogener Aufgaben zur **primären Wertschöpfung**	Erfordern schnelle praktische und situationsangepasste Eingriffe und damit eher einen hohen Autonomiegrad (vgl. Picot, A./Dietl/Franck 2005, 65-66).
Spezifität hinsichtlich der Durchsetzung allgemeiner Rahmenbedingungen **(Sekundäraktivitäten)**	Erfordern genaue Kenntnisse der Rahmenbedingungen in Bereichen wie Organisation, Technik etc. und sind daher eher von überblickenden örtlich losgelösten Aufgabenträgern zu lösen (eher zentral koordiniert) (vgl. Picot, A./Dietl/Franck 2005, 66).
Spezifität gemischter Aufgaben	Teams mit zentral und dezentral eingesetzten Aufgabenträgern sind sinnvoll (vgl. Picot, A./Dietl/Franck 2005, 66).
Die **Transaktionsatmosphäre** kann für die Beteiligten einen Wert an sich darstellen und eine motivierende und/oder koordinierende Wirkung haben.	Soziokulturelle Faktoren wie eine freundschaftliche Atmosphäre zwischen Beteiligten, geteilte Anschauungen der Beteiligten und bestimmte geteilte kulturelle, religiöse oder soziale Normen sind relevant und wirken opportunistischem Verhalten entgegen (vgl. A Picot, A./Dietl/Franck 2005, 61). Entsprechende Faktoren sollten daher gefördert werden.
Hohe Interdependenz	Erfordert Abstimmung und verursacht Transaktionskosten und ist daher möglichst zu minimieren. Minimierung von Interdependenzen zwischen den Teilaufgaben führt zu einer Verringerung von Transaktionskosten, da der Abstimmungsbedarf sinkt und damit auch die Informationsbeziehungen abnehmen. Organisatorisches Mittel: Zusammenfassung der Beteiligten ein einer organisatorischen Einheit (vgl. Picot, A./Dietl/Franck 2005, 63).
Geringe Interdependenz	Hoher Autonomiegrad (geringe Koordinationsintensität) ist eher sinnvoll (vgl. Picot, A./Dietl/Franck 2005, 63).

Tabelle 5-10: Gestaltungsempfehlungen auf Basis der Transaktionskostentheorie

Zur Beurteilung des Ansatzes über die bereits genannten allgemeinen Vorteile der Institutionenökonomik hinaus lässt sich sagen, dass er die Reichweite einer Theorie hat, deren Anwendungsbereiche relativ breit gefächert sind (vgl. Williamson/Masten 1999, I). Der Ansatz stellt stärker als andere die Effizienz in den Mittelpunkt der Betrachtung und ist weitestgehend konsistent mit den Aussagen weiterer Ansätze (vgl. Ebers/Gotsch 2006, 297). Als zu vergleichende Koordinationsmechanismen werden allerdings im Wesentlichen nur Markt und Hierarchie betrachtet.

Weitere Aussagen sind aus der **Prinzipal-Agenten-Theorie** ableitbar. Sie beschreibt Möglichkeiten der effizienten Gestaltung oder Bildung von Institutionen zur Überwindung von Problemen, die aus der Arbeitsteilung in Organisationen oder organisationsübergreifend resultieren (vgl. Picot, A. 2005, 46). Arbeitsteilung ist erforderlich, da Wissen und Informationen in der Realität ungleich verteilt sind. Sie führt zu Informationsasymmetrien zwischen einem Auftraggeber (Prinzipal) und einem Auftragnehmer (Agent). Hieraus resultieren Entscheidungsspielräume beim Agenten. Verfolgt er andere Interessen als der Auftraggeber, könnte er diese negativ ausnutzen. Diese Fehlanreize sind durch geeignete institutionelle Regelungen zu reduzieren. Mit dieser Problematik befasst sich die Prinzipal-Agenten-Theorie. Im Mittelpunkt dieser Theorie stehen ebenfalls Institutionen und ihre Auswirkungen in von durch bestimmte Merkmale zu charakterisierenden wirtschaftlichen Austauschbeziehungen (vgl. Ebers/Gotsch 2006, 258; Picot, A./Schuller 2004, 519). Typische Prinzipal-Agenten-Beziehungen im M&A-Fall sind die zwischen Projektleiter und Trägerorganisation/Lenkungsausschuss, Projektleiter und Teilprojektleiter/Prozessmanager, Teilprojektleiter und Projektteams. Hieraus wird auch ersichtlich, dass dieselbe Person, je nach Betrachtungsperspektive, Prinzipal und auch Agent sein kann.

Agent und Prinzipal verfügen über asymmetrisch verteilte Informationen. Dies kann sich in verschiedenen Situationen (vor/nach Vertragsabschluss, Grad der Sanktionierbarkeit) unterschiedlich auswirken. Bei vor Vertragsabschluss vorliegenden, nicht beobachtbaren Eigenschaften des Agenten, liegt ein Problem der **adversen Selektion** vor. D.h., dass sich meist die Agenten für einen Vertragsabschluss interessieren, die die geforderten Anforderungen weniger erfüllen. Der Prinzipal erwartet dies und beurteilt alle Bewerber entsprechend mit einem Risikoabschlag, was für die „guten Agenten" nachteilig ist, da ihre Qualitäten nicht entsprechend entlohnt würden. Nach Vertragsabschluss besteht für den Prinzipal das Problem des sogenannten **Moral Hazard**. Dies bezeichnet die Gefahr, dass der Agent schlechte Leistung erbringt, was in bestimmten Situationen nur schwer durch den Prinzipal erkennbar ist, so z.B. bei den komplexen Aufgaben im M&A-Prozess. Letztendlich besteht ein Problem des **Hold-up,** wenn Schlechtleistung oder Unterinvestitionen (nicht ausreichende Anstrengung) des Agenten zwar beobachtet, aber nicht verhindert werden können, z.B. weil spezifische Investitionen und damit ein Abhängigkeitsverhältnis auf der Seite des Prinzipals vorliegen (vgl. Picot, A./Dietl/Franck 2005, 75).

Je stärker die Informationsasymmetrien sind und je weniger kontrollierbar die Qualität der Leistung des Agenten ist, desto größer sind die Möglichkeiten für den Agenten, sich opportunistisch zu verhalten und damit dem Prinzipal zu schaden. Aus Sicht des Prinzipals suboptimale Ergebnisse können sich auch aus der unterschiedlichen Risikoeinstellung ergeben (vgl. Meckl 2006a, 77). Während der Prinzipal wegen seiner besseren Möglichkeiten zur Risikodiversifizierung risikoneutral ist, wird für den Agenten Risikoaversion angenommen, da er über weniger Möglichkeiten der Diversifikation verfügt. Da die Risikoeinstellung einen wesentlichen Einfluss auf das Entscheidungsverhalten ausübt, können sich auch hieraus Kosten ergeben.

Dem Agenten eröffnen sich damit Entscheidungsspielräume, die er im eigenen Interesse ausnutzen könnte. Um diese Gefahr auszuschalten, entstehen dem Prinzipal Agenturkosten (z.B. Kontrollkosten, Opportunitätskosten in Form des ihm durch das opportunistische Verhalten des Agenten entstandenen entgangenen Gewinns (Wohlfahrtsverlust), Kosten der Einrichtung eines Berichts- und/oder Anreizsystems (vgl. Grant 1996, 199 und im Detail zu diesen und weiteren Problemen Picot, A. 2005, 74-141). Anbei sei bemerkt, dass auch dem Agenten

Agenturkosten entstehen, z.B. in Form von Signalkosten. D.h., er muss dem Prinzipal im Vorfeld glaubhaft machen, dass er tatsächlich die geforderte Leistung zu bestimmten Konditionen erbringen kann und sich nicht opportunistisch verhalten wird (vgl. auch Picot, A. 2005, 73). Dies kann sich der Prinzipal bei der Gestaltung der Institutionen nutzbar machen.

Ziel der Theorie ist es, dasjenige institutionelle Arrangement zu finden, welches die Agenturkosten für den Prinzipal minimiert. Das Effizienzkriterium dieses Ansatzes ist die Minimierung der Agenturkosten durch die Gestaltung von Vertragsbedingungen zwischen Prinzipal und Agent (vgl. Meckl 2000, 93).

Annahmen/ Rahmenbedingungen	Gestaltungsmechanismen zur Erreichung von Motivation und Koordination
Begrenzte Rationalität, Opportunismus, Risikoaversion (Agent) und Risikoneutralität (Prinzipal)	Wie Transaktionskostentheorie, zusätzliche Berücksichtigung der Risikoaversion des Agenten.
Leistungen des Agenten sind ex ante durch den Prinzipal nicht bewertbar **(Gefahr der adversen Selektion)**	Prinzipal hat Einfluss auf dieses Problem durch Interessenangleichung, (Arbeits-)Vertragsgestaltung und/oder systematische Personalauswahl (vgl. Picot, A./Dietl/Franck 2005, 77).
Leistungen des Agenten sind ex post durch den Prinzipal nicht bewertbar **(Gefahr des Moral Hazard)**	Möglichkeiten der Problembewältigung sind Interessenangleichung durch Ergebnisbeteiligung der Agenten oder Reduzierung der Informationsasymmetrien durch Monitoring mittels Einrichtung von Planungs- und Kontrollsystemen (vgl. Picot, A./Dietl/Franck 2005, 77).
Der Prinzipal kann die Eigenschaften des Agenten/dessen Schlechtleistungen nicht sanktionieren oder verhindern **(Gefahr des Hold-up)**	Möglichkeit der Vermeidung eines Hold-up ist die gezielte Interessenangleichung oder die Hinterlegung von Sicherheiten durch den Agenten (vgl. Picot, A./Dietl/Franck 2005, 77).

Tabelle 5-11: Gestaltungsempfehlungen auf Basis der Prinzipal-Agenten-Theorie

Dieser Ansatz enthält wichtige Gestaltungsempfehlungen auf hohem wissenschaftlichem Niveau und ergänzt die Aussagen der Transaktionskostentheorie sinnvoll. So fokussiert die Theorie auf die spezifische Auftraggeber-Auftragnehmer-Beziehung, während der Transaktionskostenansatz ganz allgemein Leistungsbeziehungen betrachtet (vgl. Picot, A. 2005, 72).

5.3.3 Verhaltenswissenschaftliche Ansätze

5.3.3.1 Überblick

Bei den Theorien der Neuen Institutionenökonomik wurde ein vereinfachtes Menschenbild angenommen, welches durch begrenzte Rationalität und individuelle Nutzenmaximierung geprägt ist. Da im Rahmen der Projektgestaltung bei M&A auch der Leistungswille in geeigneter Weise zu beeinflussen ist (vgl. Abschnitt 4.2), ist zu untersuchen, wie Motivation entsteht und wann sie zu einem bestimmten Verhalten führt. Hierzu sind Erkenntnisse über die menschliche Bedürfnisstruktur und über Motivationsprozesse erforderlich. An den Komponenten des Motivationsprozesses, die weitaus mehr als Interessen, Rationalität und die Risikoeinstellung von Personen umfassen, kann angesetzt werden, um eine Motivationswirkung und letztendlich eine Verhaltenssteuerung von Individuen zu erreichen.

Problematisch ist allerdings, dass sich für die Organisationsgestaltung bisher keine einheitliche **Motivationstheorie** herausgebildet hat (vgl. Frese 2005, 156). Es werden daher mehrere Ansätze herausgegriffen, die zusammen ein relativ vollständiges Bild über den Motivationsprozess und menschliche Bedürfnisse ergeben. Motivationstheorien lassen sich in zwei voneinander abzugrenzende Theorierichtungen einordnen: Inhalts- und Prozesstheorien (vgl. zu einem umfassenden Überblick über Motivationstheorien z.B. Drumm 2005, 471-492), die sich mit Art, Inhalt und Wirkung der Bedürfnisse von Individuen bzw. dem Motivationsprozess auseinandersetzen (vgl. Drumm 2005, 471; Nerdinger 2004, 905). Bedürfnisse können dabei als subjektiv empfundenes Ungleichgewicht hinsichtlich der Befriedigung eines Bedarfs definiert werden. Ihre Bedeutung für die Organisationsgestaltung erlangen sie, weil sie in Verbindung mit einem bewussten Anstreben von Zielen und einer aktivierenden Komponente (z.B. Emotionen, monetäre Anreize, Arbeitsinhalt/-gestaltung) ein bestimmtes Verhalten bei den Mitgliedern der Organisation auslösen (vgl. Staehle 1999, 166) und damit eine wesentliche Komponente des Motivationsprozesses darstellen. Die Steuerung des Verhaltens im Unternehmenssinn setzt im Umkehrschluss eine Kenntnis der Bedürfnisse der Mitarbeiter und des Prozesses, wie es zu Verhalten kommt, voraus. Entsprechend sind im Folgenden beide Theorierichtungen relevant.

Weiterhin existieren Ansätze, die auf der Basis motivationstheoretischer Überlegungen Führungsprinzipien und Strukturmodelle entwerfen (vgl. Schreyögg 2004, 1074). Entwickelt werden **Menschenbilder** von Mitarbeitern und Führungskräften. Diese Ansätze abstrahieren von konkreten individuellen Bedürfnissen. Sie versuchen, Menschen hinsichtlich ihrer Bedürfnisse möglichst trennscharfen Gruppen zuzuordnen, um für diese Gruppen dann Empfehlungen zur organisatorischen Gestaltung ableiten zu können. Sie liefern damit ebenfalls einen Beitrag zur Gestaltung von Organisationen und tragen zur Komplexitätsreduktion bei.

5.3.3.2 Motivationstheorien

Mit der Frage nach motivierenden Bedürfnissen beschäftigen sich die **Inhaltstheorien** (vgl. Drumm 2005, 471; Thommen 2002, 957). Sie versuchen aufzudecken, worin die Ursache für ein bestimmtes Verhalten liegt. Sie zeigen Bedürfnisse auf, fassen diese in Kategorien zusammen und legen Beziehungen untereinander offen. Im Mittelpunkt der Theorien steht die Frage, welche Bedürfnisse/Bedürfniskategorien motivierend wirken. Beispiele sind die Bedürfnishierarchie von Maslow, die Zwei-Faktoren-Theorie von Herzberg und Mitarbeitern, die Existence Relatedness Growth-Theorie von Alderfer und die Motivationstheorie von McClelland (vgl. im Detail zu diesen Alderfer 1972; Maslow 1954; Herzberg/Mausner/Snyderman 1959 bzw. McClelland 1984), die gleichzeitig auch weite Anwendung bei betriebswirtschaftlichen Fragestellungen erfahren und sich ähnelnde Motivkategorien identifiziert haben (vgl. Meckl 2000, 233-234). Die identifizierten Kategorien lassen sich grob in eher grundlegende, existenzielle Bedürfnisse wie physiologische Bedürfnisse, soziale Bindung, Zugehörigkeit, Arbeitssicherheit oder Sicherheit allgemein und eher zukunftsgerichtete, wachstumsorientierte Bedürfnisse wie Macht, Anerkennung, Leistung, Wachstum oder Selbstverwirklichung differenzieren (vgl. zu einer Gegenüberstellung der Bedürfniskategorien Meckl 2000, 234 und im Detail zu diesen Theorien Drumm 2005, 471-480 oder Nerdinger 2004). Gerade letztgenannte Bedürfnisse sind für die Motivierung hoch qualifizierten Personals bedeutsam.

In aktueller Literatur wird die Bedeutung des Bedürfnisses einer Work-Life-Balance von Wissenschaftlern herausgestellt. Ihr wird in empirischen Studien eine hohe Bedürfnisbefriedigung bei Mitarbeitern zugesagt (vgl. Hogarth 2001, 1, 18). Dieses Bedürfnis umfasst generell den Wunsch nach einer Ausgewogenheit zwischen Lebens-/Familien- und Arbeitszeit. Als Beispiele für konkrete Bedürfnisse zur Verbesserung der Work-Life-Balance werden angeführt: flexible Arbeitszeiten, Möglichkeit der Heimarbeit, Auszeitenregelungen für arbeitsbezogene und/oder persönliche Projekte, Bereitstellung von Einrichtungen wie z.B. Kinderbetreuung (vgl. Hogarth 2001, 1-2). Dieses und einige allgemeine Ziele von Mitarbeitern in Bezug auf ihre Arbeit speziell in (M&A-) Projekten werden häufig genannt und sind in Tabelle 5-11 zusammengefasst (vgl. zu Zielen von Mitarbeitern im Rahmen von M&A Wildemann 2005, 108; Lucks/Meckl 2002, 33; Haspeslagh/Jemison 1987, 55-56; Wahl 2001, 13).

Annahmen/ Rahmenbedingungen	Gestaltungsmechanismen zur Erreichung von Motivation und Koordination
Bedürfnisse sind handlungsleitend. Bestimmte Bedürfnisse können allgemein als handlungsleitend in Organisationen angenommen werden.	Sicherung dieser Bedürfnisse durch Gestaltung der Organisation: Arbeitsplatzsicherheit, Einkommensstabilität und Bestand von Sozialleistungen, Vermeidung eines Ortswechsels, Angst vor Verlust persönlicher Bindungen am Arbeitsplatz, Sicherung einer angenehmen Arbeitsatmosphäre, einen den Kenntnissen und Fähigkeiten entsprechender Verantwortungs- und Aufgabenbereich, soziale Anerkennung, Lernbedürfnisse und Karriereziele, Sicherstellung einer Work-Life-Balance

Tabelle 5-12: Gestaltungsempfehlungen auf Basis der Inhaltstheorien

Für M&A-Projektbeteiligte mit Führungsverantwortung wird als wichtiges Motiv immer wieder Macht aufgeführt, welches eng verbunden mit Anerkennung der eigenen Leistung durch andere und Selbstverwirklichung verbunden ist (vgl. auch Abschnitt 2.2.1). Inhaltstheorien greifen damit auch für M&A relevante Bedürfnisse auf, konkretisieren allerdings nicht weiter, wie ein organisatorisches Umfeld zu gestalten ist, damit diesem Bedürfnis Rechnung getragen wird. Handlungsempfehlungen sind daher nur begrenzt ableitbar.

Konkretere Aussagen lassen sich aus den **Prozesstheorien** ableiten, in die sich letztendlich die Bedürfnisse einordnen lassen. Beachtung findet in diesen Theorien der gesamte Motivationsprozess (vgl. Thommen 2002, 957; Drumm 2005, 471). Sie zielen auf den Ablauf von der

Entscheidung für eine Handlungsalternative bis zur Bewertung und Erklärung der Handlungsergebnisse ab (vgl. Nerdinger 2004, 905) und versuchen zu erklären, wie ein bestimmtes Verhalten gelenkt, erhalten oder abgebrochen werden kann. Sie weisen damit einen Bezug zu betrieblicher Gestaltung auf. Beispiele für Prozesstheorien sind die entscheidungsorientierte Motivationstheorie, auch „Valenz-Instrumentalität-Erwartungs-Theorie" (VIE-Theorie), von Vroom, die Motivationstheorie von Porter und Lawler und das erweiterte Motivationsmodell von Heckhausen (vgl. Drumm 2005, 482-490 und im Detail zu den Ansätzen Vroom 1964; Porter/Lawler 1968; Heckhausen 1980).

Weite Verbreitung gefunden hat die VIE-Theorie von Vroom (vgl. Staehle 1999, 231), auf der auch die Ansätze von Porter und Lawler und von Heckhausen aufbauen (vgl. Drumm 2005, 482, 484, 487). Valenz oder auch Wertigkeit bezeichnet die subjektive Bewertung von Ergebnissen einer Handlung. Sie enthält damit implizit die subjektive Einschätzung der erwarteten Höhe des individuell beigemessenen Werts des Ergebnisses. Instrumentalität steht für die Erwartung, dass ein Ergebnis eines bestimmten Verhaltens zur Erreichung der erwünschten Ziele führt (vgl. Staehle 1999, 232). Diese Theorien haben damit gemeinsam, dass sie auf Erwartungen zur Belohnung eines erwünschten Verhaltens anknüpfen.

Der Ansatz von Vroom ist eher grundlegender Natur. Konkretere Handlungsempfehlungen sind aber kaum ableitbar (vgl. Drumm 2005, 482), weswegen der Ansatz nicht näher erläutert wird. Umfassender sind die Ansätze von Porter und Lawler und Heckhausen, die in Abbildung 5-5 dargestellt sind.

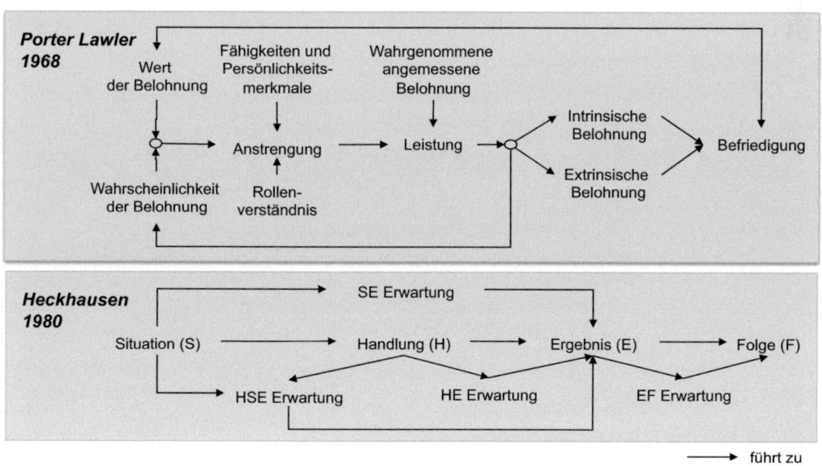

Quelle: vgl. Drumm 2005, 486, 489

Abbildung 5-5: Motivationsprozesse nach Porter und Lawler und Heckhausen

Beide Theorien bilden einen logischen Prozess ab, der erklärt, wie ein bestimmtes Verhalten in einer bestimmten Situation durch die Erwartung einer Belohnung, die dazu beiträgt, individuelle Bedürfnisse zu befriedigen, ausgelöst wird. Die folgenden Erläuterungen basieren auf den Aussagen der Originaltexte, die ergänzt wurden durch die Aussagen bei Drumm (vgl. 2005, 482-490) und Staehle (vgl. 1999, 237-239).

Situationsvariablen im **Modell von Porter und Lawler (1968)** sind beispielsweise das eigene Rollenverständnis, die persönlichen Fähigkeiten und das allgemeine Bereitschaftsprofil eines Mitarbeiters. Ein erwünschtes Verhalten wird dann ausgelöst, wenn die Eintrittswahrscheinlichkeit einer Belohnung für den Mitarbeiter ausreichend hoch wahrgenommen wird und der Wert der Belohnung angemessen für die von ihm erwartete Handlung ist. Die Belohnungserwartung ergibt sich aus Erfahrungen über zurückliegendes Verhalten und Folgen des Verhaltens (Belohnung). Damit sind auch Lernprozesse enthalten. Insgesamt bietet die Theorie ein gutes formales Modell zur Motivation, welches die wesentlichen Einflussfaktoren auf das Verhalten berücksichtigt (Situation, Erfahrungen, Leistungsfähigkeiten, Wahrnehmung der eigenen Rolle, Bereitschaftsprofil).

Eingeschlossen sind extrinsische als auch intrinsische Anreizarten. Nachteilig ist, dass für die abgebildeten Lernprozesse keine empirischen Belege vorliegen. Die Theorie wird allerdings vielfach zitiert und ist inhaltlich plausibel, von einer guten Aussagekraft ist daher auszugehen. Auch wenn Porter und Lawler keine Handlungsempfehlungen hinsichtlich der Belohnungsart (nur Unterscheidung ex-/intrinsisch) enthalten und nichts über konkrete Rollenerwartungen oder Werthaltungen der Mitarbeiter aussagen, zeigt ihr Modell Möglichkeiten für instrumentelle Eingriffe in den Motivationsprozess auf und ermöglicht damit Handlungsempfehlungen für die Lösung von Führungsproblemen allgemein (vgl. Drumm 2005, 486) und auch bei M&A-Projekten. Tabelle 5-13 fasst die wesentlichen ableitbaren Aussagen zusammen.

Annahmen/ Rahmenbedingungen	Gestaltungsmechanismen zur Erreichung von Motivation und Koordination
Bedürfnisse sind handlungsleitend.	Der Vorgesetzte muss die Bedürfnisse der Beteiligten kennen, um adäquate Belohnungen anbieten zu können. Je nach Bedürfnisausprägung kann er intrinsische oder extrinsische Belohnung entsprechend stärker gewichten. Er könnte zudem versuchen, einen Einfluss auf die Bedeutung der beiden Belohnungsformen für den Mitarbeiter zu nehmen.
Wert, Eintrittswahrscheinlichkeit und Angemessenheit der **Belohnung werden durch das Individuum** ex ante kalkuliert. Der Wert unterliegt einer Sättigungsgrenze.	Die Belohnung ist an die Leistung der Mitarbeiter (Arbeitsergebnis) zu koppeln und transparent zu gestalten, dies fördert die Anstrengungsbereitschaft. Es ist auf Fairness bei der Anreizgestaltung zu achten (vgl. so auch Küpper 2005, 272). Letztendlich hat er auch das Befriedigungs- und Sättigungsniveau bei relevanten Bedürfnissen seiner Mitarbeiter zu ermitteln, um die Anreizwirkung zu gewährleisten. Es muss ein Bezug zwischen dem Verhalten und der die Belohnung auslösenden Größe bestehen.
Das **Rollenverständnis**	Der Vorgesetzte sollte auf Übereinstimmung von Rollenverständnis

der Mitarbeiter, ihre **Qualifikation** und ihr **persönliches Bereitschaftsprofil** spielen eine weitere relevante Rolle bei der Anstrengung.	und Eignung für eine Aufgabe achten. Ggf. kann er auf das Rollenverständnis durch Schulungen Einfluss nehmen. Neben der Motivation sind auch Leistungsfähigkeiten sicherzustellen. Es ist weiterhin auf ein positives Bereitschaftsprofil bei den Mitarbeitern zu achten.

Tabelle 5-13: Gestaltungsempfehlungen auf Basis der Theorie von Porter und Lawler

Der neuere **Ansatz von Heckhausen (1980)** liefert ergänzend weiteren Erklärungsgehalt. Auch er berücksichtigt situative Variablen, enthält allerdings keine Rückkopplungen im Modell in Form von Lernprozessen. Er geht in seinem Ansatz davon aus, dass Individuen bei der Entscheidung über ein bestimmtes Verhalten rational vorgehen und den Wert einer gegebenen Situation (S) und alternativer Handlungsoptionen (H), die zu einem bestimmten (für das Individuum werthaltigen) Ergebnis (E) führen und unerwünschte Folgen ausschließen/erwünschte Folgen nach sich ziehen (F), bestimmen. Sie berechnen Heckhausen zufolge folgende Eintrittswahrscheinlichkeiten: Wahrscheinlichkeit, dass ein bestimmtes Ergebnis in einer bestimmten Situation auch ohne eigenes Handeln erzielt werden kann (SE Erwartung), die Wahrscheinlichkeit, dass die Handlungen allgemein (HE Erwartung) oder in einer bestimmten Situation (HSE Erwartung) auch zu einem bestimmten Ergebnis führen und die Wahrscheinlichkeit, dass ein bestimmtes Ergebnis auch erwünschte Folgen (Belohnung) nach sich zieht bzw. unerwünschte Folgen (z.B. Sanktionen, schlechte Beurteilung) ausschließt (EF Erwartung).

Auch er liefert damit wichtige Grundüberlegungen, die für die Organisationsgestaltung, insbesondere für die Gestaltung von Personalbeurteilungs- und Anreizsystemen, genutzt werden können. Sein Modell wurde bisher nicht widerlegt und wird als formal sehr ausgereift bewertet. Fraglich erscheint allerdings, ob Individuen tatsächlich ihren Handlungen so detaillierte Kalküle zugrunde legen. Folgende Handlungsansätze für die Beeinflussung von Motivation sind ableitbar (vgl. Drumm 2005, 490):

Annahmen/ Rahmenbedingungen	Gestaltungsmechanismen zur Erreichung von Motivation und Koordination
Die Motivation hängt vom Anspruchsniveau der zugewiesenen Aufgaben ab.	Mitarbeiter sollten weder unter- noch überfordert werden, um Motivation nicht zu vernichten.
Die Selbsteinschätzung durch das Individuum beeinflusst dessen Motivation.	Selbsteinschätzung der Mitarbeiter ist zu beachten. Es ist auf diese einzuwirken, um Motivation sicherzustellen.
Belohnungen sind handlungsleitend. Das Individuum setzt sich selbst Ziele, handelt entscheidungstheoretisch, indem es die Belohnung beeinflussende Umweltzustände, Handlungsergebnisse und die mit diesen verknüpfte Belohnungen antizipiert.	Transparenz über die Konsequenzen (Belohnung) alternativer Handlungsoptionen der Mitarbeiter ist zu gewährleisten.

Tabelle 5-14: Gestaltungsempfehlungen auf Basis der Theorie von Heckhausen

Zur Bewertung der Theorien/Ansätze lässt sich Folgendes sagen (vgl. allgemein auch Drumm 2005, 471-472): Das wissenschaftliche Niveau der Theorien variiert je nach Ansatz und den mit ihm verbundenen Grundannahmen sowie dem zugrunde liegenden Messmodell und dürfte für die Prozesstheorien höher sein als für die Inhaltstheorien, denen einige Mängel der Durchführung angehängt werden. Für den Bereich, für den sie Erklärungskraft anstreben, dürften die Ergebnisse aber als gut fundiert angesehen werden. Die Erläuterung der Theorien zeigt, dass Inhalts- und Prozesstheorien nicht ganz überschneidungsfrei sind. Sie enthalten jeweils auch Aspekte der anderen Grundrichtung. Jede der Theorien, die einer Grundrichtung trotz Überschneidungen relativ klar zugeordnet werden können, liefert Erklärungskraft für nur einige Aspekte der Motivation, weswegen man kaum umhin kommt, für die Lösung von Motivationsproblemen mehrere zu beachten. Für die Ableitung von Handlungsempfehlungen bei M&A sind daher sowohl die skizzierten Aussagen zu Bedürfnissen der Inhaltstheorien als auch die erläuterten normativen Aussagen der Prozesstheorien relevant, die zueinander als weitestgehend konsistent angesehen werden können (vgl. Drumm 2005, 490). Aus Motivationstheorien lässt sich allerdings kein Effizienzkriterium ableiten, da Kostenaspekte vernachlässigt werden.

5.3.3.3 Menschenbilder

Neben der individuellen Perspektive ist auch das Verhalten von Gruppen für ein M&A-Projektmanagement relevant. Diese zunehmend an Bedeutung gewinnende soziologische Perspektive umfasst wiederum eine Vielzahl von Teildisziplinen, zu denen z.B. die Soziometrie, die experimentelle Kleingruppenforschung oder die Gruppendynamik zählen (vgl. Staehle 1999, 265). Diese Konzepte sind meist jedoch sehr situativ ausgeprägt und setzen Kenntnisse der Art der Beziehung zwischen Führendem und Geführten und der Atmosphäre innerhalb von Gruppen voraus, von denen hier abstrahiert wird. Es haben sich aber Führungstheorien herauskristallisiert, die aufbauend auf sogenannten Menschenbildern Handlungsempfehlungen zur Überwindung des Motivationsproblems auf einem allgemeineren Niveau ableiten.

Versteht man unter Personalführung die zielorientierte Beeinflussung des Mitarbeiterverhaltens durch den Vorgesetzten, so wollen Führungstheorien und -konzeptionen erklären, wie Vorgesetzte in einer bestimmten Situation ihre Mitarbeiter beeinflussen müssen, damit diese ein als Ziel definiertes Leistungs- und Verhaltensniveau erreichen oder überschreiten, wobei die Führungskonzeptionen weniger multikausal und damit verkürzt im Vergleich zu Führungstheorien sind (vgl. Drumm 2005, 493). Grundlegend sind die Menschenbilder, die nach Typen differenziert werden. Menschenbilder verkörpern die Gesamtheit der Annahmen über Eigenschaften, Bedürfnisse, Motive, Erwartungen und Einstellungen/Werthaltungen von Organisationsmitgliedern (vgl. Staehle 1999, 191 und im Detail zu Menschenbildern Staehle 1999, 191-196; Drumm 2005, 497-502 und Simon 1957). Sie wirken damit komplexitätsverkürzend.

Ein konkretes Menschenbild des nach individueller Nutzenmaximierung strebenden Individuums wurde im Rahmen der Ansätze der Neuen Institutionenökonomik bereits besprochen (vgl. Abschnitt 5.3.2). In der verhaltenswissenschaftlichen Organisationstheorie wird dieses Bild aufgeweicht und mit eingeschlossen, dass Personen auch intendiert-rational handeln können, also ihre Fähigkeiten und Fertigkeiten zur Erreichung der Unternehmensziele einsetzen (vgl. Werder 1999, 413). Von komplett intendiert-rationalem Verhalten geht das Konzept der Reziprozität aus. Dieses betrachtet Opportunismus eher als Ausnahme. Es besagt, „dass positives, vertrauensvolles Verhalten gegenüber Dritten durch gleiches Verhalten beantwortet wird“ (Drumm 2005, 15). Sowohl dieses Bild als auch das Bild des vollständig rational handelnden Menschen erscheinen nicht differenziert genug zur Beschreibung der im M&A-Projekt beteiligten Personen. Es wird daher im Folgenden auf weitere Typologien verwiesen, um konkretere Aussagen für bestimmte Gruppen an M&A-Beteiligten zu ermöglichen.

Eine in der Organisationstheorie bekannte und auf Maslows Bedürfnishierarchie aufbauende dualistische Führungskonzeption stammt von **McGregor** (vgl. Schreyögg 1998, 225 und zu diesem Ansatz McGregor 1960). McGregor geht davon aus, dass die Organisationsgestaltung maßgeblich davon beeinflusst wird, wie Entscheidungsträger ihre Untergebenen sehen. Er sieht die Menschenbilder von Mitarbeitern als implizit an, d.h. sie existieren unabhängig davon, ob die Personen sich dieses Bildes bewusst sind (vgl. Schreyögg 1998, 225). Der Ansatz differenziert zwischen zwei idealtypischen Handlungstheorien: Theorie X des arbeitsunwilligen und Theorie Y des arbeitswilligen Mitarbeiters (vgl. McGregor 1960, 33-57). Eine ähnlich gerichtete dualistische Einteilung ist auch bei Argyris zu finden, der Personen in reife und unreife Persönlichkeiten einteilt und ebenfalls Empfehlungen für die Organisationsgestaltung ableitet (vgl. Staehle 1999, 193; Schreyögg 1998, 231 und Argyris 1957).

Theorie X unterstellt, dass die meisten Menschen eher energisch mit Fokus auf Kontrolle und Anweisung zu führen sind (vgl. Schreyögg 1998, 227; McGregor 1960, 35, 42). Als zentrale Verhaltensmuster der meisten Organisationsmitglieder wird eine angeborene Abneigung gegen Arbeit und Neigung zu opportunistischem Verhalten angenommen mit Tendenz zu Routineaufgaben, Scheu vor Verantwortung, wenig Ehrgeiz und Bedürfnis nach Sicherheit. Arbeitsleistung wird unter Versprechen eines höheren Lohns und unter Androhung von Sanktionen erbracht (vgl. Staehle 1999, 192; Schreyögg 1998, 226). Theorie X wird von McGregor als eher unbedeutend angesehen, da eine auf dieses Menschenbild angepasste Organisation zu einer Negativ-Spirale, d.h., Verbitterung und Abkapselung bis hin zur inneren Kündigung führen würde (vgl. Schreyögg 1998, 227-228). Diesem kann entgegen gehalten werden, dass die Organisation auch so gestaltet werden kann, dass sie die Ausprägung dieser Eigenschaften versucht zu reduzieren und die Mitarbeiter in Richtung auf einen der Theorie Y entsprechenden Typ hin zu entwickeln, der im Folgenden beschrieben wird.

Theorie Y ist das Gegenstück zur Theorie X. McGregor sieht sie als realistischer an und empfiehlt, die Organisationsgestaltung an ihr auszurichten (vgl. Schreyögg 1998, 229). Annahmen sind, dass Verausgabung durch Anstrengung von den meisten als natürlich empfunden wird und dass Menschen Ziele verfolgen, denen sie sich verpflichtet fühlen und deren Sinn sie anerkennen. Für die Erreichung solcher Ziele unterlegen sie sich freiwillig einer Selbstdisziplin. Die Stärke der Zielverfolgung hängt davon ab, inwiefern diese Ziele den eigenen Zielen entsprechen. Menschen wird die Gabe zugesprochen, Vorstellungskraft, Urteilsvermögen und Kreativität für die Lösung organisatorischer Probleme zu entwickeln. Es wird zudem unterstellt, dass sie gerne Verantwortung übernehmen oder sogar suchen (vgl. Schreyögg 1998, 226). Auch Theorie Y dürfte kaum so in der Realität vorliegen. Sie liefert aber Anhaltspunkte für die Ausrichtung der Organisationsgestaltung zur Entwicklung der Mitglieder in diese Richtung. Ouchi lehnt sich mit seiner Theorie Z augenscheinlich an diesen Ansatz an, fokussiert aber auf Bedingungen in japanischen Unternehmen (vgl. Drumm 2005, 507) und wird hier nicht weiter beachtet.

Der Typ der Theorie Y und der rationale Menschentyp der Institutionenökonomik spiegeln sich in der differenzierteren **Typologie von Schein 1980** wider, der eine differenziertere Sicht als McGregor einnimmt und vier Annahmen über Menschen unterscheidet, die im Folgenden skizziert sind (vgl. im Detail Staehle 1999, 194-195; Drumm 2005, 498-499; Schein 1980).

Annahmen/ Rahmenbedingungen	**Gestaltungsmechanismen zur Erreichung von Motivation und Koordination**
Der **rationale/ökonomische Mensch** (Typ I; ähnelt dem Menschenbild des Scientific Management).	Wird in erster Linie durch monetäre Anreize motiviert.
Der **soziale Mensch** (Typ II): ist in erster Linie durch soziale Bedürfnisse (Beziehungen am Arbeitsplatz, Arbeitsatmosphäre) motiviert; die Grundannahme entspricht der der Human-Relations-Bewegung	Implementierung von Gestaltungsmechanismen, die auf die Arbeitsatmosphäre/-gestaltung wirken. Eher teamorientierte interaktionsfördernde Strukturen sind relevant.
Das humanistische Bild des **sich selbst verwirklichenden Menschen** (Typ III; ähnelt der Theory Y von McGregor): strebt nach Autonomie; für ihn gibt es kaum Konflikte zwischen Selbstverwirklichung und Verfolgung organisatorischer Ziele	Die Gestaltung der organisatorischen Bedingungen hat so zu erfolgen, dass die entwicklungsorientierten Bedürfnisse der Beteiligten erfüllt werden können („Integrationsprinzip") (vgl. Schreyögg 1998, 229). Z.B. fördert Partizipation die Anstrengungsbereitschaft durch eine Beeinflussung des Selbstwertgefühls der Personen (vgl. Küpper 2005, 272).
Der **komplexe Mensch** (Typ IV): ist äußerst wandlungs- und lernfähig	Die Organisationsgestaltung dürfte eher auf Autonomie auszurichten sein, zudem dürften bei diesem Typen dynamische und damit instabilere Strukturen weniger gravierend sein. Abwechslung wird eher als positiv wahrgenommen – zeitlich befristete Projektarbeit dürfte daher grundsätzlich motivierend wirken.

Tabelle 5-15: Gestaltungsempfehlungen auf Basis des Ansatzes von Schein

Eine der Einteilung Scheins ähnelnde Typisierung schlägt **Weinert** (1984) vor, auf die nur der Vollständigkeit halber verwiesen sei. Einzig ergänzend wird ein Typ erwähnt, der nach zufriedenstellenden Alternativen sucht und über begrenzte Fähigkeiten zur Problemlösung verfügt (vgl. Drumm 2005, 499). Dieser Typ ähnelt eher dem Typ der Theorie X, dürfte aber wahrscheinlicher sein und ergänzt die Typologie nach Schein daher besser als der Typ nach Theorie X (vgl. Im Detail zu den Typen Drumm 2005, 499-502).

Hinsichtlich der Bedeutung der Menschenbilder für die M&A-Projektgestaltung ist differenziert zu argumentieren. Es ist generell zu unterscheiden zwischen Mitarbeitertypen innerhalb des M&A-Projekts und Mitarbeitertypen innerhalb der integrierten Einheit, die je nach Projektart und -phase unterschiedlich in das Projekt selbst als agierende Beteiligte mit integriert werden. Grundsätzlich können alle Mitarbeitertypen vorliegen und erfordern unterschiedliche Gestaltungsansätze. Im Vordergrund steht die Typologie von Schein ergänzt durch den sich durch begrenzte Fähigkeiten auszeichnenden Typen nach Weinert.

Da das Projekt eine Führungsposition für die Umsetzungsmaßnahmen der integrierten Einheit einnimmt, sind Vorgesetztentypen zu differenzieren, die unterschiedliche Motivationswirkungen auf die Beteiligten der M&A-Umsetzung in der Integrationsphase ausüben. Auch innerhalb des Projekts sind Führungspersonen von ausführenden Mitarbeitern zu unterscheiden. Für Projektführungskräfte unterscheiden Opfer und Abrams (2004) aufbauend auf die Vorgesetztentypen von DuBrin (1995) einen dualistischen Ansatz mit einer **Kategorisierung konkreter Vorgesetztentypen**. DuBrin stellt einen reaktiven, transaktionsorientierten Typen („Transactional“) einem proaktiven, zukunftsorientierten Vorgesetztentyp („Transformational“) gegenüber. Tabelle 5-16 ist die Charakterisierung der beiden Projektmanagement-Vorgesetztentypen zu entnehmen.

Attribute	„Transformational“	„Transactional“
Vision	ist visionsorientiert und pro-aktiv	ist aufgabenorientiert und reaktiv
Gute Kommunikationsfähigkeiten	kommuniziert, inspiriert, instruiert und informiert	verfolgt einen traditionellen Ansatz, ist reaktiv und sein Team hat keinen Überblick über die Gesamtaufgabe
Fähigkeit, Vertrauen zu gewinnen	ist aufrichtig und vertrauenswürdig	seine Teammitglieder sind nicht bereit, ihre Karriere durch Eingehen von Risiken zu riskieren
Fähigkeit, Mitarbeiter aufzubauen und zu fördern	stärkt die Selbstverantwortung der Mitarbeiter, baut Mitarbeiter auf und trägt zu deren Entwicklung bei	sein Fokus liegt eher auf der Arbeit als auf seinem Team und die Entwicklung der Teammitglieder
Grad der Begeisterungsfähigkeit und Energie	verfügt über ein hohes Maß an persönlicher Energie und Begeisterungsfähigkeit	arbeitet eher stumpf und träge und weist eine begrenzte Begeisterungsfähigkeit für seine Arbeit auf
Emotionale Fähigkeiten	geht offen mit Gefühlen um, seine Emotionen sind kontrolliert und eher positiv	die Teammitglieder sind nicht vollständig über ihre persönliche Bedeutung im Team informiert
Risikoeinstellung	scheut sich nicht vor der Übernahme von Risiken	ist eher risikoavers und führt mittels Weisungen
Offenheit für Neues	denkt über den Tellerrand hinaus und verfolgt eine eher kreative Entscheidungsfindung	denkt nicht über den Tellerrand hinaus, verfolgt eine eher traditionelle Entscheidungsfindung

Stärke der Persönlichkeit	ist nicht schüchtern oder übertrieben zurückhaltend/bescheiden, ist aktiv involviert in politische Prozesse und bedient sich seines Einflusses	vermeidet es, im Rampenlicht zu stehen und an politischen Prozessen teilzunehmen; ist ineffektiv in der Nutzung von Einfluss und eher zurückhaltend und still
Krisenmanagement-Fähigkeiten	bleibt in Krisen kontrolliert und verfolgt einen positiven Ansatz: Probleme stellen Herausforderungen und Chancen dar	aus Krisen entsteht Chaos, es werden reaktive Strategien verfolgt und Probleme als Gefahren gewertet
Quelle: vgl. DuBrin 1995; Opfer/Abrams 2004, 388		

Tabelle 5-16: Transformational versus Transactional Leadership

Bei dieser Kategorisierung wird der „Transformational" Führungstyp als idealtypisch charakterisiert. Dies lässt indirekt auch Aussagen für die Organisationsgestaltung, insbesondere für die Projektpersonalführung zu. Die Kategorisierung von DuBrin ist in der Literatur weit verbreitet. Weitere bei Opfer und Abrams zu findende Charakterisierungen von erfolgreichen Führungstypen und -systemen sind dem „Transformational"-Typ ähnlich bzw. an diesem orientiert (vgl. im Detail 2004, 386-393) und werden hier nicht gesondert aufgeführt. Die Kategorisierung lässt sich bei der M&A-Projektpersonalführung für die Auswahl von Personen mit Führungsfunktionen nutzen.

Zur allgemeinen Bewertung dieser Menschenbilder ist zu sagen, dass sie keinen Theoriecharakter haben und auch empirisch nicht bestätigt sind. Sie wirken aber augenscheinlich plausibel. Zumindest kann angenommen werden, dass Menschen mehr oder weniger stark einem bestimmten Typ entsprechen, wobei aber generell jedes der Bedürfnisse in einem Mindestausmaß vorhanden sein dürfte. Die Existenz einer Vielfalt an möglichen Bedürfnissen deutet darauf hin, dass ein universeller Ansatz der Koordination und Motivation inadäquat ist. Es ist also ggf. auch bei der Gestaltung des M&A-Projektmanagements als Führungsansatz sinnvoll, nach Menschenbildern zu differenzieren, soweit dies möglich ist und nicht dem Gleichheitsprinzip bei der Behandlung von Mitarbeitern widerspricht (vgl. Drumm 2005, 533). Es könnte versucht werden, hinsichtlich der Gestaltungssituation neben weiteren Faktoren zu beurteilen, welches Menschenbild vorwiegend anzutreffen ist, um darauf aufbauend Gestaltungsempfehlungen zu entwickeln. Kenntnisse dieser Charaktertypen haben damit einen pragmatischen Nutzen im M&A-Projektmanagement. Sie ermöglichen z.B., mögliche Ursachen von Konflikten der Zusammenarbeit zu analysieren und zu lösen. Auch können diese Schemata bei der Besetzung kritischer Projektrollen, wie die des Projektleiters, oder der Gestaltung von Anreizsystemen und Organisationsstrukturen genutzt werden (vgl. ähnlich auch Litke 2004, 191).

5.4 Theorie- und Empiriebasis zur Gestaltung des Wissensmanagements in M&A-Projekten

5.4.1 Überblick

Wegen der sehr uneinheitlichen und undifferenzierten Verwendung des **Wissensbegriffs** erfolgen einführend einige Grundüberlegungen hierzu. Im Anschluss werden **empirische Ergebnisse zum Wissensmanagement** (WM) zur Verbesserung der Leistungserstellung in Organisationen zusammenfassend mit Verweis auf eine aktuelle Sekundäranalyse (vgl. Helm/Meckl/Sodeik 2007, 2005) dargestellt. Die Annahmen, die den empirischen und theoretischen Ansätzen zum Wissensmanagement zugrunde liegen, sind wenig restriktiv, was die Art der Organisation angeht. Da M&A-Projekte eine bestimmte Art von Organisation sind, in denen eine wissensintensive Leistung erstellt wird, ist anzunehmen, dass die Erkenntnisse zum Umgang mit Wissen auch für diese spezifische Art von Organisation gelten. Zu erörtern sind einführend die zugrunde liegenden Annahmen, die auch für diese Arbeit gelten. Hieraus lassen sich später Gestaltungsempfehlungen ableiten, die im Hinblick auf ein Wissensmanagement, definiert als ein gestaltender Eingriff auf einen zyklischen Ablauf von Wissensprozessen zur Verbesserung von Leistungserstellungsprozessen in Organisationen, effektiv sind.

Da Kostenaspekte in den Studien vernachlässigt werden und somit auch in der Sekundäranalyse fehlen, sind die empirischen Ergebnisse um weitere Überlegungen zu ergänzen. Hier liefert die wissensbasierte Theorie ergänzende Aussagekraft. **Wissensorientierte Ansätze** (WBA) bauen auf den allgemeiner angelegten ressourcenorientierten Ansätzen auf, die generell auf die Bedeutung interner Ressourcen fokussieren. Unter den wissensorientierten Theorien hat der Ansatz von Grant (1996) weite Verbreitung gefunden. Er enthält explizit auch Handlungsempfehlungen im Hinblick auf die Effizienz bestimmter Maßnahmen in Abhängigkeit der Wissensart. Er basiert auf der gut fundierten Transaktionskostentheorie. Grant analysiert Wissen, welches genutzt wird, um die interne Leistungserstellung zu verbessern. Diese auf Wissen fokussierende Theorie und die motivations- und koordinationsorientierten Theorien überschneiden sich dahingehend, dass auch die wissensbasierte Theorie Gestaltungsempfehlungen für die Koordination und Motivation enthält. Der Unterschied ist, dass sie als Ziel die Sicherstellung eines oder mehrerer Wissensprozesse im Fokus hat. Sie ergänzt damit die Aussagen der koordinations- und motivationsorientierten Theorien.

Ein spezifischer Ansatz, der in diesem Ansatz implizit enthalten ist, ist der auf explizites Wissen fokussierende informationstheoretische Ansatz, der sich konkret mit der Verteilung von Daten und Informationen aus ökonomischer Sicht beschäftigt (vgl. im Detail z.B. Meckl 2000, 96). Das aus diesem Ansatz abzuleitende Effizienzkriterium eines zielgerichteten Transfers von Informationen zu minimalen Informationskosten ist durch den Ansatz von Grant abgedeckt.

5.4.2 Der Wissensbegriff

Wissen wird durch die Autoren Probst, Raub und Romhardt (2006, 22) definiert als „... Gesamtheit der Kenntnisse und Fähigkeiten, die Individuen zur Lösung von Problemen einsetzen. Dies umfasst sowohl theoretische Erkenntnisse als auch praktische Alltagsregeln und Handlungsanweisungen. Wissen stützt sich auf Daten und Informationen, ist im Gegensatz zu diesen jedoch immer an Personen gebunden. Es wird von Individuen konstruiert und repräsentiert deren Erwartungen und Ursache-Wirkungs-Zusammenhänge." Während die Fähigkeiten eher als **implizites Wissen** bezeichnet werden können, welches, wenn überhaupt, durch Interaktion übertragen wird (vgl. Grant 1996, 111), repräsentieren Kenntnisse eher das **explizite Wissen** (vgl. zur Unterscheidung in explizites und implizites Wissen Polanyi 1966, 4). Explizites Wissen liegt formuliert und dokumentiert vor und kann einfach übermittelt, bearbeitet und gespeichert werden (vgl. Grant 1996, 111; Nonaka 1991, 98), hierzu zählen auch Daten oder Informationen (vgl. auch Müller-Merbach 2000, 245-246). Es wird im Folgenden der Begriff „Wissen" auch für explizites Wissen in Form von Daten und Informationen genutzt. Wird nur auf eine der beiden Wissensarten abgestellt, so ist dies kenntlich gemacht. Fähigkeiten und Kenntnisse der Beteiligten spielen bei der Durchführung von M&A-Projekten eine entscheidende Rolle („Leistungsfähigkeit"), was die Bedeutung von Ansätzen, die sich speziell mit dem effizienten Umgang mit Wissen beschäftigen, weiter unterstreicht.

Zur weiteren Beschreibung impliziten und expliziten Wissens eigenen sich die Kriterien von Grant (1996) gut. Neben der Unterscheidung nach Transferierbarkeit (**„transferability"**) in implizites und explizites Wissen identifiziert er vier weitere Unterscheidungskriterien, von denen die zwei folgenden die dualistische Einordnung implizites und explizites Wissen weiter unterstreichen. Die Effizienz der Übertragung macht er an der Fähigkeit zur Verdichtung (**„capacity for aggregation"**), genauer an der Möglichkeit eines Empfängers, das Wissen zu seinem bestehenden Wissensvorrat sinnvoll hinzuzufügen (vgl. Grant 1996, 111), fest. Auch hier wird die Trennung von explizitem und implizitem Wissen deutlich. Letztgenanntes ist eher qualitativer Art und dürfte wesentlich schwieriger zu aggregieren sein als explizites Wissen (vgl. Grant 1996, 111). Der Grad der Nutzenziehung, also der Aneignung des Nutzens aus dem Wissen (**„appropriability"**), stellt ein weiteres Kriterium nach Grant dar. Die Aneignung des Nutzens aus implizitem Wissen dürfte ebenfalls weniger einfach sein als bei explizitem Wissen, da eine Patentierung gar nicht oder nur begrenzt möglich ist (vgl. Grant 1996, 111).

Davenport und Prusak gehen in ihrer Definition weiter, indem sie auch Organisationen als Wissensträger mit einschließen (1998, 32 und ähnlich auch March 1991, 73): „In Organisationen ist Wissen häufig nicht nur in Dokumenten oder Speichern enthalten, sondern erfährt auch eine allmähliche Einbettung in organisatorische Routinen, Prozesse, Praktiken und Normen." Auch dieses **organisationale Wissen** („common knowledge") lässt sich anhand der Unterscheidung in implizites und explizites Wissen genauer beschreiben. Es umfasst das gesamte, für alle Mitglieder einer Organisation verfügbare Wissen und wird in seiner Gesamtheit auch mit dem aus der Disziplin des organisationalen Lernens stammenden Begriff der organisationalen Wissensbasis belegt (vgl. Grant 1996, 115; Güldenberg/Eschenbach 1996, 6). **Privates Wissen** ist in der organisationalen Wissensbasis nicht enthalten. Es beschreibt das Wissen der Individuen, auf das nur diese einen Zugriff haben. Es ist damit für die Organisation nicht verfügbar, fließt aber durch die Nutzung des jeweiligen Individuums für die Leistungserstellung in die Organisation ein. Organisationales Wissen kann einerseits explizit sein, wenn es dokumentiert vorliegt („Daten und Informationen"). Es kann aber auch implizit sein. Grant nennt als Beispiele eines solchen gemeinsamen impliziten geteilten Wissensvorrats Sprache („Language"), Symbole („other forms of symbolic communication"), geteiltes Spezialwissen („commonality of specialized knowledge"), gleiches Verstehen/geteilte Überzeugungen („shared meaning") sowie Anerkennung und Beachtung individueller Wissensfelder („recognition of individual knowledge domains"). Dieser gemeinsame Wissensvorrat ermöglicht es den Beteiligten einer Organisation auch in neuartigen Situationen eine erfolgreiche Koordination ihrer Tätigkeiten (vgl. im Detail Grant 1996, 116).

Dass Wissen auch außerhalb von Individuen angesiedelt sein kann, wird von einigen Autoren in Frage gestellt (vgl. z.B. Müller-Merbach 2006, 331), da sich auch jede Art von Wissen letztendlich auf Individuen zurückführen lässt (vgl. Simon 1991) und auch bei der Gestaltung der Routinen und Prozesse auf dieser Ebene angesetzt werden muss, da so interpretiertes organisationales Wissen wenig greifbar und kaum direkt steuerbar ist (vgl. so auch Grant 1996, 113). Dieser letzten Behauptung kann grundsätzlich zugestimmt werden. Die Organisation als Ganzes kann neues Wissen nicht unabhängig vom Individuum generieren. Organisationales Wissen entsteht erst auf Basis vorhandenen individuellen Wissens und individueller Lernprozesse (vgl. so auch Güldenberg 2001, 251; Fahey/Prusak 1998, 267). Allerdings ist dieses Wissen für die Organisation verfügbar zu machen. Wie dies erfolgen kann, wird in empirischen Analysen untersucht.

5.4.3 Empirische Ergebnisse zu Erfolgsfaktoren des Wissensmanagements

Im Folgenden wird ein Überblick über die Ergebnisse der empirischen Forschung zum Wissensmanagement gegeben. Die Studien beziehen sich in erster Linie auf das Wissensmanagement allgemein. Befragt wurden hauptsächlich Unternehmensvertreter. Ob diese in Projektarbeit oder in die permanente Organisation eingebunden sind, wird nicht deutlich. Die Fragestellungen und Gestaltungsmechanismen dürften aber unabhängig von diesem Aspekt sein. Dies zeigt sich auch daran, dass die Autoren der Primärstudien die Aussagekraft nicht für bestimmte Vorhaben eingrenzen. Bezugspunkt sind Menschen, die unabhängig von der Organisationsform, in der sie arbeiten, für den effizienten Umgang mit Wissen zu motivieren sind.

Der im Folgenden referierten Sekundäranalyse liegt folgender Denkansatz zum Wissensmanagement zugrunde, der auch für diese Arbeit gilt: Zum einen wird davon ausgegangen, dass in Organisationen bestimmte **Wissensprozesse** ablaufen müssen, damit sie erfolgreich im

Hinblick auf die Nutzung von Wissen für den Leistungserstellungsprozess sein können. Das entsprechende Denkmodell wird von Probst/Raub/Romhardt (2006) geliefert, die bereits 1997 eine umfassende Monographie zu diesen Prozessen verfasst haben. Die Autoren liefern einen in sich konsistenten Ansatz, der logisch plausibel und vollständig in Bezug auf die Wissensprozesse ist. Das entsprechende Modell der „Bausteine des Wissensmanagements" wurde seither laufend durch sie und andere Autoren weiterentwickelt (vgl. allgemein zu Wissensprozessen auch Ruggles 1998 und zu einer Übersicht über Autoren, die sich der Analyse von Wissensprozessen widmen Schindler 2002, 53-54).

Weiterhin wird angenommen, dass es **Gestaltungsmechanismen** gibt, die die Effektivität der Wissensprozesse erhöhen/sicherstellen. Diese lassen sich klassischen Managementfunktionen, wie sie auch in dieser Arbeit definiert wurden (vgl. Abschnitt 4.3.2.3.2), zuordnen. Der Einfluss auf die Wissensprozesse geschieht nicht direkt, sondern indirekt über die Förderung einer **Wissenskultur** in der Organisation. So ist einerseits über die Gestaltungsmechanismen zu erreichen, dass eine Atmosphäre der Wissensteilung vorherrscht, Vertrauen zwischen den interagierenden Beteiligten besteht, eine partnerschaftliche Kultur der Solidarität und Fairness gelebt wird, Fehler toleriert werden und gemeinsame Ziele und Werte bestehen (vgl. Helm/Meckl/Sodeik 2007, 223).

Zum zweiten sind Leistungsfähigkeiten und der Leistungswille der **Organisationsmitglieder** sicherzustellen. So sollten sie sich insbesondere des Nutzens des Wissensmanagements bewusst sein, eine flexible Grundhaltung haben, Einsatzbereitschaft zeigen und neugierig und dazu bereit sein, lebenslang zu lernen. Dies ist nicht ganz unproblematisch, da die Förderung der Wissensprozesse nicht rational ist. Bei Annahme eines (intendiert-) rational handelnden Individuums (vgl. Abschnitt 5.3.3.3) besteht dann die Gefahr der Unterinvestition in Wissensprozesse. So setzt die Aufrechterhaltung der Wissensprozesse Anstrengungen voraus, die sich nicht unmittelbar für die Beteiligten auszahlen. Hier wird in der Literatur häufig der Wissenstransfer problematisiert, der Wissenserwerb oder -generierung voraussetzt und die Aktivitäten der Wissens (-ver-) teilung und -nutzung umfasst (vgl. im Detail zum Wissenstransfer z.B. Szulanski 1996). Meist wird es so sein, dass Projektbeteiligte mit Einspeisen von Wissen in die organisationale Wissensbasis mehr investieren als sie persönlich herausbekommen. Ursache ist, dass die Wissensbasis zu Beginn eher noch klein ist und die Chance, für die eigene Aufgabe relevantes Wissen herauszuziehen, damit ebenfalls gering ist. Zudem wird man, auch ohne eigenes Wissen eingespeist zu haben, Wissen herausziehen können, so dass auch hier kaum Anreiz für die Einspeisung eigenen Wissens besteht. Gleichzeitig verschafft man nachkommenden Kollegen einen Vorteil, den man selber ggf. nicht hatte. Dieser könnte sich letztendlich negativ für den Einzelnen im Kampf um begrenzte Arbeitsplätze auswirken (vgl. im Detail Kubitschek/Meckl 2000). Beschrieben wurde dieses Problem in der Literatur z.B. mit dem Gefangenendilemma (vgl. Böhl 2001). Dieses Problem gilt es, durch geeignete Gestaltungsmechanismen zu überwinden. Wenn die Gestaltungsmechanismen positiv auf die

Organisationskultur und das Beteiligtenprofil wirken, ist von einer Effektivität des Wissensmanagements auszugehen (vgl. im Detail Helm/Meckl/Sodeik 2007).

Diese Vermutungen liegen implizit oder explizit den in der Sekundäranalyse untersuchten empirischen Studien zugrunde, die im Folgenden für die Gestaltung eines in Bezug auf die Wissensprozesse effektiven M&A-Projektmanagements herangezogen wird. So konzentrieren sie sich auf die Definition von Einzelmaßnahmen in Bezug auf die Wissensprozesse, die im Rahmen der Sekundäranalyse bestimmten Gestaltungsdimensionen zugeordnet wurden. Für Details zu den Prozessen und zur Sekundäranalyse wird auf die entsprechende Grundlagenliteratur (vgl. insbesondere Probst/Raub/Romhardt 2006; Bullinger/Wörner/Prieto 1998 bzw. Helm/Meckl/Sodeik 2005; 2007) verwiesen. Folgende dem Wissensmanagement förderliche Gestaltungsmaßnahmen werden in der Studie abgeleitet. Die Ergebnisse sind konsistent mit den Erfolgsfaktoren des M&A-Projektmanagements, allerdings sind die Faktoren konkret auf Wissensmanagement ausgerichtet.

Annahmen/ Rahmenbedingungen	Gestaltungsmechanismen zur Sicherung der Wissensprozesse
Personalbezogene Faktoren sind erfolgskritisch für die Sicherstellung der Wissensprozesse.	Top-Management-Einstellung zum Wissensmanagement (zeitlicher Freiraum, ausreichendes Budget, Vorleben/Sensibilisierung); Verankerung des Wissensmanagements im Zielsystem (klare Wissensziele, Konsistenz mit weiteren Zielen, Wertorientierung); Einbindung Beteiligter in Entscheidungsprozesse; offene und transparente Kommunikation zur Schaffung von Vertrauen; regelmäßige Überwachung der relevanten Rahmenbedingungen. Monetäre und intrinsische Anreizsysteme auf individueller und Gruppenebene; Existenz eines umfangreichen „Wissenspools“ zur Erfahrungs- und Wissenssicherung, um Anreiz zur Nutzung zu sichern; Erzielung schneller Wissensmanagement-Erfolge kommunizieren. Schulung des Personals und Sensibilisierung des Personals für Wissensmanagement; organisierter Erfahrungsaustausch im Rahmen eines Coaching/Mentoring.
Strukturbezogene Faktoren sind erfolgskritisch für die Sicherstellung der Wissensprozesse.	Organisationsstruktur mit vielen Freiheitsgraden und wenigen Hierarchien; Möglichkeiten der physischen Interaktion in formellen und informellen, internen und externen Teams/Netzwerken; Abstimmung der aufs Wissensmanagement bezogenen Aufgaben mit den Aufgaben der Leistungserstellung. Implementierung einer technischen Infrastruktur zur Unterstützung der Wissensprozesse unter Nutzung „Neuer Medien“; relevante Anwendungssysteme: interaktions- und integrationsorientierte Medien (Austausch und Sicherung des Wissens); Benutzerfreundlichkeit der Systeme; die Systeme sollten Lösungen zur Messung der Qualität des Wissens und eine laufende Kontrolle desselben bereithalten; sensible Daten müssen vor Missbrauch geschützt werden können.
vgl. Helm, Meckl und Sodeik 2005; 2007	

Tabelle 5-17: Empirisch bestimmte Gestaltungsempfehlungen für das Wissensmanagement

Die Analyse ist breit angelegt und es kann insgesamt von einem hohen Verifizierungsniveau der Hypothesen ausgegangen werden. Allerdings wird auch hier, wie bei den M&A-Studien auch, das Zusammenspiel der Faktoren untereinander nicht untersucht. Da die Ergebnisse sich relativ gut mit den Ergebnissen der Sekundäranalyse zum M&A-Projektmanagement decken, ist von Konsistenz auszugehen.

Problematisch an den Studienergebnissen ist, dass die Erfolgsfaktoren sich hauptsächlich auf die **Effektivität des Wissensmanagements** beziehen, aber keine Situationen unterscheiden, bei denen von der sehr komplexen Ausprägung obiger Parameter abgesehen werden kann und eine kostengünstigere Ausprägung (Effizienz) ausreichend ist. Es wird daher im Folgenden ergänzend der Ansatz von Grant einbezogen, der speziell auf die Minimierung von Transaktionskosten in Abhängigkeit der Wissensart differenziert.

5.4.4 Wissensbasierter Ansatz

Wissensbasierte Ansätze basieren **auf ressourcenorientierten Theorien**, die vor allem auf Barney (1991) und Penrose (1972) zurückgehen. Im Fokus der klassischen ressourcenorientierten Theorien steht die Analyse der Beschaffenheit und Kombination von Ressourcen zur Erzielung von Wettbewerbsvorteilen. Ressourcen werden von Barney aufbauend auf den Erkenntnissen weiterer Autoren definiert als alle Vermögensgegenstände, Fähigkeiten, organisatorischen Prozesse, Unternehmensmerkmale, die ein Unternehmen kontrolliert und die es ihm ermöglichen, Strategien zur Verbesserung der eigenen Effektivität und Effizienz zu entwickeln und zu implementieren (vgl. 1991, 101). Die Autoren gehen davon aus, dass bei Vorliegen einer geringen Substituierbarkeit, Transferierbarkeit und Imitierbarkeit der Ressourcen diese langfristig werthaltig und rar bleiben und damit einen nachhaltigen Wettbewerbsvorteil begründen können, sofern die Ressourcen relevant für die Leistungserstellung sind (vgl. im Detail zu den Voraussetzungen langfristiger Wettbewerbsvorteile und dem ressourcenbasierten Ansatz Bamberger/Wrona 1996).

Auf diesem Gedanken bauen die **wissensorientierten Ansätze** auf. Die Vertreter dieser Theorieansätze gehen davon aus, dass Wissen in bestimmten Industrien die zentrale Ressource darstellt. Sie fokussieren damit auf einen Teilbereich der ressourcenbasierten Theorien. Wissen wird häufig als die strategisch bedeutendste Ressource von Unternehmen gewertet, da wegen der schweren Imitierbarkeit und Transferierbarkeit auf seiner Basis nachhaltige Wettbewerbsvorteile erzielt werden können. Schafft es die Organisation, das Spezialwissen ihrer Mitglieder effizient in den Leistungserstellungsprozess zu integrieren, so kann hieraus ein Wettbewerbsvorteil entstehen. Dieser ist umso nachhaltiger, je breiter die für eine Fähigkeit erforderliche Wissensbasis ist, da dann die Imitierbarkeit sinkt (vgl. Grant 1996, 116-117). Abzugrenzen sind Theorien des organisationalen Lernens oder des Technologiemanagements, die wiederum eine andere Betrachtungsperspektive einnehmen (vgl. Helm/Meckl/Sodeik 2007, Grant 1996, 110).

Die wissensorientierte Theorie wurde vor allem durch Grant (vgl. z.B. 1996, 112) geprägt (vgl. zu einem Überblick über wissensorientierte Ansätze Eisenhardt/Santos 2002). Im Mittelpunkt seiner „Knowledge-Based-Theory of the Firm“, im Folgenden auch wissensbasierte

Theorie oder **wissensbasierter Ansatz (WBA)** genannt, steht die Frage, welche Koordinationsmechanismen in Firmen zu implementieren sind, um das für die Leistungserstellung erforderliche Wissen der Mitglieder effizient zu nutzen (vgl. Grant 1996, 109). Auch er unterscheidet in implizites und explizites Wissen. Drei seiner Unterscheidungskriterien (transferability, capacity for aggregation, appropriability) wurden in Abschnitt 5.4.1 erläutert. In seinem Aufsatz identifiziert er zwei weitere Kriterien, die aber eher als Annahmen formuliert sind. Sie beziehen sich auf die Spezialisierung und die Bedeutung von Wissen als Ressource im Produktionsprozess (specialization in knowledge acquisition, knowledge requirements of production). Seine Annahme ist, analog zu den Annahmen der Neuen Institutionenökonomik, dass Menschen nur begrenzt rational sind, also auch nur begrenzte Fähigkeiten aufweisen, Wissen aufzunehmen, zu bewahren und zu verarbeiten. Es sei daher erforderlich, sich zu spezialisieren (vgl. Grant 1996, 112).

Grant argumentiert sehr nah an der **Transaktionskostentheorie**, von der er sich aber abgrenzt: Er sieht die Firma als ein Vehikel, um Produktion in Teams zu steuern, und weniger als Vehikel, um Transaktionen zu internalisieren. Er greift damit auch die Aussagen von Ghoshal und Moran auf, die am Transaktionskostenansatz kritisieren, er beachte nicht, dass Firmen spezifische Vorteile aufweisen, die sich nicht nur an Märkten messen ließen (vgl. Grant 1996, 113 bzw. Ghoshal/Moran 1996, 13). So ein spezifischer Vorteil sei der Einbezug der Betrachtung von Wissen. Dabei reiche es nach Grant nicht aus, den Wissenstransfer im Unternehmen zu betrachten. Vielmehr sei eine effiziente Integration des Wissens in die Produktionsprozesse bedeutend. So sollte nicht möglichst intensives Lernen und Wissensteilung durch häufige Interaktion Ziel einer Organisationsgestaltung sein, sondern die zielgerichtete Nutzung des vorhandenen spezifischen Wissens für die Leistungserstellung. Dabei kann es auch an einigen Stellen effizient sein, die Interaktion und damit auch Lernen zu minimieren. Im Vordergrund steht, das Spezialwissen Einzelner miteinander zu verknüpfen, und nicht, dass sich jeder das Spezialwissen anderer aneignet. Dies trägt auch der Annahme der bregrenzten Informationsverarbeitungskapazität Rechnung (vgl. insgesamt zu diesen Aussagen Grant 1996, 114).

Weiterhin spricht Grant auch die Verteilung von Entscheidungsbefugnissen an. Die Problematik entspricht der einer **Prinzipal-Agenten-Beziehung** (vgl. Abschnitt 5.3.2), speziell fokussierend auf die Problematik unvollständiger Arbeitsverträge. Das Problem aus wissensorientierter Sicht ist laut Grant, dass die Mitarbeiter mit ihrem impliziten Wissen Eigentum an der zentralen Ressource im Unternehmen haben und Verträge zur Übertragung dieses Wissens (Arbeitsverträge) unvollkommen sind. Der Arbeitgeber kann mit seinen Entscheidungen nur begrenzt über den für das Unternehmen essenziellen kompletten Wissensvorrat der Arbeitnehmer verfügen, da ihm eine Delegation der Entscheidungsmacht über die Wissensvorräte durch die Mitarbeiter fehlt (vgl. 1996, 119). Aus dem Ansatz ableitbare Handlungsempfehlungen sind in Tabelle 5-18 aufgezeigt (vgl. im Detail zu den Empfehlungen Grant 1996).

Annahmen/ Rahmenbedingungen	Gestaltungsmechanismen zur Sicherung der Wissensprozesse
Wissenstransfer verursacht Transaktionskosten und ist zu minimieren.	Teilaufgaben sind so zu bilden, dass ein Transfer impliziten Wissens nicht erforderlich ist – weiterzugebende Teilleistungen sollten implizites Wissen verkörpern. Die Aufgabenzuweisung hat so zu erfolgen, dass die Aufgabenträger das für die Teilleistungen erforderliche implizite Wissen bereits besitzen und nicht zeitintensiv erwerben müssen.
Koordinationsinstrumente sind auf die Rahmenbedingungen abzustimmen.	Technokratische Koordinationsinstrumente wie Regelung/Weisung/Routinen und Termin- und Ablaufplanung sind besonders effizient in der Koordination und sollten, so weit es geht, implementiert werden. Sie eignen sich allerdings nicht als Maßnahme zur Verteilung impliziten Wissens, da die Manager an der Spitze der Hierarchie meist nur über Fragmente des gesamten benötigten Wissens verfügen, welches über alle ihre in der Hierarchie niedriger angesiedelten Mitarbeiter verteilt ist. Dies würde erfordern, dass zur Integration des gesamten Wissensvorrats immer alle Beteiligten einzubeziehen wären, was ineffizient wäre. Für die Übertragung impliziten Wissens eignen sich bei Bottom-up-Ausrichtung technokratische Koordinationsinstrumente, indem die weiterzuleitende Arbeitsleistung das implizite Wissen enthält. Mitarbeiter geben so ihr Wissen an die Hierarchie weiter. Interaktions- und kommunikationsintensive Abstimmungsmechanismen auf Gruppenbasis sind sinnvoll, wenn technokratische Instrumente versagen. Sie eignen sich zur Förderung von Lernprozessen. Mitarbeiter sind in Teams einzubinden, wenn ihr Wissen benötigt wird.
Die **Entscheidungsverteilung** ist von der Aggregierbarkeit des Wissens abhängig	Der Grad der Zentralisierungsmöglichkeit hängt eng von der Fähigkeit zur Verdichtung und Transferierbarkeit von Wissen ab. Entscheidungen, die auf aggregierbares und transferierbares Wissen (eher explizites Wissen) basieren, können eher zentralisiert werden als Entscheidungen, für die implizites Wissen vieler Beteiligter erforderlich ist.
Der Umfang an geteiltem impliziten Wissen bestimmt die Integrierbarkeit neuen Wissens	Je höher der geteilte implizite Wissensvorrat ist, desto einfacher dürfte die Integration neuen Wissens sein. Das Ziel der Organisationsgestaltung sollte daher auf der Zunahme geteilten Wissens und nicht auf der zusätzlichen Bildung von Spezialistenwissen liegen.

Tabelle 5-18: Gestaltungsempfehlungen auf Basis der wissensbasierten Theorie nach Grant

Der Ansatz von Grant wird in der wissensspezifischen Literatur viel zitiert. Er wird wegen fehlender empirischer Fundierung allerdings weniger als Theorie, sondern vielmehr als Modell oder Ansatz gewertet (vgl. Eisenhardt/Santos 2002, 161). Da die theoretische Basis aber mit dem ressourcenbasierten Ansatz und der Transaktionskosten- und Prinzipal-Agenten-Theorie als sehr fundiert angesehen werden kann und die Aussagen plausibel sind, werden sie für den Gestaltungsteil der Arbeit genutzt. Zudem liegen weitere empirische Bestätigungen für die Einzelaussagen vor (vgl. z.B. zur Abhängigkeit der Organisationsformen von der Komplexität des intern zu übertragenden Wissens Hansen 1999; Szulanski 1996; Lord/Ranft 1998).

Die Breite der Aussagekraft der Theorie ist eingeschränkt. Vernachlässigt werden Motivationsaspekte, die zusätzlich zu beachten sind, was sich in den empirischen Studien gezeigt hat (vgl. Abschnitt 5.4.3). So weist eine Verringerung der Gruppenarbeit und der Interaktion mit dem Ziel der Aneignung individuellen Spezialistenwissens auch demotivierende Aspekte auf. Zudem bleibt unklar, wie die Mitarbeiter zu überzeugen sind, dass sie ihr Spezialistenwissen in Bottom-up-Direktiven explizieren, obwohl sie auf diese Weise etwas von ihrem persönlichen Expertenstatus aufgeben würden. Diese Seite der Argumentation ist zusätzlich bei der Organisationsgestaltung durch Einbezug der motivationsorientierten Ansätze zu berücksichtigen. Deren Bedeutung wird in weiteren wissensbasierten Ansätzen hervorgehoben (vgl. z.B. Lord/Ranft 1998; Szulanski 1996).

5.5 Integration der Ergebnisse

Im Rahmen dieser Arbeit wurde auf Theorien zurückgegriffen, die Aussagekraft hinsichtlich der Erzielung der Projektmanagementziele Koordination und Motivation durch den Einsatz von projektmanagementspezifischen Parametern haben. Stehen die relevanten Theorien fest, so sind diese weiterhin in geeigneter Weise in den Bezugsrahmen zusammenzuführen.

Darauf, dass hier ein Problem der Inkommensurabilität, also der Unvereinbarkeit von Theorien vorliegen könnte, ist nur der Vollständigkeit hinzuweisen. Für die grundlegende Diskussion der Problematik sei auf Kuhn (vgl. 1962, 1988) und Feyerabend (vgl. 1975) verwiesen. Im Folgenden werden nur die wesentlichen Zusammenhänge wiedergegeben. Theorien und Ansätze können auf unterschiedlichen Paradigmen fußen, was dazu führt, dass sie generell unvereinbar sind, was eine Integration in einen Bezugsrahmen unmöglich machen würde. Dieses Problem dürfte aber für die Sozialwissenschaften eher nicht vorliegen, da keine sich radikal widersprechenden Paradigmen, ähnlich wie in den Naturwissenschaften (vgl. im Detail Kuhn 1988, 127-129), vorliegen (vgl. Gioia/Pitre 1990, 587). Eher ergänzen sich die Sichten oder bauen aufeinander auf.

Sie untersuchen meist nur einen bestimmten Aspekt eines größeren Problems und blenden dabei andere Aspekte aus. Es ist aber auch möglich, dass derselbe Sachverhalt unter divergierenden Annahmen betrachtet wird und auch die Operationalisierungen divergieren (vgl. Gioia/Pitre 1990, 584-585). So liegt z.B. im ressourcenbasierten Ansatz bei der Untersuchung des Unternehmens und/oder Internationalisierungserfolgs der Fokus auf die interne Unternehmenswelt, während industrieökonomische Ansätze die Ursachen des Erfolgs oder eines bestimmten Verhaltens eher in der externen Unternehmensumwelt suchen. Ein Wissenschaftler, der vor allem Risiken betrachtet, wird eher eine Diversifikation der Geschäftsaktivitäten, ein anderer, der schwerpunktmäßig Ressourcen betrachtet, eine Konzentration auf Kernkompetenzen empfehlen (vgl. zu diesen und weiteren Beispielen auch Ortmann/Sydow 2001, 423). Obwohl die Sichtweisen für sich gesehen logisch und richtig sind, divergieren die Empfehlungen, betrachten sie jeweils doch nur einen Ausschnitt der Realität (vgl. im Detail zu einem Überblick über die Inkommensurabilitätsdiskussion z.B. Scherer 2006, 40-44). Zur Überwindung der Problematik liegen einige Lösungsansätze vor. So empfiehlt z.B. Göbels bei divergierenden Empfehlungen die Wahl des Mittelwegs (vgl. 1984, 14 und zu weiteren Möglichkeiten Scherer 2006, 41-44; Ortmann/Sydow 2001), was ohne große Erläuterungen eine fragwürdige Empfehlung darstellt. Gioia und Pitre empfehlen aufbauend auf Burrell und Morgan (1979) eine Multiparadigmenperspektive (vgl. 1990, 585-587), die sich aber dem Vorwurf aussetzen muss, eklektischer Natur zu sein – eklektisch dabei mit pejorativer Konnotation – also nur eine Ansammlung von unverbunden nebeneinander stehenden Modellen und Konzepten ohne nennenswerten Neuwert.

Erst eine Integration interdisziplinärer Ansätze ermöglicht die vollständige Erfassung des vorliegenden Problems (vgl. auch Abschnitt 1.4.1), weswegen eine Zusammenführung trotz der kontroversen Diskussion der Sinnhaftigkeit angestrebt wird. Dies hat den Vorteil, dass der partialanalytische Charakter einzelner Theorien und damit das Defizit einer fehlenden umfassenden Theorie zumindest ansatzweise überwunden werden kann (vgl. so auch Picot, A./Dietl/Franck 2005, 29). Zudem liegen nur, wie folgt zu zeigen ist, wenige widersprüchliche Handlungsempfehlungen vor, so dass sich das Problem relativiert.

Folgende Abbildung zeigt auf, für welchen erfolgskritischen Teilbereich (vgl. Abschnitt 5.2.1.1) Aussagen ableitbar sind. Ergänzend sind auch die empirischen Analysen eingeordnet, deren Ergebnisse ebenfalls komplementär sind. Diese sind durch ein dunkleres Grau gekennzeichnet. Die Abkürzungen sind in Abschnitt 5.3.1 und 5.4.1 den Theorien und empirischen Analysen zugeordnet.

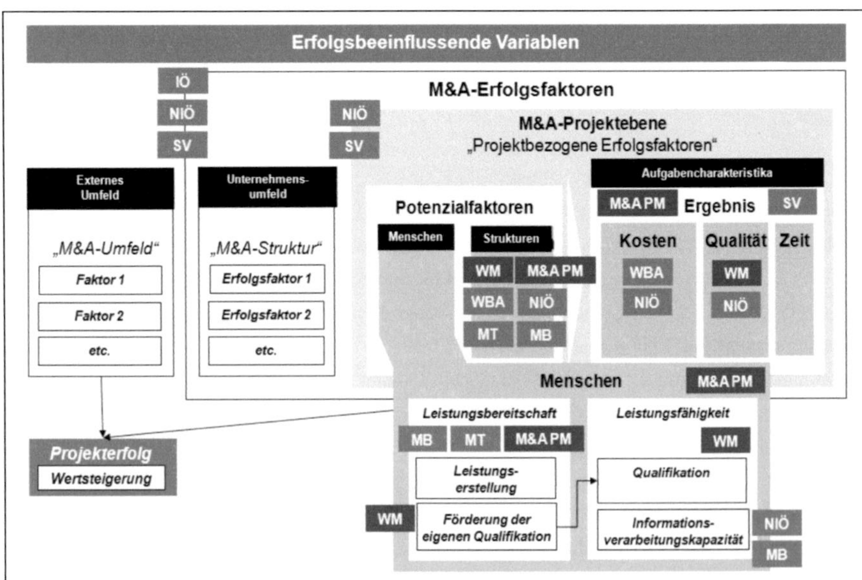

Abbildung 5-6: Problembezug der Theorieauswahl und Vollständigkeit der Problemabdeckung

Innerhalb der analysierten Theoriegruppen kann von Konsistenz ausgegangen werden. So basieren die Ansätze der Neuen Institutionenökonomik auf denselben Grundannahmen und ergänzen sich hinsichtlich ihrer Aussagen bzw. lassen sich sogar integriert abbilden (vgl. Abschnitt 5.3.2). Auch die verhaltenswissenschaftlichen Ansätze ergänzen sich. So bilden die Prozesstheorien der Motivation den Motivationsprozess ganzheitlich ab. Die Inhaltstheorien fokussieren auf eine wichtige Komponente des Prozesses und ergänzen die Prozesstheorien damit gut. Menschenbilder bauen auf den Inhaltstheorien auf, indem sie verschiedene Bedürfnisse zu Typologien zusammenfassen, für die angenommen werden kann, dass sie in Organisationen zu beobachten sind. Sie enthalten zudem konkrete Ansatzpunkte für die Organisationsgestaltung bei Vorliegen bestimmter Bedürfniskategorien. Sie wirken damit im Hinblick auf die Inhaltstheorien komplexitätsverkürzend und ergänzen den Motivationsprozess inhaltlich, indem sie konkret die Anreizkomponente spezifizieren (vgl. im Detail Abschnitt 5.3.3). Auch die wissensbasierte Theorie und die Ergebnisse der Sekundäranalyse sind zueinander konsistent und ergänzen sich inhaltlich gut. So werden einerseits Anhaltspunkte zu effektiven Maßnahmen geliefert und andererseits auch Hinweise zur Effizienz der Maßnahmen gegeben (vgl. Abschnitt 5.4).

Auch **zwischen den Gruppen** ist weitestgehend von Konsistenz auszugehen. So ergänzen die Motivationstheorien die wissensorientierten Theorien um den Motivationsaspekt. Eine gemeinsame Betrachtung liefert daher einen konkreten Mehrwert. Die wissensbasierte Theorie basiert auf den Grundannahmen der institutionenökonomischen Ansätze und ist damit auch zu diesen konsistent.

Widersprüchliche Ergebnisse liegen allerdings hinsichtlich der jeweils zugrunde liegenden Menschenbilder vor. Wegen der großen Bedeutung der institutionenökonomischen Ansätze für das vorliegende Problem wurde daher das dort zugrunde liegende Menschenbild in Abschnitt 5.3.3.3 erweitert. Dies führt aber nicht dazu, dass die Grundaussagen der Ansätze der Neuen Institutionenökonomik nichtig sind. So werden auch bei Abweichungen von dem Menschenbild die Wirkungen der Parameter gegeben sein, allerdings kann die erforderliche Intensität von Koordination und Motivation variieren. Je stärker vom opportunistischen Menschen abgewichen wird und je eher die Interessen von Prinzipal und Agent übereinstimmen (intendiert rationales Verhalten), desto weniger bedeutend werden auch institutionelle Arrangements zur Überwindung der Verhaltensunsicherheiten aufgrund von Informationsasymmetrien sein. Die restlichen Menschenbilder ergänzen das Menschenbild der Institutionenökonomik weiter und verweisen auf alternative Gestaltungskonzeptionen; auch hier liegt damit kein grundsätzlicher Widerspruch vor.

Von diesem Problem abgesehen verfügen die Theorien und Ansätze aber, neben grundlegendem Erklärungsgehalt für die Problematik, über normativen Gehalt und ein Mindestmaß an wissenschaftlicher Güte, auch weitestgehend über komplementäre und zueinander konsistente Empfehlungen.

Der konkrete Bezugsrahmen ergibt sich aus den Aussagen in Kapitel 5. Sie geben Aufschluss über eine effiziente Gestaltung eines M&A-Projektmanagements, ein effizientes Wissensmanagement inkludierend. Diese Aussagen werden in Abschnitt 6.5 wieder aufgegriffen und den Projektmanagement-Prozessen im Ergebnisteil zugeordnet. Sie liefern Hinweise auf die Zielwirkung ausgewählter prozessbezogener M&A-Projektmanagement-Gestaltungsparameter.

6 Konzeption des Entscheidungsmodells zur Genese eines ganzheitlichen M&A-Projektmanagement-Systems

6.1 Entwicklung des entscheidungsorientierten Vorgehensmodells

6.1.1 Überblick über das Grundmodell

Die Gestaltung eines M&A-Projektmanagements als komplexes System bestehend aus einer Vielzahl von miteinander in Beziehung stehenden Elementen geht einher mit einer Reihe von Entscheidungsproblemen. Es sind die in Abschnitt 4.3.2.3.2 charakterisierten Prozesse inhaltlich auszufüllen und vor dem Hintergrund der situativ divergierenden Gestaltungsbedingungen im Zeitablauf im Transaktions- und im Integrationsprojekt zu entwerfen. Weiterhin ist deren Konsistenz prozess- und phasenübergreifend sicherzustellen (vgl. Abschnitt 1.4.1).

Um zu gewährleisten, dass je nach Rahmenbedingungen die aus rationaler Sicht effizienten Entscheidungen getroffen werden, ist systematisch vorzugehen. Hier liefert das entscheidungslogische Grundmodell einen Beitrag. Über dies können Entscheidungsprobleme auf die logische und strukturierende Basis eines Modells gehoben werden. Es liefert die Grundlage für den Entwurf eines Verfahrens für rationale Entscheidungen (vgl. Domschke/Scholl 2003, 3; Kieser/Kubicek 1992, 43). Zudem ermöglicht es eine Vereinfachung der komplexen Entscheidungssituation durch Ausblendung weniger wichtiger Teilaspekte (vgl. Domschke/Scholl 2003, 30), indem es als Modell von allen unwesentlichen Eigenschaften abstrahiert. Realitätsbezug wird gewahrt, da es das System strukturgleich im Hinblick auf die relevanten Faktoren abbildet (vgl. allgemein zu Modellen Ulrich 1976b, 349; Eichhorn 1979, 65). Durch die ihnen zugrunde liegende Systematik machen sie den Entscheidungsprozess intersubjektiv nachvollziehbar.

Entscheidungsmodelle können sowohl auf mathematischen Algorithmen basieren als auch verbal formuliert sein und auf Heuristiken ohne stringentes Lösungskriterium aufbauen. Entsprechend handelt es sich um ein quantitatives bzw. qualitatives Modell. Ein quantitatives, analytisches Verfahren, in dem sämtliche im Modell abgebildete Aspekte eines realen Entscheidungsproblems durch kardinal messbare Informationen beschrieben werden können und welches mit zwingender Sicherheit zur besten Lösung führt, weist wegen einer Ausklammerung qualitativer Aspekte einen geringeren Praxisbezug auf (vgl. Ulrich/Hill 1976a, 308-309). Realitätsbezug der Ergebnisse wird also eingebüßt zu Gunsten der Exaktheit der Aussagen. Qualitative Modelle beinhalten dagegen neben quantitativen Zusammenhängen auch verbale Problembeschreibungen anhand ordinal oder nominal messbarer Informationen (vgl. Domschke/Scholl 2003, 31-32). Sie weisen infolgedessen einen stärkeren Realitätsbezug unter Einbuße mathematischer Exaktheit der Aussagen auf. Es wird ein heuristischer Prozess entwickelt, welcher den Suchprozess zur Lösung neuartiger Probleme abkürzt (vgl. Ulrich/Hill 1976a, 306) und mit dem systematisch sichergestellt werden kann, dass die vorgegebenen Ziele möglichst gut erreicht werden. Entscheidungsmodelle können weiterhin nach ihrem Abstraktionsgrad klassifiziert werden. So ist zwischen Total- und Partialmodellen zu unterscheiden, die das Problem komplett bzw. nur auszugsweise abdecken. Weitere denkbare Dichotomien sind: deterministische/stochastische Modelle und statische/dynamische Modelle (vgl. im Detail Domschke/Scholl 2003, 32-33).

Bei einer entscheidungsorientierten organisatorischen Gestaltung steht die Ausrichtung auf eine Optimierung von Kosten und Nutzen eines arbeitsteiligen Systems im Vordergrund (vgl. Bronner 2004, 223). Hinsichtlich dieses Systems ist über das Verhältnis zwischen mathematischer Exaktheit der Aussagen und ihrem Realitätsbezug zu entscheiden. Die Anwendung eines quantitativen Modells zur Optimierung setzt voraus, dass die Alternativen abschließend bekannt sind und sie ebenso wie die Situationen und Ziele mit einer reellen Zahl bewertbar sind. Nur dann ist auch eine Entscheidung auf Basis eines Vergleichs reeller Zahlen möglich. Dies ist im vorliegenden Fall nicht gegeben. Zu implementieren sind Anreizmechanismen, Instrumente der Termin- und Ablaufplanung oder bestimmte Organisationsstrukturen (vgl. im Detail Abschnitt 4.3.2.3.2). Hier wird es nicht ausreichen, einen bestimmten Parameter zu wählen, vielmehr wird dieser auch zu modifizieren sein, womit ein Gestaltungsproblem vorliegt. Die Situationen können nur verbal beschrieben werden – eine quantifizierte Bewertung ist kaum verlässlich schätzbar. Gleiches gilt für die Ziele, da Projektmanagement im Wesentlichen nur einen indirekten Bezug zum Unternehmenswert aufweist (vgl. Abschnitt 4.2). Es wird ein praktisch-normativer Ansatz verfolgt, in dessen Rahmen die Erhaltung eines möglichst hohen Realitätsbezugs gewünscht ist, auch wenn dies mit einem Verlust an mathematischer Exaktheit der Aussagen einhergeht. Diese Forderung ergibt sich aus dem anwendungsorientierten Verständnis der Arbeit (vgl. Abschnitt 1.4.1). Es wird daher ein qualitatives Modell vorgezogen, welches sich über Heuristiken einer Optimierung nähert.

Bei komplexen Systemen, vergleichbar mit dem Management von M&A-Projekten, ist eine komplette Lösung über ein Entscheidungsmodell unrealistisch (vgl. Domschke/Scholl 2003, 29), es wird daher die Entwicklung eines Partialmodells angestrebt. Hinsichtlich der zu betrachtenden Prozesse des Projektmanagements wird dennoch die ganze Breite abzudecken sein, da eine ganzheitliche Optimierung Maßnahmen auf allen Ebenen erfordert (vgl. so auch Lucks 2005a, 161). Innerhalb der Prozesse liegt der Fokus aber partiell auf den für ein M&A-Projektmanagement besonders relevanten Wirkungsbereichen. Eine Auswahl ist auf Basis der Ergebnisse der Erfolgsfaktorenanalyse (vgl. Abschnitt 5.2.3) und ergänzender plausibler Überlegungen möglich.

Die Gestaltungsbedingungen werden als determiniert angesehen. Das zu entwickelnde Modell bezieht neben statischen auch dynamische Aspekte mit ein, da gerade diese bei M&A besonders kritisch sind. Es wird von bekannten Optionen und Folgen ausgegangen.

6.1.2 Ermittlung der Modellkomponenten und entscheidungsorientierte Vorgehensweise

Für die weitere Vorgehensweise sind die Grundelemente des Verfahrens für eine rationale Entscheidungsfindung herauszuarbeiten. Diese orientieren sich am allgemeinen strategischen Entscheidungsprozess, der mit einer Problemanalyse beginnt (vgl. Domschke/Scholl 2000, 23-24). Sie erfolgt mittels eines festzulegenden Kriterienkatalogs (Gestaltungsbedingungen) für die zu untersuchende Problemsituation (Gestaltungsobjekte). Zur Überwindung der Problembereiche sind Ziele zu definieren (Gestaltungsziele), an denen die verfügbaren Gestaltungsparameter zu bewerten sind (Gestaltungsergebnis) und die sich am Unternehmensziel der Wertsteigerung ausrichten (vgl. Meckl 2000, 112-115; Domschke/Scholl 2000, 24). Der klassische Planungsprozess umfasst eine Alternativensuche hinsichtlich möglicher Handlungs- und Gestaltungsparameter, für die bestehende Restriktionen zu beachten sind. Die Alternativen sind vor dem Hintergrund der zu erreichenden Ziele zu bewerten und es ist eine Entscheidung für die Auswahl eines Parameters zu treffen (vgl. Domschke/Scholl 2000, 24). Abbildung 6-1 veranschaulicht dieses entscheidungsorientierte Vorgehensmodell für die Gestaltung eines effizienten M&A-Projektmanagements.

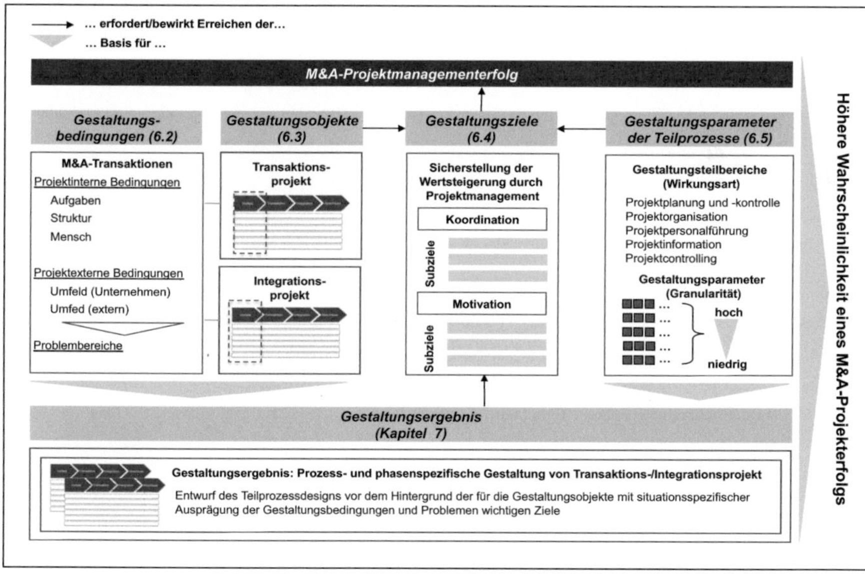

Abbildung 6-1: Entscheidungsorientiertes Vorgehensmodell

Zunächst zu den **Gestaltungsbedingungen**, also den endogenen Modellvariablen, die zur Beschreibung der Situation relevant sind und in Problemen resultieren, auf die der zu entwickelnde Projektmanagement-Ansatz positiv wirken soll. Zu unterscheiden sind interne und externe Faktoren (vgl. zu den erfolgskritischen Bereichen Abschnitt 5.2.1.1). Ihre Auswahl und Charakterisierung orientiert sich in erster Linie an den theoretischen Ansätzen, die auch auf Ursachen für Probleme in Organisationen eingehen (vgl. insbesondere Abschnitt 5.3). Die Ausprägung dieser Gestaltungsbedingungen hat Auswirkungen auf zu erläuternde Problembereiche, die mittels eines M&A-Projektmanagements zu mindern, besser beherrschbar oder nutzbar zu machen sind, so dass die Wahrscheinlichkeit eines M&A-Projekterfolgs steigt.

Es folgt anhand dieser Gestaltungsbedingungen die Analyse der **Gestaltungsobjekte,** um darauf aufbauend eine Aussage über die Bedeutung der relevanten Problembereiche für die Gestaltungsobjekte treffen zu können. Nach Maßgabe der Entscheidungstheorie sind Situationen zu identifizieren, die exogen sind und für die alle abschließenden Eintrittswahrscheinlichkeiten festzulegen sind (vgl. Domschke/Scholl 2003, 48). Situationen könnten differenziert werden nach Art und Einfluss bestimmter Umweltvariablen. Der Untersuchungsgegenstand ist bereits eingegrenzt auf einen komplexen durch leistungswirtschaftliche Verflechtung geprägten M&A-Fall der empirisch durch Bower (2001) beobachteten und plausiblen Szenarien I, III oder V, von denen aus Modifikationen für weitere Typen ableitbar sind (vgl. Abschnitt 4.1.1). So bestätigt auch Gates, dass es für ein Unternehmen sinnvoll sei, einen allgemeinen M&A-Ansatz zu entwerfen und diesen dann für verschiedene Typen im konkreten Fall anzupassen (vgl. 2007, 5).

Eine weitere Differenzierung erfolgt im Folgenden nach Aufgabentypen in Teilprojekte (Integration und Transaktion - hier mit A bzw. B gekennzeichnet) und nach Phasen, für die sich jeweils divergierende Einzelaktivitäten und Rahmenbedingungen im M&A-Projektlebenszyklus beschreiben lassen. Dies erscheint hier ebenfalls sinnvoll, da sich für die Teilprojekte als auch für die Phasen unterschiedliche Ausprägungen von zentralen Gestaltungsbedingungen nachweisen lassen. Für die Teilprojekte wurde dies in Abschnitt 4.1.4 gezeigt, für die Phasen wird hierauf im Rahmen der Erörterung des Projektlebenszyklus hingewiesen (vgl. Abschnitt 4.1.2). Die Situationen sind deterministisch. Es wird innerhalb der Teilprojekte je Phase nur eine Situation beschrieben. Es werden also keine alternativen Situationen beschrieben, die sich gegenseitig ausschließen, sondern sequenziell zu 100% eintretende Situationen mit distinkter Ausprägung der Gestaltungsbedingungen unter der Annahme einer vollständigen M&A-Transaktion inklusive einer leistungswirtschaftlichen Integration der Partner. Diese Annahme eines deterministischen Prozessverlaufs bei betrieblichen Projekten ist nicht unüblich. Der Denkansatz, phasenabhängig adäquate Handlungsempfehlungen zu geben, findet sich z.B. auch im Ansatz zur organisationalen Effizienz von Quinn und Cameron wieder, die vier Hauptphasen in der Entwicklung einer Organisation definieren, die sich durch eine unterschiedliche Bedeutung von Effektivitätskriterien auszeichnen (vgl. Quinn/Cameron 1983, 41-43) und damit auch unterschiedliche Handlungsempfehlungen erfordern.

Zur Beurteilung möglicher Handlungsempfehlungen ist die Definition von Zielkriterien (**Gestaltungsziele**) erforderlich. Mit den Zielen Qualifikation, Motivation und Koordination wurden bereits die zentralen M&A-Projektmanagementziele in Abschnitt 4.2 erörtert, von denen ausgehend auch die Auswahl der Theorien erfolgte. Diese sind zu konkretisieren und in möglichst überschneidungsfreie Zielkategorien zu überführen. Die Ziele setzen sich zusammen aus einer Nutzen- und einer Kostenkomponente. So sind zunächst geeignete Maße für die Bewertung der Zielerreichung durch die Parameter (Nutzen) und die mit der Zielerreichung einhergehenden Kosten zu bestimmen, um letztendlich eine Aussage über die Effizienz der Gestaltungsoptionen zu ermöglichen. Je nach Ausprägung der Gestaltungsobjekte hinsichtlich der erfolgskritischen Bereiche können entsprechend andere Ziele, die sich letztendlich auf diese erfolgskritischen Bereiche beziehen, bedeutend sein. Diese sind daher für die Gestaltungsobjekte zu gewichten. Da ein mehrwertiges Zielsystem vorliegt, sind potenzielle Zielkonflikte aufzudecken und es ist ein Lösungsvorschlag zur Auflösung dieser zu unterbreiten (vgl. auch Domschke/Scholl 2000, 26). Die Ziele können sechs noch zu erläuternde nominale Ausprägungen annehmen, die sich letztendlich, wie zu zeigen sein wird, für die vorliegende Problemstellung auf die übergeordneten Ziele Motivation und Koordination verdichten lassen. Die Zielgewichtung erfolgt auf einer einseitigen Ordinalskala – so wird nur zwischen Haupt- und Nebenziel unterschieden. Die Entscheidung, ob ein Haupt- oder ein Nebenziel vorliegt, ist abhängig von der Gestaltungssituation. Die Anzahl an Haupt- und Nebenzielen wird nicht begrenzt. Im Ergebnis resultiert je Phase eines Teilprojekts ein spezifisches Zielsystem.

Weiterhin sind die zur Verfügung stehenden Handlungsmöglichkeiten der Projektmanagement-Prozesse Projektplanung und -kontrolle, Projektorganisation, Projektpersonalführung, Projektinformation und Projektcontrolling, nach denen auch die Erfolgsfaktoren systematisiert wurden, zur Koordination und/oder Motivation im M&A-Projekt auszuwählen und zu charakterisieren (**Gestaltungsparameter**). Die Prozesse lassen sich weiter aufgliedern in Wirkungsbereiche, die weitestgehend den den Prozessen zuzuordnenden Projektmanagement-Elementen entsprechen. Die Zuordnung der Gestaltungsparameter ergibt sich aus der Zuordnung der Projektmanagement-Elemente in Abschnitt 4.3.2.3, die die Aufgaben innerhalb der Prozesse und damit die Ausrichtung auf Koordination und/oder Motivation determinieren. Die wesentlichen Parameter je Wirkungsbereich eines Prozesses sind aufzuzeigen und die Parameter nach ihrer Wirkungsrichtung und -intensität zu bewerten. Die Wirkungsrichtung ergibt sich aus den konkreten „Wenn… , dann…“-Aussagen in Kapitel 5. Der Grad der Wirkungsintensität wird nur ordinal als eher hoch oder niedrig bewertet und bemisst sich an der Komplexität der Methode.

Da die Anzahl alternativer Parameter wegen des stetigen Granularitätsgrads nahezu unendlich ist, stellt die Auswahl eine anspruchsvolle Aufgabe dar (vgl. ähnlich auch Domschke/Scholl 2000, 25). Aus einer Vorauswahl, basierend auf den Erläuterungen in Abschnitt 4.3.4 und ergänzt um weitere Parameter, die den Prozessen allgemein zuzuordnen sind, werden diejenigen Parameter für eine weitere Analyse ausgewählt, für die sich eine bedeutsame Wirkung auf die Ziele und damit auf die Lösung der Probleme vermuten lässt. Für die originär im Forschungsbereich des Operations Research entwickelten Methoden kann von hoher theoretischer Fundierung ausgegangen werden. Allerdings erfordert der systemisch-ganzheitliche

Ansatz auch einen Rückgriff auf weitere Parameter. Diese sind insbesondere der strategischen Managementforschung entnommen und können als in der Praxis bewährt angesehen werden. Insgesamt liegt der Schwerpunkt auf Parametern mit hohem Neuigkeitswert für M&A-Projekte und auf speziell für M&A-Projekte zu modifizierende Parameter. Allerdings können auch Parameter ohne hohen Neuigkeitswert relevant sein, wenn sie grundlegend für den Projektmanagement-Erfolg und zur Gewährleistung der Ganzheitlichkeit des Ansatzes erforderlich sind. Die konkrete Begründung der Auswahl erfolgt in Abschnitt 6.5.

Von einer Clusterung der Handlungsparameter verschiedener Wirkungsbereiche und Prozesse zu einem Parameterset einerseits und deren Zuordnung zu den Projekttypen A/B und -phasen zur Bildung von konsistenten und kongruenten **Konfigurationen** („Fit") zur weiteren Komplexitätsreduktion andererseits wird an dieser Stelle abgesehen, da damit eine Feinabstimmung der Auswahl der Gestaltungsparameter und deren Modifikation nur schwer möglich ist (vgl. hierzu Abschnitt 1.4.1). Letztendlich können aber die für den Gesamtprozess zielgerichtet ausgewählten und phasenspezifisch modifizierten Handlungsparameter in ihrer Summe a posteriori als ein konstruiertes, in sich konsistentes und hinsichtlich der Gestaltungsbedingungen kongruentes Set an Gestaltungsparametern für ein komplexes M&A-Projekt bezeichnet werden. Zu beachten ist allerdings, dass über die effiziente Gestaltung nur Tendenzaussagen getroffen werden können, womit das Parameter-Set auf der Mikroebene unendlich viele Variationen aufweisen kann. Dies ist dem vorliegenden Gestaltungsproblem geschuldet.

Im Ergebnis ist eine Zuordnung von situativ modifizierten prozessspezifischen Gestaltungsparametern zu den Gestaltungsobjekten derart möglich, dass die Gestaltungsziele für den spezifischen M&A-Fall bestmöglich erreicht werden. Bei diesem Vorgehen ist zu beachten, dass alle M&A-Projektmanagement-Prozesse abzudecken sind. Durch die zielgerichtete Auswahl der Parameter wird a priori sichergestellt, dass a posteriori das hinsichtlich des Gesamtergebnisses beste Set an Parametern generiert wurde. Von einer Konsistenz der Parameter ist grundsätzlich auszugehen (vgl. Abschnitt 1.4.1). Weder der Zielerreichungsgrad noch das Gesamtergebnis ist quantifizierbar, die Entscheidung, mit welchen Parametern das Ziel „bestmöglich erreichbar ist", wird auf Basis von Heuristiken abzuschätzen sein.

Die entsprechende **Entscheidungsregel** lautet dann H2 aufgreifend und leicht differenzierend (vgl. Abschnitt 1.4.1):

> *H2: Wenn die Erfolgswahrscheinlichkeit für das M&A-Gesamtprojekt erhöht werden soll, ist bei Vorliegen des Gestaltungsobjekts a (vgl. Abschnitt 6.3) mit bestimmter Ausprägung der Gestaltungsbedingungen (vgl. Abschnitt 6.2) und Verfolgung bestimmter gewichteter Ziele z (vgl. Abschnitt 6.4) eine Implementierung bestimmter Projektmanagementparameter c einer bestimmten Wirkungsart und Granularität (vgl. Abschnitt 6.5) anzustreben.*

Die qualitativ-entscheidungsorientierte Vorgehensweise ermöglicht eine rationale intersubjektiv replizierbare Ableitung der Ergebnisse für das komplexe System. Durch den geschaffenen

Strukturierungsrahmen wird eine systematische und vollständige Erfassung der relevanten Modellelemente ermöglicht. Es besteht Transparenz hinsichtlich der zu berücksichtigenden Vielzahl an interdependenten und heterogenen Elementen des zu gestaltenden Systems und damit eine Komplexitätsreduktion. Anhaltspunkte für die Vermutungen über Zweck-Mittel-Beziehungen können aus der vielschichtigen theoretischen und empirischen Basis abgeleitet werden. Der weitestgehende Verzicht auf mathematische Algorithmen führt zwar zum Verzicht auf Exaktheit der Aussagen und kann ggf. auch zur Auswahl von „Second-best-Lösungen" führen (vgl. so auch Meckl 2000, 116), liefert aber pragmatischere Ergebnisse.

Wegen der erforderlichen Fokussierung auf bestimmte Wirkungsbereiche und Parameter wird ein Partialmodell abgebildet (vgl. Abschnitt 6.1.1), welches bei Anwendung in der Praxis durch weitere Bereiche/Parameter, die hier begründet ausgeklammert werden, zu ergänzen ist. Die Fokussierung auf ausgewählte Wirkungsbereiche und Parameter ist erforderlich, weil eine komplette, detailliert ausgeführte Konzeption eines Projektmanagement-Ansatzes für komplexe M&A-Projekte kaum möglich ist. Es wird aber mit dem gewählten entscheidungsorientierten Modell die grundlegende Vorgehensweise für die effiziente Gestaltung auch für weitere Parameter aufgezeigt.

6.2 Gestaltungsbedingungen: Auswahl und Charakterisierung der zur Problemanalyse relevanten Kriterien

6.2.1 Überblick

Zunächst stellt sich die Frage nach den relevanten Kriterien zur Analyse der erfolgskritischen Rahmenbedingungen eines M&A-Vorhabens (Gestaltungsbedingungen). Einen ersten Anknüpfungspunkt bieten die in Abschnitt 4.1 erörterten besonderen Rahmenbedingungen des Objektbereichs. Für sie sind aus den Theorien Aussagen zu mit ihnen in einem Zusammenhang stehenden organisationsspezifischen Problemen ableitbar. Viele der Bedingungsfaktoren laufen auf ähnliche Probleme hinaus. Dies gilt es aufzuzeigen, um damit eine erste Komplexitätsreduktion zu erzielen. Für die Konkretisierung und Beschreibung spezifischer Ausprägungen der Gestaltungsbedingungen wurde weiter auf organisationstheoretische Literatur zurückgegriffen, die Anhaltspunkte für die Effektivität und Effizienz von organisationalen Gestaltungsfaktoren liefern (vgl. Grünig/Kühn 2006, 11-16; Robbins 1987, 28-29, Campbell 1974, 39-40).

Abbildung 6-2 zeigt einführend entsprechend ausgewählte Gestaltungsbedingungen im Überblick. Sie lassen sich auf die erfolgskritischen Komponenten beziehen (vgl. Abschnitt 4.2 und darauf aufbauend 5.2.1.2). Den Gestaltungsbedingungen können weitere Bestimmungsfaktoren zugeordnet werden. Enthalten sind neben diesen und deren Charakterisierung mögliche extreme Ausprägungen (problematisch bzw. unproblematisch für die Gestaltung eines effizienten M&A-Projektmanagement-Ansatzes). Die Ausprägungen sind als Kontinuum zu verstehen. Bei der Bewertung der Ausprägungen für die Gestaltungsobjekte in Abschnitt 6.3 wird der Einfachheit halber aber nur eine dreistufige Skala unterstellt. Grau markiert sind die Gestaltungsbedingungen, die durchgehend bei M&A eine bestimmte Ausprägung haben oder annahmegemäß, wegen des speziellen Fokus dieser Arbeit, unterstellt werden.

	Gestaltungsbedingung	Beschreibung	Merkmalsausprägungen: eher unproblematisch	Merkmalsausprägungen: eher problematisch
Projektinterne Bedingungen	**Aufgaben**			
	Problemcharakter: Anspruchsniveau	Ergibt sich aus Art und Anzahl der zu berücksichtigenden Einflussfaktoren, dem Schwierigkeitsgrad der anzuwendenden Methoden und des sich anzueignenden Fach-/Erfahrungswissens als auch aus der Neuartigkeit der Aufgabe.	niedrig	hoch
	Problemstruktur	Gut strukturiertes Auswahlproblem: Problem ist exakt beschreib-bar und die Entscheidungsvarianten sind abschließend bekannt. Schlecht strukturiertes Gestaltungsproblem: Problem ist, wenn überhaupt, meist nur verbal beschreibbar und es existieren (unendlich) viele Lösungen.	Auswahl-problem/ gut strukturiert	Gestaltungs-problem/ schlecht strukturiert
	Immaterialität des Ergebnisses/ Messbarkeit der Folgen	Grad, inwiefern das Ergebnis der Arbeit sichtbar und messbar ist, z.B. in Form eines materiellen Produkts.	materiell/ messbar	immateriell/ kaum messbar
	Spezifität	Ausmaß, in dem Wissen auch außerhalb des Projekts nutzbar ist (spezifisch = schlecht nutzbar; unspezifisch = nutzbar).	spezifisch/unspezifisch	
	Anzahl der Aufgaben	Anzahl an Aufgaben, die insgesamt zu erledigen sind (Projektgröße).	wenige	viele
	Relevanz für Wertsteigerung	Höhe des Einflusses auf die Wertsteigerung.	kaum relevant	sehr relevant
	Struktur			
	Interdependenz: Art der Beziehungen	Art der Richtung der Beziehungen zwischen den Beteiligten.	niedrig	hoch
	Anzahl der Beziehungen	Frage, ob Aufgabe weitere, zukünftig absehbare Konsequenzen nach sich zieht oder eine Auswirkung auf mehrere Personen aufweist (Verknüpfungsgrad).	gepoolt/ sequenziell	reziprok/ teamorientiert
	Heterogenität: Art der Akteure	Frage, inwieweit der hierarchische, fachliche und (unternehmens-) kulturelle Hintergrund divergiert.	homogen	heterogen
	Anzahl der Akteure	Anzahl der zu involvierenden Personen/Beteiligten.	Einzelner	Kollektiv
	Mensch			
	Leistungsfähigkeit	Frage, inwiefern die Akteure fähig sind, rational zu handeln (Informationsverarbeitungskapazität).	rational	begrenzt rational
	Leistungswille	Frage, inwieweit die Ziele, die die Träger der Aufgaben verfolgen, mit den Unternehmenszielen übereinstimmen.	eher inkonform	eher konform
Projektexterne Bedingungen	**Umfeld (Unternehmen)**			
	Art der Rahmenbedingungen	Quantität und Qualität der vorhandenen Ressourcen/ Existenz unterstützender Strukturen.	un-problematisch	Ressourcen/ Struktur ungünstig
	Strategische Bedeutung	Bedeutung des Projektes für Strategie: z.B. wie häufig werden ähnliche Entscheidungen im Rahmen der verfolgten Unternehmensstrategie zu treffen sein? (Häufigkeit).	bedeutend für Strategie (häufig)	eher nebensächlich (selten)
	Umfeld (extern)			
	Umfeldkomplexität: statisch	Grad der Komplexität der Umfeldsituation hinsichtlich rechtlicher, politischer, wirtschaftlicher und/oder sozio-kultureller Rahmenbedingungen.	einfach	komplex
	dynamisch	Grad der Veränderlichkeit der Umfeldbedingungen.	gering	hoch
	Bedeutung des Umfelds	Grad des Einflusses der Umfeldfaktoren auf das Projekt.	gering	hoch

Abbildung 6-2: Gestaltungsbedingungen

Die Gestaltungsbedingungen entsprechen einer stärkeren Differenzierung der erfolgskritischen Bereiche (vgl. Abschnitt 5.2.1.1). Aus ihnen ist ableitbar, welche Erfolgsbarrieren vorliegen können und welche Ziele zur Überwindung der Barrieren zu verfolgen sind. Für die erste zu erörternde Komponente von H2 wird auf Basis der Erörterungen in Abschnitt 4.1 und 4.2 Folgendes angenommen:

(H2.1) Wenn eine problematische Ausprägung dieser Gestaltungsbedingungen vorliegt, senkt dies die Erfolgswahrscheinlichkeit für das M&A-Gesamtprojekt.

6.2.2 Projektinterne Gestaltungsbedingungen

Sich auf die internen Bedingungen des Projekts beziehende Faktoren können sich auf die Aufgabencharakteristika selbst, auf den Grad der sich aus der Art und den Rahmenbedingungen der Leistungserstellung ergebenden Komplexität der Struktur (Potenzialfaktor Struktur) und auf die Ausprägung der Eigenschaften der personellen Ressourcen (Potenzialfaktor Mensch) beziehen. Sie alle haben einen Einfluss auf den Grad der im Projekt entstehenden Verhaltensunsicherheiten.

Abbildung 6-3 zeigt einführend die Gestaltungsbedingungen und ihre Wechselbeziehungen auf.

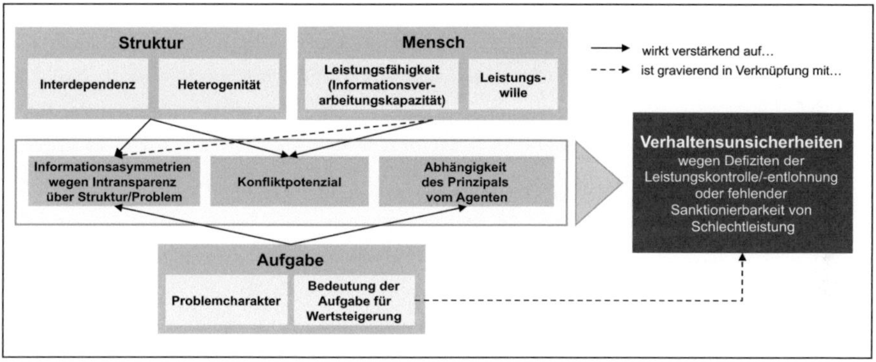

Abbildung 6-3: Wirkungsbezug der projektinternen Bedingungen zu den Verhaltensunsicherheiten

Maßgeblich für die Bestimmung der **Aufgabencharakteristika** sind Art, Umfang und Bedeutung des mit der Aufgabe zu lösenden Problems. Die Art des Problems (Problemcharakter) lässt sich durch das Anspruchsniveau der Aufgabe, den Grad der Problemstrukturierung, den Grad der Immaterialität der Leistung und die Spezifität des erforderlichen Wissens beschreiben. Eine hohe Anzahl der Aufgaben führt zu einer größeren Bedeutung dieser Probleme. Ein hohes Anspruchsniveau, ein unstrukturiertes Problem und eine Leistung, die zu einem immateriellen Ergebnis führt, führen tendenziell zu hohen Informationsasymmetrien zwischen den M&A-Beteiligten als Leistungserbringer und dem Unternehmen als letztendlicher Abnehmer der Leistung, repräsentiert durch die Projektleitung. So sind bei schlecht strukturierten und unendliche viele Gestaltungsoptionen zulassenden Problemen tendenziell mehr Informationen zu verarbeiten, um die Leistungserstellung zu erbringen. Das Problem selber wird damit intransparent und die bestmögliche Lösungsalternative ist für die Projektleitung nur schwer zu erkennen. Geht man gleichzeitig von einem hohen Anspruchsniveau der Aufgaben aus, so wird die Projektleitung auch nicht über das Wissen verfügen, das Leistungsergebnis detailliert zu kontrollieren. Erschwerend kommt hinzu, dass das Ergebnis der M&A-Leistung zu einem großen Anteil immateriell ist (vgl. Abschnitt 4.1.2), was generell eine Kontrollierbarkeit der Qualität des Ergebnisses unabhängig von den Fähigkeiten des Kontrollierenden erschwert. Hieraus ergeben sich für die M&A-Beteiligten Handlungsspielräume, die sie negativ ausnutzen könnten. Es besteht also eine Unsicherheit über das Verhalten der Projektbeteiligten (vgl. zu den Wirkungszusammenhängen Abschnitt 5.3.2).

Weiterhin führt die Spezifität (vgl. Abschnitt 5.3.2) des für die Leistungserbringung erforderlichen oder des durch sie erlangten Wissens eine wichtige Rolle bei der Gestaltung eines effizienten M&A-Projektmanagement-Ansatzes. Erlangen Projektbeteiligte bei der Umsetzung ihrer Aufgaben ausschließlich sehr unternehmens-/projektspezifisches Wissen, ist ihre Motivation für die Projektarbeit eher als gering einzustufen, da sie das Wissen nach Abschluss des Projekts nicht weiter nutzen können. Es besteht die Gefahr der Unterinvestition in projektrelevantes Wissen. Auch dies stellt eine Verhaltensunsicherheit dar. Eine weitere Gefahr besteht aber auch dann, wenn durch die Projektarbeit Wissen erlangt wird, welches gleichzeitig wettbewerbsrelevant ist. Dieses könnte gut auch außerhalb des Unternehmens genutzt werden und ist damit aus dieser Perspektive eher unspezifisch. Es besteht in dem Fall ein Anreiz für die Beteiligten, das Wissen außerhalb der Trägerorganisation zu verwenden. Der Prinzipal ist dann davon abhängig, dass der Agent sein Wissen nicht extern vergibt, was eine weitere Verhaltensunsicherheit begründet.

Das Ausmaß des aus einer problematischen Ausprägung dieser Faktoren resultierenden Problems der Verhaltensunsicherheit steigt mit Umfang der Aufgaben und ist bei hoher Bedeutung der Aufgaben für die Wertsteigerung besonders gravierend. Je höher die Bedeutung ist, desto gravierender sind die Folgen aus Verhaltensunsicherheiten und desto eher sind Investitionen in die Verminderung/Vermeidung von Verhaltensunsicherheiten gerechtfertigt. Die Relevanz einer Aufgabe für die Wertsteigerung kann sich auf das Projekt selbst als auch auf andere Projekte beziehen. So kann z.B. die Wissenssicherung für ein aktuelles Projekt weniger bedeutsam sein als für zukünftige Projekte, ist aber aus Gesamtunternehmenssicht, die durch den Projektleiter zu vertreten ist, erfolgskritisch.

Ebenfalls einen Einfluss auf Verhaltensunsicherheiten hat die Komplexität der **Struktur** (Potenzialfaktor Struktur). Die Komplexität ist nicht nur Gestaltungsbedingung, sondern auch Ergebnis der Gestaltung des Managementansatzes. Für die Charakterisierung der Einflussfaktoren auf die Komplexität als Gestaltungsbedingung wird auf Faktoren abgestellt, deren Ausprägung sich unabhängig von einem implementierten Gestaltungsansatz beschreiben lassen. Komplexität ergibt sich aus dem Grad der Interdependenz und dem Grad der Heterogenität der Gruppe der M&A-Beteiligten. Der Grad der Interdependenz lässt sich an der Interdependenzart und dem Umfang der Interdependenzen oder auch Beziehungen festmachen. Hinsichtlich der Art der Beziehungen lassen sich vier Formen in Reihenfolge eines zunehmenden Interdependenzgrads unterscheiden: gepoolte, sequenzielle, reziproke und teamorientierte Beziehungen (vgl. Picot, A./Dietl/Franck 2005, 63; Reiß 2004, 691 und ursprünglich Thompson 1967). Sie liegen bei einseitigen Lieferbeziehungen (sequenziell), Gegengeschäften (reziprok) bzw. bei rivalisierender (gepoolt) Inanspruchnahme knapper Ressourcen vor (vgl. Picot, A./Dietl/Franck 2005, 63; Reiß 2004, 691). Ist die Beziehung teamorientiert, müssen die Beteiligten zur Bewältigung einer Aufgabe interaktiv und gleichzeitig tätig werden (vgl. Picot, A./Dietl/Franck 2005, 63). Diese Arten von Beziehungen stellen unterschiedliche Anforderungen an die Art der Koordination (vgl. Abschnitt 5.3.2 und 5.4.4 und allgemein Ebers 2004, 663) und stellen daher für das zu lösende Gestaltungsproblem eine wichtige Bedingung dar. Sie führen bei problematischer Ausprägung zu einer Unübersichtlichkeit der Struktur und erhöhen damit ebenfalls Informationsasymmetrien und daraus resultierende Verhaltensunsicherheiten.

Die Häufigkeit des Auftretens dieser Beziehungstypen und von Beziehungen allgemein verstärkt jeweils deren Relevanz für die Organisationsgestaltung. Die Anzahl der Beziehungen steigt potenziell mit zunehmender Anzahl an Personen. Rein rechnerisch ergäbe sich schon bei Einbezug von N Personen ins Projekt (projektinterne Interdependenz) eine Anzahl von (N*(N-1)) möglichen Beziehungen.

Weiterhin bestimmt der Grad der Heterogenität der Beteiligten die Komplexität der Struktur (je heterogener, desto komplexer). Heterogenität kann sich auf den akademischen Hintergrund, fachliche Erfahrungen und Kenntnisse, die Zugehörigkeit zu einem bestimmten Fachbereich oder allgemein auf den (unternehmens-) kulturellen Hintergrund beziehen und stellt nicht nur einen Vorteil für die Qualität der Leistungserstelllung dar. Sie verursacht auch Transaktionskosten (vgl. im Detail Meckl 2006, 208-282). Aus einem hohen Maß an Heterogenität resultieren divergierende Erwartungshaltungen, Wahrnehmungen und Interessen, die personell unterschiedlich ausgeprägt sind und die Koordination und Abstimmung zusätzlich erschweren können, da ein erhöhtes Konfliktpotenzial gegeben ist. Diese kann sich aus einem Konkurrenzdenken wegen des gefühlten Wettbewerbs um einen Arbeitsplatz oder der Wahrnehmung der neuen Kollegen als Wettbewerber aufgrund der Zugehörigkeit zu einem (ehemaligen) Konkurrenzunternehmen ergeben. Generell kann aber auch Unverständnis aufgrund einer anderen Unternehmens- und/oder Landeskultur bestehen oder aus einem unterschiedlichen Rollenverständnis im Unternehmen resultieren. Zudem sind auch Sprachgrenzen zu überwinden (vgl. im Detail zu Problemen kulturheterogener Teams Högl 2005 und Brett/Behfar/Kern 2006). Wirken Personen verschiedener organisatorischer Ebenen und Fachbereiche an einer Aufgabe zusammen, so erhöht dies auch die Intransparenz der Struktur, die dann einer systematischen Planung bedarf. Zudem werden die Ziele der Personen eher divergieren, was die Ausrichtung dieser auf das Gesamtziel erschwert. Eine Vielzahl an intensiven Beziehungen heterogener Personen wird tendenziell eher bei integrativen Leistungen vorliegen (vgl. Abschnitt 4.1.4).

Bei einer hochgradigen Komplexität sind Informationen asymmetrisch verteilt und die Struktur kann subjektiv als intransparent empfunden werden. Dies kann nicht nur bestimmten sicherheitsorientierten Bedürfnissen (vgl. Abschnitt 5.3.3.3) entgegenlaufen, sondern auch eine direkte Leistungszurechnung und damit auch Leistungskontrolle und -belohnung erschweren. Dies kann sich negativ auf die Motivation der Beteiligten auswirken, da Motivation Transparenz hinsichtlich der zu erwartenden Belohnung voraussetzt (vgl. im Detail Abschnitt 5.3.3.2). Es besteht dann Unsicherheit über den Leistungswillen, der aber Voraussetzung für projektzielorientiertes Verhalten ist. Komplexität führt zu einer Vielzahl an persönlichen Kontakten, die Konfliktpotenzial bergen. Konflikte können die Transaktionsatmosphäre generell beeinflussen und auch einer wissensförderlichen Kultur entgegenwirken. Sie sind daher tendenziell eher zu vermeiden, da sie den Leistungswillen stören (vgl. Abschnitt 5.3.2 und 5.4.3). Aus den problematischen Bedingungen hinsichtlich der Struktur resultieren damit ebenfalls potenzielle Verhaltensunsicherheiten.

Auf **personeller Ebene** (Potenzialfaktor Mensch) sind die Leistungsfähigkeit und der Leistungswille entscheidende erfolgskritische Variablen für die Leistungserstellung als auch die diese beeinflussenden Wissensprozesse (vgl. Abschnitt 4.2, 5.2.3.2 und 5.4.3). Die Bedeutung des Leistungswillens ergibt sich auch aus den problematischen Ausprägungen hinsichtlich der Aufgabencharakteristika und der Struktur. Ausschlaggebend für die Beurteilung des Grades des Leistungswillens für eine konkrete Situation ist die Bedürfnisbefriedigung. Der Wert der Belohnung muss angemessen sein, die Belohnung selbst muss sich zur Bedürfnisbefriedigung eignen und sie muss mit hoher wahrgenommener Wahrscheinlichkeit bei einem bestimmten Verhalten gewährt werden (vgl. im Detail 5.3.3.2). Zur Situationsanalyse ist also zu untersuchen, ob in einer bestimmten Situation die Befriedigung zentraler Bedürfnisse gegeben ist und/oder negative Folgen des Handelns ausgeschlossen werden können. Zudem ist zu beurteilen, inwiefern es auch transparent und wahrscheinlich ist, dass eine Belohnung erfolgt bzw. eine negative Folge auszuschließen ist.

Mögliche Verhaltensweisen bei fehlender Motivation können von Resignation bis zu reaktivem Verhalten, wie dem Austritt aus dem System oder eine aktive Blockade des Systems, reichen (vgl. Pinkenburg 1980, 189). Ein Beispiel für reaktives Verhalten wäre die Weitergabe vertraulichen Wissens, welches Beteiligte durch die Mitarbeit am Projekt erlangen, an Externe, um eine Transaktion gezielt scheitern zu lassen. Ein konkretes Problem wäre auch, wenn das für die Erledigung der integrationsbezogenen Aufgaben nachgelagerter Teams notwendige Wissen nicht weitergegeben oder nicht entsprechend für eine Weiterverwendung aufbereitet wird. Weitere Möglichkeiten der Blockade wären absichtliche Schlecht-/ oder Minderleistung oder die gezielte Manipulation von Prognosen/Ergebnissen.

Eine konkrete Aussage über das Bereitschaftsprofil lässt sich z.B. treffen, wenn bekannt ist, in welchem Ausmaß die Beteiligten von den Ergebnissen ihres Beitrags zur Leistungserstellung betroffen sind. Sind Arbeitsplatz und soziale Beziehungen zu Kollegen als mögliche zentrale Bedürfnisse (vgl. Abschnitt 5.3.3.3) nicht gesichert, so ist dies aus motivationaler Sicht problematisch. Resultiert das Ergebnis ihres Handelns in einer Verschlechterung der eigenen Position, besteht die Gefahr, dass Handlungsspielräume negativ ausgenutzt werden.

Als zweite erfolgsbeeinflussende Bedingung wurde auf die Leistungsfähigkeit der Beteiligten verwiesen. Diese ergibt sich generell aus den Kenntnissen und Fähigkeiten einer Person (vgl. Abschnitt 4.1.4). Kenntnisse ergeben sich z.B. aus Erfahrung in einem bestimmten Bereich. Auf den Kenntnisstand schließen lässt z.B. ein bestimmter akademischer Hintergrund oder die Zugehörigkeit zu einem Unternehmensbereich. Fähigkeiten sind dagegen eher implizit und ergeben sich durch Übung, das Niveau der persönlichen Begabung und die körperliche Konstitution. Kenntnisse und Fähigkeiten bilden zwar einen sehr relevanten Einflussfaktor für den Erfolg von M&A, die als wissensintensiv charakterisiert und damit von der Qualifikation der Beteiligten beeinflusst angesehen werden können (vgl. Abschnitt 4.2). Sie stellen aber keine M&A-spezifische Gestaltungsbedingung, sondern eher ein Gestaltungsergebnis dar. So ergibt sich die Qualifikation erst in Abhängigkeit der langfristig auszurichtenden Auswahlverfahren und Qualifikationsmaßnahmen. Die Qualifikation wird im Folgenden für die einbezogenen Beteiligten grundsätzlich angenommen und an ihrem Qualifikationsprofil festgemacht.

In den institutionenökonomischen Ansätzen wurde nur ein Bereich der Fähigkeiten generell als gegeben angenommen: die begrenzte Rationalität, die sich aus einer begrenzten Informationsverarbeitungskapazität im Allgemeinen ergibt (vgl. Abschnitt 5.3.2). Sie beschreibt das Ausmaß der Fähigkeit von Personen Komplexität hinsichtlich der Informationssituation bewältigen zu können (vgl. Ebers 2004, 662). Auch wenn es Unterschiede im individuellen Vermögen komplexe Zusammenhänge zu erfassen gibt, wird es immer eine Begrenzung des Grades an Informationsverarbeitungskapazität geben, die in komplexen Situationen zu begrenzt rationalen Entscheidungen führt. Sie wirkt in Verbindung mit einer komplexen Struktur problematisch, die zur Verfolgung von nachrangigen, aber einfach greifbaren Teilzielen führen kann, da den Beteiligten der Überblick fehlt, welche Aufgaben zu priorisieren sind. Veränderungen der Rahmenbedingungen werden zu spät oder gar nicht wahrgenommen, was zu einer suboptimalen Abwicklung führen kann.

Barrieren hinsichtlich des Leistungswillens einerseits und Komplexität der Struktur und problematische Aufgabencharakteristika andererseits sind besonders in Verbindung problematisch, da Handlungsspielräume dann relativ einfach ausgenutzt werden können und dies mit höherer Wahrscheinlichkeit auch passiert. Gleichzeitig sind die Eingriffsmöglichkeiten begrenzt, da die Reduktion der Probleme hinsichtlich der Aufgabencharakteristika und der Struktur nur begrenzt möglich ist. Der Motivierung kommt dann eine besondere Rolle zu.

6.2.3 Projektexterne Gestaltungsbedingungen

Weiterhin sind die projektexternen Gestaltungsbedingungen zu beachten. Hierzu zählen die Trägerorganisation (auch Primärorganisation des Akquisiteurs), das Zielunternehmen und das sonstige externe Umfeld (vgl. Abschnitt 4.1.3). Ein Überblick ist Abbildung 6-4 zu entnehmen.

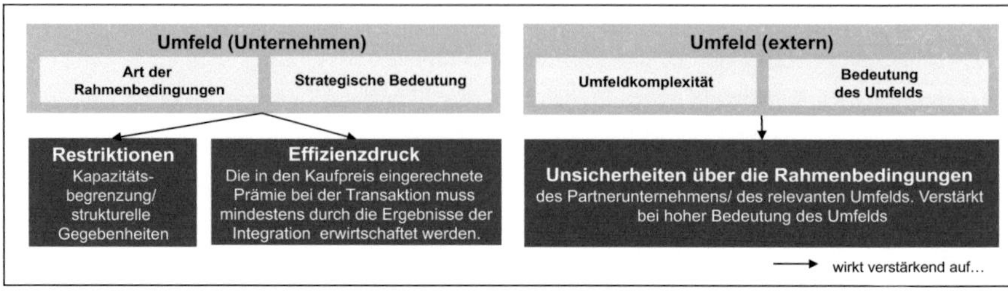

Abbildung 6-4: Wirkungsbezug der projektexternen Bedingungen zu den Restriktionen im Projekt, zum Effizienzdruck und zu den Unsicherheiten über die Rahmenbedingungen

Auch diese Ebene ist für das M&A-Projekt erfolgskritisch und es können sich Probleme ergeben. Eine besondere Stellung nimmt das Zielunternehmen ein, welches aus Sicht der Leistungserstellung, wie die Primärorganisation des Käufers auch, einen durch den Akquisiteur zu integrierenden externen Faktor darstellt. Die Trägerorganisation verfügt aber erst ab dem Closing über diesen externen Faktor und kann ihn daher erst in dieser Phase einbringen. Zuvor hängt die Einbringung von der Kooperationsbereitschaft des Zielunternehmens ab (vgl. Abschnitt 4.1.4). Damit ist es in den ersten beiden Phasen dem externen Umfeld und erst in Integrations- und Abschlussphase dem Unternehmensumfeld zuzurechnen. Der Klarheit der Darstellung wegen wird es im Folgenden durchgehend dem externen Umfeld zugerechnet, da sich die Ausprägung der Bedingungen für beide Ebenen in weiten Teilen ähnelt – wenn man davon ausgeht, dass die Kooperationsbereitschaft gering ausgeprägt ist. Dies ist der wahrscheinlichere Fall, da auch aus wettbewerbsrechtlichen Gründen der Grad der Einbringung beschränkt ist.

Da von einem konkreten Unternehmen und einer Branche abstrahiert argumentiert wird, sind nur sehr allgemeine Aussagen im Hinblick auf die Bedingungen des **Unternehmensumfeldes** möglich. Fokussiert wird auf die strategische Bedeutung, die M&A-Projekten beigemessen wird, und die Ressourcen, die für eine M&A-Strategie zur Verfügung stehen. Hier spielt die von Williamson als wichtig erachtete Häufigkeit mit hinein (vgl. Abschnitt 5.3.2). Je höher die strategische Bedeutung von M&A für die Primärorganisation, desto häufiger werden annahmegemäß auch M&A-Projekte durchgeführt. Hierzu ist anzumerken, dass die Häufigkeit hinsichtlich des Verhältnisses des Projekts zur Primärorganisation per Definition nicht gegeben ist, da M&A-Projekte als einmalig für die Primärorganisation definiert wurden (vgl. Abschnitt 4.1.1). Generell wird aber für M&A-Projekte an sich eine hohe Häufigkeit der Durchführung angenommen, um z.B. das Halten einer eigenen M&A-Abteilung zu rechtfertigen, von der hier ausgegangen wurde (vgl. Abschnitt 2.3.1). Eine weitere wichtige Gestaltungsbedingung ist die Art der Organisationsstruktur der Primärorganisation. Dieser Aspekt wird allerdings ausgeklammert. Generell wird vom Idealfall einer projektförderlichen Struktur ausgegangen (im Hinblick auf das Projekt eher partizipativer, an Zielen ausgerichteter Führungsstil und dezentrale Strukturen, also wenig direktive Einflussnahme durch die Trägerorganisation). Es wird nur die Beziehung zwischen Projekt und einzelnen Bereichen der Primärorganisation (insbesondere das Multiprojekt-Büro/der M&A-Zentralbereich) beachtet, nicht aber das Organigramm der Primärorganisation.

Nur bei hoher strategischer Bedeutung wird eine Motivation bestehen, entsprechende Gestaltungsempfehlungen umzusetzen. Sie ist zudem Voraussetzung für einen M&A-Erfolg, was sich auch im Erfolgsfaktor E2.2 Top-Management-Unterstützung widerspiegelt (vgl. Abschnitt 5.2.3.2). Meist resultiert aus der strategischen Bedeutung ein hoher gezahlter Kaufpreis, der ex-post zu rechtfertigen ist. Er erfordert, dass die bezahlten Synergiepotenziale auch erwirtschaftet werden (vgl. Abschnitt 2.2.2). Hieraus resultiert ein Effizienzdruck für das M&A-Projekt.

Die verfügbaren Ressourcen entstammen der Primärorganisation und die Leistungserbringung erfolgt für sie. So wird ein Unternehmen, welches über ausreichend freie finanzielle Ressourcen für Investitionen verfügt, häufiger M&A durchführen als ein Unternehmen, das diese Bedingung nicht erfüllt. Hier sei auch auf die sogenannte Free-Cashflow-Hypothese als Erklärungsansatz für M&A verwiesen (vgl. z.B. Jansen 2000, 67-68 und zur aktuellen Bedeutung von Zahlungsüberschüssen als M&A-Motiv Abschnitt 1.1). Gleiches gilt für personelle Ressourcen. Liegt eine große M&A-Erfahrung im Unternehmen vor, so wird dies auch eher M&A-Vorhaben fördern als hemmen (vgl. Abschnitt 5.2.3.2). Das sollte aber nicht darüber hinwegtäuschen, dass Ressourcen knapp sind und zwischen Primär- und Projektorganisation eine Konkurrenzbeziehung um knappe Ressourcen besteht. Zudem werden durch ihren Einbezug Kosten verursacht, die sich wertmindernd auswirken können. Auch knappe Ressourcen sind daher, trotz vorausgesetzter projektförderlicher Struktur, eine Grundannahme. Die Ausprägung des Faktors, mit Ausnahme für die Abschlussphase, die weniger Ressourcen beansprucht, ist daher hoch problematisch.

Weiterhin relevant ist die Kooperationsbereitschaft der Mitglieder der Primärorganisation. Diese lässt sich analog zum Leistungswillen der Beteiligten beschreiben. Sofern sie eine Rolle bei der Abwicklung spielen, werden sie bei den internen Bedingungen mit erörtert. Weitere Beteiligte werden bei der Erörterung der Gestaltungsbedingungen ausgeblendet.

Eine weitere externe Ebene, die im Rahmen der M&A-Motive in Abschnitt 1.1 betrachtet wurde, ist das **unternehmensexterne Umfeld**. Diesem kommt bei M&A nicht nur als Treiber für M&A sondern auch als erfolgsbeeinflussende Gestaltungsbedingung im Ablauf des Projektlebenszyklus eine gewichtige Rolle zu (vgl. Lucks 2003, 3 und im Detail zum Umfeld als Einflussgröße von Organisationen Kieser/Kubicek 1992, 365-371). So ist eine Voraussetzung für Wertsteigerung die Konsistenz der Strategie mit dem weiteren Umfeld (vgl. Abschnitt 1.1 und 5.2.1.2). Das Umfeld kann anhand des Komplexitätsgrads allgemein (statisch) und der Dynamik, die aus dem Verhalten der relevanten Marktpartner wie Wettbewerber, Kunden und Staat oder der Entwicklung neuer Technologien innerhalb der anvisierten Branche resultieren (vgl. Abschnitt 1.1), aber auch anhand der Bedeutung für die interne Gestaltung beurteilt werden.

Die Umfeldkomplexität, ohne Berücksichtigung der Dynamik, drückt sich in der Anzahl und Verschiedenartigkeit zu berücksichtigender Einflussfaktoren aus (vgl. im Detail Duncan 1972 und Kieser/Kubicek 1992, 371). So kann die Anzahl relevanter Marktteilnehmer divergieren als auch die verfügbaren Informationen über diese und ihr Geschäftsgebaren. Im internationalen Umfeld ist die Komplexität regelmäßig höher als im nationalen Umfeld, weil der abzugrenzende Markt breiter und meist unbekannt ist. Bei M&A liegt generell, auch unabhängig vom Zugang zu Informationen, eine hohe Komplexität in Bezug auf das zu kaufende Unternehmen vor. Dieses spiegelt ein Modul oder „Bauteil“ wider, welches mit dem eigenen Unternehmen sinnvoll zu verschmelzen ist, um insgesamt ein Unternehmen zu bilden, welches mehr wert ist als diese Teile allein (vgl. im Detail Abschnitt 2.2). Über die Charakteristika dieses zuzukaufenden Teils und damit über dessen Wert für das eigene Unternehmen besteht allerdings, anders als bei Bauteilen technischer Produkte, deren Entwicklung meist mit den Zulieferern abgestimmt ist, große Unsicherheit, da das Kaufobjekt als sozio-technisches System ein hoch komplexes Gut darstellt (vgl. Abschnitt 4.1.4).

Wichtig zu beurteilen für die Gestaltung eines Projektmanagements ist weiterhin der Grad der Veränderlichkeit des Umfelds, der die Umfeldkomplexität erhöht. Umfelddynamik manifestiert sich in der Veränderlichkeit der relevanten Einflussfaktoren und der Häufigkeit des Auftretens neuer Faktoren (vgl. Kieser/Kubicek 1992, 371). So unterliegen verschiedene Branchen je nach Reife und Art der Produkte einem divergierenden Grad an Dynamik (vgl. auch Lucks/Meckl 2002, 90), gleiches gilt für Regionen. Allgemein ist von einer hohen Umfelddynamik auszugehen, auch wenn eine genaue Beurteilung erst bei Betrachtung eines konkreten M&A-Falls möglich ist. Ein Teil der Gesamtdynamik ergibt sich aus dem subjektiven Empfinden, welches phasenspezifisch variiert und daher genauer zu analysieren ist. Sind nur wenige Informationen über den Markt verfügbar, kann es sein, dass die Rahmenbedingungen sich zwar nicht verändern, aber die Informationen über sie, was zu (überraschenden) Planänderungen führen kann (vgl. Lucks 2005a, 164). Ein dynamisches Umfeld kann auch hinsichtlich des Transaktionspartners selbst bestehen, da auch Informationsdichte und -gehalt über den Partner im Zeitablauf veränderlich sind (vgl. Abschnitt 4.1.2.2). M&A-Projekte sind nicht nur von einer Vielzahl an jenseits der Kontrolle des Unternehmens liegenden Einflüssen abhängig. So können sich im Zeitablauf die Bedingungen derart verändern, dass die Transaktion einen anderen (strategischen) Wert für das Unternehmen erhält, weswegen sie ggf. nicht mehr vorteilhaft für das Unternehmen ist. Beispielhaft sei die kartellrechtliche Genehmigung genannt, die durch die entsprechenden Behörden verweigert werden oder nur unter Auflagen gegeben werden könnte. Es wäre aber auch eine Veränderung der Wettbewerbskonstellation oder Kunden- und Zulieferersituation denkbar, die ein Überdenken der Transaktion erforderlich machen. Gleiches gilt für zusätzlich erworbene (negative) Informationen über den Transaktionspartner. Z.B. kann es passieren, dass erwartete Patente nicht vorliegen oder relevante technische Anlagen weniger leistungsstark sind als erwartet. Derartige Ereignisse sind nur schwer prognostizierbar und müssen ad hoc bei Eintreten berücksichtigt werden.

Für die Gestaltung des Managementansatzes ist die Bedeutung, die die Faktoren für das Projekt haben, relevant. Diese bemisst sich an der Abhängigkeit des Projekts von der Umwelt (vgl. auch Kieser/Kubicek 1992, 371). Je stärker das M&A-Projekt von Veränderungen des Umfelds betroffen ist, desto intensiver sind die Entwicklungen im Umfeld zu beobachten.

Aus diesen externen Bedingungen resultieren Informationsasymmetrien zwischen projektexternen Partnern (Zielunternehmen, sonstige Marktpartner) und dem Akquisiteur. Die externen Gestaltungsbedingungen führen zu Unsicherheit aufgrund der bestehenden Informationsasymmetrien. Hier besteht die Besonderheit, dass diese Faktoren als exogen betrachtet werden, also nicht durch das Unternehmens- oder M&A-Management direkt beeinflussbar sind. Eine direkte Motivationswirkung wäre zwar grundsätzlich denkbar, z.B. in Form von Lobbyarbeit, wird hier aber nicht näher beachtet, da der Fokus auf der internen Projektgestaltung liegt.

6.3 Gestaltungsobjekte: Teilprojektspezifische Analyse der M&A-Projektlebenszyklusphasen

6.3.1 Überblick

Als Gestaltungsobjekt werden die Lebenszyklusphasen der Teilprojekte Transaktion und Integration unterschieden. Folgende zugrunde liegende Annahme basiert auf den Ergebnissen in Abschnitt 4.1.4 und stellt die zweite Teilkomponente der übergeordneten Hypothese (H2, vgl. Abschnitt 6.1.2) dar.

> *(H2.2) Es liegt jeweils eine signifikant unterschiedliche Ausprägung der Gestaltungsbedingungen für das Transaktions- und das Integrationsprojekt im Zeitablauf vor.*

Diese Annahme stützt sich auf die Feststellung, dass die Beteiligten dieser Teilprojekte unterschiedliche Arten von Dienstleistungen erbringen, die sich u.a. hinsichtlich ihrer Integrativität unterscheiden. Da diese erhebliche Auswirkungen auf die Qualität des Leistungsergebnisses hat, ist diese Gestaltungsbedingung sehr erfolgskritisch und erfordert bei unterschiedlicher Ausprägung einen distinkten Gestaltungsansatz. Auch für weitere Faktoren lassen sich Unterschiede erkennen, die noch herauszuarbeiten sind. Allein die Abschlussphase ist hinsichtlich der zu erbringenden Teilleistungen homogen und wird daher für beide Teilprojekte integriert betrachtet. Der Fokus liegt auf den Primäraufgaben und an den mit der Bearbeitung dieser beauftragten M&A-Projektteams (vgl. Abschnitt 4.1.2.2 bzw. 4.1.3). Die dem Handlungssystem zuzuordnenden Projektrollen werden erst bei den Gestaltungsparametern wieder aufgegriffen, da sie in erster Linie Teil des Gestaltungsansatzes sind.

Abbildung 6-5 zeigt im Überblick eine Bewertung der Ausprägungen der Gestaltungsbedingungen für die Gestaltungsobjekte.

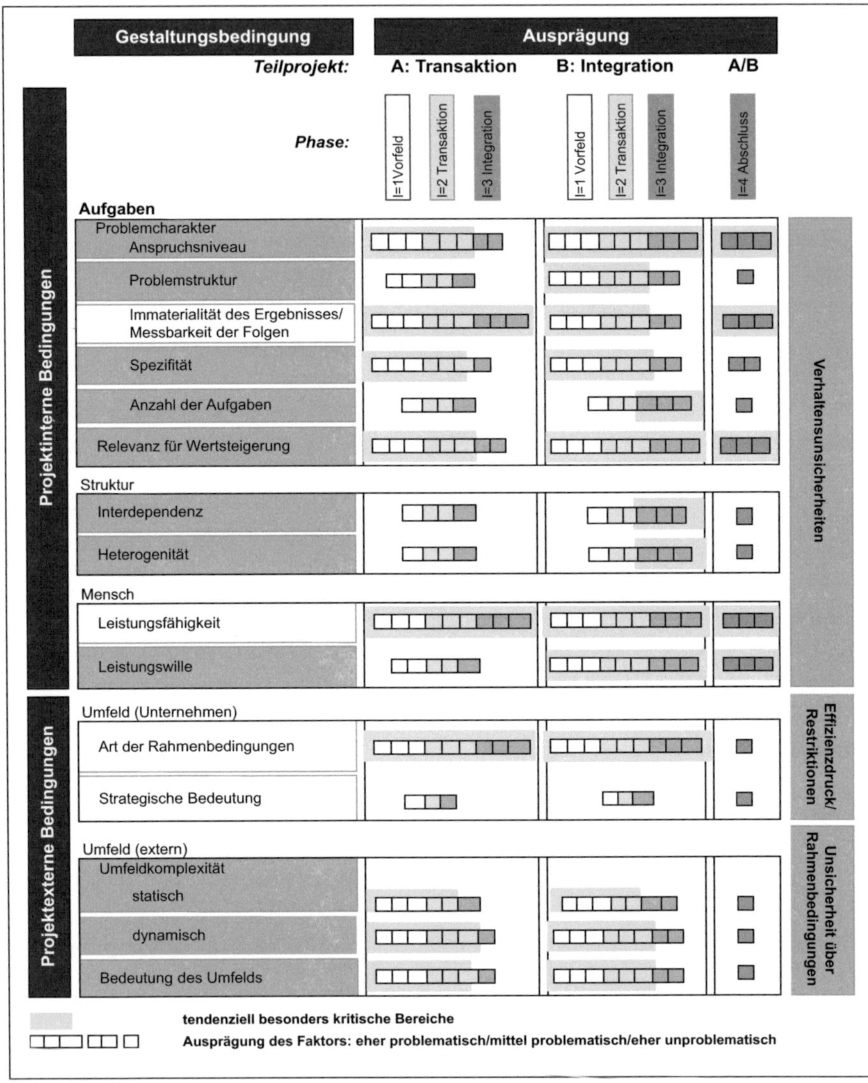

Abbildung 6-5: Beschreibung der Gestaltungsobjekte und resultierende Probleme

Die Ausprägungen sind auf einer dreistufigen Ordinalskala einzuordnen: eher problematische Ausprägung, mittlere problematische Ausprägung, eher unproblematische Ausprägung. Eine genauere Bewertung z.B. auf metrischem Skalenniveau ist wegen der fehlenden Messbarkeit nicht möglich. Je breiter ein farbiger Abschnitt innerhalb des Gesamtbalkens ist, desto problematischer ist die Gestaltungsbedingung in der Phase. Zusätzlich dargestellt sind in den

Spalten rechts die Wirkungen der Gestaltungsbedingungen auf die Problembereiche, analog zu den Zuordnungen in Abschnitt 6.2. Dunkelgrau markiert sind die für beide Teilprojekte zu bewertenden Faktoren. Die Bereiche mit tendenziell problematischer Ausprägung sind durch einen grauen Balken optisch betont.

6.3.2 Vorfeldphase

Zunächst zu den **Aufgabencharakteristika**. Der Problemcharakter und die daraus resultierende Verhaltensunsicherheit sind in der Vorfeldphase eher ungünstig ausgeprägt (vgl. allgemein auch Lucks 2005b, 877). Das Anspruchsniveau der Aufgaben ist hoch und erfordert ein breites akademisches/fachliches und Erfahrungswissen. So sind im Transaktionsprojekt insbesondere Branchenkenntnisse, Kenntnisse der Behörden und Erfahrungen mit diesen, Vertragsrechtskenntnisse, Kenntnisse im Bereich Unternehmensbewertung, internationaler Rechnungslegungsnormen und Erfahrungen bei Verhandlungen hilfreich. Auch wenn das Wissen grundsätzlich über externe Berater oder Spezialisten der Primärorganisation besorgt werden kann, sind zumindest Kenntnisse zur Beurteilung dieser Aufgaben erforderlich. Die zu lösenden Probleme sind eher unstrukturierter Natur. So ist im Rahmen der vorausgehenden Projektdefinition eine Strategieausrichtung in verschiedene Regionen und hinsichtlich verschiedener teilweise sehr komplexer Branchen möglich. Die Auswahl der potenziellen Kandidaten kann aus einer theoretisch unbegrenzten Liste zu treffen sein. Es besteht die Gefahr, dass Projektteammitglieder die Lösung priorisieren, mit denen ihre persönlichen Interessen am ehesten gewahrt sind. Einige Aufgaben wie Bewertung, Beurteilung der Genehmigungsfähigkeit und Abschluss von Vorverträgen sind insgesamt besser strukturiert, daher wird ein mittleres problematisches Niveau angenommen.

Im Integrationsprojekt sind Kenntnisse der Unternehmensanalyse und der strategischen Planung erforderlich. Obwohl die den Analysen zugrunde liegenden Methoden gut strukturiert sind (Fit-Analyse, Methoden der Unternehmensanalyse etc.), sind sie in der Umsetzung als eher anspruchsvoll einzustufen. Dies bezieht sich besonders auf die zu schätzenden Daten und deren Interpretation. Zur Umsetzung sind geschäftsspezifische Kenntnisse erforderlich. Als Beispiele sind zu nennen: Kenntnisse zur Produktprogrammgestaltung, Standortplanung und Strukturierung von Verwaltungseinheiten (vgl. Lucks/Meckl 2002, 90; Clever 1993, 128). Weiterhin sind Spezialkenntnisse in allen Belangen der Entwicklung eines Führungskonzepts zur Simulation der integrierten Einheit notwendig. So z.B. Kenntnisse des nationalen/internationalen Gesellschafts- und Steuerrechts, der Mitsprache- und Mitbestimmungsrechte, der Corporate Governance, der Unternehmensfinanzierung, der Währungs- und Länderrisikoanalyse und der Bilanzierung. Die Problemstrukturierung ist gering, da für die Gestaltung der integrierten Einheit eine Vielzahl an Möglichkeiten zur Verfügung steht, die es zu analysieren, bewerten, auszuwählen und zu gestalten gilt.

Die Spezifität ist inhaltlich als eher niedrig einzustufen. So basieren die Aufgaben beider Teilprojekte eher auf allgemeinem Methoden- und Branchenwissen, welches gut außerhalb des Unternehmens/Projekts genutzt werden könnte und auch stark nachgefragt wird, allerdings auch von außen z.B. über Berater beschafft werden kann. Problematisch ist eher das wettbewerbsrelevante Wissen. Das Wissen über eine anstehende M&A-Transaktion ist für Außenstehende, insbesondere Investoren und Wettbewerber, äußerst wertvoll und es besteht ein hoher Anreiz bei den Beteiligten, das Wissen außerhalb des Unternehmens zu verwenden. Letztendlich ist also die Abhängigkeit der Projekt- und Unternehmensleitung von den Projektbeteiligten als sehr hoch einzustufen. Für das Integrationsprojekt ist anzumerken, dass zwar wegen der stärkeren Verknüpfung mit dem Geschäft eine gewisse „Site specifity" (vgl. Picot, A./Dietl/Franck 2005, 60) vorliegt, diese aber im Vergleich zu späteren Phasen noch mäßig ausgeprägt ist. Die Anzahl der Aufgaben hat noch nicht die Breite späterer Phasen.

Die Aufgaben beider Teilprojekte sind hoch relevant für die Wertsteigerung, weil eine fehlende Genehmigungsfähigkeit einen schnellen Abbruch oder eine schnelle Anpassung der Pläne erforderlich macht. Wichtige Information für die Genehmigung umfasst den vermutlichen Kaufpreis, der durch das Transaktionsprojekt auf Basis der Planungen im Integrationsprojekt zum ersten Mal zu schätzen ist. Wird ein erforderlicher Abbruch nicht rechtzeitig erkannt, sind alle weiteren Investitionen in die Projektdurchführung sinnlos und mindern den Wert des Käufers. Analog gilt dies für die Auswahl des Kandidaten, welche aber auf dem Anforderungskatalog der strategischen Vorplanung basiert und damit nicht allein einer mangelhaften Durchführung der Transaktion angelastet werden kann. Der Druck, diese Aufgaben effizient durchzuführen, ist damit hoch.

Die **Komplexität der Struktur** ist für beide Teilprojekte begrenzt. Die projektinterne Interdependenz dürfte zwar hoch und auch meist teamorientiert sein, die Gesamtzahl der Verknüpfungen ist aber wegen der noch relativ geringen Anzahl einzubeziehender Personen, die vor allem Analyse- und Bewertungsaufgaben in Abstimmung untereinander übernehmen, für beide Teilprojekte überschaubar. Die Heterogenität der Personen ist trotz der Verschiedenartigkeit und des Anspruchs der Aufgaben ebenfalls als gering einzustufen. Die Beteiligten selbst sind vom fachlichen Hintergrund und der hierarchischen Stellung eher gleichartig. So dürfte ein hohes praxisbasiertes/akademisches Bildungsniveau bei den Beteiligten überwiegen. Zu Beginn sind meist nur die Geschäftsführung und interne Analysten beteiligt (vgl. Meckl 2004, 457; Lucks 2003, 4). Beispiele für einbezogene Beteiligte sind das Top-Management, Experten der Organisationsentwicklung und der M&A-Abteilung, Manager der betroffenen Unternehmensbereiche und ggf. weitere externe M&A-Experten oder Strategieberater (vgl. Meckl 2004, 457), Kommunikationsexperten, sofern Informationen unerwünscht nach außen dringen, Steuerberater und Wirtschaftsprüfer. Beispiele für Beteiligte im Transaktionsprojekt sind Mitarbeiter von Investmentbanken und Unternehmensmaklern (vgl. Siebenhaar/Zeller 1993, 153; Gomez/Weber 1989, 49). Im Integrationsprojekt wird die Heterogenität damit leicht höher sein als im Transaktionsprojekt, da das erforderliche Wissen breiter ist, was sich an der Breite der Aufgabeninhalte festmachen lässt (vgl. im Detail Abschnitt 4.1.2.2).

Der **Leistungswille der Beteiligten** in der Vorfeldphase dürfte im Transaktionsprojekt weitestgehend gesamtzielkonform sein, da die persönliche Betroffenheit (Erwartung negativer Folgen) von den eigenen Aufgaben eher gering ist. Angst könnte sich dahingehend ergeben, dass auch das zu kaufende Unternehmen M&A-Experten beschäftigt und damit eine Schrumpfung dieses Mitarbeiterstabs bevorstehen könnte. Generell ist aber anzunehmen, dass die Beteiligten an Transaktionsaufgaben über Wissen verfügen, welches auch projektextern nachgefragt wird. Ihre Abhängigkeit vom Arbeitgeber ist damit eher gering und ihre generelle Arbeitsplatzsicherheit relativ hoch, da sie leichter eine neue Aufgabe finden können. Bezogen auf die Mitarbeitertypen dürften für diese M&A-Experten eher die Typen I, III und IV nach Schein anzunehmen sein (vgl. Abschnitt 5.3.3.3). Etwas anders sieht dies für die integrationsbezogenen Aufgaben aus. Die Aufgaben der Beteiligten sind stärker geschäftsspezifisch, die Aufgabenträger damit stärker vom Arbeitgeber abhängig als die mit der Transaktion beauftragten Beteiligten. Zudem weisen die Aufgaben einen stärkeren Bezug zur Gestaltung des eigenen Arbeitsplatzes auf. Die persönliche Betroffenheit (Erwartung negativer Folgen der eigenen Handlung) ist damit höher. Der Mitarbeitertyp dürfte aber dennoch grundsätzlich dem im Transaktionsprojekt entsprechen.

Abschließend ist das **projektexterne Umfeld** zu bewerten. Zu Beginn des strategischen Vorhabens ist die Umfeldkomplexität für beide Teilprojekte aus statischer Sicht hoch, da eine Vielzahl potenzieller Partner und relevanter (Kartell-) Behörden im internationalen Umfeld zu analysieren bzw. ausfindig zu machen ist. So sind die Auflagen mehrerer Kartellbehörden zu beachten und auch das zu berücksichtigende Wettbewerbsumfeld (neue/alte Wettbewerber, Anbieter von Substitutionsprodukten) sowie das Zulieferer- und Kundennetz sind komplex. Da die externen Bedingungen die Planung der integrierten Einheit beeinflussen, haben sie auch Auswirkungen für das Integrationsprojekt.

Umfelddynamik resultiert aus der noch sehr vagen Informationssituation für beide Teilprojekte. Über das externe Umfeld liegen nur wenige Informationen vor oder sie sind asymmetrisch verteilt. Daher kann das Verhalten der Marktpartner schlecht abgeschätzt werden. Während das Management des Zielobjekts über alle Informationen zum eigenen Unternehmen verfügt, sind die Informationen des Käufers begrenzt, da bis zur Vorfeldsondierung aus Geheimhaltungsgründen meist noch keine Kontaktaufnahme erfolgt ist. Zumeist beschränken sich die Informationen auf extern verfügbare Daten der Unternehmen wie Jahresabschluss und Branchenanalysen spezialisierter Institute und Beratungen. Konkretere Informationen fehlen oder sind inhaltlich nicht abgesichert. Bei Einbezug externer Berater kann zwar auf deren Marktwissen zurückgegriffen und dieses Defizit teilweise geheilt werden. Dennoch fehlen Detailinformationen. Die Analysen beider Teilprojekte basieren daher auf Prognosen, die wegen des noch hohen Maßes an Subjektivität bei den Schätzungen mit großer Unsicherheit behaftet sind (vgl. so auch Mahler/Massen 2006, 60; Vogel 2002, 172). Eine erste Zunahme an Informationssicherheit ist nach der ersten Kontaktaufnahme im Rahmen der Vorfeldsondierung gegeben. Allerdings sind die Informationen auch dann mit Vorsicht zu nutzen, da sie geschönt sein könnten (vgl. Lucks 2002c, 160-161). Der Käufer hat nur einen geringen Einfluss auf den Umfang und die Qualität der zur Verfügung stehenden Informationen und ist auf die Kooperation des Akquisitionspartners angewiesen. Allerdings dürfen wettbewerbsrelevante Informationen jetzt noch nicht ausgetauscht werden. Die Informationen über das Umfeld und damit die Unsicherheit über dieses sind hoch, was zu subjektiv als dynamisch empfundenen Umfeldbedingungen führt. Hinzu kommt, dass die qualitativen Informationen im Rahmen der Grobbewertung zu quantifizieren sind. Auch dieser Vorgang basiert auf Subjektivismen und ist mit weiteren Unsicherheiten behaftet.

Gerade bei der allen Aktivitäten vorangehenden strategischen Analyse ist die Bedeutung des Umfelds enorm, da die strategische Ausrichtung mit dem Umfeld langfristig kongruent sein sollte. Folge ist, dass die subjektiv geprägten Schätzungen und die genutzten Informationen im Zeitablauf zu prüfen und ggf. anzupassen sind (vgl. Lucks 2002c, 160). Dies hätte Auswirkungen für beide Teilprojekte, die sich an diesen Zielen zu orientieren haben.

6.3.3 Transaktionsphase

Wegen der Gleichartigkeit vieler **Aufgaben** der Transaktionsphase mit denen der Vorfeldphase, reicht an einigen Stellen ein einfacher Bezug auf die Ausführungen in Abschnitt 6.3.2. Der Problemcharakter bleibt diffizil. Der Schwierigkeitsgrad steigt im Vergleich zur Vorfeldphase, in der dieser bereits auf sehr hohem Niveau ist (vgl. auch Very/Schweiger 2001, 13), da wegen der besseren Informationen akribischer an die inhaltlich sehr ähnlichen Aufgaben (vgl. Abschnitt 4.1.2.2) heranzugehen ist. Spezifisches Problem dieser Phase ist die Filterung der vom Verkäufer offengelegten Informationen, da diese meist, zur gezielten Generierung einer ungeordneten Informationsflut, sehr umfangreich sind (vgl. Lucks/Meckl 2002, 165, 168). Auf Basis der Informationen ist z.B. für die Detailbewertung im Transaktionsprojekt die zukünftige Ertragskraft zu prognostizieren. Die zu schätzenden Zahlungsströme basieren u.a. auf den Schätzungen zur technologischen Stellung des Zielunternehmens, dessen Position im Markt und der allgemeinen Marktentwicklung – damit ist auch Marktwissen weiterhin relevant. Die möglichst genau durchzuführende periodengerechte Prognose der quantifizierten Nettozahlungsströme ergibt sich aus einzelnen nun detaillierter zu planenden Integrationsmaßnahmen (vgl. Lucks/Meckl 2002, 112-116; Kerler 2000, 239-240) und ist komplex wenn eine intensive Verflechtung der Organisationen angestrebt wird. Die Aufgaben bleiben unstrukturiert. So unterliegt z.B. die Unternehmensbewertung einigen Ermessensspielräumen, die nicht immer transparent sind. Dies gilt z.B. für die Prognose der Cashflows und für den Verlauf der Verhandlungen. Für die abschließende Erfolgsbewertung ist nur schwer ersichtlich, ob Verhandlungen tatsächlich vollständig im Interesse des Unternehmens geführt wurden. Die Problemstrukturierung ist aber eher gegeben als im Integrationsprojekt. Daher wird ein mittleres problematisches Niveau angenommen.

Für die Integrationsmaßnahmen sind die Aufgaben ebenfalls auf konstant hohem Anspruchsniveau. Die Aufgaben sind wiederum vergleichbar zur Vorfeldphase, der Detaillierungsgrad der Ausführung steigt allerdings (vgl. Abschnitt 4.1.2.2). Konkret ist zu planen, welche Bereiche der Organisationen wie zu integrieren sind (vgl. Haspeslagh/Jemison 1987, 55). Zusätzliches Expertenwissen ist für beide Teilprojekte entsprechend der relevanten Prüfungsfelder der Due Diligence erforderlich, insbesondere um Risiken aufzudecken und Chancen zu identifizieren. Generelles Problem der Transaktionsphase ist die Informationsüberflutung. Es liegen nun theoretisch alle relevanten Informationen zum Zielobjekt offen, die die Informationsverarbeitungskapazität der Beteiligten übersteigen könnten. Wichtige Informationen könnten dann übersehen werden (vgl. zum Informationsparadoxon Meckl 2006a, 67). Das Problem ist unstrukturiert. Dies gilt besonders für die Planung des Personalstamms der integrierten Einheit im Rahmen des Integrationsprojekts. Die Auswahl der möglichen Personen bezieht sich auf das Personal aus Käufer- und Zielunternehmen und unterliegt Ermessensspielräumen. Eine standardisierte Auswahl wird kaum möglich sein und auch der genaue Ressourcenbedarf (quantitativ/qualitativ) ist noch unklar.

Für die Spezifität gelten die Aussagen zur Vorfeldphase für beide Teilprojekte analog. Sie nimmt im Integrationsprojekt leicht zu, da eine intensivere Beschäftigung mit Geschäftsspezifika erforderlich ist und es schwieriger wird, das Wissen von extern zu rekrutieren. Sie ist aber wegen des großen Anteils konzeptioneller Aufgaben immer noch auf problematischem Niveau. Aus Wettbewerbssicht bleibt das Wissen hoch interessant, da meist noch von Anonymität auszugehen ist. Insgesamt gilt damit ein sehr problematisches Niveau. Die Anzahl der Aufgaben dürfte, dies liegt vor allem am besseren Informationsstand, für beide Teilprojekte höher als in der Vorfeldphase sein.

Die Relevanz für die Wertsteigerung bleibt in dieser Phase für beide Teilprojekte hoch. So hat die Unternehmensbewertung im Transaktionsprojekt einen bedeutsamen Einfluss auf die Wertsteigerung für das Käuferunternehmen. Diese hängt von der Güte der Prognosen, deren Grundlagen im Integrationsprojekt zu erarbeiten sind, und dem Verhandlungsgeschick ab. Je besser die Prognosen und das Verhandlungsgeschick, desto eher ist der realistische Stand-alone-Wert des Zielobjekts bekannt und die Gefahr eines zu hohen Kaufpreises ist gemindert. Die Chance, dass die errechneten Werte für Synergien und Restrukturierungen tatsächlich zu bestimmten Kosten realisiert werden können, ist höher.

Hinsichtlich der **Komplexität der Struktur** lässt sich eine etwas problematischere Situation als in der Vorfeldphase feststellen. Die Interdependenz steigt für beide Teilprojekte in dem Maße, wie zusätzliche Personen für weitere Planungsbereiche mit spezifischem Know-how und heterogenem Hintergrund erforderlich sind. Teilprojektinterne Verbindungen sind wegen der steigenden Anzahl arbeitsteilig zu erledigender Aufgaben intensiver. Generell dürften sie aber auf mittlerem Niveau sein. Die Anzahl an Personen ist zwar höher als in der Vorfeldphase, da nun der Aufgabenumfang durch das breite Spektrum und den Detaillierungsgrad zunimmt (vgl. Meckl 2004, 456), bleibt aber weiterhin unter dem Niveau der Integrationsphase.

Sie ist von der Komplexität des Projekts abhängig. Je heterogener die betroffenen Unternehmensbereiche und ihre Geschäftsaktivitäten, desto größer wird auch die Teamgröße beider Teilprojekte sein (vgl. Vogel 2002, 161). So sind für eine Bewältigung der Aufgaben im Rahmen der Due Diligence eine Vielzahl an Personen mit spezifischem Branchen-, Methoden- und weiteren Fachkenntnissen erforderlich. Die Anzahl steigt mit zunehmendem Zeitdruck. Gerade bei internationalen Transaktionen kann auch ein zusätzliches Team vor Ort erforderlich sein (vgl. Vogel 2002, 161).

Die Heterogenität der Beteiligten ist im Vergleich zur Vorfeldphase in beiden Teilprojekten ebenfalls höher, erreicht aber noch nicht das Niveau der Integrationsphase. Dies liegt an dem sprunghaft gestiegenen Bedarf an Fachleuten, welcher intern häufig nicht vollständig gedeckt werden kann (vgl. Lucks/Meckl 2002, 168) und sich aus dem teilweise sehr spezifischen erforderlichen Fachwissen ergibt. Im Transaktionsprojekt sind dies z.B. Experten spezieller Rechtsgebiete oder mit Kenntnissen zur Beurteilung technischer Anlagen, Verhandlungsexperten, Versicherungsmathematiker etc. Die Besetzung erfolgt häufig auch mit Externen, da sie eher eine neutrale Einstellung zum Vorhaben und eine kritischere Sicht auf die Bewertung der Wert- und Kostenkomponenten haben (vgl. Lucks/Meckl 2002, 92, 118 und generell Richter 2005, 188; Very/Schweiger 2001, 13). Im Integrationsprojekt kann die Heterogenität signifikant höher sein, wenn Personen aus beiden Organisationen oder deren Kunden/Lieferanten o.ä. einbezogen werden, um auf ihre geschäftsspezifischen Kenntnisse zurückgreifen zu können (vgl. Lucks/Meckl 2002, 115).

Die **Interessenlage der Beteiligten** ändert sich im Transaktionsprojekt im Vergleich zur Vorfeldphase kaum. Die Arbeiten bleiben inhaltlich vergleichbar und die Betroffenheit verändert sich nicht. Im Integrationsprojekt besteht die Gefahr, dass eine Blockade wirtschaftlich optimaler Integrationspläne seitens der Beteiligten aus den Fachbereichen erfolgt. So könnte der Fall eintreten, dass diese ihren eigenen Arbeitsplatz oder den von Kollegen bei objektiver Betrachtung weg rationalisieren müssten. Diese negative Folge des eigenen Handelns führt zu Demotivation. Hier lässt sich gut vorstellen, dass derartige Vorschläge, die ggf. gesamtzielkonform sind, kaum erfolgen. Denkbar wäre zwar auch eine Reaktanzstrategie, also die Erhöhung der eigenen Leistung, um dem Wandel die Berechtigungsgrundlage zu nehmen (vgl. Klose/Weinert 2007, 368), was die Gefahr des Opportunismus aber nicht mindert. Allgemein ist diese Phase von großer Unsicherheit für die Beteiligten geprägt, was auch die Gefahr der Abwanderung von Schlüsselpersonen erhöht. Besonders problematisch ist die Wartephase zwischen Signing und Closing, die Unklarheit über die Zukunft der Beteiligten lässt. Direkt ins Projekt eingebunden sind weiterhin vorwiegend eher die Typen I, III oder IV nach Schein.

Die **projektexternen Bedingungen** gelten für beide Teilprojekte analog. Die Umfeldkomplexität ist geringer als in der Vorfeldphase, da das relevante Umfeld durch die Fokussierung auf einen potenziellen Partner besser eingegrenzt und damit überschaubarer ist. Da aber stärker ins Detail zu gehen und auch innerhalb des Unternehmens eine Vielzahl an Faktoren, insbesondere im Rahmen der Due Diligence, zu analysieren ist, bleibt ein hohes Niveau an Komplexität bestehen.

Da mit zunehmender Wahrscheinlichkeit eines Kaufabschlusses, unter Beachtung wettbewerbsrechtlicher Regelungen, eine großzügigere Offenlegung von Informationen erfolgt (vgl. Lucks/Meckl 2002, 165), verändert sich das Umfeld aus subjektiver Sicht. So liegen nun bessere Informationen vor und die Prognosen können verbessert werden. Dies kann dazu führen, dass erkannt wird, dass die Zielvorgaben nicht mit dem avisierten Vorhaben erreichbar sind. So kann z.B. die Schätzung der Markt- oder Technologieposition falsch gewesen sein und neue schwer abschätzbare und/oder nicht versicherbare Risiken erkannt werden. Dann wäre eine Minderung des Kaufpreises, eine Änderung der Planungen oder ein Abbruch der Transaktion ggf. in Verbindung mit einer Aufnahme von Verhandlungen mit dem Zweitplatzierten erforderlich (vgl. Lucks/Meckl 2002, 92, 163). Ähnliches wäre auch bei der Prüfung der kartellrechtlichen Genehmigung denkbar, wenn erkannt wird, dass die Transaktion kartellrechtlichen Bestimmungen zuwider läuft. So hat Springer Anfang 2006 die geplante Übernahme von ProSieben Sat1 wegen der zahlreichen wirtschaftlichen und juristischen Unsicherheiten eines möglichen Klageweges oder eines Ministererlaubnisverfahrens und der damit verbundenen Risiken nach Prüfung durchs Kartellamt erst am Ende der Transaktionsphase abgesagt (vgl. o.V. 2006). Generell können auch die Kriterien der Kartellbehörden selbst einem Wandel unterliegen (vgl. Lucks/Meckl 2002, 119).

Das unternehmensexterne Umfeld behält damit weiterhin eine hohe bis sehr hohe Bedeutung, was bei der Gestaltung des Projektmanagement-Ansatzes zu berücksichtigen ist (vgl. Lucks/Meckl 2002, 82-83, 98-99; Frank 1993, 142), um eine aus ihnen resultierende Gefahr der Zielverfehlung schnell aufdecken und einen Transaktionsabbruch, sofern erforderlich, rechtzeitig einleiten zu können.

6.3.4 Integrationsphase

Die Hauptrolle in der Integrationsphase nimmt das Integrationsprojekt ein, auf das sich die meisten Aussagen beziehen. Aber auch das **Transaktionsprojekt** ist noch nicht abgeschlossen. Es ist die Werthaltigkeit der Verträge zu prüfen und für deren Umsetzung Sorge zu tragen, was immer noch eine anspruchsvolle Tätigkeit darstellt. Anpassungen sind ggf. erforderlich. Die **Aufgabencharakteristika** sind aber insofern weniger problematisch, als dass eine strukturierte Vorgehensweise möglich ist. Auch die Spezifität und damit die Abhängigkeit des Projektleiters von den Beteiligten ist eher hoch, da Wissen über die Vertragsinhalte an dieser Stelle erhebliche Vorteile bringt. Ein Wechsel der Beteiligten wäre damit eher ungünstig. Die Relevanz für die Wertsteigerung ist weiterhin hoch (mittlere problematische Ausprägung). Weniger problematisch ist wegen geringer Teamgröße und weitestgehend gegebener Homogenität der Beteiligten die **Komplexität der Struktur**. Zusätzlich dürfte die langfristige Perspektive der Teambeteiligten zu diesem Zeitpunkt bei effizienter Integrationsplanung klar und

Unsicherheiten seitens der Beteiligten über ihre Zukunft im Unternehmen dürften beseitigt sein, was zu weniger starken Interessendivergenzen führt. Die **projektexternen Bedingungen** sind nun ebenfalls günstiger, da nun alle erforderlichen Informationen (in- und extern) zur Prüfung zugänglich sind.

Problematischer ist die Situation im **Integrationsprojekt**. Der Problemcharakter als Teilaspekt der **Aufgabencharakteristika** ist sehr ungünstig ausgeprägt. So sind die Aufgaben der Integrationsphase äußerst anspruchsvoll und risikoreich in der Umsetzung (vgl. Lucks 2005b, 875). Dies dürfte vor allem daran liegen, dass nur wenige Firmen Integrationen häufiger durchführen und über die erforderliche Erfahrung für diese schwierige Aufgabe verfügen (vgl. Ashkenas/DeMonaco/Francis 1998, 6). Die Phase wird daher auch als wesentlich für den Akquisitionserfolg qualifiziert (vgl. Abschnitt 5.2.3.3.2). Hinsichtlich der Art der Aufgaben sind einige Veränderungen im Vergleich zu den beiden vorausgehenden Phasen anzumerken. Es steht nun weniger die strategische Planung, sondern vielmehr die operative Umsetzung im Vordergrund. Es müssen die beiden Organisationen zu einer einzigen verschmolzen werden. Hierzu sind Kenntnisse der Prozesse in beiden Unternehmen erforderlich, die generell auch für traditionelle Managementaufgaben der Restrukturierung notwendig sind (vgl. Meckl 2004, 456). Zu beachten sind weiterhin gesetzliche Vorgaben der Mitbestimmungs- und Betriebsverfassungsgesetze und des Individualarbeitsrechts (vgl. Lucks/Meckl 2002, 144). Dementsprechend ist ein breites Expertenwissen erforderlich. Die erforderlichen Kompetenzen haben nun eher Mitarbeiter der betroffenen Bereiche der beteiligten Unternehmen oder auf die operative Umsetzung fokussierte Beratungen, häufig auch mit einem IT-Schwerpunkt. Dies gilt vor allem bei der Zusammenlegung von Finanz- oder Beratungsdienstleistungsunternehmen. Die Probleme sind zwar unstrukturiert, da wegen der Vielzahl an Möglichkeiten der Gestaltung der integrierten Einheit weiterhin Gestaltungsprobleme vorliegen, die auch nur schwer transparent für höhere Hierarchieebenen sind. Allerdings grenzen konkrete Maßnahmenpläne nun Handlungsspielräume zumindest teilweise ein. Die Aufgaben stellen insgesamt hohe Ansprüche an die analytischen und operativen Kenntnisse und Erfahrungen der Projektbeteiligten.

Die Tätigkeiten sind sehr auf die konkreten Bedingungen des Unternehmens angepasst und damit eher organisationsorientiert. Allerdings ist auch Wissen zur Prozessoptimierung bedeutsam, welches eher konzeptioneller Art und universell nutzbar ist. Daher wird von einer mittleren Spezifität ausgegangen, wobei der Grad innerhalb des Integrationsprojekts je nach Aufgabe variiert und tendenziell höher ist als im Rahmen des Transaktionsprojekts und den vorhergehenden Phasen des Integrationsprojekts. Es ist zwar keine Geheimhaltungspflicht mehr gegeben, allerdings erwerben die Mitarbeiter weiterhin wettbewerbsrelevantes Wissen. Dies dürfte aber kaum über das Ausmaß im Rahmen eines normalen Geschäftsbetriebs hinausreichen. Der Umfang der Aufgaben ist in dieser Phase enorm, woraus sich Kapazitätsengpässe ergeben können.

Die Relevanz für die Wertsteigerung der Aufgaben ist in ihrer Gesamtheit hoch, da erst die tatsächliche Umsetzung der Synergien und der Anfall der Kosten zu einer Realisierung des geschätzten Werts der Gesamttransaktion führen. Wurde ein Kaufpreis nahe dem Stand-alone-Wert vereinbart, stellt jede umgesetzte Synergie, die die Kosten der Realisierung übersteigt, eine Wertsteigerung für den Käufer dar. Liegt der Preis nahe an der Preisobergrenze, ist deren Realisierung Voraussetzung für eine Vermeidung der Wertvernichtung beim Käufer (vgl. im Detail Abschnitt 2.2).

Die **Struktur** ist äußerst komplex. Allgemein wird die Interdependenz als hoch (viele Beziehungen, eher reziprok oder teamorientiert und hohe Anzahl an Personen) einzuschätzen sein, da die in weiten Bereichen komplexen Aufgaben ein breites Wissensspektrum erfordern. Zudem sind die Bereiche der integrierten Einheit so zu planen und umzusetzen, dass sie konsistent sind. Das Gesamtprojekt erreicht nun hinsichtlich der Anzahl der Beteiligten die größte Ausdehnung und kann die bestehende Kapazität des Unternehmens auch überschreiten (vgl. Lucks 2005b, 918; Kolisch 2003, 205).

Für die Gestaltungsbedingungen der Integrationsphase spielt eine bedeutende Rolle, inwiefern in der Vorfeldphase kulturelle Stimmigkeit festgestellt werden konnte und ein hoher Fit nicht einer Fehleinschätzung unterlag. Dies hat einen Einfluss auf den Grad der Heterogenität der Beteiligten im Projekt, da diese in erster Linie aus den Primärorganisationen rekrutiert werden. Hohe kulturelle Divergenz wird die Umsetzung der Integration tendenziell erschweren. Gleiches gilt für die Neuausrichtung von Geschäftsfeldern (vgl. Bark 2002, 79). Es kann aber auch sein, dass bewusst ein niedriger Fit inkauf genommen wurde, weil der Kauf des Unternehmens zu anderen, diesen negativen Aspekt ausgleichenden Vorteilen führt. Fehleinschätzungen hängen mit dem diffizilen Konstrukt Kultur (vgl. auch Abschnitt 5.2.3.3.1) zusammen, welches nur schwer zu operationalisieren ist. Ein konkreter objektiver Vergleich mit der eigenen Unternehmenskultur scheitert zum einen an einer wegen der Wahrung von Anonymität fehlenden Möglichkeit der internen Beobachtung, die für die Kulturbewertung erforderlich wäre (vgl. so auch Schreyögg 1998, 453 und Drumm 1991). Allerdings dürften auch quantitative Methoden scheitern, da kaum von einer objektiven Messbarkeit von Kultur ausgegangen werden kann. Selbst wenn Indikatoren für die Messung von Kultur bestimmt werden, sind diese eher qualitativ. Zu nennen sind z.B. das Führungsverhalten, der Grad der Teamorientierung oder der Leistungshonorierung (vgl. Lucks 2002c, 85). Auch bei Überwindung dieser Hürden bliebe unklar, ab welcher Schwelle Kompatibilität vorliegt. Sollte ein „Cultural Fit“ nicht vorliegen, ist der Grad der kulturell bedingten Heterogenität der Beteiligten besonders hoch und damit auch das Konfliktpotenzial in der Integrationsphase.

Die Heterogenität der Beteiligten in dieser Phase erreicht auch aus weiteren Gründen das höchste Ausmaß. Spätestens nun sind auch Mitarbeiter der betroffenen Fachbereiche des Zielunternehmens in die Integrationsteams zur Umsetzung der Pläne aufzunehmen (vgl. Kolisch 2003, 206). In dieser durch viele Einzelprojekte/Arbeitsgruppen gekennzeichneten Phase sind zumeist alle Bereiche der gekauften Einheit von einer Integration betroffen (vgl. Kolisch

2003, 205-206), was erhebliche Auswirkungen auf die Motivation dieser für das Tagesgeschäft haben kann. Die Beteiligten weisen bei grenzüberschreitenden M&A neben einem entsprechend der Planungsbereiche divergierenden akademischen und fachlichen auch einen abweichenden unternehmenskulturellen, geografischen und sprachlichen Hintergrund auf (Haspeslagh/Jemison 1987, 55; Cartwright/Cooper 1996, 36). Für die Abstimmung sind ggf. Sprach- und auch Ländergrenzen zu überschreiten, was komplexitätsverstärkend wirkt. Erforderlich ist der Einbezug von Beteiligten beider Partnerunternehmen nicht nur aus Akzeptanzgründen für die zu entwerfende Struktur, sondern auch, weil Wissen aus beiden Unternehmen bei der Optimierung der Prozesse relevant ist. Externe Berater bleiben weiter relevant, insbesondere für Aufgaben, die Neutralität oder Spezialwissen erfordern, wie Entscheidungen über den zukünftigen Personalbestand (vgl. Lucks/Meckl 2002, 147, 151). Gleichfalls kann überlegt werden, ob nicht auch Experten zur Sensibilisierung für kulturelle Probleme einzubeziehen sind (vgl. Lucks/Meckl 2002, 153). Zusätzlich sind Kommunikationsexperten gefragt, die laufend für alle Teilumsetzungen eine adäquate interne Kommunikationspolitik und deren Umsetzung in Newslettern, E-Mails oder sogar persönlichen Briefen sicherstellen (vgl. Lucks/Meckl 2002, 145, 170, 206; Clever 1993, 131). Dies ist aus Motivationssicht unumgänglich. Auch die Experten der beiden zuvor erläuterten Phasen sind an dieser Stelle noch zu beteiligen, da sie Detailkenntnisse über die Maßnahmenpläne haben und damit relevantes Wissen einbringen können (vgl. Frank 1993, 143). Das obere Management bleibt weiter relevant, da bei Einbezug Entscheidungen schneller durchsetzbar sind (vgl. Frank 1993, 143). Ähnliches gilt für Arbeitnehmervertretungen, die meist ein gutes Vermittlungsorgan für die Mitarbeiter darstellen und auch aus rechtlicher Sicht bei bestimmten Entscheidungen zu konsultieren sind (vgl. Lucks/Meckl 2002, 148-149). Insgesamt wird als Erfahrungswert von einem Umfang von 20 und mehr einzubeziehenden Fachdisziplinen ausgegangen (vgl. Lucks 2005b, 919).

Hinsichtlich des **Leistungswillens** ist entsprechend des heterogenen Beteiligtenkreises zu differenzieren. Für alle Beteiligten ist problematisch, dass eine Vielzahl an Personen für die Integration erforderlich ist, aber langfristig im Unternehmen tendenziell nicht alle Mitarbeiter weiter beschäftigt werden können. Dass eine Veränderung eintritt, steht an dieser Stelle fest. Die Beteiligten werden dies tendenziell auch akzeptieren. Eine emotionale „Ablösungsphase" wird in diese Zeit des Umbruchs einzuordnen sein. Vermutet wird, dass Beteiligte aufgrund empfundener Trauer über die Auflösung stabiler Strukturen in Teilnahmslosigkeit und Rückzug verfallen könnten (vgl. Klose/Weinert 2007, 368). Dies hätte fatale Folgen für den Erfolg des Abschlusses dieser Phase. Hauptproblem stellen psychische und verhaltensbedingte Auswirkungen dar, die M&A-Transaktionen auf die betroffenen Mitarbeiter haben können und die unter dem Begriff „Merger Syndrome" bekannt sind (vgl. im Detail Marks/Mirvis 1986). Hieraus können erhebliche negative Konsequenzen für die M&A-Transaktion wie Verlust von Leistungsträgern und Demotivation der Mitarbeiter sowie Widerstand bei der Integration resultieren (vgl. Lucks/Meckl 2002, 140-141; Vogel 2002, 191). Viele dieser Probleme werden zwar für die integrierte Einheit beschrieben, gelten analog aber auch für die Projektorganisation, da diese ihre Beteiligten vorwiegend aus dem Unternehmen rekrutiert. Dies gilt insbesondere in dieser Phase mit hohem Bedarf an Personal mit unternehmensspezifischen Kenntnissen. Die Beteiligten führen dann Aufgaben aus, von denen ihr eigener Arbeitsplatz und damit ihre Interessen betroffen sind. Es dürften neben Typen der Theorie I, III und IV nach Schein auch schwierigere Typen, die eher den in Theorie X nach McGregor beschriebenen Mitarbeitertypen oder dem Typ nach Weinert entsprechen (vgl. 5.3.3.3), vorliegen. Bei externen Beteiligten wird dieses Syndrom seltener zu beobachten sein. Ihr Interesse liegt im Aufrechterhalten einer beständigen Beziehung zum Unternehmen als Kunden, weswegen sie kaum in ein emotionales Ungleichgewicht geraten werden. Gefahr besteht hier, dass sie tendenziell Empfehlungen aussprechen, deren Umsetzung weitere Beratungskapazität erfordern wird. Allerdings würden Fehler in der Beratung Image schädigend sein, weswegen die Gefahr begrenzt ist. Insbesondere die geplante Organisationsstruktur, die Dealstrukturierung und die Gestaltung der Corporate Governance haben einen erheblichen Einfluss auf die Motivation der betroffenen Projektbeteiligten und damit auch auf den Erfolg der Umsetzung des Projekts. Beispielhaft zu nennen sind die Führungsstruktur und die Planung des Personalbedarfs der integrierten Einheit, aus denen sich zukünftige Verantwortungsbereiche, monetäre Ansprüche und das soziale Umfeld der Betroffenen im Unternehmen ergeben. Diese Maßnahmen sind daher mit besonderem Feingefühl umzusetzen (vgl. Lucks/Meckl 2002, 56-57, 133; Frank 1993, 142; Haspeslagh/Jemison 1992, 130-131 und allgemein zu Problemen von Reorganisationsvorhaben Ortmann 2007).

Die **projektexternen Bedingungen** sind weiterhin problematisch, allerdings in geringerem Umfang als in Vorfeld- und Transaktionsphase. Das Zielunternehmen zählt nun nicht mehr zum externen Umfeld. Informationsasymmetrien sind in der Regel beseitigt (vgl. Lucks/Meckl 2002, 169) und „Wirtschaftsspionage" (vgl. Lucks/Meckl 2002, 164) kann nun ausgeschlossen werden. Allerdings besteht weiterhin eine Informationsüberflutung. Die Gesamtsituation in Bezug auf die Umfeldkomplexität ist damit nicht unbedingt besser. Da nun aber die erforderlichen Analysen vorliegen, ist sie strukturierter und mit weniger Unsicherheiten behaftet. Im weiteren Verlauf der Integration nimmt die subjektive Dynamik zwar ab, allerdings sind weitere Überraschungen möglich, da nun erst eine vollständige Prüfung des Zielunternehmens durchführbar ist. Ein Abbruch der Transaktion ist allerdings nicht mehr möglich (vgl. Lucks/Meckl 2002, 92). Die bestehenden Unsicherheiten sind zwar nicht mehr dem externen Umfeld zuzurechnen. Sie werden dennoch an dieser Stelle genannt, um die Konsistenz zur Analyse der beiden vorherigen Phasen zu wahren. Inhaltlich hat diese Zuordnung keine Auswirkung auf die Gestaltung des Projektmanagements. Die Veränderungen der Umfeldbedingungen, auch in Bezug auf neue Informationen zum Zielobjekt, können iterative Schleifen erforderlich machen und zu Plananpassungen führen (vgl. Lucks 2003, 5; Lucks 2002c, 145-146). Dem Umfeld kommt eine geringere Bedeutung zu, da Veränderungen nun nicht mehr zum Abbruch der Transaktion führen können. Zudem sind die Prüfungen des Umfelds abgeschlossen und die Informationslage ändert sich durch den Kauf des Unternehmens kaum. Veränderungen, insbesondere wegen der Reaktion von Wettbewerbern und Kunden aufgrund der nun öffentlichen Transaktion, sind insofern weiter von Bedeutung, als diese zu Anpassungen der Maßnahmenpläne und Folgerestrukturierungen führen können. Sie haben einen Einfluss, der nicht mehr M&A-spezifisch ist, sondern für jedes Unternehmen auch ohne laufende M&A-Aktivität gilt.

6.3.5 Abschlussphase

In der Abschlussphase sind Transaktions- und Integrationsprojekt abzuschließen. Eine teilprojektorientierte Differenzierung ist nicht erforderlich, da die Auflösung für beide Teilprojekte analog erfolgt. Die mit dem Problemcharakter als Teil der **Aufgabencharakteristika** verbundenen Schwierigkeiten in dieser Phase sind geringer als in den vorausgehenden Phasen. Der Schwierigkeitsgrad der Aufgaben ist relativ hoch. Es sind Bewertungsmethoden zu beherrschen und den Mitarbeitern ist eine Perspektive zu geben, weswegen auch personalwirtschaftliche Kenntnisse und Erfahrungen und möglichst auch Erfahrungen mit dem Abschluss von Projekten erforderlich sind. Die Aufgaben sind strukturierter als in den anderen Phasen und in der Anzahl überschaubar sowie eher unspezifisch. Sie könnten bei jedem zeitlich befristeten Vorhaben relevant sein. Nach außen dringen sollte das Wissen allerdings nicht, da die Umsetzungskompetenz unter Umständen auch einen strategischen Wettbewerbsvorteil begründen kann (vgl. Abschnitt 1.2). Insgesamt dürfte für die Spezifität eine mittlere problematische Ausprägung anzunehmen sein.

Die Relevanz der Abschlussarbeiten für die Wertsteigerung für das aktuell zu betrachtende Projekt selbst ist eher gering. Sie besteht insofern, als ein Ausblick auf eine strukturierte Abschlussphase motivierend auf die Beteiligten wirken kann und damit Kosten der Abwicklung eingespart werden könnten. Eine hohe Relevanz haben die Aktivitäten aber für Folgeprojekte und damit auch für das Gesamtunternehmen, da Lerneffekte erzielbar sind (vgl. Lucks 2005a, 163). Zudem ermöglichen die Tätigkeiten überhaupt erst eine genaue Quantifizierung der Wertsteigerung.

Die **Struktur** ist weniger komplex als zuvor, was insbesondere daran liegt, dass die Interdependenz eher niedrig einzustufen ist. So sind Beteiligte entsprechend der zu erledigenden Aufgaben einzubinden, die allerdings weniger umfangreich sind. Wichtig sind Controller für die Erfolgsmessung und Personaler und Projektmanagement-Experten für die Auflösung der Projektorganisation. Die Heterogenität der Beteiligten ist ebenfalls eher gering, da der Ausbildungshintergrund der Personen vom Niveau her ebenso wie die hierarchische Position ähnlich sein dürfte. Die. Die Wandlungsprozesse sind nun abgeschlossen und die Organisation tritt wieder in eine stabilere Phase ein. Allerdings ist zu beachten, dass Anpassungserfordernisse für das Gesamtunternehmen festgestellt werden können. In diesem Fall sind Experten der anzupassenden Unternehmensbereiche einzubeziehen. Dies kann allerdings bereits einer

Nachlaufphase zuzuordnen sein. Die potenzielle Gefahr eines Verlustes an Glaubwürdigkeit infolge festgestellter Mängel der Transaktion stellt eine Herausforderung für die Kommunikation dar (vgl. Lucks/Meckl 2002, 207) und erfordert entsprechende Experten.

Die **persönlichen Interessen** und das Leistungsverhalten dürften nun wieder positiv beeinflusst sein, da Stolz hinsichtlich der Veränderungsergebnisse und gewonnenes Selbstvertrauen in die eigenen Fähigkeiten gegeben sind und motivierend wirken (vgl. Klose/Weinert 2007, 369). Entscheidungen über den Personalbestand sind getroffen und Unsicherheiten ausgeräumt. Allerdings könnte auch, sollten die Umsetzungsergebnisse unter den Erwartungen liegen, die Evaluation manipuliert werden. Die Interessenlage ist damit abhängig vom einbezogenen Personenkreis und dem Verlauf der Transaktion. Neutralität wird daher, obwohl die Betroffenheit in dieser Phase geringer ist als in den Phasen zuvor, nicht unbedingt vorliegen, was die Situation auch in dieser Phase problematisch macht. Zudem ist Neutralität unbedingt für die Qualität der Abschlussbewertungen erforderlich.

Das **externe Umfeld** spielt in dieser Phase eine eher untergeordnete Rolle. Das relevante Umfeld ist bekannt und weniger komplex. Einzubeziehen wäre es bei einer Erfolgsanalyse auf Benchmarking-Basis. Die subjektive Dynamik ist gering, da keine neuen Informationen aufzudecken sind. Zudem ist der Zeitraum, die Nachlaufzeit ausgenommen, in der Ressourcen zu binden sind, kurz. Es besteht somit wenig Spielraum für Veränderungen. Dies führt auch dazu, dass die Bedeutung des Umfelds eher niedrig einzustufen ist. Sollten an dieser Stelle im Rahmen der Zielverfolgung Diskrepanzen zwischen Plan- und Ist-Daten erkannt werden, ist deren Ursache zu analysieren und es sind ggf. auch Folgerestrukturierungen der Nachlaufphase einzuleiten. Relevante Änderungen sind aber im Idealfall schon im Rahmen der Umsetzung aufgedeckt worden und in Planänderungen und Umsetzungsmaßnahmen berücksichtigt.

6.3.6 Projekt-, teilprojekt- und phasenübergreifende Verknüpfungen

Neben der projektinternen Interdependenz, welche als Maß zur Bewertung der Komplexität des Beziehungsgeflechts herangezogen wurde, sind auch die separat beschriebenen Phasen und Teilprojekte voneinander nicht unabhängig. Zudem besteht eine Interdependenz zwischen Primär- und Projektorganisation die sich aus der Integrativität der internen Dienstleistung M&A ergibt (vgl. Abschnitt 4.1.2). Je intensiver die Projektbeteiligten phasenübergreifend oder mit den Elementen der Primärorganisationen, die es zu gestalten gilt, interagieren, desto integrativer ist auch die Leistung und desto stärker ist die Interdependenz der Systeme. Diese Komponente der Interdependenz wird im Folgenden der Übersichtlichkeit halber separat bewertet.

Verknüpfungen ergeben sich **zwischen den Einzelaufgaben der Phasen** insofern, als dass alle Aufgaben auf den Ergebnissen der strategischen Vorplanung aufbauen und die Ziele laufend zu verfolgen sind (vgl. Abschnitt 4.1.2.2). So basiert die Informationssuche auf dem Anforderungskatalog für die Kandidaten aus der strategischen Vorplanung. Der Pre-Closing-

Integration-Plan der Transaktionsphase baut auf den Ergebnissen zum organisatorischen Rahmen im Führungskonzept und dessen Simulation in der Vorfeldphase auf, weswegen auch der Einbezug von Protagonisten der Strategieentwicklung aus der Vorfeldphase bei den Detailplanungen in der Transaktionsphase sinnvoll sein kann (vgl. Lucks/Meckl 2002, 92). Verknüpfungen ergeben sich projektintern in der Integrationsphase durch weiter zu gewährleistende Konsistenz der Umsetzungen mit den erstellten Integrationsplänen in der Vorfeld- und Transaktionsphase (vgl. Lucks/Meckl 2002, 124, 142) und der Prüfung der Richtigkeit der Informationen, die in die Integrationspläne und in die Vertragsgestaltung eingeflossen sind (vgl. Lucks 2005b, 918; Lucks/Meckl 2002, 169). Eine Verknüpfung besteht hinsichtlich jedes Planungsteilbereichs.

Zahlreiche Verknüpfungen bestehen auch **zwischen Transaktions- und Integrationsprojekt**. So bildet die Rangliste der Kandidaten den Referenzpunkt für die folgenden Schritte der Vorfeldphase (vgl. Lucks 2002c, 86), die die leistungswirtschaftliche Verflechtung vorbereiten (Integrationsprojekt). Auf den Ergebnissen des Integrationsprojekts zur Simulation des Führungskonzepts baut wiederum die erste Grobbewertung im Transaktionsprojekt auf und die Ergebnisse dienen als Grundlage für die Bewertung der Genehmigungsfähigkeit, da marktbeherrschende Stellungen erkannt werden können (vgl. Lucks/Meckl 2002, 91). Auch Dealstruktur und Grob- und Detailbewertung hängen eng zusammen. Im Rahmen dieser Aktivitäten identifizierte und durch die Due Diligence in der Transaktionsphase auch verlässlicher zu quantifizierende Synergie- und Risikopotenziale sind bei der Detailbewertung zu berücksichtigen (vgl. Lucks/Meckl 2002, 175). Verknüpfungen zwischen Transaktions- und Integrationsprojekt in der Transaktionsphase entstehen auch durch die Notwendigkeit der Zusammenführung der Ergebnisse des dokumentierten Due Diligence Reports im Pre-Closing-Integration-Plan und durch die Beteiligung von Integrationsbeauftragten an der Due Diligence und deren Einbezug in die Verhandlungen (vgl. auch Ashkenas/DeMonaco/Francis 1998, 8-9). Im Rahmen der Abschlussphase sind Informationsflüsse aus den Umsetzungsmaßnahmen der Transaktion und Integration für die Ist-Werte und aus der Planerstellung und Detailbewertung für die Soll-Werte erforderlich.

Schnittstellen zwischen Transaktions- und Integrationsprojekt können zum Problem werden, wenn die Gruppen eher heterogen sind und ein gegenseitiges Verständnis für die Aufgaben des anderen fehlt. So werden strategische Informationen meist geringer geschätzt als Finanzinformationen (vgl. Lucks 2005b, 921), was die Gefahr birgt, dass das Transaktionsteam den seinen Aufgaben zugrunde liegenden strategischen Bewertungen des Zielobjekts nicht ausreichend Beachtung schenkt. So kann z.B. eine fehlende Verknüpfung der strategischen mit der finanziellen Due Diligence bei der Unternehmensbewertung zum Problem werden und zu einer falschen Berechnung von Synergiewerten führen. Umgekehrt resultieren aus der durch das Transaktionsteam durchzuführenden Unternehmensbewertung die Umsetzungsvorgaben für die Integration. So sind die einberechneten und ggf. auch im Vorfeld bezahlten Synergien durch das Integrationsteam umzusetzen (vgl. Lucks 2005b, 921). Eine intensive Abstimmung der Teams ist damit erforderlich.

Die Intensität der **Verknüpfungen zur Primärorganisation** variiert phasen- und teilprojektabhängig. Im Transaktionsprojekt beschränken sich die Verknüpfungen weitestgehend auf den Bezug von personellen Ressourcen und Informationen. So werden für die Abwicklung des Kaufs, insbesondere für die Due Diligence, Experten der Primärorganisation ins Team einzubinden sein. Anders sieht dies für das Integrationsprojekt aus, deren Leistung in hohem Maße integrativ ist. Sie bezieht sich direkt auf die Gestaltung der Primärorganisation und erfordert daher auch eine intensive Verknüpfung (vgl. Abschnitt 4.1.4). In Vorfeld- und Transaktionsphase sind die Verknüpfungen noch überschaubar (vgl. Kolisch 2003, 205), da zu diesem Zeitpunkt spezifisches Wissen der Unternehmensbereiche in geringerem Maße erforderlich ist und auch die Geheimhaltung eine Beschränkung auf einen engen Personenkreis erfordert. Es bestehen in dem Maße Verbindungen, wie Planungsdaten aus dem/den Unternehmen für die Bearbeitung der Aufgaben erforderlich sind. Eine hochgradige Interdependenz besteht aber in der Integrationsphase, da sich die Maßnahmen der Projektbeteiligten direkt auf die zu gestaltenden Bereiche und Prozesse der Primärorganisation beziehen (vgl. Kolisch 2003, 205; Lucks/Meckl 2002, 129), sich die Umsetzung also direkt in dieser vollzieht. Jeder Planungsbereich ist dann mit der Primärorganisation verzahnt. Zum Abschluss des Projekts sind Vollzeit-Projektmitglieder wieder in die Primärorganisation zu überführen, was ebenfalls eine hohe Interdependenz begründet.

Für alle Ebenen gilt, je stärker die inhaltliche Verknüpfung eine Übertragung impliziten Wissens erfordert, desto eher liegt eine komplexe Art der Interdependenz vor (teamorientiert). In Phasen mit höherer Anzahl an Personen ist tendenziell auch die Anzahl der interagierenden Personen höher und damit auch der Interdependenzgrad.

6.4 Gestaltungsziele: Effizienzkriterien für die Bewertung der Gestaltungsparameter

6.4.1 Überblick

Als Projektmanagement-Ziele wurden, ausgehend von dem Ziel der Sicherstellung der Qualität in minimaler Dauer zu minimalen Kosten, die Ziele der Sicherung effektiver Potenzialfaktoren (Leistungsfähigkeit und -wille der Beteiligten sowie gut strukturierte Primär- und Sekundärprozesse) definiert (vgl. Abschnitt 4.2). Diese Ziele lassen sich in Anlehnung daran, auf welche Problembereiche sie wirken, in weitere Subziele differenzieren. Dies ermöglicht später eine konkretere Bewertung von Gestaltungsmaßnahmen vor dem Hintergrund der situativen Gestaltungsbedingungen.

Es sind daher im Folgenden die Effektivitätsmaße zu bestimmen, die einen Bezug zu den Gestaltungsbedingungen aufweisen und für die Aussagen über den Wirkungsgrad der Parameter getroffen werden können. Zu differenzieren sind in einem zweiten Schritt die möglichen Kostenarten, die bei der Verfolgung der Ziele anfallen können. Kosten, die direkt durch die Effektivität der Strukturen beeinflusst werden, fallen unter die Effektivitätsmaße. So hat z.B. die Parallelisierung von Arbeitsschritten durch Verschiebung von Arbeitsschritten nach vorne eine Wirkung auf die Dauer. Die Einrichtung der Strukturen erfordert aber selber Planungsarbeit, die insbesondere Arbeitskosten verursacht. Die Kostenersparnis durch die Zeitverkürzung ist Ausdruck der Effektivität der Maßnahme, die Arbeitskosten werden als Teil der absoluten Projektkosten erst in einem zweiten Schritt bewertet.

Generell haben sich in der koordinationsorientierten Forschung zur Ausrichtung von Gestaltungsmaßnahmen bestimmte weitestgehend überschneidungsfreie Effektivitäts- und/oder Effizienzkriterien herausgebildet. So z.B. bei Meckl, welcher sie für die Koordination im internationalen Unternehmen ableitet (vgl. im Detail 2000, 142-147). Diese entsprechen in Teilen den Kriterien bei Lucks und Meckl zur Koordination der M&A-Prozesse als Aufgabenbereich eines Projektmanagements bei M&A (vgl. 2002c, 228-229). Ferner leiten Thom und Wenger (vgl. 2002, 12-13) rekurrierend auf die Organisationsforschung, Kriterien einer effizienten Organisation ab. Grundlegend für alle Arbeiten sind die Ergebnisse von Frese, der die Koordinationseffizienz des Gestaltungsrahmens eines Projekts analog zu denen einer Organisation an den Teilzielen „Ressourceneffizienz", „Markteffizienz", „Prozesseffizienz" und „Delegationseffizienz" und die Motivationseffizienz des Kompetenzsystems an der „Eigenverantwortung" und der „Überschaubarkeit" festmacht. Die Markteffizienz ist dabei nur bei Projekten relevant, die Marktaktivitäten zum Gegenstand haben (vgl. 2005, 530). Auflistungen von Kriterien zur Bestimmung der Effektivität von Organisationen sind schon früher bei Robbins (vgl. 1987) und Campbell erschienen (vgl. 1974). Die Ableitung von Effektivitäts- und/oder Effizienzkriterien bei Koordinations- und/oder Motivationsproblemen ist also nichts Neues. Allerdings hat sich bisher kein einheitlicher Katalog an Kriterien durchgesetzt, vielmehr ist dieser von der zu lösenden Problematik abhängig. Im Folgenden erfolgt eine Ableitung speziell für das M&A-Projektmanagement welches durch die in Abschnitt 6.2 beschriebenen Gestaltungsbedingungen charakterisiert ist.

6.4.2 Nutzenfaktoren des M&A-Projektmanagements

Die folgende Definition von Effektivitätsmaßen lehnt sich an die von Meckl (2000, 145), Lucks und Meckl (2002, 228-229), Thom und Wenger (2002, 95) und Frese (2005, 309-338, 528-535) an, wurde aber auf die spezifische inhaltliche Fragestellung und die zu lösenden Problembereiche (vgl. Abschnitt 6.2) angepasst. Es werden zunächst die Effizienzmaße bestimmt. Die Kostenfaktoren werden separat abgeleitet. Die Ziele unterscheiden sich je nach zu lösendem Grundproblem. Sie werden entsprechend als motivationsorientierte Ziele (Reduktion/Beherrschung von Verhaltensunsicherheiten) und koordinationsorientierte Ziele (Sicherstellung der Effizienz der Strukturen selbst und Beherrschung der Unsicherheiten hinsichtlich der Rahmenbedingungen) bezeichnet. Es wird zwischen drei motivations- und drei koordinationsorientierten Effektivitätsmaßen unterschieden. Die Zielfestlegung umfasst eine weitere Komponente der eingangs gestellten H2:

> *(H2.3) Annahme ist, dass bei Verfolgung dieser Ziele die sich aus den Gestaltungsbedingungen ergebenden Probleme besser beherrschbar sind.*

Die **Reduktion von Verhaltensunsicherheiten (motivationsorientierte Ziele)** bedingt einen hohen Leistungswillen im Hinblick auf die Leistungserstellung selbst als auch im Hinblick auf die Erweiterung der Leistungsfähigkeiten. So werden auch die Leistungsfähigkeiten dadurch bestimmt, welche allgemeinen Fähigkeiten die Projektbeteiligten haben, Kenntnisse und Fähigkeiten eines bestimmten Niveaus auszubauen und inwiefern sie auch motiviert sind, diese Kenntnisse für sich selbst und die Organisation aufzubauen, da letztendlich auch die Problemlösungsfähigkeit der Organisation auf die individuellen Fähigkeiten/Motivation zurückzuführen ist (vgl. Abschnitt 5.4.1). Diese beiden Kategorien der Motivation werden durch die Ziele Integrationseffektivität und Lerneffektivität berücksichtigt. Weiterhin zu beachten ist die besondere Problematik der persönlichen Betroffenheit der Beteiligten und der potenziell höheren Heterogenität durch den internationalen Hintergrund des betrachteten M&A-Falls. Das Konfliktpotenzial kann stark erhöht sein, weswegen speziell für dieses Problem ein weiteres separates Ziel der Kultureffektivität definiert wird. Diese drei Ziele sind im Folgenden inhaltlich zu spezifizieren.

Die nutzenstiftende Einbringung der Leistungsfähigkeit der Projektbeteiligten im Hinblick auf die Leistungserstellung wird durch die **Integrationseffektivität** abgedeckt. Sie umfasst Motivationsaspekte, die auf das zielfinale Verhalten der Beteiligten abzielen und bedeutsam bei problematischer Ausprägung des personellen Faktors in Verbindung mit problematischen Aufgabencharakteristika und einer komplexen Struktur sind. Integrationseffektivität ist dann gegeben, wenn die individuellen Interessen über geeignete Zielmaße an die des Gesamtunternehmens angeglichen werden und die Beteiligten das Gesamtziel als zu verfolgendes Ziel akzeptieren. Dies ist dann der Fall, wenn die Erreichung des Gesamtziels auch die Bedürfnisse der Beteiligten anspricht (vgl. zur Bedeutung des Aspekts auch Ecker/Mittermair 2001, 342; Bruijn/Heuvelhof/Veld 2002, 47 und Abschnitt 5.2.3.2, 5.3.2 und 5.3.3). Ähnlich ist das Zielkriterium auch bei Meckl definiert (vgl. 2000, 144). Die Bedeutung dieses Ziels in empirischen Studien wird indirekt über Faktoren deutlich, die der Bereitschaft der Mitarbeiter Anstrengungen zur Leistungserstellung zu unternehmen, eine entscheidende Bedeutung nachweisen.

Ähnliches gilt für die **Lerneffektivität**, die auch bei Meckl „auf die Förderung eines horizontalen und vertikalen spontanen und gezielten Know-how-Austauschs als Voraussetzung für individuelles Lernen" (2000, 145) abzielt. Sie ist unter denselben Bedingungen wie die Integrationseffektivität bedeutsam (s.o.), wird aber wegen der besonderen Bedeutung des Wissens im M&A-Prozess von dieser abgekoppelt und separat als Ziel definiert. Unter dieses Kriterium werden ebenfalls Motivationsaspekte zusammengefasst, allerdings in Abgrenzung zur

Integrationseffektivität nur bezogen auf Wissensprozesse. Sind Mitarbeiter bereit, zur zielgerichteten Entwicklung des Gemeinguts der organisationalen Wissensbasis beizutragen, liegt Lerneffektivität vor. Sie umfasst die Motivation, Wissen, welches für ihre Aufgabenerledigung relevant ist, zu generieren und/oder zu erwerben, den Inhalten der organisationalen Wissensbasis zu vertrauen und das dort verfügbare Wissen zu nutzen sowie persönliches Wissen, welches für das M&A-Projekt/weitere M&A-Projekte/die Primärorganisation relevant ist, aufzubereiten und zu teilen (vgl. im Detail Abschnitt 5.4). Auch bei Thom und Wenger ist innerhalb der „Organisationseffizienz" ein ähnlicher Nutzenfaktor zu finden: die Förderung der sozialen Effizienz und individuellen Lernfähigkeit (vgl. 2002, 95). Ziel ist allerdings nicht, M&A-Beteiligte zum Selbstzweck zum Lernen zu bringen. Lernen sollte zielgerichtet erfolgen. So sollten dem Lernen eine klare Definition von Wissenszielen und eine Wissensidentifikation im Unternehmen vorausgehen, um die relevanten fehlenden und zu erwerbenden Wissensinhalte zu bestimmen (vgl. Abschnitt 5.4.4).

Ein drittes motivationsorientiertes Effektivitätsmaß ist die Konfliktlösungs- und Konfliktvermeidungseffektivität, hier nur bezeichnet als **Kultureffektivität**. Tragen Gestaltungsmechanismen dazu bei, Konflikte bei Aufeinandertreffen von Beteiligten mit divergierendem (unternehmens-) kulturellen Hintergrund zu lösen, zu vermindern und/oder zu vermeiden, sind sie effektiv im Hinblick auf dieses Zielkriterium (vgl. Meckl 2000, 145). Konflikte müssen aber nicht in jedem Fall negative Auswirkungen haben. Sie können z.B. auch zur kritischen Reflexion neuartiger Probleme genutzt werden. Nur negative Konflikte sind daher diesem Zielkriterium zugeordnet. Diese können einen hemmenden Einfluss auf die Motivation haben, da Harmonie ein häufiges Bedürfnis von Personen ist und Disharmonie Motivation mindert (vgl. auch Abschnitt 5.3.2 5.3.3 und 5.4.3). In empirischen Studien zum M&A-Projektmanagement wird indirekt auf die Bedeutung der Kultureffektivität verwiesen. So wird u.a. einer Sensibilisierung der Mitarbeiter für die Bedeutung von Unternehmenskulturen und der Nicht-Beachtung kultureller Aspekte eine erfolgsbeeinflussende Wirkung attestiert (vgl. Abschnitt 5.2.3.3.1).

Zur **Berücksichtigung der unternehmensinternen Restriktionen, des Effizienzdrucks und der Unsicherheiten über die Rahmenbedingungen sind eher koordinationsorientierte Ziele** zu verfolgen. Bedeutsam sind ein sparsamer Umgang mit Ressourcen und Zeit (Prozess- bzw. Allokationseffektivität) und Flexibilität im Hinblick auf die sich verändernden Rahmenbedingungen im Zeitablauf (Adaptionseffektivität).

Wenn Ressourcen und Zeit knapp sind, ist es sinnvoll, die Prozesse zur Leistungserstellung und zur Unterstützung dieser zeit- und ressourcenverbrauchsminimierend zu gestalten. Dieses Erfordernis wird über die Erreichung von **Prozesseffektivität** erreicht. So versteht Meckl unter Prozesseffektivität die „Einrichtung zeit- und ressourcenverbrauchsminimierender sowie flexibler Leistungserstellungs-, Entscheidungs- und Informationsprozesse intern als auch zu externen Partnern und Kunden" (2000, 145). Damit sind auch das Management des expliziten Wissens („Informationsprozesse") und die Bedeutung der Geschwindigkeit und Ressourcenknappheit („zeit- und ressourcenverbrauchsminimierend") wegen der zeitlichen und budgetären Begrenzung und dem daraus resultierenden Effizienzdruck bei M&A-Projekten direkt enthalten. Hieraus resultiert auch die Bedeutung eines zeitlich optimalen Einsatzes einer bestimmten Anzahl an Experten und sonstigen Beteiligten und deren inhaltlich und zeitlich optimale Verknüpfung. Das Kriterium der Prozesseffektivität entspricht insgesamt weitestgehend den ökonomisch-technischen Kriterien bei Thom und Wenger, die hierzu die „Schnelligkeit und Qualität der Informationsverarbeitungs- und Entscheidungsprozesse", die „Förderung der Führbarkeit und Begrenzung des Koordinationsaufwandes" als auch die „Zielorientierung der Organisation" im Sinne einer sachnahen und zielbezogenen Aufgabenerfüllung zählen (vgl. 2002, 95). Allgemein lassen auch die empirisch bestätigten Erfolgsfaktoren wie Planung und Zielorientierung, Offenheit und Transparenz oder ähnliche auf die Bedeutung dieses Zieles schließen.

Inkludiert sind, anders als bei den motivationsorientierten Zielen, sowohl die Wissens- als auch die Leistungserstellungsprozesse, da die Gestaltungsmechanismen ähnlich sind und die Beherrschung der Probleme weniger schwierig ist. Von der Lerneffektivität ist die effiziente Organisation des Wissensflusses in dem Sinne abzugrenzen, dass die technischen und sonstigen Möglichkeiten zur Unterstützung gegeben sein müssen und die relevanten Wissensträger der Transaktion effizient und transparent verknüpft sind (vgl. allgemein auch Bruijn/Heuvelhof/Veld 2002, 47).

Prozesseffektivität reduziert indirekt auch Verhaltensunsicherheiten, indem die entsprechenden Probleme zwar nicht reduziert, diese aber besser beherrschbar gemacht werden. So wird durch eine logische Strukturierung der Aufgaben, die zur Erzielung von Prozesseffektivität erforderlich ist, auch die Komplexität der Struktur reduziert. Sie ist damit für die Beteiligten im Gesamtsystem transparenter. Eine begrenzte Informationsverarbeitungskapazität ist dann weniger gravierend. Zugleich erhält auch der Projektleiter einen besseren Überblick und damit bessere Anreiz- und/oder Kontrollmöglichkeiten.

Weiterhin ist die **Allokationseffektivität**, also die „Bündelung und Verteilung von Ressourcen nach Renditegesichtspunkten" (vgl. Meckl 2000, 145 und ähnlich auch Frese 2005, 530-532) zu gewährleisten. Dieses Ziel resultiert ebenfalls aus dem gegebenen Effizienzdruck seitens der Primärorganisation, ist aber von der Prozesseffektivität insofern abzugrenzen, als dass hier nicht die ressourcenverbrauchsminimierende Verknüpfung von Aufgaben im Vordergrund steht, sondern die Verteilung von Ressourcen auf die verknüpften Aufgaben nach Maßgabe ihrer Bedeutung für die Wertsteigerung. Dies lässt sich gut an der Ressource „Zeit" veranschaulichen. Allokationseffektivität liegt dann vor, wenn für bedeutsame Aufgaben mehr Zeit (relativ) veranschlagt wird als für weniger bedeutsame. Prozesseffektivität ist gegeben, wenn die Gesamtdauer der verknüpften Aufgaben (z.B. durch Parallelisierung von Schritten) minimal ist. Die Allokationseffektivität wird nicht direkt in empirischen Studien zu M&A und betrieblichen Projekten beachtet. Indirekt unterstützt die empirische Bedeutung der Geschwindigkeit für gewisse Aufgaben die Bedeutung des Ziels. So sind zu priorisierenden

Aufgaben mehr Ressourcen zuzuordnen, damit diese tendenziell schneller durchgeführt werden können. Damit ist durch dieses Ziel sowie durch die Prozesseffektivität auch das in der Literatur zu findende Ziel der „Geschwindigkeitseffektivität“ (vgl. Lucks/Meckl 2002, 229) abgedeckt. Die absolut verbrauchte Arbeitszeit stellt einen erfolgskritischen Kostenfaktor dar und wird auch als solcher berücksichtigt (vgl. zur empirischen Bedeutung Abschnitt 5.2.3.3.1).

Die Flexibilität der internen Prozesse zur Sicherung flexibler Reaktionen auf Umweltveränderungen wird ausschließlich an der **Adaptionseffektivität** zu messen sein (vgl. so auch Meckl 2000, 145). Sie kann definiert werden als Fähigkeit der Struktur, „Änderungen innerhalb des betrachteten sozio-technischen Systems und seines Umfelds ohne (grundlegende) Organisationsänderungen so aufzufangen, dass die Aufgabenerfüllung im erforderlichen Mindestumfang gewährleistet bleibt“ (vgl. Thom/Wenger 2002, 73). An ihr kann also der Grad der Flexibilität der Strukturvarianten oder konkret deren Fähigkeit zur anforderungsgerechten, friktionsarmen Aktion und Reaktion auf Änderungen (vgl. Thom/Wenger 2002, 95) gemessen werden. Zur Adaptionsfähigkeit im Rahmen von M&A-Projekten liegen kaum empirische Ergebnisse vor, allerdings wird der Fähigkeit von Organisationen, sich Umweltveränderungen anzupassen, in Theorien eine hohe Bedeutung beigemessen. So gehen die Vertreter des großen eigenen Theoriezweigs der „Industrial Organization“ von der Annahme aus, dass marktseitige Veränderungen den Erfolg von Unternehmen bestimmen. Dies impliziert, dass Veränderungen des Umfelds einen wesentlichen Einfluss auf die interne Gestaltung der Organisation, hier das Projekt, ausüben und daher zu beachten sind (vgl. Abschnitt 1.1). Im Gegensatz zu den anderen Zielkriterien ist dieses Ziel also eher nach außen gerichtet. Die Unsicherheit über die Rahmenbedingungen wegen zu externen Partnern gegebenen Informationsasymmetrien ist in diesem Fall ausschlaggebend für das Flexibilitätserfordernis. Generell wird jeweils soviel Flexibilität wie nötig und soviel Stabilität wie möglich zu erzielen sein, da stabilen Strukturen aus Motivationssicht der Vorzug zu geben ist. Sie verringern die Unsicherheiten der Beteiligten über ihre aktuelle und zukünftige Situation im Projekt (vgl. zu Bedürfnissen von Personen im Detail Abschnitt 5.3.3.3).

6.4.3 Kostenfaktoren des M&A-Projektmanagements

Die Implementierung eines auf diese Ziele ausgerichteten M&A-Projektmanagements ist effektiv, aber nicht zwingend effizient. Die Zielerreichung erfordert Investitionen, die es zu beachten gilt. Kostenarten, die bei der Abwicklung von Projekten entstehen, sind personeller (Arbeitszeit) oder sachlicher (Set-up-Kosten) Natur (vgl. ähnlich Patzak/Rattay 2004, 218; Lock 2003, 9). Kosten und Aufwand werden hier, anders als bei der Kosten- und Leistungsrechnung, synonym verwendet und als Wert der verbrauchten Güter, Dienst- und Arbeitsleistungen, die durch ein M&A-Projektmanagement anfallen, verstanden. Zusätzlich zu beachten sind Opportunitätskosten, die durch einen Verzicht auf Nutzung von Opportunitäten entstehen, allerdings seltener in Projekten Beachtung finden (vgl. Lock 2003, 9). Ursachen können Fehlplanungen, Materialengpässe oder eine ineffiziente Organisation und Anreizstruktur sein (vgl. Lock 2003, 9-10).

Die Höhe der Personalkosten (auch **Arbeitskosten)** hängt von der benötigten Anzahl an Personen, deren Qualifikationsgrad und damit auch der Höhe der Entlohnung, dem zeitlichen Anfall und der Dauer des Anfalls ab. Je höher Anzahl und Qualifikation sind, je früher der zeitliche Anfall einzuordnen und je länger die Einbindungsdauer ist, desto höher sind im Regelfall die Kosten. Allerdings ist zu beachten, dass die Faktoren nicht unabhängig voneinander sind. So ist denkbar, dass ein zeitiger Einbezug einer Vielzahl an Beteiligten deren Einbindungsdauer verringern hilft, was unter zusätzlicher Beachtung der früher anfallenden Synergien insgesamt einen höheren Saldo erbringen kann als die Minimierung aller Faktoren.

Neben personalbezogenen Kosten fallen bei der Durchführung der Prozesse auch Kosten der Implementierung der materiellen Strukturen (**„Set-up"-Kosten**) an. Diese umfassen die Kosten für Betriebs- und Sachmittel. Bei der Auswahl der Software bestehen Gestaltungsmöglichkeiten hinsichtlich des Umfangs der Funktionalität, die einen Einfluss auf die absolute Kostenhöhe haben. Dabei ist anzunehmen, dass die Set-up-Kosten umso höher sind, je mehr und je komplexere Techniken zum Einsatz kommen. Zu den Set-up-Kosten zählen auch Kosten der Implementierung von Anreizstrukturen zur Motivation. Beispielsweise verursachen Anreizsysteme neben Kosten für die technische Infrastruktur auch Kosten in Höhe der zu zahlenden oder zu gestaltenden Belohnungen (z.B. Tantiemen, Aktienoptionen oder Seminare o.ä.). Weitere Kosten entstehen durch die Strukturen zur Kontrolle des Verhaltens der Projektbeteiligten.

Personal- und „Set-up"-Kosten sind interdependent. So variiert z.B. die Anzahl der erforderlichen Stellen in Abhängigkeit der Komplexität einer zu implementierenden Organisationsstruktur. In der Anwendung anspruchsvolle Parameter dürften besser qualifiziertes Personal für eine längere Dauer beanspruchen als einfache und verursachen damit mehr Arbeitskosten. Eine komplexe Struktur bzw. ein komplexer Parameter führt dann zu einem positiven Nettoeffekt, wenn der Vorteil einer höheren Abstimmungsintensität den Nachteil hoher Kosten überkompensiert. Dies ist im Einzelfall zu prüfen.

Opportunitätskosten aus Sicht des M&A-Projekts (nicht gemeint sind mögliche Opportunitätskosten der Primärorganisation), die durch Störung des Tagesgeschäfts entstehen könnten, lassen sich aus zwei Perspektiven betrachten. Zum einen manifestieren sie sich in Überinvestitionen ins System, z.B. wenn monetäre Anreizsysteme aus dem Gleichheitsgrundsatz für alle Mitarbeiter einer bestimmten Hierarchie implementiert sind, auch wenn ein Teil dieser Mitarbeiter bereits intrinsisch motiviert ist und durch diese Anreize in der Arbeitsweise nicht oder nur minimal zusätzlich positiv beeinflusst wird. Opportunitätskosten können auch dann entstehen, wenn eine zu lockere Koordinationsform gewählt wird, da dann Möglichkeiten der Ausnutzung von Handlungsspielräumen auftreten. Die Gefahr ist dann groß, wenn die Koordination nicht ausreicht, um opportunistisches Verhalten der Projektbeteiligten (Kosten eines entgangenen Beitrags zum Projekterfolg) zu vermeiden. Während die Opportunitätskosten im erstgenannten Fall eine Kostenkomponente darstellen, spiegeln die Kosten im zweiten Fall den Nutzen des Projektmanagementsystems wider und sind entsprechend in den Effektivitätsmaßen enthalten.

6.4.4 Ableitung und Anwendung des Effizienzkriteriums für die Gestaltung des M&A-Projektmanagements

6.4.4.1 Ableitung des Effizienzkriteriums: Bestimmung des optimalen Granularitätsgrads

Ob Koordination und Motivation effizient sind, lässt sich daran festmachen, ob der sicherzustellende Nutzen durch minimale Kosten erreicht wird. Eine andere Handlungsmaxime, Maximierung des Nutzens bei gegebenem Budget, wird im M&A-Projektmanagement eher schwierig zu verfolgen sein, was nicht zuletzt an der fehlenden Messbarkeit des Nutzens liegt. Zur Beurteilung der Maxime ist ein Zusammenhang zwischen Kosten- und Nutzenfaktoren herzustellen.

Folgende Abbildung zeigt Beispiele für Kosten in Abhängigkeit der Effektivitätsmaße auf. Die positiven Effekte (Nutzen) ergeben sich aus der direkten Begegnung der Problembereiche eines M&A-Projektmanagements (vgl. Abschnitt 6.2), aber auch durch direkte Kosteneinsparungen und positive Wirkungen auf die Qualität der Primäraktivitäten.

Kosten und Nutzen sind gesamtheitlich für die zu implementierenden Maßnahmen abzuwägen, um so eine Entscheidung für eine Maßnahme ableiten zu können. Dabei sind jeweils die positiven und negativen Wirkungen auf Kosten und Nutzen zu beachten. Die Bestimmung separater Effizienzmaßnahmen ist weniger sinnvoll, da meist mehrere Ziele gleichzeitig durch eine Maßnahme erreicht werden können, sich die Kosten dadurch aber nicht verändern. Dies spiegelt sich auch in Tabelle 6-1 wider, die für die Erreichung einzelner Effektivitätsmaße ähnliche Kostenfaktoren enthält. Es wird daher in Kapitel 7 eine ganzheitliche Bewertung der Effektivität der Maßnahme im Hinblick auf die Nutzenziele vor dem Hintergrund einer Gesamtbetrachtung der Kosten erfolgen.

	Nutzen der Zielerreichung	Kosten der Zielerreichung
Prozesseffektivität	Bei Parallelisierung von Arbeitsschritten können **Mitarbeiterkapazitäten** eingespart und besser ausgelastet und **Synergien früher** realisiert werden. Durch Transparenz können **Wartezeiten** und **Doppelarbeiten** vermieden werden, da Anfangs- und Endtermine und vor- und nachgelagerte Prozesse ersichtlich sind. Transparenz führt zu sinkenden Informationsasymmetrien und damit sinkendem Potenzial der Ausnutzung dieser, da **unloyales Verhalten** eher zugeordnet und sanktioniert werden kann.	**Arbeitskosten** für die Planung und Umsetzung des Prozessdesigns (Bestimmung der Dauer und Verknüpfung der Prozessschritte) **Set-up-Kosten** zur Implementierung der Hard- und Software zur Unterstützung des Prozessdesigns **Opportunitätskosten**, die sich aus Verzicht auf Vorteile einer spontanen informellen Abstimmung ergeben können.
Allokations-effektivität	Verteilung **knapper Ressourcen** auf profitable Bereiche und damit bessere Nutzung dieser.	**Arbeits- und Set-up-Kosten** zur Identifikation und laufenden Anpassung der für die Wertsteigerung relevanten Bereiche aus zentraler Perspektive. **Opportunitätskosten** infolge der Verhandlung über Verteilungsmaßstäbe.
Adaptions-effektivität	Können Strukturen bei Veränderung externer Kontextfaktoren angepasst werden, kann dies zu einer **Kosteneinsparung** führen. Z.B. weil bei Erkennen zusätzlich relevanter Prüfungsbereiche eine schnelle Berücksichtigung dieser in der Teamorganisation einen ggf. erforderlichen Abbruch schneller möglich macht.	**Arbeits- und Set-up-Kosten**, die durch mehrfaches Durchlaufen von Prozessstufen erfolgen; Kosten der Überwachung externer Bedingungen. **Opportunitätskosten** des Verzichts auf stabile Strukturen mit den Vorteilen der Planungssicherheit und höherer Lerneffekte.
Integrations-effektivität	**Gefahr der opportunistischen Ausnutzung** der Handlungsspielräume aufgrund von Informationsasymmetrien ist bei Zielangleichung weniger stark. Vorteil, dass Leistungsfähigkeit auch ausgeschöpft werden kann.	**Arbeits- und Set-up-Kosten** der Implementierung von Anreizstrukturen zur Überwindung von Interessendivergenzen; Kosten, die sich aus der Höhe der Auszahlungen ergeben. **Opportunitätskosten** in Höhe nicht erforderlicher Anreize. Z.B. dann, wenn Agent und Prinzipal die gleichen Ziele verfolgen, Anreizstrukturen aber dennoch implementiert sind.
Lerneffektivität	Vergrößerung der organisationalen Wissensbasis und Verbesserung der Qualität dieser wegen **höherer Bereitschaft** zur Wissensteilung, -aufbereitung und -bewahrung und damit Verbesserung der Entscheidungsgrundlage und letztlich, bei Nutzung des Wissens, auch der Entscheidungen im Rahmen der Leistungserstellung. Zudem Vermeidung von **Doppelarbeiten**, da eigenes Wissen eher geteilt und fremdes Wissen eher genutzt wird.	**Arbeitskosten**, die durch Beitrag Einzelner und von Gruppen zum Wissensmanagement entstehen; zusätzlicher Zeitaufwand für die Sicherstellung der Wissensprozesse. **Set-up-Kosten** zur Implementierung erforderlicher Hard- und Software, die zur Unterstützung der Motivation zu den Wissensprozessen beiträgt (Benutzerfreundlichkeit, Verlässlichkeit des Systems etc.); Kosten der Implementierung von Anreizsystemen zur Unterstützung der Wissensprozesse.
Kultureffektivität	**Arbeitskostenersparnis** durch Wegfall zeitraubender negativer **Konflikte**. Ebenfalls: Verbesserung der Entscheidungsqualität, da zielorientierte Abstimmung zwischen Know-how Trägern (besser) möglich ist. **Bindung von Projektbeteiligten** ans Unternehmen/ Projekt infolge der besseren Arbeitsatmosphäre und damit letztendlich Kosteneinsparung.	**Arbeits- und Set-up-Kosten**, die durch Angebot von Schulungsmaßnahmen entstehen. **Arbeitskosten**: Verlust an Arbeitszeit durch Freistellung von Mitarbeitern für Schulungen etc.
	Sicherstellung → **Effizienz der Maßnahme**	← **Minimierung**

Tabelle 6-1: Kosten und Nutzen von Koordination und Motivation

Zu bestimmen ist das Optimum. Dieses hängt wesentlich davon ab, wie intensiv Motivation und Koordination durch das Projektmanagement-System erfolgen bzw. in welchem Ausmaß sich auf die Selbstkoordination und -motivation verlassen wird. Die Intensität der Gestaltung des Projektmanagements wird im Folgenden mit dem im Projektmanagement typischen Begriff der „Granularität“ als Maß für die Feinkörnigkeit des Systems besetzt (vgl. zu diesem

Begriff auch Lucks 2005b, 903). Das „Set“ an Gestaltungsparametern bei M&A bestimmt die Granularität des Gesamtsystems und der Subsysteme. Eine eher grobe (feine) Struktur/niedrige (hohe) Granularität umfasst dabei annahmegemäß tendenziell weniger (mehr) Instrumente und diese sind zudem hinsichtlich ihrer Wirkungsintensität und damit ihres Nutzens eher schwach (stark). Abbildung 6-6 veranschaulicht diesen Zusammenhang.

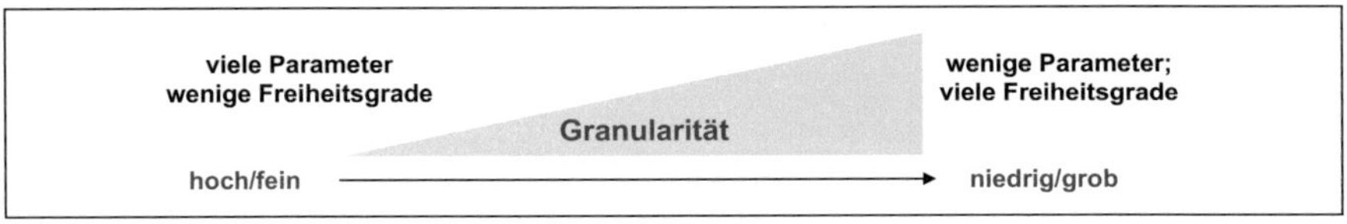

Abbildung 6-6: Granularität

Aus technischer Sicht ist ein hohes Niveau an Granularität zunehmend einfach und kostengünstig umzusetzen – so führt die Entwicklung der IT-Systeme zu einer stetigen Kostenreduzierung auch für komplexe Systeme, was dazu führt, dass das Kostenargument in Bezug auf die Technik an Bedeutung verliert (vgl. bereits vor zwei Dekaden hierzu Küpper/Weber/Zünd 1990, 288 und aktuell Meckl 2006a, 135-137).

Unter der Voraussetzung, dass relevante Informationen zur Umsetzung feinabgestimmter Parameter vorliegen, ist anzunehmen, dass Kosten und Nutzen bei steigender Granularität zunehmen. Es stellt sich die Frage nach dem Optimum an Granularität. Hierzu ist die Betrachtung des Grenznutzens und der Grenzkosten der Granularität des M&A-Projektmanagements erforderlich. Diese werden im Folgenden an der **Koordinationswirkung** verdeutlicht. Bei einer feinen Granularität des Projektmanagement-Systems, ausgedrückt in einem hohen Umfang an Projektmanagement-Methoden und deren Detaillierung und damit starker expliziter Koordination sind die Grenzkosten am höchsten. Annahme ist, dass es z.B. bei einem hohen Niveau der Koordinationsintensität schwieriger sein wird, zusätzliche, nutzenstiftende Koordinationsmechanismen zu implementieren. Zudem nehmen die Anzahl der zu koordinierenden Einheiten bei Ausdehnung des Projektmanagement-Systems und die Nachteile aus Verzicht auf Freiheitsgrade zu. Bei einem niedrigen Niveau der Granularität wird jede zusätzliche Koordination jedoch noch relativ wenig kosten. So wird eine lose Kopplung der Teileinheiten kaum Personal- oder Set-up-Kosten verursachen. Zwischen den Extrempolen hohe versus niedrige Granularität, die beide in der Realität kaum umsetzbar und auch nicht sinnvoll sind, liegt ein Kontinuum an Ausprägungen des Projektmanagement-Systems als Ganzheit der Management-Aufgaben, Institutionen und Parameter. Die Kosten einer zusätzlichen Einheit an Koordination sind innerhalb dieses Kontinuums annahmegemäß exponentiell ansteigend (konvexer Graph; steigende Grenzkosten).

Hinsichtlich des Grenznutzens verhält es sich genau umgekehrt. Der marginale Nutzen zusätzlicher Parameter nimmt degressiv ab (konkaver Graph; sinkender Grenznutzen). Grundannahme ist, dass relativ schnell auch bei der Implementierung einfacher Mechanismen ein

Effekt zu verzeichnen sein wird. So können bereits einige Synergieeffekte bei Verknüpfung gleichartiger Tätigkeiten erzielt werden, z.B. durch Vermeidung von Doppelarbeiten oder ähnlicher Opportunitätskosten einer fehlenden Koordination. Bei einem niedrigen Granularitätsgrad, also einem hohen Autonomie- oder Selbstkoordinationsgrad im Projekt, ist der Wert einer zusätzlich geschaffenen Koordination am höchsten, sinkt aber mit zunehmender Granularität. Bei hohem Niveau der Koordinationsmaßnahmen wird die Nutzengenerierung schwieriger, da die Potenziale ab einem bestimmten Punkt bereits weitestgehend ausgeschöpft sind.

Für die **Motivation** lässt sich analog argumentieren, besonders, wenn der Fokus auf expliziter Motivation z.B. mit Anreizsystemen liegt. Je weitreichender die Anreizsysteme sind, desto höher dürfte die Motivation sein, wobei auch hier eine Sättigungsgrenze des Nutzens zu vermuten ist, da Menschen auf einen bestimmten Teil ihrer Freizeit auch nicht für einen hohen Anreiz verzichten würden, eine bessere Leistung ihnen aber häufig auch eine Investition freier Zeit abverlangt. Der Nutzen nimmt dann ebenfalls degressiv ab. Hier liegt die vereinfachte Annahme zugrunde, dass durch zusätzlichen Anreiz eine bessere Leistung erzielt werden kann, was sicherlich in Frage gestellt werden kann, da auch die menschliche Arbeitsleistung an natürliche Grenzen stößt und bei Überbelastung die Leistung trotz gegebener Motivation abfallen kann. Dies soll hier aber nicht diskutiert werden, da keine völlige Ausreizung der Motivationssysteme angestrebt wird. Die Grenzkosten steigen ebenfalls exponentiell an, da bei hohem Motivationsgrad nur noch sehr starke (teure) Anreize diesen steigern können. Abbildung 6-7 verdeutlicht den Zusammenhang zwischen Granularität und Kosten und Nutzen. Es stellt sich die Frage nach dem optimalen Grad an Granularität, bezeichnet als x^{opt}.

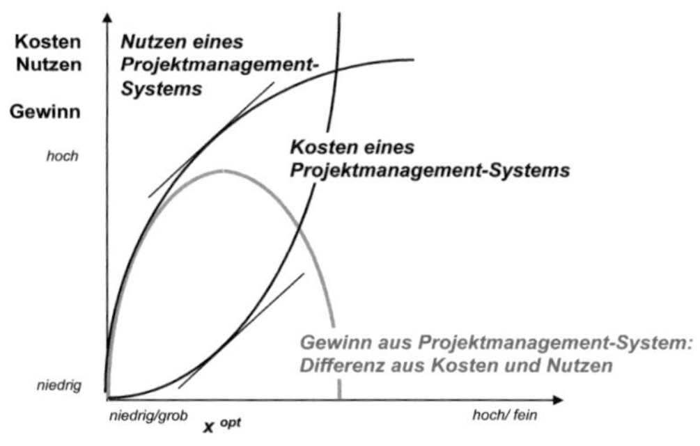

Abbildung 6-7: Optimaler Granularitätsgrad

x^{opt} ist dann erreicht, wenn der marginale Zusatznutzen der Systemgranularität (Grenzertrag der Motivation und/oder Koordination) die marginalen Zusatzkosten (Grenzkosten), die mit ihr verbunden sind, entsprechen, die dargestellten Kurven in Abbildung 6-7 also die gleiche Steigung aufweisen. Dies ist an der Stelle der Fall, an der die Tangenten der beiden Kurven parallel verlaufen oder anders ausgedrückt, an der die Differenz aus absoluten Kosten und

Nutzen maximal ist, die entsprechende Kurve (grau eingezeichnet) also ihr Maximum erreicht.

Wo dieser Punkt liegt, ist je nach Rahmenbedingung unterschiedlich und schwer zu bestimmen. Die Kurvenverläufe (konvex/konkav) sind rein hypothetischer Natur und dienen der Veranschaulichung des vermuteten exponentiell bzw. degressiv steigenden Verlaufs. Wie der genaue mathematische Zusammenhang zwischen Granularität und Kosten bzw. Nutzen der Maßnahmen aussieht, ist unbekannt. Dies gilt für das Niveau und die Steigung der Kurven als auch für die durch die durchgängigen Kurvenverläufe implizierte Stetigkeit der Maßnahmen, die in der Realität so nicht darstellbar ist. Eine rechnerische Ermittlung des effizienten Umfangs im Rahmen einer Kurvendiskussion ist nicht möglich. Dies ist nicht weiter problematisch, da hier nicht die Kosten der Gestaltungsalternativen des Projektmanagements exakt zu ermitteln sind, sondern nur die relative Vorteilhaftigkeit alternativer Gestaltungsmaßnahmen vor dem Hintergrund spezifischer Rahmenbedingungen zu bewerten ist. Dies erfolgt auf heuristischem Wege. Nutzen- und Kostenwirkungen sind einander gegenüberzustellen; eine Entscheidung für oder gegen eine Maßnahme ist auf Basis plausibler Überlegungen zu treffen (vgl. einführend Abschnitt 6.1.1 und analog hierzu Meckl 2000, 28).

6.4.4.2 Konsistenz des Zielsystems

Die definierten Effektivitätsziele weisen einen Bezug zu den erfolgskritischen Bereichen eines M&A-Vorhabens auf. Als Problem wurde allerdings festgestellt, dass ihre Zielwirkung quantitativ nicht genau bestimmbar ist. Dies gilt auch für einige Kostenfaktoren, insbesondere die Opportunitätskosten. Es ist damit für den Einzelnen unklar, welchen quantifizierten Beitrag er zur Wertsteigerung durch ein bestimmtes Zielerreichungsmaß leistet. Die Gesamtheit der Ziele steht nicht in einem arithmetischen Verhältnis zueinander. Somit ist es auch schwierig, die Ziele und Kosten so zu aggregieren, dass sie in ihrer Summe den Wertbeitrag darstellen. Weiterhin fehlt die Möglichkeit, alle Alternativen identifizieren zu können, um sie hinsichtlich ihres Wertbeitrags in eine Rangfolge zu bringen, da Gestaltungsprobleme vorliegen, die als unendliche Anzahl an Auswahlmöglichkeiten interpretierbar sind (vgl. Abschnitt 6.2.1).

Hinsichtlich der hier zusätzlich zu beachtenden Zielkonsistenz sind weitere Anmerkungen erforderlich, da ein mehrwertiges Zielsystem vorliegt. So sind die Varianten bezüglich mehrerer Ziele zu beurteilen (vgl. Grünig/Kühn 2006, 15). Die Zielkriterien sind zwar hinsichtlich der inhaltlichen Definition überschneidungsfrei, nicht aber in ihren Wirkungen. So können bei Verfolgung eines Ziels auch andere Ziele beeinflusst werden. Nach Art der Wirkung unterscheidet man komplementäre (Zielerreichungsgrade beeinflussen sich gegenseitig positiv), konkurrierende (Zielerreichungsgrade beeinflussen sich gegenseitig negativ) und indifferente Ziele (Zielerreichungsgrade beeinflussen sich gegenseitig nicht) (vgl. Domschke/Scholl 2003, 55). Im abgeleiteten Zielsystem liegen insbesondere komplementäre und konkurrierende Zielbeziehungen vor. So haben Koordinationsmaßnahmen meist auch einen Einfluss auf die Motivation und umgekehrt. Dies wird in Abbildung 6-8 deutlich, die beispielhaft komplementäre (+) und konkurrierende (-) Beziehungen (a,...,g) zwischen koordinations- und motivationsrelevanten Zielen (graue/weiße Felder) veranschaulicht. Indifferente Beziehungen sind ausgeklammert.

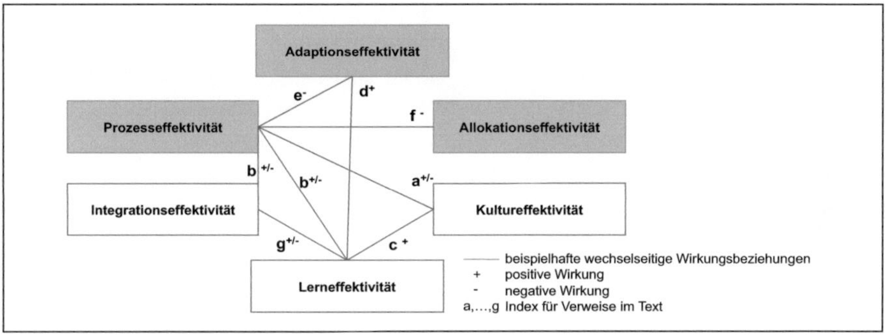

Abbildung 6-8: Interdependenz der Effektivitätskriterien

Zunächst zu den **komplementären Beziehungen**. Eine transparente und gut durchdachte Struktur (Prozesseffektivität) wirkt sich auch auf die Arbeitszufriedenheit aus, die sich vor allem in der Integrations- und Lerneffektivität niederschlägt. Klare Ziele ermöglichen eine bessere Orientierung und erhöhen die Sensibilisierung für die Bedeutung der eigenen Arbeit, was motivierend wirkt (b^+) (vgl. ähnlich auch Thom/Wenger 2002, 73). Prozesseffektivität ist gegeben, wenn Mitarbeitern nicht nur klare Ziele vorgegeben werden, sondern diese auch auf das Leistungspotenzial der Beteiligten abgestimmt sind, so dass Mitarbeiter nicht unter- oder überfordert werden. Auch dies wirkt sich positiv auf die Motivation aus (vgl. Abschnitt 5.3.3.2). Gleichzeitig vermindert die Klarheit der Struktur das Konfliktpotenzial (a^+). Andersherum führen auf die Bedürfnisse der Mitarbeiter abgestimmte Anreizsysteme zur Verfolgung von Integrations- und Lerneffektivität nicht nur zu einer größeren Leistungsbereitschaft der Mitarbeiter (vgl. Abschnitt 5.3.3.2), sondern auch zu einer besseren Abstimmung zwischen den Mitarbeitern (Prozesseffektivität). Der Zusammenhang lässt sich auch für die motivationsorientierten Zielkriterien darstellen. So wirkt sich eine Verminderung von Konflikten positiv auf die Lernbereitschaft (c^+) aus, da die Interaktion zwischen heterogenen Wissensträgern besser möglich ist und Wissen besser transferiert werden kann. Eine Offenheit der Strukturen für die Beachtung äußerer Einflüsse führt automatisch auch zu einem einfacheren Lernen, was sich auch auf die Motivation positiv auswirken dürfte (d^+). Weitere positive Zusammenhänge wären denkbar.

So lange die Wirkungen wie bei diesen Beispielen dieselbe Richtung aufweisen, ist die Interdependenz nicht weiter problematisch. Eine Gefahr bestünde allerdings dann, wenn der Nutzen nicht vollständig erfasst wurde, da dann eine Unterinvestition in eine Maßnahme erfolgen könnte. Dies spricht für eine Prüfung aller Ziele bei der Implementierung von Maßnahmen. Es sind aber auch einander **konkurrierende Wirkungen** beschreibbar, die zur Inkonsistenz des Zielsystems führen. Generell bestehen diese zwischen den Effektivitätskriterien und den Kostenfaktoren – auf diese Beziehung wird nicht gesondert eingegangen. Konkurrierende Beziehungen zwischen den Effektivitätskriterien ergeben sich wie folgt: Prozesseffektivität kann der Integrations- und Lerneffektivität entgegenwirken (b^-). Dies ist z.B. dann der Fall, wenn ein hoher Grad an expliziter Koordination bei der Gestaltung der Prozesse angestrebt wird und eher Mitarbeiter des Typs I, III oder IV von Schein (vgl. Abschnitt 5.3.3.3) betroffen sind. Strukturen mit wenigen Freiheitsgraden wirken dann eher demotivierend. Auch wird bei der Verfolgung des Ziels der Prozesseffektivität die Heterogenität der Personen, die miteinander verknüpft werden, nicht beachtet, was zur Erhöhung von Konflikten führen kann und sich damit negativ auf die Kultureffektivität auswirken könnte (a^-). Die Berücksichtigung von potenziellen äußeren Einflüssen geht zu Lasten einer zeitminimierenden Prozessgestaltung (e-); die Berücksichtigung der besonderen Bedeutung einzelner Aufgabenpakete kann der Prozesseffektivität ebenfalls entgegenwirken (f-), da aus Allokationsgründen ggf. für einzelne Arbeitspakete zusätzliche Zeitpuffer erforderlich sind. Auch hinsichtlich des Wissenstransfers können sich Zielkonflikte ergeben. So ist in der Theorie unbestritten, dass Anreizsysteme auf Ebene des Individuums einen positiven Einfluss auf die Motivation der Mitarbeiter ausüben. Gleichzeitig verursacht die Implementierung eines Anreizsystems auch negative Effekte z.B. auf den Wissenstransfer (g^-), da dieser die Leistungen anderer begünstigt und sich auf individueller Ebene damit auch Nachteile z.B. im Wettstreit um eine Beförderung ergeben können. Ein positiver Effekt entsteht nur durch die Partizipation an besseren Teamergebnissen (g^+), die wiederum anteilig den beteiligten Individuen zugeschrieben werden können und in dem Maße auch motivierend wirken (vgl. im Detail zu den Effekten des Wissenstransfers Kubitschek/Meckl 2000). Der Wissenstransfer hat wiederum einen direkt positiven Einfluss auf die Prozesseffektivität (b^+). Es ist in dem Fall eine Nutzenabwägung durchzuführen, indem der Gesamteffekt auf die Wissensteilung und der positive Effekt auf die Prozesseffektivität zu bestimmen ist. Dass hier ein Problem der Quantifizierung vorliegt, ist evident.

6.4.4.3 Gewichtung der Ziele für die Teilprojekte und Phasen

Die dargestellten Zielkonflikte führen dazu, dass für einzelne Maßnahmen eine eindeutige Aussage zum Gesamtnutzen eher schwierig ist. Auch unabhängig davon erweist sich die simultane Lösung des Motivations- und Koordinationsproblems als schwierig. Dies dürfte auch der Grund sein, warum Motivationsmaßnahmen meist nur flankierend zu Koordinationsmaßnahmen eingeführt werden (vgl. beispielhaft Frese 2005 und Meckl 2000). Diese starre Vorgehensweise erscheint für das vorliegende Problem aber nicht zielführend, da die Motivationssicherung bei Vorliegen einer bestimmen Konstellation an Gestaltungsbedingungen mindestens genauso bedeutsam ist wie die Koordinationssicherung.

Zur Lösung der Zielkonflikte und der Problematik einer simultanen Zielverfolgung sind verschiedene Möglichkeiten denkbar. So ist die **Definition eines Hauptziels** möglich, welches primär zu verfolgen ist und für das ein Mindestmaß an Zielerreichung festzulegen ist. Die anderen Ziele stellen dann Randbedingungen dar, für die eine untere Schranke eines Zielerreichungsgrades zu definieren ist (vgl. ähnlich auch Domschke/Scholl 2003, 57). Problematisch ist das Erfordernis der eindeutigen Bestimmung der Schranken, die bei qualitativen Zielen schwierig zu definieren sind. Auch die Festlegung eines dominierenden Ziels ist problembehaftet, da in der Regel mehrere Ziele gleichzeitig relevant sind. Letztgenanntes Problem besteht auch bei der Methode der **lexikografischen Ordnung**, die auf der Bestimmung einer Zielhierarchie basiert. Die Gestaltungsoptionen würden dann kaskadierend hinsichtlich der Ziele wie folgt bewertet: erst Optimierung Ziel A, dann Ziel B, dann Ziel C bei Ordnung A>B>C, wobei jede Stufe zu einer Eingrenzung der Alternativen führt (vgl. im Detail Domschke/Scholl 2003, 56-57). Dieses Vorgehen entspricht einer sukzessiven Zieloptimierung, die den Vorteil hat, dass kein Ziel unberücksichtigt bleibt. Schwierig wird es allerdings sein, eine eindeutige Rangfolge der Ziele zu bestimmen. So können Ziele durchaus auch gleichwertig sein. Eine differenziertere Vorgehensweise stellt die **Gewichtung der Ziele mit reellen Zahlen** dar. Auch hier können dominante Ziele bestimmt werden, indem ihnen eine höhere Gewichtung beigemessen wird, allerdings wäre auch eine Gleichordnung möglich (vgl. Domschke/Scholl 2003, 57-58). Die Abstufungen sind insgesamt stärker differenzierbar, was aber gleichzeitig die Optimierungsentscheidung erschwert. Die Gewichtung von Zielen mit reellen Zahlen, wie sie z.B. im Rahmen einer Nutzwertanalyse erfolgt, wird bei der Gestaltung eines M&A-Projektmanagements schwierig sein. So kann nicht genau gesagt werden, welchen monetären Nutzen die Verfolgung eines bestimmten Ziels hat. Dieses Problem würde auch kaum gemildert, würde man den Ergebnissen bei der Verfolgung bestimmter Ziele Nutzenwerte zuordnen, die die Präferenzen eines Entscheidungsträgers mathematisch abbilden. Eine Schätzung wäre stark subjektiv geprägt und es würde eine Exaktheit der Werte suggeriert, die nicht gegeben ist.

Damit erscheint auf den ersten Blick keines der Verfahren optimal für die vorliegende Problematik. Im Folgenden wird daher eine **Mischform** gewählt. Welche Ziele konkret geprüft werden, ist abhängig von dem zu implementierenden Parameter. Dieser hat meist eine Wirkung auf eine Auswahl der Effektivitätsziele. Es ist dabei der Fokus auf die Ziele zu setzen, auf die der jeweilige Parameter den größten Einfluss hat. Eine weitere Komplexitätsreduktion ist möglich, indem zusätzlich Zielgewichte für die Gestaltungsobjekte festgelegt werden.

Für die Gewichtung der Ziele für die Gestaltungsobjekte wird ausgehend von der Ausprägung der Gestaltungsbedingungen zu entscheiden sein, ob ein bestimmtes Ziel bedeutsamer ist als ein anderes. Die Beurteilung erfolgt wiederum auf heuristischem Weg. Zur ersten Orientierung wird an dieser Stelle zunächst nur zwischen Haupt- und Nebenzielen unterschieden, wobei auch mehrere Hauptziele relevant sein können. Zu entscheiden ist, welche Ziele je Teilprojekt und Phasenabschnitt als Haupt- (■) und welche als Nebenziele (□) zu verfolgen sind.

Es wird an dieser Stelle bewusst auf eine kardinale Bewertung, die das relative Gewicht der Ziele je Gestaltungsobjekt widerspiegelt, verzichtet. Diese Bewertung wäre z.B. bei der Anwendung der Nutzwertanalyse erforderlich. Diese ist aber wegen der Menge an qualitativen Einflussvariablen und der hier nicht berücksichtigbaren M&A-Fallspezifika nur bedingt geeignet. Für die Ableitung der Gewichtungen und Nutzenwerte würden sehr viele Subjektivismen einfließen, die letztendlich zu einer begrenzten Aussagekraft der formal-mathematisch (scheinbar) exakten Empfehlung führen würden. Es wird nur das grundlegende Verfahren für das Vorgehen bei einer Nutzwertanalyse im Gestaltungsteil erörtert und dort auch erst beispielhaft eine relative Gewichtung der Zielkriterien je Gestaltungsobjekt vorgenommen.

Die Bewertung der Bedeutung der Ziele als Haupt- oder Nebenziel erfolgt in Abhängigkeit der Ausprägung der Gestaltungsbedingungen je Gestaltungsobjekt (vgl. Abschnitt 6.3). Eine tendenzielle Bewertung der Ziele enthält zur besseren Übersicht über die Gewichtungen Abbildung 6-9 (graue Felder kennzeichnen die Hauptziele).

		Z_1^N	Z_2^N	Z_3^N	Z_4^N	Z_5^N	Z_6^N
Projektphase/Ziel		Prozess-effektivität	Allokations-effektivität	Adaptions-effektivität	Integrations-effektivität	Lern-effektivität	Kultur-effektivität
Transaktions-projekt	Vorfeld						
	Transaktion						
	Integration						
Integrations-projekt	Vorfeld						
	Transaktion						
	Integration						
Gesamtprojekt	Abschluss						

Abbildung 6-9: Überblick über die Zielgewichte

Inhaltliche Begründungen sind Abbildung 6-10 zu entnehmen. Die Aussagen können direkt zu den in Tabelle 6-1 in Abschnitt 6.4.4.1 beispielhaft erläuterten Vorteilen, die sich aus einer Zielverfolgung ergeben können, in Bezug gesetzt werden.

Koordinationseffektivität				
	Vorfeldphase	**Transaktionsphase**	**Integrationsphase**	**Abschlussphase**
Ziel	**Prozesseffektivität**			
Nutzen/ Kosten	□ Vorteile sind in **beiden Teilprojekten** mäßig, da die Struktur nicht so komplex ist. Wichtig ist das Ziel vor allem, weil die Aufgabencharakteristika problematisch ausgeprägt sind. Wegen der hohen Unsicherheit ist Prozesseffektivität teuer, da häufige Anpassungen erforderlich sind. Diese **Kosten** sind nicht gerechtfertigt, da die Vorteile eher gering sind.	■ In der Transaktionsphase gewinnt das Ziel an relativer Bedeutung für **beide Teilprojekte**, da entsprechende Gestaltungsbedingungen problematischer sind und Kosten sich eher rechnen.	■ Die Aufgabencharakteristika als auch die Struktur sind im **Integrationsprojekt** eher ungünstig ausgeprägt, was die Vorteile der Prozesseffektivität erhöht. Gleichzeitig sind die Unsicherheiten über die externen Rahmenbedingungen geringer und damit auch die Kosten einer hohen Prozesseffektivität überschaubar. Letztgenannter Aspekt gilt auch für das Transaktionsprojekt und die Abschlussphase – hier ist eine straffe Prozessplanung günstig umsetzbar und sollte daher auch erfolgen.	
Ziel	**Allokationseffektivität**			
Nutzen/ Kosten	□ Für **beide Teilprojekte** mindestens als Nebenziel zu gewährleisten, da generell von begrenzten Ressourcen auszugehen ist. Insbesondere ist das richtige Ausmaß der Ressourcenzuteilung für die Aufgaben in dieser Phase entscheidend: Trotz der noch hohen Unsicherheit hinsichtlich einer tatsächlichen Durchführung sind teure Ressourcen für die Analysen im Vorfeld und in der Transaktionsphase erforderlich – diese stellen sogenannte „sunk-costs" dar, die generell erstmal wertmindernd sind. Die Kosten sind überschaubar, da auch die potenziellen Bereiche für die Zuordnung von Ressourcen überschaubar sind.		■ Wichtig für das **Integrationsprojekt**, da die richtige Priori-sierung der Aufgaben/ Kanalisierung der Ressourcen erfolgskritisch ist. Fehlallokationen können wegen der hohen Komplexität der Phase große Auswirkungen auf das Gesamtergebnis haben, weswegen höhere Investitionen in die Gewährleistung des Ziels gerechtfertigt erscheinen. □ Für **das Transaktionsprojekt** weniger kritisch.	□ Nebenziel, da Kapazitätsengpässe eher nicht gegeben sind. Wichtig insbesondere deswegen, weil auch Ressourcen für die Wissensaufbereitung und Wissensbewahrung zuzuordnen sind, was häufig unterschätzt wird.
Ziel	**Adaptionseffektivität**			
Nutzen/ Kosten	■ Dynamische externe Einflüsse für **beide Teilprojekte** sind groß, daher dann als Hauptziel zu verfolgen. Die Kosten der Flexibilität können durch eine bessere Zielerreichung tendenziell aufgewogen werden.		□ In **beiden Projekten** nehmen Bedeutung und Dynamik der Umfeldfaktoren ab. Flexibilität zahlt sich dann weniger aus.	

Motivationseffektivität				
	Vorfeldphase	**Transaktionsphase**	**Integrationsphase**	**Abschlussphase**
Ziel	**Integrationseffektivität**			
Nutzen/ Kosten	■ Die Gesamtzielverfolgung ist im **Transaktionsprojekt** weniger in Gefahr als im Integrationsprojekt, da die persönliche Betroffenheit geringer ist. Dennoch ist Integrationseffektivität zu gewährleisten, da auch Beteiligte des M&A-Projekts betroffen sind und Defizite der Abwicklung teurer sein würden als die Kosten der Integrationseffektivitätssicherung. ■ Im **Integrationsprojekt** generell wichtig, am stärksten in der Integrationsphase, da dann die Betroffenheit groß ist und die Ziele stark divergieren. Kosten der Motivierung dürften geringer sein, als Nachteile aus fehlender Motivierung. Sehr bedeutsam in der Abschlussphase, da objektive Bewertung/Umsetzung der Verträge erforderlich ist. Die Gefahr divergierender Interessen ist allerdings geringer als vorher.			
Ziel	**Lerneffektivität**			
Nutzen/ Kosten	■ Innerhalb des **Transaktionsprojekts** ist die Interdependenz nicht so ausgeprägt und Wissen fließt direkt in die Leistungen ein. Gewährleistung ist aber bedeutsam, insbesondere, da Erfahrungen für spätere Projekte wichtig sind und der Anreiz, im Sinne dieser zu handeln, eher gering ist. □ Nur in Integrationsphase des Transaktionsprojekts eher Nebenziel, da weniger kritisch. Dient im Wesentlichen der Prüfung der Vertragseinhaltung. ■ Lerneffektivität ist in allen Phasen des **Integrationsprojekts** wichtig, da die Aufgaben stark aufeinander aufbauen. Wissen ist über die Phasen hinweg und projektübergreifend weiterzutragen. Hier kommt es auch auf implizites Wissen bzw. auf dessen Explizierung an, um die interpersonelle/-temporale Nutzung zu gewährleisten. Die Kosten dürften insgesamt hoch sein, weil vor allem implizites Wissen zu übertragen ist. Die Vorteile für das Projekt/weitere Projekte dürften aber den Aufwand rechtfertigen.			■ Lerneffektivität ist in der Abschlussphase wichtig, da nun der Gesamtwissensbestand der Transaktion zusammenzuführen ist. Hierzu müssen die Projektbeteiligten stark motiviert werden, da sie andernfalls kaum ein Interesse an diesen Arbeiten haben werden. So sind die persönlichen Vorteile der Wissenssicherung eher gering .
Ziel	**Kultureffektivität**			
Nutzen/ Kosten	□ Innerhalb **beider Projekte** nicht so gravierend, da eher homogene Beteiligtengruppe. In Transaktionsphase wichtiger als in Vorfeldphase, tendenziell eher im Integrationsprojekt problematisch.		■ Hoch kritisch in **beiden Projekten,** da Integrationsphase durch heterogene Beteiligte geprägt ist. in beiden Projekten treffen Personen beider Unternehmen aufeinander. Hier dürften die Kosten der Implementierung von Maßnahmen hoher Granularität gerechtfertigt sein.	□ Weniger wichtig, da eher homogene Beteiligtengruppe und geringe Anzahl an Personen. Probleme könnten sich bei Auflösung der Projektorganisation ergeben. Dann sind begleitende Maßnahmen erforderlich.

Abbildung 6-10: Gewichtung der Effektivitätsziele für die Gestaltungsobjekte

Erkennbar ist, dass die Zielschwerpunkte für die Vorfeld- und Transaktionsphase vielfach für beide Teilprojekte gleichgerichtet sind – allerdings kann die Zieloperationalisierung für beide Projekte wegen der divergierenden Interessenlagen und des Komplexitätsgrades variieren. Deswegen bleibt eine separate Betrachtung sinnvoll. Die Zielgewichtungen für die Integrations- und die Abschlussphase differieren.

Die durch den Einsatz eines Gestaltungs-Parameters entstehenden Kosten müssen sich vor dem Hintergrund der insgesamt erreichten Effektivität der Maßnahmen rechtfertigen, um Effizienz zu gewährleisten. Dabei sind auch die konkurrierenden Wirkungen zu beachten. Positiv muss der Saldo aus Vor- und Nachteilen im Hinblick auf Kosten und Effektivität sein. Im Gestaltungsteil dient diese Gewichtung einer ersten Orientierung. Die Bedeutung der Ziele für die Gestaltungsobjekte wird dann aber noch konkreter aufgegriffen.

6.4.4.4 Verknüpfung der M&A-Projektmanagement-Ziele mit dem Wertsteigerungsziel

Die Kosten- und Nutzenziele wurden ursprünglich aus dem Wertsteigerungsziel abgeleitet. Hierzu waren einige Zwischenüberlegungen erforderlich. Dass weiterhin ein plausibler Bezug besteht, wird im Folgenden gezeigt. Hierzu wird auf die Wertkomponenten verwiesen (vgl. Abschnitt 2.2).

Zur Messung der Wertsteigerung existiert eine Reihe an Ansätzen. Es wird im Folgenden exemplarisch ein weit verbreitetes Konzept genutzt: der EVA-Ansatz. Generell können aber die selben Aussagen mit den anderen wertorientierten Konzepten (vgl. Abschnitt 2.2.1) erfolgen, da alle letztendlich bei richtiger Anwendung zu denselben Ergebnissen führen (vgl. empirisch zur Konvergenz wertorientierter Kennzahlen Crasselt/Pellens/Schremper 2000). Mit EVA ist hier das 1991 durch Stern Stewart entworfene Konzept des Economic Value Added gemeint. Dies ist nicht zu verwechseln mit der im Projektmanagement verbreiteten Earned Value Analyse (vgl. im Detail z.B. Morris/Pinto 2004, 23-25), die ebenfalls mit EVA abgekürzt wird. Im Folgenden wird diese Abkürzung ausschließlich für das Konzept von Stern Stewart genutzt. Das EVA-Konzept stellt einer Untersuchung aus dem Jahr 2003 zufolge das in der Praxis und Management-Literatur am weitesten verbreitete Konzept dar. So wird es nach einer KPMG-Befragung der DAX100 Unternehmen in 2002/2003 von 54% der befragten Unternehmen angewendet, gefolgt, wenn auch weit abgeschlagen, von 9%, die das DCF-Verfahren (Discounted Cashflow) anwenden. Traditionelle Kennzahlen wie ROCE (Return on Capital Employed) haben dagegen an Bedeutung verloren (vgl. im Detail Aders 2003, 720). Die Tendenz zu Konzepten der wertorientierten Unternehmensführung allgemein und die Abnahme der Bedeutung traditioneller Kennzahlen dürfte sich heute noch verstärkt haben.

Der EVA-Ansatz basiert auf der Berechnung des betrieblichen Übergewinns einer Periode. Er wird auch als Residualgewinnkonzept oder Contribution-Modell (vgl. Küting/Eidel 1992, 831-832) bezeichnet. Weiteres bekanntes Residualgewinnkonzept, welches dem EVA zeitlich vorgelagert ist, ist der Value Added der London Business School (vgl. Hostettler 2000, 47).

EVA ist damit nichts Neues, erweitert jedoch die Residualgewinn-Sichtweise um den konsequenten und umfassenden Einsatz in einem wertorientierten Steuerungsrahmen. Da der EVA-Ansatz hier nur der allgemeinen Veranschaulichung des Einflusses des Projektmanagements auf die Wertsteigerung herangezogen wird, wird auf eine kritische Analyse des Konzeptes und seiner Komponenten verzichtet (für eine ausführliche Darstellung der Konzepte vgl. Stewart 1991 und Hostettler 2000; für eine kritische Diskussion dieses Ansatzes und weiterer Ansätze und ihrer Komponenten vgl. Ballwieser 1998 und Küting/Eidel 1992).

Ein betrieblicher Übergewinn in einer Periode liegt ab dann vor, wenn die Finanzierungskosten des betrieblich gebundenen Vermögens, die zur Entstehung dieses Gewinns geführt haben, gedeckt sind. Die Wertschaffung bemessen am EVA berechnet sich nach der Capital Charge-Formel in Ausdruck (1). Von dem betrieblichen Nachsteuergewinn (NOPAT) der Betrachtungsperiode (t) ist die Capital Charge abzuziehen, die das Produkt aus betrieblich gebundenem Vermögen (NOA) der Vorperiode (t-1) und dem gewichteten Kapitalkostensatz (WACC) darstellt.

$$EVA_t = NOPAT_t - (NOA_{t-1} * WACC) \qquad (1)$$

Der Kern des Konzepts liegt weniger in der relativ einfachen Berechnung in Ausdruck (1), sondern in der dieser Berechnung vorgelagerten Ableitung der Komponenten. Insbesondere bei der Berechnung von NOPAT und NOA stellt die Konversion vom Accounting zum Economic Model eine wesentliche Aufgabe dar. Ziel ist es, durch Auswahl und Anwendung von zehn bis 15 geeigneten Konversionen aus den 164 verfügbaren diese Größen an Zahlungsstromgrößen (NOPAT) bzw. an Marktwerte statt Buchwerte (NOA) anzunähern. Zur Berechnung des Kapitalkostensatzes folgen Stern Stewart dem Ansatz des Weighted Average Cost of Capital (WACC), also den gewichteten Fremd- und Eigenkapitalkosten, unter Einbezug des Capital Asset Pricing Model (CAPM) für die Eigenkapitalkosten (vgl. Hostettler 2000, 53). Die Fremdkapitalkosten orientieren sich im einfachsten Fall an der Rendite eines risikolosen Wertpapiers adjustiert um einen Zuschlag in Abhängigkeit der Bonität des Unternehmens (vgl. Hostettler 2000, 170-172).

Zur Ermittlung der Wertschaffung über einen längeren Prognosezeitraum sind die EVA der zukünftigen Perioden zu schätzen und analog zu den Zukunftsertragswertverfahren wie DCF (vgl. im Detail Ballwieser 1998; Bühner 1996; Küting/Eidel 1992 und ursprünglich Rappaport 1998, 33-49) auf den Betrachtungszeitpunkt abzuzinsen. Der sich daraus ergebende Barwert wird mit dem Begriff Market Value Added (MVA) belegt (vgl. Hostettler 2000, 183). Ziel ist es, die EVA der für die Strategie relevanten Betrachtungsperioden zu maximieren, was die folgende Grafik veranschaulicht.

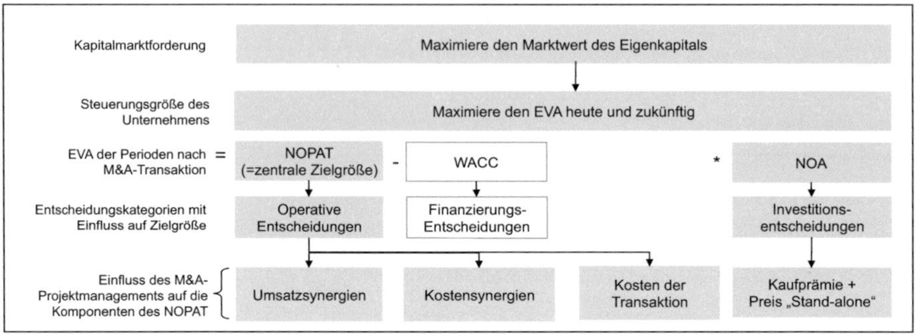

Abbildung 6-11: Zusammenhang zwischen Shareholdervalue und M&A-Projektmanagement

NOPAT und NOA sind die wesentlichen werthaltigen Größen, in denen sich die operativen bzw. Investitionsentscheidungen widerspiegeln und in denen sich letztendlich auch die Effizienz des M&A-Projektmanagements widerspiegelt. Bezüglich des Kapitalkostensatzes ist dies weniger der Fall, da er zeitlich bzw. inhaltlich einen weniger starken Bezug zum aktuellen operativen Kerngeschäft aufweist. In ihm spiegeln sich die Finanzierungsentscheidungen wider, auf die sich ein effizientes M&A-Projektmanagement kaum auswirkt. Einfluss auf die NOA bzw. die Investitionsrate besteht beispielsweise über die Prozessoptimierung im Sinne einer Verknüpfung zwischen Integrations- und Transaktionsprojekt. Werden die Informationen aus dem Integrationsprojekt über erzielbare Synergien korrekt an das Transaktionsprojekt übermittelt, so hat dieses eine bessere Basis zur Bestimmung eines realistischen Kaufpreises, der wiederum als Verhandlungsbasis dient. Eine realistische Bewertung trägt zur Vermeidung der Zahlung einer zu hohen Kaufpreisprämie und damit eines Wertverlusts beim Käufer bei (vgl. Abschnitt 2.2.2). In die Bilanz fließt ein geringerer Goodwill ein, was wiederum die NOA senkt, in die bei der EVA-Berechnung regelmäßig der Goodwill vollständig im Rahmen der Konversionen zugeschrieben wird (vgl. beispielhaft Hostettler 2000, 144-147).

Wesentlicher dürfte der Einfluss des Projektmanagements auf den aktuellen und die zukünftigen NOPAT sein. Einfluss auf diesen hat das Projektmanagement indirekt über Umsatz- und Kostensynergien (vgl. Abschnitt 2.2.2 und 4.2) und direkt über die Verursachung von Kosten mit absolut gesehen negativem Einfluss auf den Gesamtwert (Kostenziel auf Ergebnisebene; vgl. auch zur indirekten Wirkung koordinativer Maßnahmen auf eine erfolgreiche Leistungserstellung Küpper 2005, 545 und Meckl 2000, 27). Werden mehrere Perioden betrachtet, so hat Projektmanagement auch einen Einfluss auf die Zeit als wertbeeinflussenden Faktor (z.B. wegen Vorverlegung positiver Synergien). Beispiele für sich aus einem effizienten Projektmanagement ergebende Vorteile enthält Abbildung 6-12.

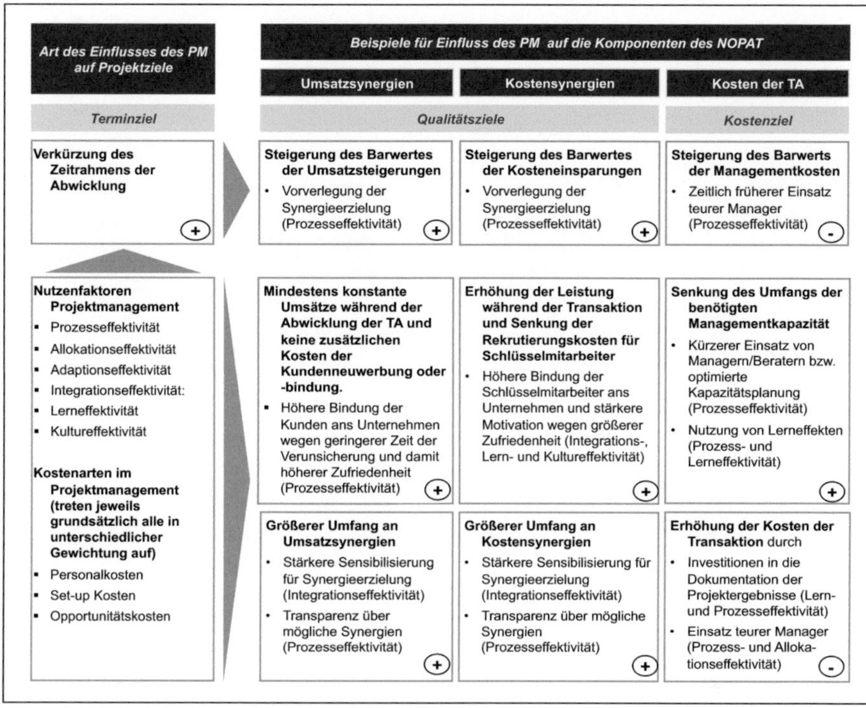

Abbildung 6-12: Einfluss des M&A-Projektmanagements auf den NOPAT

In Abbildung 6-12 sind wesentliche Wirkungen eines an den Effektivitäs- und Kostenzielen ausgerichteten Projektmanagements aufgezeigt. Als Bezugsgröße sind vertikal die in den vorherigen Abschnitten dargestellten Effektivitätskriterien des Projektmanagements und mögliche Kostenfaktoren und horizontal die drei oben beschriebenen Komponenten des NOPAT sowie das Terminziel abgetragen. Ein Plus oder Minus kennzeichnet die vermutete Richtung des Einflusses des dargestellten Sachverhalts auf die Wertschaffung. Ein Plus steht für eine werterhöhende, ein Minus für eine wertmindernde Wirkung. Die Einflüsse stellen Beispiele dar, beschreiben also die Einflussmöglichkeiten nicht abschließend (vgl. zur Ableitung der Projektmanagementziele im Detail Abschnitt 4.2).

6.5 Gestaltungsparameter: Prozessspezifische Auswahl und Charakterisierung der für M&A-Projekte erfolgskritischen Parameter

6.5.1 Überblick

Um die Vorteile tatsächlich zu minimalen Kosten zu realisieren, sind innerhalb der Prozesse (Projektplanung und -kontrolle, -organisation, -personalführung, -information und -controlling) geeignete Parameter in einer bestimmten Granularität (vgl. Abschnitt 6.4.4.1) zu implementieren.

Die Gesamtheit der Parameter im Hinblick auf ihre Zielwirkung zu beurteilen, ist wenig pragmatisch, da nicht nur ihre Anzahl groß ist, sondern sie sich hinsichtlich ihrer Komplexität in sehr feinen Abstufungen modifizieren lassen. Anknüpfungspunkt im Folgenden sind daher die Aufgaben, die im Rahmen der Prozesse zu erfüllen sind und in Abschnitt 4.3.2.3.2 aufgezeigt wurden. Die Wirkung der Prozesse auf die projekt- und unternehmensinternen Erfolgskomponenten wurde dort bereits angedeutet. Im Folgenden wird eine intensivere Analyse in Bezug auf die konkreteren Gestaltungsziele basierend auf den Ergebnissen der Analyse der Theorien und der empirischen Forschung in Kapitel 5 angestrebt. Die diesem Abschnitt zugrunde liegende Annahme, die H2 als vierte Teilkomponente ergänzt, lautet wie folgt:

> *(H2.4) Wenn die den Prozessen Projektplanung und -kontrolle, -organisation, -personalführung, -information und -controlling zugeordneten empirisch und theoretisch als erfolgskritisch bestätigten Maßnahmen umgesetzt werden, erhöht dies die Erfolgswahrscheinlichkeit für das M&A-Gesamtprojekt.*

Es ist im Folgenden zunächst aufzuzeigen, welche Aufgabenbereiche die Prozesse jeweils enthalten und welche empirisch/theoretisch bestätigten Aktivitäten diesen zugeordnet werden können. Diese Bereiche werden im Folgenden als Wirkungsbereiche bezeichnet. Verwiesen wird hierzu in einem ersten Schritt auf die Ergebnisse der Erfolgsfaktorenanalyse zum M&A-Projektmanagement (vgl. im Überblick und zu den genutzten Kürzeln, die den Faktor und den Grad der empirischen Bestätigung kennzeichnen, Abbildung 5-4 in Abschnitt 5.2.3.4). Dies ermöglicht eine erste Vorauswahl der erfolgskritischen Aufgabenbereiche/Faktoren. Diese Erfolgsfaktoren werden ergänzt um die aus den Theorien und Ansätzen abgeleiteten Aussagen. Eine zusammenfassende Darstellung erfolgt jeweils tabellarisch. Die Tabellen zeigen auf, auf welches Ziel der Faktor/die Maßnahme in erster Linie wirkt (weitere Nebenwirkungen werden hier der Übersichtlichkeit halber nicht beachtet) und durch welche Theorie/empirische Sekundäranalyse er/sie als bestätigt angesehen werden kann. Die aus den Analysen in Kapitel 5 abgeleiteten Aussagen sind hierzu den Projektmanagement-Prozessen und den Zielen in Abhängigkeit der Einwirkung auf sie zuzuordnen. Zu jedem Einzelaspekt erfolgt ein Verweis auf die empirische/theoretische Analyse, durch die er als bestätigt angesehen werden kann.

Für diese Tabellen gilt folgende Legende. Sie enthält die in Abschnitt 5.3.1 und 5.4.1 den Studien/Theorien zugeordneten und im Folgenden zum Verweis genutzten Abkürzungen sowie einen Hinweis auf die Grundlagenabschnitte, auf die für eine ausführliche Darstellung der Kausalzusammenhänge verwiesen wird.

Abkürzung	Theorie/Ansatz/Empirische Studie	Abschnitt
M&A-Projektmanagement		
E...	**Verweis auf Erfolgsfaktor zum M&A-Projektmanagement**	**5.2.3**
IÖ	**Industrieökonomische Ansätze**	**5.3.1**
SV	**Shareholdervalue-Ansatz**	**5.3.1**
NIÖ	**Neue Institutionenökonomik**	**5.3.2**
TKT	Transaktionskostentheorie	5.3.2
PAT	Principal-Agent-Theorie	5.3.2
	Verhaltenswissenschaftliche Ansätze	**5.3.3**
MT	Motivationstheorien	5.3.3.2
MB	Menschenbilder	5.3.3.3
Wissensmanagement		
WM	**Verweis auf Erfolgsfaktoren zum Wissensmanagement (Empirie)**	5.4.3
WBA	**Wissensbasierter Ansatz von Grant**	5.4.4

Stilelement	Beschreibung
mit Fettdruck	Ursache/Wirkung in Empirie bzw. Theorie festgestellt
ohne Fettdruck	nur sehr allgemein in Empirie bzw. Theorie nachweisbare Empfehlung
Klammer	nur wenig Nachweise für eine empirische Bestätigung des Faktors

Abbildung 6-13: Legende zu Tabellen 6-2 bis 6-5

Innerhalb der Wirkungsbereiche sind weiterhin die relevanten Parameter aufzuzeigen. Die Auswahlbasis orientiert sich an der in Abschnitt 4.3.4 erläuterten Literaturbasis zu Projektmanagement-Parametern und bemisst sich daran, welche Bedeutung sie in der praxisorientierten Literatur für einen bestimmten Wirkungsbereich des Projektmanagements einnehmen. So ist davon auszugehen, dass besonders häufig in der Praxis genutzte/durch die Praxis empfohlene Parameter sich eher bewährt haben als andere. Nicht ausgeschlossen werden sollten aber neuere Entwicklungen, die Vorteile gegenüber bewährten Methoden aufweisen, auch wenn diese seltener in der Literatur diskutiert werden. Ein Überblick über wichtige Parameter ist jeweils in der Grafik des Abschnittes gegeben, die auch Anhaltspunkte zur Bewertung der Granularität enthält. Ob die Parameter tendenziell eher zur Lösung von Motivations- oder Koordinationsproblemen beitragen, wird aufgezeigt und bemisst sich an ihrer Zugehörigkeit zu einem Prozess. Die unterschiedliche Anzahl an Parametern je Projektmanagement-Prozess resultiert aus einer variierenden Nutzungsintensität von Instrumenten, Methoden oder Prinzipien für die einzelnen Aufgabenbereiche.

Es ist weiterhin zu bewerten, wie neuartig die Gestaltung des Wirkungsbereichs/eines bestimmten Parameters für das M&A-Projektmanagement ist, da andernfalls auf bestehende Forschungsergebnisse verwiesen werden kann. Zusätzlich ist relevant, ob eine Anwendung bei M&A-Projekten eine signifikante Modifizierung erfordert. Andernfalls reicht es aus, auf die Grundlagenliteratur zu verweisen (vgl. im Detail zu (Projekt-) Management-Parametern mit Koordinations- und Motivationswirkung Abschnitt 4.3.4 sowie Lunau 2007; Kerzner 2006; Bechler/Lange 2005; Küpper 2005, 39-44; Litke 2004; Felske 2003; Meckl 2000).

Diese Vorgehensweise ist komplexitätsreduzierend, da auf eine umfangreiche Darstellung der im Projektmanagement verfügbaren Parameter für die Auswahl verzichtet werden kann, die Auswahl aber dennoch systematisch erfolgt. Dies ist bedeutsam, da eine falsche Auswahl oder Kombination von Methoden oder deren mangelnde Kompatibilität zur Bewältigung von Aufgaben in betrieblichen Projekten mitunter als Misserfolgsursache gewertet wird (vgl. Krüger/Bauermann 1987, 788 und E1.08 0-2).

6.5.2 Projektplanung und -kontrolle

Als Aufgabe der Projektplanung und -kontrolle wurde Folgendes definiert: Sie hat die Elemente eines Projekts zu ordnen und festzulegen, welche Tätigkeiten in welcher Qualität (Arbeitspakete), durch wen (verantwortliche Person/Gruppe), wann (Start- und Endtermin/-zeitspanne, Abhängigkeiten), mit welchen Ressourcen (Personal/Sachmittel) und zu welchen Kosten während der Projektabwicklung ausgeführt werden, um möglichst schnell und sicher zur gewünschten Leistung zu gelangen. Weiterhin hat sie die entsprechenden Daten laufend zu überwachen (vgl. Abschnitt 4.3.2.3.2).

Empirisch bedeutsam im Rahmen der Projektplanung sind insbesondere die Wirkungsbereiche der Zielfestlegung, der Projektstrukturplanung und der Termin- und Ablaufplanung. Um ein bestimmtes Projektergebnis zu erzielen, sind im Vorfeld geeignete Zielkriterien zu definieren, die eine Gesamtzielerreichung ermöglichen. Sie stellen die Ausgangsbasis für das Projekt dar, an denen sich alle weiteren Aktivitäten auszurichten haben und die laufend auf Einhaltung und Umsetzbarkeit zu überprüfen sind. Dies ist innerhalb der revolvierenden Planung zu beachten. Sie sind in einem Pflichtenheft zu dokumentieren (vgl. Litke 2004, 90). Die **Zieldefinition** ist zwar empirisch sehr bedeutsam (E1.05 2-5), die Anforderungen an die Zielfestlegung unterscheiden sich aber nicht von denen für andere Vorhaben, weswegen auf diesen Bereich nicht weiter eingegangen wird.

Die **Projektstrukturierung**, als unverzichtbares Element der Projektplanung (vgl. im Detail Heeg/Frieß 2003, 496), bildet die Grundlage für die Durchführung weiterer relevanter Projektaufgaben. Sie umfasst z.B. die Zergliederung der Aufgabenschritte und deren zeit- und ressourcenverbrauchsminimierende Zusammenfassung und ermöglicht die strukturierte Ermittlung der Kosten und Ressourcen für einzelne Arbeitspakete. Sie liefert zudem die Basis für die Termin- und Ablaufplanung, der eine außerordentlich hohe empirische Bedeutung zukommt (E1.01 11-3 und E1.02 2-2), und die Verteilung von Verantwortlichkeiten an einzubindende Beteiligte für die einzelnen Arbeitspakete, die ebenfalls erfolgskritisch sind (vgl. E2.02 2-2; E2.03 1-3; E2.04 0-1; E2.06 1-1 und E2.08 0-2). Dennoch wird die Projektstrukturierung allgemein in Projekten häufig vernachlässigt, was auch als Ursache für Termin- und Budgetüberschreitungen gewertet wird (vgl. Heeg/Frieß 2003, 495). Für M&A dürfte dies in besonderem Maße gelten. Dieser Wirkungsbereich wird im Gestaltungsteil daher aufgegriffen.

Ebenfalls wichtig sind **Aufwands- und Terminschätzungen**. Gerade die Schätzung des Aufwands stellt eine zentrale Aufgabe des Projektmanagements dar, wurde allerdings durch die Sekundäranalyse nur vage bestätigt. So wurde der Ressourcenallokation eine sehr geringe (E1.04 0-1) und dem Budget (E1.03 1-3) und einer laufenden Planfortschrittskontrolle (E1.09 2-3) eine mittlere Aufmerksamkeit geschenkt, mit Schwerpunkt bei den Projektmanagement-Studien. Indirekt Bedeutung erlangt der Faktor bei M&A-Projekten durch die hohe Relevanz, die der Geschwindigkeit der Abwicklung beigemessen wird (E7.0 7-4-0), die sich auch auf den Ressourcen- und Kostenaufwand auswirkt. Auf eine Möglichkeit für die besonders bei M&A problematischen Aufwandschätzungen wird im Gestaltungsteil eingegangen. Hierzu fehlen zudem Gestaltungsempfehlungen in der Literatur. Die mit ihr verknüpfte Terminschätzung wird nur kurz erwähnt, da sie sich ausgehend von der Aufwandschätzung relativ einfach durchführen lässt.

Die ebenfalls erfolgskritische **Termin- und Ablaufplanung** hat ihren Ursprung in der Entwicklung der auf der Graphentheorie basierenden Netzplantechnik (vgl. im Detail Abschnitt 3.2.2), die nur eine Möglichkeit für die Unterstützung der Termin- und Ablaufplanung darstellt. Für M&A-Projekte liegt keine detaillierte Prüfung der Umsetzbarkeit verschiedener Verfahren und Methoden der Termin- und Ablaufplanung vor dem Hintergrund der spezifischen Rahmenbedingungen vor. Insbesondere stellt sich die Frage nach der Chronologie der Arbeitsschritte inklusive der Projektmanagementaufgaben, die meist vernachlässigt werden und der Anwendungsmöglichkeiten von Netzplänen bei M&A.

Inhalt der Arbeit ist sowohl die Planung der Primär- als auch der Sekundäraufgaben, die zusammen zur (Gesamt-) Projektplanung zusammengefasst werden.

Zur Sicherstellung eines funktionierenden Regelkreises (vgl. im Detail Abschnitt 4.3.2.5) ist neben einer effizienten Planung auch das Gegenstück einer effizienten **Kontrolle** zu gestalten. Anknüpfungspunkte für zu kontrollierende Zielgrößen ergeben sich aus den Planungen (vgl. ausführlich Abschnitt 4.3.2.3.2). Eine sehr bedeutsame Rolle spielt die Kontrolle bei der Leistungsbeurteilung der Projektbeteiligten. Spätestens dann sind die Projektleistungen, Sekundärhandlungen inkludierend, einer genauen Messung zu unterziehen, um eine entsprechende erfolgskritische leistungsabhängige Belohnung umsetzen zu können. Eine laufende Projektkontrolle wurde dennoch überraschenderweise in den Erfolgsstudien nicht besonders herausgestellt, obwohl anzunehmen ist, dass sie die Gefahr unsystematisch vor sich hinfließender Projekte senkt und damit vermeidet, dass strategische Ziele, Budget- und Zeitvorgaben nicht einzuhalten sind (vgl. auch Krüger/Bauermann 1987, 790). Bestätigt erscheint nur eine kontinuierliche Planfortschrittskontrolle (E1.09 2-3) Diese ist relativ gut über die Planungsmethoden abbildbar. So wird durch die Verwendung von Planungstechniken auch eine Kontrolle der Termin- und Kosteneinhaltung erreicht. Eine Vertiefung erfolgt daher nicht.

Projektplanung- und -kontrolle wirken insbesondere auf die koordinationsorientierten Ziele. So ermöglichen die Parameter über ihre Strukturierungswirkung und der Förderung von Transparenz die Komplexität beherrschbarer zu machen (Prozesseffektivität). Inkludiert sind Methoden der Kapazitätsplanung und Terminplanung, die Grundlage für die optimale Planung und Überwachung der Ressourcenallokation sind. Die Art der Planung legt zudem fest, wie flexibel die Gesamtstruktur für Veränderungen ist (Adaptionseffektivität). Je nach Grad der Detaillierung können Handlungsspielräume und damit Verhaltensunsicherheiten gesenkt werden. Negative Wirkung besteht dann allerdings tendenziell auf die Motivation (vgl. zu den Vorteilen allgemein auch Litke 2005b, 305). Auf die detaillierten Zielwirkungen wird bei den einzelnen Parametern noch eingegangen.

Tabelle 6-2 zeigt im Überblick diese und weitere in der Theorie und/oder der Empirie bestätigte Ursache-Wirkungsbeziehungen zwischen Gestaltung von Projektplanung und -kontrolle und Effektivität. Die Gestaltungsempfehlungen basieren auf den Ergebnissen in Kapitel 5. Die Zuordnung zu den Projektmanagementzielen ist nicht immer eindeutig. So haben die Empfehlungen häufig Wirkungen auf mehrere Ziele (vgl. zur Zielinterdependenz Abschnitt 6.4.4.2). Es wurden in den Tabellen jeweils nur die vermuteten Hauptwirkungen eingetragen. Z_1^N bis Z_6^N stehen für die Nutzenkomponente des entsprechenden Subziels (vgl. Abbildung 6-9 in Abschnitt 6.4.4.3). Die Tabellen 6-2 bis 6-5 sind analog aufgebaut und die Verweise gelten entsprechend.

Die Aussagen können als „Wenn..., dann...“-Aussage interpretiert werden (wenn Maßnahme....sichergestellt ist, dann trägt dies zur Erreichung des Ziels... bei).

	Maßnahmen mit vermuteter Erfolgswirkung im Rahmen des Projektmanagement-Prozesses „Projektplanung und -kontrolle“	**Empirie**	**Theorie**
Z_1^N	Ausrichtung der Subziele auf das übergeordnete Ziel der Wertsteigerung		SV
	Verankerung der wissensbezogenen Ziele im Zielsystem und Abstimmung wissensbezogener Aufgaben mit Aufgaben der Leistungserstellung	WM	
	Explizite frühzeitige und transparente Prozessplanung mit Bestimmung von überschneidungsfreien Arbeitspaketen (Vermeidung von Doppelarbeiten), klaren Zielen (Leistungserstellung und Wissensmanagement) und Verantwortlichkeiten	E1.01, E1.05, E1.06, WM	TKT, WBA
	Definition der Arbeitspakete derart, dass sie implizites Wissen einer Stelle verkörpern und Abstimmungsbedarf minimieren		WBA, TKT
	Eine hohe Geschwindigkeit ist unter Berücksichtigung der Qualität der Leistung sicherzustellen	E7	
	Monitoring des Projektfortschritts und Aufrechterhaltung des Fortschrittsdrucks	E1.01, E1.09	
Z_2^N	Zuweisung von Ressourcen (Art/Qualifikation, Anzahl, Zeitdauer) zu Arbeitspaketen in Abhängigkeit des Aufwands/ der Bedeutung des Arbeitspakets	E1.02, E1.03	SV
	Monitoring der Ressourcenallokation	E1.04	
Z_3^N	An kritischen Stellen Planung iterativer Schleifen im Prozess	E7.01	IÖ

	Definition von genügend Zeitpuffern ohne Gefährdung des Fortschrittsdrucks	E1.09, E7.01	IÖ
	Freiheitsgrade zur Berücksichtigung emergierender Aufgabenpakete lassen		IÖ
	Hohe Frequenz der Kontrolle der Zielerreichung der Leistungserstellung/ des Wissensmanagementbeitrags zum Erkennen von Fehlentwicklungen; hierzu ebenfalls erforderlich: Monitoring der relevanten Rahmenbedingungen	WM	IÖ
Z_4^N	Monitoring des Leistungsbeitrags generell		MT
Z_5^N	Monitoring des Beitrags Einzelner zum Wissensmanagement		MT
	Transparenz über Art/Qualifikation von Wissenssender und -empfänger	WM	
	Messung der Qualität des Wissens und eine laufende Kontrolle desselben	WM	MT
Z_6^N	Transparenz generell	WM	MT

Tabelle 6-2: Maßnahmen mit vermuteter Erfolgswirkung im Rahmen der Projektplanung/-kontrolle

Generell werden durch diesen Bereich alle Teilziele beeinflusst, allein auf die Kultur- und Integrationseffektivität dürfte die (positive) Wirkung eher gering sein. Weitere Wirkungsbeziehungen wären allerdings denkbar, so könnte man vermuten, dass sich die Vorteile indirekt auch auf die motivationsbezogenen Effektivitätsziele auswirken, da Motivation zur Leistungserstellung und zum Beitrag zum Wissensmanagement eher gegeben sein dürfte, wenn die Ziele und der Sinn der eigenen Arbeit jeweils klar ersichtlich sind.

Abbildung 6-14 gibt einen Überblick über Wirkungsbereiche und Gestaltungsparameter der Planung und Kontrolle, eingeordnet nach ihrem Grad der Granularität. Gekennzeichnet ist zudem die Effektivität der Planung und Kontrolle insgesamt im Hinblick auf die Gestaltungsziele. Die in der linken Spalte grau unterlegten Wirkungsbereiche und die fettgedruckten Gestaltungsparameter in der Mitte der Grafik werden in Kapitel 7 aufgegriffen. Abbildungen 6-15 bis 6-17 und 6-19 sind analog aufgebaut.

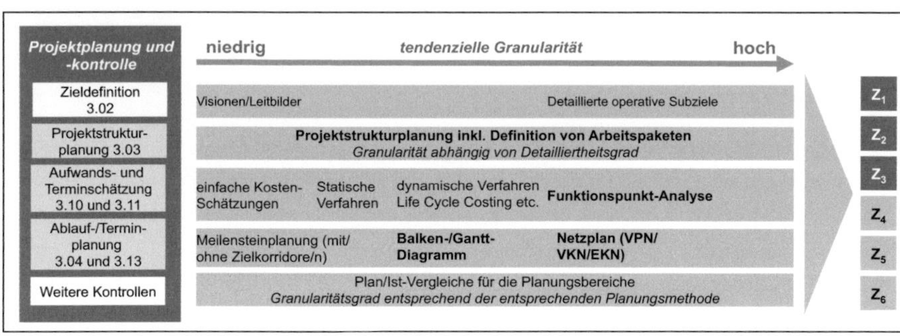

Abbildung 6-14: Systematik und Bewertung ausgewählter Projektplanungs- und -kontrollparameter

Das **Granularitätsmaß** bemisst sich am Detaillierungsgrad der Planungen/Kontrollen. Eine hohe Detaillierung entspricht einer hohen Granularität. Gleichermaßen stehen häufigere Plananpassungen bzw. Kontrolldurchläufe (Frequenz) für eine höhere Granularität. Weiterhin bestimmt die Komplexität der Methode die Feinkörnigkeit des Systems. Je komplexer die Methode, desto feinkörniger das System. Diese Faktoren sind interdependent. So sind beispielsweise detaillierte Planungen für Termine und Abläufe nur mit komplexeren Methoden umsetzbar.

Für den Grad an Granularität innerhalb der einzelnen Planungs- und Kontrollabschnitte ist situationsspezifisch zu entscheiden. Die Granularität der Kontrollen ist dabei in starkem Maße abhängig von der Granularität der Planungen. Eine hohe Granularität der Planung erfordert detaillierte Informationen und verursacht höhere Kosten wegen teurerer Methoden, zusätzlich erforderlichem Personal zur Implementierung und Betreuung der Methoden sowie höherem Schätzaufwand. Voraussetzung für eine hohe Granularität der Planung sind relativ sichere und detaillierte Informationen, da andernfalls zu häufige Planänderungen erforderlich wären, die wegen des zustätzlichen Zeitaufwands für iterative Schleifen zu steigenden Kosten führen würden. Technisch dürften Planänderungen aber bei dem derzeitigen Stand der IT-Systeme kaum problematisch sein (vgl. auch Abschnitt 6.4.4.1). Eine detaillierte Planung muss nicht nur hinreichend genau möglich sein, sie muss auch vor dem Hintergrund weiterer Rahmenbedingungen Vorteile bringen. Eine detaillierte Planung ist dann sinnvoll, wenn Handlungsspielräume wegen einer hohen Gefahr der Ausnutzung dieser zu verringern sind. Gleichzeitig ist aber zu beachten, dass eine hohe Granularität bei gleichzeitiger intensiver Kontrolle die Motivation negativ beeinflussen könnte.

6.5.3 Projektorganisation

Als Aufgabe der Projektorganisation wurde die Gestaltung der Aufbauorganisation als Teilbereich der Strukturierung des Managementprozesses definiert (vgl. Abschnitt 4.3.2.3.2). Die Ablauforganisation wurde wegen der besonderen Bedeutung für das Projektmanagement in einem separaten Prozess abgebildet.

Die M&A-Projektorganisation ist neben der Planung und Kontrolle und der Personalführung der Prozess mit den meisten **empirisch bestätigten Erfolgsfaktoren**. Besonders hervorzuheben ist die überdurchschnittlich hohe Bedeutung der Einbindung verschiedener Beteiligter (E2.07 11-7), flankiert von einer mittleren Bedeutung der Teamzusammensetzung allgemein (E2.05 3-0), über die im Rahmen der strukturellen Organisation des Projekts zu entscheiden ist. Diese umfasst neben der **inneren Projektstruktur** auch die Definition von Verantwortungsbereichen für die Projektbeteiligten (vgl. zur Abgrenzung der Art der Beteiligten/Verantwortungsbereiche Abschnitt 4.3.3). Während die Entscheidung über das optimale Profil eines M&A-Projektleiters Teil der Projektpersonalführung ist, ist im Rahmen der Organisation der enge und weitere Verantwortungsbereich zu klären, der unterschiedlich ausgeprägt sein kann. Es ist zudem im Rahmen der Organigrammgestaltung über die Einbindung des Top-Managements (E2.02 4-5) zu entscheiden. Auch dies wurde als wesentlicher Erfolgsfaktor identifiziert. Neben den Rollen sind auch die Projektteams zur Bearbeitung der Primäraufgaben zu organisieren (E.05 3-0), die eine bedeutsame Position im Projekt einnehmen (E2.04 6-1). Weiterhin ist zu entscheiden, wie die Systemelemente miteinander und projektübergreifend zu verknüpfen sind, so dass der Wissenstransfer (E4.01 3-2), der auch durch die Organisation beeinflusst wird, effizient gesichert ist.

Diese innere Projektstruktur wird wesentlich durch die **äußere Rahmenstruktur** zur Einbettung des Projekts in die Primärorganisation beeinflusst. Die Art der Einbettung wird zwar in empirischen Studien vernachlässigt, erhält aber durch die besondere Bedeutung des Wissens bei M&A eine hervorgehobene Bedeutung. Gerade die M&A-Projektorganisation, insbesondere die Gestaltung der Rahmenorganisation, wird in praxisorientierter Literatur intensiv diskutiert (vgl. insbesondere Meckl 2006b; Lucks 2005b; Meckl 2004; Lucks/Meckl 2002, 268-301). In Kapitel 7 wird die Projektorganisation wegen der hohen Bedeutung sowie wegen der geforderten Ganzheitlichkeit aufgegriffen. Der Ansatz der differenzierten M&A-Projektbetrachtung ist zudem neu und in dieser Form für die Projektorganisation noch nicht abgehandelt worden.

Diese Wirkungsbereiche sind nicht nur empirisch von großer Bedeutung, sondern weisen auch einen theoretisch fundierten Zusammenhang zur **M&A-Projektmanagementeffektivität** auf. In der Projektaufbauorganisation wird das Verhältnis der Beteiligten zueinander in der Hierarchie bestimmt als auch deren Verantwortungs- und Entscheidungsbereiche. Die Projektorganisation stellt damit das zentrale Element der Koordination im Projekt dar (Prozesseffektivität), hat aber auch eine wesentliche Wirkung auf die Motivationsziele. So ist der Grad der Motivation für die Leistungserstellung und die Teilnahme am Wissensmanagement stark abhängig von der Art der Organisationsstruktur und der in diese eingebundenen Personen. Auch eine positive Projektkultur wird sich bei bestimmten organisatorischen Formen eher bilden als bei anderen. Je nach Gestaltung ist die Organisation selbst mehr oder minder adaptionseffektiv. Die detaillierten Zielwirkungen werden in Kapitel 7 zu erörtern sein.

Tabelle 6-3 zeigt im Überblick die wichtigsten aus Empirie und/oder Theorie ableitbaren Gestaltungsempfehlungen für die Zielerreichung.

	Maßnahmen mit vermuteter Erfolgswirkung im Rahmen des Projektmanagement-Prozesses „Projektorganisation“	**Empirie**	**Theorie**
Z_1^N	Definition kurzer Entscheidungswege/ Einbezug wichtiger Entscheidungsträger in die Projektorganisation und Delegation von Entscheidungsverantwortung ins Projekt	E2.04, E7.01	TKT, WBA
	Klarheit der Verteilung von Verantwortlichkeiten	(E2.06), WM	
	Teamzusammensetzung: Bildung organisatorischer Einheiten, die prozessintern hohe und prozessextern geringe Abstimmungsfrequenz erfordern	E2.05	TKT, WBA

	Zentralisation für Sekundäraufgaben, Dezentralisation für Primäraufgaben und Aufgaben, die viel implizites Wissen und Arbeitsteilung erfordern; Teams mit zentral/dezentral eingesetzten Aufgabenträgern bei gemischten Aufgaben	E2.03, E2.04, (E2.08)	TKT, WBA
	Bei strategisch bedeutsamen Aufgaben und Messproblemen eher innerhalb des Projekts zentrale Koordination/Abstimmung durch die Projektleitung bevorzugen und auf Freiheitsgrade für Projektteams verzichten		TKT
	Maximale Ausnutzung standardisierter/formalisierter Methoden/Prinzipien der Kommunikation (Routinen etc.); wenn andere bedeutsame Ziele gefährdet sind, darauf verzichten		WBA
Z_3^N	Wahrung der Nähe zum veränderlichen Umfeld/Organisation der Beziehungen zur Umwelt z.B. über Wahl der Organisationsform	(E2.09)	IÖ
	Anpassungsfähigkeit der Organisation an sich verändernde Rahmenbedingungen gewährleisten (Freiheitsgrade). Dabei allerdings soweit wie möglich stabile (formale) Strukturen implementieren, da Transparenz dann eher gegeben ist und Beteiligte sich besser zurecht finden	(E2.09)	IÖ
Z_4^N	Hoher Grad der Partizipation der Beteiligten (+ bei Typ I, III. IV nach Schein, - bei Typ X/Typ nach Weinert) bei Entscheidungen fördert Transparenz über Folgen der eigenen Handlung; wirkt als Belohnung und damit motivierend	E2.07, WM	MB, MT
	Einbindung des Top-Managements zur Sensibilisierung für die Bedeutung des Projekt-/Wissensmanagements/Einstellung des Top-Managements	E2.02, WM	
Z_5^N	Interaktionsfördernde Strukturen (intern/extern; formell/informell) implementieren, wenn implizites Wissen zu übertragen ist	WM	WBA
	Minimierung von Hierarchien	WM	
	Organisierten Erfahrungsaustausch und Möglichkeiten informeller Kommunikation bieten – dies erhöht das Vertrauen in Wissenssender und Empfänger	WM	
Z_6^N	Anteil an (kultur-) heterogenen Teams und Schnittstellen zwischen organisatorischen Einheiten minimieren		WBA

Tabelle 6-3: Maßnahmen mit vermuteter Erfolgswirkung im Rahmen der Projektorganisation

Innerhalb der Wirkungsbereiche liegen mehr oder weniger komplexe Alternativen vor, die es auszuwählen und zu modifizieren gilt. Abbildung 6-15 zeigt diese Wirkungsbereiche im Überblick und bewertet Umsetzungsmöglichkeiten nach ihrer Granularität.

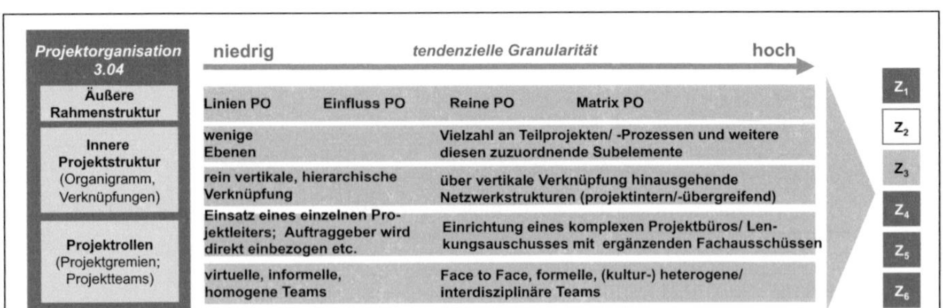

Abbildung 6-15: Systematik und Bewertung ausgewählter Projektorganisationsparameter

Der **Granularitätsgrad** ist für die Projektorganisation differenziert zu bewerten. So unterscheidet sich die Granularität einerseits nach Komplexität der Struktur (Einlinien- versus Mehrlinienstruktur) sowie nach dem Grad der (De-) Zentralisierung (vgl. im Detail Meckl 2000, 29) innerhalb der gewählten Form. Zunächst zur Art der Rahmenstruktur. Die Bewertungen gelten entsprechend der generellen Vor- und Nachteile von Einlinien- und Mehrliniensystemen. So sind Einliniensysteme eher einfach und klar strukturiert, dafür aber relativ starr und sie umfassen eher lange formale Dienstwege. Mehrliniensysteme wie die Matrix zeichnen sich dagegen durch kürzere Wege und bessere Möglichkeiten der Spezialisierung aus, bergen aber auch die Gefahr von Konflikten und Aufgabenüberschneidungen (vgl. Thommen/Achleitner 2004, 790-791). Die Granularität wird für letztere hoch bewertet, da diese einen größeren Aufwand erfordern als erstgenannte Formen, was allein schon an dem größeren Personalaufwand zu bemessen ist. Analog gilt die Argumentation für weitere Wirkungsbereiche. Komplexe Situationen erfordern tendenziell eher komplexe Gestaltungsmechanismen et vice versa.

Nach Auswahl der Organisationsform bemisst sich der Grad der Granularität der Projektorganisation auch am Grad der (De-) Zentralisierung, Delegation und Partizipation inkludierend. Zentralisierte Organisations- und Kommunikationsstrukturen mit wenig Partizipation der Beteiligten sind aus Sicht der zentralen Koordinationsstelle komplex und weisen eine hohe Granularität auf, da damit die Anforderungen an die koordinierende Stelle steigen (vgl. Meckl 2000, 31). Bei Zunahme an Partizipation und Übertragung von Entscheidungsautonomie an Projektbeteiligte sinken die Koordinationskosten der zentralen Stelle (z.B. Projektleitung), allerdings nimmt auch der Nutzen ab – so steigen die Autonomiekosten, die als Kosten des Verzichts auf den Nutzen einer expliziten zentralen Koordination gewertet werden können. Ziel ist es, in Abhängigkeit der Rahmenbedingungen, den optimalen Grad an (De-) Zentralisation zu finden.

6.5.4 Projektpersonalführung

Die Projektpersonalführung dient in erster Linie der Motivation der Beteiligten im Projekt und umfasst sämtliche Regelungen und Maßnahmen zur zielgerichteten Beeinflussung des Verhaltens der Mitarbeiter. Zudem ist die Leistungsfähigkeit sicherzustellen (vgl. Abschnitt 4.3.2.3.2).

Die Projektpersonalführung ist ähnlich wie die Projektorganisation ein intensiv in **empirischen M&A- und Projektmanagement-Studien** untersuchter Erfolgsfaktoren-Bereich, wobei einige Schwerpunkte zu erkennen sind, die auch eine Fokussierung der Ausführungen rechtfertigen. Herausragend sind die Bedeutung des Leistungswillens und der Leistungsfähigkeiten der Beteiligten (E3.04 6-4 bzw. E3.05 7-4) und des Projektleiters (E3.01 4-4). Ein Einfluss auf die Qualifikation besteht vor allem bei der Rekrutierung. In diesem Wirkungsbereich der **Personalbeschaffung und -auswahl** sind insbesondere Kriterien für die Auswahl relevanter Projektführungs- und der weiteren inhaltlichen Schlüsselfunktionen abzuleiten. So wurde es als erfolgskritisch angesehen, dass eine systematische Auswahl der Beteiligten im Vorfeld zu erfolgen hat, um z.B. eine adverse Selektion oder im Nachhinein auftretende Probleme des Moral Hazard oder Hold-up zu vermeiden oder zu verringern (vgl. Abschnitt 6.5.4). Auf die Auswahlverfahren selbst wird nicht eingegangen, da diese sich in der Anwendung nicht von anderen Situationen unterscheiden. Es sei hier auf die umfangreiche personalwirtschaftliche Literatur verwiesen (vgl. zu Auswahlverfahren nach Briggs-Myers z.B. Litke 2004, 189-191). Die der Rekrutierung vorausgehende Personalbedarfsplanung ist implizit innerhalb der Ressourcenplanung/-schätzung in der Projektplanung enthalten.

Die Sicherstellung der Qualifikation der Beteiligten wird auch über **Personalentwicklungsmaßnahmen** erreicht, für die in Bezug auf Kultursensibilisierungsmaßnahmen auch eine Erfolgswirkung nachgewiesen wurde (E6). Der Fokus liegt speziell auf Problemen im interkulturellen Bereich – Kultur verstanden als Unternehmens- und/oder Länderkultur, die bei M&A von besonderer Problematik ist. Die Methoden der Kultursensibilisierung, des Konfliktmanagements und der Teambildung im Allgemeinen unterscheiden sich bei M&A-Projekten nicht von denen, die in Unternehmen oder anderen Projekten Anwendung finden (vgl. weiterführend z.B. Meckl 2006a, 271-277; Meyer 2005; Wagenhals 2004 bzw. Schoper 2004), weswegen hier nicht weiter auf diese Maßnahmen eingegangen wird. Wegen der herausstehenden Bedeutung der Qualifikation (E3.04 6-4) wird aber auf Entwicklungsmaßnahmen eingegangen, die langfristig dazu beitragen, dass ein Pool an qualifizierten Beteiligten im Unternehmen entwickelt und gehalten wird. Dies wird zwar in der Projektmanagement-Literatur abgedeckt, es sind aber einige M&A-projektspezifische Besonderheiten zu beachten.

Das **Personalbeurteilungs- und Anreizsystem** ist vor dem Hintergrund der empirisch festgestellten Bedeutung des Leistungswillens (E3.05 7-4) und von Anreizsystemen (E3.03 3-0) entscheidend für den Projekterfolg (vgl. auch Zimmer-Henrich/Winkelmann 2005, 252). Ein Unterschied ergibt sich daraus, dass Personal in der Regel langfristig im Unternehmen gebunden ist, während Projektarbeit zeitlich befristet ist. Auch dieser Wirkungsbereich ist in der Form für M&A neuartig und wurde in der M&A-Literatur kaum behandelt – dies gilt insbesondere für Projektmanagement-Aufgaben. Lösungsansätze im Projektmanagement sind ebenfalls rar, weswegen auch auf Controllingliteratur zurückgegriffen wird, die Aussagen über Kennzahlen zur Performancemessung enthält. Die Inhalte sind auf das M&A-Projektmanagement zu übertragen. Beurteilung und Anreizsetzung sind damit ebenfalls vor dem Hintergrund der M&A-spezifischen Besonderheiten zu gestalten.

Dem Personalführungsprozess unterzuordnen ist auch der grundlegend im Projekt zu verfolgende **Personalführungsstil**. Zentrale Ausrichtungen wurden in Abschnitt 5.3.3.3 im Rahmen der Erläuterung verschiedener Vorgesetztentypen aufgezeigt. Der Führungsstil ist eng verknüpft mit dem gewählten (De-) Zentralisierungsgrad der Organisation und hat diesem zu entsprechen, um die Konsistenz im Gesamtsystem zu gewährleisten. Da dieser Aspekt in den Erfolgsstudien nicht gesondert erwähnt wird und zudem auch stark mit der Kultur des Unternehmens verknüpft ist, von der hier abstrahiert wird, wird der Wirkungsbereich nicht weiter vertieft. Eine Diskussion über den optimalen Führungsstil bei Projekten fließt in die Analyse des optimalen Profils eines Projektleiters mit ein.

Der Personalführungsprozess hilft insbesondere, die mit der hohen Bedeutung des personellen Faktors verbundenen Probleme in Verbindung mit der komplexen intransparenten Struktur zu überwinden (**Effektivität** im Hinblick auf die motivationsorientierten Ziele). Durch die gezielte Personalauswahl und ein effektives Beurteilungs- und Anreizsystem werden in erster Linie Integrations- und Lerneffektivität gefördert. Über Personalentwicklungsmaßnahmen können auch Konflikte vermieden oder gemindert werden. Durch die aus der Gestaltung der personalwirtschaftlichen Maßnahmen resultierende qualitative Verbesserung des wichtigen Potenzialfaktors Personal werden indirekt auch alle weiteren Ziele unterstützt. Im Vordergrund stehen aber Parameter zur Unterstützung der motivationsorientierten Ziele. Analog zu den vorherigen Tabellen enthält Tabelle 6-4 einen Überblick über die Empfehlungen abgeleitet aus der Analyse der Ergebnisse empirischer und theoretischer Forschung.

	Maßnahmen mit vermuteter Erfolgswirkung im Rahmen des Projektmanagement-Prozesses „Projektpersonalführung“	**Empirie**	**Theorie**
Z_1^N	Stellenbesetzungen so, dass Personen implizites Wissen zur Aufgabenerledigung bereits haben und nicht erwerben müssen	E3.01 E3.05	WBA
Z_4^N	Ausrichtung der Belohnung auf Erreichung des Gesamtziels/Maßnahmen zur Interessenangleichung durch Ergebnisbeteiligung, Sicherheitshinterlegung durch Agenten oder spezielle Vertragsgestaltung unter Berücksichtigung der Risikoaversion	E3.03 E3.04	PAT, MT
	Systematische Personalauswahl (Berücksichtigung des Persönlichkeits-/ Bereitschaftsprofils)	E3.04	PAT
	Einflussnahme auf Bedürfnisstruktur und subjektives Rollenempfinden; Verbesserung der Selbsteinschätzung z.B. durch spezielle Trainings		MT
	Faires/als gerecht empfundenes, transparentes (für Beteiligte antizipierbares) und systematisch funktionierendes Belohnungssystem	E3.03	MT
	Erhebung der Bedürfnisstruktur Einzelner, Mischung intrinsischer/extrinsischer Belohnungen je nach Mitarbeiterprofil (Typ I: monetär, Typ II: Arbeitsatmosphäre verbessern, Typ III/IV: Freiheitsgrade/Möglichkeit der Selbstverwirklichung bieten)	WM	MT
	Stellenbesetzung entsprechend der Fähigkeiten/Kenntnisse der Beteiligten	(E3.06)	MT
	Laufende Eruierung des Befriedigungs-/Sättigungsniveaus bei relevanten Belohnungsformen, um laufende Anreizwirkung sicherzustellen	E3.03	MT
	Langfristige Karriereplanung bei starkem Bedürfnis nach Arbeitsplatzsicherheit und Zunahme an Verantwortung	E3.03	MB MT
	Vorgesetzte einsetzen, die dem Transformational Typ entsprechen	E3.01	MB
	Bei Gefahr des Moral Hazard Einrichtung von Kontrollsystemen mit höherer Granularität		PAT
	Soweit möglich, Verzicht auf intensive Kontrollen und direktiven Führungsstil mit Nutzung von Weisungen/Direktiven, da diese eher demotivierend wirken	WM	MT
Z_5^N	Zusätzlich zu den Maßnahmen zur Erreichung der Prozesseffektivität: Ausrichtung der Belohnung auf Teilnahme am Wissensmanagement	WM	PAT, MT
	Teamorientierte Anreize	WM	
	Schulungen zur Sensibilisierung für Wissensmanagement und zur Schaffung eines geteilten Wissensvorrats	WM	WBA

Z_6^N	Konfliktseminare und weitere Maßnahmen (z.B. Förderung persönlicher Bindungen am Arbeitsplatz) zur Verbesserung der Projektatmosphäre/Beseitigung negativer Emotionen, die mit M&A in Verbindung stehen	E6.01 E6.02	TKT, MB, MT

Tabelle 6-4: Maßnahmen mit vermuteter Erfolgswirkung im Rahmen der Projektpersonalführung

Die Wirkungsbereiche der Projektpersonalführung und entsprechende nach ihrer Granularität bewertete Parameter sind in folgender Abbildung im Überblick dargestellt. Für die Personalbeschaffung/-auswahl werden nur punktuell erfolgskritische Aspekte aufgegriffen.

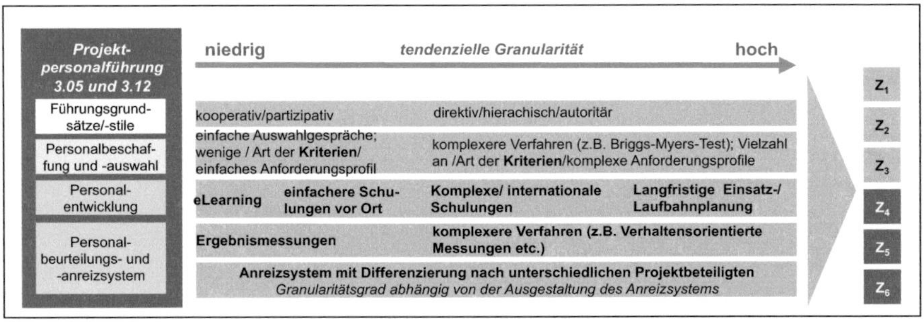

Abbildung 6-16: Systematik und Bewertung ausgewählter Projektpersonalführungsparameter

Die **Granularität** der Personalführung bemisst sich an der Komplexität der Methode und der Detaillierung der Durchführung. Für die Personalmotivation gilt zudem, je häufiger innerhalb eines bestimmten Zeitraums das Personal beurteilt und/oder Belohnungen gezahlt/gewährt werden, desto höher ist der Granularitätsgrad, selbst wenn in der Summe der Wert der Belohnung konstant ist.

6.5.5 Projektinformation

Die Aufgabe der Projektinformation wurde in Abgrenzung zu den anderen Projektmanagement-Prozessen als IT-Unterstützung im Hinblick auf die Wissensprozesse nach Probst/Raub/Romhardt (2006) definiert. Bei M&A sind die Aufgabenbereiche stark verknüpft und werden von einer Vielzahl unterschiedlicher Personen durchgeführt, die damit in starkem Maße vom Wissen anderer Stellen abhängig sind (vgl. Abschnitt 4.1.2.2 und 4.1.3). Es muss demnach der Wissensfluss im Unternehmen sichergestellt sein. Um dies zu gewährleisten, sind innerhalb der Projektinformation die richtigen Medien/Techniken auszuwählen und in ein umfassendes Projektinformationssystem einzubetten, so dass die Projektbeteiligten die für ihre Teilaufgaben erforderlichen Informationen rechtzeitig und kostengünstig in der entsprechenden Form und Detaillierung zur Verfügung haben und auch nutzen (vgl. Abschnitt 4.3.2.3.2).

Zu der Bedeutung der Wissens-/Informationsprozesse sind nur wenige Ergebnisse aus den **empirischen Studien** ableitbar. So ist der Transfer von Wissen (vgl. zur Definition Abschnitt 5.4.2) als wichtige Ressource im Leistungserstellungsprozess bei M&A nur bei drei Studien erfolgskritisch, in Projekten allgemein nur bei zwei Studien (E4.01 3-2). Ähnliches gilt für die Weitergabe von Erfolgserlebnissen (E4.04 2-1), denen noch weniger Bedeutung im Vergleich zu anderen Faktoren zukommt. Auch der Projektdokumentation wird erstaunlicherweise nur wenig Bedeutung beigemessen (E4.03 2-0). Indirekt lässt aber die besondere Bedeutung von Wissen und Erfahrung der Projektbeteiligten (E3.01 4-4 und E3.05 7-4) diesen Faktor wichtig erscheinen, welches u.a. auch aus Erfahrungsberichten geschöpft werden kann. Die Bedeutung von Wissen wurde auch aus der Bedeutung der Leistungsfähigkeit der Projektbeteiligten als zentraler Potenzialfaktor im M&A-Projekt abgeleitet und daher in den Zielen der Gestaltung des M&A-Projektmanagements mit der wissensbezogenen Prozesseffektivität und der Lerneffektivität verankert (vgl. Abschnitt 6.4.2). Auch in M&A-spezifischer Literatur wird die Bedeutung von Information und Wissen nicht in Frage gestellt (vgl. Lucks/Meckl 2002, 156).

Die geringe empirische Bedeutung könnte darauf zurückführen sein, dass dieses Thema in der M&A-Praxis bereits gut beherrscht wird. Zudem handelt es sich eher um einen technisch ausgerichteten Prozess, der M&A-unspezifisch gestaltbar ist und keine Kernkompetenz im Projektmanagement darstellt, sondern eher eine notwendige, aber nicht hinreichende Maßnahme, um Erfolg zu sichern. So ist das Management von Informationsverteilungsprozessen/Wissensmanagement generell ein Thema im Projektmanagement (vgl. insbesondere Schindler 2002). Im Gestaltungsteil wird daher nur sehr allgemein auf spezielle **(Projekt-) Medien/Techniken** und **Projektmanagement-IT-Systeme** eingegangen, die bestimmten Anforderungen genügen müssen, um die Wissensprozesse mit Schwerpunkt auf explizitem Wissen adäquat zu unterstützen. Im Vordergrund steht der gemeinsame Zugriff auf Daten, die für alle Beteiligten relevant sind und die Verteilung von Informationen. So erfordert z.B. die Bewertung der organisationalen Wissensbasis im Projekt als Teil des ganzheitlichen M&A-Projektcontrollings einen Zugriff auf die Daten der anderen Prozesse, um deren Erfolg anhand bestimmter Kenngrößen messen zu können. Die Wissensverteilung und -bereitstellung über organisatorische Schnittstellen hinweg muss einfach möglich sein, damit die Verteilung und Nutzung auch stattfindet.

Der **Nutzen** des Projektinformationsprozesses ergibt sich über seine Fähigkeit, zu den koordinations- und motivationsorientierten Zielen beizutragen. Der Wissenstransfer, verstanden in erster Linie als Transfer expliziten Wissens, ist Voraussetzung für Adaptions- und Allokationseffektivität, da Informationen über die Veränderung von Rahmenbedingungen nur dann in der Gestaltung berücksichtigt werden können, wenn sie auch adäquat identifiziert wurden. Prozesseffektivität wird durch die Systeminfrastruktur unterstützt, da erst sie die effiziente Verteilung von Wissen auch in komplexen Strukturen ermöglicht. Anzunehmen ist zudem, dass eine benutzerfreundliche IT-Infrastrukur mit Möglichkeiten der Zuordnung der Inhalte zu Beteiligten und der Bewertung der Inhalte auch die Motivation zur Teilnahme am Wissensmanagement fördert. Generell wird damit insbesondere die Prozesseffektivität im Hinblick auf die Wissensprozesse gefördert. Zusätzliche Effekte ergeben sich für die weiteren Ziele durch die Unterstützung der anderen Prozesse. Der Projektinformationsprozess trägt insbesondere auch zur Effizienz des Gesamtsystems bei, da durch Einsatz der IT viele Aufgaben entweder effektiver und/oder kostengünstiger durchführbar sind.

	Maßnahmen mit vermuteter Erfolgswirkung im Rahmen des Projektmanagement-Prozesses „Projektinformation"	**Empirie**	**Theorie**
Z_1^N	Detaillierungsgrad/Umfang der Information für Beteiligte: Regelmäßiger Informationsaustausch, intensive Kommunikation	E4.01	
	Bereitstellung eines Wissenspools, der implizites und explizites Wissen umfasst – Unterstützung der Darstellung weniger gut kodifizierten Wissens	WM	
	Technische Möglichkeit zur Schaffung von Transparenz über Aufbau- und Ablaufstruktur mindert Probleme aus begrenzter Rationalität		NIÖ
Z_3^N	Zeitnahe Bereitstellung der richtigen und relevanten Informationen		WM
Z_4^N	Transparenz über den Beitrag Einzelner zum Gesamterfolg und über Belohnungen zur intersubjektiven Überprüfung der Fairness		MT
	Zeitnahe Kommunikation von Ergebnissen im Projekt- und Wissensmanagement	E4.04, WM	
	Schaffung eines gemeinsamen Kontexts/einer gemeinsamen Wissensbasis der Projektbeteiligten, damit diese effizienter kommunizieren können.		WBA
Z_5^N	Möglichkeit einer offenen transparenten Information/Kommunikation	WM	
	Aufbau einer möglichst großen geteilten Wissensbasis als Voraussetzung für die Integration des Wissens in die Leistungserstellung/Dokumentation der Ergebnisse/Lessons Learned	E4.03	WBA
	Technologien: integrations- und interaktionsfördernd, benutzerfreundlich, Unterstützung der Wissensprozesse (inkl. laufende Kontrolle/Messung der Wissensqualität); Schutz sensibler Daten	(E4.02), WM	

Tabelle 6-5: Maßnahmen mit vermuteter Erfolgswirkung im Rahmen der Projektinformation

Folgende Abbildung enthält einen Überblick über ausgewählte Parameter und deren Granularität. Techniken und spezielle Medien liegen in einer Vielzahl vor – die Darstellung ist notwendigerweise allgemein gehalten (vgl. zu speziellen Medien Meckl 2006a, 135).

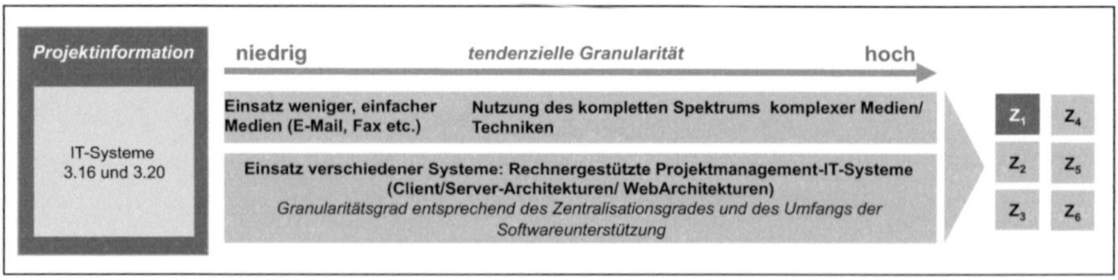

Abbildung 6-17: Systematik und Bewertung ausgewählter Projektinformationsparameter

Der **Granularitätsgrad** der Parameter bemisst sich an der Komplexität der gewählten Projektmedien/-techniken und deren Anzahl. Weiterhin ist die Granularität abhängig vom Grad der (De-) Zentralisierung der Daten. Je stärker die Wissensflüsse zentral gesteuert werden, desto höher ist der Koordinationsaufwand und desto feinkörniger ist das System – wobei mit „zentral“ nicht zwingend die Projektleitung selbst, sondern auch ein spezifisch eingesetzter Verantwortlicher gemeint sein kann.

6.5.6 Projektcontrolling

Alle Prozesse eines M&A-Projektmanagements leisten einen Beitrag zum Gesamterfolg des Projekts. Sie sollten allerdings nicht isoliert stehen bleiben. Die Integration der Tätigkeiten im Hinblick auf das Gesamtziel der Transaktion stellt eine übergeordnete Anforderung an die Abwicklung von M&A (vgl. z.B. Lucks/Meckl 2002, 60). Integrierender Prozess für das Führungssystem im Projekt ist das Projektcontrolling (vgl. Abschnitt 4.3.2.3.2), für dessen Erfolgswirkung allerdings kaum **empirische Belege** vorliegen, sich aber inhaltliche Begründungen finden lassen (vgl. Abschnitt 5.2.3.2).

Eine Hauptaufgabe auf **Einzelprojektebene** ist, Fehlentwicklungen innerhalb der Prozesse und im Gesamtsystem schnellstmöglich zu erkennen, zu interpretieren und den M&A-Prozess so zu steuern, dass letztendlich eine Wertsteigerung erreicht werden kann. Wegen der wenigen bestätigten Ergebnisse, wird auf eine tabellarische Übersicht verzichtet.

Zur Sicherstellung der Wertsteigerung ist die **Effizienz des M&A-Gesamtprojekts** sicherzustellen. Hierzu sind alle erfolgsbeeinflussenden Variablen zu beachten. Diese beziehen sich auf die externe M&A-Projektebene (externes Umfeld, Unternehmensumfeld) und die interne M&A-Projektebene. Auf **externer Ebene** ist zu überwachen, inwiefern sich die Prämissen für das Projekt verändern und ggf. einen Abbruch der Transaktion oder eine Veränderung der M&A-Ziele erforderlich machen. Dies erfolgt über ein Risikomanagement, welches auch zumindest in einigen Studien als bedeutsam gewertet wird (E5.04 2-1 und E5.05 1-2) und im Controlling angesiedelt ist (vgl. Abschnitt 4.3.2.3.2). Im Mittelpunkt steht die Überwachung der Prämissen für Planung und Kontrolle. Die Methoden des **Risikomanagements** für M&A werden sich allerdings kaum in der Anwendung bei anderen Projekten unterscheiden. So wurden Risikoanalysen für unsichere und komplexe Rahmenbedingungen entworfen, die bei M&A stark ausgeprägt sind. Hier sei auf die umfangreiche Literatur zu den in Abbildung 6-19 im Überblick aufgezeigten Methoden verwiesen (vgl. z.B. Kerzner 2006, 707-775).

Projektintern ist auf **M&A-Projektebene** in erster Linie die Erreichung der Wertsteigerung zu überwachen. Relevante Komponenten sind auf **Ergebnisebene** Zeit, Kosten und Qualität (vgl. im Detail Abschnitt 4.2). Konkret sind die Kosten und die Dauer für das Einzelprojekt bei Sicherung der Qualitätsziele zu minimieren. Bedeutung erlangt das Controlling auf dieser Ebene auch über die empirischen Erfolgsfaktoren Geschwindigkeit (E7 7-4-0) und die Planfortschrittskontrolle (E1.09 2-3), die sich auf alle Planungsbereiche erstrecken kann. Während **Kosten und Zeit** bereits über den aus Gründen des großen Aufgabenumfangs aus dem Controllingprozess extrahierten Planungs- und Kontrollprozess (vgl. Abschnitt 4.3.2.3.2) überwacht und an das Controlling zur ganzheitlichen Analyse übermittelt werden, ist weiterhin die Erreichung der Ziele des Transaktions- und des Integrationsprojekts sicherzustellen (z.B. Erzielung der geplanten Synergien bzw. Verhandlung einer Kaufpreisprämie, die unterhalb des errechneten Synergiepotenzials abzüglich aller Kosten liegt). Der Saldo aus dem Barwert der Synergien abzüglich der Kosten und der Kaufpreisprämie stellt dann die erreichte Wertsteigerung dar. Wie auch die Überwachung der **Qualitätsziele** erreicht werden kann, wird in Kapitel 7 gezeigt.

Weiterhin ist die Effektivität auf **Ebene der Potenzialfaktoren** zu überwachen. So ist sicherzustellen, dass die Projektbeteiligten leistungsfähig sind und ihr Leistungswille gegeben ist. Weiterhin ist die Effektivität der Primär- und Sekundärprozesse sicherzustellen. Für das Projektmanagement selbst die Effizienz zu bewerten, ist eher schwierig, da der Nutzen nur schwer quantifizierbar ist (vgl. Abschnitt 6.4.4.3). So ist schwer zu bemessen, welcher genaue Grad an Leistungsmotivation der Gestaltung des Projektmanagements zuzurechnen ist oder welchen Einfluss dieses auf die Dauer der Transaktion hat. Näherungsweise kann dies aber durch ausgewählte Kennzahlen bestimmt werden. Dem Nutzen sind dann die direkt durch das Projektmanagement angefallenen Kosten entgegenzurechnen.

Neben dieser Einzelprojektebene sind auch Controllingaufgaben auf **Multiprojektebene** in der Primärorganisation durchzuführen. Ziel ist die Konsistenz des einzelnen Projekts mit weiteren Projekten im Unternehmen (Abstimmung) und die nachhaltige Qualität des unternehmensinternen M&A-Ansatzes sicherzustellen. Diese Ebene wird in empirischen Erfolgsfaktoren-Studien zwar nicht untersucht, Multiprojektmanagement wird aber in der Literatur, so z.B. von der GPM, als einer von mehreren zukünftigen Haupttrends in der Projektmanagement-Entwicklung identifiziert (vgl. Litke 2005c, 58).

Im Rahmen der **Abstimmung (Multiprojektkoordination/-controlling)** sind ähnliche Aufgaben wie im Projektcontrolling auf Ebene des Einzelprojekts zu erfüllen. So ist für alle M&A-Projekte im Unternehmen sicherzustellen, dass diese gesamtheitlich wertsteigernd sind. Bei Abstimmung kann analog zur Einzelprojektebene davon ausgegangen werden, dass die gesamtheitliche Wertsteigerung höher ist als bei isolierter Abwicklung. Auf Planungs- und Kontrollebene würde dies z.B. die Abstimmung von Kapazitäten und Terminen umfassen. Eine Parallelisierungsentscheidung würde sich nicht mehr nur auf das Einzelprojekt, sondern auch auf die Multiprojektebene ausdehnen. Eine ganzheitliche Planung kann dann die gesamtheitlich im Unternehmen verfügbare Kapazität mit dem Bedarf insgesamt abgleichen. Die Abstimmung ist vor allem in den Szenario II- und IV-Transaktionen sinnvoll, da diese auf die Übernahme einer größeren Anzahl von Unternehmen in einem relativ kurzen Zeitraum ausgerichtet sind. Dieses Portfolio an Projekten könnte man auch auf weitere Projektarten ausweiten. Für die Entscheidung sind Skalen- und Spezialisierungsvorteile gegeneinander abzuwägen. Je mehr Projekte zusammengefasst werden, desto höher sind die Skalenvorteile, desto geringer sind aber auch die Spezialisierungsvorteile und umgekehrt. Diese Ebene wird im Folgenden insofern erörtert, als dass aufzuzeigen ist, welche der innerhalb der Prozessdimensionen erörterten Aufgaben eher auf dieser übergreifenden Ebene angesiedelt sind. Das für die Einzelprojektebene entworfene Controllinginstrument ist analog anwendbar. Die horizontale Abstimmung bei Szenario I, II und V-Transaktionen, die die ganze Aufmerksamkeit des Unternehmens erfordern, steht eher im Hintergrund, da dann weniger M&A-Projekte parallel ablaufen.

Bedeutsamer ist die zweite Aufgabe, die Sicherstellung der **nachhaltigen Qualität des Gesamtsystems auf Einzel- und Multiprojektebene.** Diese entspricht einem zukunftsgerichteten Controlling. So ist das Projektmanagement-System selbst, also der Gestaltungsrahmen, an dem sich die Umsetzung ausrichtet, laufend einer Kontrolle zu unterziehen. Es ist sicherzustellen, dass die angewandten Methoden konsistent mit den Methoden auf Unternehmensebene sind und diese auch richtig genutzt werden. So sind z.B. die Controllingmethoden abzustimmen. Zudem sind die Methoden kritisch zu hinterfragen und es ist sicherzustellen, dass diese auch an neuere Entwicklungen angepasst werden. Es steht somit die Qualitätssicherung des Gestaltungsrahmens im Vordergrund. Abbildung 6-18 zeigt die Ebenen des Projektcontrollings inklusive des Multiprojektmanagements. Inkludiert sind zudem die Teilprozesse, für die Nutzen und Kosten zu überwachen sind.

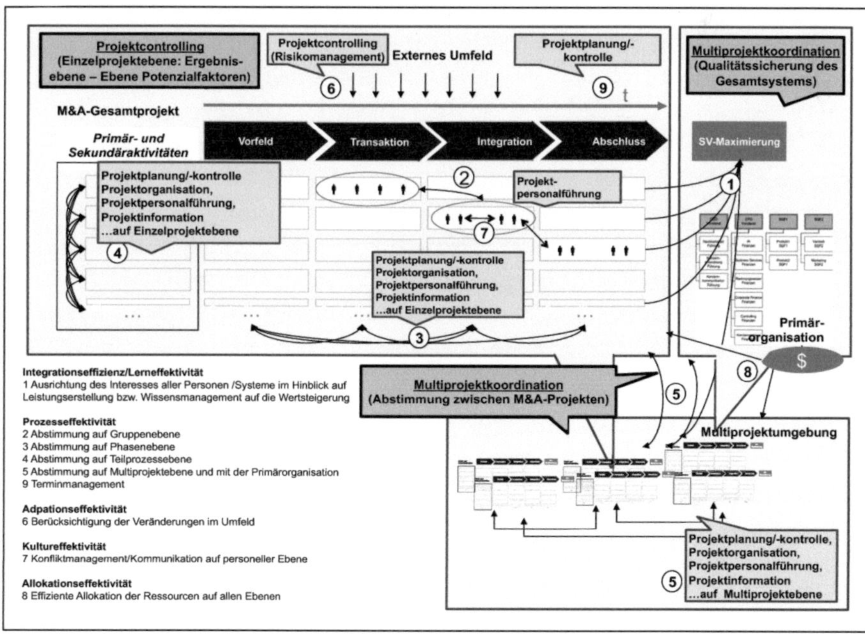

Abbildung 6-18: Wirkungsbereiche eines M&A-Projektcontrollings

Auf allen Ebenen des Projektcontrollings kommen ähnliche **Gestaltungsparameter** zum Einsatz, die der Betrachtungsebene entsprechend anzupassen sind und die eine schnelle und realistische Überprüfung des Leistungsniveaus ermöglichen. Für diese Aufgabe liegen aussagekräftige und gut verständliche Kennzahlen vor. Beispiele sind aggregierte **Kennzahlen und Kennzahlensysteme** wie die Balanced Scorecard (BSC), Tableaux de Bord oder Dashboards (vgl. Kaplan/Norton 2006; Meckl/Hawranek 2006; Rampersad 2005; Bark/Kötzle 2003; Küpper/Weber/Zünd 1990, 288), die die Daten der Einzel- und/oder Multiprojektebene in einen ganzheitlichen Ansatz integrieren (vgl. Engstler/Dold 2003, 127). In diesem Zusammenhang ist auch das **Six Sigma-Konzept**, bekannt als „Null-Fehler-Qualität", zu nennen, für das konkrete Erfolgsbeispiele für die Implementierung in der Praxis vorliegen (vgl. Töpfer 2007a; 2007c). Es bietet ein Vorgehensmodell zur Nutzung der Balanced Scorecard zur systematischen Verbesserung der M&A-Projektabwicklung. Im Rahmen der Ursachenanalyse bei entdeckten Fehlentwicklungen können konkrete **Qualitätsmanagementmethoden** eingesetzt werden wie QFD (Quality-Function-Deployment) oder die Fehler-Möglichkeits-Einfluss-Analyse (FMEA). Diese sind übersichtlich strukturiert und werden nicht gesondert erörtert (vgl. für einen Überblick über typische Methoden des Qualitätsmanagements Reuter/Faber 2005, 695-698). Für die Überwachung der Effektivität des Gesamtsystems kommen (zusätzlich) sogenannte **Excellence- oder Kompetenz- und Reifegradmodelle** (vgl. Ahlemann/Schroeder/Teuteberg 2005) zum Tragen. Mit ihrer Hilfe lassen sich Handlungsempfehlungen für eine Verbesserung der Projektmanagement-Umsetzung ableiten.

Der Nutzen des M&A-Projektcontrollings ergibt sich aus dem Beitrag zur Überwachung der erfolgsbeeinflussenden Variablen und damit der Wertsteigerung sowie möglicher Störfaktoren. Es sichert Prozesseffektivität, da ein transparenter Überblick über alle erfolgskritischen Bereiche möglich ist. Damit unterstützt es die objektive Nachvollziehbarkeit der M&A-Strategie für alle Beteiligten (vgl. ähnlich Engstler/Dold 2003, 127). Probleme hinsichtlich der Zielerreichung für alle **Effektivitäts- und Kostenziele** und alle Teilprozesse und -projekte können schnell erkannt werden und die Prozesse entsprechend angepasst werden, so dass dieser mangelnden Zielerreichung entgegengewirkt wird. Damit werden indirekt alle Ziele unterstützt. Zudem erfolgt über diesen Prozess auch eine Überwachung der Kosten, so dass eine ganzheitliche und prozessbezogene Kosten-Nutzen-Analyse möglich ist, was auch die Effizienz des Systems und der Prozesse sichert.

Abbildung 6-19 gibt einen Überblick über die Parameter und ihre Einordnung nach Granularität, die an der Komplexität der Methoden sowie am Detaillierungsgrad der Ausgestaltung festzumachen ist. Alle Parameter können für alle Ebenen einen wichtigen Input liefern.

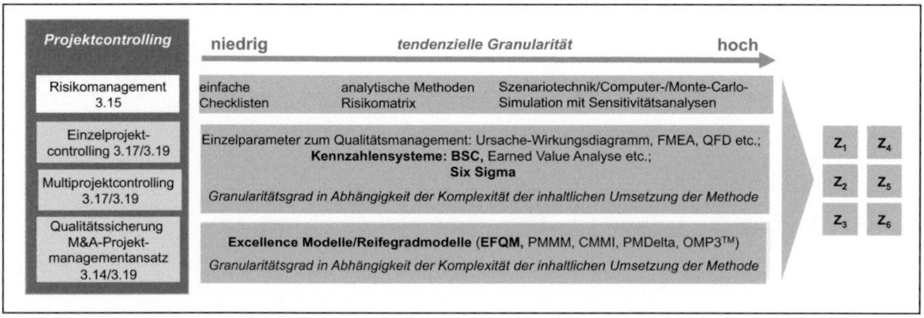

Abbildung 6-19: Systematik und Bewertung ausgewählter Projektcontrollingparameter

Ein M&A-Projektcontrolling wurde für M&A und auch für Projekte bereits vielfach beschrieben (vgl. z.B. zu M&A Madrian/Kröber/Schulte 2006; Bark/Kötzle 2003; Coenenberg/Biberacher 2003; Bark 2002; Calori/Lubatkin/Very 2002; Metz 2002; Mochty 2001 bzw. zu Projekten Töpfer 2007b; Schmidt/Hausen 2005; Engstler/Dold 2003). Die Ausführungen in Abschnitt 7.6 fokussieren auf neuartige Aspekte.

7 Situationsadäquate Anpassung ausgewählter Gestaltungsparameter innerhalb der M&A-Projektmanagement-Prozesse

7.1 Vorgehensweise

Ziel dieses präskriptiven Kapitels ist eine (heuristisch begründete) Auswahl und Gestaltung von Parametern innerhalb der Projektmanagement-Prozesse (Projektplanung und -kontrolle, -organisation, -personalführung, -information und -controlling) für die durch unterschiedliche Gestaltungsbedingungen (Aufgabencharakteristika, Komplexität der Struktur, personeller Faktor, externes Umfeld) charakterisierten Gestaltungsobjekte (Vorfeld-, Transaktions-, Integrations- und Abschlussphase der beiden Teilprojekte Transaktion und Integration) derart, dass die gewichteten Gestaltungsziele des M&A-Projektmanagements (Prozess-, Allokations-, Adaptions-, Integrations-, Lern- und Kultureffektivität) bestmöglich erreicht werden (vgl. Abschnitt 6.1.2).

Die entsprechende Entscheidungsregel wurde wie folgt definiert:

> *H2: Wenn die Erfolgswahrscheinlichkeit für das M&A-Gesamtprojekt erhöht werden soll, ist bei Vorliegen des Gestaltungsobjekts a (vgl. Abschnitt 6.3) mit bestimmter Ausprägung der Gestaltungsbedingungen (vgl. Abschnitt 6.2) und Verfolgung bestimmter Ziele z (vgl. Abschnitt 6.4) eine Implementierung bestimmter Projektmanagementparameter c einer bestimmten Wirkungsart und Granularität (vgl. Abschnitt 6.5) anzustreben.*

Der Aufbau des Gestaltungsteils sieht wie folgt aus: Es werden die in Abschnitt 6.5 ausgewählten Wirkungsbereiche der Prozesse aufgegriffen und die Unterabschnitte entsprechend gegliedert. Die erste Ordnung nach **Projektmanagement-Prozessen** trägt dem Prozesscharakter Rechnung. So werden durchgehend je Gestaltungsobjekt, also für alle Phasen beider Teilprojekte, situationsadäquat Gestaltungsempfehlungen gegeben und Friktionen an Phasenübergängen vermieden. Beispielsweise wird es kaum sinnvoll sein, für die separaten Phasen unterschiedliche IT-Systeme zu implementieren, da die Friktionskosten an den Phasenübergängen damit unverhältnismäßig hoch wären. Die Gestaltungsparameter richten sich inhaltlich an den Prozessen aus und sind für die Phasen an die Ausprägung der Gestaltungsbedingungen anzupassen. Zudem ist über ihre Granularität zu entscheiden Dies sichert auch Transparenz für den jeweiligen Prozessverantwortlichen über die durchgehende Implementierung und die phasenspezifischen Modifikationen und stellt bereits einen Beitrag zur Prozesseffizienz des zu entwickelnden M&A-Projektmanagement-Ansatzes dar. Zu gestalten sind im Folgenden die Sekundärprozesse für die Projektebene als auch für die Projektmanagementebene. Welche Ebene jeweils im Vordergrund steht, wird erläutert (für die Zuordnung der Rollen zu einer Ebene vgl. Abschnitt 4.3.3).

Innerhalb der Wirkungsbereiche sind für **Auswahl, Modifizierung und Beurteilung der Gestaltungsparameter** die für die Gestaltungsobjekte besonders relevanten Zielkriterien zu beachten. Je Phase eines Teilprojekts sind die Parameter tendenziell stärker zu betonen (höhere Granularität), die die für die Gestaltungsobjekte relevanten Ziele am besten erfüllen. Es sind die Argumente für oder gegen eine hohe Granularität abzuwägen. Dies erfolgt über eine heuristische Kosten-Nutzen-Bewertung. Kosten- und Nutzenfaktoren wurden in Abschnitt 6.4.3 abgeleitet. Für die Nutzenbewertung liegt eine Vielzahl an empirisch und/oder theoretisch bestätigten Zusammenhängen zwischen prozessorientierten Maßnahmen und Zielwirkungen vor. Die Kosten ergeben sich aus der Granularität der Umsetzung. Grundannahme ist, dass die Grenzkosten bei zunehmender Granularität steigen. Es ist jeweils auf heuristischem Wege das effiziente Maß zu finden. Die Parameter, mit denen entsprechende Maßnahmen operativ umsetzbar sind, werden erörtert und hinsichtlich ihrer Zielwirkung bewertet. Nicht für alle Argumente liegen gesicherte Aussagen vor. Die Ganzheitlichkeit des zu entwerfenden Ansatzes und die Interdependenz zwischen verschiedenen Parametern erfordert, dass auch Teilaspekte gestaltet werden, zu denen keine oder nur ungesicherte Erkenntnisse vorliegen. Deren Nutzenwirkung wird aber an entsprechender Stelle plausibel begründet.

Zu jedem der Wirkungsbereiche werden nur die für das Gesamtverständnis erforderlichen Grundlagen der Parameter erörtert. Ausführliche Erläuterungen erfolgen fokussiert nur für die Empfehlungen zur inhaltlichen Ausgestaltung der ausgewählten Parameter vor dem Hintergrund der M&A-Projektbesonderheiten. Für eine detaillierte Diskussion der Parameter wird jeweils auf die gut aufbereitete Fachliteratur verwiesen. Nicht alle Bereiche können umfassend im Rahmen dieser Arbeit erfasst werden. Der Fokus liegt auf eher anspruchsvollen neuartigen Aufgaben, für die in der Literatur eine Lücke besteht und für die eine empirisch und/oder theoretische Bedeutung nachgewiesen werden konnte (vgl. Abschnitt 6.5).

Die Chronologie der Abschnitte zu den Projektmanagement-Prozessen entspricht nicht durchgehend der Chronologie einer Implementierung in der Praxis. Die Abschnitte 7.2 bis 7.6 sind als parallel ablaufende Prozesse zu verstehen, die interdependent sind. Dies zeigt sich auch durch die entsprechenden Querverweise nicht nur zu zurückliegenden, sondern auch zu späteren Abschnitten. Nur hinsichtlich der Schwerpunkte der Prozesse im Zeitablauf lassen sich Unterschiede feststellen, aus denen sich die folgende Chronologie der Abschnitte ergibt. Die prozessorientierte Organisationsgestaltung bedeutet für die Aufbauorganisation, dass sie der Ablauforganisation zu folgen hat. Das heißt, dass die Projektorganisation erst nach der Festlegung der Arbeitsabläufe, die zunächst unabhängig vom organisatorischen Kontext zu entwerfen sind, zu gestalten ist (vgl. Gaitanides 2004, 1209-1210). Damit schafft die ablauforganisatorische Gestaltung wesentliche Rahmenbedingungen für die Aufbauorganisation. Zunächst ist daher der Planungs- und Kontrollprozess zu gestalten, im Rahmen dessen der Projektstruktur- und Ablauf- und Terminplanung eine besondere Bedeutung zukommt. Sie ist der Aufbauorganisation vorangestellt, auch wenn bereits im Vorfeld der Planung als aufbauorganisatorische Aufgabe ein Projektteam für die Durchführung zusammenzustellen ist (die Chronologie der Implementierung wird im Rahmen des Planungsprozesses noch deutlich). Mit der Gestaltung der Planung und Organisation ist die grundlegende Struktur des Projekts festgelegt. Auf dieser aufbauend sind die personalbezogenen Aufgaben zu lösen. Technische Unterstützung wird im Rahmen der Bildung eines Informationssystems geliefert. Sie hat sich an der organisatorischen Gestaltung inklusive der geplanten Kommunikationsstrukturen auszurichten. Letztendlich spiegelt das Informationssystem die Ablauf- und Aufbauorganisationsgestaltung wider und hat mit dieser konsistent zu sein. Abschließend sind die isoliert optimierten Prozesse durch ein koordinationsorientiertes Projektcontrolling zu integrieren.

7.2 M&A-Projektplanungs- und -kontrollprozess

7.2.1 Vorgehensweise

Zunächst ist das Projekt zu strukturieren, um Transparenz über die relevanten Elemente und Beziehungen zwischen den Elementen zu schaffen und die Basis für eine systematische Führung zu legen (vgl. Litke 2004, 90; Platz/Schmelzer 1986, 11). Ein erster Strukturierungsschritt erfolgte mit der Erörterung des **Phasenmodells** im Rahmen der inhaltlichen Charakterisierung des Gegenstandsbereichs in Abschnitt 4.1.2. Es wurde zwischen den Teilprojekten Transaktion und Integration und innerhalb dieser zwischen vier Phasen differenziert. Damit stehen die wesentlichen Elemente eines M&A-Projekts bereits fest. Der Ablauf dürfte für den hier betrachteten komplexen M&A-Typ klassisch sein. Da Projekte aber einmalig sind, kann die Liste der Aktivitäten durchaus weitere oder weniger Aktivitäten erfordern. Da generell auch die Sekundäraktivitäten einer Gestaltung bedürfen, sind diese im Folgenden mit zu berücksichtigen und in die Gesamtplanung zu integrieren.

Aufbauend auf dem Phasenmodell sind die Aufgaben zu strukturieren und in sinnvolle Arbeitspakete/ Vorgänge zu gliedern. Dies erfolgt über die **Projektstrukturplanung**. Das Phasenmodell fokussierte auf die primäre Leistungserstellung. Es ist an dieser Stelle um die Sekundäraktivitäten zu ergänzen. Arbeitspakete enthalten Angaben zu Dauer, Start- und Endtermin und dem quantitativen und qualitativen Ressourcenbedarf (vgl. Litke 2005b, 322), die sich aus der **Aufwands- und Terminschätzung** ergeben, aus der sich wiederum die Kosten und damit das erforderliche Budget ergeben. Diese gilt es jeweils vorab zu schätzen, was eine der schwierigsten Aufgaben im Projektmanagement darstellt. Sind Schätzungen unrealistisch, kann es zu Termin- und Budgetüberschreitungen kommen. Bei M&A wurde bereits auf die Bedeutung der Synergieschätzungen hingewiesen (vgl. Abschnitt 2.2.2). Ebenfalls zu schätzen ist aber der Aufwand, der durch die Durchführung der M&A-bezogenen Primär- und Sekundäraufgaben entsteht.

Hieraus resultiert eine Ordnung der Arbeitspakete in eine sachlich-logische Abfolge, aus der sich über die Verknüpfung der geschätzten Termine und Zeitdauern die **Ablauf- und Terminplanung** ergibt. Die M&A-Projektplanung folgt damit selber einem konkreten Ablauf (vgl. Abbildung 7-1 und zum allgemeinen Ablauf auch Litke 2005b, 320).

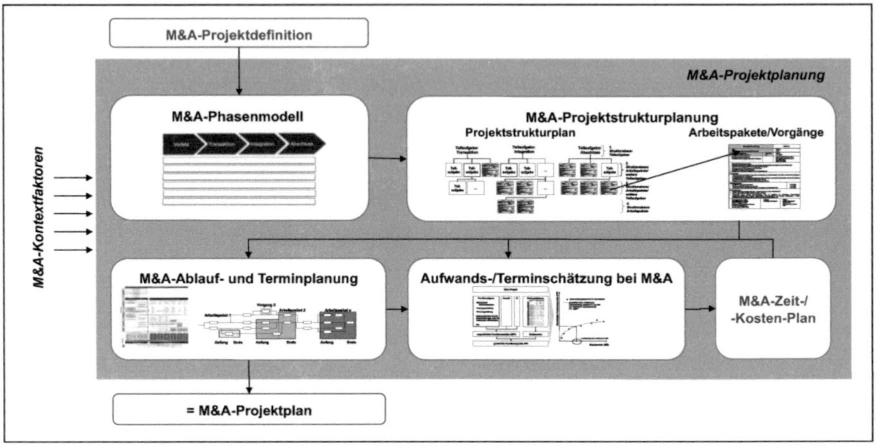

Abbildung 7-1: Ablauf und zu gestaltende Wirkungsbereiche der M&A-Projektplanung/-kontrolle

Die **Projektkontrolle** wird an dieser Stelle nicht vertieft. Sie ergibt sich ganz wesentlich aus der Planung (vgl. Abschnitt 6.5.2).

7.2.2 M&A-Projektstrukturplanung

Die Projektstruktur ist die gedankliche aufgabenorientierte Zerlegung des Projekts in alle zur Realisierung des Vorhabens durchzuführenden Arbeitspakete, so dass die hierarchische Struktur der Elemente und ihre Aggregationsniveaus und auch Beziehungen und Schnittstellen zwischen den Elementen deutlich werden (vgl. Litke 2005b, 318; Heeg/Frieß 2003, 497). Einfluss hat die Gestaltung des Projektstrukturplans in erster Linie auf die **Prozesseffektivität**, da im Rahmen der Erstellung die richtige Strukturierung der Aufgaben (Zergliederung und Verknüpfung) im Vordergrund steht.

Der **Projektstrukturplan** (PSP; Work Breakdown Structure) umfasst eine übersichtliche, systematische, zumeist grafische und/oder textstrukturierte Darstellung der wesentlichen Aufgaben eines Projekts (vgl. Heeg/Frieß 2003, 497) und zeigt auf, was (und nicht wie etwas) zu tun ist. Bei der Zergliederung der Gesamtaufgabe in Teilaufgaben stellt jede Gliederungsebene wieder ein System dar, welches sich erneut zergliedern lässt. Auf unterster Ebene endet die Zergliederung mit der Definition von Arbeitspaketen. Im Rahmen der Erstellung sind einige Projektstrukturplanvarianten denkbar. Die Gliederung kann z.B. nach Aufbau, Ablauf oder nach weiteren Grundbedingungen erfolgen (vgl. DIN 1987c; Platz/Schmelzer 1986, 11). Dabei sind auch Mischformen möglich. Die Darstellung kann tabellarisch mit laufender Nummer oder grafisch in einer Baumstruktur erfolgen (vgl. beispielhaft Heeg/Frieß 2003, 505). Auch die Entwicklung des Plans kann variieren. So ist in Abhängigkeit der Informationssituation ein Aufbau vom Einzelnen zum Allgemeinen und umgekehrt möglich (vgl. Litke 2004, 90). Er kann zudem mehr oder weniger detailliert ausgeführt werden.

Für die **M&A-Strukturplanung** sind zunächst die Aufgaben in richtiger Weise zu zergliedern – die primäre Orientierung ist damit die Prozesseffektivität. Das heißt, die Aufgaben sind so zu zergliedern, dass die Abstimmungsnotwendigkeit innerhalb des Aufgabenbereichs hoch und aufgabenübergreifend gering ist. So entspricht bereits die Trennung in Integrations- und Transaktionsprojekt der ersten Strukturierungsebene im Gesamtprojektstrukturplan, der dieses Kriterium erfüllt. Analog ist dies für weitere Strukturierungsebenen durchzusetzen. Zudem ist sicherzustellen, dass die richtigen Aufgaben und Ziele und der realistische Zeit- und Ressourcenbedarf erfasst sind. Für die Entwicklung des Plans sind zwei Perspektiven wichtig. Im engsten Sinne umfasst der Projektstrukturplan die Aufgaben zur Erstellung des „Produkts", bei M&A also den Unternehmenskauf bzw. die Umsetzung der Integration. Planungsdetaillierungen sind streng genommen keine gesonderten Elemente des Projektstrukturplans, da diese sich auf dasselbe Objekt beziehen. So müssen die Pläne der Anforderung genügen, dass jede Aufgabe nur einmal enthalten sein darf und auch an der logisch richtigen Stelle im Plan zu stehen hat (vgl. Heeg/Frieß 2003, 498). Da es sich beim vorliegenden M&A-Fall um komplexe, über einen langen Zeitraum laufende Projekte handelt, bietet es sich an, für separate Teilprojekte einen eigenen Plan zu erstellen, damit dieser überschaubar bleibt (vgl. Heeg/Frieß 2003, 513) und erfolgskritische Transparenz gesichert ist. Abbildung 7-2 zeigt beispielhaft Projektstrukturpläne in Baumstruktur für das Integrations- und das Transaktionsprojekt auf sehr allgemeinem Niveau.

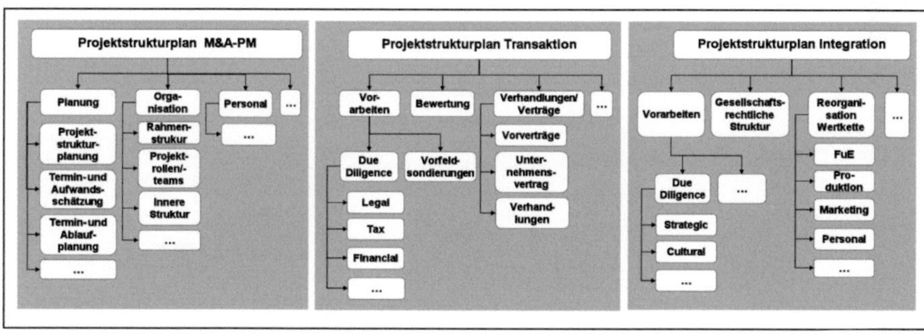

Abbildung 7-2 : M&A-Projektstrukturpläne

Zusätzlich enthalten ist ein weiterer separater Plan für die Projektmanagement-Ebene, deren Implementierung auch ein Projekt darstellt. Die Zerlegung auch dieser Aufgabe ist eine wesentliche Voraussetzung für eine strukturierte Vorgehensweise und trägt letztendlich zur Qualität des Gesamtsystems als wichtiges Ziel bei. So wäre es bei einem komplexen Projekt wie im vorliegenden M&A-Fall deutlich zu spät mit der Planung des Projektmanagement-Systems erst bei Entscheidung für das M&A-Projekt zu beginnen. Dann muss die Implementierung der

Projektstruktur sehr schnell erfolgen und Zeit wird generell zum kritischen Faktor. Eine rahmengebende Vorplanung ist daher sinnvoll und ermöglicht es, Zeit zu sparen. Diese Ebene taucht allerdings meist nicht in den klassischen Standardprojektstrukturplänen auf. Die grundlegende Struktur und wichtige Aufgabenpakete für den Projektstrukturplan „M&A-Projektmanagement" werden mit dem Kapitel 7 dieser Arbeit beschrieben.

Ein solcher Strukturplan ist übersichtlich und liefert auch bei schwieriger Informationssituation einen guten Überblick über mögliche wichtige Bereiche eines M&A-Projekts. Je nach Zielsetzung und Geschäftsaktivität des kaufenden und zu kaufenden Unternehmens können die Elemente des Plans variieren. Problematisch an dieser Darstellung ist, dass die Verknüpfungen zwischen den Teilprojekten und zwischen diesen und dem Entwurf des Gesamtsystems nicht deutlich werden. Dies wird aber durch den noch zu erläuternden Ablaufplan erreicht. Generell wäre denkbar, für die Elemente eine detailliertere Ausführung zu erstellen und so den Teilprojekt-/Teamleitern zu ermöglichen, einen für sie zugeschnittenen Einzelplan abzurufen. Die zusätzliche Erstellung von Teilplänen erhöht bei gleichbleibendem Aufwand die Effizienz, was bei gegebenen technischen Möglichkeiten der Fall sein dürfte – Kosten entstehen eher durch erforderliche Adaptionen bei Veränderung der Umfeldbedingungen. Diese Problematik wird detailliert im Rahmen der Termin- und Ablaufplanung erörtert.

Der Projektstrukturplan ist bis zur kleinsten geplanten Gliederungseinheit eines Projekts, die **Arbeitspakete**, auszufüllen. Sie umfassen eine klar definierte Aufgabe/Leistung eines Projekts (vgl. Heeg/Frieß 2003, 498, 507). Der Projektstrukturplan ist soweit aufzuschlüsseln, dass auf unterster Ebene nur noch überschneidungsfreie Arbeitspakete stehen. Abbildung 7-3 zeigt die Stellung der Arbeitspakete im Projektstrukturplan.

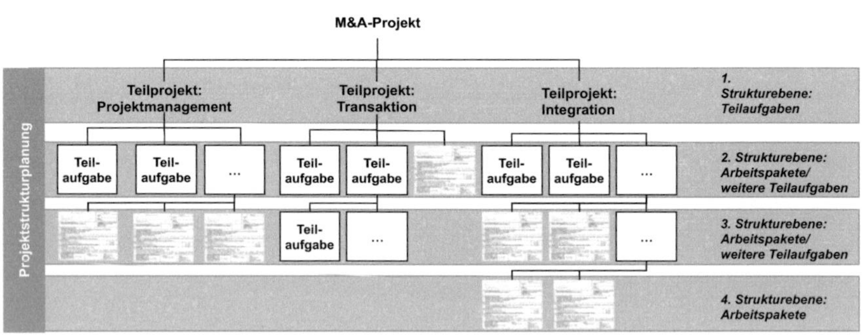

Quelle: in Anlehnung an Heeg/Frieß 2003, 499

Abbildung 7-3: Ebenen eines Projektstrukturplans

Ein Arbeitspaket umfasst verschiedene Komponenten. So sind die leistungsbezogenen Ziele und die zu erstellende Leistung (Ergebnis) sowie der Auftraggeber zu fixieren. Weiterhin sind auch die wissensmanagementbezogenen Ziele genau zu definieren. Deren Erreichung ermöglicht ebenso wie die Erreichung der Ziele der Leistungserstellung einen plausiblen direkten/indirekten Beitrag zur Wertsteigerung. So weisen Erfolgsstudien des Wissensmanagements darauf hin, dass wissensbezogene Ziele im Zielsystem der Organisation zu verankern sind (vgl. Abschnitt 6.5.2). Wissensziele sind für die Arbeitspakte aller Primär- als auch Sekundäraktivitäten zu berücksichtigen. Es sind die zu erzielenden Ergebnisse klar zu beschreiben inklusive der konkreten Ergebniserwartung des Auftraggebers. Dies ermöglicht erst die systematische Ausrichtung der Aufgabenbearbeitung auf das Gesamtziel und damit Prozesseffektivität, für die auch relevante Schnittstellen zu notieren sind.

Generell sollten die Arbeitspakte aus Sicht der Prozesseffektivität so definiert werden, dass sie einer organisatorischen Stelle voll verantwortlich zur Realisierung übergeben werden können. Hierbei ist den Abhängigkeiten zwischen den Aufgaben und Entscheidungen genügend Rechnung zu tragen. Aus Transaktionskostensicht ist eine Definition von Paketen zu empfehlen, die eine geringe Abstimmungsnotwendigkeit über Teamgrenzen hinaus erfordern. So können Transaktionskosten gemindert werden (vgl. Abschnitt 6.5.2). Die Anzahl der einzubindenden Personen sollte überschaubar und kontrollierbar sein und die geschätzten Kosten sollten keinen bedeutenden Anteil am Gesamtbudget haben (vgl. Heeg/Frieß 2003, 513 und im Detail noch zur Aufwandsschätzung Abschnitt 7.2.3). Beispielsweise könnten die M&A-Einzelaktivitäten, die den jeweiligen Aufgabentypen zugeordnet wurden, als Arbeitspakete definiert werden. So könnte die „Beurteilung der Genehmigungsfähigkeit" im Transaktionsprojekt als ein Arbeitspaket mit den zwei Vorgängen „Prüfung der Bestimmungseinhaltungen" und „Erstellung Projektvorlage" definiert sein. Die genaue Zuordnung ist für alle Vorgänge festzulegen (vgl. Litke 2004, 94). Für umfangreichere Aufgaben mit problematischeren Rahmenbedingungen sollten differenziertere Arbeitspakte entworfen werden. Dies dürfte insbesondere für die (Neu-) Gestaltung der Wertkettenaktivitäten im Integrationsprojekt gelten. Wenn Leistungen ausgegliedert werden, reicht eine grobe Bestimmung der Arbeitspakete aus. Die Detaillierung obliegt dann dem Träger der Aufgabe, der auch die Risiken einer Schlechtleistung bei Handlungsspielräumen trägt. Dies ist für stark methodenbasierte Aufgaben und Aufgaben, die autonom durchführbar sind, möglich. Möglichkeiten bestehen vor allem in dem durch geringe Integrativität gekennzeichneten Transaktionsprojekt – z.B. bei den Bewertungsaufgaben.

Neben diesen allgemeinen Argumenten sind die Arbeitspakete fallspezifisch auch in Abhängigkeit der Unternehmensleitlinien und der Leistungsfähigkeit der verfügbaren Verantwortlichen zu bestimmen. Maßstab könnte sein, über welches Budget/welche Mitarbeiteranzahl die zur Verfügung stehenden Personen bisher Verantwortung getragen haben (Erfahrungen/Kenntnisse) und wie tief die Hierarchien im Unternehmen generell sind. Je flacher die Hierarchien und je leistungsfähiger die Beteiligten sind, desto eher wird bereits auf unteren Ebenen ein bedeutendes Budget übertragbar sein. Für Schlüsselpositionen wird auf konkrete Auswahlkriterien noch eingegangen (vgl. Abschnitt 7.4.2).

Wichtige Vorlagen für die Bearbeitung des Arbeitspakets sind der Beschreibung anzuhängen – so z.B. Dokumentationen zu entsprechenden Arbeitspaketen vergleichbarer abgeschlossener Projekte und der Projektstrukturplan, damit bestehendes Wissen genutzt werden kann (Prozesseffektivität im Hinblick auf Wissensprozesse; vgl. Abschnitt 5.4.3; und auch Litke 2005b, 320; Heeg/Frieß 2003, 507-509). Insgesamt ermöglichen die Arbeitspakete damit, Rationalitätsdefizite zu überwinden, da die komplexe Aufgabe in konsistente handhabbare Einzelaufgaben zergliedert wurde (Prozesseffektivität).

Das Arbeitspaket ist mit einem eindeutigen Code zu versehen, um dem Projektstrukturplan zugeordnet werden zu können (vgl. Litke 2005b, 320). Generell dürfte dies bei gegebenen technischen Möglichkeiten kein Problem darstellen. Die Codierung sollte die Teilprojekte eindeutig abgrenzen – so z.B. durch Ergänzung eines Buchstabens „A“ bzw. „B“ für Transaktions- respektive Integrationsprojekt.

Nach Erstellung des Strukturplans und der Definition der Arbeitspakete sollte eine **Kompatibilitätsprüfung** der einzelnen Elemente erfolgen, um Lücken aufzudecken und Überschneidungen zu erkennen und damit Barrieren der Prozesseffektivität zu vermeiden. Die Arbeitspakete müssen in der Summe überschneidungsfrei sein, damit keine Doppelarbeiten erfolgen, Prozesseffektivität gesichert ist (vgl. Abschnitt 6.5.2) und alle wichtigen Aufgabenpakete abgedeckt sind. Es ist sicherzustellen, dass für jedes Projektstrukturplan-Element und für jedes Arbeitspaket eine verantwortliche Stelle definiert wurde (vgl. Litke 2004, 90, 94).

Für die Aktivität des Screenings enthält Abbildung 7-4 eine beispielhafte Arbeitspaketbeschreibung.

Unabhängig von Phase oder Teilprojekt sind die Arbeitspakete nach den erörterten Anforderungen an Prozesseffektivität zusammenzustellen. Für sehr bedeutsame Aufgabenbereiche ist, zunächst unabhängig von Phase oder Teilprojekt, eine stärkere Differenzierung erforderlich. Da zu Beginn des Projekts, wenn die Strukturpläne erstellt werden, die sachlichen Inhalte noch nicht detailliert beschrieben werden können, reicht die Formulierung als „Arbeitsauftrag“.

Die Bewertung der **Granularität** hinsichtlich der vorgegebenen Detaillierung der Aufgabeninhalte, Termine und des vorzugebenen Ressourcenbedarfs wird in den Abschnitten 7.2.3 und 7.2.4 erläutert.

<table>
<tr><td colspan="3">Arbeitspaket-Beschreibung</td><td>Blatt 1von1</td></tr>
<tr><td colspan="3">Titel:
Kandidatenauswahl und -bewertung (Screening)</td><td>PSP-Nr.:
A/B1.2</td></tr>
<tr><td colspan="2">Teilprojekt/Projektname:
Vorfeldphase/ M&A Projekt A15</td><td>Projekt-Nr.:
xxx</td><td>Datum:
01.12.2008</td></tr>
<tr><td colspan="2">Ziele-/Leistungsbeschreibung:
• Entwicklung einer Rangfolge potenzieller Kandidaten</td><td></td><td>Verantwortlich: Strategie-Stab
Auftraggeber: Bereichsvorstand
Start: 02.01.2009
Ende: 21.01.2009</td></tr>
<tr><td colspan="4">Ergebnisse/Ergebniserwartung:
• Rangfolge der Kandidaten entsprechend der relevanten Prüfungsgebiete mit Vorgaben aus der Basisstrategie
• Transparenz über Vorgehensweise zur Erstellung der Rangfolge
• Lieferung relevanter Informationen zu den Kandidaten
• Identifikation relevanter Ansprechpartner
• Einpflegen der aufbereiteten Ergebnisse in die Projektdatenbank</td></tr>
<tr><td colspan="4">Schnittstellen:
• Integrationsprojekt Vorfeldphase: Ergebnisse der Entwicklung der Basisstrategie einbeziehen und Screening Ergebnisse an Integrationsprojekt zurückgeben.
• Projektinformations- und Kommunikationsprozess: Daten einspeisen und relevante Informationen abrufen; Rückmeldung falls relevante Daten nicht strukturiert erfasst werden können.
• Beteiligte der strategischen Abteilung/ M&A-Abteilung einbeziehen</td></tr>
<tr><td colspan="3">Aktivitäten/Termine:
• Identifikation potenzieller Kandidaten
• Prüfung des financial, strategic und cultural fit
• Erstellung der Dokumentationen für Übergabe der Ergebnisse an Bereichsvorstand</td><td>
07.01.2009
14.01.2009
21.01.2009</td></tr>
<tr><td colspan="4">Voraussetzungen:
• Personal: M&A-Stab; Strategie-Stab (jew. Anzahl Personen und Tage, Personalkosten)
• Berater: Unternehmensmakler: (Anzahl Personen und Tage)
• Einsatzmittel (neben üblicher Büroausstattung): Tools zur Ermittlung der Fit-Analysen, Recherchetools/ Unternehmensdatenbanken (anteilige Gemeinkosten); Erfahrungsberichte aus früheren Transaktionen – liegen Kandidatenanalysen vor? Liegt (aktuelle) Analyse des eigenen Unternehmens vor?</td></tr>
<tr><td>Personalaufwand: X EUR
Sachmittelaufwand: X EUR
Kosten Beratung: X EUR
Beitrag zur Wertseigerung: Schätzung:
x % des Transaktionswerts
Gesamtsaldo in EUR: X EUR</td><td colspan="2">Anlagen:
Fit-Analyse für Projekt A1</td><td>Status:
geplant/ freigegeben/ abgenommen
Sonstige Bemerkungen:
XXX</td></tr>
</table>

Abbildung 7-4: Beispiel einer Arbeitspaketbeschreibung für die Einzelaktivität des Screening

7.2.3 Aufwands- und Terminschätzungen im M&A-Projekt

Im Rahmen der Arbeitspaketbeschreibung sind nicht nur Aussagen über die inhaltlichen Ziele festzulegen, sondern auch der voraussichtliche Zeit- (Dauer) und Ressourcenbedarf und darauf aufbauend auch die Kosten zu schätzen, hier zusammenfassend als Aufwandsschätzung bezeichnet. Den Kosten sind, sofern möglich, die durch die Zielerreichung potenziell erreichbaren quantifizierten Nutzenpotenziale gegenüberzustellen – auf die Problematik der Quantifizierung der Nutzenfaktoren wird in Abschnitt 7.4.4.2 noch eingegangen. Diese Angaben fließen in einem späteren Schritt in die Termin- und Ablaufplanung ein und sind u.a. auch relevant für den Personalführungsprozess, dem die Daten als Grundlage für die (quantitative) Personalrekrutierung und -entwicklung dienen.

Die Schätzungen unterstützen vor allem die koordinationsorientierten **Ziele**. Sie fördern Allokationsaffektivität, da Ressourcen besser entsprechend des tatsächlichen Bedarfs dem Projekt zugeordnet werden können. Prozesseffektivität wird gefördert, da die kritische Kette realistischer geschätzt werden kann und Wartezeiten seltener sind. Bei nachhaltiger Durchführung von Schätzungen existieren Angaben zur Volatilität der Werte, so dass bei sehr hoher Volatilität ein Hinweis für erforderliche Flexibilität gegeben ist und diese stärker im System berücksichtigt werden kann. Dies senkt die Kosten für Adaptionseffektivität und wirkt indirekt positiv auch auf die Integrationseffektivität, da Flexibilität gezielter geplant werden kann bzw. Schätzungen tendenziell verlässlicher sind und die Daten vertrauenswürdiger. Die Terminplanung hat einen Einfluss auf die Dauer des Gesamtprojekts, die wiederum stark wertbeeinflussend sein kann (vgl. Abschnitt 4.2). Zu Beginn kann bereits eine genauere Vermutung über das Projektende erfolgen.

Trotz der Bedeutung fehlen konkrete **Richtwerte zur Dauer** einzelner Schritte auf M&A-Projektebene. In praxisorientierter Literatur liegt zwar ein grobes Raster über den Umfang einzelner Arbeitspakete bei M&A und auch zu möglichen Fristen und Wartezeiten z.B. wegen erforderlicher Genehmigungsprozesse vor (vgl. stellvertretend Lucks/Meckl 2002). So können relativ detailliert beschriebene Einzelaktivitäten und konkrete Handlungsempfehlungen für einzelne Vorgänge zur Bearbeitung der Aktivitäten abgeleitet werden. Insgesamt sind aber keine konkreten Erfahrungswerte für Budget-, Zeit- oder Personalbedarf zu entnehmen. Dies dürfte auch daran liegen, dass die Werte je nach Projekt recht variabel sind, was das Hauptproblem einer Termin- und Ablaufplanung für komplexe und grundsätzlich als einmalig für ein Unternehmen definierte M&A-Projekte darstellen dürfte. Da M&A vor allem Arbeitszeit beanspruchen und die Aufgaben komplex und neuartig sind – insbesondere im Integrationsprojekt (vgl. Abschnitt 6.3) – ist die Schätzung realistischer Werte besonders schwierig. Gleichzeitig sind sie aber essenziell für die Bestimmung des Budgets und des zeitlichen Umfangs einer Transaktion, die wiederum einen bedeutsamen Einfluss auf den Gesamtwert der Transaktion hat.

Für die Sekundäraktivitäten wird der Arbeitsumfang durch die Bearbeitung dieses Kapitels 7 deutlich. Auch dieser ist zu schätzen und die Zeitdauer zu bestimmen, da auch sie den Gesamtprozess beeinflussen. Dies ist wegen des geringeren Ressourcenbedarfs und der stärkeren Parallelen zu anderen Projektarten einfacher möglich und wird im Folgenden nicht weiter betrachtet.

Stark wertbeeinflussender Faktor bei M&A ist die Dauer des Gesamtprozesses, die den Zeitpunkt der Synergieerzielung bestimmt. Die Ermittlung der Dauer der Bearbeitung eines Arbeitspakets setzt eine möglichst exakte Schätzung des Arbeitsumfangs und der zur Erledigung existierenden Hilfsmittel sowie die Anzahl, Qualifikation und Heterogenität der einsetzbaren Personen und den Grad der Möglichkeit von Parallelisierungen von Arbeitsschritten innerhalb eines Arbeitspakets voraus. Die Schätzung muss dabei auf einem systematischen Ansatz aufbauen, da andernfalls kein Vertrauen in die Ergebnisse aufgebaut werden kann. Sollten sich längere Projektlaufzeiten als erwartet ergeben, besteht dann die Gefahr, dass diese vor der Unternehmens-/Projektleitung nicht durchgesetzt werden können, weil nicht stichhaltig argumentiert werden kann (vgl. Bundschuh/Fabry 2000, 18-19). Es müssen also realistische

Schätzungen für den Arbeitsumfang und letztendlich auch -aufwand abzuleiten sein (z.B. in Mitarbeitermonaten oder Arbeitsstunden; vgl. Litke 2004, 101).

Im Folgenden ist ein methodisches Konzept aufzuzeigen, welches für M&A-Projekte praktikabel erscheint. Der Schwerpunkt liegt auf der inhaltlichen Umsetzung. Auf die Granularitätsbestimmung wird im Abschluss eingegangen.

Weit verbreitete und auch kombiniert einsetzbare **methodische Möglichkeiten** sind Expertenschätzungen z.B. auf Delphi-Basis und erfahrungswertbasierte Berechnungen (Analogiemethode) von arithmetischen Mittelwerten (vgl. Heckel 2005, 410; Litke 2004, 113). Speziell für Software-Entwicklungsprojekte liegt mit dem Funktionspunktverfahren eine spezifische Methode der Projektumfangs- bzw. -aufwandsschätzung vor (vgl. Litke 2004, 116-124; Boehm 2000; Litke 1996). Ein Beispiel für die Durchführung der als effizient bewerteten (vgl. Bundschuh/Fabry 2000, 183) und von IBM entwickelten Arbeitsumfangsschätzung als Basis der Aufwandsschätzung für Software-Projekte nach Funktionspunktverfahren ist bei Litke und Platz (vgl. 1996; Platz/Schmelzer 1986, 176-179) nachzulesen. Platz nimmt dieses Konzept als Basis für die Aufwandsschätzung bei F&E-Projekten, konkretisiert allerdings nicht, wie die Vorgehensweise anzupassen ist. Auch für M&A-Projekte lassen sich einige Elemente/die Vorgehensweise übertragen. Dies lässt sich unter anderem auch damit begründen, dass selbst für die Anwendung bei Software-Projekten Modifikationen der Vorgehensweise und der zu beachtenden Elemente durchaus erlaubt sind (vgl. Litke 2004, 123).

Grundidee der Methode ist, dass sich der Aufwand eines Projekts aus Umfang und Komplexität/Schwierigkeit der Aufgaben ableiten lässt: So ergibt sich der Aufwand generell als komplexe Funktion mehrerer Gestaltungsbedingungen, wie Aufgabencharakteristika, Erfahrung, Projektatmosphäre o.ä. Nach Maßgabe dieser werden die Funktionspunkte ermittelt. Bei Softwareentwicklungs-Projekten ergeben sich die Funktionspunkte aus dem in Elementarprozesse und logische Datenbestände zerlegten und zu entwickelnden Anwendungssystem (Projektgegenstand). Diesen Teilen werden Komplexitätsgrade (einfach, mittel, komplex – bewertet mit reellen Zahlen zwischen 0 und 15, die eine weitere Abstufung ermöglichen) zugeordnet, die sich an softwareentwicklungsspezifischen Merkmalen festmachen lassen (vgl. im Detail z.B. Litke 2004, 116-119). Für jedes Teilelement des zergliederten Anwendungssystems wird ein Funktionspunkt errechnet, der sich aus der Summe der Produkte aus Anzahl des Vorkommens dieses Teilelements der Komponente und jeweiligem Komplexitätsgrad zwischen 0 und 15 ergibt. Diese ungewichteten Funktionspunkte werden im Anschluss, in Abhängigkeit von (modifizierbaren) 14 verschiedenen Systemcharakteristiken wie Wiederverwendbarkeit oder Flexibilität der Codes (vgl. zu allen 14 Einflussfaktoren Litke 2004, 120-121), in der Summe mit einem Faktor, der den Einfluss weiterer Faktoren auf den Umfang kumuliert widerspiegelt, zwischen 0,65 und 1,35 multipliziert. Dies entspricht einer Veränderung um maximal +/- 35%. Diese Spanne basiert auf Erfahrungswerten (vgl. Bundschuh/Fabry 2000, 200).

Ähnlich könnte man auch bei **M&A** vorgehen, wobei dann allerdings die Messung des Schätzobjektumfangs zu modifizieren ist. Anstelle der Schätzung der Funktionalität der Softwareelemente ist die Komplexität des M&A-Falls zu schätzen. Als Basis zur Schätzung des Aufwands im modifizierten Verfahren können die sachlichen Einzelaktivitäten des zu entwerfenden Gesamtsystems dienen (vgl. Abschnitt 4.1.2.2). So ist z.B. eine Vielzahl an Verträgen im Rahmen der Transaktion aufzusetzen. Im Rahmen der Integration sind mehrere Prozesse der Primärorganisation zu planen. Ein **Funktionstyp** wäre dann „Verträge" oder „sachlicher Integrationsplan für einen zusammenzulegenden Funktions-/Fachbereich". Entsprechend der Entwicklung desselben wird Bottom-up, ausgehend von einzelnen Aktivitäten, oder Top-down, ausgehend von Analogien für ähnliche Projekte, die Anzahl des Vorkommens des Funktionstyps und dessen Aufwand geschätzt. Möglich ist auch ein Rückgriff auf den Heterogenitätsgrad der einzubeziehenden Beteiligten (vgl. Abschnitt 6.2.2). Die Analyse könnte wie folgt aussehen. Die Funktionstypen FP wurden beispielhaft mit einem Wert zwischen 0 und 15 für die Komplexität K (g = gering/niedrig; d = durchschnittlich; h = hoch) versehen.

Funktionstypen Transaktionsprojekt	K	FP	#	UFP	Funktionstypen Integrationsprojekt	K	FP	#	UFP
Behördenanalyse: Art und Einfluss der zu berücksichtigenden Behörden	g	3			Stakeholderanalyse: Art und Einfluss der zu berücksichtigenden Stakeholder	g	3		
	d	4				d	4		
	h	6				h	6		
Opazität des Geschäfts: Ausmaß, in denen Risiken beim Partner abgeschätzt werden und Chancen/Werte bemessen werden können.	g	7			Prozessgestaltung: Zu integrierende Zentralbereiche (Komplexitätsgrad bemisst sich z.B. an Verflechtungsgrad)	g	7		
	d	10				d	10		
	h	15				h	15		
Vertragsgestaltung: Art der Verträge, die im Rahmen der Transaktion aufzusetzen sind.	g	5			Prozessgestaltung: Zu integrierende Fachbereiche (Komplexitätsgrad bemisst sich z.B. an Verflechtungsgrad)	g	5		
	d	7				d	7		
	h	10				h	10		
Etc.					Etc.				
= SME UFP					= Summe UFP				
* Faktor in Abhängigkeit der Systemcharakteristiken (Einflussfaktor; Wert zwischen 0,65 und 1,35)					* Faktor in Abhängigkeit der Systemcharakteristiken (Einflussfaktor; Wert zwischen 0,65 und 1,35)				
= Gesamtzahl gewichteter Funktionspunkte (FP)					= Gesamtzahl gewichteter Funktionspunkte (FP)				
Funktionspunkt-entsprechender zu erwartender Aufwand (MM)					Funktionspunkt-entsprechender zu erwartender Aufwand (MM)				
Summe Gesamtaufwand (MM)									

Tabelle 7-1: Beispielansatz einer Funktionspunkt-Zählung für M&A-Projekte

Zu bestimmen ist weiterhin die Anzahl (#) der zu integrierenden Prozesse eines bestimmten Komplexitätsgrads. Man erhält die Summe der **ungewichteten Funktionspunkte** (UFP). Je nach M&A-Fall können weitere Funktionstypen eingefügt werden oder die eingefügten weiter aufgeschlüsselt werden, um den Aufwand zu bestimmen. Die Bewertung der Komplexität ist ebenfalls M&A-Typ spezifisch von erfahrenen M&A-Experten durchzuführen und im Idealfall mit dokumentierten M&A-Erfahrungsberichten abzugleichen. Das Beispiel in Tabelle 7-1 dient nur zur Veranschaulichung. Die konkrete Bestimmung der Funktionspunkte kann unternehmensintern, gesteuert über die M&A-Abteilung, durch Schätzungen der M&A-Experten erfolgen (vgl. im Detail noch zu einem M&A-Expertennetzwerk Abschnitt 7.3.4.2).

Die Summe der UFP ist mit dem **die Komplexität widerspiegelnden Faktor** zu multiplizieren. Für M&A liegt im Gegensatz zu Softwareprojekten ein solcher Erfahrungswert in der Literatur nicht vor. Den Wert für Software-Projekte könnte man aber auch für M&A-Projekte nehmen und ggf. erhöhen, da die Ausprägung der Gestaltungsbedingungen problematischer sein dürfte. Z.B. kann für die mit M&A verbundenen Unsicherheiten eine problematischere Ausprägung angenommen werden als bei der Softwareentwicklung, bei der die Aufgaben und Ergebnisse besser beschreibbar sind und externe Rahmenbedingungen eine geringere Rolle spielen. Bei häufiger Anwendung der Methode würden langfristig auch hier Erfahrungswerte vorliegen. Als Grundlage zur Bestimmung des Komplexitätsfaktors bei M&A können die in Abschnitt 6.2 differenzierten und in Abschnitt 6.3 für die Phasen bewerteten Gestaltungsbedingungen herangezogen werden (Aufgabe, Struktur, Mensch, Umfeld (Unternehmen), Umfeld (extern)). So wird die Erstellung der Transaktion umso schwieriger sein, je problematischer die Gestaltungsbedingungen ausgeprägt sind. Je nach Ausprägung würde man die Funktionspunkte mit einem höheren oder geringeren Faktor multiplizieren. Im Ergebnis erhält man die gewichteten Funktionspunkte (vgl. zur Vorgehensweise allgemein Bundschuh/Fabry 2000, 188-205). Die Beziehung zu diesem mit dem zu erwartenden Aufwand (z.B. in Mitarbeitermonaten) ergibt sich aus einem unternehmensintern zu pflegenden Erfahrungsdatensatz (vgl. Litke 2004, 123). Ergänzend können auch für die Projektmanagement-Aufgaben Funktionstypen definiert und mit berücksichtigt werden, um so auf den Gesamtaufwand zu kommen.

Die **Qualität einer Funktionspunktberechnung** ist abhängig von der Qualität der Erfahrungswerte und ihrer Dokumentation. Diese hat jeweils nach Abschluss eines Projekts zu erfolgen und ermöglicht eine Erweiterung der Erfahrungswertbasis. Sie hat Informationen zur Erhebung der Funktionspunkte und zu Einflussfaktoren und des für diese tatsächlich entstehenden Aufwands über alle vergleichbaren Projekte im Unternehmen zu enthalten. Hierzu können auch Reorganisationsprojekte zählen, die für die Schätzung der Integrationsprojekte hinzugezogen werden können. Schätzungen für die Transaktionsabwicklung reiner Finanztransaktionen können ggf. die Schätzungen zum Transaktionsprojekt verbessern. Zu dokumentieren sind neben den in Tabelle 7-1 einzugebenden Daten auch Angaben dazu, wie die Schätzung jeweils erfolgte, z.B. wie die Einflussfaktoren jeweils bewertet und ermittelt wurden (vgl. Bundschuh/Fabry 2000, 203). Dies ermöglicht eine Beurteilung der Vergleichbarkeit der Daten. Für eine größere Anzahl an M&A-Projekten lassen sich so Relationen zwischen Funktionspunkten und Aufwand bilden. Aus der Summe aller Funktionspunktanalysen lässt sich mittels statistischer Verfahren (z.B. einer Regressionsanalyse, vgl. im Detail Backhaus 2000, 1-44) eine Erfahrungskurve ableiten, die einen systematischen Zusammenhang zwischen Funktionspunkten und Aufwand wiedergibt und aus der sich der zu erwartende Aufwand für jedes zu kalkulierende Projekt ableiten lässt (vgl. Litke 2004, 123). So können auch für zukünftige Projekte gute Richtwerte geliefert werden, die mit jedem zusätzlichen Datensatz verbessert werden können. Abbildung 7-5 fasst die Vorgehensweise grafisch zusammen.

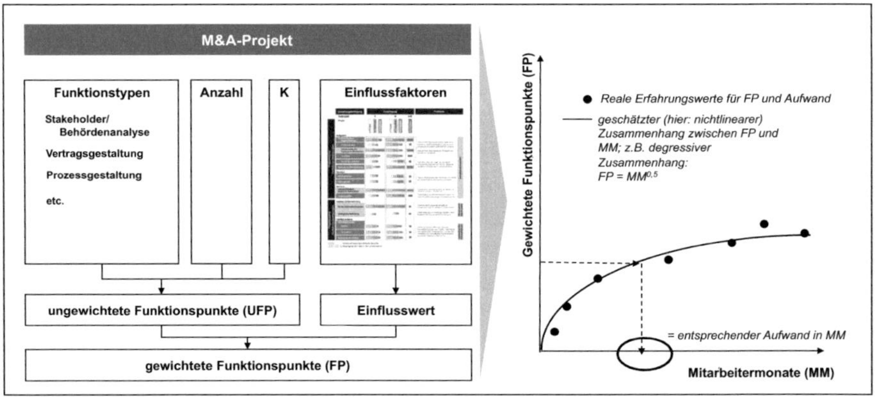

Abbildung 7-5: Ablauf des Funktionspunktverfahrens bei M&A-Projekten

Die relevante Frage ist, wie aussagekräftig die Erfahrungswerte für die avisierte Aufgabe sind. Die Aussagekraft steigt mit der Ähnlichkeit der betrachteten M&A-Projekte. Dann werden sich die realen Werte nicht signifikant von den geschätzten Werten unterscheiden, die Varianz also gering sein. Wesentliche Ursache für nicht aussagekräftige Schätzungen (hohe Residualwerte bei der Regressionsanalyse) dürfte eine fehlende Vergleichbarkeit bei großen M&A-Transaktionen sein. So dürften sich zwar im Transaktionsprojekt und in der Abschlussphase die Abläufe über einen Querschnitt an M&A-Vorhaben eines Unternehmens ähneln, dies wird aber zumeist im Integrationsprojekt, insbesondere in der Integrationsphase, nicht gegeben sein, da hier ein großes Potenzial unvorhersehbarer Ereignisse liegt, wie z.B. Leistungsblockaden bei Mitarbeitern oder fehlende Gegebenheiten, von denen bei der Planung ausgegangen wurde. Möglich ist auch, dass, selbst wenn vergleichbare Transaktionen durchgeführt werden/wurden, die Rahmenbedingungen derart verschieden sind, dass sie den internen Ablauf völlig neu bestimmen und Erfahrungswerte unbrauchbar machen. So sind historisch gewachsene Unternehmen selten vom strukturellen Aufbau her vergleichbar. Generell ist aber davon auszugehen, dass selbst bei Unsicherheiten eine Schätzung und Bestimmung von Soll-Werten vorteilhaft ist, da nur dann eine laufende Terminkontrolle, die eine schnelle Gegensteuerung ermöglicht, durchführbar ist. Für Projekte, die von den dokumentierten Fallbeispielen abweichen, sind daher Zu- oder Abschläge vorzunehmen, deren Bestimmung ebenfalls genau zu dokumentieren ist (vgl. Litke 2004, 123).

Um die Datenbasis zu verbessern ist denkbar, Daten ggf. auch einzukaufen, z.B. über Beratungsunternehmen oder Erfahrungsaustausch zwischen befreundeten Unternehmen. Hier ist allerdings Voraussetzung, dass diese in gleicher Weise vorgehen. So sind die Funktionstypen in gleicher Weise zu definieren und die Bewertungen des Komplexitätsgrades einheitlich an denselben Bedingungen festzumachen.

Von der detaillierten Ebene der Schätzungen ausgehend kann jeweils auch über die differenziert berechneten Funktionspunkte der Aufwand in Mitarbeitermonaten, für einzelne Arbeitspakete geschätzt werden, die eine Schätzung der Zeitdauer und letztendlich auch der **Termine** ermöglichen. Auch hier können Anpassungen vorgenommen werden, in dem ein gewichteter Mittelwert aus der optimistischen Dauer, der statistisch häufigsten Dauer und der pessimistischen Dauer für einzelne Arbeitspakete, gruppierte Teilprojekte und letztendlich auch das Gesamtprojekt berechnet wird (MD = mittlere Dauer). Nach DIN (vgl. 1987a, 5) wäre ein Mittelwert wie in Ausdruck (2) zu berechnen:

$$MD = \frac{OptimistischeDauer + 4 * häufigsteDauer + pessimistischeDauer}{6} \qquad (2)$$

Die Berechnung der Zeitdauer des Gesamtprojekts kann mittels Vorwärtsrechnung ausgehend vom geplanten Starttermin des Projekts und mittels Rückwärtsrechnung vom geplanten Endtermin nach festgelegten mathematischen Beziehungen erfolgen (vgl. Litke 2004, 101). Der auf diese Weise berechnete kürzeste Weg von Projektstart bis Projektende ohne zeitliche Puffer stellt die „**kritische Kette**" dar. Unter diesem von Goldratt geprägten Begriff ist die Kette voneinander abhängiger Aufgaben unter Berücksichtigung der Abhängigkeiten, die sich aus den vorhandenen Ressourcen ergeben, zu verstehen Goldratt 2002; Techt 2005, 15). Sie spiegelt die Mindestdauer des Projekts wider. Ein Voranschreiten auf ihr zeigt den Projektfortschritt auf, der auch auf ihrer Basis geprüft werden kann, was wiederum die Prozesseffektivität erhöht. Für die Aufstellung der kritischen Kette ist eine Gesamtprojektbetrachtung sinnvoll, da nur so auch Abhängigkeiten zwischen den Teilprojekten berücksichtigt werden können.

Einfluss auf die zeitliche Dauer hat neben diesen Schätzungen auch, inwiefern die Beteiligten dem Projekt voll zur Verfügung stehen und ob für bestimmte Arbeitsgänge Fristen oder Wartezeiten einzuhalten sind (vgl. Litke 2004, 101). Generell wird es so sein, dass die Aufteilung der Mitarbeitermonate auf beliebig viele Personen nicht möglich ist. Eher ist es so, dass die Anzahl der Personen gering zu halten ist, um transaktionskostenintensive Abstimmungen zu vermeiden, die den Gesamtaufwand in die Höhe treiben können (vgl. Abschnitt 6.5.2). Die genaue Dauer ist damit sehr fallspezifisch und hängt wesentlich davon ab, wie standardisiert/formalisiert vorgegangen werden kann, was sich wiederum aus der Funktionspunktanalyse ableiten lässt. Sehr komplexe Projekte, die viel Aufwand erfordern, werden tendenziell auch mehr Zeit in Anspruch nehmen. Die Dauer kann von einigen Wochen bis zu mehreren Jahren betragen. So beanspruchte die Fusion zur UBS 19 Monate, die zur HypoVereinsbank 39 Monate und die bei PricewaterhouseCoopers 45 Monate (vgl. Müller-Stewens 2006, 798). Cartwright und Cooper gehen von einer Dauer des Gesamtprozesses komplexer M&A zwischen drei und vier Jahren aus (vgl. Cartwright/Cooper 1996, 35).

Die vorgestellte Methode der Aufwandsschätzung und die darauf aufbauende Terminschätzung entsprechen zusammen einem sehr feinkörnigen Verfahren, dass insbesondere **hohe Arbeitskosten** verursacht. Die **Granularitätsbestimmung** erfolgt nur für die Methode, deren Bewertung sich aus der Bewertung der Vor- und Nachteile einer feinkörnigen Aufwands- und Terminschätzung ergibt, die mit ihr umsetzbar ist. Es ist nicht über den **Granularitätsgrad** der Methode zu entscheiden, sondern abzuschätzen, ob sie überhaupt effizient ist. Tabelle 7-2 fasst den Nutzen einer hohen Granularität zusammen.

<table>
<tr><th></th><th colspan="3">Granularität (GRA) der M&A-Projektaufwands- und -terminschätzung
(Komplexität der Schätzmethode)</th></tr>
<tr><td>Aufgaben</td><td colspan="3">Die Gefahr der Verschwendung von Zeit/Ressourcen aus Unwissenheit ist bei problematischen Aufgabencharakteristika schwer erkennbar. Eine komplexe Schätzmethode ermöglicht ein genaueres Bild über den tatsächlichen Bedarf (Allokations-/Adaptionseffektivität).</td></tr>
<tr><td>Struktur</td><td colspan="3">Genaue Aufwands-/Terminschätzungen sind bei hoher Interdependenz vorteilhaft, weil nicht eingehaltene Termine eines Arbeitspakets sich stark auf viele Folgepakete auswirken und damit den geplanten Endtermin für die Synergieerzielung, auf dem die Unternehmensbewertung basiert, in Gefahr bringt (Prozess- und Allokationseffektivität).</td></tr>
<tr><td>Menschen</td><td colspan="3">Die Definition genauer Zeitvorgaben erzeugt laufend für wichtige Aufgaben einen Fortschrittsdruck. Es wird vermieden, dass unwichtige, aber schnell zu erledigende Aufgaben im komplexen Aufgabengeflecht priorisiert werden (Prozesseffektivität).
Zu unrealistische Schätzungen führen auf Dauer dazu, dass Zeit-/Ressourcenpläne nicht ernst genommen werden und durch die Beteiligten eher als nicht erreichbar/unrealistisch gewertet werden. Durch bessere Schätzungen wird dies Problem gemindert – Schätzwerte sollten aber dennoch als solche und nicht als sichere Werte vermittelt werden (Integrationseffektivität).</td></tr>
<tr><td>Umfeld</td><td colspan="3">Wenn die Unsicherheit über Rahmenbedingungen eher hoch ist, sind detailliertere Schätzungen wichtiger, da Handlungsspielräume bestehen, die negativ ausgenutzt werden könnten (Integrationseffektivität).
Wenn zusätzlich der Umfang der Aufgaben sehr hoch ist, wirken sich unerwartete Veränderungen ungleich höher aus, eine gute Prognose auch für die Varianz der Werte ist dann vorteilhaft (Vermeidung hoher unerwarteter Verluste).</td></tr>
<tr><td>GRA</td><td>B : Integration</td><td>A: Transaktion
B: Transaktion</td><td>A: Vorfeld, Integration
B: Vorfeld
Abschluss</td></tr>
</table>

Tabelle 7-2: Granularität der M&A-Projektaufwands- und Terminschätzungen

Eine Anwendung der Funktionspunktanalyse erscheint damit vor allem in der **Integrationsphase des Integrationsprojekts** effizient, da den hohen Kosten ein sehr hoher Nutzen gegenüber steht. So ist dann die richtige Schätzung von Kapazitäten zwar teuer, aber vermutlich günstiger als die Nachteile aus einer falschen Einschätzung, die sich z.B. in einem geringeren Barwert von Synergien oder einer kurzfristig erforderlichen Kapazitätserhöhung ergeben können (vgl. auch Abschnitt 7.2.4.2). Ressourcen können dann besser richtig kanalisiert werden.

Für die **Transaktionsphase in beiden Projekten** sind Aufwand und Nutzen der Methode abzuwägen, da für diese Phasen die Allokationseffektivität im Vergleich zu anderen Nutzenzielen geringer eingeschätzt wurde. Generell können für diese Phasen, in denen die Kapazität weniger kritisch ist, auch einfache Schätzungen ausreichen, da Fehlschätzungen sich wegen des geringeren Aufgabenumfangs weniger stark negativ auswirken. So können in Vorfeld- und Transaktionsphase Schwankungen im Personalbedarf noch eher aufgefangen werden.

Für die **anderen Gestaltungsobjekte** erscheint der hohe Aufwand eher nicht effizient, da kaum zeitliche Abhängigkeiten zwischen den Aufgaben bestehen, genaue Terminschätzungen sind dann weniger wichtig. So können trotz Verzögerungen im Transaktionsprojekt wegen unvorhergesehener Wartefristen bei der Genehmigung die Integrationsplanungen weiter geführt werden und es entstehen nicht zwangsläufig Wartezeiten.

Verschiebungen der Vorteilhaftigkeit einer detaillierten Aufwands- und Terminschätzung durch **weitere Faktoren** sind möglich. So kann mit Verbesserung der Datenbasis die Schätzgenauigkeit erhöht werden. Dies ist durch Einbezug externer Experten möglich, die über eine größere Datenbasis für die Schätzungen verfügen und damit zuverlässigere Werte bestimmen können. Die Nachteile des möglichen Vertrauensverlusts in Schätzungen, die häufig anzupassen sind, können durch begleitende Maßnahmen der Projektorganisation, -personalführung und -information abgefangen werden. So z.B. durch Partizipation von Beteiligten bei der Aufwands- und Terminschätzung, durch eine Verknüpfung der Termin- und/oder Budgeteinhaltung mit dem Belohnungssystem unter Vermeidung, dass nicht einzuhaltende unrealistische Schätzungen nicht bei einzelnen Beteiligten sanktioniert werden (vgl. zu den Erfolgswirkungen dieser Maßnahmen Unterabschnitte in Abschnitt 6.5). Dann ist einer detaillierteren Schätzung der Vorrang zu geben, um eine frühe Synergieerzielung durch eine ineffiziente Aufwands- und Terminplanung nicht zu gefährden. Aus technischer Sicht ist es auch bei Nutzung adäquater Software für lang andauernde Projekte ohne Probleme möglich, Schätzungen auf Niveau von ganzen oder sogar halben Tagen durchzuführen und abzubilden. Die taggenaue Schätzung ist meist Standard bei Verwendung von Projektmanagement-Software, wobei es Systeme gibt, die sogar minutengenaue Schätzungen zulassen (vgl. Lock 2003, 225), deren Sinn allerdings für M&A-Projekte nicht gegeben ist.

Zudem kann auch bei detaillierten Schätzwerten darauf verzichtet werden, diese als strenge Vorgaben für die Beteiligten zu nutzen. So könnten Zeitpuffer definiert werden, die die Varianz der Schätzwerte widerspiegeln. Dies ist Inhalt des folgenden Abschnitts.

7.2.4 M&A-Termin- und Ablaufplanung

7.2.4.1 Inhaltliche Ausgestaltung des Termin- und Ablaufplans

Mit dem Projektstrukturplan und den Arbeitspaketen liegen die Basiselemente des Projekts vor, von denen ausgehend die erfolgskritische **Termin- und Ablaufplanung** durchgeführt werden kann. Sie ermöglicht es, Abläufe genau zu erfassen und umfasst die zeitliche und fachübergreifende Abstimmung der einzelnen Arbeitsschritte oder -vorgänge mit dem Ziel, den Koordinationsaufwand zu vermindern (vgl. Vahs 2005, 186) und die Dauer der Durchführung von Projektaufgaben und damit auch des Gesamtprojekts zu verkürzen.

Sie beeinflusst wesentlich die Erreichung der Prozess- und Adaptionseffektivität und liefert die Basis für die Erreichung der Allokationseffektivität (vgl. Abschnitt 6.5.2). So ordnet der Ablaufplan sämtliche Aufgaben logisch und sachlich und berücksichtigt, ob Aufgaben voneinander unabhängig sind oder sich einander bedingen und damit eher parallel bzw. sequenziell ablaufen können (vgl. Litke 2005b, 321). Die Termin- und Ablaufplanung ist zunächst im Hinblick auf **Prozesseffektivität** zu gestalten, die hauptsächlich durch sie sichergestellt wird und die außer in der Vorfeldphase generell eine hohe relative Bedeutung hat. Die differenzierte Zielerreichungsbewertung (optimale Granularität) erfolgt abschließend separat im Hinblick auf den optimalen Grad an Parallelisierungen, die Planungsdetaillierung und die Komplexität der zu verwendenden Methode.

Abbildung 7-6 visualisiert den Zusammenhang zwischen Projektstrukturplan und Termin- und Ablaufplanung.

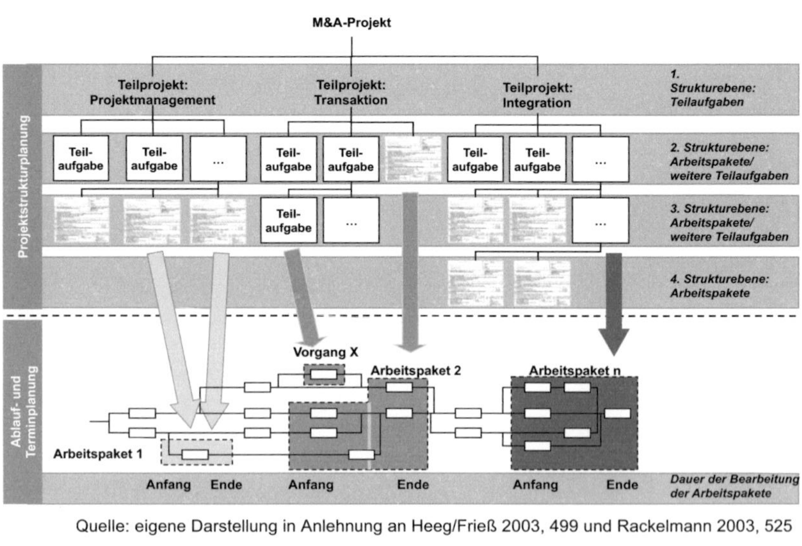

Quelle: eigene Darstellung in Anlehnung an Heeg/Frieß 2003, 499 und Rackelmann 2003, 525

Abbildung 7-6: Zusammenhang zwischen Projektstrukturplan und Ablaufplanung

Vorgänge können mit einem Arbeitspaket identisch sein. Ein Arbeitspaket enthält aber meist mehrere Arbeitsschritte, die als Vorgänge definiert werden können (1:n-Beziehung). Diese Vorgänge sind einzeln zu überwachen und zu überprüfen und erfordern die Erstellung eines Teilplans, der zusammen mit weiteren Teilplänen zu einem Gesamtplan zusammengeführt werden kann (vgl. Litke 1991, 78). Es können aber auch mehrere Arbeitspakete in einem Vorgang enthalten sein (m:1-Beziehung; vgl. Rackelmann 2003, 524), so z.B. für die Erstellung eine Grobplans zum Zwecke der Kommunikation eines Projektüberblicks an die Beteiligten oder für die Fokussierung des Plans auf bestimmte Bereiche. Auch bei Ausgliederung einer Aufgabe ist eine Detaillierung im Plan nicht erforderlich. Aus der Termin- und Ablaufplanung ergibt sich die „kritische Kette" (s. Abschnitt 7.2.3). Für die Sicherstellung dieser wäre es optimal, wenn die Aufgabenerledigung nach „Staffellauf-Prinzip" durchgeführt wird. Dies bedeutet, dass bei Übergabe eines Arbeitspakets sofort mit der Bearbeitung desselben zu starten ist. Im Idealfall bleiben dann auch andere Arbeiten liegen und die Beteiligten konzentrieren sich vollständig auf die Projektaufgabe, so dass der Staffellauf ohne Verzögerungen erfolgen kann (vgl. Techt 2005, 14-15). Dies ist bei M&A insbesondere dann wichtig, wenn Zeit zum zentralen Faktor wird. Dies ist beim Übergang von der Transaktions- in die Integrationsphase im Integrationsprojekt der Fall.

Die im Projektstrukturplan aufgezeigte einfache Struktur, in der jede Aufgabe nur einmal vorkommt, weist einige Defizite für die Gesamtplanung auf und ist zu einem **erweiterten M&A-Projektstrukturplan** auszubauen. Bei M&A-Projekten sind Plananpassungen wegen unsicherer Rahmenbedingungen häufig erforderlich. So haben M&A-Aufgaben starken Prozesscharakter, da die Unsicherheiten über die Rahmenbedingungen generell höher sein dürften als in technischen Projekten. Daher werden auch diese sicher auftretenden Iterationen gesondert aufzuführen sein, um letztendlich auch die Kapazitäts- und Ressourcenplanung anpassen zu können (Allokations- und Adaptionseffektivität). Die Gesamtheit dieser systematisch wiederholt zu durchschreitenden Aufgaben wird in den Projektstrukturplänen in Abbildung 7-2 nicht transparent, daher erscheint ein erweiterter Plan sinnvoll, der den einfachen Plan um Planüberarbeitungen ergänzt.

Abbildung 7-7 zeigt entsprechend eine Erweiterung des M&A-Projektstrukturplans, der zur Vorbereitung der Termin- und Ablaufplanung dient. Es sind sowohl die primären Wertaktivitäten (grau unterlegt) als auch die in Kapitel 7 zu entwerfenden Projektmanagement-Prozesse enthalten. So ist zu Beginn des Projekts die Gesamt- und Teilprojektverantwortung zu vergeben. Generell hat ab Start eine Konkretisierung der im Rahmen der Projektinitiierung getroffenen allgemeinen Ziele durch Transaktions- sowie Integrationsprojektteam zu erfolgen. Es wird jeweils mit einer Struktur- und Ablaufplanung begonnen, aus der auch die einzelnen Arbeitsschritte und ihre raumzeitliche Verknüpfung deutlich werden (vgl. Madauss 2000, 65) und über die das übergeordnete Projektziel in Teilziele bzw. ein Zielsystem differenziert wird.

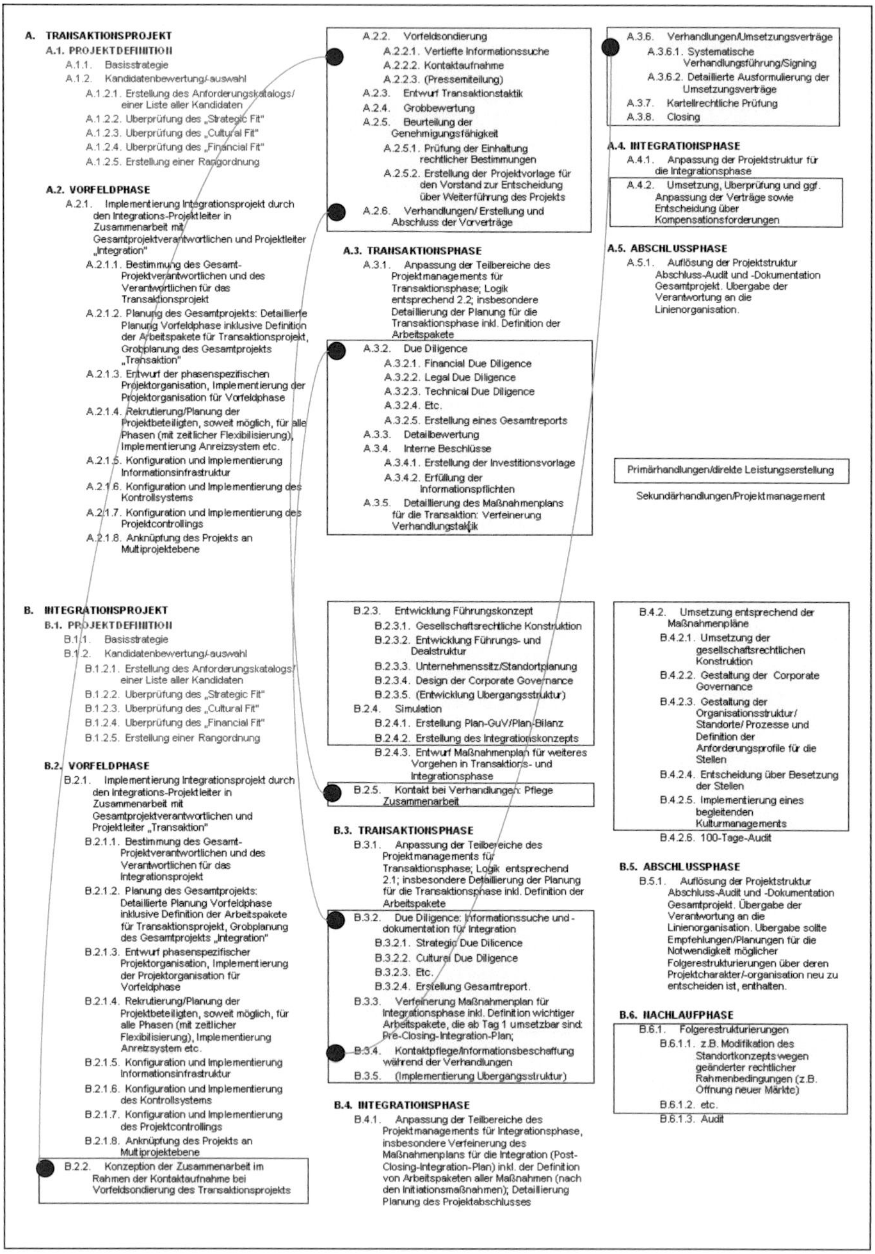

Abbildung 7-7: Integrierte M&A-Projektstrukturierung zur Vorbereitung der Termin- und Ablaufplanung

Ebenfalls enthalten sind Plandetaillierungen. Sie ergeben sich dann, wenn relevante neue Projektinformationen vorliegen. Dies erfolgt immer bei direktem Kontakt zum Partnerunternehmen. Generell können auch ad hoc Planverfeinerungen erforderlich werden, wenn es zu ungeplanten Störfällen im Rahmen des Projekts kommt, auf die, um Adaptionseffektivität zu wahren, zeitnah zu reagieren ist (vgl. Abschnitt 6.5.2). Hierauf wird im Projektcontrolling in Abschnitt 7.6 noch näher eingegangen. Dass keine die Prozesseffektivität mindernden Doppelarbeiten erfolgen, wird dadurch sichergestellt, dass die Aufgabenpakete überschneidungsfrei definiert und gleichartige Aufgabenpakete im Rahmen der Organisationsgestaltung (vgl. Abschnitt 7.3) einer einheitlichen Stelle zugeordnet sind.

Als Gliederung bietet sich für den erweiterten Plan eine Mischform mit Strukturierung nach Aufgaben (z.B. Analyse oder Prüfungsvorgänge) oder Ergebnissen (z.B. ein dokumentierter Report, eine Unterzeichnung von Verträgen o.ä.) an. Von der Baumstruktur wurde auf eine tabellarische Struktur übergegangen, da diese bei Einbezug der Vielzahl der Ergänzungen übersichtlicher ist. Verknüpfungen sind in Abbildung 7-7 mit Verbindungslinien beispielhaft kenntlich gemacht. Um Transparenz über das Gesamtprojekt zu gewährleisten, ist ein Gesamtplan erforderlich (vgl. Abschnitt 7.2.2).

Aus dieser tabellarischen Struktur ist der **Ablaufplan** zu entwickeln, der Aussagen über Parallelisierungen der Aktivitäten zulässt. Die Frage lautet, welche Arbeitspakete unabhängig voneinander durchgeführt werden können und welche miteinander verknüpft sind, wo also Parallelisierungspotenzial besteht. Abbildung 7-8 zeigt grob mögliche Parallelisierungen im Projekt auf. Sie basiert auf dem in Abschnitt 4.3.2.4 entwickelten erweiterten Prozessmodell. Auf eine genaue Zuordnung der Einzelaktivitäten zu den Prozessen der Leistungserstellung auf der linken Seite der Grafik wurde der Übersichtlichkeit halber verzichtet. Die genaue Zuordnung ist bei Lucks und Meckl (vgl. 2002, 59) nachzuschlagen. Für die Projektmanagement-Prozesse ist eine Zuordnung angedeutet, da diese bisher noch nicht erfolgte. Die grau markierten und beschriebenen Felder entsprechen den in Abschnitt 4.1.2.2 erörterten hauptsächlich primären Einzelaktivitäten, die weißen Felder den detaillierten Vorgängen innerhalb der Einzelaktivitäten. Parallel angedeutete Felder unterhalb einer Einzelaktivität zeigen mögliche Parallelisierungen auf.

Im Ablaufplan wird auch der Prozesscharakter des M&A-Projektmanagements deutlich. Die Durchgängigkeit der Prozesse ist durch die vertikalen Felder angedeutet. So sind z.B. die Personalentwicklungsmaßnahmen laufend durchzuführen. Wegen der Übersichtlichkeit wurden Planung und Kontrolle getrennt dargestellt.

Generell wären auch weitere Parallelisierungen denkbar. So kann z.B. neben den Projektmanagement-Aufgaben, die über das gesamte Projekt parallel zu den Arbeitspaketen ablaufen, auch die Erstellung eines Anforderungskatalogs für das Screening bereits im Anschluss an eine Zielfestlegung und Stärken/Schwächen-Analyse des eigenen Unternehmens erfolgen. Die Begründung für die aufgezeigten Parallelisierungen ergibt sich aus der an praxisorientierte

Literatur angelehnten Beschreibung der Projektstruktur. Bei einer Detailplanung ist eine weitergehende Differenzierung erforderlich. Dies gilt insbesondere für die Integrationsphase, die nur sehr grob gegliedert ist.

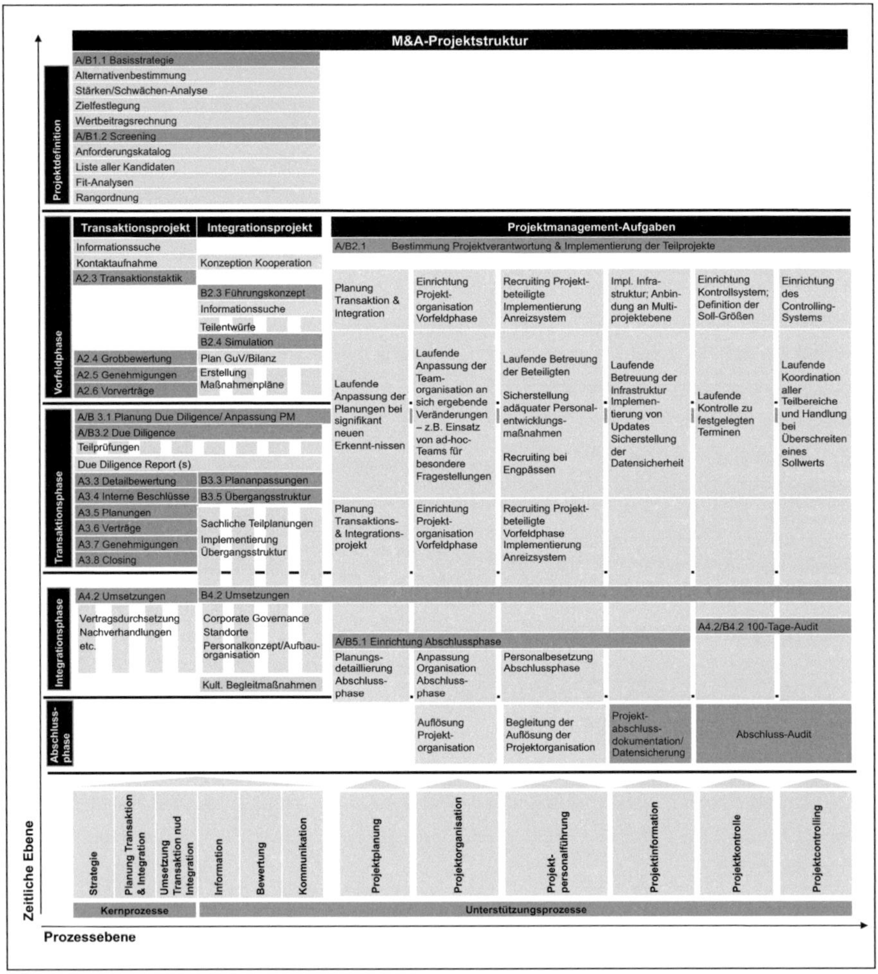

Abbildung 7-8: Grobraster einer M&A-Termin- und Ablaufplanung

7.2.4.2 Bestimmung des optimalen Maßes an Parallelisierungen im Rahmen der Kapazitätsplanung

Für die Bestimmung der **Planungsgranularität** sind mehrere Ebenen zu beachten. So ist innerhalb der Pläne aus zeitlicher Sicht der Grad der Parallelisierung der Aufgaben zu bestimmen. Weiterhin ist über den Detaillierungsgrad der Pläne selbst zu entscheiden. Zum Dritten sind die Methoden zu definieren, die sich hinsichtlich der Fähigkeit, eine bestimmte Feinkörnigkeit abbilden zu können, unterscheiden. Letztendlich ergibt sich die Granularität auch aus dem Grad der Zentralisierung der Aufgabe.

Zu entscheiden ist im Folgenden über die **Intensität der Parallelisierung** von Arbeitsschritten als wichtiges Granularitätsmaß. Eine maximale Parallelisierung bewirkt eine hohe Granularität und wurde als erfolgskritisch identifiziert. Sie ermöglicht grundsätzlich in jeder Phase in beiden Teilprojekten eine Verkürzung der Projektdauer, die wiederum einen erheblichen Einfluss auf den Wertbeitrag hat.

Eine Wirkung besteht in erster Linie auf die **Ziele** Prozess- und Allokationseffektivität. Problem einer maximalen Parallelisierung ist, dass es zu Kapazitätsengpässen kommen kann. Dies ist insbesondere in der Integrationsphase zu beachten, da in dieser Phase der Personalbedarf im Vergleich zu den anderen Phasen exponentiell ansteigt (vgl. Abschnitt 6.3.4 und anschaulich Lucks 2005b, 955). Die Betrachtung der Kapazitätsplanung beschränkt sich daher auf das Integrationsprojekt in der Integrationsphase, in der eine maximale Parallelisierung (hohe Granularität) nicht umsetzbar sein wird. Für diesen Teilbereich des Gesamtprojekts ist eine intensive Auseinandersetzung mit der Problematik besonders essenziell (vgl. zur Bedeutung dieser beiden Ziele für diesen Bereich Abschnitt 6.4.4.3). Auf die Erreichung der motivationsorientierten Ziele besteht kein herausstehender Effekt, diese Ziele werden daher nicht weiter bewertet. Anzumerken ist, dass bei geplanter Parallelisierung im Integrationsprojekt Überbelastungen sinken und Beteiligte tendenziell weniger demotiviert sind (Integrations- und Lerneffektivität).

Mit der Projektstrukturplanung, Arbeitspaketdefinitionen inkludierend, ist bekannt, wann welche Aufgabe im Projekt zu erledigen ist und welche Personalkapazität sie erfordert. Hieraus lässt sich der Ablaufplan um eine Terminplanung ergänzen. Es bietet sich an, diesen zunächst so zu erstellen, dass die Aufgabenparallelisierung maximal ist. Dies bedeutet aber nicht, dass eine maximale Parallelisierung auch effizient ist – auch wenn die Geschwindigkeit erfolgskritisch ist (vgl. Abschnitt 6.5.2). So ist es möglich, dass für eine hochgradige Parallelisierung intern Ressourcen fehlen oder ein Abzug aus der Primärorganisation unverhältnismäßig teuer wäre, z.B. wegen potenzieller Opportunitätskosten, die aus der Vernachlässigung des Tagesgeschäfts entstehen können. An dieser Stelle setzt die **Kapazitätsplanung** an, die auf eine Glättung des Ressourcenbedarfs im Zeitablauf abzielt (vgl. Lucks 2005b, 918). Eine Glättung umfasst eine Terminierung der Arbeitspakete derart, dass eine bestimmte Belastungsgrenze nicht überschritten wird. So kann es empfehlenswert sein, Arbeitspakete trotz theoretisch möglicher Parallelisierung in frühen Phasen zeitlich nach hinten zu verschieben, so dass der Kapazitätsbedarf im Zeitablauf relativ konstant ist.

Abbildung 7-9 veranschaulicht das Vorgehen bei der Kapazitätsglättung grafisch. Gleichschraffierte Flächen sind gleich groß. Die Höhe der Flächen, die ein Arbeitspaket repräsentieren, bleibt jeweils gleich. Es steht zunächst nur die Frage der zeitlichen Priorisierung, nicht aber eine neue Definition von Arbeitspaketinhalten und zugeordneter Ressourcenkapazität im Vordergrund.

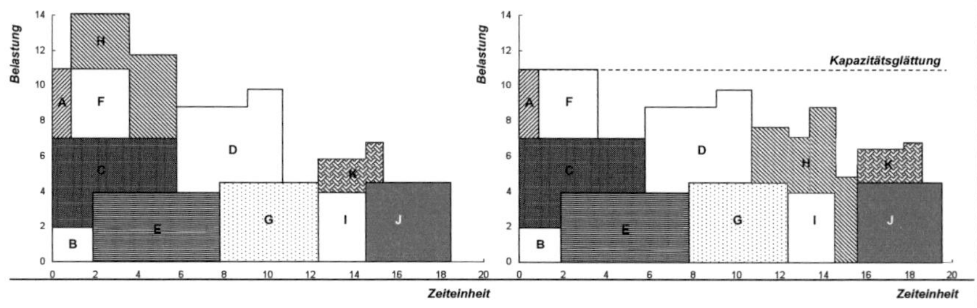

Quelle: inhaltlich modifiziert in Anlehnung an Litke 2004, 108-109

Abbildung 7-9: Belastungsdiagramm mit Kapazitätsausgleich

Im in Abbildung 7-9 veranschaulichten Beispiel würde sich die Dauer des Projekts bei Kapazitätsglättung durch Verschiebung der zeitlichen Priorisierung gesamter Aufgabenpakete um knapp eine Zeiteinheit verlängern. Dies entspricht in der Integrationsphase einer Verschiebung von Synergievorteilen nach hinten und damit einem geringeren Barwert. Dieser Nachteil müsste durch die Vorteile der Glättung (Vermeidung außerordentlich teurer Kapazitätsausweitung in der Spitzenphase) überkompensiert werden. Aufbauend auf die zeitliche Priorisierungsentscheidung könnte auch eine Variation der Ressourcenzuteilung erfolgen. Die Flächen würden dann flacher und breiter werden, was eine weitere Senkung der maximalen Kapazitätsbelastung zur Folge haben würde, aber auch ggf. mit einer weiteren zeitlichen Verschiebung der Ergebnisse nach hinten verbunden wäre, die wiederum die Vorteile der Kapazitätsglättung nicht zunichte machen dürfen.

Je unkritischer der Faktor Zeit (Aufgabencharakteristika), je höher der Bedarf an heterogen und einer Vielzahl an Ressourcen (Komplexität der Struktur) und je inflexibler der Bestand an verfügbaren Ressourcen (projektexterne Bedingungen) ist, desto wichtiger wird eine **Glättung des Kapazitätsbedarfs im M&A-Projektablauf** sein, da dann die Synergienachteile gemindert und die Kostenvorteile einer Priorisierung hoch sind. Das Optimum ist je nach Rahmenbedingungen zu prüfen. Da bei M&A vor allem Arbeitskraft benötigt wird, hängt das Optimum stark von den Kosten der Flexibilisierung der Arbeitskraft ab, die in der Regel, zumindest in Deutschland durch die relativ starren arbeitsrechtlichen Bestimmungen, recht hoch sein dürften.

Um beurteilen zu können, ob eine Glättung überhaupt erforderlich ist, ist abzuschätzen, wie hoch der Kapazitätsbedarf im Zeitablauf ist. Diesem gegenüberzustellen ist der Verlauf des Bestands an für das M&A-Vorhaben potenziell verfügbaren Kapazitäten im Zeitablauf. Liegt der Bedarf über dem Bestand, ist zu beurteilen, welche Kosten sich bei Beibehaltung des Plans durch zusätzliche Beschaffung an Kapazitäten in einer Mindestqualität ergeben würden. Diese Kosten sind abzugleichen mit den Kosten, die sich aus einer Kapazitätsglättung ergeben (vgl. Litke 2004, 107). Beispiele für Einflussfaktoren, die das Optimum in Richtung **maximale Parallelisierung** verschieben, sind:

Kostenbeeinflussende Faktoren: Geringe Kosten der kurzfristigen Aufstockung der Arbeitskraft bestimmter Qualifikation (flexible/günstige Arbeitsverträge/Beraterverträge verfügbar; kurzfristige Schulungen umsetzbar; freie Kapazitäten in der Primärorganisation verfügbar).

Nutzenbeeinflussende Faktoren: Sehr hohe potenzielle Synergien und/oder Inflation, so dass eine zeitliche Vorverlegung einen hohen Wert verspricht (höherer NOPAT, Vermeidung starker Abzinsung); sinkende Wahrscheinlichkeit der Synergierealisierung im Zeitablauf und damit hoher Zeitdruck, weil Umfelddynamik der Branche enorm hoch ist (vgl. Abschnitt 1.1).

Zu den Kosten ist zu bemerken, dass eine Kapazitätslücke im Tagesgeschäft durch Abzug von Ressourcen für das M&A-Projekt nicht riskiert werden sollte, da hiermit der Geschäftsablauf des Gesamtunternehmens empfindlich gestört werden könnte (vgl. Lucks 2005b, 919; Kolisch 2003, 206). Zu beachten ist weiterhin, dass langfristig eingestellte Mitarbeiter auch nach Abschluss der Integration weiter beschäftigt werden müssen und die Personalaufstockung Folgekosten verursacht. Im Folgenden wird angenommen, dass sich die Kosten für Spezialisten nicht nach Aufgabenart unterscheiden – es ist generell von einem hohen Niveau auszugehen.

Sofern eine Glättung erforderlich ist, sind Aktivitäten nach hinten zu schieben, bei denen es weniger auf Schnelligkeit ankommt. Zur Bestimmung, welche Aufgaben nach hinten zu schieben sind, eignet sich eine ABC-Analyse, die davon ausgeht, dass eine kleinere Anzahl von Aufgaben einen sehr hohen Wertbeitrag ermöglichen (vgl. Kellner 2005, 444 und zu den Grundlagen der Analyse z.B. Thommen/Achleitner 2004, 304-308). Abweichend von der herkömmlichen Analyse, die den Wert bestimmter Kunden oder Maßnahmen zugrunde legt, kann man die **ABC-Analyse auch für Aufgabenprioritäten** durchführen. A-Aufgaben entsprechen dann einer hohen Priorität (hohe Priorisierung ist effizient). Es sind Schlüsselaufgaben, ohne die das Projekt ins Stocken geraten würde und auch andere Aufgaben nicht durchführbar sind. Für diese Aufgaben ist der Vorteil einer früheren Bearbeitung am größten, sie sind daher in der Durchführung zu priorisieren. B-Aufgaben können ebenfalls Aufgaben mit hohem Wertbeitrag sein. Im Sinne einer Prioritätsanalyse sind es aber Aufgaben, für die mehr Zeit in der Bearbeitung zu veranschlagen ist und für die eine langfristigere Planung einer kurzfristigen Umsetzung vorzuziehen ist. C-Aufgaben erfordern entsprechend der modifizierten Definition eine langfristige Planung und sind nicht ad-hoc umsetzbar. Generell weniger wichtige Aufgaben sind aus der Betrachtung ausgeschlossen.

Im Folgenden ist zu entscheiden, bei welcher Art von Aufgaben eine Priorisierung die größten Vorteile bringt. Lucks unterscheidet beispielsweise „Sofortmaßnahmen und Aktivitäten der operativen Einheiten zur Sicherung des Tagesgeschäfts“ und „Diskontinuitätsmanagement zur

Restrukturierung und Umsetzung der Integration" (vgl. Lucks 2005b, 922). Entsprechend wird im Folgenden zwischen Maßnahmen auf Ebene der Primärorganisation einerseits und Maßnahmen im Integrationsprojekt andererseits unterschieden.

Für die Entscheidung sind die alternativen Projektparallelisierungen mit einem Wertbeitrag zu bewerten und einander gegenüber zu stellen (vgl. Kolisch 2003, 206). Generell wird es bei M&A aber eher schwierig sein, auf diese Weise bei Beachtung aller Nebeneffekte die wichtigsten Aufgaben zu bestimmen, da ein Quantifizierungsproblem vorliegt. So können auch schnell und mit wenig Aufwand erzielbare hohe Kosteneinsparungen (hoher Wertbeitrag, „low-hanging fruit") B-Aufgaben sein, wenn Kapazitätsengpässe bestehen und akute Schieflagen vorliegen, deren Verzögerung große Nachteile bringen würde. Es ist daher in Abhängigkeit der spezifischen Unternehmenssituation von Experten zu bestimmen, welche Aufgaben A-Aufgaben darstellen. GE Capital erachtet beispielsweise als besonders relevant nach dem Closing eine Information der Mitarbeiter und der Medien über das M&A-Vorhaben innerhalb von 48 Stunden, eine schnelle Entscheidung über die Besetzung der Führungspositionen im neuen Unternehmen und eine schnelle Konsolidierung von Verwaltungseinheiten (vgl. Ashkenas/DeMonaco/Francis 1998, 8). Dies ermöglicht schnelle Kostensynergien in der Verwaltung, schnelle Handlungsfähigkeit auf oberster Führungsebene und damit Sicherung der schnellen Entscheidungsfindung und der Führung des operativen Geschäfts sowie eine Vermeidung von Unsicherheiten seitens der Öffentlichkeit und der Mitarbeiter, die bei M&A häufig zu negativen Effekten führen. Ähnlich haben auch O_2 und Telefónica recht schnell die Integration von Verwaltungseinheiten wie Finanzwirtschaft, Kostenrechnung, Personalwirtschaft und Facilities vollzogen (vgl. Reichwald 2007, 269).

Bei vielen Unternehmen, wie z.B. bei O_2, Siemens und der DPWN, hat sich entsprechend ein Plan mit Sofortmaßnahmen (100-Tage-Plan, 12-Monats-Plan o.ä.) etabliert, in dem die wichtigsten Aktionen nach Tag 1 festgelegt sind und deren Verfolgung schnelle Ergebnisse mit der verfügbaren Kapazität ermöglicht (vgl. Reichwald 2007, 270; Lucks 2005b, 910; Ernst/Hackethal/Vater 2006, 85). Hierfür eignen sich eher stabile und damit besser planbare Prozesse, zu denen die Verwaltungseinheiten zählen dürften. Die Integration bei Erwerb neuartiger Unternehmensbereiche dürfte schwieriger sein und ist zudem für den langfristigen Erfolg des Unternehmens kritischer. Hier ist ein längerer Planungs- und Umsetzungszeitraum erforderlich und auch gerechtfertigt. Für die Umsetzung schneller Ergebnisse in Zeiten hoher Aktivität zu Beginn der Integrationsphase dürften sich diese Bereiche weniger eignen (vgl. ähnlich auch Lucks 2005b, 898).

Tabelle 7-3 zeigt abschließend für verschiedene ab Tag 1 zu realisierende Aufgaben mögliche Vorteile einer Priorisierung auf, anhand derer über die Dringlichkeit der Maßnahmen fallspezifisch entschieden werden kann (vgl. zur Bewertung der Priorisierung auch Reichwald 2007, Penzel 2006, 850-853; Schewe/Gerds 2005; Lucks 2005b, 922; Kolisch 2003, 206; Right Management Consultants 2003; Ashkenas/DeMonaco/Francis 1998 und auch Abschnitt 5.2.3.3.1).

Aufgabe	Priorisierungsvorteile/Bewertung (A/B/C)	
Primärorganisation		
Kontinuitätsmanagement sicherstellen	Sicherstellung des Tagesgeschäfts: Vermeidung des Verlusts an Kunden, die letztendlich für die Umsatzgenerierung und damit für den Wert des Unternehmens von zentraler Bedeutung sind.	A
Beseitigung akuter Schieflagen	Aufgaben, für die eine schnelle Umsetzung wichtige Vorteile und bei denen eine Verzögerung große Nachteile bringt. Dies ist je nach Integrationsfall unterschiedlich. Diese Aufgaben sind generell schnell zu identifizieren und umzusetzen.	A
M&A-Projekt (Integration)		
Anpassung Projektmanagement-System inkl. Detaillierung der Projektplanung	Vermeidung von Effizienzverlusten durch Sicherstellung aller Koordinations- und Motivationsziele. Vorteil hier: Kapazitätsverbrauch kann bereits vor dem Closing erfolgen, da auf Basis des allgemeinen Projektmanagementgerüsts für M&A-Projekte bereits ein grundlegendes Konzept entworfen werden kann. Dies gilt vor allem für die Aufgaben, die ein anderes Beteiligtenprofil erfordern als die Umsetzung der Primäraufgaben.	A
Umsetzung der Verträge, Realisierung von Kompensationen etc.	Aufgaben, die direkt im Anschluss an das Closing umzusetzen sind, da ggf. auch Fristen einzuhalten sind und Ursachen über Abweichungen, die vom Verkäufer zu verschulden sind, sofort festzustellen sind. Spätere Aufdeckung von Fehlbewertungen könnten ggf. schwerer dem Verkäufer zugerechnet werden.	A
Kulturelle Integration	Voraussetzungen schaffen, dass Personen schnell effektiv zusammenarbeiten. Wichtig, da andernfalls Barrieren die Umsetzung der erfolgskritischen Aufgaben hemmen/gefährden.	A
Realisierung von Ergebnisverbesserungen, Ergreifen der „low hanging-fruit“	Ähnlich wie bei der Beseitigung akuter Schieflagen sind hier schnelle positive Ergebnisse mit relativ wenig Aufwand zu erzielen. Eine Verzögerung nach hinten bringt aber weniger Nachteile als die Beseitigung der Schieflagen, da das Tagesgeschäft bei zeitlicher Verzögerung nicht gehemmt wird. Daher ist hier eher abzuwägen, ob ggf. eine leichte zeitliche Verzögerung bei Kapazitätsengpässen inkauf genommen werden kann. Vorteile sind eine Vorverlegung von Synergien und damit ein höherer Zeitwert dieser.	A B
Umsetzung der Personalbesetzungen/ Bestimmung der Schlüsselpositionen	Vermeidung von Unsicherheiten seitens der Schlüsselpersonen, Vermeidung von Fluktuation und teurer Neubesetzung der Stellen. Operatives Tagesgeschäft ist sichergestellt. Das Schlüsselpersonal hat ggf. auch eine motivierende Wirkung auf das restliche Personal, welches ebenfalls stärker motiviert sein wird. Strukturierung der obersten Ebenen zuerst (A), dann Feinplanung sukzessive für weitere Ebenen (B,C). Jeweils oberste Ebene plant die Besetzung der fortfolgenden Ebenen. Aufrechterhaltung des Tagesgeschäfts besser möglich: Den Kundenabwanderungen kann aktiv entgegen gewirkt werden.	A B C
Langfristige Strategieentwicklung für integrierte Einheit	Wenn eine fundierte Analyse und vertiefte Recherchen erforderlich sind, sind die Aufgaben ohnehin längerfristig auszurichten und eine Umsetzung ab Tag 1 kann sogar kontraproduktiv sein. Mit der Planung dieser Aufgaben ist dennoch so schnell wie möglich zu beginnen, eine leichte zeitliche Verzögerung fällt jedoch in Relation zum insgesamt längeren Prozess weniger ins Gewicht. Eine Verschiebung nach hinten für diese Aufgaben ist daher grundsätzlich möglich.	A B C
Detaillierung der Maßnahmenpläne	Am wichtigsten für die Maßnahmen zur Beseitigung der akuten Schieflagen. Generell bemisst sich die Dringlichkeit an der zugrunde liegenden Aufgabe. Je akuter diese, desto akuter auch die Planung. Generell sollte allen Aufgaben eine Planung vorausgehen, um zeitintensives Chaos und eine Paralyse durch Intransparenz zu vermeiden.	A B C

Tabelle 7-3: ABC-Analyse für die Priorisierung der Integrationsmaßnahmen

7.2.4.3 Bestimmung des optimalen Detaillierungsgrades der inhaltlichen und zeitlichen Planungen

Neben der Parallelisierungsintensität beeinflusst ganz allgemein der **Grad der Planungsdetaillierung** die Granularität. Die Entscheidung ist sowohl für die Primär- als auch für die Sekundäraktivitäten zu treffen. Die Planung der **Sekundäraktivitäten** wird hier ausgeklammert, da die Planung innerhalb der einzelnen Prozesse weniger durch eine effiziente Termin- und Ablaufplanung bestimmt wird als durch die Ausrichtung an inhaltlich/sachlich richtigen Zielmaßen.

Ein hoher Detaillierungsgrad hat Auswirkungen auf fast alle **Ziele**. Eine stärkere explizite Strukturierung der komplexen Situation (Prozesseffektivität) führt zu höherer Transparenz darüber, wann welche Ressourcen gebraucht werden (Allokationseffektivität). Eine detaillierte Planung verringert Handlungsspielräume und damit Verhaltensunsicherheiten z.B. bei hoher Betroffenheit (Integrationseffektivität), kann aber gleichzeitig auch negativ auf die Motivation wirken, da sie die Beteiligten in ihren Freiheiten einschränkt, was zumeist als demotivierend empfunden wird (vor allem bei den Typen I, III und IV nach Schein). Dies wirkt sich insgesamt eher negativ auf die Projekt- und Lernkultur aus (geminderte Integrations-, Lern- und Kultureffektivität). Es sind damit konkurrierende Zielwirkungen zu beachten. Aus Kostensicht sind Planungsdetaillierungen eher ungünstig bei unsicheren Rahmenbedingungen, da Anpassungen schwieriger werden (geminderte Adaptionseffektivität). Im Folgenden ist für beide Projekte über die Planungsdetaillierung zu entscheiden. Die Frage ist komplex, da für jede Phase in beiden Teilprojekten zu entscheiden ist, wie detailliert für die jeweils folgenden Phasen geplant werden sollte.

Für die **Primäraktivitäten** ist die inhaltliche Planung Aufgabe der Projektteams. Für das Transaktionsteam also die Planung des Unternehmenskaufs (Kaufvertrag, Verhandlungen, weitere Absicherungen etc.), für das Integrationsprojekt die Planung des integrierten Unternehmens. Die logisch-zeitliche Planung ist Aufgabe des Projektplanungsprozesses. Beide Ebenen sind aber eng verknüpft, was sich auch im Termin- und Ablaufplan widerspiegelt (vgl. Abbildung 7-8 in Abschnitt 7.2.4.1). So ist eine detaillierte logisch-zeitliche Planung nur bei detaillierter Planung auf sachlicher Ebene möglich, da erst so der Umfang der erforderlichen und zu verknüpfenden Arbeitspakete/Vorgänge deutlich wird. Auf dieser sachlichen Ebene liegen bei M&A-Projekten besondere Bedingungen vor, die sich von denen anderer Projektarten unterscheiden, was sich letztendlich aus der zu Beginn der Transaktion fehlenden Disponierungsfreiheit über das zu integrierende Zielunternehmen als zentraler externer Faktor und dessen Komplexität ergibt (vgl. Abschnitt 4.1.4). Die Entscheidung über die sachliche Planungsdetaillierung ist daher der Entscheidung über eine Planungsdetaillierung auf zeitlich-logischer Ebene voranzustellen.

Kaum Unterschiede zwischen der Planungsdetaillierung auf sachlicher und zeitlich-logischer Ebene bestehen hinsichtlich der Planung der Primäraktivitäten des **Transaktionsprojekts,** da hier der externe Faktor eine geringere Rolle spielt und die Aufgaben autonom durchgeführt werden können (vgl. Abschnitt 4.1.4). Die **inhaltlich-sachliche Planung** läuft unabhängig vom spezifischen M&A-Fall daher auch meist sehr ähnlich ab. Variationen bestehen in Abhängigkeit der Branche z.B. in der Auswahl der Prüfungsbereiche der Due Diligence oder in Abhängigkeit der persönlichen Eigenschaften/Fähigkeiten und des kulturellen Hintergrunds der Verhandlungspartner in der Gestaltung der Transaktionstaktik. In Abhängigkeit der Branche können verschiedene Prüfungsbereiche erforderlich sein (Prüfung der Einhaltung bestimmter Umweltauflagen, Qualitätsstandards, Qualität der technischen Anlagen etc.). Für die Entwicklung der Transaktionstaktik sollte man sich mit den Besonderheiten des Kulturkreises der Verhandlungsführer auf der Verkäuferseite vertraut machen. Auch die **zeitlich-logische Planung** wird sich damit für verschiedene Transaktionsprojekte kaum unterscheiden. Die Komplexität des Teilprojekts ist überschaubar und die Interessen der Beteiligten sind nicht allzu problematisch ausgeprägt (vgl. Abschnitt 6.3.1). Die Rahmenbedingungen sind allerdings mit Unsicherheiten behaftet. Diese Ausprägungen sind mit anderen Projekttypen vergleichbar, mit Ausnahme der ggf. erhöhten persönlichen Betroffenheit. Es dürfte daher sinnvoll sein, in allen Phasen nach allgemeinen Projektplanungsprinzipien vorzugehen. Die Vorgehensweise ist in folgender Abbildung visualisiert. Die Anzahl der Kästen kennzeichnet die Zergliederung der Gesamtaufgabe in Vorgänge.

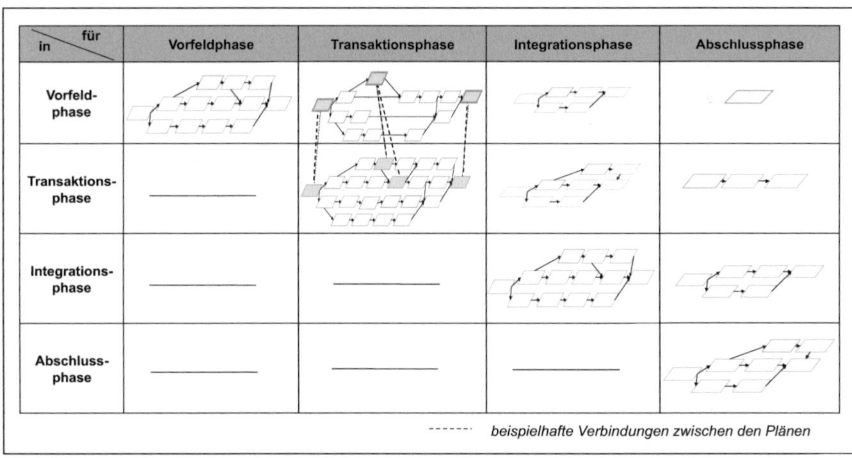

Abbildung 7-10: Überblick über Planungsdetaillierung im Transaktionsprojekt in Abhängigkeit des Planungszeitpunkts und des Planungsgegenstands

Eine **optimale Granularität** dürfte gegeben sein, wenn die Planung jeweils in den Phasen soweit detailliert wird, wie Erfahrungs-/Schätzwerte vorliegen. So ist von einem höheren Nutzen auszugehen. Die höheren Kosten einer Detaillierung (insbesondere Arbeitskosten) rechnen sich eher nicht, da der Nutzen kaum größer ist oder sogar geringer sein könnte. So ist die Struktur im Transaktionsprojekt weniger komplex und die Prozesseffektivität weniger gefährdet. Gröbere Pläne reichen dann aus. Hierfür sprechen auch die unsicheren Rahmenbedingungen, die häufige Plananpassungen erforderlich machen würden (Adaptionseffektivität). Die Detaillierung sollte nur soweit erfolgen, dass verhindert wird, wichtige Prüfungen/Aufgaben zu vergessen. Hier könnte auch in Abgrenzung zu weiteren Detaillierungen eine Checkliste als Dokument zum Arbeitspaket geliefert werden, welche wichtige (mögliche) Aufgabenschritte umfasst, ohne konkrete Anfangs- und Endtermine für Einzelprüfungen in den Plan einfließen zu lassen. Auf diese Weise dürften als erfolgskritisch identifizierte iterative Schleifen infolge von Planänderungen überschaubar sein. Auch der Aufwand für die modularisierte Projektplanung und die Beigabe von Dokumentationen dürfte mit gegebener Qualität des IT-Systems kein Problem darstellen. Es werden zu bürokratische, die Beteiligten einengende und demotivierende Programmierungen vermieden (Integrations- und Lerneffektivität).

Dieses Vorgehen nach dem klassischen Prinzip der Planungsdetaillierung im Zeitablauf vom Groben zum Detail bietet sich für das **Integrationsprojekt** nicht zwangsläufig an. Auf zeitlich-logischer Ebene könnte man analog vorgehen, da aber auf sachlicher Ebene eine detailliertere Planung bereits sehr früh erforderlich ist, könnte man auch eine detailliertere Planung für die zeitlich-logische Ebene umsetzen, die einige Nutzenvorteile bringt und die Kosten nicht weiter erhöht. Die Notwendigkeit der zeitlich frühzeitigen Detaillierung auf **sachlicher Ebene** ergibt sich aus der Verknüpfung der Aufgaben mit dem Transaktionsprojekt, welches für die Bewertung des Zielunternehmens möglichst gute Informationen benötigt, die es aus dem Integrationsprojekt erhält. Der Bewertung sind genaue Informationen über die Integrationsplanungen zugrunde zu legen, um die Synergiepotenziale bestmöglich schätzen zu können. Ein Verzicht auf eine detaillierte sachliche Planung im Integrationsprojekt könnte sich daher aus Gesamtprojektperspektive negativ auswirken, z.B. infolge der Festlegung einer unrealistischen Preisobergrenze für das Kaufobjekt (vgl. im Detail Abschnitt 2.2.2). Gleichzeitig gestaltet sich die detaillierte Vorplanung aber schwierig, da nur wenige gesicherte Informationen über dieses komplexe Kaufobjekt vorliegen. Häufige Planungsänderungen sind daher wahrscheinlich. Die hohen Kosten der Planungsdetaillierung auf sachlicher Ebene in der Vorfeld- und Transaktionsphase des Integrationsprojekts sind aber bereits aus diesem Grund zu rechtfertigen, da die Risiken einer Fehlplanung wegen der hohen erforderlichen Investitionssummen sehr hoch sind (Effizienz der hohen Planungsdetaillierung ist gegeben).

Weitere Nutzenvorteile sind bei hoher Planungsdetaillierung geben: In der Integrationsphase wird Zeit zum knappen „Gut" und die Umsetzungen müssen sofort beginnen (frühere Synergieerzielung). Es bleibt dann wenig Zeit, sich darüber Gedanken zu machen, wie die Integration der Unternehmen konkret aussehen könnte. Lediglich neu gewonnene Informationen sind in den Umsetzungsplänen zu berücksichtigen. Wenn Beteiligte in die Planungen einbezogen werden, erfordert dies zwar zusätzliche Arbeitszeit. Dieser Aufwand dürfte aber durch die geringeren Akzeptanzprobleme und die bessere Informationslage für die inhaltliche Umsetzung mehr als aufgewogen werden (Integrations- und Lerneffektivität).

Die Planungsdetaillierung sollte, anders als im Transaktionsprojet, von unteren Ebenen ausgehen. Sofern die Transaktion offen gelegt ist, können Pläne über Einzelinitiativen in den Fachbereichen entwickelt werden. So wird es bei M&A in der Regel so sein, dass für bestimmte Unternehmensbereiche im Vorfeld eine relativ klare Idee in den Fachbereichen hinsichtlich einer Integration besteht, insbesondere dann, wenn es sich um ein Unternehmen derselben Branche handelt. Einzelne Umsetzungsprojekte sind dann von dort aus günstiger zu planen (vgl. allgemein zu dieser Vorgehensweise aus Wissenssicht Abschnitt 5.4.4). Allerdings fehlt dann ein Überblick über alle am Ende durchzuführenden sinnvollen Maßnahmen (vgl. Lucks 2005b, 880), weswegen diese Detailpläne auf übergeordneter Ebene in der Planung zusammenzuführen sind, um die Gefahr der Intransparenz zu vermeiden (Prozesseffektivität). Die Kosten dürften hierdurch kaum beeinflusst sein.

Auf **zeitlich-logischer Planungsebene** ergibt sich damit ebenfalls eine bessere Planungssituation und Detaillierungen sind günstiger umzusetzen. Vor dem Hintergrund der günstigen Kosten sind folgende Vorteile erzielbar und führen jeweils zu vermuteter Effizienz: So wäre denkbar auf Basis der sachlichen Planungen bereits in der Vorfeldphase für die Integrationsphase nicht nur einen groben Ablaufplan zu erstellen. Dies macht Sinn, da Kapazitäten in der Integrationsphase gering sind und deren Bedarf für die Umsetzung möglichst früh zu schätzen ist, um rechtzeitig fehlende Kapazitäten aufbauen/-akquirieren zu können (vgl. zur Kapazitätsplanung Abschnitt 7.2.4.2). Dies sichert Adaptions- und Allokationseffektivität. Für die restlichen Phasen gelten die Aussagen zum Transaktionsprojekt analog, wobei das Detaillierungsniveau leicht höher sein kann, da offene Handlungsspielräume tendenziell problematischer sind. Für die Planung der Integrationsphase zum Ende der Transaktionsphase ist eine detaillierte Planung auch auf zeitlicher Ebene bedeutsam. Verantwortungen im komplexen System sind dann für die Umsetzung klar verteilt und Konflikte über die Verteilung der Aufgaben entstehen gar nicht erst. Diskussionen über die Aufgabenzuweisung in dieser zeitkritischen Phase können so vermieden werden (Prozess- und Kultureffektivität). Zudem können auf diese Weise Handlungsspielräume vermindert werden, da die Aufgaben klar vorgegeben sind. Allerdings kann auch eine motivationshemmende Wirkung gegeben sein, da die eher dem Menschentyp I, III oder IV nach Schein entsprechenden Beteiligten eine ihre Handlungsspielräume einengende Planung eher ablehnen, was aber durch ihren Einbezug in die Planung vermieden werden und sogar Vorteile im Hinblick auf Motivation und Lernen bringen kann (Integrations- und Lerneffektivität). Dieses Problem ist aber eher durch flankierende Maßnahmen der Projektpersonalführung und -information zu lösen.

Für die integrationsorientierten Primäraufgaben ist also bereits in der Vorfeld-, spätestens aber in der Transaktionsphase im Anschluss an die Due Diligence eine detailliertere Maßnahmenplanung effizient, die Rückschlüsse auf den zu erwartenden Kapazitätsbedarf zulässt. Für die Abschlussphase reicht eine Detaillierung analog zum Transaktionsprojekt erst zum Ende der Transaktionsphase aus.

Weiterer Stellhebel der Granularität der Planung ist innerhalb der zeitlich-logischen Projektplanung über die **Terminfestlegung** gegeben, die kaum direkte Kosten verursacht, aber Nutzeneinbußen zur Folge haben kann. Liegen genaue Aufwands- und Terminschätzungen vor, können diese als exakte Termine in die Termin- und Ablaufpläne einfließen. Nachteil wäre, dass bei Fehlschätzungen ein Vertrauensverlust in die Planungen riskiert würde und diese ganz abgelehnt würden (fehlende Integrationseffektivität). Wird auf eine exakte Berücksichtigung verzichtet und Flexibilität durch die Definition von Zeiträumen anstelle von Terminen in die detaillierte Planung eingebaut, kann dieser Nachteil gemindert werden. Je größer die Zeitspannen, desto höher die Adaptionseffektivität (die ist generell bei nicht vorhandener Planung am größten, allerdings ist sie nicht immer optimal). Hieraus resultieren der frühest mögliche und der spätest erlaubte Anfangs- und Endtermin für die Arbeitspakete und das Gesamtprojekt. In Projekten erforderliche Zeitpuffer sollten dabei nicht als Terminzusagen verstanden werden, sondern sind als Schätzungen zu kommunizieren. Pufferzeiten sollten sich an der Varianz der Schätzungen orientieren und nicht einzelnen Personen/Stellen zugeordnet werden, sondern ans Ende der Laufzeit gestellt werden, so dass Personen nicht dazu verleitet werden, ihren „persönlichen Puffer" auszuschöpfen (vgl. Techt 2005, 14-15; Bundschuh/Fabry 2000, 24). Dies sichert Allokations- und Prozesseffektivität durch den aufrecht erhaltenen Fortschrittsdruck und mindert gleichzeitig Motivationsnachteile (Integrationseffektivität), weil die Pläne, sofern die Schwankungen innerhalb der Spannen liegen, nicht abgeändert werden müssen (vgl. Abschnitt 6.5.2).

7.2.4.4 Bestimmung der effizienten Planungsmethode

7.2.4.4.1 Methodenüberblick

Dritter granularitätsbeeinflussender Faktor ist die **Art der Planungsmethode**, die insbesondere einen Einfluss auf die koordinationsorientierten **Ziele** hat, da sie bestimmt, wie gut der Ressourcenverbrauch und die Ressourcenverteilung überwacht werden können und wie einfach und schnell Planänderungen möglich sind (Prozess-, Allokations- und Adaptionseffektivität). Nebeneffekte ergeben sich z.B. für die Motivation, da die Benutzerfreundlichkeit der Methode einen wesentlichen Einfluss darauf hat, ob ihr Potenzial tatsächlich auch genutzt wird.

Bevor auf die Auswahl der Methode eingegangen werden kann, sind einige Vorüberlegungen erforderlich. Nicht alle verfügbaren Methoden decken die komplette Breite der Termin- und Ablaufplanung ab (eingeschränkter Nutzen). Die komplexeren Methoden, die eine Überwachung aller relevanten Daten in beliebiger Detaillierung und mit beliebig vielen Parallelisierungen ermöglichen, sind allerdings sehr kostenintensiv. Im Folgenden ist zu entscheiden, welche Methode vor dem Hintergrund der M&A-Gestaltungsbedingungen effizient ist. Hierzu ist zunächst ein **Überblick über verfügbare Methoden** erforderlich. Die beiden grundlegenden Möglichkeiten sind Balkendiagramme und komplexere Netzplantechniken. Im Vordergrund steht die Entscheidung für eine Methode für die Termin- und Ablaufplanung der Primäraktivitäten, da diese komplexer sind und nur für diese eine komplexe Methode generell sinnvoll erscheint. Wird die Methode für diese Aufgaben als effizient bewertet, kann sie auch für die Planung der Sekundärebene genutzt werden, da dann die Kosten insgesamt konstant bleiben, ein Nutzen ggf. aber auch für diese Ebene im Projekt erzielt wird.

Balkendiagramme, auch „Gantt Charts", dienen der Visualisierung der Abläufe und Termine und können für verschiedene Zeiträume genutzt werden. Sie sind schnell und kostengünstig erstellbar und ermöglichen einen transparenten Überblick u.a. über einfache zeitliche Parallelen. Wegen der Einfachheit des Instruments und keinen Anpassungserfordernissen im M&A-Fall wird auf eine detaillierte Darstellung verzichtet (vgl. im Detail zu Balkenplänen Litke 2004, 106). Balkenpläne sind zwar sehr übersichtlich, da sie auf die Abbildung von Abhängigkeiten zwischen einzelnen Vorgängen verzichten. Allerdings ist der Änderungsaufwand relativ hoch und komplexere zeitliche und sachliche Abhängigkeiten sind nicht darstellbar (vgl. Litke 2004, 106).

Die komplexere Methode ist die **Netzplantechnik** („Critical Path Method and Analysis"), deren Grundlagen ausführlich in einer eigenen Norm (DIN 69900-1 und 69900-2; vgl. DIN 1987a/b) festgelegt sind. Sie wurde ursprünglich für die Terminplanung in den USA und Frankreich im Anlagenbau entwickelt. Ziel war es, die aus der Elektrotechnik bekannte Netzwerkanalyse bei der Planung und Durchführung größerer Projekte zu nutzen und mit ihr Projektabläufe transparenter zu gestalten (vgl. Litke 2005d, 346). Unter dem Begriff werden generell „alle Verfahren zur Analyse, Planung, Steuerung und Überwachung von Abläufen auf der Grundlage der Graphentheorie bezeichnet, wobei Zeit, Kosten, Einsatzmittel und weitere Einflussgrößen berücksichtigt werden können" (DIN 1987a, 1). Das Kernelement der Verfahren ist ein Netzplan, der als eine grafische und tabellarische Darstellung von Abläufen und Abhängigkeiten definiert wird (vgl. DIN 1987a, 2). Mit ihm wird transparent, wann, also in welcher Zeitspanne und zu welchem Zeitpunkt, welche Aufgaben durch wen auszuführen sind (vgl. Disch 1968, 18). Zur Darstellung benötigt man funktionale (Vorgang, Ereignis, Anordnungsbeziehungen) und formale Elemente (Knoten, Pfeile).

Es existieren drei zentrale **Netzplantypen**, die sich durch die Zuordnung der funktionalen zu den formalen Elementen unterscheiden (vgl. Litke 2004, 104; Litke 1991, 77; DIN 1987a, 1). In Vorgangspfeilnetzen (VPN) werden die Vorgänge grafisch durch Pfeile dargestellt, die Knoten repräsentieren die Abhängigkeiten als Zusammenfall eines Start- und eines Endereignisses. Die Critical Path Method (CPM), entwickelt 1956/1957 zum Bau von chemischen Fabriken, hat sich als Methode für diese Art von Netzplänen durchgesetzt. Im Ereignisknotennetz (EKN) stellen die Knoten Ereignisse dar, die durch Pfeile verbunden werden. Dieser repräsentiert die Abhängigkeiten zwischen den Ereignissen, bewertet mit einem Zeitabstand. Die entsprechende Methode ist die Program Evaluation and Review Technique (PERT), die 1958 u.a. von der US-Navy zum Bau von Raketen entwickelt wurde. Im Vorgangsknotennetz (VKN) stellen die Knoten die Vorgänge im Projekt dar. Die entsprechende Methode ist die

1958 in Frankreich entwickelte Metra-Potential-Method (MPM) (vgl. im Detail Rackelmann 2003, 529-531).

Die beiden Knotennetzpläne, die sich nur dadurch unterscheiden, dass die Knoten Ereignisse (Ergebnisse von Aktivitäten) oder Vorgänge (Aktivitäten selbst) repräsentieren, weisen einige **Vorteile** im Vergleich zu den VPN auf (vgl. Litke 2004, 104). So sind Netzplanänderungen einfacher umsetzbar, da bei Änderung der Logik nur Pfeile und nicht Vorgänge oder Ereignisse verändert werden müssen. Die Knoten bleiben erhalten. Zudem sind alle Informationen eines Vorgangs in einem Knoten enthalten, was diese Art von Netzplänen besonders transparent macht. Er bietet sich vor allem bei Projekten an, in denen Arbeitsgänge parallel abgewickelt werden können (vgl. Litke 2004, 104) und deren Umfeld dynamisch ist (vgl. zur Netzplantechnik Schwarze 2000 und 1983). Sie sichern damit im Vergleich zu den VPN eher Adaptions- und Prozesseffektivität.

Aus Kostengründen und zum besseren Verständnis des Verfahrens sollte in einer Unternehmung nur eine Netzplanmethode eingeführt und verwendet werden (vgl. Litke 1991, 78). In der Praxis, vor allem im deutschsprachigen Raum, ist eine Tendenz zur MPM zu erkennen (vgl. Rackelmann 2003, 531). Diese Methode erscheint auch bei M&A-Projekten sinnvoll, da auch der Projektstrukturplan bereits eher Vorgänge und weniger Ereignisse enthält und Arbeitsschritte besser parallelisiert werden können. Eine Anwendung der PERT, als spezielle Technik, die auf einem EKN basiert, dürfte wegen des ähnlichen Aufbaus aber analog umsetzbar sein.

7.2.4.4.2 Wahl der optimalen Methode

Es stellt die Frage, ob/wann eher die MPM zu nutzen ist und wann ein Balkendiagramm ausreicht. Generell möglich wäre auch die parallele Anwendung beider oder ein Wechsel der Planungsmethode im Projektfortschritt. Die Effizienz einer Methode divergiert situationsspezifisch und hängt letztendlich vom Saldo ihrer Vor- und Nachteile ab. Allgemein gilt: Je komplexer die gewählte Methode (hohe Granularität) ist, desto eher können umfassende Informationen gepflegt und systematisch abgerufen werden (höherer Nutzen), desto höher ist aber auch der Informationsbedarf und meist auch der mit der Informationssammlung verbundene Aufwand. So entsprechen Balkenpläne eher einer geringen und Netzpläne eher einer hohen Granularität, wobei auch innerhalb der Methode Abstufungen der Feinkörnigkeit möglich sind. Während die Netzplantechnik genaue Daten zu Dauer, zeitlicher Lage und Abhängigkeiten der Arbeitspakete erfordert, ist letztgenannter Aspekt bei Balkendiagrammen nicht erforderlich. Bei Anwendung der Netzplantechnik kann Flexibilität im Ablaufplan einfacher eingebaut und transparent dargestellt werden, z.B. über Zeit- und/oder Ressourcenpuffer oder explizit eingebaute iterative Schleifen. Da die Netzplantechnik mit hohen Kosten verbunden ist und die Ausprägung bestimmter Faktoren auch zu prohibitiv hohen Kosten führen könnte, wie bei kompletter Unsicherheit über die Rahmenbedingungen, sind Kosten- und Nutzenfaktoren genau abzuwägen.

Zunächst zum **Nutzen** der Netzplanmethode im Vergleich zu Balkenplänen vor dem Hintergrund der Gestaltungsbedingungen. Die Argumentation bezieht sich auf die potenziell durch die Methode zu erreichenden Effektivitäts- bzw. Kostenziele. Eine konkrete Effizienzbewertung der Methoden für die Gestaltungsobjekte erfolgt erst nach der Bewertung des Nutzwerts der Methode selbst.

Aufgabencharakteristika: Der Nutzen der Methode ergibt sich daraus, wie gut sie es ermöglicht, dass Problem zu strukturieren und hinsichtlich der wesentlichen Bestandteile (Aufgabeninhalte, zeitliche Dauer etc.) transparent zu machen. Vorteil ist dann, dass Informationsasymmetrien zwischen Projektleitung und Beteiligten sinken und damit auch Verhaltensunsicherheiten (Prozesseffektivität). Dass mit der Problemstrukturierung erhebliche Kosten verbunden sein können, wird bei der Kostenanalyse berücksichtigt. Die Erstellung von Netzplänen zwingt dazu, dass Problem zu strukturieren, was bei Balkenplänen weniger intensiv erforderlich ist. Sie bietet hier also indirekt Vorteile, generell ist die Strukturierungsarbeit aber unabhängig von der Methode.

Komplexe Struktur: Die Frage ist, wie gut die Methode die Darstellung zeitlicher und sachlicher Abhängigkeiten/Interdependenzen zwischen Arbeitspaketen ermöglicht und Transparenz über Wissensflüsse und die kritische Kette fördert, was letztendlich zu einer verbesserten Leistungserstellung und zu Zeitersparnis führen kann, da u.a. ersichtlich ist, wer für welches Arbeitspaket die Verantwortung trägt und wie die Zielerreichung im Fortlauf des Projekts erfüllt wird (Prozesseffektivität). Transparenz über Interdependenzen ermöglichen sowohl Balken- als auch Netzpläne, allerdings ist die Darstellung von Verknüpfungen in Balkenplänen begrenzt, insbesondere dann, wenn die Komplexität steigt. Die Abbildung dürfte daher bereits in der Transaktionsphase, vor allem aber in der Integrationsphase schwierig sein. Netzpläne weisen diesbezüglich optimale Bedingungen auf.

Personeller Faktor: Der Nutzen der Planungstransparenz folgt aus einer Verringerung von Handlungsspielräumen der Beteiligten. Je genauer die Planung hinsichtlich Ressourcenbedarf und Kosten (Zeit, Art/Qualität, Quantität) ausformuliert ist, desto weniger Spielraum haben die Beteiligten bei der Ausnutzung von Planungszeiträumen – dies ist aber kein Vorteil der ein oder anderen Methode, sondern im Rahmen der Planungsdetaillierung zu entscheiden. Die Methode kann aber die Detaillierung mehr oder minder gut umsetzen. Direkter Effekt ergibt sich aus der Transparenz der Darstellung, die abhängig von der Methode ist. Bei Transparenz wird eher eine aus objektiver Sicht optimierte Planung und Ressourcenverteilung erzielt, da bei fehlender Fairness diese schnell erkannt und diskutiert werden kann. Dies kann als Nebeneffekt konfliktmindernd wirken (Kultureffektivität). Netzpläne sind aus dieser Sicht vorteilhafter als Balkenpläne.

Unternehmensumfeld: Die Effektivität der Methode ergibt sich auch aus der Möglichkeit der Transparenz über den erforderlichen Ressourcenbedarf (Allokationseffektivität). Speziell Netzpläne ermöglichen eine integrierte Kapazitäts- und Kostenplanung. Eine Überwachung der Kapazitätsauslastung und der Kosten ist mit Balkenplänen kaum möglich. Analog zu diesen Überlegungen kann auch die Ressourcenverteilung über Verfahren der Netzplantechnik besser gesteuert werden, da jederzeit genau ersichtlich ist, wann welche Kapazität erforderlich ist. Diese Daten können mit dem Ist-Bestand abgeglichen werden und so auch eine richtige Ressourcenallokation im Zeitablauf ermöglichen. Durch die laufende Pflege der Fortschrittsdaten können Fehlentwicklungen auch genau und – je nach Datenpflegefrequenz - zeitnah geortet werden. Die Informationsbasis zur Entwicklung von Maßnahmen zur Bewältigung ist fundierter und Änderungen können so treffsicherer und schneller eingeleitet werden.

Externes Umfeld: Die Effektivität der Methode bemisst sich auch daran, wie einfach Planänderungen berücksichtigt werden können bzw. im Vorfeld auch relativ einfach simuliert werden können und wie gut finanzielle/zeitliche Folgewirkungen von Planänderungen direkt ersichtlich sind. Dies trägt zu einer optimalen Entscheidungsgrundlage bei (Prozess- und Adaptionseffektivität). Dies ist mit Netzplänen besser umsetzbar, Balkenpläne ermöglichen dies nicht. So sind die jeweiligen Folgewirkungen wegen nur begrenzter Darstellbarkeit von Verknüpfungen manuell zu pflegen, was die Gefahr von Fehlern birgt.

Netzpläne weisen aber nicht nur große Vorteile gegenüber Balkenplänen auf, es sind auch einige **Nachteile** zu beachten. So kann die Methode bei bestimmten Gestaltungsbedingungen wegen zu hoher Kosten ineffizient sein.

„Set-up"-Kosten: Kosten der zu beschaffenden und zu pflegenden technischen Infrastruktur (Kosten der Hard-/Software und zugehörige Serviceleistungen) sind bei der Anwendung der Netzplantechnik höher als bei der Nutzung von Balkenplänen.

Personalkosten: Voraussetzung für die Praktikabilität einer Netzplanmethode ist eine angemessene Unterstützung durch IT-Systeme und eine Schulung des/der Planungsverantwortlichen, was bei Balkenplänen in dem Umfang nicht erforderlich wäre (vgl. Litke 2004, 106; Litke 1991, 80). Zudem ist ein gesondertes Team, welches sich mit der Datenschätzung befasst, erforderlich, was weitere Personalkosten verursacht. So setzt eine sinnvolle Anwendung der Netzplantechnik genaue und gut verlässliche Daten voraus. Weniger problematisch bei M&A-Projekten dürfte die Bestimmung der inhaltlichen Abhängigkeiten sein. Problematischer sieht es bei der Bestimmung der Dauer, der zeitlichen Lage und der zeitlichen Überlappungen der Arbeitspakete aus, die Voraussetzung für eine praktikable Anwendung von Netzplänen ist. Selbst wenn Daten vorliegen und Erwartungswerte für die Dauer der Arbeitspakete mathematisch berechnet werden können, kann deren Qualität fragwürdig sein – z.B. bei hoher Varianz der Werte im Falle unsicherer Rahmenbedingungen oder fehlender vergleichbarer Projekte. Die Folge wären häufige Planänderungen und damit erhöhter Personalaufwand. Indirekte Personalkosten können dann durch einen Motivationsverlust bei instabilen Plänen auftreten (vgl. im Detail zur Schätzproblematik Abschnitt 7.2.3).

Personelle Opportunitätskosten: Weiterhin fallen Folgekosten der Schulung der Projektbeteiligten an, da die Beteiligen Arbeitszeit in die Beherrschung der Methode und in die Datenpflege investieren müssen. Sie sind in der Regel hoch qualifiziert und ihre Arbeitszeit ist wertvoll. Diese würden sie bei Nutzung der Netzplantechnik investieren müssen, um mit der Methode umgehen zu können und während der Projektarbeit regelmäßig die erforderlichen Daten zu pflegen. Erfolgt keine Datenpflege, so ist auch der Nutzen der Methode nicht gegeben. Tritt dies ein, liegt der Nutzen der Methode unter dem bei der Anwendung von Balkenplänen bei gleichzeitig überdurchschnittlich höheren Kosten. Die Gefahr einer fehlenden Pflege der Daten wird dann hoch sein, wenn der Zeitdruck für die Leistungserstellung hoch ist.

Diese Vor- und Nachteile, die mit der Implementierung einer Planungsmethode einhergehen, sind **phasenspezifisch** abzuwägen. Im konkreten Projektfall kann eine **Nutzwertanalyse (NWA)** für die Abwägung der Vor- und Nachteile beider Methoden sinnvoll sein. Sie ermöglicht die Bewertung alternativer Handlungsempfehlungen anhand von Zielkriterien (vgl. Domschke/Scholl 2000, 59). Sie wäre grundsätzlich auch für Optimierungsprobleme weiterer M&A-Prozessoptimierungen anwendbar, wird aber nur am Beispiel des Auswahlproblems an dieser Stelle veranschaulicht, weil die Problematik aufgrund der höheren Anzahl an Einflussfaktoren komplexer ist und damit schwerer auf den ersten Blick zu überschauen. Mittels Nutzwertanalyse wird das Problem transparent und es ist zumindest eine tendenzielle Aussage zur Optimalität ableitbar. Abbildung 7-11 enthält ein Beispiel für eine Bewertung der Kosten- und Nutzenpotenziale mittels Nutzwertanalyse.

Gewichtungen (G) – M&A-Projekt

Nutzenfaktoren	A: Vorfeldphase G	A: Transaktion G	A: Integration G	B: Vorfeldphase G	B: Transaktion G	B: Integration G	A/B: Abschluss G
Prozesseffektivität	**0,1**	**0,2**	**0,4**	**0,1**	**0,2**	**0,4**	**0,5**
Transparenz über Ablauf und Interdependenzen	0,03	0,07	0,13	0,03	0,07	0,13	0,17
Transparenz über kritische Kette	0,03	0,07	0,13	0,03	0,07	0,13	0,17
Dokumentation detaillierter Daten für spätere Projekte	0,03	0,07	0,13	0,03	0,07	0,13	0,17
Allokationseffektivität	**0,1**	**0,1**	**0,1**	**0,1**	**0,1**	**0,3**	**0,1**
Transparenz über Ressourcenverteilung	0,10	0,10	0,10	0,10	0,10	0,30	0,10
Adpationseffektivität	**0,4**	**0,3**	**0,1**	**0,4**	**0,3**	**0,1**	**0,1**
Schnelle Entdeckung von Fehlentwicklungen	0,20	0,15	0,05	0,20	0,15	0,05	0,05
Einfachheit der Pflege von Planänderungen	0,20	0,15	0,05	0,20	0,15	0,05	0,05
Kostenfaktoren	**0,4**	**0,4**	**0,4**	**0,4**	**0,4**	**0,2**	**0,3**
Summe der Gewichte	1,0	1,0	1,0	1,0	1,0	1,0	1,0

Punktwerte (PW) und gewichtete Punktwerte (GPW) je Phase und Teilprojekt – Balkenplan

Nutzenfaktoren	A: Transaktionsprojekt – Vorfeld PW	GPW	A: Transaktionsprojekt – Transaktion PW	GPW	B: Integrationsprojekt – Vorfeld PW	GPW	B: Integrationsprojekt – Transaktion PW	GPW	B: Integrationsprojekt – Integration PW	GPW	A/B – Abschluss PW	GPW
Prozesseffektivität												
Transparenz über Ablauf und Interdependenzen	30	**1**	10	**1**	30	**1**	10	**1**	10	**1**	40	**7**
Transparenz über kritische Kette	30	**1**	10	**1**	30	**1**	10	**1**	10	**1**	40	**7**
Dokumentation detaillierter Daten für spätere Projekte	30	**1**	30	**2**	30	**1**	30	**2**	30	**4**	30	**5**
Allokationseffektivität												
Transparenz über Ressourcenverteilung	10	**1**	10	**1**	10	**1**	10	**1**	10	**3**	10	**1**
Adpationseffektivität												
Schnelle Entdeckung von Fehlentwicklungen	40	**8**	10	**2**	40	**8**	10	**2**	10	**1**	40	**2**
Einfachheit der Pflege von Planänderungen	40	**8**	10	**2**	40	**8**	10	**2**	10	**1**	40	**2**
Kostenfaktoren	80	**32**	80	**32**	80	**32**	80	**32**	80	**16**	80	**24**
	Σ	52	Σ	39	Σ	52	Σ	39	Σ	27	Σ	47

Netzplan

Nutzenfaktoren	A: Transaktionsprojekt – Vorfeld PW	GPW	A: Transaktionsprojekt – Transaktion PW	GPW	B: Integrationsprojekt – Vorfeld PW	GPW	B: Integrationsprojekt – Transaktion PW	GPW	B: Integrationsprojekt – Integration PW	GPW	A/B – Abschluss PW	GPW
Prozesseffektivität												
Transparenz über Ablauf und Interdependenzen	90	**3**	90	**6**	90	**3**	90	**6**	90	**12**	90	**15**
Transparenz über kritische Kette	90	**3**	90	**6**	90	**3**	90	**6**	90	**12**	90	**15**
Dokumentation detaillierter Daten für spätere Projekte	90	**3**	90	**6**	90	**3**	90	**6**	90	**12**	90	**15**
Allokationseffektivität												
Transparenz über Ressourcenverteilung	90	**9**	90	**9**	90	**9**	90	**9**	90	**27**	90	**9**
Adpationseffektivität												
Schnelle Entdeckung von Fehlentwicklungen	80	**16**	80	**12**	80	**16**	80	**12**	80	**4**	80	**4**
Einfachheit der Pflege von Planänderungen	70	**14**	70	**11**	70	**14**	70	**11**	70	**4**	70	**4**
Kostenfaktoren	0	**0**	20	**0**	0	**0**	20	**8**	30	**6**	50	**15**
	Σ	48	Σ	50	Σ	48	Σ	58	Σ	77	Σ	77

Beispiel: 52 > 48 → <u>Balkenplan</u> ≻ Netzplan

Beispiel: 32 < 59 → Balkenplan ≺ <u>Netzplan</u>

G = Gewichtung (Werte zwischen 0 und 1)
PW = Punktwert (Werte zwischen 0 und 100% der Zielerreichung)
GPW = gewichteter Punktwert

Abbildung 7-11: Nutzwertanalyse zur Wahl der Methode für die M&A-Termin- und Ablaufplanung

Als **Zielkriterien** wurden Prozess-, Allokations- und Adaptionseffektivität (möglichst hoch) und Arbeits-, Set-up- und Opportunitätskosten (möglichst niedrig) gewählt, da der Nutzen beider Methoden sich in erster Linie aus dem Grad der Erreichung dieser Ziele ergibt (s.o.). Die Zielkriterien wurden durch beispielhafte Indikatoren repräsentiert, die zusammen das jeweils übergeordnete Ziel in der Summe abbilden. Die **Gewichtungen G der Zielkriterien** für die Gestaltungsobjekte, die entsprechend der Verteilungsmethode (vgl. Domschke/Scholl 2000, 60) zusammen über alle Ziele jeweils 1 ergeben, wurden abgeleitet aus den Gewichtungen der koordinationsorientierten Ziele für die Gestaltungsobjekte in Abschnitt 6.4.4.3. Innerhalb der Hauptziele und Nebenziele wurde weiter differenziert. Nebenziele weisen eine Gewichtung von 0 bis 0,1 auf, Hauptziele eine Gewichtung von 0,2 bis 0,4. Die Kostenziele wurden explizit mit erfasst, da eine Bewertung der Effizienz mit der Nutzwertanalyse erfolgen soll. Für sie wurde die Gewichtung aggregiert vorgenommen, da aus dieser allgemeinen Perspektive nur ein allgemeines (ordinales) Urteil möglich ist. In der Bedeutung liegen sie generell unterhalb der Bedeutung der Nutzenziele (= kumulierte Bedeutung < 0,5), insbesondere in der Integrationsphase des Integrationsprojekts und der Abschlussphase, weil diese beiden Phasen besonders erfolgskritisch für das Gesamtunternehmen sind und höhere Kosten sind damit gerechtfertigt. Zudem wurden nicht alle direkten/indirekten Nutzenaspekte erfasst.

Für die Methoden wurde je Gestaltungsobjekt (Phase eines Teilprojekts) ein Zielerreichungsmaß (**Punktwert (PW) = subjektiver Nutzenwert**) zwischen 0 und 100% geschätzt. Hier wurde unterstellt, dass die Netzplanmethode phasenübergreifend die Allokations- und Prozesseffektivität zu 90% unterstützt, die Adaptionseffektivität insgesamt zu 75%, aus Kostensicht aber im Vergleich zu Balkenplänen grundsätzlich, mit Ausnahme der Abschlussphase, in der gesicherte Informationen vorliegen, eher schlecht (0-50%) abschneidet. Die Kosten werden als leicht abnehmend angenommen, da von zunehmend gesicherten Rahmenbedingungen ausgegangen werden kann. So liegen ab Closing grundsätzlich alle Informationen über das Zielobjekt vor und können verifiziert werden. Dann liegen zumindest über die den Pläne/Schätzungen zugrunde liegenden Daten keine Unsicherheiten mehr vor, Prognoseunsicherheiten bleiben allerdings bestehen. Da die Beherrschung der Methode phasenunabhängig nur von wenigen Experten der Teams erforderlich ist, steigt der Schulungsaufwand trotz des steigenden Projektumfangs, geringe Fluktuation der Beteiligten vorausgesetzt, kaum an und wurde implizit als konstant hoch angenommen. Bei Balkenplänen wurde angenommen, dass zumindest in der Vorfeld- und Abschlussphase, die durch eine weniger komplexe Struktur geprägt sind, ein gewisser Grad an Prozess- und Adaptionseffektivität erreicht wird. Die Werte von 30 bzw. 40% ergeben sich aus der Überlegung, dass auch in der Vorfeldphase die Inhalte späterer, komplexerer Phasen zu planen sind, was mit den Balkenplänen bereits schwierig sein dürfte. Allokationseffektivität wird kaum unterstützt, da wenig Transparenz über die Ressourcenverteilung gegeben ist. Die genauen Schätzwerte sind Abbildung 7-11 zu entnehmen. Sie sind subjektiv geprägt und können im speziellen M&A-Fall angepasst werden. Die Schätzungen sind als Tendenzaussagen zu verstehen und dienen der Veranschaulichung der Vorgehensweise bei der Entscheidungsfindung.

Abschließend wurde je Gestaltungsobjekt der **Gesamtnutzenwert/-punktwert (GPW)** für die beiden Methoden bestimmt. Hierzu wurde je Gestaltungsobjekt über alle Zielkriterien der jeweilige Nutzen der Methode multipliziert mit seiner Gewichtung summiert. Das Ergebnis kann einen Wert zwischen 0 (Methode eignet sich gar nicht) und 100 (Methode eignet sich ausgezeichnet) annehmen (vgl. im Detail zur Vorgehensweise bei der Nutzwertanalyse Domschke/Scholl 2000, 58-61). Der Analyse zufolge ist die Netzplanmethode in der Integrationsphase im Integrationsprojekt effizient, in der Vorfeldphase wäre sie aber den Balkenplänen knapp unterlegen.

Bei einer Verschiebung der Gewichtungen/Punktwerte im Rahmen einer **Sensitivitätsanalyse** wäre das Ergebnis für die Vorfeldphase zwar nicht stabil, dennoch erscheint die Nutzung von Balkenplänen auch bei weiteren Überlegungen in dieser Phase zumindest zu Beginn praktikabel. Zum einen erfordert die Einführung der Netzplanmethode Zeit für die Implementierung der Infrastruktur und für die Schulung der Beteiligten. Zwar kann bei langfristiger Ausrichtung der Personalentwicklungsplanung (vgl. Abschnitt 7.4.3) von Vorkenntnissen ausgegangen werden, ad-hoc Schulungen zur Auffrischung und Erweiterung der Kenntnisse, z.B. auch für Updates der Methode, werden aber dennoch unerlässlich sein. Würde man die Einführung bereits für die Vorfeldphase anstreben, so wäre die Vorlaufzeit hoch und der Projektfluss könnte gefährdet sein. Für die Netzplanmethode in der Vorfeldphase spräche, dass die Set-up-Kosten phasenunspezifisch sind. Sobald eine komplexe Methode in einer Phase sinnvoll erscheint und zu implementieren ist, fallen Set-up-Kosten an, die auch bei Anwendung der Methode über den Gesamtverlauf des Projekts konstant bleiben. Ist die Netzplanmethode also in späteren Phasen vorteilhaft, wäre es sinnvoll, die komplexere Methode bereits früher zu implementieren, um die Vorteile der Koordinationseffektivität nutzen zu können. Ein Methodenwechsel könnte damit ebenfalls vermieden werden. Hierbei ist aber zu berücksichtigen, dass nicht immer in eine Integrationsphase eingetreten werden kann. So z.B. wenn unerwartet die Kartellbehörden die Genehmigung nach dem Signing verweigern. In dem Fall würden sich die Set-up-Kosten nicht amortisieren. Zu Beginn des Projekts ist daher bei hoher Unsicherheit über den Fortgang eher auf Balkendiagramme zurückzugreifen. Diese könnten bei ausreichender Sicherheit der Fortführung des Projekts zum Ende der Vorfeld- oder im Laufe der Transaktionsphase in einen komplexen Netzplan überführt werden. Die Vorbereitung zur Anwendung der komplexen Methode für die Integrationsphase könnte zum Zeitpunkt des Projektstarts beginnen, um spätestens am Tag 1 nach Closing ein funktionierendes System zur Verfügung zu haben.

Die Vorteilhaftigkeit der Netzplanmethode insgesamt wird durch **weitere Nebeneffekte**, die keine zusätzlichen Kosten verursachen, unterstützt. So werden vermutlich auch die motivationsorientierten Ziele besser erreicht, da Transparenz über einige Ergebnisgrößen für die Leistungen der Beteiligten vorliegt, was auch zu einer objektiveren Leistungsbeurteilung und damit auch -entlohnung beiträgt. Anstrengungen der Beteiligten sind transparent und können auch entlohnt werden, was die Belohnungserwartung erhöht und damit das Verhalten positiv beeinflusst (vgl. Abschnitt 5.3.3.2; Integrations- und Lerneffektivität).

Die Analyse dient der Veranschaulichung, wie die Umsetzung aussehen könnte. Je nach M&A-Fall können weitere Kriterien aufgenommen oder andere Gewichtungen vergeben werden. Nicht enthalten ist die Integrationsphase für das Transaktionsprojekt, für die sich eine Prüfung aber analog durchführen ließe. Sofern die NWA Anwendung finden soll, sind die Nachteile der Methode im Hinterkopf zu behalten. So ist insbesondere auf die Scheingenauigkeit des Ergebnisses des Verfahrens hinzuweisen. Die augenscheinlich eindeutige Handlungsempfehlung ist zu hinterfragen und einer Sensitivitätsanalyse (z.B. durch Variation der Zielkriterien, Zielgewichtungen und Punktwerte) zu unterziehen.

7.3 M&A-Projektorganisationsprozess

7.3.1 Vorgehensweise

Im Rahmen des Prozesses der M&A-Projektorganisation ist über den Aufbau der äußeren und inneren M&A-Projektorganisationsstruktur zu bestimmen (vgl. Abschnitt 4.3.2.3.2). Über die **äußere M&A-Projektstruktur**, auch Rahmenorganisation oder -struktur, erfolgt die Einbettung des Projekts ins Unternehmen. Sie beeinflusst wiederum die Gestaltung der inneren Projektstruktur, die die interne Ordnung der Projektbeteiligten bestimmt.

Bevor auf diese eingegangen wird, sind die Verantwortungsbereiche der M&A-Projektbeteiligten aufbauend auf den Ausführungen in Abschnitt 4.3.3 festzulegen. Es wird konkret darauf einzugehen sein, welche **Rollen** generell für M&A sinnvoll sind, welche **Teams** zu benennen sind und welche Aufgaben aus der Projektstruktur sie jeweils übernehmen (vgl. Beck 1996, 96). Der Schwerpunkt der Betrachtung liegt auf den Managementrollen (Auftraggeber, Projekt-/Teilprojektleiter, Prozessmanager). An Primäraufgaben Beteiligte wurden bereits in Abschnit 4.1.3 charakterisiert. Die Definition der Verantwortungsbereiche der Prozessmanager lehnt sich an den Prozessen an, für die sie jeweils die Verantwortung stellvertretend für die Gesamtprojektleitung übernehmen. Im Rahmen der Rollenbeschreibungen wird auch auf Gremien/Organe eingegangen, in die die Managementrollen ggf. einzubinden sind – dies gilt insbesondere für die Gesamtheit der Träger der Sekundärprozesse.

Die M&A-Projektrollen/-teams sind in die **innere M&A-Projektstruktur** einzuordnen, die wiederum in die äußere Rahmenstruktur einzubetten ist. Isolierte Organisationselemente sind über geeignete Mechanismen sinnvoll zu verknüpfen, um den Interdependenzen der Projektelemente Rechnung zu tragen. Abschließend wird auch auf die Bedeutung und auf wichtige Maßnahmen zur **Auflösung der Projektorganisation** eingegangen.

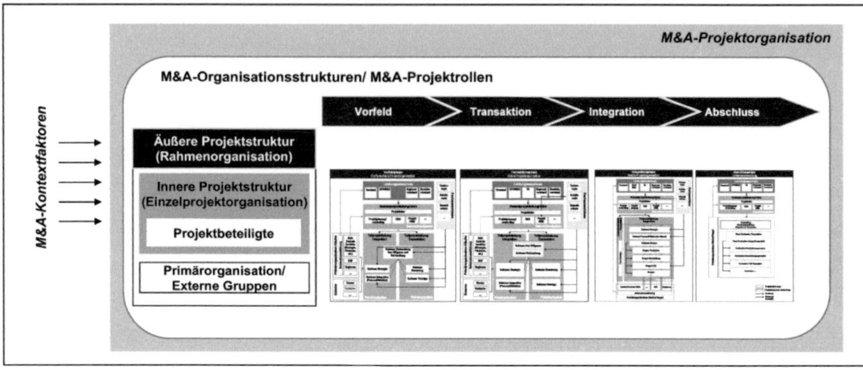

Abbildung 7-12: Zu gestaltende Wirkungsbereiche der M&A-Projektorganisation

Wer mit welcher Art und welchem Ausmaß an Fachkenntnis und Erfahrung für die Besetzung der Projektrollen in Frage kommt, wird erst im Projektpersonalführungsprozess (vgl. Abschnitt 7.4.2.2) erörtert. Abbildung 7-12 zeigt die Wirkungsbereiche der M&A-Projektorganisation im Überblick.

7.3.2 M&A-Rahmenstruktur (äußere Projektstruktur)

Ausgehend von der Annahme, dass Unternehmen laufend M&A-Projekte durchführen und damit eine permanente Zuständigkeit für diese M&A in der Primärorganisation halten (vgl. Abschnitt 2.3.1), ist im Folgenden die Beziehung eines Einzelprojekts zur permanenten Organisation festzulegen. Diese permanente Einheit wurde in Abschnitt 4.3.3 als M&A-Zentralbereich begrifflich eingeführt und zählt nicht zum Projekt selbst, sondern fungiert als übergeordnete Koordinationsinstanz (vgl. Kremer 2005a, 75-76). In diesem Unternehmensbereich ist daher auch das Multiprojektmanagement anzusiedeln, das einer permanenten, nicht zeitlich befristeten Aufgabe entspricht. Anzumerken ist aber, dass, unabhängig von der generellen organisatorischen Ansiedlung der M&A-Abwicklung, viele Abwicklungsfragen identisch bleiben und übertragbar sind.

Die Art der Rahmenorganisation wirkt vor allem auf die Prozesseffektivität und die motivationsorientierten **Ziele**. Bevor auf eine Auswahl und Gestaltung der Organisation eingegangen wird, erfolgt ein Überblick über verschiedene Formen der Rahmenorganisation und eine allgemeine Beurteilung dieser.

Die Stellung des Projekts zur Primärorganisation variiert mit den zu differenzierenden **Grundtypen der Rahmenorganisation**, die projektspezifisch modifiziert werden können. Abbildung 7-13 zeigt die wichtigsten Grundstrukturen der äußeren Rahmenstruktur im Überblick. Ersichtlich ist jeweils die Stellung des Projekts in idealtypischen Organigrammen/Visualisierungen der Organisationsstruktur der Primärorganisation. Projektspezifische Elemente sind grau unterlegt.

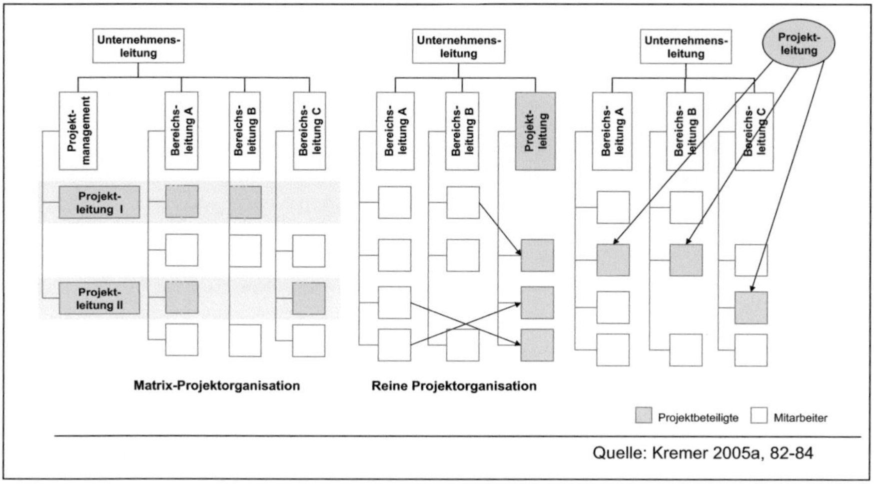

Abbildung 7-13: Grundformen der Projektorganisation mit tendenziell abnehmender Granularität

Zunächst werden diese Formen im Hinblick auf Kosten und Nutzen erörtert. Nicht aufgezeigt ist die **linienintegrierte Projektorganisation**. Sie wird als Grenzfall der Projektorganisation bezeichnet, da sie bewusst auf die Einrichtung einer projektbezogenen Parallelorganisation verzichtet und Projektaufgaben dem Aufgabenbereich der Linie oder einer Stabsstelle zuordnet (vgl. Corsten 2000, 51-52; Schmelzer 1986, 75). Vorteile sind der sehr geringe Aufwand, vor allem, weil auf Experten der Primärorganisation zurückgegriffen werden kann. Nachteil ist die schwierige Sensibilisierung der Projektbeteiligten für die Projektarbeit, insbesondere dann, wenn die Aufgaben schlecht mit dem Tagesgeschäft abgestimmt sind (fehlende Integrationseffektivität).

Wird die Aufgabe der Projektkoordination einer Stabsstelle in der Primärorganisation übertragen, spricht man von einer Projektorganisation mit Stäben oder auch **Stabs- oder Einfluss-Projektorganisation** (vgl. Vahs 2005, 188; Marr/Steiner 2004, 1205). Bei dieser Form der Projektorganisation bleibt die Primärorganisation ebenfalls bestehen und Mitarbeiter werden dem Projekt, welches eher als Nebenaufgabe verstanden wird, unsystematisch zugeordnet. Gemäß dem Stabsstellen-Konzept bedeutet die Einrichtung einer Einfluss-Projektorganisation, dass die spezialisierte Stabsstelle weder Entscheidungs- noch Weisungsbefugnis gegenüber den Mitarbeitern hat (vgl. Marr/Steiner 2004, 1205). Die Projektverantwortung und damit auch wichtige Projektentscheidungen liegt bei der/den Projektbeteiligten übergeordneten Instanz(en). Die Stabsstelle verfügt über reine Informations- und Beratungsbefugnisse. Zu ihren Aufgaben zählen Terminüberwachung, Kostenkontrolle und allgemeine, projektbegleitende Maßnahmen. Die Form ist kostengünstig umzusetzen, da Beteiligte nach Bedarf zugeordnet werden können und für die Projektarbeit auf die Strukturen der Primärorganisation zurückgreifen können (geringere Set-up- und Arbeitskosten, ggf. aber höhere Opportunitätskosten bei der Primärorganisation). Nachteilig an dieser Form ist, dass die Beteiligten meist, je nach Intensität der Durchführung von Projekten in der Primärorganisation, mehreren Verantwortlichen zugeordnet sind und gleichzeitig die Abstimmung zwischen den Verantwortlichen meist suboptimal ist (fehlende Prozesseffektivität). Die Projektarbeit steht regelmäßig in der Priorität hinter den Linienaufgaben (fehlende Integrationseffektivität), weswegen diese Form der Projektorganisation, trotz der Vorteile des relativ geringen Aufwands, eher selten umgesetzt wird.

Eine klare Trennung zwischen der Primär- und der Projektorganisation ist nur beim **reinen Projektmanagement** vorzufinden. Bei dieser Form werden die Projektmitarbeiter sowohl fachlich als auch disziplinarisch dem Projektmanagement auf Zeit untergeordnet und Vollzeit im Projekt beschäftigt (vgl. Vahs 2005, 191). In diesem Fall ist die interne Projektorganisation vollständig zu entwerfen und umfasst in der Regel das volle Spektrum an Projektrollen und -teams. Der Projektleiter hat damit die volle Weisungs- und Entscheidungsbefugnis und kann uneingeschränkt auf die Projektressourcen zurückgreifen. Vorteile dieser Form sind vor allem klare Kommunikationsbeziehungen und Verantwortungszuweisung, sehr schnelle Reagibilität und, da Beteiligte meist zu 100% für das Projekt arbeiten, bessere Motivation und stärkere Identifikation mit dem Projekt, die generell bei M&A als erfolgskritisch gelten (Prozess-, Integrations-, Lern- und Kultureffektivität). Nachteile resultieren besonders aus der starken Trennung zwischen Primär- und Projektorganisation und den hohen Kosten der Implementierung sowie aus dem tendenziell höheren Ressourcenbedarf, da Beteiligte Vollzeit zugeordnet werden. Zu nennen sind weiterhin Nutzennachteile, wie z.B. wenig Lerneffekte zwischen Primär- und Projektorganisation und eine schwierige langfristige Karriereplanung für die Projektbeteiligten (fehlende Lern- und Integrationseffektivität; vgl. allgemein Kerzner 2006, 10).

Eine weitere Organisationsform, um Projekte in die Gesamtstruktur eines Unternehmens einzubinden, ist die Matrix-Organisation (vgl. Kolhoff 2004, 18). Bei dies er Form werden die Bereiche der Primärorganisation durch die horizontale Projektstruktur überlagert (vgl. Vahs 2005, 189). Es ergibt sich eine Überschneidung projekt- und fachbereichsbezogener Kompetenzen in Form einer zweidimensionalen Matrix (vgl. Marr/Steiner 2004, 1205). Die Verknüpfung zwischen Primär- und Projektorganisation ist stärker als bei der Einfluss-Projektorganisation. Bei dieser Form trägt der Projektleiter die Verantwortung für das Gesamtprojekt und verfügt auch, neben den Leitern der Bereiche der Primärorganisation, über Entscheidungs- und Weisungsbefugnis. D.h. für jedes Projekt gibt es einen zusätzlichen Verantwortlichen in der Matrix. Denkbar wäre z.B. eine Funktions-/Pro-jekt-Matrix, in der neben einem Linienverantwortlichen für einen bestimmten Funktionsbereich auch der jeweilige Projektleiter Weisungskompetenz gegenüber den Mitarbeitern erhält. Die Mitarbeiter aus den Unternehmensbereichen sind ihnen dabei systematisch teilweise oder auch ganz unterstellt (vgl. Vahs 2005, 190). Vorteile der Matrix sind insbesondere eine hohe Reagibilität des Projekts auf Veränderungen in der Primärorganisation und eine hohe Problemlösungseffektivität, da breites Wissen aus der Primärorganisation zur Projektunterstützung verfügbar ist. Lerneffekte sind beidseitig gut übertragbar (Prozess- und Lerneffektivität). Nachteilig ist, dass administrative Aufgaben z.B. durch ein duales Reporting für die Beteiligten zunehmen, dass Beteiligte ggf. divergierende Zielvorgaben erhalten und dass Unklarheit über Aufgabenprioritäten auftreten können (vgl. Kerzner 2006, 105-106). Im Vergleich zu den anderen Formen ist dies die Form mit dem tendenziell höchsten Ressourcenbedarf (höhere Personal- und Set-up-Kosten, im Vergleich zu anderen Formen aber geringere Opportunitätskosten bei der Primärorganisation).

Alle Formen weisen damit sowohl Vor- als auch Nachteile in Bezug auf die Effektivität sowie eine divergierende Kostenintensität auf. Es stellt sich die Frage nach der situationsspezifisch adäquaten Form. Zur **Auswahl der optimalen Organisationsform** existieren verschiedene Kriterienkataloge, die sich auf die Wahl zwischen den drei Hauptformen (Einfluss-, reine und Matrix-Projektorganisation) beziehen. Nach Corsten spricht eine starke Ausprägung der Aspekte Bedeutung des Projekts, Projektumfang, Unsicherheit bezüglich der Ziele, Dringlichkeit und voraussichtliche Projektdauer, Komplexität der Problemsituation, Koordinierungsbedarf und Zentralisierungsgrad der vorhandenen Organisationsstruktur der Primärorganisation, Notwendigkeit der Identifizierung mit dem Projekt sowie Verfügbarkeit von Teammitgliedern und eine eher geringe Kooperation mit Linieninstanzen für eine mit hohem Aufwand verbundene reine Projektorganisation. Entsprechend empfiehlt er bei analoger, aber abgeschwächter Ausprägung der Gestaltungsbedingungen eine Matrix-Projektorganisation (vgl. 2000, 62). Ähnliche Kriterien sind auch bei Lock zu finden. Zusätzlich ist in seinem Katalog der Schutz sensibler Daten aufgeführt. Ist dieser erforderlich, so spricht dies eher für eine reine als für eine Matrix-Projektorganisation. Allerdings testiert er der Matrix eine bessere Möglichkeit der Motivation von Beteiligten, da nur sie ihnen explizit eine langfristige Karriereperspektive verspricht (vgl. 2003, 40). Der Kriterienkatalog von Litke ist weniger umfangreich, entspricht aber weitestgehend den genannten Kriterien. Deutlicher hervor tritt das Kriterium der überbereichlichen und interdisziplinären Aufgaben, die für eine Matrix-Projektorganisation sprechen (vgl. 2004, 76). Eine Einfluss-Projektorganisation ist nach Litke beim Einbezug externer Beteiligter, bei Projekten mittlerer Größe und bei relativ klar abgegrenzten Aufgabenpaketen sinnvoll (vgl. 2004, 76).

Tabelle 7-4 zeigt im Überblick wichtige M&A-spezifische Argumente auf, die für die jeweilige Organisationsform sprechen und eine Bewertung, wann diese bei M&A tendenziell eher zutreffen. Die Organisationsformen sind von links nach rechts in abnehmender Granularität (GRA) aufgeführt und verursachen in dieser Reihenfolge tendenziell weniger **Kosten**, da der Komplexitätsgrad abnimmt (Büros, Strukturen, Personal etc.).

	Matrix-PO	Reine PO	Einfluss-PO	Linienintegrierte PO
Aufgaben	Unsicherheit über Ergebnis/Ziele ist hoch und die Problemsituation ist eher komplex. Z.B. bei Immaterialität der Leistung und Neuartigkeit/hoher Spezifität. Ein komplexer Ansatz ist dann aus Sicht der **Prozesseffektivität** erforderlich.		Ist das Thema klar abgegrenzt und sind die Termine gut planbar, ist eine Koordination des Projektteams durch die Linie gut umsetzbar und **Prozesseffektivität** durch diese zu erreichen.	
Struktur	Ist eine Kooperation mit Linieninstanzen erforderlich (hohe Integrativität der Aufgabe), ist diese Form vorteilhaft. So wird die inhaltliche Verknüpfung zwischen Primär- und Projektorganisation besser unterstützt (Prozess-, Integrations- und Lerneffektivität)	Die Form ist vorteilhaft, wenn projektintern ein ausgeprägter Koordinierungsbedarf besteht, geringe Kooperation mit Linieninstanzen und kaum Wissensübertragung zwischen Primär- und Projektorganisation erforderlich sind und Umfang und Dauer der Aufgaben groß bzw. lang ist (Prozess-, Integrations- und Lerneffektivität).	Eher günstig bei: mittlerem Projektumfang, mittlerer Dauer, interdisziplinär ausgerichteter Aufgabe und wenn ein Einbezug Externer erforderlich ist. Aufgabenpakete sind gut abgegrenzt. Wissensübertragung mit Fachbereichen aus Primärorganisation relativ gut möglich (Prozess-, Integrations- und Lerneffektivität).	Vorteilhaft nur bei geringem Projektumfang, kurzer Dauer und bereichsinternen Entwicklungen und dann, wenn wenig interdisziplinäres Wissen erforderlich ist/das erforderliche Wissen bereichsintern verfügbar ist (Prozess-, Integrations- und Lerneffektivität).
Menschen	Vorteilhaft bei schwieriger Interessenlage, da durch die stärkere Verknüpfung mit der permanenten Organisation eine langfristige Karriereplanung als Teil der Motivation für Mitarbeiter besser umsetzbar ist. (Integrations- und Lerneffektivität). Gefahr der Demotivation der Beteiligten wegen der doppelten Unterordnung (geringere Integrationseffektivität)	Weniger Motivationspotenzial, da Trennung zwischen Primär- und Projektorganisation. Karriereplanung und Lerneffekte zwischen Primär- und Projektorganisation sind weniger gut umsetzbar – aber möglich (geringere Integrations- und Lerneffektivität). Stärkere Identifikation mit dem Projekt (Kultureffektivität). Gefahr der Verselbständigung wegen Autonomie. Projektleiter könnte Kapazitäten länger als erforderlich binden (geringere Prozesseffektivität).	Motivation für Projektaufgaben könnte wegen großer Gefahr der (zeitlichen) Überforderung gefährdet sein. So arbeiten die Mitarbeiter meist nicht Vollzeit im Projekt, sondern bleiben ihrem Linienbereich unterstellt und sind weiterhin für das Tagesgeschäft verantwortlich (geringere Integrations- und Lerneffektivität). Die Motivation für das Projekt kann wegen einer fehlenden herausragenden organisatorischen Stellung desselben gestört sein, da die Sensibilisierung für die Bedeutung fehlt. So ist z.B. auch die Entwicklung einer leistungsförderlichen und vertrauensbildenden Projektkultur als Voraussetzung eines Wissenstransfers eher schwierig (geringere Integrations- und Lerneffektivität)	
Umfeld	Hohe Dringlichkeit der Umsetzung und Variabilität des Umfelds. Diese erfordert eine eher umfangreiche Organisationsform, die schneller zu Ergebnissen kommt und Kapazitäten für eine laufende Wissenssammlung hat; Voraussetzung: Verfügbarkeit von Beteiligten (Prozesseffektivität).		Sind die externen Rahmenbedingungen wenig dynamisch und komplex, ist eine Überwachung weniger erfolgskritisch und auch durch eine linienintegrierte oder Einfluss-PO umsetzbar (Prozesseffektivität).	
GRA	B: Integration (Transaktion)	A: Vorfeld, Transaktion, Integration B: Vorfeld, Transaktion	A: Vorfeld, Integration B: Vorfeld	Abschluss

Tabelle 7-4: Granularität der Rahmenorganisation

Die Entscheidung für eine Form bezieht sich auf die Teilprojekte, auch wenn diese in eine integrierte Form einzubinden sind. Da aber Mischformen möglich sind, wird im Folgenden differenziert argumentiert. Die Tendenzentscheidung zur **Effizienz einer Form** in Tabelle 7-4 wird intensiv begründet, weil die Entscheidung über eine Rahmenorganisation einen hohen Stellenwert für das Gesamtprojekt einnimmt. Es werden nur die wesentlichen Nutzenwirkungen aufgegriffen. Für die generell entstehenden Kosten sei auf die Erörterungen bei den Formen verwiesen.

Auf Basis der Vor- und Nachteile einer Form wäre für **beide Teilprojekte** in der **Vorfeldphase** eine **Einfluss-Projektorganisation** oder eine reine Projektorganisation effizient. Für erstgenannte Form spricht der noch geringe Umfang des Projekts mit wenigen, aber hochqualifizierten Experten aus der Primärorganisation. Prozesseffektivität kann dann relativ einfach auch durch kostengünstigere Formen gesichert werden. Zudem liegt die Verantwortung zu diesem Zeitpunkt relativ hoch angesiedelt bei der Gesamtunternehmensführung. Bei der Ansiedlung der Stabsstelle auf dieser hohen Hierarchieebene dürfte die Priorisierung der Projektaufgabe weniger gefährdet sein als es bei dieser Form sonst der Fall (Integrationseffektivität) ist.

Denkbar wäre aber auch bereits zu diesem Zeitpunkt die aufwändigere **reine Projektorganisation** zu implementieren, die nicht den Nachteil hat, dass dem Projekt ggf. nicht ausreichend Aufmerksamkeit geschenkt wird und zusätzliche Vorteile im Hinblick auf Lern- und Integrationseffektivität aufweist, die die höheren Kosten rechtfertigen könnten. So wird ein Lenkungsausschuss integrierbar sein. Dieser wäre dann für das Gesamtprojekt involviert, was eher zur erfolgskritischen Unterstützung der eingebundenen Leitungsebenen für das Projekt beiträgt. Zudem dürften Widerstände wegen Missachtung der Verantwortungsbereiche z.B. von betroffen Bereichsleitern geringer sein, wenn diese von Beginn an involviert sind. Auch wäre der Zugriff auf wichtige Wissensträger gegeben. Die Form der reinen Projektorganisation erfordert andererseits einen höheren Aufwand bei relativ hoher Unsicherheit, ob das M&A-Projekt tatsächlich durchgeführt wird. Sie bleibt dann effizient, wenn die Unsicherheit begrenzt ist und das Projekt besonders viele Unternehmensbereiche betrifft. Dann sind die Vorteile dieser Form wegen der besseren Integrations- und Lerneffektivität größer als die Nachteile. Ein weiterer Vorteil ergibt sich aus der Adaptionseffektivität der Form in späteren Phasen, da diese leicht im Umfang erweitert und damit angepasst werden kann (Adaptionseffektivität) – dies ist bei der Einfluss-Projektorganisation schwieriger. Weiterhin bietet sich eine bessere Möglichkeit der Sicherung der Anonymität innerhalb der reinen Projektorganisation, was sich direkt auf einen günstigeren Kaufpreis auswirken kann.

Spätestens bei Eintritt in die **Transaktionsphase** wird eine komplexere Form entsprechend der komplexer werdenden Gestaltungsbedingungen (vgl. Abschnitt 6.3.3) erforderlich. Hier wird eine **reine Projektorganisation** effizient sein, dies gilt insbesondere für das **Transaktionsprojekt**, welches wenige Verknüpfungen zur Primärorganisation aufweist und damit hier keine aufwändige Gestaltung erfordert. Für das **Integrationsprojekt** kann in der Transaktionsphase anstelle einer reinen Projektorganisation auch eine **Matrix-Projektorganisation** mit Besetzung der einen Dimension durch das Projektteam und der zweiten Dimension durch den zu gestaltenden Unternehmensbereich empfehlenswert sein. So können bessere Lerneffekte und eine bessere Abstimmung zwischen Primär- und Sekundärorganisation erzielt werden (Lern- und Prozesseffektivität), die grundsätzlich die höheren Kosten rechtfertigen würden, da auch inhaltlich bessere Lösungen erarbeitet werden können. So erfordert die hohe Integrativität der Leistung einen engen Kontakt zwischen den beiden Primärorganisationen (vgl. Abschnitt 6.3.6), der durch diese Form gesichert wäre. Zudem ist in dieser Phase eine Vielzahl an komplexen Aufgaben in kurzer Zeit zu lösen. Die gute Problemlösungseffektivität der Matrix-Projektorganisation ist dann besonders von Vorteil (Synergievorteile mit direkter Auswirkung auf die NOPAT). Die Motivation der Beteiligten durch Aussicht auf eine langfristige Perspektive im Unternehmen ist zudem wichtiger und innerhalb einer Matrix relativ einfach kommunizier- und umsetzbar (Integrations- und Lerneffektivität). Auch sind Konflikte zwischen Primär- und Projektorganisation einfacher lösbar, da der direkte Kontakt zwischen den Beteiligten intensiver ist als bei der reinen Projektorganisation (Kultureffektivität). Voraussetzung für eine Matrix-Projektorganisation ist aber, dass das M&A-Vorhaben nicht geheim gehalten werden muss, was selten der Fall ist. Dies stellt ein Ausschlusskriterium für die Matrix dar (Gefahr eines höheren Kaufpreises). Daher wird in der Transaktionsphase für beide Projekte eher die Form der reinen Projektorganisation effizient sein.

Für das **Integrationsprojekt** wird daher meist erst in der **Integrationsphase**, also nach dem Closing, die vorteilhafte **Matrix** einführbar sein. In dieser Phase ist sie zudem empfehlenswert, weil sie kostengünstig eine fließende Auflösung des Integrationsprojekts ermöglicht (Prozess- und Adaptionseffektivität). So bietet die Matrix Vorteile, weil die Primärorganisation direkt als vertikale Ebene in die Projektabwicklung eingebunden ist. Die überlappende horizontale Projektstruktur wird sich im Laufe des Projekts zurückbilden und zunehmend Verantwortung an die Linienbereiche übergeben, so dass ein fließender Übergang zwischen Primär- und Projektorganisation gegeben ist. Für das **Transaktionsprojekt** kann die **reine Projektorganisation** in im Umfang verkleinerter Form (geringere Kosten) aufrecht gehalten werden, um keine Friktionen durch den Wandel der Form zu riskieren und Wissen aus der Transaktionsphase weiter nutzen zu können (Prozess- und Adaptionseffektivität).

Im Mittelpunkt der **Abschlussphase** stehen die Evaluierung und die Auflösung des Projekts. Die Evaluierung hat objektiv zu erfolgen und ist daher von einer unabhängigen Institution z.B. über ein **linienintegriertes Projekt** durchzuführen, da im Projekt Beteiligte durch die persönliche Betroffenheit kaum neutral sein dürften. So ist die nachträgliche Projektevaluation regelmäßig, insbesondere bei Großprojekten, einer spezialisierten Einheit in der Trägerorganisation zu übertragen (vgl. Schindler 2002, 155). Eine endgültige und abschließende Evaluation ist meist erst weit nach Abschluss des Projekts möglich, was ebenfalls dafür spricht, eine komplett unabhängige Instanz hierfür einzusetzen, da das Projektteam dann schon längst aufgelöst ist. Berichtsinstanz für das Gesamtprojekt ist der Lenkungsausschuss, dem auch

Bericht über den Gesamterfolg des Projekts zu erstatten ist. Um die für diese Phase hoch gewichtete Integrationseffektivität zu wahren, wird eine von der Projektleitung unabhängige Person verantwortlich zu machen sein. Dies kann durch Ansiedlung der Verantwortung für diese Aufgaben im Finanz-/Controllingbereich der Primärorganisation gewährleistet werden, was wegen der Neutralität dieses Bereichs integrationseffektiv und gleichzeitig kostengünstig ist. Auch die Auflösung des Projekts kann besser zentral durch die Trägerorganisation umgesetzt werden, da die Beteiligten von dieser aufzunehmen oder von dieser auf weitere Projekte zu verteilen sind. Wäre dies nicht gewährleistet, wäre die Motivation der Projektbeteiligten im Projektverlauf gestört (Lern- und Integrationseffektivität).

Jede der Rahmenorganisationsformen birgt **Gestaltungspotenzial**. So reicht es nicht aus, sich für eine der Formen zu entscheiden, es ist auch die Tiefe der Organisation oder der Grad der Formalisierung festzulegen.

Es ist zudem sicherzustellen, dass die **Strukturen im Verlaufe des Projekts** aufeinander aufbauen und für Phasen, in denen eine einfachere Struktur zu empfehlen ist, bereits die Grundvoraussetzungen für die in einer späteren Phase erforderlich werdende komplexere Struktur geschaffen werden, um so einerseits eine erfolgskritische schnelle Anpassungsfähigkeit der Organisation an sich verändernde Rahmenbedingungen zu gewährleisten und andererseits durch die Stabilität des Kernteams einen Wissensfluss aus prozess- und motivationaler Sicht phasenübergreifend zu erreichen (Prozess-, Adaptions- und Lerneffektivität). Die obigen Empfehlungen schließen diese Überlegungen mit ein.

7.3.3 M&A-Projektmanagement-Rollen und -Teams

7.3.3.1 Auftraggeber und Lenkungsausschuss

In den weiteren Unterabschnitten wird bezugnehmend auf das Rollenkonzept (vgl. Abschnitt 4.3.3) näher auf die Auswahl der relevanten Projektbeteiligten mit Managementfunktion eingegangen. Aus dem Aufgabenprofil ergibt sich in einem späteren Schritt auch das fachliche Stellenprofil, welches einer Personalauswahl zugrunde liegt (vgl. Abschnitt 7.4.2). Ein Einfluss besteht insbesondere auf die motivationsorientierten **Ziele** und auf die Prozesseffektivität, da der Einbezug vieler und tendenziell hierarchisch höher angesiedelter Personen schnellere Entscheidungen und eine stärkere Motivierung der Beteiligten ermöglichen.

Aufgaben und Verantwortungsbereiche variieren je nach gewählter Form der Einbindung des Projekts in die Primärorganisation. Allgemein lässt sich sagen, dass Verantwortungs- und Aufgabenbereiche mit zunehmender Projektgröße und damit tendenziell komplexerer Organisationsform größer werden. Auch wird bei geringer inhaltlicher Verknüpfung zur Primärorganisation der Autonomiegrad des Projekts und damit auch der Verantwortungsbereich einzelner steigen. Je mehr Personen einem Bereich zugeordnet sind, je höher diese in der Hierarchie angesiedelt sind und je höher ihre Qualifikation ist, desto höher ist die **Granularität** zu bewerten (vgl. auch Abschnitt 6.5.3). Die Beurteilung der Granularität erfolgt in den Folgeabschnitten direkt jeweils im Anschluss an die Erörterung der einzelnen Rollen und für diese auch separat, da Nutzen und Kosten jeder Rolle unterschiedlich ausgeprägt sind.

Oberstes Projektorgan ist der Projekteigentümer, der auch als **interner Auftraggeber** oder Sponsor bezeichnet wird (vgl. Patzak/Rattay 2004, 102; Beck 1996, 101). Die originäre Aufgabe des Auftraggebers ist die Projektleitung. Da die Unternehmensleitung diese Aufgabe aus Zeitgründen aber selten (auch unabhängig von der Projektart) selbst durchführen kann, wird es sie an einen ausgewählten Projektleiter delegieren. Das Top-Management bleibt aber über die gesamte Laufzeit, je nach strategischer Bedeutung des Projekts, mehr oder weniger stark ins Projektmanagement involviert. Seine Aufgaben umfassen neben der internen Erstellung und Erteilung des Projektauftrags die Auswahl des Projektleiters und die Festlegung seiner Entscheidungsbefugnisse, ein Einschreiten im Eskalationsfall zur Projektdurchsetzung (in Abstimmung mit dem Projektleiter), die Wahrnehmung von strategischen Controllingaufgaben und die Vertretung der Projektinteressen nach außen (vgl. im Detail Patzak/Rattay 2004, 102-105; Beck 1996, 98-100). Sein Einwirken ist insbesondere dann erforderlich, wenn die Machtstellung des Projektleiters für wichtige, aber schmerzhafte Entscheidungen nicht ausreicht (vgl. Patzak/Rattay 2004, 102). Wichtigster Aufgabenbereich dürfte die Entscheidung über die strategische Stoßrichtung des Projekts sein (vgl. Beck 1996, 98), die er ggf. in Zusammenarbeit mit dem Projektleiter erarbeitet (vgl. Patzak/Rattay 2004, 102) als auch die Vergabe finanzieller Mittel. Letztendlich entscheidet er über den Fortgang des M&A-Projekts und trägt die originäre Ergebnisverantwortung. Der Umfang der dem Auftraggeber zugeordneten Aufgaben variiert. Er stellt eine Berichtsinstanz für den Projektleiter dar, dessen Statusberichte er prüft, ebenso wie die erarbeiteten Zwischenergebnisse. Beck listet eine Vielzahl weiterer Aufgaben auf, spricht aber auch an, dass diese zumeist delegiert werden (vgl. 1996, 100). Sie werden bei den entsprechenden weiter in diesem Abschnitt charakterisierten Projektrollen erläutert.

Der Auftraggeber kann auch, wie es in komplexen Projekten meist der Fall ist, durch eine Gruppe verkörpert sein. In dem Fall sind z.B. Vorstand und Fachbereichsleiter eingebunden. Die Einbindung erfolgt über den projektbegleitend eingerichteten **Lenkungsausschuss**, auch Steuerungsgruppe/-ausschuss, Steering Committee oder Projektbeirat/-ausschuss (vgl. Lucks 2005b, 920; Patzak/Rattay 2004, 105; Beck 1996, 100). Der Lenkungsausschuss nimmt als Gruppe die Auftraggeberrolle und damit auch dessen Aufgaben war und fungiert als Bindeglied zwischen Gesamtunternehmen und Projekt. Der eigentliche interne Auftraggeber kann persönlich mit im Gremium sitzen oder seine Aufgaben an Gremiumsmitglieder delegieren.

Die Einbindung des Top-Managements des Unternehmens direkt oder über einen Lenkungsausschuss, ist ein wesentlicher M&A-Erfolgsfaktor und trägt sowohl zur Erreichung der koordinations- als auch der motivationsorientierten Ziele bei (vgl. Abschnitt 6.5.3). Das Management fungiert als sogenannter Machtpromotor (vgl. im Detail z.B. Hauschildt/Gemünden 1999). Die **Granularität** bemisst sich an der Stellung der einzubindenden Personen in der

Hierarchie des Unternehmens und der Anzahl an eingebundenen Personen sowie an der Frequenz des Einbezugs. Folgende Tabelle fasst wichtige Argumente für/gegen eine hohe Granularität des Lenkungsausschusses aus Effektivitätssicht zusammen. Als Kosten einer hohen Granularität fallen für dieses Gestaltungselement insbesondere Opportunitätskosten an. So wird im wesentlichen Arbeitszeit hochrangiger Personen beansprucht, die diese für ihren Verantwortungsbereich in der Primärorganisation nicht nutzen können. Die Kosten entstehen damit in erster Linie in der Primärorganisation. Sie sind zu berücksichtigen, da das M&A-Projekt letztendlich ganzheitlich vorteilhaft für die Primärorganisation sein muss. Die Effizienzbewertung für die Gestaltungsobjekte erfolgt anschließend.

<table>
<tr><th></th><th colspan="4">Granularität (GRA) des Lenkungsausschusses
in Abhängigkeit der Gestaltungsbedingungen
(Anzahl der Beteiligten/hierarchische Stellung/Machtpotenzial; Häufigkeit der Sitzungen der Berichtsinstanz etc.)</th></tr>
<tr><td>Aufgaben</td><td colspan="4">Bei Einbezug kann strategisches (implizites) Wissen, welches für die Entscheidungen relevant ist, durch Interaktion gut übertragen werden (Lerneffektivität).

Ein fehlender/zu seltener Einbezug könnte hohe Kosten zur Folge haben, z.B., weil die falschen Ziele verfolgt werden. Der Einbezug sichert damit auch direkte Synergievorteile. Ein Einbezug wirkt direkt wertsteigernd, da die Entscheidungen bei Einbezug der adäquaten Führungskräfte (Kompetenz/Hierarchie passt zu der zu treffenden Entscheidung) qualifizierter sein werden. Dies gilt umso mehr, je bedeutsamer die komplexen Aufgabenbereiche letztendlich für die Wertsteigerung sind (insbesondere Synergievorteile).

Der Einbezug sichert generell Prozesseffektivität, da zeitnahe Entscheidungen möglich sind.</td></tr>
<tr><td>Struktur</td><td colspan="4">Bei Heterogenität der Beteiligten sind Entscheidungen schwieriger und der Einbezug von Machtpromotoren fördert schnellere Entscheidungen (Prozesseffektivität).</td></tr>
<tr><td>Menschen</td><td colspan="4">Machtpromotoren sind vor allem dann wichtig, wenn die Interessenlage problematisch ist und sich Widerstände gegen das Projekt bilden. Ein Einbezug sichert vor allem Integrationseffektivität. Wichtig ist dabei aber, dass die hierarchische Stellung der einbezogenen Führungskraft auch der Bedeutung der Aufgabe entspricht, da andernfalls die Motivation zur Förderung des Projekts gestört sein könnte (Integrationseffektivität).</td></tr>
<tr><td>Umfeld</td><td colspan="4">Bei dynamischen Rahmenbedingungen können häufige Entscheidungsrevisionen erforderlich sein. Ein Einbezug hochrangiger Manager sichert dann schnelle Reaktionsmöglichkeiten (Prozesseffektivität).</td></tr>
<tr><td>GRA</td><td>A: Integration
B : Integration</td><td>A: Transaktion
B: Transaktion</td><td>A: Vorfeld
B: Vorfeld</td><td>Abschluss</td></tr>
</table>

Tabelle 7-5: Granularität des Lenkungsausschusses

Der Auftraggeber/Lenkungsausschuss ist dem Gesamtprojekt übergeordnet – eine teilprojektspezifische Betrachtung erfolgt daher nicht. Generell ist anzunehmen, dass je komplexer die Aufgabe ist, desto schwieriger sind die Folgen hoher Investitionen abzuschätzen. Je weniger die Folgen abgeschätzt werden können, desto intensiver (höhere Frequenz) sind die verantwortlichen Entscheidungsträger (Vorstand/Bereichsvorstand) einzubeziehen, da diese letztendlich die Verantwortung für die Transaktion tragen und ihr strategisches Wissen für die

Entscheidungen nur durch Interaktion gut übertragen werden kann. Weiterhin gilt: Je heterogener die Beteiligten sind, je schwieriger die Situation im Hinblick auf den Leistungswillen ist und je komplexer und dynamischer die externen Rahmenbedingungen sind, desto eher ist ein Einbezug von Managern der Primärorganisation gerechtfertigt.

In **Vorfeld- und Transaktionsphase** dürfte eine hohe Granularität in Bezug auf die hierarchische Ebene des Auftraggebers effizient sein, da häufig richtungsweisende Entscheidungen zu treffen sind (vgl. Lucks 2005b, 920-921). So ist der Vorstand einzubinden, wenn er die Transaktion zu genehmigen hat und mit ihr überdurchschnittliche Verpflichtungen und Risiken eingeht (Prozesseffektivität, direkte Wertbeeinflussung durch Unterstützung der richtigen Entscheidungen). Bei Stanley Works nehmen beispielsweise der CFO und der CEO an wöchentlichen Projektmeetings teil, so dass keine zeitliche Verzögerungen durch verspätete Managemententscheidungen/-genehmigungen entstehen (vgl. Gates 2007, 8).

Der Einbezug des Vorstands oder weiterer Mitglieder des oberen Managements wäre in der **Vorfeldphase** aus Kostensicht grundsätzlich auch direkt je nach Bedarf ohne Bildung eines regelmäßig tagenden Lenkungsausschusses möglich, da zu beachten ist, dass hochrangige Personen der Primärorganisation sehr begrenzt verfügbar sind und tendenziell für alle von ihnen verantworteten Bereiche in Gremien einbezogen werden könnten. Die Auswahl der Gebiete, in denen sie tatsächlich persönlich und nicht durch einen Delegierten einzubinden sind, hat gewissenhaft zu erfolgen. Der Verzicht auf einen Lenkungsausschuss hätte aber den Nachteil, dass wichtige Personen erst später eingebunden werden und dann weniger für das Projekt motiviert sind. Zudem dürfte ihnen dann entscheidendes Wissen aus dieser Phase fehlen (Lern- und Integrationseffektivität). Bei einem ad-hoc Einbezug des Lenkungsausschusses bei Bedarf können die Kosten allerdings gering gehalten werden. Bei M&A ist der Einbezug auf jeden Fall zu den Terminen effizient, an denen eine Beschlussfassung über die Fortführung des Projekts erforderlich ist, oder das M&A-Projekt zu eskalieren droht und eine Notfallsituation eintritt (vgl. auch Abschnitt 4.1.2.2). Der Einbezug nur bei Bedarf kann allerdings die Entscheidungsqualität und Integrationseffektivität mindern. Es ist daher fallspezifisch abzuwägen, wie häufig der Einbezug erfolgen sollte, damit der Nutzen erhalten bleibt.

In der **Transaktionsphase** ist ein breites strategisches Wissen erforderlich und auch der Umfang des Lenkungsausschusses wird zunehmen. Generell sind aus Sicht der Erreichung der Projektziele (direkte Wertbeeinflussung) bei großer Gefahr negativer Berichterstattung in der Presse Experten der Kapitalmarktkommunikation in den Lenkungsausschuss einzubeziehen, um eine schnelle und effektive Information der Investoren zu gewährleisten, falls Informationen nach außen gelangen (Prozesseffektivität). Generell wäre aber auch der Einbezug des CFO möglich/ausreichend, dem die Kapitalmarktkommunikation in der Regel untergeordnet ist. Analog ließe sich, je nach Bedeutung verschiedener Stakeholdergruppen für das Unternehmen, für weitere Experten argumentieren – so z.B. für das Kundenmanagement (vgl. im Detail zur Gestaltung eines wertorientierten Kundenmanagements Fischer 2008). Hier ist entsprechend der durch die M&A-Transaktion betroffenen Bereiche und Stakeholder sowie deren Verhalten und Bedeutung für den Unternehmenswert zu entscheiden.

Problematisch ist insgesamt die Entscheidung, bis zu welcher Ebene noch Verantwortliche aus den Bereichen einzubeziehen sind. So sinkt die Schlagkraft von Gruppen mit zu vielen Mitgliedern, da das Konfliktpotenzial steigt (vgl. Litke 2004, 217) und eher zeitraubende Verhandlungen und suboptimale Kompromisse erforderlich sind (geringere Prozesseffektivität). Zudem steigen die Arbeits- und Opportunitätskosten. Allerdings könnte ein Nicht-Einbezug betroffener Verantwortlicher, z.B. weil diese langfristig nicht im Unternehmen gehalten werden sollen, zu frühem Widerstand gegen die Transaktion führen, der sich auch auf untere Ebenen des betroffenen Bereichs durchschlagen kann (geringere Integrationseffektivität). Die höheren Kosten wären dann eher zu rechtfertigen.

In der **Transaktions-** spätestens aber in der **Integrationsphase** ist zusätzlich ein Einbezug der betroffenen Bereichsleiter bedeutsam. Sie können ihr strategisches und vor allem operatives Wissen über ihre Bereiche einbringen. Dieses Wissen ist bedeutsam für die Überwachung der Richtigkeit der detaillierten Maßnahmenplanung und ihre Umsetzung (direkte positive Wertbeeinflussung). Durch persönliche Einbindung kann auch recht einfach implizites Wissen übertragen werden (Lerneffektivität). Sie sind damit selbst auch laufend über die Transaktion und ihre Auswirkungen für den eigenen Verantwortungsbereich informiert und ihre persönliche Einbringung für das Projekt steigt (vgl. Patzak/Rattay 2004, 106), was sich, ohne zusätzliche Kosten zu verursachen, letztendlich auch auf die Projektatmosphäre und damit Motivation der Beteiligten in Primär- und Projektorganisation auswirken kann (Integrations-, Lern- und Kultureffektivität).

In der **Integrationsphase** sind richtungsweisende Entscheidungen zwar seltener, da nun die operative Umsetzung im Vordergrund steht. Der Einbezug auch von Personen höherer Hierarchieebenen ist aber weiterhin effizient, um die Bedeutung des Projekts zu signalisieren, was als ein wichtiger Erfolgsfaktor identifiziert wurde (E2.02, vgl. Abschnitt 5.2.3.2). Allerdings kann die Frequenz von Sitzungen verringert werden bzw. werden ad-hoc Konsultierungen seltener sein, um die Kosten bei konstanter Effektivität zu senken.

In der **Abschlussphase** ist auch der Lenkungsausschuss aufzulösen, die Granularität ist also niedrig. Die Aufgaben selbst liegen in der Gesamtverantwortung des Auftraggebers, der entsprechende verantwortliche Managementebenen/Zentralbereiche zur Überwachung einsetzt.

7.3.3.2 Projektleitung und weitere Managementfunktionen im Projektbüro

Von Auftraggeber und Lenkungsausschuss, die die Eigentümerseite vertreten, ist die operative Managementebene zur konkreten Umsetzung abzugrenzen. Die operative Leitung obliegt dem **Projektleiter** als erster Ansprechpartner für die Projektmitglieder und, sofern der Auftraggeber diese Aufgabe nicht selbst wahrnimmt, für die Projektumwelt (vgl. Gareis 2004,

82). Er wird vom Lenkungssauschuss eingesetzt, sobald die Entscheidung für ein Projekt getroffen wurde und zeichnet sich für das Gesamtprojektergebnis verantwortlich (vgl. Litke 2004, 21). Er berichtet an den Auftraggeber/den Lenkungsausschuss (vgl. Abschnitt 4.3.2.5). Wichtige Aufgaben sind die Konkretisierung der strategischen Projektziele des Lenkungsausschusses auf operativer Ebene, die Zusammensetzung, Führung und Auflösung des Projektteams und die Gestaltung der Projektorganisation. Besonders hervorzuheben ist die ihm obliegende Verantwortung über die Koordination der Prozesse. Weiterhin hat er die Projektplanung umzusetzen und die Einhaltung der Pläne laufend zu überwachen. Um Projekte erfolgreich durchzuführen, ist das Wissen unterschiedlichster Wissensträger erforderlich. Hierzu reicht es seitens des Projektleiters nicht aus, die organisatorische Struktur festzulegen und auf technischer Seite ein IT-System zur Unterstützung der Wissensflüsse über die bestehenden organisatorischen Schnittstellen hinweg aufzubauen, sondern es ist auch die Motivation der Beteiligten sicherzustellen (vgl. Patzak/Rattay 2004, 110). Er zeichnet sich zudem für die Dokumentation und die Regelung des Projektabschlusses verantwortlich (vgl. hierzu Patzak/Rattay 2004,110-111 und im Detail zu den Aufgaben des Projektleiters 108-113 und Kerzner 2003, 7-8; Niklas 2005, 170). Er ist damit nicht nur für die Sicherstellung der Primär- sondern auch vieler Sekundäraufgaben verantwortlich.

Die Aufgaben des M&A-Projektleiters spiegeln sich daher inhaltlich in den Aufgaben der M&A-Projektmanagement-Prozesse wider, sofern nicht die Primärorganisation Träger der Aufgaben ist. Eher nicht in den Verantwortungsbereich des M&A-Projektleiters fällt z.B. die projektbezogene Gehalts- und Aufstiegsregelung. Diese wird von der Primärorganisation zu übernehmen sein, da nur so eine langfristige Karriereplanung für die schwierig zu motivierenden M&A-Projektbeteiligten im Unternehmen gewährleistet werden kann (vgl. im Detail zu dieser und zu weiteren Abgrenzungen des Verantwortungsbereichs Abschnitt 7.6.3.1).

Die **Granularität** bemisst sich am Zeitpunkt der Bestimmung einer Person für diese Rolle und dem Umfang der der Stelle zugeordneten Unterstützungsfunktionen. Die Besetzung der M&A-Projektleitung mit einer geeigneten Führungskraft sollte am besten bereits in der Vorfeldphase oder schon bei der Projektdefinition (vgl. Abschnitt 4.1.2.2) erfolgen bzw. sollte eine potenziell für diese Aufgabe in Frage kommende Führungspersönlichkeit **möglichst frühzeitig in das Projekt eingebunden** werden, damit diese über alle projektrelevanten Entscheidungen informiert ist (Lerneffektivität). Dies sichert zudem Prozesseffektivität in Bezug auf die Wissensprozesse, da die Abstimmungsnotwendigkeit mit dem Auftraggeber sinkt. So kann der zukünftige Projektleiter sich im Rahmen der Vorfeldphase ein komplettes Bild über die mit der Transaktion verfolgten Ziele verschaffen, was Voraussetzung dafür ist, dass er im weiteren Projektverlauf die Einhaltung dieser Ziele überwachen kann. Ein frühzeitiger Einbezug erhöht auch die Identifikation des Projektleiters mit dem Projekt, da er selber an der Entscheidungsfindung partizipiert (Integrationseffektivität). Die Nachteile des höheren Aufwands durch einen frühen Einbezug eines relativ teuren Managers (Personalkosten) dürften gerade bei komplexen M&A inkauf zu nehmen sein.

Um das Projekt nicht durch einen (z.B. krankheitsbedingten) Ausfall des Projektleiters zu gefährden, ist ein **Stellvertreter** zu bestimmen, der das Vertrauen des Auftraggebers und des Teams genauso hat wie der Leiter selbst (vgl. Niklas 2005, 169) und so im M&A-Kernteam eingebunden ist, dass er auch aus wissensorientierter Sicht die Leitung kurzfristig übernehmen kann (Adaptions-, Prozess- und Lerneffektivität). Wenn dies jemand ist, der sowieso schon ins Projekt eingebunden ist und in intensiver Austauschbeziehung zum Projektleiter steht, ist dies auch kostengünstig umzusetzen und damit effizient. Infrage käme z.B. der noch zu erläuternde Projektcontroller. Der Projektleiter wird in der Regel einen Assistenten haben, an den er Aufgaben seines direkten Verantwortungsbereichs spontan delegieren kann. Dessen Stelle wird in dieser Arbeit nicht gesondert erläutert, da es von der Person und Kompetenz des Projektleiters und seines Assistenten abhängt, wie diese Beziehung zu gestalten ist und die Entscheidung nicht M&A-spezifisch ist. Je höher der Arbeitsumfang des Projektleiters, desto mehr Assistenten wird er haben.

Hinsichtlich **weiterer zuzuordnender Unterstützungsfunktion** ist bei komplexen Großprojekten generell von einer höheren Granularität auszugehen. Im Folgenden werden mögliche Verantwortungsbereiche erörtert. Eine Erörterung der zentralen Wirkungen auf ausgewählte Effektivitätsziele wird der Charakterisierung angefügt.

Beteiligte mit Unterstützungsfunktion stellen zusammen mit dem Projektleiter die zentralen Mitglieder des Projektbüros. Bei großen M&A-Projekten wird der Projektleiter nicht alle diese Führungsaufgaben selber wahrnehmen, sondern sie spätestens ab der Transaktionsphase an **Teilprojekt-/Prozessleiter** delegieren. Die Delegation kann dabei sowohl objektorientiert vorgenommen werden, z.B. sich auf die M&A-Teilprojekte beziehen, oder prozessorientiert erfolgen, d.h., dass spezielle Prozessverantwortliche bestimmt werden, die für das Gesamtprojekt für die Prozesse auf Primäraktivitätsebene verantwortlich sind.

Bei M&A-Transaktionen bietet es sich auf **Teilprojektebene** unterhalb der Gesamtprojektleitung an, aus ähnlichen Gründen wie für den frühen Einsatz des Projektleiters selbst, bereits in der Vorfeldphase einen Integrations- sowie einen Transaktions-Projektleiter zu bestimmen, die wiederum in späteren Phasen, in denen der Aufgabenumfang zunimmt, Aufgabenbereiche an weitere Führungskräfte delegieren können. Dies dürfte vor allem für das Integrationsprojekt effizient sein, da die Breite der Aufgaben und die Anzahl der für die Umsetzung erforderlichen Beteiligten dann ein enormes Ausmaß annehmen können und der Umfang der Aufgaben andernfalls nur schwierig für einen Einzelnen zu bewältigen wäre (Prozesseffektivität, direkte Wertbeeinflussung durch bessere Leistungserstellung). Aus Kostensicht könnte es Sinn machen, dass der Gesamtprojektleiter die Integrationsleitung in Personalunion übernimmt und ihm zusätzlich ein Teilprojektleiter für die Transaktionsaufgaben ab Ende der Vorfeldphase oder zu Beginn der Transaktionsphase unterstellt ist. Diese stärkere Zentralisierung der integrationsbezogenen Aufgaben würde zudem der besonders erfolgskritischen Stellung dieser Aufgaben Rechnung tragen und Prozess- und Integrationseffektivität im Gesamtprojekt fördern, sowie durch die Verminderung der Gefahr der zu starken Betonung der besser strukturierten Transaktionsaufgaben, zu besseren Ergebnissen hinsichtlich der Leistungserstellung führen (direkte Wertbeeinflussung; vgl. im Detail zur Stellenbesetzung noch Abschnitt 7.4.2).

Voraussetzung für diese organisatorische Betonung des Integrationsprojekts auch in der Transaktionsphase sind geeignete flankierende Anreize, die sicherstellen, dass auch das Transaktionsteam trotz der organisatorischen Unterordnung, die eher demotivierend wirken dürfte (geringere Integrations- und Lerneffektivität), gesamtzielkonform handelt. Wegen der etwas günstigeren Interessenlage der operativen Projektteams dürfte diese Aufteilung aber effizient sein. Zudem werden Plananpassungen eher ihren Ursprung im Integrationsprojekt haben, schnelle Entscheidungen auf hoher Ebene sind dann eher gesichert, wenn dieses Teilprojekt höher angesiedelt ist (Prozess- und Integrationseffektivität).

Übernimmt der Gesamtprojektleiter sowohl die Verantwortung für die Integrationsaufgaben als auch für die Sekundärprozesse, kann dies gerade in der Integrationsphase zu Überforderung führen. Spätestens dann, eher aber bereits zu Projektstart, ist es sinnvoll, ihm einen **(Sekundär-) Prozessmanager** zuzuordnen, der die Verantwortung für die Effizienz der Sekundärprozesse übernehmen kann und so den Gesamtprojektleiter entlastet. Diesem sind ggf. weitere Prozessverantwortliche zuzuordnen, die im Folgenden phasenübergreifend zu charakterisieren sind.

Bei M&A-Projekten wäre der Einsatz eines **Projektcontrollers** effizient, der sich für die Koordination der Teilsysteme verantwortlich zeigt und diese überwacht und den Projektleiter in der Planung und Überwachung des Gesamtsystems unterstützt (vgl. Patzak/Rattay 2004, 104; Küpper/Weber/Zünd 1990, 287). Ihm zuzuordnen wären die Projektplanung und -kontrolle und das einzelprojektspezifische Projektcontrolling. Er ist an der Definition der Soll-Daten beteiligt/verantwortet diese und die Ist-Daten laufen bei ihm aus den Prozessen ein. Er bettet sie in ein Gesamtmonitoring ein. Die Ergebnisse dienen dem Projektleiter als Entscheidungsvorlage und als Grundlage für die Berichterstattung an den Aufftraggeber, dem er Rechenschaft abzulegen hat. Die Rolle des Projektcontrollers wird auch bei kleineren Projekten nicht in Personalunion vom Projektleiter auszuüben sein. Er steht dem Projektleiter zur Seite, der sich Durch Fachwissen zu den primären Projektinhalten auszeichnet. Der Controller hat dagegen stärker die wirtschaftliche Seite des Projekts im Blick (vgl. Patzak/Rattay 2004, 113) und wird einen entsprechenden fachlichen Hintergrund aufweisen – wobei bei M&A-Projekten die Diskrepanz zwischen Primär- und Sekundäraufgaben nicht so hoch ist wie bei Industrieprojekten (vgl. im Detail zu den Anforderungsprofilen Abschnitt 7.4.2.1).

Je nach Dynamik der Rahmenbedingungen variiert die Funktion des Controllers. Bei geringer Dynamik, wie in der Abschlussphase gegeben, übernimmt er eher eine rückwärts gerichtete Kontrollfunktion. Bei dynamischen Umfeldbedingungen in der Vorfeldphase ist seine Funktion stärker zukunftsgerichtet und er fungiert eher managementorientiert als Navigator. Er ist z.B. verantwortlich für die Einrichtung eines Frühwarnsystems (vgl. Küpper/Weber/Zünd 1990, 286-287). Wegen der eher koordinativ ausgerichteten Tätigkeit könnte der Projektcontroller in Personalunion auch Verantwortung für die weiteren Unterstützungsprozesse übernehmen. Originäre Verantwortung wird er generell für Planung und Kontrolle haben, die mit dem Controlling eng verknüpft sind (vgl. Abschnitt 4.3.2.3.2 und 4.3.2.5). Seine Funktion unterstützt grundsätzlich alle Ziele.

Neben dem Controller kann für die Übernahme der Personalführungsaufgaben speziell für die entwicklungsorientierten Maßnahmen ein **Projektcoach** eingesetzt werden, um bei der Implementierung komplexerer Methoden (vgl. Niklas 2005, 203) und für die kulturelle Sensibilisierung/die Sensibilisierung für die Bedeutung des Wissensmanagements/des Projekts allgemein für die Gesamtunternehmung den Projektbeteiligten zur Seite zu stehen (Integrations-, Lern- und Kultureffektivität). Der Umfang der Stelle und deren organisatorische Ansiedlung sind stark von den spezifischen Rahmenbedingungen der Primärorganisation abhängig. Bei häufigen oder mehreren parallel abgewickelten Projekten und überschaubarem Arbeitsumfang, kann dieser Coach auch in der Primärorganisation festangestellt sein und vom Projekt als „Lieferant“ gebucht oder von einem externen spezialisierten Berater zeitweise zugekauft werden. Dies senkt die Kosten für diesen Aufgabenbereich und führt bei weitestgehend gleichbleibender Qualität der Leistung zu höherer Effizienz. Bei sehr umfangreichen und kulturell schwierigen Transaktionen wird dem Projekt ein entsprechender Berater ggf. auch vollständig zuzuordnen sein, um zeitnahe und angepasste Unterstützung leisten zu können (Zunahme an bedeutsamer Prozesseffektivität) und auch von Lerneffekten zu profitieren.

Die Einrichtung eines Verantwortlichen für die Sicherstellung des Wissenstransfers kann bei M&A-Projekten mit besonderer Bedeutung von Wissensprozessen effizient sein, auch wenn eine empirische Bestätigung für die Einrichtung einer solchen Verantwortung in Unternehmen nicht vorliegt (vgl. Abschnitt 6.5.3). So ist gerade in Projekten, die in einer reinen Projektorganisation abgewickelt werden oder bei denen Personen einen hohen Anreiz haben, Wissen nicht zu generieren oder zu teilen, den Wissensprozessen besondere Aufmerksamkeit zu schenken, da diese gehemmt sein können. Ein so genannter **Chief Knowledge Officer** (CKO) oder „Knowledge Broker“ kann dies leisten. Er wäre verantwortlich für die Vernetzung interner und externer Experten zu bestimmten Problemfeldern und für die Schaffung von Transparenz über die organisatorische Wissensbasis (vgl. allgemein auch Schindler 2002, 137-39). Dessen Funktion geht damit über die eines Chief Information Officers (CIO) hinaus. Dieser wäre eher für die Bereitstellung der technischen Infrastruktur verantwortlich (vgl. Schindler 2002, 137). Weitere Verantwortungsbereiche eines Projekt-CKO wären die Sicherstellung des Wissensaustauschs zwischen Primär- und Sekundärorganisation und auf Multiprojektebene, die Planung der Aus- und Weiterbildung im methodischen Bereich des Wissensmanagements, die Sicherstellung des projektinternen Wissensflusses und Ausübung einer koordinierenden Funktion zwischen den Einzelteams und -gremien im M&A-Projekt, die Sicherstellung der Qualität des zu bewahrenden Wissens und die Pflege von Beziehungsnetzwerken (vgl. Schindler 2002, 123-124, 137-143 und allgemein zu den Aufgaben eines CKO Probst/Raub/Romhardt 2006, 245). Setzt er diese Aufgaben bestmöglich um, sichert sein Einbezug dem M&A-Projekt **Prozesseffektivität** in Bezug auf Wissensprozesse und **Lerneffektivität**. Je nach Projektumfang und fachlichem Hintergrund der potenziellen Beteiligten für die Besetzung können diese Aufgaben in Personalunion oder getrennt wahrgenommen werden (vgl. im Detail zu weiteren wissensbezogenen Rollen in Projekten auch Schindler 2002, 140-142), wobei wegen des sehr divergierenden Anforderungsprofils eher von einer Trennung der Funktionen auszugehen ist. In dem Fall wird der CKO die Gesamtverantwortung für den Projektmanagement-Prozess „Projektinformation" tragen, da seine Aufgaben nicht nur umfassender sind als die eines CIO, sondern auch erfolgskritischer – insbesondere, weil er auch für die Sicherung und Teilung impliziten Wissens mit Verantwortung trägt, welches über Techniken aber nur schwer (ver-) teilbar ist (vgl. im Detail Abschnitt 5.4). Bei sehr komplexen M&A-Projekten ist diese Zunahme an Granularität auch aus Effizienzgesichtspunkten gerechtfertigt. Das Delegationsausmaß wird sich an der Projektgröße und der internen Projektkomplexität als auch an der Komplexität der externen Rahmenbedingungen bemessen. Je höher diese ist, desto wichtiger sind die Wissensprozesse und die zeitnahe Berücksichtigung neuer Wissensbestände und desto eher ist es sinnvoll, eine Stelle zu schaffen, die sich explizit für das Management der Wissensprozesse verantwortlich zeigt. Diese Stelle wird zentralisiert im Projektbüro angesiedelt sein, muss aus dieser Position heraus aber das Vertrauen der dezentralen Teams erhalten, die die Informations- und Wissensbeschaffung für das M&A-Projekt übernehmen. Dies stellt besondere Anforderungen an das persönliche Profil des CKO (vgl. noch Abschnitt 7.4.2.1).

Bei Einbezug einer Vielzahl an Beteiligten ist eine organisatorische Zusammenfassung dieser in einem **Projektbüro** („Project Office") sinnvoll. Das Projektbüro bildet das Kern-M&A-Führungsteam zur Koordination der Projektbeteiligten und stellt damit eine Art „Projektzentrale" für die eher dezentral organisierten Teams der Projektumsetzung dar (vgl. Abschnitt 4.3.3). Klassische Aufgaben, die im Projektbüro abzuwickeln sind und die denen des Projektleiters grundsätzlich entsprechen, sind die Abstimmung mit dem Projektumfeld und zwischen den Teilprojekten, die Koordination und Verwaltung der Projektdokumentation, die Koordination von Lernprozessen und allgemein die Unterstützung, Beratung, Information und Förderung des Projektteams (vgl. Litke 2004; Schindler 2002, 122).

Die Einrichtung fördert damit die Abstimmung zwischen den Führungsverantwortlichen, da diese einfacher wird und Beteiligte im direkten Kontakt eher zur Wissensteilung bereit sind (Prozess- und Lerneffektivität). Die Zentralisation von Sekundäraufgaben, wie sie im Projektbüro erfolgt, wird auch generell als erfolgreiche Strategie bewertet (vgl. Abschnitt 6.5.3) und für Großprojekte empfohlen (vgl. Zimmer-Henrich/Winkelmann 2005, 240).

Wichtige mit der Implementierung eines Projektbüros einhergehende Entscheidungen betreffen die Größe des Büros (Anzahl der Mitglieder, Budget etc.) und die Autonomie der Beteiligten. Aus diesen Entscheidungen resultiert die **Granularität des Projektbüros**. Sie wird bestimmt durch das erforderliche Maß an Unterstützung der Projektmitarbeiter, welche sich wiederum an den Gestaltungsbedingungen, insbesondere der strategischen Bedeutung und dem Volumen des Projekts, bemisst (vgl. Litke 2004, 244). Bei Delegation und ggf. einer Einrichtung eines Projektbüros käme dem Projektleiter dann vor allem die Koordination und Integration der Führungsaufgaben und/oder Teilprojekte zu (vgl. Madauss 2000, 50). So bei den hier betrachteten komplexen M&A, bei denen die Gesamtprojektverantwortung bei einem dem Lenkungsausschuss untergeordnetem Projektbüro liegen könnte, über das die Teilprojektleiter und Projektmanagementträger zu steuern sind (vgl. beispielhaft Courth 2008, 11).

Der Nutzen des Projektbüros ergibt sich aus allen Nutzenbeiträgen der erörterten Einzelfunktionen. Aus Kostensicht sind wiederum in erster Linie Personalkosten zu beachten. Je mehr Personen einbezogen werden und je höher ihre Qualifikation ist, desto höher sind auch die Kosten des Projektbüros. Je zu besetzender Rolle sind die Vorteile den anfallenden Kosten eines Einbezugs gegenüberzustellen.

Die Zusammenfassung dieser Rollen an zentraler Stelle über ein Projektbüro fördert den teilbereichsübergreifenden Wissensaustausch und damit eine insgesamt bessere Abstimmung im Projekt (Prozess- und Lerneffektivität). Die Kosten der Implementierung dürften im Vergleich zu den Vorteilen eher gering sein, da eine Reihe an Kosten auch ohne Zentralisierung auftreten würden (Personalkosten, Kosten für Einrichtung des Arbeitsplatzes). Da für die Prozessmanager auf Sekundärebene auch nur eine geringe Abstimmung mit den Umsetzungsteams erforderlich ist, steht die Effizienz des Organs außer Frage. Dies gilt auf jeden Fall für die Transaktions- und Integrationsphase des Gesamtprojekts. So nimmt der Umfang der zu bewältigenden Aufgaben tendenziell im Phasenverlauf zu (vgl. Abschnitt 6.3) und erfordert damit eher auch ein **größeres Projektbüro**. Allerdings wird das relative Verhältnis zu Beginn größer sein. So werden viele Funktionen im Projektbüro schon erforderlich sein, obwohl das Projekt im Umfang noch überschaubar ist. Im Phasenverlauf bleibt die Breite der Kompetenzen im Projektbüro relativ konstant. Zunehmen wird die Tiefe. So wird den einzelnen Verantwortlichen zunehmend mehr Unterstützungspersonal zugeordnet sein, um den Umfang der Aufgaben bewältigen zu können. Hinsichtlich der Betonung der Aufgaben liegen phasenspezifisch unterschiedliche Schwerpunkte vor. In der Vorfeldphase wird eine stärkere Betonung der Planungsaufgaben gegeben sein und zum Projektabschluss hin werden eher die Kontroll-/ Controllingaufgaben an Bedeutung gewinnen und entsprechende Experten stärker einzubeziehen sein. Diese Schwerpunkte ergeben sich auch aus den Ergebnissen zu den phasenspezifischen Erfolgsfaktoren (vgl. Abschnitt 5.2.3.3.2).

Die Granularität der einzelnen Positionen bemisst sich auch an deren Stellung im Organigramm. Je weniger autonom die Funktionsträger im Verhältnis zur Projektleitung sind, desto höher ist die Granularität, da der Koordinationsaufwand aus Sicht des Büros dann am höchsten ist. Der **Grad der Autonomie** ist abhängig von der Kompetenz der verfügbaren Leistungsträger und der Bedeutung der Aufgaben, wobei der Kompetenz das größere Gewicht beizumessen ist, da die Projektmanagement-Methoden auch bei hohem Autonomiegrad eine laufende Überwachung der Umsetzung ermöglichen und Fehlentwicklungen so leichter entdeckt werden können. Die Argumentation entspricht damit in den wesentlichen Punkten der Argumentation zum optimalen (De-) Zentralisierungsgrad (vgl. im Detail Meckl 2000, 29-36).

Neben diesen mit operativen Managementaufgaben betrauten Stellen sind **rein beratende Stellen** erfolgskritisch für die Abwicklung von M&A, die in der Regel mehrere Personen, die in Gremien eingebunden sind und je nach Bedarf konsultiert werden, umfassen. So kann ein **Fachausschuss** definiert werden, in den Experten mit projektrelevanten Fachkenntnissen eingebettet sind. Diese unterstützen das Projektteam bei der Planung, Realisierung und Kontrolle der Projektaufgaben sowie der Einführung der Projektergebnisse in die Fachbereiche (vgl. Litke 2004, 66). Hier können explizit auch Fachspezialisten ohne Führungsfunktion eingebunden werden. Bei M&A können dies im Rahmen der Transaktion Personen sein, die sich mit den relevanten (Kartell-) Behörden auskennen oder in der Durchführung der Due Diligence z.B. technisches Wissen einbringen. M&A-Projekte sollten durch Vertreter der Rechtsabteilung begleitet werden (vgl. Lucks 2005b, 920), was durch einen Fachausschuss möglich ist. Den Rechtsexperten sind kritische Aktionen sowie intern als auch extern verwendete Dokumente/Formulierungen zur Prüfung vorzulegen, um Risiken negativer Folgen aus späteren rechtlichen Prüfungen zu vermeiden, die die Gesamtheit der Dokumente umfassen kann (vgl. Lucks 2005b, 920). Der Beitrag des Fachausschusses ist beratender Art und bezieht sich in erster Linie auf die Durchführung der Primäraufgaben, für die er ein Vetorecht in Bezug auf wichtige Entscheidungen der Projektgruppe haben kann (vgl. Litke 2004, 66) (direkter Einfluss auf Wertsteigerung, Lerneffektivität). Die Granularität ist fallspezifisch. In der Breite wird der Ausschuss den Anforderungen im spezifischen Fall entsprechen und nur ad hoc zu konsultieren sein – regelmäßige Sitzungen dürften nicht relevant sein (geringe Granularität).

Ein spezielles Gremium, welches besonders bei M&A wegen der Gefahr interner Barrieren effizient sein kann, ist ein sogenanntes **Sounding-Board**. Dieses nimmt Stimmungen und Ängste in der Primärorganisation auf und ist für die Schaffung einer dem M&A-Projekt entgegengebrachten positiven Haltung verantwortlich. Dies erfolgt im Wesentlichen durch regelmäßige Treffen zwischen Sounding-Board und Projektteam im Rahmen derer wichtige Informationen über das Projekt und den Sinn der erforderlichen, auch unangenehmen Maßnahmen übertragen werden. Das Sounding-Board trägt die Informationen in die Primärorganisation weiter. Besetzt ist das Team mit Betroffenen, die in der Primärorganisation eine Schlüsselstelle einnehmen und zur Meinungsbildung bei Mitgliedern der Primärorganisation beitragen wie z.B. Betriebsräte (vgl. zum Sounding-Board z.B. Casutt 2005, 33-34). Die Einrichtung eines Sounding-Boards kann damit die motivationsorientierten Ziele unterstützen. Die Granularität ist auch hier M&A-fallspezifisch. Bei besonders heterogenen Beteiligten und tendenziell größerem Konfliktpotenzial wird eine höhere Granularität (Breite der Besetzung, Frequenz der Treffen) gerechtfertigt sein. Dies gilt insbesondere für die Integrationsphase im Integrationsprojekt.

7.3.3.3 Projektteams

Dem Projekt- und den Teilprojektleitern sind die operativen **Projektteams** zugeordnet, die Lösungen für die in der Projektdefinition festgelegten Inhalte erarbeiten. Teams können auch den Prozessverantwortlichen unterstellt sein, diese stehen aber nicht im Fokus der Betrachtung. Die Probleme der Zusammenstellung sind eher M&A-projektunspezifisch. Im Folgenden liegt der Fokus auf den Teams für die Primäraufgaben, da für diese die Gestaltungsbedingungen wegen persönlicher Betroffenheit hinsichtlich der eigenen Aufgaben besonders kritisch sind (vgl. Abschnitt 6.3).

Für diese Aufgaben wird entsprechend der Gliederung in Teilprojekte generell ein **Transaktions- und ein Integrationsteam** aufzusetzen sein. Sie sind verantwortlich für die in Abschnitt 4.3.2.4 differenzierten Primärprozesse und die diesen zuzuordnenden Einzelaktivitäten. Ihre Größe variiert. Für das Transaktionsprojekt wird in der Praxis von einer Größenordnung eines Kernteams mit fünf bis zehn Spezialisten ausgegangen, die im Verlauf der Transaktion durch Einbezug weiterer Experten mit einem Steigerungsfaktor 5 und größer ausgeweitet werden kann. Für das Integrationsteam wird bei einer Projektgröße von 1.000 bis 5.000 Mitarbeitern oder bei einem Umsatz von 500 Mio. EUR bis 2 Mrd. EUR mit etwa zehn bis 20 Vollzeit-Projektmitarbeitern gerechnet, wobei die konkrete Zahl sehr fallspezifisch sein wird (vgl. Lucks 2005b, 920-921). Das Größenverhältnis von der Vorfeldplanung über die Transaktionsphase bis zur Integration kann insgesamt ein Verhältnis von 1:3:30 aufweisen (vgl. Lucks 2005b, 919). Die Größe der beiden Teilprojekte erfordert eine weitere Untergliederung in **Subteams**. Penzel verweist auf einen Umfang von 300 bis 500 zu koordinierenden Sub-Projekten bei einem Merger zwischen zwei Großbanken. Diese können noch differenzierter in Teilprojekte zergliedert werden (vgl. 2006, 844). Im Folgenden ist zu klären, wie aus Sicht des Projektorganisationsprozesses diese zahlreichen Subteams, deren Sinnhaftigkeit allein wegen des zu bewältigenden Aufgabenumfangs kaum in Frage zu stellen ist, generell zusammenzusetzen sind. Auch dies hat einen Einfluss auf Effektivität und Kosten. Für die Differenzierung hinsichtlich inhaltlicher Aufgaben ist der konkrete M&A-Fall entscheidend. Einige Teams werden aber immer erforderlich sein. Sie orientieren sich an den Vorgängen im Termin- und Ablaufplan (vgl. im Detail Abschnitt 7.2.4.1).

Im Folgenden stehen **Fragen der effizienten strukturellen Teamorganisation** im Vordergrund (Größe, örtliche Ansiedlung, Nachhaltigkeit der Form, Formalisierungsgrad und Heterogenitätsgrad). Es werden nur jeweils die bedeutsamen Zielwirkungen angeführt. Weniger bedeutsame/untergeordnete Wirkungen werden der Übersichtlichkeit halber gar nicht angesprochen. Generell können alle Effektivitätsziele bei der Gestaltung der Teamorganisation betroffen sein. Aus Kostensicht stehen Personalkosten im Vordergrund.

Eine wichtige Entscheidung in Bezug auf die Granularität der Teamorganisation betrifft die **Größe**. Nach ihr lassen sich Kleingruppen (drei bis fünf Mitglieder) und Großgruppen (mehr als 25 Mitglieder) unterscheiden (vgl. Patzak/Rattay 2004, 54), wobei Zwischenformen möglich sind. Tendenziell ist anzunehmen, dass bei steigender Gruppengröße (hohe Granularität) die Wissensbasis steigt und Abstimmungen besser möglich sind (höhere Lern- und Prozesseffektivität). Allerdings kann auch eine zeitliche Verzögerung durch zahlreiche gruppeninterne Diskussionen eintreten (geringere Prozesseffektivität). Ein genauer Maßstab für effiziente Teamgrößen existiert nicht. Verschiedene Autoren haben auf Basis des Ansatzes von Beer (vgl. 1994) zu sozialer Interaktion veranschaulicht, wie auch größere Teams effektiv zusammenarbeiten können (vgl. im Detail z.B. Espinosa/Harnden 2007; Nittbauer 2005). Die Teamgröße dürfte am Grad der Teamheterogenität auszumachen sein, die gesondert als Gestaltungsparameter erläutert wird. Generell ist davon auszugehen, dass heterogene Teams im Umfang eher kleiner zu halten sind, homogene Teams größer sein können, da dann das Konfliktpotenzial geringer ist.

Neben der Teamgröße sind weitere Entscheidungen im Rahmen der Teamorganisation zu treffen, die sich an ausgewählten Gestaltungsbedingungen orientieren. Wichtige **Dichotomien zur Unterscheidung von Teams** werden im Folgenden erörtert und Anhaltspunkte für die Bedeutung der Teamarten generell und in Abhängigkeit der Gestaltungsbedingungen bei den Gestaltungsobjekten gegeben. Auf eine tabellarische Abbildung mit einer Bewertung der generellen Wirkung der dichotomischen Ausprägungen wird verzichtet – sie fließt in die folgenden Ausführungen mit ein. Genannt sind jeweils nur die entscheidungsrelevanten Gestaltungsbedingungen.

Eine Möglichkeit ist die Unterscheidung nach der **örtlichen Ansiedlung** (Face-to-Face- versus virtuelle Teams). Entscheidende Gestaltungsbedingungen sind die Komplexität der Struktur und die externen Rahmenbedingungen. Bei internationalen Projekten erleichtern virtuelle Teams die laufende Kommunikation, da die geografische Distanz zwischen den Gruppen sehr hoch sein kann. Eine schnelle und zeiteffiziente Abstimmung ist dann möglich (Prozesseffektivität). Die Kosten sind generell niedrig, da insbesondere Reisekosten des Personals entfallen. Virtuelle Teams können generell im **Transaktionsprojekt** sinnvoll sein, gerade dann, wenn für die Prüfung des Unternehmens ein Team vor Ort sinnvoll ist. Die Abstimmung mit Teams im Käuferunternehmen kann dann gut über entsprechende interaktions- und integrationsunterstützende Medien (vgl. Abschnitt 7.5) erfolgen. Generell sind komplexere Face-to-Face-Teams dann vorzuziehen, wenn Aufgaben komplex sind, viel implizites Wissen zu übertragen ist (Lerneffektivität) und wenn Personen mit heterogenem Hintergrund zusammen arbeiten (Integrations- und Kultureffektivität). Face-to-Face-Teams sind daher im **Integrationsprojekt** insbesondere in der Integrationsphase und in geringerem Ausmaß auch in der Transaktionsphase sinnvoll, da sie dann konfliktmindernd und motivationsfördernd wirken können (Kultur- und Integrationseffektivität), was in diesen Phasen essenziell ist. In der Vorfeld- und Transaktionsphase besteht der Vorteil in der höheren Wirkungskraft der Teams, da für räumlich eng zusammenarbeitende Teams gerade bei innovativen Fragestellungen meist Vorteile nachgewiesen werden können (höhere Synergieerzielung, Lerneffektivität; vgl. Takeuchi/Nonaka 1986, 4-5 und zu dieser Teamform allgemein Probst/Raub/Romhardt 2006, 143; Litke 2005c, 57-59; Patzak/Rattay 2004, 54).

Ein weiteres Differenzierungsmerkmal ist die **Nachhaltigkeit der Form** (kontinuierliche versus spontane/ad hoc Teams). Die erforderliche Nachhaltigkeit der Teams bemisst sich an den Aufgabencharakteristika, dem Interessenprofil der Beteiligten und den externen Rahmenbedingungen. Ergeben sich bei der M&A-Transaktion kurzfristig neue Analysebereiche, die zu eruieren sind, kann ein spontaner Einsatz eines Teams für diese Sonderaufgabe sinnvoll sein. Für das **Transaktions- und das Integrationsprojekt** sollte generell ein kontinuierlich bestehendes und hinsichtlich der Besetzung konstantes Kernteam eingesetzt werden, da sich nur bei kontinuierlichen Teams eine Vertrauensbeziehung bilden kann und die Entwicklungsphase der höchsten Leistungsbereitschaft (vgl. im Detail Klose/Weinert 2007) voll ausgenutzt werden kann. Zudem kann so Wissen innerhalb der Teams bewahrt werden (Lern-, Integrations- und Kultureffektivität). Dem Kernteam können, je nach Arbeitsaufkommen und spontan benötigtem Spezialwissen, zusätzliche Experten zeitweise beigemischt werden (erweitertes Team). Dies dürfte zu Beginn des Vorhabens eher erforderlich sein, da Rahmenbedingungen dynamisch und inhaltlich komplexer sind. Ergeben sich neue Informationen in der Integrationsphase, so können auch dann ad hoc eingerichtete Teams das Kernteam für besondere Aufgaben entlasten (vgl. im Detail zu diesen Formen Niklas 2005, 187-188; Patzak/Rattay 2004, 54; Corsten 2000, 64) (Adaptionseffektivität). Die Nachhaltigkeit der Teams sichert zudem generell geringere Abstimmungsnotwendigkeiten (Prozesseffektivität). Ein kontinuierliches Kernteam für Transaktion und Integration ist damit laufend aufrecht zu erhalten und bei Bedarf zu ergänzen, was gleichzeitig die Kosten senkt.

Zu unterscheiden ist weiterhin nach dem **Formalisierungsgrad** (formelle versus informelle Teams). Der Formalisierungsgrad wird wesentlich durch den Grad der Fremdkoordination von Teams bestimmt. Zwischen hoher Formalisierung und völliger Selbstbestimmtheit sind verschiedene Zwischenformen denkbar. Projektmanagement basiert grundsätzlich eher auf einem hohen Grad an Selbstabstimmung (geringe Granularität). Die Führung erfolgt über eher formale Ziele, was besonders dann unumgänglich ist, wenn das sachliche Projektergebnis selbst nicht konkret bestimmbar ist und die Beteiligten eher dem Typ III oder IV bei Schein entsprechen, wovon zumindest für das Kernteam in Vorfeld- und Transaktionsphase beider Projekte auszugehen ist (vgl. Abschnitt 6.3). Selbstabstimmung in Teams hat den Vorteil der Selbstbestimmtheit durch die Beteiligten, was eher motivierend wirkt und geringeres Konfliktpotenzial inkludiert (Integrations- und Lerneffektivität). Allerdings eröffnen sich auch Handlungsspielträume, die negativ ausgenutzt werden könnten (geringere Integrationseffektivität). Diese Gefahr ist im **Transaktionsprojekt** in den ersten beiden Phasen eher noch überschaubar, was für eine höhere Selbstabstimmung spricht. Diese Empfehlung ist auch konsistent mit der Empfehlung einer mittleren Planungsdetaillierung (vgl. Abschnitt 7.2.4.3). Zudem können veränderte Rahmenbedingungen in dezentralen Teams schneller und ohne Abstimmungskosten in der Aufgabenumsetzung berücksichtigt werden, was besonders in der

Vorfeld- und Transaktionsphase für beide Projekte sinnvoll ist (Prozess- und Adaptionseffektivität). Eine stark dezentrale Führung wird in der Integrationsphase im **Integrationsprojekt** eher schwierig sein. In der Phase sollten die Teams zwar dezentral in den zu gestaltenden Organisationseinheiten arbeiten, die Lenkung hat aber eher zentral zu erfolgen, was bereits bei der Empfehlung der detaillierten Planung für dieses Gestaltungsobjekt begründet wurde (vgl. Abschnitt 7.2.4.3). Generell kann so eine hohe Prozess- und Kultureffektivität in der Integrationsphase erzielt werden, die dann auch von hoher Bedeutung sind. Barrieren der ebenfalls wichtigen Motivation (Nachteile bei Integrations- und Lerneffektivität) können flankierend eher durch eine verbesserte leistungsabhängige Belohnung gemindert werden.

Zusätzlich bilden sich in Projekten auch selbstgesteuert und spontan Teams. Diese hochgradig **informellen Teams** können förderlich für den spontanen Wissensaustausch sein, da eine Vertrauensbasis zwischen Sender und Empfänger gegeben sein muss, die sich in selbstorganisierten Teams meist besser bildet (vgl. Abschnitt 5.4.3 und 6.5.3). Sie sollten daher nicht vernachlässigt werden, genauer sollte Raum für die Bildung informeller Teams gegeben sein (Lerneffektivität bei geringen/keinen Implementierungs-/Arbeitskosten). Eine Gefahr besteht dann allerdings in der Bildung von Gruppen des Widerstands gegen das Projekt (geringere Integrationseffektivität), weswegen die Bildung und Entwicklung informeller Teams nicht völlig unbeobachtet gelassen werden sollte. Die Bildung informeller Teams sollte flankierend im Gesamtprozess unterstützt werden, wenn sie der Projektkultur förderlich sind, vor allem in der Integrationsphase im Integrationsprojekt (vgl. grundlegend auch Schreyögg 1998, 176; Rühli 1992, 1167). Flankierende Maßnahmen der Kontrolle, Personalbeurteilung und -motivation sollten aber erfolgen.

Ein entscheidendes Kriterium, das bei der Zusammensetzung intensiv zusammenarbeitender Teams zu beachten ist, ist die **Heterogenität** (fachlich/kulturell heterogene versus homogene Teams, vgl. Abschnitt 6.2.2.2). Bestimmend für den Grad der fachlichen Heterogenität in Teams sind die Aufgabencharakteristika und die Komplexität der Struktur. Generell sind homogene Teams zu bevorzugen, da diese meist für einfache, gut strukturierte Aufgaben effektiver zusammenarbeiten. Sie sind einfacher zu koordinieren, da Erwartungen und Problemlösungsansätze sich ähneln (Prozesseffektivität). Die Motivation zur Zusammenarbeit dürfte ebenfalls höher sein, da eher ein Verständnis den anderen gegenüber besteht (Integrations- und Lerneffektivität).

In der **Vorfeldphase** ist für **beide Teilprojekte** eher eine fachlich heterogene Besetzung sinnvoll, da dann die inhaltliche Aufgabenstellung noch wenig konkret ist. Dies gilt insbesondere für Szenario-V-Transaktionen (vgl. Abschnitt 2.3.1). Grund ist, dass bei neuartigen und viele Wissensgebiete umfassenden Problemen die Vorteile heterogener Teams hoch sind, da sie wegen des breiteren Wissensvorrats eher innovative Lösungen entwickeln oder komplexe Aufgaben lösen können, was z.B. ein direkter Vorteil für die Synergierealisierung im Integrationsprojekt ist. In dem Fall kann auch das Konfliktpotenzial geringer sein, da die Teambeteiligten aufeinander für die Problemlösung stärker angewiesen sind als bei einfacheren Aufgaben (Kultureffektivität). Zudem sind die Gruppen eher klein und das absolute Konfliktpotenzial damit geringer.

In der **Transaktionsphase** im **Transaktionsprojekt** ist es besser möglich, die Teams je nach Prüfungs-/Vertragsbereich in relativ homogenen Gruppen arbeiten zu lassen. Selbst bei Zusammenfassung aller Experten in ein Team ergeben sich kaum motivationsorientierte Probleme, da das Team generell homogener ist als das Integrationsteam (vgl. Abschnitt 6.3). Prozesseffektivität ist damit voll auszuschöpfen. Das **Integrationsteam** ist dagegen heterogener. Es ist ggf. eine Ausweitung auf Beteiligte des Käufers vorzunehmen, auch wenn hierdurch der Grad an (unternehmens-) kultureller Heterogenität und damit das Konfliktpotenzial steigt (geringere Kultureffektivität). Der zusätzlich verfügbare Wissensvorrat kann allerdings zu einem inhaltlich besseren Gesamtergebnis führen (direkte Wertbeeinflussung z.B. durch höhere Synergien). Zudem kann auf diese Weise die Akzeptanz der späteren Umsetzungsmaßnahmen auch bei den Mitarbeitern des zugekauften Unternehmens gesteigert werden, da ihre Gruppe bei der Konzeption beteiligt war (Integrationseffektivität). Weiterhin kann es sinnvoll sein, weitere Stakeholder auch von außen einzubeziehen, da diese letztendlich am Ende oder Anfang der durch das Unternehmen gesteuerten Wertkette stehen und den Erfolg des Unternehmens mit beeinflussen. So kann es vorteilhaft sein, die Interessen von Lieferanten, Vertriebsorganen und wichtigen Endabnehmern bei der Prozessoptimierung der Bereiche der Leistungserstellung mit zu berücksichtigen (vgl. auch E2.7; Abschnitt 5.2.3.2). Dies ist allerdings nur dann möglich, wenn auf eine Geheimhaltung der Transaktion verzichtet werden kann (direkte Wertbeeinflussung durch höhere Synergieerzielung im Integrationsprojekt). Die Nachteile der hierdurch erhöhten Heterogenität und des damit steigenden Konfliktpotenzials können dann durch eine wegen der Einbringung vielfältigerer und wichtiger Gesichtspunkte verbesserte Integrationsumsetzung tendenziell aufgewogen werden.

Für Umsetzungsaufgaben in **Integrations- und Abschlussphase** sind eher homogene Teams zu wählen, da die Geschwindigkeit dann von besonderer Bedeutung ist und Konflikte oder übermäßige Debatten innerhalb des Teams diese hemmen (Prozess- und Kultureffektivität; vgl. für weitere Details Litke 2004, 63). Insbesondere im Integrationsprojekt sollte die Mehrheit der Mitglieder aus den betroffenen Fachbereichen selbst kommen (vgl. ähnlich Beck 1996, 149). Dies gilt vor allem dann, wenn durch das Vorhaben der Geschäftsgegenstand verändert wird, wie es in M&A des Szenarios V der Fall ist, da dann ein breiteres Wissen erforderlich ist, welches nicht immer intern verfügbar ist (vgl. zu einer umfassenden Diskussion der Teamheterogenität in Projekten Beck 1996, 147-155 und zu internationalen Teams Meckl 2006a, 280-283).

Heterogenität kann sich auch auf Intelligenz- und Bildungsgrade beziehen (vgl. Abschnitt 6.2.2). In dem Fall kann Homogenität die Teamarbeit auch negativ beeinflussen. So wurde in einem Versuch gezeigt, dass Teams mit Mitgliedern mit relativ homogenem Intelligenz- und Bildungsprofil eher zum Debattieren neigen und sich damit in der Teamarbeit hemmen. Die

Prozesseffektivität ist dann trotz potenziell hoher Individualleistungen verringert (vgl. Kneip 2004, 195).

Flankierende Personalführungsmaßnahmen können die Nachteile einer teilweise erforderlichen Inkaufnahme an Heterogenität bzw. Homogenität mildern. So existieren spezielle kulturorientierte Schulungsmaßnahmen, die zu einer verstärkten Sensibilisierung für kulturelle Unterschiede und damit zu einem stärkeren Verständnis führen können bzw. kann eine situationsangepasste Anreizstruktur die Effektivität von Teams insgesamt erhöhen (vgl. noch Abschnitt 7.4).

7.3.4 M&A-Projektstruktur auf Einzelprojektebene (innere Projektstruktur)

7.3.4.1 Ordnung der Projektrollen/-teams in der inneren Projektstruktur

Letztendlich ist es wichtig, die Verantwortlichkeiten für alle erörterten Projektrollen/-teams klar und transparent zuzuordnen, damit Prozesseffektivität gewahrt wird (vgl. Abschnitt 6.5.3). Dies erscheint zunächst trivial. Da aber die Anforderungsprofile für Sekundäraufgaben des Projektmanagements und füe die integrationsorientierten Primäraufgaben hinsichtlich des Fachwissens für viele Aufgaben gleichgerichtet sind, besteht die Gefahr, dass sich Verantwortliche für die Sekundäraufgaben des Projektmanagements in die fachliche Umsetzung des Vorhabens in den Projektteams einmischen könnten. So kann es z.B. ein für die Prozessoptimierung innerhalb des Informations- und Kommunikationsbereichs der Primärorganisation abgestelltes Team geben. Der Projektinformationsprozess-Verantwortliche ist dann zur Unterstützung für dieses Team zuständig, nicht aber für die Teilnahme an der Planung und Umsetzung der Prozessoptimierung. Die Verteilung der Verantwortlichkeiten ist in der inneren Projektstruktur fixiert.

Im Folgenden interessiert die konkrete Ausgestaltung der **inneren Projektstruktur** in Abhängigkeit der gewählten M&A-Rahmenorganisation. Diese stellt die ins Projekt einzubindenden Rollen und Teams in ihrer aufbauorganisatorischen Stellung zueinander dar. Abbildung 7-14 zeigt ein Beispiel für die Entwicklung der M&A-Projektorganisation im Zeitablauf. Sie fasst wesentliche Ergebnisse zur effizienten Rahmenstruktur im Zeitablauf als auch zu den Rollen und Teams zusammen und setzt die dort erörterten Effizienzanforderungen um. So sind sowohl die äußere Rahmenstruktur als auch die innere Projektstruktur und mögliche M&A-Projektrollen/-teams enthalten, die bereits in den vorherigen Abschnitten erläutert wurden. Die Struktur entspricht grundsätzlich den von Praktikern umgesetzten Ansätzen (vgl. für Beispiele der M&A-Projektorganisation z.B. Grube 2006, 767; Müller-Stewens 2006, 797-789; Meckl 2006b, 418; Meckl 2004) und ist auch aus theoretischer Sicht effizient.

Die Anordnung der Rollen und Teams erfolgt in allen vier Phasen auf drei **organisatorischen Ebenen** (Auftraggeber, Gesamtprojektbüro, Projektteams), die nicht zwingend einer hierarchischen Ordnung entsprechen müssen. Diese sind für die vier Phasen in weiten Teilen identisch angelegt, um an den kritischen Phasenübergängen möglichst schnell und mit wenig Aufwand die Form an die geänderten Rahmenbedingungen anpassen zu können (Adaptionseffektivität). Daher haben diese Ebenen in den Grafiken nahezu dieselbe Struktur.

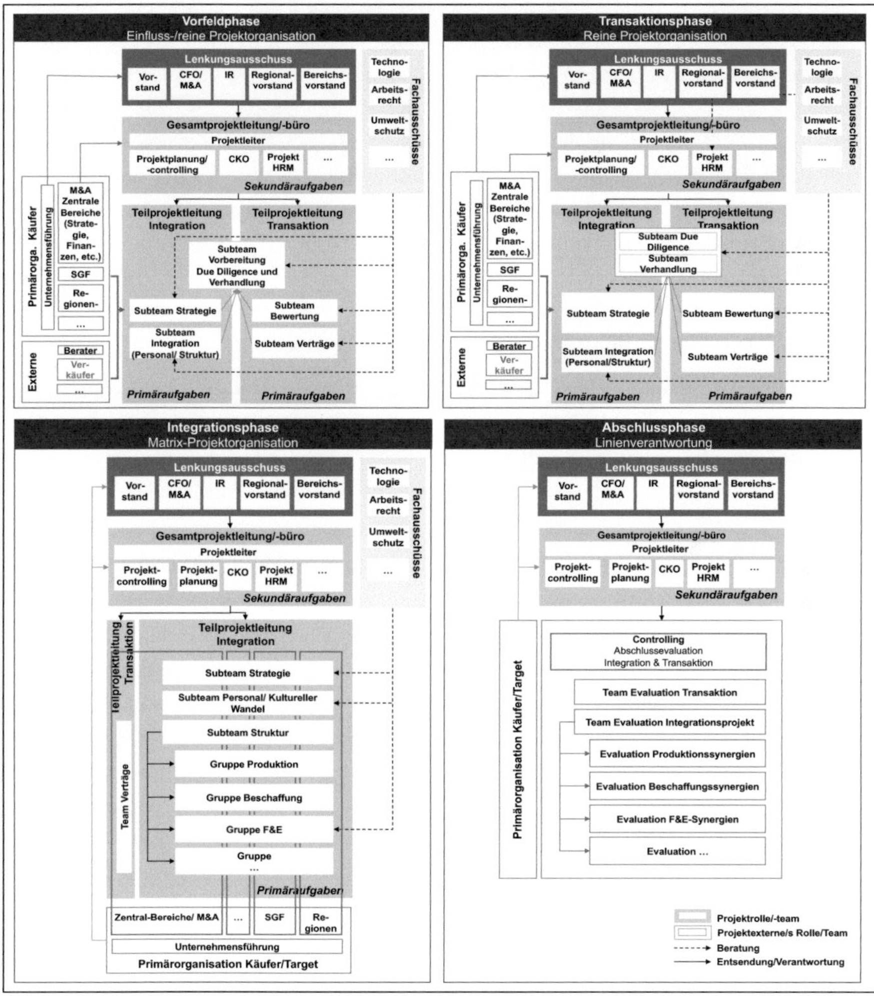

Abbildung 7-14: Phasenspezifische M&A-Projektorganisationstruktur

Auf der **unteren Ebene** sind in allen vier Phasen die mit den Primäraufgaben beschäftigten Beteiligen angesiedelt. In der Vorfeldphase werden dies insbesondere Strategieexperten sein, die aus der Primärorganisation und ggf. von extern rekrutiert werden. Im Verlauf der Phase und in späteren Phasen kommen verschiedene interne und externe Experten hinzu, die die Struktur des integrierten Unternehmens planen (grauer Block links unten) und in der Integrationsphase auch umsetzen. Parallel ist ein Transaktionsteam aufzusetzen, welches sich mit der Vorbereitung der eher technischen Abwicklung des Kaufs beschäftigt (grauer Block rechts unten). Auch dieses Team wird laufend erweitert und kann in der Transaktionsphase in mehrere Subteams (Due Diligence, Vertragsgestaltung, Verhandlungen) mit jeweils spezifischen Experten untergliedert werden. Zur Sicherstellung der Wissensübertragung zwischen diesen beiden Teilprojekten ist es bis zum Abschluss der Transaktionsphase wichtig, ein gemeinsames Team zur Vorbereitung der für beide Teams wichtigen Due Diligence zu etablieren – gekennzeichnet durch das horizontal ausgerichtete Team (weißer Kasten mittig). Auf der **zweiten und dritten Ebene** sind das Projektbüro bzw. der Lenkungsausschuss angesiedelt. Die Struktur ist in der Vorfeldphase bereits so ausgelegt, dass eine Ausdehnung in Transaktions- und Integrationsphase schnell möglich ist. Der Fachausschuss ist als ergänzendes Element der Projektorganisation unabhängig von der Phase horizontal angegliedert und dient der bedarfsorientierten Beratung insbesondere auf Primäraktivitätsebene.

Strukturelle **Phasenunterschiede** ergeben sich dahingehend, dass die eingezeichneten Projektteams im Projektverlauf größer werden und ggf. auch bei steigender Komplexität der Aufgaben und steigendem erforderlichen Wissen in Subteams zu untergliedern sind (vgl. beispielhaft zu konkreten Integrations- und Transaktions-Sub-Teams Triantis 1999, 56-61).

So sind im **Integrationsprojekt** ggf. schon in der Vorfeldphase, sicher aber in Transaktions- und Integrationsphase Subteams für inhaltlich homogene und damit durch intern niedrige Abstimmungsintensität charakterisierte Umsetzungsbereiche aufzusetzen. Dies könnte z.B. nach zu gestaltenden Organisationsbereichen der integrierten Einheit erfolgen. Im Projektmanagementteam, welches zentral angesiedelt ist, können in dieser Struktur ebenfalls bestimmte Rollen je nach Phase bedarfsorientiert ausgeweitet werden (vgl. Abschnitt 7.3.3.2). Die Integrationsteams in der Integrationsphase werden durch die Struktur der Primärorganisation überlagert (Projektmatrix). Auf diese Weise können Projektteams ihr Know-how zur geplanten strategischen Ausrichtung der Unternehmensbereiche in ihrer Ganzheit in die Fachbereiche einbringen und die operative Führung für die Prozessoptimierung nach Maßgabe der Integrationspläne übernehmen. Im Fortschritt der Neuordnung sind die Verantwortlichen und Mitarbeiter der Bereiche mit der neuen Struktur vertraut zu machen. Die Verantwortung für die neuen Prozesse und für die ggf. erforderlichen Restanpassungen ist an die Bereiche zu übergeben.

Für das **Transaktionsprojekt** gelten die Aussagen zur Bildung von Subteams analog. Eine Matrix-Projektorganisation ist allerdings nicht unbedingt erforderlich. Es kann aber dennoch eine vertikale Überlagerung der Projektstruktur zum Zentralbereich M&A oder zum Finanzbereich sinnvoll sein, um auf das Know-how der Unternehmensbereiche zurückgreifen zu können. Dies wäre auch bereits in der Transaktionsphase möglich. Eine Verbindung kommt aber auch durch die Entsendung von Mitarbeitern des Unternehmensbereichs ins Transaktionsteam und durch die Beteiligung des Finanzbereichs im Lenkungsausschuss zustande.

Spätestens in der **Abschlussphase** reduziert sich die Projektorganisation für beide Teilprojekte auf das Projektbüro und den Lenkungsausschuss. In der beispielhaften Struktur erfolgt die Gesamtprojektevaluation entsprechend der Effizienzbestimmung in Abschnitt 7.3.2 linienintegriert.

7.3.4.2 Verknüpfung der Projektorganisationselemente

7.3.4.2.1 Phasenübergreifende Verknüpfung

Die Elemente des M&A-Projekts sind phasen- als auch teamübergreifend zu verknüpfen, um die effiziente Abstimmung, insbesondere hinsichtlich der Wissensprozesse, sicherzustellen (Lern- und Prozesseffektivität). Komplexe Formen sind aus Kostensicht nur dann zu wählen, wenn die Art der Beziehungen dies erfordert. Folgende Argumentation bezieht sich daher auf die Erreichung von Prozess- und Lerneffektivität, flankierend ist eine Wirkung auf die Kultureffektivität wahrscheinlich.

Es ist zu entscheiden, wie die Verknüpfung über die Phasenübergänge und generell zwischen verschiedenen Systemelementen (hierarchisch/nicht-hierarchisch) sicherzustellen ist. Dabei kommt der nicht-hierarchischen Verknüpfung eine große Rolle zu, da Projekte durch dieses Prinzip geprägt sind. Anzumerken ist, dass Projektarbeit mit wenig Hierarchien in Kulturen mit hoher Machtdistanz nach Hofstede (2001) schwieriger umzusetzen sein wird als in Kulturen mit geringer Machtdistanz, da ein hoher Grad an Partizipation die Beteiligten dann eher verunsichert (vgl. im Detail Meckl 2006a, 284). Dies ist im Einzelfall zu prüfen und die Organisation und/oder flankierende Führungssysteme sind entsprechend anzupassen. Es bestehen folgende Möglichkeiten der systeminternen und -übergreifenden Verknüpfung.

Die folgenden Ausführungen beziehen sich zunächst auf die **phasenübergreifende Verknüpfung**. Hinsichtlich der **Teambesetzung** ist Konstanz über den Gesamtlebenszyklus des Projekts zu sichern. Wichtige Wissensträger aus der Projektdefinitions- und der Vorfeldphase sollten auch in späteren Phasen eingebunden sein. So wird in der Literatur vorgeschlagen, als Gesamtprojekt- und/oder Integrationsleiter jemanden zu benennen, der bereits im Projektdefinitionsteam eingebunden war, um sicherzustellen, dass alle mit der Transaktion verbundenen strategischen Ziele bei der Integrationsplanung und -umsetzung berücksichtigt und in die richtigen operativen Subziele umgesetzt werden (vgl. Abschnitt 7.3.3.2 und Triantis 1999, 178). Diese Konstanz ist auch im Integrationsprojekt am Übergang von der Transaktions- zur Integrationsphase zu sichern, in der die zuvor erstellten Pläne umzusetzen sind. Dieser Übergang wird in der Literatur als besonders kritisch angesehen (vgl. Lucks 2005b, 921-922; Triantis 1999, 179). Problematisch ist z.B., dass selbst bei Konstanz des Kernteams eine Vielzahl neuer Beteiligter ins Integrationsteam eintreten, denen entscheidendes Vorwissen aus dem M&A-Projekt fehlt. Lern- und Prozesseffektivität sind dann bedeutsam, können aber kaum durch die organisatorische Gestaltung alleine erreicht werden. Eine organisatorische Maßnahme könnte zumindest für die wichtigsten Projekte sein, dass für die Umsetzungsteams jeweils als Leiter jemand aus dem Planungsteam der Transaktionsphase eingesetzt wird, um so Wissen zur Maßnahmenplanung schnell und unverfälscht auch für die Umsetzungsteams bereitzuhalten. Eine langfristige Teammitgliedschaft fördert auch Kultureffektivität, da die Beteiligten Zeit haben, ein Vertrauensverhältnis aufzubauen. Flankierend im Rahmen der Planung und Kontrolle ist sicherzustellen, dass die Arbeitspakete vollständig den Vorgaben entsprechend abgeschlossen werden und inklusive ggf. erforderlicher Dokumentationen an die Umsetzungsteams weiter gereicht werden. Dies gilt insbesondere für den Pre-Closing-Integration-Plan und die ihm zuzuordnenden Arbeitspakete. Zentrale Projektverantwortliche sind auch in die Projektabschlusssitzung einzubinden. Sie können offene Aufgaben benennen und eignen sich ggf. für die Übernahme von Verantwortung für Folgeprojekte oder Aufgaben der Nachlaufphase (insgesamt werden damit insbesondere Prozess-, Integrations- Lern- und Kultureffektivität gefördert).

Generell sollten die Teams also phasenübergreifend in der Besetzung eine möglichst geringe Fluktuation aufweisen. So sind die Beteiligten der zu Beginn eines M&A-Projekts kleineren Gruppen im Zeitablauf durch weitere Experten zu erweitern und nicht bereits involvierte Beteiligte durch andere Personen zu ersetzen (vgl. ähnlich auch Lucks 2005b, 921 und zur Veranschaulichung Abbildung 7-15). Dabei sind insbesondere die Stellen der Projekt- und Teilprojektleitung konstant zu halten.

Neben den Effektivitätsvorteilen bestehen auch aus Kostensicht eher nur Vorteile, weil der absolute Personalbestand sich durch diese Maßnahmen nicht erhöht. Umsetzbar sind die Maßnahmen aber nur, wenn die Fluktuation im Projekt gering gehalten werden kann, was flankierende personalwirtschaftliche Maßnahmen erforderlich macht.

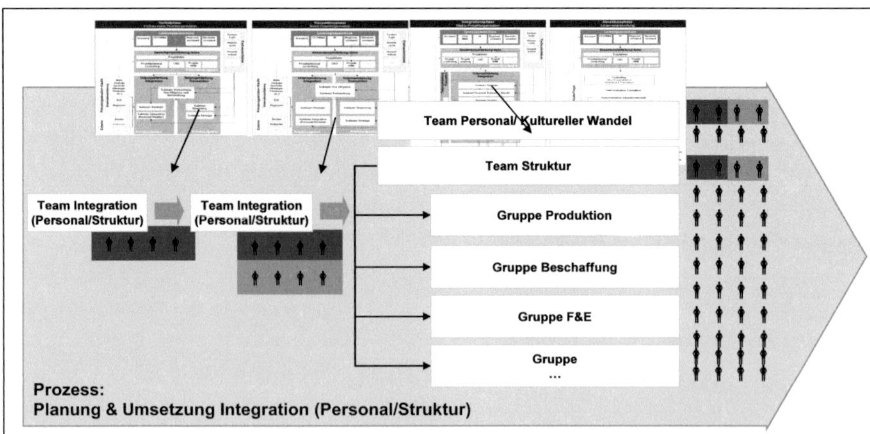

Abbildung 7-15: Phasenübergreifende Verknüpfung über die Sicherung von Kernteams

Generell kann es auch sinnvoll sein, **Prozessteams/-verantwortliche** zu definieren, die phasenübergreifend die Kernprozesse (vgl. im Detail Abschnitt 4.3.2.4) unterstützen (vgl. so auch Meckl 2006b, 422-426; Müller-Stewens 2006, 797-798). So wird auf Primäraktivitätsebene ein Kommunikationsteam sinnvoll sein, welches dann zeitnah aktiv werden kann, wenn sich Kommunikationserfordernisse ergeben, z.B. wenn die Transaktion öffentlich wird oder Informationen ungewollt nach außen dringen. Ein Strategieteam müsste laufend sicherstellen, dass in den Subteams immer die in der Basisstrategie festgelegten Ziele verfolgt werden. Der Einsatz weiterer Teams/Verantwortlicher wäre entsprechend der definierten Kernprozesse einsetzbar. Ausschlaggebend ist, wie problematisch die Prozesssicherstellung tendenziell im spezifischen M&A-Fall ist. So stellen weitere Prozessteams/-verantwortliche eine Erhöhung der Granularität dar, die aus Effizienzüberlegungen zu rechtfertigen ist. Auch ist zu beachten, dass zu Beginn der Beteiligtenkreis noch eher klein zu halten ist. Ein Einsatz von Prozessverantwortlichen/-teams wird daher in der Regel erst ab der Transaktionsphase effizient sein (vgl. Meckl 2006b, 423).

7.3.4.2.2 Teamübergreifende Verknüpfung

Zur organisatorischen Verknüpfung der hierarchisch und nicht-hierarchisch angeordneten Systemelemente hat sich das Linking-Pin-Modell bewährt, welches von Likert entwickelt wurde und Teil seines „Systems 4“, einer speziellen Netzwerkstruktur, bildet (vgl. im Detail Schreyögg 1998, 263-275; und Likert 1967; 1961). Starre Teamgrenzen werden aufgelöst. Damit wird insbesondere die Übertragung impliziten Wissens über Gruppengrenzen hinweg gefördert, welches ansonsten kaum übertragbar ist (Lerneffektivität; vgl. empirisch zur Bedeutung von interne/externen Netzwerken für den Wissenstransfer Athanassiou/Nigh 1999; Inkpen/Dinur 1998; Almeida 1996). Nebenbei kommt das Modell einer Projektkultur entgegen, in der Netzwerkbeziehungen den hierarchischen Koordinationsmechanismen vorzuziehen sind (Kultureffektivität).

Die **Verknüpfung über die Teamgrenzen hinaus** kann über sogenannte **Linking-Pins** erfolgen. Die Verknüpfung erfolgt auf drei Ebenen: vertikal, horizontal und lateral (vgl. Schreyögg 1998, 266). Folgende Grafik zeigt beispielhaft Verknüpfungen zur Unterstützung der wissensbezogenen Ziele gesondert am Beispiel der Vorfeldphase auf Basis des Linking-Pin-Modells.

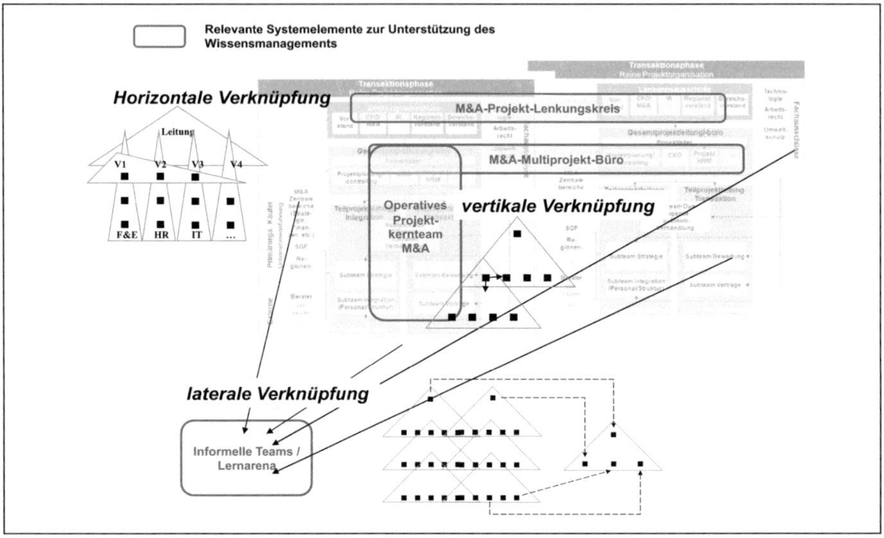

Abbildung 7-16: Teamübergreifende Verknüpfung über Netzwerkstrukturen

Die Skizzen zu den verschiedenen Verknüpfungsformen dienen der Veranschaulichung der Art der Verknüpfung (vgl. im Detail zu den Formen Schreyögg 1998, 267, 269, 271; Likert 1967, 50). M&A-spezifische Beispiele für effiziente Verknüpfungen sind graphisch hervorgehoben.

Die **vertikale Verknüpfung** erfolgt über ein Teammitglied, welches zugleich Mitglied einer hierarchisch höher angesiedelten Gruppe ist und so als Linking Pin zwischen diesen beiden Gruppen fungiert. Es ist an Entscheidungsprozessen in beiden Gruppen beteiligt, wobei es in der unteren Gruppe die Teamleitung inne hat und in der übergeordneten Gruppe einfaches Teammitglied ist. Auf diese Weise ist sichergestellt, dass Einfluss und Wissensflüsse von unten nach oben und umgekehrt stattfinden können (vgl. Schreyögg 1998, 266-267). Diese Koordination erfolgt insbesondere bei kontinuierlichen formellen M&A-Teams. So ist es sinnvoll, den Gesamtprojektleiter in den Lenkungsausschuss einzubinden, um auf diese Weise den vertikalen Wissensfluss in eine oder beide Richtungen (sequenziell, reziprok) zu sichern. So berichtet der Projektleiter an den Lenkungsausschuss über wichtige Projektergebnisse und der Lenkungssauschuss unterrichtet den Projektleiter dann, wenn sich eine Änderung der Prämissen ergibt (vgl. Abschnitt 4.3.2.5). Sofern Teilprojektleiter eingebunden sind, sind diese ins Gesamtprojektbüro zu integrieren, damit sie zeitnah über neue Entwicklungen, die für die Umsetzung der Primäraufgaben wichtig sind, informiert sind (Lern- und Prozesseffektivität).

Auf **horizontaler Ebene** erfolgt eine Verknüpfung über horizontale Überlappungen in Gruppen. Diese können analog zur vertikalen Verknüpfung über einzelne Teammitglieder umgesetzt werden, die nun allerdings auf hierarchisch entsprechenden Positionen angesiedelt sind oder über die komplexere Form funktionsübergreifender Arbeitsgruppen (vgl. Meckl 2000, 43-44). Ziel ist es, auf horizontaler Ebene Koordination dauerhaft sicherzustellen (vgl. Schreyögg 1998, 268). Bei M&A sind diese überlappenden Gruppen z.B. dann wichtig, wenn auf horizontaler Ebene Verantwortungsträger auf dieselben Ressourcen zugreifen (gepoolt). In dem Fall sind sie organisatorisch zusammenzufassen, da andernfalls keine effiziente Abstimmung über die Zuordnung der Ressourcen erfolgen könnte.

Innerhalb des Einzelprojekts kann dies z.B. in der Integrationsphase der Fall sein, wenn die Matrixstruktur implementiert ist, dann greifen sowohl die Fachbereichs- als auch die (Teil-) Projektleiter teilweise auf dieselben Mitarbeiter zurück. Da die Zuordnung eines tendenziell stärkeren Zugriffsrechts auf die Ressourcen für die Teilprojektleiter nicht immer sinnvoll ist (Kultureffektivität wäre gemindert), besteht eine Rivalität um Ressourcen. Engpässe sollten zwar bei effizienter Planung vermieden werden, dennoch kann es zu Abstimmungserfordernissen kommen. Diese kann auch teamorientiert sein, z.B. wenn fachbereichsübergreifende Integrationsfragen zu klären sind. Horizontale Gruppen können dann sinnvoll sein.

Gepoolte Beziehungen bestehen auch auf **Multiprojektebene**, da für eine Vielzahl an im Unternehmen parallel ablaufende Projekte derselbe Ressourcenpool zur Verfügung steht. Eine Abstimmung auf dieser Ebene ist durch die Einrichtung eines Multiprojekt-Büros möglich (vgl. Abschnitt 4.3.3). Dieses fasst im Unternehmen parallel oder sequenziell ablaufende Projekte unter einer einheitlichen Leitung zusammen mit dem Ziel, eine bessere Abstimmung zwischen diesen Projekten zu erreichen und so Vorteile, insbesondere Lern- und Skalenvorteile, zu erzielen (Multiprojektkoordination). Ziel ist, Projekte inhaltlich besser aufeinander abzustimmen (vgl. Patzak/Rattay 2004, 402 und allgemein Lomnitz 2004). In diesem Zusammenhang ist auch die Motivation der Beteiligten sicherzustellen, auch zum Lernen für andere Transaktionen beizutragen, was zunächst keine Vorteile auf Einzelprojektebene bringt, aber für das Gesamtunternehmen wichtig ist. Bei einer weiten Begriffsauffassung können auch andere Projektarten zentral koordiniert werden. So werden hinsichtlich der Schulungsmaßnahmen zu neueren Entwicklungen im Projektmanagement oder des Aufbaus einer IT-Infrastruktur auch projektartübergreifend Skaleneffekte erzielbar sein. Für diese kann es im Rahmen der Projektplanung und -kontrolle sinnvoll sein, die Pläne aus den parallel laufenden Einzelprojekten zusammenzuführen und so z.B. einen Überblick über den Gesamtkapazitätsbedarf an M&A-spezifischen Ressourcen zu erhalten. Dies ist dann sinnvoll, wenn Kapazitäten knapp sind und mehrere Projekte (auch andere als die hier definierten M&A-Typen eingeschlossen) parallel im Unternehmen ablaufen.

Eine **laterale Verknüpfung** („cross-linking-groups") erfolgt unabhängig von Hierarchieebenen und stellt eine Steigerung der Heterogenität der Gruppe dar (höhere Granularität). Die Abstimmung erfolgt über Hierarchieebenen und Prozesse/Funktionen hinweg. Laterale Verknüpfungen sind dann zu empfehlen, wenn für die Lösung bestimmter Probleme ein unkonventionelles Kompetenzprofil der Mitglieder erforderlich ist. Obwohl auch diese Gruppen einen formellen Vorgesetzten haben, ist die hierarchische Autorität in diesen Gruppen eher schwach ausgeprägt. Wichtiger ist der Expertenstatus (vgl. Schreyögg 1998, 271). Vorteil ist, dass die Heterogenität der Akteure in den Teams nicht verstärkt wird und sie weiterhin sehr effektiv arbeiten können. Dies ist vor allem in der Integrationsphase bedeutsam, in der eher homogene Teams einzusetzen sind (vgl. Abschnitt 7.3.3.3). Werden z.B. neue Informationen aufgedeckt und führen diese zur Überarbeitung von Teilen der Maßnahmenpläne, kann eine Abstimmung auf horizontaler Ebene zwischen Projektteam und weiteren Experten innerhalb der Primärorganisation erfolgen, ohne die Heterogenität der Umsetzungsteams selbst zu erhöhen, was konfliktvermeidend ist und die Prozess-, Lern- und Integrationseffektivität der Umsetzungsteams nicht gefährdet.

Ein spezielles Beispiel für ein laterales Team ist die **Lernarena** oder -stadt, die konkret auf die Sicherstellung des Wissenstransfers in Projekten ausgerichtet ist. Eine Lernarena dient der Schaffung einer themenbezogenen Wissens- und Lerngemeinschaft in Projekten und der Wissens (-ver-) teilung (vgl. Probst/Raub/Romhardt 2006, 152). Ziel ist die Verbesserung und Vertiefung der Kommunikation oder der Zusammenarbeit unter Anleitung von Moderatoren sowie die Verteilung relevanter Ergebnisse an andere Gruppen, so dass keine „Doppelerfindungen“ erfolgen (Prozesseffektivität) (vgl. North 1999, 113). Sie setzen sich zusammen aus einem Verantwortlichen und mehreren Lernträgern (vgl. Schindler 2002, 124). Als eine mögliche Institutionalisierung von Lernarenen können interne Kompetenzzentren angesehen werden, die die Bündelung, Weiterentwicklung und Kommunikation von Wissen der verschiedensten Bereiche zum Ziel haben (vgl. Schindler 2002, 125). Hierzu sind ihnen explizit Ressourcen zuzuordnen. Die Lernarena ist eng verwandt mit den eher informellen Communities of Practice, die sich eher spontan und informell zwischen Experten zur Diskussion bestimmter Spezialthemen bilden (vgl. Probst/Raub/Romhardt 2006, 168; Schindler 2002, 127). Communities of Practice sind in Abgrenzung zu Lernarenen losgelöst von den traditionellen Organisationsstrukturen und flexibel in ihren Grenzen. Sie dienen insbesondere der Übertragung impliziten Wissens und können sich schnell an einen sich verändernden Kontext anpassen (Lern- und Prozesseffektivität; vgl. allgemein Schindler 2002, 127-128).

Im langfristig ausgelegten M&A-Projektmanagement kann eine Lernarena ausgeweitet werden als fokales oder polyzentrisches Wissens- oder auch **M&A-Netzwerk**, über das sich Beteiligte für spezielle Fragestellungen auch projektübergreifend persönlich oder über die IT-Plattform finden können und welches durch einen oder mehrere Moderatoren gesteuert wird (vgl. zu Netzwerktypen allgemein und für M&A Lucks/Meckl 2002, 289-292). In einer als fokales Netzwerk organisierten unternehmensweiten M&A-Lernarena wird der Moderator zum Beispiel aus der zentralen M&A-Abteilung den Wissensaustausch steuern. Ein polyzentrisches Wissensnetzwerk wäre dann gegeben, wenn über die zentrale M&A-Abteilung hinaus auch einzelne Projektleiter und/oder Mitglieder des Lenkungskreises oder der Lenkungsausschüsse steuernd Einfluss nehmen können (vgl. Lucks/Meckl 2002, 291). Der Vorteil eines projektübergreifenden M&A-Wissensnetzwerks ist die Möglichkeit der Ausweitung der organisationalen Wissensbasis über ein zeitlich befristetes Einzelprojekt hinaus (Lern- und Prozesseffektivität). So werden über eine solche Plattform auch personelle Wissensträger transparent und ihr Wissen wird für die Organisation potenziell auch projektübergreifend eher verfügbar. Neben dem direkten persönlichen Austausch kann der Gedanke der Lernstadt soweit ausgedehnt werden, dass letztendlich ein integriertes, projektübergreifendes Wissensnetzwerk zum persönlichen Austausch mit Integration einer Wissensdatenbank für M&A geschaffen wird. Hierzu sind flankierende Maßnahmen der IT-Unterstützung und der Anreizsetzung erforderlich, die dazu beitragen, dass das Wissen aus diesen Netzwerken auch aufbereitet, gepflegt, genutzt und langfristig bewahrt wird (vgl. auch Abschnitte 7.4 und 7.5 und im Detail zum M&A-Netzwerk als Instrument des Wissensmanagements Lucks/Meckl 2002, 292-301).

Die Kosten eines solchen Netzwerkes dürften im Vergleich zu den Vorteilen überschaubar sein, wenngleich sie nicht zu verachten sind. So fallen Set-up und Arbeitskosten bei der Implementierung und Pflege der Infrastruktur an. Bedeutsam sind auch die Opportunitätskosten im Hinblick auf die Arbeitszeit der Netzwerkmitglieder. Diese benötigen Arbeitszeit für die Aufbereitung ihres Wissens für die Wissensdatenbank. Damit sie dies auch in richtiger Weise durchführen, sind zudem spezifische Anreize erforderlich, die ebenfalls Set-up-Kosten verursachen. Da aber Wissen die zentrale Ressource bei M&A-Projekten darstellt, dürften diese hohen Kosten in das Netzwerk gerechtfertigt sein.

Das Netzwerk ließe sich auch auf externe Experten, die mit dem Unternehmen in Verbindung stehen (Berater/ehemalige Mitarbeiter, Kunden, Lieferanten) ausweiten, wobei immer dem Vorteil der breiteren Wissensbasis und des einfacheren projektübergreifenden Wissensaustausches (Lern- und Prozesseffektivität) die Gefahr und Folgen eines Wissensabflusses gegenübergestellt werden müssen (direkte Kosten durch Wettbewerbsnachteile). Besonders interessant ist aus wissensorientierter Sicht die Ausweitung auf ehemalige Mitarbeiter. So ist es auch bei anreizkompatiblen Rahmenbedingungen innerhalb eines Unternehmens nichts Ungewöhnliches, wenn hochqualifizierte Mitarbeiter das Unternehmen verlassen – auch unabhängig davon, ob ein kritisches Ereignis, wie ein das ganze Unternehmen betreffendes M&A-Vorhaben, eingetreten ist (vgl. Probst/Raub/Romhardt 2006, 198 und allgemein zur Fluktuation Nieder 2004). Gleichzeitig stellen Mitarbeiter aber Träger wichtigen Wissens dar – hier sei insbesondere das Erfahrungswissen bei M&A genannt, welches sich nicht immer einfach und vollständig explizieren und in Dokumenten sichern lässt und bei Fluktuation verloren ginge (Barriere der wissensbezogenen Prozesseffektivität). Ein unternehmensübergreifendes M&A-Netzwerk bietet die Möglichkeit, auf diese Personen weiterhin im Bedarfsfall zurückzugreifen – auf informeller Ebene über den direkten persönlichen Austausch im Problemfall bis hin zur systematischen Nutzung als externe Berater oder Trainer auf formeller Ebene. Bei dieser Lösung ist, flankierend zu weiteren Sicherungen z.B. auf vertraglicher Ebene, in stärkerem Maße zu berücksichtigen, dass die Zugriffsrechte auf die Datenbank/auf das Netzwerk so geregelt werden, dass Missbrauchsmöglichkeiten minimiert werden und gleichzeitig nicht der Anreiz der externen Experten verloren geht, zum Wissenszuwachs beizutragen. Die Möglichkeit der Einbindung bezieht sich generell auch auf externe Berater im Allgemeinen und wird bei Mitarbeitern vor allem dann relevant sein, wenn diese sich als Berater selbständig machen oder zu einem mit dem Unternehmen verbundenen Beratungsunternehmen abwandern. Weniger zweckmäßig erscheint diese Alternative, wenn ein Mitarbeiter zu einem Konkurrenten abwandert – dann dürfte die Gefahr der negativen Ausnutzung des Wissenszugangs, den die Mitarbeiter erhalten, größer sein als der Nutzen, den ihre Einbindung in ein solches Netzwerk bringen würde. Gerade in Beratungsunternehmen, die besonders stark unter Mitarbeiterfluktuation leiden, ist diese Möglichkeit der Einbindung bereits sehr populär und kann auch für Unternehmen mit laufenden M&A-Aktivitäten, für die qualifizierte Beteiligte einen Engpassfaktor darstellen, sinnvoll sein (vgl. im Detail zur Gestaltung effizienter M&A-Netzwerke als Mittel zur Abstimmung über interne und externe Projektschnittstellen hinweg Hawranek 2004).

Generell zu beachten ist, dass die Wissensübertragung und damit eine Einrichtung von wissensbezogenen Gruppen niemals zum Selbstzweck erfolgen sollte – so erfordert die Einrichtung kostbare Arbeitszeit der Projektbeteiligten. Dieser Investition hat ein Nutzen gegenüber zu stehen.

7.3.5 Auflösung der M&A-Projektorganisationsstruktur

Die Projektstruktur ist nicht nur formal einzurichten und phasenbezogen anzupassen, sondern am Projektende auch formal aufzulösen. Damit werden eher Unternehmens- und weniger Einzelprojektziele verfolgt, was auch der Grund für eine häufige Vernachlässigung eines formalen Abschlusses sein dürfte. Da die Einzelprojektziele letztendlich aber dem Gesamtunternehmensziel unterzuordnen sind und auch im Verhältnis zur Primärorganisation und weiteren Projekten gelten, ist auch die Organisationsauflösung explizit Teil eines effizienten M&A-Projektmanagements. Es werden daher, wie bei der Gestaltung der Verknüpfungen, nicht nur die wichtigsten Ziele aus Projektsicht zur Beurteilung herangezogen, sondern auch allgemeine Nutzen- und Kostenaspekte aus Sicht der Primärorganisation erörtert.

Die Festlegung des Projektendes ist allgemein und im Besonderen bei M&A-Projekten nicht trivial (vgl. Patzak/Rattay 2004, 387 bzw. Abschnitt 4.1.2.1). Anhaltspunkte für eine Terminierung liefert die Unterscheidung in Projektübergabe und Gesamtprojektevaluierung. Beides sind Projektendereignisse, mit denen ein Projekt abgeschlossen werden kann (vgl. Patzak/Rattay 2004, 387). Häufig ist eine Projektevaluierung erst wegen Wirkungsverzögerungen zeitlich nach Projektabschluss möglich. Gerade bei M&A kann eine Gesamtevaluation erst einige Zeit nach Umsetzung der Transaktions- und Integrationsmaßnahmen erfolgen, da diese langfristig wirken. Zudem variiert die Laufzeit der einzelnen Maßnahmen der Integrationsphase in der Regel stark. Insbesondere das Integrationsprojekt wird regelmäßig länger laufen als das Transaktionsprojekt. Auch innerhalb des Integrationsprojekts wird die Laufzeit der Maßnahmenumsetzung je nach Integrationsbereich variieren.

Dies sollte aber nicht daran hindern, die Teilprojekte und Subteams bereits zu einem früheren Termin aufzulösen und zu evaluieren. Alle Projektteams so lange bestehen zu lassen, bis auch die letzte Integrationsmaßnahme erfüllt ist und die Voraussetzungen für eine Gesamtprojektevaluation geschaffen sind, würde große Kostennachteile mit sich bringen. So sind knappe Unternehmensressourcen, die im Projekt ganz oder teilweise gebunden waren, so früh wie möglich wieder für die Primärorganisation oder weitere Projekte verfügbar zu machen. Es wird zudem vermieden, dass Kosten aus Unwissenheit weiterhin auf das Projekt gebucht werden, obwohl dieses bereits abgeschlossen ist. Dies würde letztendlich den tatsächlichen Projekterfolg verzerren. Auch ist die Motivation der Beteiligten für die neu zuzuordnenden Aufgaben zu gewährleisten. Dies funktionert nur dann, wenn sie von dem laufenden M&A-Projekt offiziell entbunden werden. Andernfalls könnte es sein, dass sie sich weiterhin mit dem Projekt identifizieren und ihre Kräfte in eigentlich abgeschlossene Aufgaben falsch kanalisieren (vgl. ähnlich auch Patzak/Rattay 2004, 387).

Es ist also aus Effizienzsicht sinnvoll, einzelne Integrationsinitiativen sukzessiv an die Bereiche der Primärorganisation zu übergeben, was mit der Projektmatrix in der Integrationsphase aus organisatorischer Sicht bereits vorbereitet ist. Hierzu sollte eine Projektabschlusssitzung mit Einbindung des Lenkungsausschusses als Auftraggeber und Abnehmer des Projekts und ggf. auch von Verantwortlichen für Folgeinitiativen erfolgen, damit diese über das erforderliche Wissen für diese verfügen und relevante Ansprechpartner aus dem vorgelagerten Projekt kennen. Zudem ist ein (vorläufiger) formaler Projektabschlussbericht zu übergeben (vgl. Patzak/Rattay 2004, 387 und im Detail 393-400). Dokumentiert werden sollten dabei die Entlastung der Projektbeteiligten und offene Aufgaben, die in einem Folgeprojekt münden können oder der Nachlaufphase zuzuordnen sind (vgl. Abschnitt 4.1.2.2). Sofern bekannt, sind auch mit Folgeaufgaben verknüpfte Chancen/Risiken zu notieren (vgl. Patzak/Rattay 2004, 389) und Projektbeteiligte nach Entlastung für das Primärprojekt als Verantwortliche für die Folgeaufgaben zu bestimmen. Dies alles sichert Vorteile vor allem in Bezug auf die Wissensprozesse (Lern- und Prozesseffektivität) im Gesamtunternehmen. Die Übergabe des Gesamtprojekts erfolgt nach Abschluss aller Integrationsmaßnahmen. Spätestens zu diesem Zeitpunkt ist auch der Gesamtprojektleiter zu entlasten. Gleichzeitig ist eine Gesamtprojektevaluation durchzuführen.

Für die Gestaltung der Abschlussphase dürfte generell ein hoher Detaillierungsgrad der Einzelmaßnahmen (Projektabschlussbericht, -evaluierung etc.) sinnvoll sein (höhere Arbeitskosten), weil gerade in dieser Phase Lerneffekte erzielt werden können, die für spätere M&A-Projekte äußerst erfolgskritisch sind und einen hohen Nutzen bringen. Die organisatorische Auflösung und die Initiierung der Abschlussarbeiten für Teilaufgaben sind vom Projektbüro vorzubereiten und umzusetzen.

7.4 M&A-Projektpersonalführungsprozess

7.4.1 Vorgehensweise

Der Fokus liegt im Folgenden auf Maßnahmen, die für eine erfolgreiche Einwirkung auf den Potenzialfaktor Mensch im M&A-Projekt erforderlich sind. Die zeitliche Perspektive ist eher langfristig und eine Differenzierung nach Teilprojekten ergibt sich eher für die inhaltliche Ausrichtung der Maßnahmen, nicht aber für die Umsetzung des Personalführungsprozesses. Es wird daher nur für die inhaltliche Ausgestaltung auf Besonderheiten für die Teilprojekte eingegangen. Eine phasenspezifische Betrachtung erfolgt nur, wenn sich die Ausführungen auf M&A-prozessbegleitende Maßnahmen beziehen.

Zunächst wird im Rahmen der **Personalauswahl** auf Auswahlkriterien für die Managementrollen eingegangen. Demgegenüber gestellt wird der potenziell für M&A vorhandene Beteiligtenpool, aus dem die Schlüsselpersonen grundsätzlich rekrutierbar sind. Hieraus ergeben sich Vorschläge für die Besetzung der zentralen Projektrollen mit (Projekt-) Managementverantwortung.

In einem zweiten Schritt stehen erfolgskritische **Personalentwicklungsmaßnahmen** im Vordergrund, die langfristig durchzuführen sind, um Lücken zwischen Personalbedarf und -bestand zu schließen und auf diese Weise einen Bestand an potenziellen M&A-Experten im Unternehmen aufzubauen. In dem entsprechenden Abschnitt werden nur exemplarisch Möglichkeiten zum Aufbau der Schlüsselqualifikationen für Projektbeteiligte in Anlehnung an die Auswahlkriterien aufgezeigt. Die ganzheitliche Konzeption eines stimmigen Personalentwicklungskonzepts ist, genauso wie die Durchführung und Konzeption von Auswahlverfahren, letztendlich Aufgabe von Personalmanagement-Experten.

Ein größeres Augenmerk wird dem **Personalbeurteilungs- und Entlohnungssystem für ein M&A-Projekt** geschenkt. So ist nicht nur bei der Auswahl der Beteiligten auf ein geeignetes Leistungs- und Motivationsprofil zu achten, sondern die Motivation auch im Projektablauf sicherzustellen. Das Beurteilungs- und Entlohnungssystem hat im M&A-Projekt die Aufgabe zu erfüllen, Verhaltensweisen aller (heterogenen) Projektbeteiligten so zu beeinflussen, dass das Gesamtziel des Projekts und letztendlich auch der Primärorganisation erreicht wird (vgl. allgemein Meckl 2006a, 283 und im Detail zu Anreizsystemen Drumm 2005, 587-664).

Der Schwerpunkt der Ausführungen liegt auf den Managementrollen. Im Mittelpunkt der Betrachtung steht der Gesamtprojektleiter, der sich für die primären Aufgaben im Integrations- und im Transaktionsprojekt als auch für die Projektmanagement-Prozesse verantwortlich zeigt. Bei der Personalauswahl und -entwicklung werden explizit auch die Teilprojektleiter und Prozessmanager wie CKO und Projektcontroller (vgl. Abschnitt 7.3.3.2) berücksichtigt.

Auf Besonderheiten für einzelne Beteiligte der Projektteams (vgl. Abschnitt 4.1.3) wird nicht eingegangen, da deren Idealprofil sehr unterschiedlich ausgeprägt sein kann und nicht allgemein beschreibbar ist. Hinweise für Anforderungen an diesen Beteiligtenkreis wurden im Abschnitt 6.3 bei der Beschreibung der Ausprägung der Heterogenität der Beteiligten als erfolgsbeeinflussende Gestaltungsbedingung erörtert. Diese Ausführungen enthalten implizit Empfehlungen für eine optimale Besetzung, die an dieser Stelle als gegeben angenommen wird. Für Details zu Trägern der Primäraufgaben sei auf die Literatur verwiesen (vgl. z.B. Achleitner/Wecker/Wirtz 2004a; Achleitner/Wecker/Wirtz 2004b; Lucks 2002c, 29-50).

Abbildung 7-17 zeigt im Überblick die zu vertiefenden personalbezogenen Wirkungsbereiche.

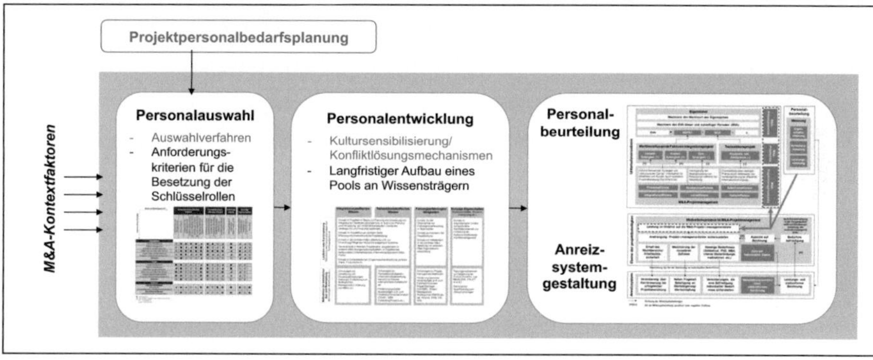

Abbildung 7-17: Zu gestaltende Wirkungsbereiche der M&A-Projektpersonalführung

7.4.2 Personalauswahl in M&A-Projekten

7.4.2.1 Anforderungsprofile für die Schlüsselrollen im M&A-Projekt

M&A-Transaktionen sind nur mit Einbezug einer Vielzahl an Beteiligten umsetzbar, die sich durch ein bestimmtes Ausmaß an Leistungsfähigkeit und Leistungswillen auszeichnen. Sie stellen den wichtigsten Potenzialfaktor dar, da sie nicht nur die Leistung selbst erstellen, sondern auch die Strukturen bestimmen, die ebenfalls wichtiger Potenzialfaktor sind (vgl. Abschnitt 4.2). Die Beeinflussung durch den Gestaltungsansatz ist erfolgskritisch (vgl. Abschnitt 6.2) und hat eine wesentliche **Auswirkung auf alle Ziele**. Die Beteiligten auf Projektmanagement-Ebene können ihre Aufgaben innerhalb der Teilprozesse besser erfüllen und sind auch motivierter dazu, was sich auf alle Projektmanagementziele positiv auswirkt. Die Projektbeteiligten auf Projektebene können dagegen besser einen Beitrag zum qualitativen Ergebnis des Gesamtprojekts beitragen.

Eine Granularitätsdiskussion erfolgt nicht, da generell wegen der herausstehenden Bedeutung der Projektbeteiligten von der **Effizienz einer hohen Granularität** auszugehen ist. Kompromisse bei der Leistungsfähigkeit und -bereitschaft des Personals sind nur dann einzugehen, wenn sich die Fähigkeitsdefizite in angemessenem Zeitraum und zu angemessenem Aufwand beheben lassen. Beim Bereitschaftsprofil sollten keine Kompromisse eingegangen werden.

Die Effektivität aller Beteiligten ergibt sich aus deren **Leistungsfähigkeit und dem Leistungswillen**. Die Leistungsfähigkeit bemisst sich am Grad des für die erfolgreiche Durchführung von M&A erforderlichen Wissens und der Fähigkeiten. Zur Durchführung von M&A sind verschiedene Wissensarten erforderlich. Das notwendige Fachwissen orientiert sich an den Aufgabenarten (vgl. Abschnitt 2.2.2). Als generelle Kategorien für die Beurteilung der Qualifikation sind das Ausmaß der vorhandenen Fach- und Führungserfahrungen/-kenntnisse, Methodenkenntnisse und sonstige Kenntnisse wie die Beherrschung verschiedener Sprachen relevant. Weiterhin sind die Führungsfähigkeiten relevant. Im Hinblick auf die Bedeutung des **Leistungswillens** ist das generelle Bereitschaftsprofil zu beachten.

Im Folgenden wird das Idealprofil der Schlüsselrolle der **Projektleitung** erörtert. Die Ausführungen sind teilweise übertragbar auf die ihr zugeordneten Rollen. So sollten die Teilprojektleiter entsprechend über ähnliches Wissen und ähnliche Fähigkeiten für ihren Bereich (Transaktion bzw. Integration) verfügen. Das Profil der Prozessmanager ist eher M&A-unspezifisch und wird nur der Vollständigkeit halber mit aufgeführt.

Die Gesamtprojektleitung sollte **aus fachlicher Sicht** über transaktions- und/oder integrationsspezifisches Wissen verfügen. **Transaktionsspezifisches Wissen** ermöglicht es ihr, transaktionsrelevante Entscheidungen schnell und fundiert zu treffen und erforderliche Aufgaben selbst durchzuführen oder an die richtigen Leute zu delegieren (Adaptions- und Prozesseffizienz). Beispiele für Wissensinhalte sind marktbezogene Kenntnisse über die kartellrechtlichen Bestimmungen in den relevanten Regionen, Kenntnisse möglicher Akquisitionsobjekte für die Durchführung einer Vorfeldsondierung oder transaktionsspezifische Methodenkenntnisse wie die Beherrschung von Unternehmensbewertungsverfahren. Des Weiteren ist Erfahrungswissen zur kritischen Beurteilung der Analysebereiche einer Due Diligence im konkreten Fall relevant. Ferner zählen Verhandlungsgeschick und rechtliche Kenntnisse über Unternehmenstransaktionen (Vertragsrecht, Kartellrecht) zu dieser Wissenskategorie. Selbst wenn der Projektleiter die entsprechenden Aufgaben an einen Teilprojektleiter für die Transaktion delegiert, muss er selber über entsprechendes Wissen verfügen, um die Leistungen seiner Mitarbeiter laufend beurteilen zu können und Fehlleistungen zu bemerken.

Analog ergibt sich die Diskussion für den Bereich der Integration. Der Projektleiter sollte auch über **integrationsspezifisches Wissen** verfügen, welches für ihn bedeutsamer sein dürfte als das transaktionsspezifische Wissen, da die Aufgaben wesentlich unstrukturierter und strategisch bedeutsamer und damit schwieriger zu delegieren sind. Es kann daher sinnvoll sein, dass der Projektleiter Gesamtprojektleitung und Integrationsleitung in Personalunion übernimmt, was einer stärkeren Betonung dieses Bereichs gleichkommt (vgl. auch Abschnitt 7.3.3.2). Das integrationsspezifische Wissen befähigt den Teilprojektleiter, die Entwicklung des Designs der integrierten Einheit vorzunehmen und die Planungen zeitnah umzusetzen. Verfügt er auch über transaktionsspezifisches Wissen, ist seine fachliche Autorität im Gesamtprojekt als auch im Teilprojekt der Transaktion eher gegeben, was seine Durchsetzungsfähigkeit stärkt und zeitraubende Verhandlungen verhindert, die entstehen könnten, wenn seine Autorität in Frage gestellt würde (Prozess- und Adaptionseffizienz). Dieses integrationsbezogene Wissen ist branchen- oder sogar unternehmensspezifisch. Aufgaben- und Verantwortungsträger sollten Kenntnisse über optimale Prozesse und Strukturen eines Unternehmens der anvisierten Branche haben und auch die Strukturen der beteiligten Unternehmen kennen.

Die Abarbeitung von transaktions- und integrationsspezifischen Aufgaben kommt ohne die Führung durch geeignete Kräfte nicht aus. Allgemein sind daher auch **Führungsfähigkeiten** für die Übernahme von Führungsaufgaben in M&A-Projekten relevant, die eher dem „Transformational Typ" entsprechen dürften (vgl. Abschnitt 6.5.4), wobei eine stringentere Führung in der Integrationsphase wichtig ist. Führungsfähigkeiten tragen allgemein dazu bei, dass den Personen mit Leitungsbefugnis eher Autorität durch die Beteiligten beigemessen wird. Im Idealfall wurden diese im Rahmen von Projektarbeit erworben und durch gezielte Weiterbildungsmaßnahmen, z.B. zum zertifizierten Projektmanager (vgl. noch Abschnitt 7.4.3), ergänzt. Integrations- und transaktionsspezifisches Wissen und/oder Führungserfahrung sichern dem Projektleiter fachliche/informale Autorität. Dies ist besonders bedeutsam, da formale Autorität entsprechend eines eher zentralistisch geführten Systems nicht zur Projektarbeit passt, im Rahmen derer innovative Lösungen zu entwickeln und die Ergebnisse im Vorfeld nur schwierig planbar sind. Direktiven und Weisungen sind dann wenig zielführend, da sie bei den Beteiligten eher demotivierend wirken (vgl. Abschnitt 6.5.3). Somit fördert ein fachlich kompetenter Projektleiter implizit auch die motivationsorientierten Ziele.

Ergänzend sind **weitere Kenntnisse/Eigenschaften** wünschenswert, wie die Beherrschung der Sprachen der Primärorganisationen bei grenzüberschreitenden Vorhaben, zumindest aber Englischkenntnisse, kulturelle Sensibilität und persönliche Autorität (vgl. zu Anforderungsprofilen von Projektleitern z.B. Gareis 2004, 82-83; Schindler 2002, 61-62). Gleiches gilt für das **Bereitschaftsprofil**, welches für alle Beteiligten ein wichtiger Erfolgsfaktor ist und auf jeden Fall gegeben sein sollte. Zu Beginn der Transaktion ist ggf., sofern der Projektleiter das Projekt nach außen vertritt, **Anonymität** erforderlich. Dies wird aber ebenfalls meist nicht gegeben sein, so dass in dem Fall eine Vertretung durch einen externen Berater für die Kontaktaufnahme mit dem Zielunternehmen erforderlich ist.

Die Ausführungen lassen sich auch auf weitere Rollen übertragen. So haben die **Teilprojektleiter** und die diesen wiederum zuzuordnenden Beteiligten ebenfalls, je nach Aufgabengebiet, über transaktions- und/oder integrationsspezifisches Wissen zu verfügen. Wegen der engen Verzahnung von Transaktion und Integration ist es förderlich, wenn eine Sensibilisierung für die Bedeutung der jeweils anderen Aufgabe vorliegt. Führungswissen/-erfahrung ist ebenfalls bedeutsam, auch für die Teammitglieder. So nehmen die Beteiligten zwar innerhalb der Projektorganisation eher eine hierarchisch gleichgeordnete Stellung ein, fungieren aber bei der Umsetzung in der Integrationsphase selbst als Projektleiter für die zu bildenden Teams/Arbeitsgruppen. Auch hier steht wieder die fachliche Autorität im Vordergrund.

Für die **Prozessmanager** dürfte eine gezielte Auswahl für die Schlüsselrollen **CKO** und **Projektcontroller** wichtig sein. Die Auswahl ist nicht M&A-spezifisch, wobei aber auch für diese Rollen M&A-spezifisches Wissen förderlich ist, da auch für ihre Aufgaben ein Verständnis für die Leistungserstellung, die sie mit ihrer Tätigkeit zu unterstützen haben, bedeutsam ist. Zu den Rollen liegen Informationen in projektspezifischer Literatur vor. Sie enthält umfangreiche Kataloge zur Profilbeschreibung. Tabelle 7-6 zeigt Kriterienkataloge für diese Schlüsselrollen im Überblick. Sofern die Rolleninhaber auch Führungsaufgaben übernehmen, sind auch für sie entsprechende Fähigkeiten erforderlich.

Ziel	CKO	Projektcontroller
Fach-wissen/-kenntnisse	Verfügt idealerweise auch über Erfahrungen im M&A-Projektmanagement und hat somit ein Gespür für M&A-projektrelevantes Wissen. Pädagogische Fähigkeiten, wenn er Schulungen z.B. zur Anwendung wissensbezogener Medien übernimmt. Interdisziplinarität Kenntnisse aller relevanten Methoden zur Unterstützung eines Wissensmanagements inkl. der Wissensbewertung. Bei Personalunion mit CIO: detaillierte Kenntnisse über Projektmanagementsoftware insgesamt.	Kenntnisse über die abzustimmenden Bereiche und die zwischen ihnen bestehenden Beziehungen. Daher ist ein Mindestmaß an transaktions- und integrationsspezifischem Wissen von Vorteil. Idealerweise auch Marktkenntnisse, die dazu befähigen, relevante Trends zu erkennen . Detaillierte Kenntnis aller Methoden, die im Projektcontrolling zur Anwendung kommen: Methoden der Erfolgsplanung und -kontrolle, Kenntnisse der erfolgskritischen Ursache-Wirkungsbeziehungen (z.B. Motivationswirkungen bestimmter Instrumente), Kosten- und Leistungsrechnung, Investitionsrechnung, internes/externes Rechnungswesen, Kenntnisse über controllingspezifische EDV etc. Anwendungskenntnisse der Planungs-, Kontroll- und übergreifenden Controllingmethoden.
Sonstige Eigen-schaften	Politische Akzeptanz im Gesamtprojekt, da nur dann brauchbares Wissen an ihn übertragen wird; Fähigkeit, Netzwerke aufzubauen und zu pflegen/ erhalten; analytische Fähigkeiten	Analytisches Denkvermögen, Willenskraft, Flexibilität, Fähigkeit zu überzeugen; Zuverlässigkeit etc.
Literatur	Probst/Raub/Romhardt 2006, 245-255; Schindler 2002, 123-124,137-143	Küpper 2005, 536-540

Tabelle 7-6: Anforderungsprofile für CKO und Projektcontroller

Die Granularität der Projektrollen wurde in Abschnitt 7.3.3 diskutiert. Aus Personalmanagementsicht ist eine hohe Granularität mit einem detailliert beschriebenen Anforderungsprofil gleichzusetzen. Diese ist aber weniger projektspezifisch und bemisst sich eher an den generell im Personalmanagement angewandten Methoden, auf die hier nicht näher eingegangen wird. Für Details sei auf die personalwirtschaftliche Grundlagenliteratur verwiesen (vgl. z.B. Drumm 2005).

7.4.2.2 Charakterisierung potenzieller interner und externer M&A-Beteiligter im Hinblick auf die Erfüllung der Anforderungskriterien

Die zur Bewältigung der M&A-Aufgaben einbeziehbaren Personen/-gruppen weisen einen heterogenen (unternehmens-) kulturellen Hintergrund auf, besetzen unterschiedliche Positionen in der Hierarchie des Unternehmens oder extern und verfügen über ein divergierendes Ausbildungsniveau und variierende Erfahrungen. Im Folgenden werden für potenziell an M&A-Projekten aktiv Beteiligte die Ausprägung projektrelevanter Charakteristika geprüft. Diese Analyse kann als Basisschema für die Auswahl der Managementrollen im M&A-

Projekt dienen. Es ist zu untersuchen, inwiefern bestimmte Gruppen tendenziell den Anforderungsprofilen entsprechen (vgl. zu den Beteiligten im Überblick Abschnitt 4.1.3).

Die Charakterisierung der potenziellen Beteiligten erfolgt anhand objektiver und zugänglicher Informationen und beschränkt sich auf die Kriterien der Anforderungsprofile. Die Beurteilung der **Leistungsfähigkeit** (Fähigkeiten, Wissen), über die die Beteiligtengruppen vermutlich verfügen, kann aus der Zugehörigkeit zu einem bestimmten Funktions- oder Geschäftsbereich bzw. bei externen Beteiligten zu einem bestimmten (Beratungs-)Unternehmen oder Kammerberuf abgeleitet werden.

Der **Leistungswille der Beteiligten** ergibt sich auch aus dem Grad der Erfüllung ihrer Bedürfnisse innerhalb der Unternehmung (vgl. Abschnitt 5.3.3.2). Monetäre Rückflüsse aus Ansprüchen ans Unternehmen ermöglichen eine Bedürfnisbefriedigung in vielen Bereichen und spielen daher eine wichtige Rolle bei der Verhaltensbeeinflussung. Projektbeteiligte haben z.B. Ansprüche aus dem Arbeitsvertrag (fixe/variable Gehaltsbestandteile). Neben den monetären Ansprüchen können sich Ansprüche auch aus sich indirekt monetär auswirkenden Leistungen (Sozialleistungen, Arbeitsplatzsicherheit, Sicherung der Hierarchiestufe im Unternehmen) ergeben. Weiterhin ist auf individueller Ebene wichtig, inwieweit die Gesamtatmosphäre im Unternehmen/Projekt gestört ist, was wesentliche Grundbedürfnisse verletzt – dies ist allerdings nicht aus der hier eingenommenen allgemeinen Perspektive zu beurteilen und bleibt daher außen vor. Externe Beteiligte können aus anderen Geschäften, die direkt oder indirekt durch eine M&A-Transaktion betroffen sind, monetäre Ansprüche ans Unternehmen haben (z.B. Entgelt aus Kreditgeschäft oder Beratungsaufträgen o.ä.). Die Art und Höhe der Ansprüche beeinflusst den Grad, inwiefern Beteiligte motiviert sind, sich für das Wohl des Gesamtunternehmens einzusetzen. Dieser Aspekt wird als „Identifikation mit dem Gesamtunternehmen" zusammengefasst.

Abbildung 7-18 zeigt im Überblick, welche der potenziellen M&A-Beteiligten innerhalb und im Umfeld der beiden zu verschmelzenden Primärorganisationen tendenziell über welches M&A-relevante Wissen/bestimmte Fähigkeiten oder Eigenschaften verfügen. Zu vermuten ist, dass das obere/mittlere Management eher über integrationsspezifisches, Support-Stäbe und zentrale Fachbereiche stärker über transaktionsspezifisches Wissen verfügen. Personen aus dem M&A-Zentralbereich („M&A-Profis"), sofern vorhanden, werden generell über beide Wissensbereiche verfügen. Mitarbeiter ohne Leitungsbefugnis können je nach Einsatzgebiet über bestimmte Spezialkenntnisse verfügen. Zu spezifischem Wissen über die beiden Primärorganisationen haben jeweils nur Mitglieder der entsprechenden Organisation Zugang, ggf. zusätzlich auch externe „Full-Service-Berater", wenn diese Erfahrung mit dem/den Unternehmen haben. Führungskenntnisse in Projekten dürften externe Berater mitbringen als auch Mitarbeiter der Support-Stäbe oder der M&A-Abteilung, da deren Arbeit meist auf Basis von Projekten organisiert ist und sie ggf. im Anschluss an die Strategieentwicklung auch die Umsetzungsprojekte leiten. Führungserfahrung allgemein haben Personen, die aktuell Führungspositionen in den Unternehmen besetzen.

Interne/externe Beteiligte ↓ / Merkmale Beteiligtenprofil →	Integrationsspezifisches Wissen						Transaktionsspezifisches Wissen				Führungswissen	Sonstige Eigenschaften		
	Überblick über das Zielunternehmen	Branchenwissen	Überblick über das Käuferunternehmen	Überblick über Ausrichtung der neuen integrierten Einheit	Überblick über Bereiche der neuen integrierten Einheit	Spezifische Kenntnisse (Region/Division/etc.)	Kenntnisse potenzieller Akquisitionskandidaten	Überblick über M&A-Projekte beim Akquisiteur	Kenntnisse relevanter M&A-Bereiche	Spezifische Kenntnisse zur M&A-Abwicklung	Führungsfähigkeiten/-erfahrungen (M&A, Projekte, sonst)	Objektivität/Neutralität/Verschwiegenheit	Identifikation mit Gesamtunternehmen	Anonymität
Akquisiteur														
Oberes Management	□	■	■	■	■	◢	■	■	□	◢	■	◢	◢	□
Mittleres Management (betroffene operative Bereiche)	□	■	◢	◢	■	■	■	□	□	◢	■	◢	◢	□
M&A-Profis aus M&A-Stab/-Bereich	□	■	■	■	■	■	■	■	■	■	◢	■	◢	□
Support-Stäbe/Zentrale Bereiche (Finanzen, Unternehmensstrategie etc.)	□	■	■	◢	◢	■	■	◢	◢	◢	◢	■	◢	□
Mitarbeiter	□	■	□	□	□	◢	□	□	□	□	□	◢	◢	□
Zielunternehmen														
Oberes Management	■	■	□	□	□	◢	■	□	□	◢	■	□	□	
Mittleres Management (betroffene operative Bereiche)	◢	■	□	□	□	■	■	□	□	◢	■	□	□	
M&A-Profis aus M&A-Stab/-Bereich	■	■	□	□	□	■	■	□	□	■	◢	◢	□	
Support-Stäbe/Zentrale Bereiche (Finanzen, Unternehmensstrategie etc.)	■	■	□	□	□	■	■	□	□	◢	◢	◢	□	
Mitarbeiter	□	■	□	□	□	◢	□	□	□	□	□	□	□	
Externe														
Full-Service-Berater (M&A-Berater, Investmentbanken, Unternehmensberatungen)	◢	■	◢	□	□	■	■	□	■	■	■	■	□	■
Spezialisierte Berater (Wirtschaftsprüfer, Steuerberater)	□	■	□	□	□	◢	◢	□	□	■	■	■	□	■

■ meist gegeben
◢ eher weniger gegeben oder situationsspezifisch
□ eher nicht gegeben
sonst: nicht relevant

Abbildung 7-18: Beteiligtenprofile bei M&A

Die konkrete Auswahl wird über ausgereifte Auswahlverfahren von der Personalabteilung des Käufers im Auftrag der Projektleitung als Dienstleistung für das M&A-Projekt übernommen werden.

Als Nebenbedingung zu beachten ist, dass der Pool der potenziellen Beteiligten für geschäftsspezifische Aufgaben auf die Mitarbeiter der Primärorganisation beider Unternehmen beschränkt sein kann. Dies birgt die Gefahr, dass diejenigen aus dem Tagesgeschäft ins Projekt überführt werden, die am ehesten zu entbehren sind, was die Qualität des Projekts beeinträchtigen kann (vgl. Kraus/Westermann 2004, 178). Diese Gefahr ist mit einem streng anzuwendenden Auswahlkatalog an relevanten Kriterien abzuwenden. Verantwortung für die strenge Anwendung dieser Kataloge trägt der Gesamtprojektleiter.

Folgende Tabelle fasst die wesentlichen Argumente für die **Besetzungsmöglichkeiten für die Schlüsselrollen** Projekt-/Integrationsleitung, Transaktionsleitung und weitere Rollen zusammen.

	Anforderungen	Idealbesetzung
Projektleitung/ Integrationsleitung	**Fachkenntnisse:** Transaktions- und integrationsspezifisches Wissen **Führungs-erfahrung/ -fähigkeiten** Informelle Autorität; Führungserfahrung in M&A-Projekten **Sonstige Kenntnisse/ Eigenschaften:** Persönliche Autorität; Neutralität gegenüber Transaktion	**Oberes/mittleres Management (Fachbereiche):** weniger gut geeignet, da oberes Management meist in der Primärorganisation nicht abkömmlich und dem mittlerem Management (Leiter der Fachbereiche) meist der Gesamtüberblick über Unternehmen fehlt. Bereichsegoismus könnte zu stark ausgeprägt sein. **M&A-Profis:** Sehr gut geeignet, sofern vorhanden. Sollte niemand zur Verfügung stehen, der sowohl transaktions- als auch integrationsrelevante Kenntnisse hat, so ist jemand mit integrationsbezogenen Kenntnissen oder mit Projekterfahrung in der Prozessoptimierung operativer Bereiche vorzuziehen, da sonst die Gefahr besteht, einfacher zu evaluierenden und abzuwickelnden Transaktionsaufgaben (vgl. Abschnitt 6.2.2.3) eine zu hohe Stellung einzuräumen. Die eigentlich wichtigen Integrationsaufgaben, die erst die Basis für Synergien liefern, würden dann tendenziell vernachlässigt werden. **Support-Stäbe/Zentrale Bereiche:** Sofern informelle Autorität über Fachkenntnisse und M&A-Führungserfahrung gegeben, gut geeignet. Gilt insbesondere für Führungskräfte aus dem Zentralbereich Unternehmensstrategie (vgl. Lucks 2005b, 920). Benötigt uneingeschränkten Support durch die Unternehmensleitung (hohe Bedeutung des Machtpromoters in dem Fall). **Beteiligte des Zielunternehmens:** Da die Leitung bereits zu Beginn einzusetzen ist und über das Gesamtprojekt aus Gründen der Lern- und Prozesseffizienz konstant sein sollte (vgl. Abschnitt 7.3.3.3), wird die Projektleitung vom Akquisiteur einzusetzen sein. Nur die Beteiligten des Akquisiteurs dürften zudem über das gesamte erforderliche integrationsspezifische Wissen verfügen. Ab dem Zeitpunkt, ab dem ein Zusammengehen sicher scheint und die Kooperationsbereitschaft gegeben ist, kann es sinnvoll sein, auch Beteiligte aus dem Zielunternehmen mit ins Projekt einzubinden und ggf. mit Leitungsfunktion auszustatten (vgl. Abschnitt 7.3.3.3). **Externe Berater**: Voraussetzung auch hier ist hohe informelle Autorität durch herausragende fachliche Eignung und langjährige Erfahrung mit dem Unternehmen durch Beratungstätigkeit. Sollte im Idealfall den Status eines Insiders haben, um das Vertrauen der Beteiligten zu genießen.
Transaktionsleitung	**Anforderungen:** s.o. Integrations-spezifisches Wissen wäre ideal, ist aber weniger bedeutsam	**M&A-Profis/Zentrale Bereiche:** Es bietet sich aus dem oberen Management der CFO oder jemand aus seinem Finanzbereich an. Generell kann aber auch für diese Aufgaben jemand aus einem speziell auf M&A-Transaktionen ausgerichteten Fachbereich genommen werden (vgl. ähnlich Lucks 2005b, 920). **Externe Berater:** Für das Transaktionsprojekt in stärkerem Maß relevant, da erforderliches Wissen eher technischer Natur ist und weniger Detailkenntnisse über das Unternehmen umfasst. Teilbereiche können ganz ausgelagert werden – so z.B. Teile der Due Diligence, insbesondere dann, wenn Spezialkenntnisse zu Technologien o.ä. relevant sind. **Weitere Gruppen**: Nur wenn entsprechende fachliche Expertise wie bei den beiden obigen Gruppen vorhanden ist und Konstanz über den Gesamtprozess gewahrt werden kann.
Weitere Rollen	**Anforderungen:** Je nach Rolle im entsprechenden Bereich	**Zentrale Bereiche:** Für die weiteren Schlüsselrollen kommen Personen aus den jeweils sich inhaltlich entsprechenden Zentralbereichen in Frage. So wird ein Projektcontroller aus dem Controlling und ein CKO aus dem intern mit Wissensmanagementsupport beauftragtem Bereich zu akquirieren sein. **Externe Berater/Rekrutierung von extern:** Bei fehlender Kapazität/Know-how auch relativ gut von extern rekrutierbar, da Unternehmenskenntnisse nicht so wichtig sind. Für den CKO sind insbesondere die persönlichen und Netzwerkfähigkeiten wichtig. Hier ist der externe Status insofern von Vorteil, dass weder Mitarbeiter des Akquisiteurs noch Mitarbeiter des Zielunternehmens voreingenommen sind.

Abbildung 7-19: Eignung potenzieller M&A-Beteiligter in Abhängigkeit der rollenspezifischen Anforderungen

Sollte die Gesamtprojektleitung nicht adäquat besetzt werden können, ist wegen der herausragenden Bedeutung dieser Rolle für den M&A-Projekterfolg (vgl. Abschnitt 6.5.4) zu überlegen, ob ggf. auf Durchführung des M&A-Vorhabens verzichtet werden sollte, da es von vornherein unter nur sehr erschwerten Bedingungen umgesetzt werden könnte. Das ohnehin bestehende Misserfolgsrisiko wäre um ein Vielfaches erhöht.

7.4.3 Personalentwicklung im M&A-Projektmanagement

Die Personalentwicklung dient der Deckung von Lücken zwischen Personalbedarf und Personalbestand und soll sicherstellen, dass Mitarbeiter über die erforderlichen Fähigkeiten und Kenntnisse verfügen, so dass sie ihre gegenwärtigen und zukünftigen Aufgaben bewältigen können und ihre Qualifikation den gestellten Anforderungen entspricht (vgl. Abschnitt 4.3.2.3.2). So hat sie sicherzustellen, dass die Lücke, die entsteht, weil bei der Auswahl das Idealprofil nicht erreicht wird, geschlossen wird. Die zeitliche Perspektive ist damit eher langfristig. So besteht für Unternehmen mit reger M&A-Tätigkeit laufend eine bestimmte Wahrscheinlichkeit, dass zeitnah ein M&A-Projekt aufzusetzen ist. Wenn die Entscheidung gefällt ist, wird Zeit zum erfolgskritischen Faktor und die Besetzung eines professionellen Projektteams hat unverzüglich zu erfolgen. Um laufend über professionelles Personal zu verfügen, sind die Entwicklungsmaßnahmen langfristig auszurichten.

Die Personalentwicklung wirkt damit auf dieselben **Ziele** wie die Personalauswahl, nur dass die zur Erreichung der Ziele erforderlichen Fähigkeiten bei den Beteiligten durch geeignete Maßnahmen aufzubauen sind. Auch wenn Personalentwicklungsmaßnahmen auf alle Effektivitätsziele wirken, sind Kostenfaktoren zu berücksichtigen. Neben einer zeitlichen Überforderung der Beteiligten durch zu viele zeitraubende Entwicklungsmaßnahmen, die sich vor allem während der Laufzeit eines Projekts in Phasen mit hohem Zeitdruck (z.B. ab Tag 1 nach Closing) ergeben kann, sind die direkten Kosten der Schulungen zu beachten. Generell sind die Kosten für den Aufbau eines umfangreichen Bestands an potenziell geeignetem Personal hoch und der Nutzen ergibt sich nur im konkreten M&A-Fall, da dann schnell adäquates Personal (alle Ziele positiv beeinflussend) zur Verfügung steht (Adaptionseffektivität). Sollte aber ein Vorhaben nicht anstehen, würden die Kapazitäten nicht ausreichend ausgelastet sein. Gleichzeitig besteht ein Problem bei Unterinvestition, da es dann, bahnt sich ein M&A-Vorhaben an, an qualifiziertem Personal fehlt. Es müsste dann ggf., bei gleichzeitig fehlenden adäquaten externen Experten, auf ein M&A-Vorhaben verzichtet werden, weil das Risiko eines Scheiterns dann zu hoch wäre (vgl. zur Bedeutung der Qualifikation der Projektleitung/-beteiligten Abschnitt 6.5.4).

Personalarbeit für M&A-Projekte hat daher in Abstimmung mit der strategischen Planung der Primärorganisation zu erfolgen, die genauer einschätzen kann, wann ein M&A-Projekt wahrscheinlich ist. Im Folgenden ist aufzuzeigen, welche generellen Möglichkeiten zum Aufbau der spezifischen in Abschnitt 7.4.2.1 erörterten Anforderungen bestehen. Generell ist von einer hohen **Granularität** auszugehen, die sich insbesondere auf die Qualität der Maßnahmen bezieht. In Zeiten hohen Arbeitsaufkommens wie zum Ende der Transaktions- und zu Beginn der Integrationsphase und vor wichtigen Meilensteinen sollten keine Entwicklungsmaßnahmen erfolgen.

Für die Bildung der M&A-projektrelevanten Wissensbestände und sonstigen Eigenschaften sind verschiedene **Maßnahmen** möglich. Abbildung 7-20 zeigt in Abhängigkeit der Auswahlkriterien aus Abschnitt 7.4.2.1 und der Art der Maßnahme mögliche Entwicklungsmaßnahmen (vgl. allgemein zu Instrumenten des M&A-spezifischen Erfahrungsaufbaus- und Erfahrungstransfers Lucks/Meckl 2002, 299 und allgemein zu einem umfassenden und aktuellen Ansatz der Personalentwicklung Thom/Zaugg 2007).

Als Art von Maßnahmen wird unterschieden in Möglichkeiten des individuellen zeitlichen, örtlichen und aufgabenbezogenen Personaleinsatzes (Laufbahn- und Karriereplanung) und Maßnahmen der betrieblichen Personalaus- und Weiterbildung (vgl. zu dieser Unterteilung Thommen/Achleitner 2004, 727 und im Detail zu speziellen Fort- und Weiterbildungsmethoden Kailer 2004, 773-775). Einige der Methoden werden direkt im Rahmen der Erfolgsstudien zum Wissensmanagement und/oder zum M&A-Projektmanagement erwähnt (vgl. Abschnitt 6.5.4).

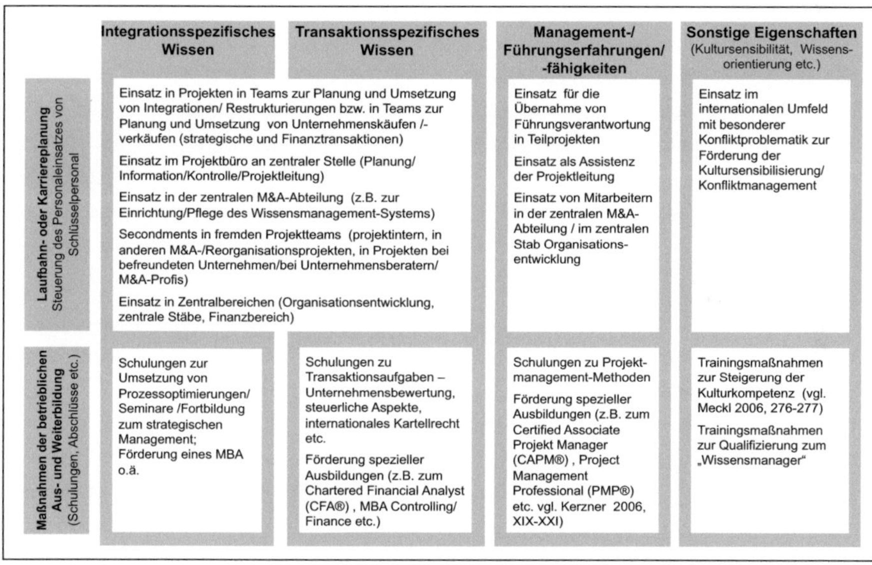

Abbildung 7-20: Maßnahmen zum Aufbau von M&A-Projektmanagement-Qualifikationen

Um Effizienz zu wahren, sind diese Maßnahmen, die generell eher kostenintensiv sind, gezielt einzusetzen. Einerseits sind die Personen richtig auszuwählen, für die diese Maßnahmen erfolgen. Andererseits sind die Maßnahmen selbst richtig auszuwählen und auch in Abstimmung mit den Zielen der Mitarbeiter richtig zu kombinieren.

Die konkrete Planung eines stimmigen Gesamtkonzepts mit der richtigen Kombination ausgewählter Maßnahmen setzt eine **Erhebung der individuellen Laufbahn- und Karriereziele** der Personen bereits bei der Personalrekrutierung sowie im Rahmen individueller Mitarbeitergespräche (vgl. im Detail zur individuellen Karriereplanung Walger 2004) voraus. Bei der Personalrekrutierung (auch unabhängig von einem konkreten M&A-Vorhaben) sollten Bewerber auf ihr Potenzial für die zukünftige Übernahme von Führungsverantwortung im Unternehmen oder speziell in Projekten identifiziert und ggf. in einen speziellen Führungskader eingebunden werden, für den spezielle Entwicklungsmaßnahmen umzusetzen sind. Die Entwicklung des Qualifikations- und Bereitschaftsprofils ist laufend zu prüfen, um das Gesamtkonzept der Personalentwicklung ggf. gezielt z.B. bei Abweichungen in der Lebensplanung oder der Leistungserbringung anpassen zu können. Die gezielte Auswahl im Vorfeld und eine laufende Evaluierung der Ergebnisse der Personalarbeit stellen sicher, dass teure Maßnahmen nur für Mitarbeiter mit entsprechendem Potenzial angeboten werden, was Effizienz sichert.

Weiterhin ist der Wirkungsgrad zu prüfen. Effizienz wird auch durch ein speziell **auf die Bedürfnisse abgestimmtes Entwicklungsprogramm** gesichert. Dieses enthält ein konsistentes Set aus Maßnahmen, welches langfristig individuelle Lücken schließen helfen soll. Aus Kostensicht kann es sinnvoll sein, ein Basis-Set an Maßnahmen für alle Beteiligten standardisiert bereit zu halten. Besonders kostengünstig sind **eLearning Maßnahmen**, die einfach zu vermittelndes Grundwissen z.B. zu Methoden vermitteln (Prozesseffektivität). Diese allein reichen aber nicht aus. Sie haben zudem den Nachteil, dass keine soziale Interaktion stattfindet und implizites Wissen nicht vermittelbar ist. Sie tragen auch nicht zur Bildung einer Projektkultur bei – ein Ziel, welches gut über Schulungen erreicht werden kann (begrenzte Lern- und Kultureffektivität).

Kostenintensiver, aber in der Wirkungsintensität besser, sind traditionelle **Schulungen mit persönlicher Anwesenheit**. Diese Schulungen ermöglichen eher den Aufbau impliziten Wissens z.B. von kulturellen Fähigkeiten (vgl. z.B. Meckl 2006, 276-277), Fähigkeiten in Bezug auf Wissensmanagement oder Führungsfähigkeiten. Im Rahmen dieser gemeinsamen persönlichen Schulungsevents, ergänzt ggf. durch informelle Events, besteht auch die Möglichkeit, gezielt den Ausbau des M&A-Netzwerks zu fördern (vgl. Abschnitt 7.3.4.2.2). Dies hat nicht nur Vorteile für das Netzwerk selbst, welches durch den Zuwachs an Experten an Wissensbreite und -tiefe gewinnt und damit tendenziell häufiger genutzt wird, was dessen Effizienz erhöht. Es steigert auch die Motivation der Netzwerkbeteiligten, sich auszutauschen, da persönlicher Kontakt vertrauensbildend ist und die Nutzungswahrscheinlichkeit des bereitgestellten Wissens erhöht. Zudem wirken die gemeinsamen Schulungsmaßnahmen selbst langfristig förderlich auf eine positive Projektatmosphäre, die ebenfalls erfolgskritisch ist (vgl. Abschnitt 6.5.3). Der Zugang zu einem umfangreichen Netzwerk mit qualifizierten Experten stellt auch aus individueller Sicht einen Vorteil dar, da diese Kontakte für einen Mitarbeiter unspezifisch sein können, also auch bei Verlassen des Unternehmens, z.B. bei einem Schritt in die Selbständigkeit oder wegen einer Auszeit für die Kindererziehung, weiter gehalten werden könnten. Dies gilt insbesondere dann, wenn der externe Zugriff auf das Netzwerk vom Unternehmen gefördert wird. Kostengünstige eLearning-Maßnahmen können ergänzend eingesetzt werden, fördern aber keine Netzwerkbildung und reichen daher als alleinige Maßnahme zur Deckung von Wissens-/Fähigkeitslücken nicht aus. Durch Schulungen werden damit alle Ziele unterstützt – insbesondere auch das sehr schwierig zu erreichende, aber insgesamt sehr bedeutsame Ziel der Kultureffektivität. Dieses wird durch andere Maßnahmen kaum in derselben Weise unterstützt, was eine hohe Investition an dieser Stelle rechtfertigt.

Motivierend wirkt auch die Integration **zeitlich befristeter Einsätze in Projekten** in eine umfassende Laufbahnplanung, weil auf diese Weise die zeitliche Befristung losgelöst von der Arbeitsplatzsicherheit ist. Dies gilt insbesondere für Kulturen mit hoher Unsicherheitsvermeidung nach Hofstede (2001). Fach- und Projektlaufbahn sollten sich nicht ausschließen. Eine integrierte Karrierelaufbahn sollte Stationen in beiden und ggf. in weiteren Unternehmensbereichen enthalten (vgl. im Detail zu einem integrierten Ansatz Meier/Schindler 2004). Dies birgt zwar Spezialisierungsverluste, die bei M&A-Projekten jedoch weniger hoch sein dürften, da Projektaufgaben einen engen fachlichen und inhaltlichen Bezug zu den Aufgaben des Gesamtunternehmens aufweisen. Vorteil ist zudem, dass Projektarbeit an Attraktivität gewinnt. Den Beteiligten kann auf diese Weise glaubhaft vermittelt werden, dass mit Ende des Projekteinsatzes die Karriere im Unternehmen fortgesetzt wird und die im Projekteinsatz erworbenen Kenntnisse honoriert werden – z.B. indem sie als Voraussetzung für Führungsaufgaben im Konzern definiert werden (vgl. zur Bedeutung einer langfristigen Perspektive auch Abschnitt 6.5.4 und allgemein Bruijn/Heuvelhof/Veld 2002, 47). In Unternehmen, die allgemein sehr intensiv auf Projektarbeit setzen, dürfte die Langfristigkeit der Karriereplanung innerhalb des Unternehmens auch bei Projektarbeit eher gegeben sein. Über Kommunikationsmaßnahmen kann begleitend auch auf Vorteile der Projektarbeit eingegangen werden. So wird es, gerade bei hochqualifiziertem Personal, häufiger den Wunsch nach Wechsel/Wandel der Tätigkeit (vgl. Abschnitt 5.3.3.3) geben, der mit Projektarbeit einfacher umzusetzen ist als bei Linienaufgaben. Projektarbeit kann ggf. sogar eine Abwanderung zu einem anderen Unternehmen vermeiden. Gefördert wird neben der Qualifikation für die Erstellung des Leistungsergebnisses und damit einer direkten Beeinflussung der Wertsteigerung die Integrationseffektivität.

Aus **chronologischer Sicht** dürften Schulungen eher zu Beginn eingesetzt werden, um möglichst frühzeitig die Netzwerkbildung zu fördern und die Beteiligten für die Unternehmensziele zu sensibilisieren. Dann wird im Rahmen der Karriereplanung sukzessive die Übernahme von zunehmender Verantwortung in Teams erfolgen. Zu Beginn kann die Projektassistenz stehen, dann folgt die Übernahme von Verantwortung für Teilbereiche des Projekts und eine (schrittweise) Steigerung der Budgetverantwortung im Laufe der Karriere. Dies stellt sicher, dass die Beteiligten nicht überfordert werden und die Maßnahmen auch eine positive Wirkung entfalten können.

7.4.4 Personalbeurteilung und Anreizsystemgestaltung im M&A-Projektmanagement

7.4.4.1 Überblick

Im Fokus der Personalbeurteilung und bei der Entwicklung eines Anreizsystems steht die Prinzipal-Agenten-Beziehung zwischen Management- und Unternehmens-/ Projektebene. So setzt das M&A-Projekt im Auftrag der Unternehmensleitung und letztendlich der Eigentümer des Unternehmens den Unternehmenskauf und die Integration der Unternehmen um. Dies hat so zu erfolgen, dass eine Wertsteigerung erzielt wird. Verantwortlich sind die Führungskräfte im M&A-Projekt, insbesondere der Projektleiter, der die Gesamtverantwortung trägt, dessen Interesse aber nicht zwangsläufig dem der Eigentümer entspricht. Dass die Interessen anders geleitet sein können, wurde für die Beteiligten auf Projektebene in Abschnitt 6.3 gezeigt.

Die Ausrichtung der Interessen auf die Wertsteigerung ist aber für alle Beteiligten essenziell, um einen M&A-Projekterfolg sicherzustellen. Entsprechend wurde in Abschnitten zuvor auf die Bedeutung der zielgerichteten Personalauswahl und -entwicklung im Hinblick auf das Bereitschaftsprofil hingewiesen. Da es aber schwierig sein wird, ausschließlich stark intrinsisch über ihre Aufgabe motivierte Beteiligte für die Umsetzung des M&A-Projekts zu finden, reichen diese Maßnahmen nicht aus. Einen wichtigen Bereich der Personalführung stellen daher Anreizsysteme dar, die insbesondere die Defizite in Bezug auf das Bereitschaftsprofil ausgleichen können. Anreizsysteme wirken sich direkt auf die Lern- und Integrationseffektivität für alle Beteiligten aus, die wiederum zu effektiveren Strukturen und Potenzialfaktoren und damit auch zu einem besseren Leistungsergebnis beitragen. Damit kann auf alle **Ziele** eines M&A-Projekts eingewirkt werden. Voraussetzung für ein effektives Anreizsystem ist ein effektives Beurteilungssystem. Im Folgenden sind für beide Bereiche M&A-spezifische Vorschläge zur Umsetzung zu unterbreiten. Auf kostenbeeinflussende Faktoren wird bei der Gestaltung der jeweiligen Komponenten der Systeme eingegangen.

Personalbeurteilung wird als systematisches und formalisiertes Verfahren bezeichnet, mit dem in festgelegten Zeitabständen mitarbeiterbezogene Daten über die fachliche und persönliche Qualifikation (eigenschaftsorientierter Ansatz), die Leistung/das Arbeitsergebnis (ergebnisorientierter Ansatz) und die Leistungsbereitschaft (verhaltensorientierter Ansatz) gesammelt werden (vgl. Meckl 2006a,285; Zimmer-Henrich/Winkelmann 2005, 244). Konkrete Ziele, neben der Ermittlung der Grundlagen für eine leistungsbezogene Lohn- und Gehaltsdifferenzierung, sind die Fundierung personeller Auswahlentscheidungen im Rahmen von Entlassungen, Versetzungen, Beförderungen und der Personaleinsatzplanung, die Evaluation der Effizienz personalpolitischer Instrumente, die Bestimmung des Personalentwicklungsbedarfs, die Motivation durch die Tatsache, beurteilt zu werden, und die Information der Mitarbeiter, da diese generell einen rechtlichen Anspruch auf Leistungsbeurteilung haben (vgl. im Detail Steinmann/Schreyögg 2005, 794). Die Leistungsbeurteilung wird im Folgenden vor dem Hintergrund des Ziels der leistungsabhängigen Belohnung erörtert. Die weiteren Ziele, die mit der Beurteilung verfolgt werden, werden im Folgenden aus der Argumentation ausgeklammert.

Anreizsysteme bauen auf der Personalbeurteilung auf und stellen das Kernstück des Entlohnungssystems dar. Sie können als Summe aller bewusst gestalteten Bedingungen für Mitarbeiter/Führungskräfte betrachtet werden, die vom Unternehmen gewünschte Verhaltensweisen honorieren und unerwünschte durch geeignete Instrumente sanktionieren. Ziel ist, über eine zielgruppengerechte Gewährung von Anreizkomponenten die Beteiligten zu einer Steigerung ihrer Leistungen im Unternehmen/Projekt zu motivieren (vgl. ähnlich Meckl 2006, 283; Wolff/Lucas 2004, 21-22).

In Abbildung 7-21 ist das zu lösende Grundproblem aufgezeigt. Die Grafik basiert auf Abbildung 2-3 und Abbildung 5-5 in den Abschnitten 2.2.2 bzw. 5.3.3.2. Skizziert sind die Ziele seitens der Eigentümer/des Unternehmens und deren Übertragung auf Projekt- und Projektmanagementebene (Block oben links). Im mittleren Block ist der Motivationsprozess abgebildet, der das Verhalten der Projektbeteiligten erklärt. Das Personalbeurteilungssystem (Block oben rechts) hat die Leistung der Beteiligten in Bezug auf die Erreichung der Projekt- und Projektmanagement-Ziele zu messen. Kostenfaktoren des Projektmanagements sind nicht eingezeichnet. Sie sind aber dann, wenn die Beteiligten einen Einfluss auf diese haben, ebenfalls zu beachten. Auf den Ergebnissen aufbauend hat durch das Anreizsystem (Block unten) eine auf die Bedürfnisse der Beteiligten zugeschnittene Belohnung zu erfolgen, um das Verhalten im Hinblick auf die Ziele zu steuern (vgl. im Detail zum Motivationsprozess Abschnitt 5.3.3.2).

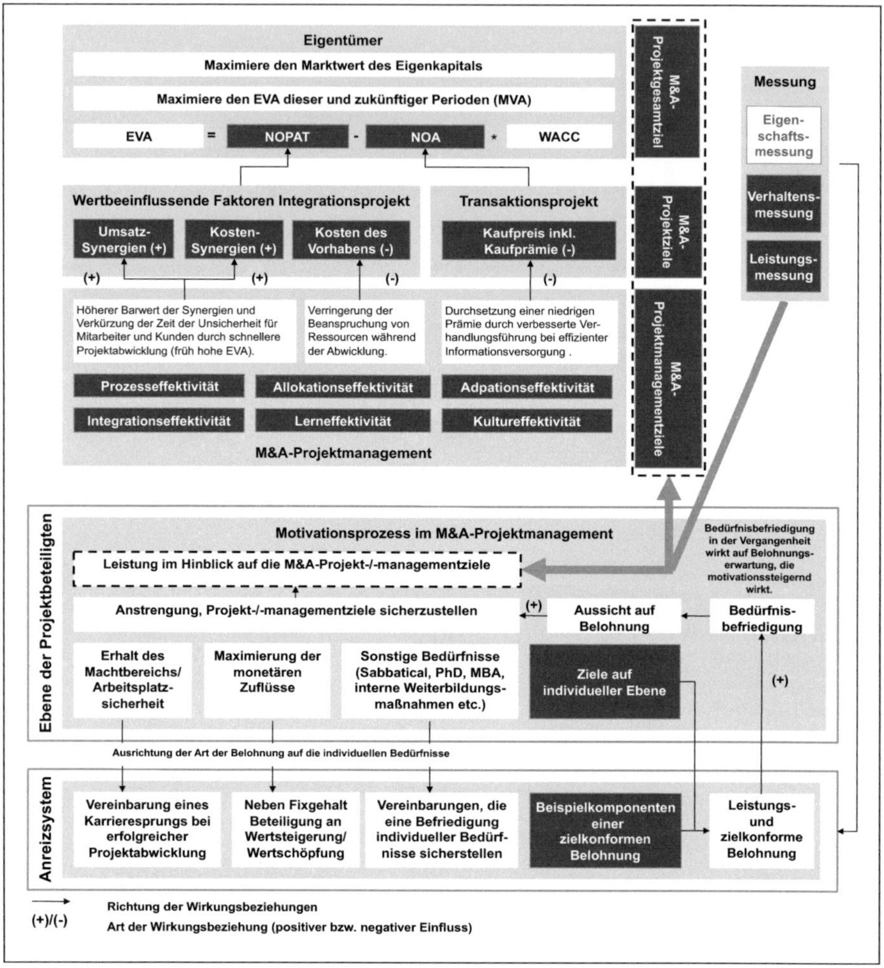

Abbildung 7-21: Ansatz für ein Beurteilungs- und Anreizsystem im M&A-Projektmanagement

Die **Vorgehensweise** bei der Planung und Umsetzung eines solchen Beurteilungs- und Anreizsystems umfasst einige Überlegungen, die in Tabelle 7-7 zusammengefasst sind. Dieser Ablauf entspricht einer allgemeinen strategischen Planung und enthält die wesentlichen zu beachtenden Bestimmungsfaktoren (vgl. z.B. zu den Komponenten Locarek-Junge/Imberger 2007; Weber 2004 et al., 195-207). Der Ablauf unterstellt, dass ein System neu einzuführen ist. Ein vergleichbarer Ablauf ergibt sich aber auch bei Anpassungen eines bestehenden Systems.

Planungsstufe	Schlüsselfaktoren
Ziele für das System festlegen	• Gesamtziel des Systems festlegen und angestrebte Vorteile des Systems festlegen: Was soll erreicht werden? • Erwünschte Arbeitsergebnisse/erwünschtes Arbeitsverhalten definieren (vgl. Abschnitt
Teilnehmerkreis festlegen	• Wer ist auszuwählen?
Konzeption/Planung des Beurteilungs- und Anreizsystems	• Anreizart definieren • Anteil der variablen Entlohnung an der Gesamtentlohnung festlegen • Bemessungsgrundlage bestimmen (Wertgeneratoren/-treiber) • Belohnungsfunktion festlegen • Auszahlungsmodus festlegen • Sicherstellen eines effizienten Erhebungsverfahrens für die Performance-Messung • Transparenz und Klarheit/Einfachheit sicherstellen; Abstimmung mit anderen Leistungsmessungssystemen im Unternehmen/Projekt
Erhebung der Kosten des Systems und Sicherstellung der Finanzierung	• Erforderliches Budget • Effizienzbewertung: Kosten-/Nutzen-Analyse durchführen
Systemimplementierung : Einführung und Performance-Messung	• Implementierung • Begleitende Kommunikation zur Erhöhung der Akzeptanz des Systems • Coaching und Feedback für die Anwendung/Teilnahme/Akzeptanz

Tabelle 7-7: Vorgehensweise bei der Implementierung eines Beurteilungs- und Anreizsystems

Bei der Gestaltung sind zunächst die **Ziele** in Konsens mit den Gesamtunternehmenszielen festzulegen. Für das M&A-Projektmanagement erfolgte dies in Abschnitt 6.4.

Zum **Teilnehmerkreis** ist zu sagen, dass im M&A-Projektmanagement generell alle Projektbeteiligten einbezogen werden sollten, da es andernfalls bei Ungleichbehandlung zu Missgunst kommen kann (vgl. Abschnitt 6.5.4). Projekte sind nicht-hierarchisch konzipiert, was auch Gleichbehandlung hinsichtlich der Entlohnung impliziert. Zudem nehmen potenziell vor allem sehr leistungsorientierte Beteiligte an M&A-Projekten teil, denen eine leistungsorientierte Entlohnung entgegen kommt, da sie mit dieser meist eine bessere Entlohnung erzielen als bei einem fixem Gehalt. Ohne leistungsorientiertes Belohnungssystem dürfte der Anreiz, im Unternehmen/Projekt zu bleiben, für hochqualifizierte Personen relativ gering sein. Eine Abwanderung zu anderen Unternehmen/Bereichen, die eine leistungsabhängige Entlohnung bieten, ist dann wahrscheinlich und ungünstig für das M&A-Projekt.

Die **Komponenten des Beurteilungs- und Anreizsystems** sind entsprechend der Zielvorgaben zu entwerfen. Generell sollte das System transparent und fair sein, was impliziert, dass es nicht zu komplex gestaltet ist, da Komplexität der Transparenz entgegenwirkt. Es sollte eine **Kosten-Nutzen-Analyse** durchgeführt werden, die allerdings nicht trivial sein dürfte und Expertenwissen erfordert. Die letztendliche **Implementierung ist mit Kommunikationsmaßnahmen und Schulungen** zu begleiten, um die Akzeptanz für das System zu erhöhen.

Im Folgenden liegt der Schwerpunkt auf der Konzeption des Beurteilungs- und Anreizsystems. Da das Anreizsystem auf der Beurteilung aufbaut, wird dieses zuerst erörtert.

7.4.4.2 M&A-Projektleistungsbeurteilungssystem

Im Rahmen der Leistungsbeurteilung ist die **Bemessungsgrundlage** für die leistungsabhängige Belohnung zu bestimmen. Sie legt die Größe fest, anhand derer die Leistung eines Anreizempfängers gemessen wird und auf deren Basis über das Ausmaß der Anreizgewährung entschieden wird (vgl. Weber 2004 et al., 199). Zu messen ist, inwieweit der Beurteilte die Gesamtheit der zu bestimmenden Soll-Kriterien hinsichtlich der M&A-Projekt- und Projektmanagement-Ziele erfüllt. M&A-Projekt- und Projektmanagement-Ziele sind hierzu in messbare Größen umzusetzen. Die Art dieser Größen hat einen wesentlichen Einfluss darauf, inwieweit es dem Anreizsystem gelingt, das Verhalten der Beteiligten auf das Ziel der Wertsteigerung auszurichten. Deren Festlegung stellt daher eine wichtige Aufgabe dar und beeinflusst wiederum indirekt/direkt alle **Effektivitätsziele**.

Die Messgrößen haben einige **Anforderungen** zu erfüllen (vgl. im Detail Zell 2003, 58; Hauschildt 1981, 140; Staehle 1999, 440-441). Insbesondere muss der Beurteilte mit seinem Verhalten einen tatsächlichen Einfluss auf die Erreichung der Größen haben können, d.h. äußere/weitere von ihm nicht beeinflussbare Einflüsse auf die Erreichung sollten gering sein oder ihre Wirkungen dürfen, sofern sie vorliegen, ihm nicht angelastet werden. Hieraus folgt, dass die Bemessungsgrundlage für die Projektbeteiligten, die mit ihrer Arbeit unterschiedliche Leistungen erbringen, differenziert festzulegen ist.

Generell können sich die **Beurteilungsgrößen** auf das Ergebnis der Leistung, auf das Verhalten der Beteiligten und auf deren Eigenschaften beziehen. Entsprechend sind folgende Beurteilungsansätze zu unterscheiden: Der **eigenschaftsorientierte Ansatz** greift am Arbeitsinput, also den Fähigkeiten/Kenntnissen des Beurteilten an, die verschiedene in eine Rangfolge zu bringende Merkmale umfassen (vgl. Krüger 2006b; Drumm 2005, 122; Jenner 2003). Es wird das Potenzial der Mitarbeiter beurteilt, weniger ihre tatsächliche Leistung, weswegen der Ansatz im Folgenden nicht weiter für die Leistungsbeurteilung beachtet wird. Ein Nutzen ergibt sich aber für die Bewertung der Effizienz des Gesamtsystems in Abschnitt 7.6.2.2. Der **verhaltensorientierte Ansatz** bezieht sich auf den Transformationsprozess von Input zu Output. Das Verhalten der Beteiligten steht im Vordergrund. So werden für jede Stelle typische Verhaltensweisen der Aufgabenlösung ermittelt, in Kurzbeschreibungen festgehalten und in eine Rangfolge gebracht. Beobachtbares Verhalten von Beteiligten wird dann dieser Skala zugeordnet. Was als wünschenswertes oder unerwünschtes Verhalten zu werten ist, ist durch Konsens unter Fachleuten und ggf. unter Einbezug der Beteiligten und Kunden festzulegen (vgl. Drumm 2005, 121-122). Beispiele für relevantes Verhalten ist z.B. das Kooperationsverhalten im Team und die Bereitschaft zum teaminternen und -übergreifenden Wissenstransfer. Am Output direkt greift der **ergebnisorientierte Ansatz** an. Er entspricht einer Realisationskontrolle. Mögliche Beurteilungskriterien sind Qualität und Quantität der Leistung (vgl. Drumm 2005, 119-120; Weber 2004 et al., 200-203). Zu erfassen ist der Ist-Zustand einer Größe, der mit vorher festzulegenden Plangrößen zu vergleichen ist. Die Plangrößen können über Zielvorgaben den Mitarbeitern kommuniziert werden und ggf. sogar in Zusammenarbeit mit diesen festgelegt werden (vgl. Drumm 2005, 120). Je qualitativer die Ziele/Plangrößen, desto schwieriger dürfte eine objektive Bewertung sein (vgl. im Detail zu den Ansätzen allgemein Drumm 2005, 119-122; Küpper 2005, 191-192; Steinmann/Schreyögg 2005, 796-797).

Eine am Ergebnis ansetzende Messung ist für alle Beteiligten relevant, allerdings variieren die konkreten Kennzahlen. Auch verhaltensorientierte Messungen sind generell relevant, insbesondere aber für die Beteiligten des Integrationsprojekts und auf Projektmanagementebene, da das Ergebnis ihrer Arbeit maßgeblich durch die Zufriedenheit von Personen abhängt, mit denen sie intensiv interagieren. Integrationsbeteiligte müssen insbesondere in der Integrationsphase mit den Mitarbeitern der Primärorganisationen kooperieren. Die Projektmanagementbeteiligten leisten einen Service für die Unterstützung aller Projektbeteiligten bei ihrer Arbeit. Ihr Verhalten hat maßgeblichen Einfluss auf die Zufriedenheit dieser und damit auf ihre Motivation (vgl. auch Abschnitt 7.6).

Im Folgenden wird zunächst die Problematik der Leistungsbeurteilung der Projektbeteiligten auf Projektebene diskutiert. Da für diesen Bereich das Hauptproblem in der Erfolgsmessung besteht, welches in M&A-spezifischer Literatur intensiv behandelt wird (vgl. auch Abschnitt 5.2.1.1 und zu Zielgrößen zur Messung des Erfolgs hinsichtlich ausgewählter Kernprozesse bei M&A Meckl/Hawaranek 2006), wird der Abschnitt eher knapp gehalten. Die Erörterung für die Beteiligten auf Ebene des Projektmanagements und für die Projektleitung erfolgt im Anschluss. Es wird jeweils auf Möglichkeiten der ergebnis- als auch der verhaltensorientierten Messung eingegangen.

Für die ergebnisorientierte Beurteilung der **Beteiligten auf Projektebene** könnten allgemein wertorientierte Kennzahlen (Unternehmenswert nach DCF, EVA, CFROI etc.; vgl. auch Abschnitt 2.2.1) herangezogen werden. Je nach Teilprojekt sind weitere Kenngrößen möglich. Für das Integrationsprojekt könnten die prognostizierten Synergievorteile und Restrukturierungserlöse unter Berücksichtigung der Entstehungszeitpunkte mit den tatsächlich im Zeitablauf umgesetzten verglichen werden (Soll-Ist-Vergleich). Im Transaktionsprojekt könnte direkt bei der Abwicklung evaluiert werden, inwieweit z.B. der tatsächliche erzielte Kaufpreis unterhalb der Preisobergrenze liegt. Je größer die Spanne ist, desto günstiger ist dies für den Käufer und desto höher ist die Wertsteigerung.

Probleme ergeben sich in beiden Teilprojekten hinsichtlich der Prognose/Bestimmung der Soll-Größen. So ist es schwierig zu bemessen, welche Synergien realistisch erzielbar sind bzw. ob die ermittelte Preisobergrenze tatsächlich den realistischen Wert des Akquisitionsobjekts inkl. der erzielbaren Vorteile widerspiegelt. Problematisch sind weiterhin nicht durch die Beteiligten kontrollierbare äußere Einflüsse. So wird die Wertsteigerung nicht nur durch das M&A-Projekt erzielt, sondern auch durch das parallel weiter zu führende Tagesgeschäft. Mit der Problematik der M&A-Erfolgsbewertung befassen sich eigene Forschungsarbeiten, auf die an dieser Stelle verwiesen wird (vgl. zur Grundproblematik der Messung des Wertbeitrags im Rahmen der M&A-Leistungserstellung z.B. Meckl/Hawranek 2006, Lucks/Meckl 2002,

209-225; Metz 2002, 204 und zu Beispielen der Messung des M&A-Projekterfolgs Abschnitt 5.2.2).

Eine verhaltensorientierte Messung ist relevant, weil die Interaktion mit den Mitarbeitern der Primärorganisationen sehr erfolgskritisch ist. Ihre Kooperationsbereitschaft ist Voraussetzung für den M&A-Erfolg, da nur dann der externe Faktor ausreichend gut einbezogen werden kann. Dies ist im Integrationsprojekt insbesondere in der Integrationsphase essenziell, da die Leistung dann hoch integrativ ist (vgl. Abschnitt 4.1.4). Zu messen ist aber nicht nur die Zufriedenheit der Mitarbeiter der Primärorganisationen. Generell können alle, die einen relevanten Bezug zu dieser Beteiligtengruppe haben eine Beurteilung über das Verhalten geben (Vorgesetzte, Kollegen etc.), inkl. des Beurteilten selbst. Für die Messung des Verhaltens liegen Verfahren vor, auf die hier nicht näher eingegangen wird, da sie M&A-unspezifisch sind. Ein in der Praxis etabliertes Verfahren ist z.B. das 360° Beurteilungskonzept, welches die Idee der umfassenden Befragung aller relevanten Beteiligten aufgreift (vgl. Blum/Zaugg 2007; Wunderer/Jaritz 2006, 130-136).

Die ergebnisorientierte Messung auf **Ebene des Projektmanagements** erfordert andere Zielgrößen als die auf Projektebene, da der direkte Zusammenhang zur ohnehin schwer bestimmbaren Wertsteigerung nicht gegeben ist. Um auch diesen Beteiligtenkreis im Hinblick auf das Gesamtziel zu steuern, sind geeignete Zielgrößen zu bestimmen, über welche die Leistung dieser Beteiligtengruppe für die Erreichung des Gesamtziels messbar gemacht werden kann. Die Überwindung der Defizite der direkten Erfolgsmessung für den Objektbereich M&A ist über eine Operationalisierung der M&A-Projektmanagement-Ziele möglich. Hierzu sind die Kosten- und Nutzenfaktoren aus Abschnitt 6.4 aufzugreifen, die zusammen das Effizienzmaß bilden. Während die Kosten relativ einfach bestimmbar sind, sind die Nutzenfaktoren, die sich auf die Qualität des implementierten Projektmanagement-Ansatzes beziehen, noch zu operationalisieren. Die Kennzahlen können für die einzelnen Projektmanagement-Prozesse variieren. Beispiele sind geplante Projektdauer versus erzielte Projektdauer, Grad der Kapazitätsauslastung o.ä.

Problematisch ist allerdings, dass die Zielwirkung teilweise konkurrierend ist (vgl. Abschnitt 6.4.4.2). So bestehen Wechselwirkungen zwischen den Maßnahmen. Es sind daher, will man ein ergebnisorientiertes Anreizsystem umsetzen, immer bei der Beurteilung der leistungsbestimmenden Faktoren die Ursachen für Abweichungen zwischen Vergleichswerten zu analysieren. Im Zweifel sollte man auf den Einbezug eines Faktors zur Leistungsbeurteilung verzichten.

Besser sind in dem Fall verhaltensorientierte Messungen. Für diese ist analog zur Messung auf Projektebene die Beurteilung des Verhaltens durch alle mit den Beteiligten in Bezug stehenden Personen sinnvoll. Dies sind in erster Linie die Projektbeteiligten (beide Ebenen) selbst. Entscheidend ist die Wahrnehmung der Qualität der Prozessgestaltung durch die Projektbeteiligten/den Auftraggeber als letztendliche Abnehmer der Leistungen (z.B. Zufriedenheit mit Transparenz der Planung; vgl. zur Messung der Zufriedenheit der Beteiligten noch Abschnitt 7.6.2.2).

Mögliche Beurteilungsgrößen einer kombinierten ergebnis- und verhaltensorientierten Messung für die M&A-Projektmanagement-Ziele enthält Tabelle 7-8.

Beispiele für Beurteilungsgrößen auf M&A-Projektmanagement-Ebene					
	M&A-Gesamtziel				
	Generell: langfristig orientierte Kennzahlen wie: EVA; Unternehmenswert nach DCF; CFROI; ROIC; ROCE Absolute Aktienkursentwicklung, relative Aktienkursentwicklung (Outperformance); erreichter Synergie- und Restrukturierungswert abzüglich der Transaktionskosten (muss mindestens dem prognostizierten Wert entsprechen); festgelegter Zielwert für Delta-EVA auf Gesamtunternehmensebene/durchschnittlicher Delta-EVA der von der Transaktion betroffenen Geschäftsbereiche				
	M&A-Projektmanagement-Teilprozesse				
Maßnahmen/ Ziele	**Projektplanung/-kontrolle**	**Projekt-organisation**	**Projektpersonal-führung**	**Projektinformation**	**Projekt-controlling**
Prozess-effektivität	Umfang der Terminüberschreitungen; Umfang der Wartezeiten bei der Übergabe von Arbeitspaketen Zeitbedarf für Planerstellung/-anpassung	Teamübergreifende Abstimmungen im Verhältnis zu teaminternen Abstimmungen Auslastung der Kapazität der Projektbeteiligten (Leerkapazitäten; Überstunden etc.)	Zeitspanne zwischen Mitarbeitergespräch und Einleitung von besprochenen Maßnahmen Zeitspanne zwischen Anmeldung Personalbedarf und Stellenbesetzung mit qualifiziertem Mitarbeiter	Zeitspanne von Fehlermeldung im IT-System und Behebung des Fehlers Zeit zwischen Erwerb/ Generierung/neuen projektinternen Wissens bis zur Verteilung des aufbereiteten Wissens über das IT-System	Zeitspanne zwischen Emergenz einer Fehlentwicklung und Entdeckung dieser
	Fehlerquote (Reklamationen/Beschwerden) Zufriedenheit der Projektbeteiligten mit Führung/Supportfunktionen (Frage nach: Transparenz der Planung, Logik der Organisation, Qualität der Personalschulungen/des Anreizsystems, Benutzerfreundlichkeit der Software, Qualität des Controllings etc.				
Allokations-effektivität	Dauer der Abwicklung zu priorisierender Aktivitäten im Vergleich zur geplanten Dauer				
Adaptions-effektivität	Möglichkeit der kurzfristigen Erfassung von Planänderungen und deren Weitergabe an die betroffenen Bereiche/ Gruppen (Zeitbedarf, Qualität, Kosten)	Möglichkeit kurzfristiger Anpassungen der Struktur an sich ändernde Bedingungen (Aufnahme/ Auflösung von Teams etc.)	Möglichkeit kurzfristiger Kapazitätsanpassungen hinsichtlich des Personalbestands (Zeitbedarf, Personalqualität, Personalkosten)	Möglichkeit kurzfristiger Anpassungen des IT-Systems an technische Neuerungen; Flexibilität hinsichtlich des Einbezugs neuer Projekte etc.	Möglichkeit der Anpassung des Projektcontrollingsystems bei Veränderung der Gestaltungsbereiche
Integrations-effektivität	Zufriedenheit mit Transparenz der Planung im Gesamtprozess, so dass diese akzeptiert wird und den Planvorgaben auch gefolgt wird	Zufriedenheit mit dem Grad an Partizipation bei der Entscheidungsfindung, Logik der Gruppenzusammensetzung etc.	Zufriedenheit der Projektbeteiligten mit Projektführung (Führungsstil, Anreiz-/ Beurteilungssystem etc.)	Zufriedenheit mit gesamten IT-/ Wissensmanagement-System, so dass Anreiz besteht, es auch zu nutzen	Bestimmung und Erfassung der relevanten Größen, die ein zielfinales Verhalten sicherstellen
	Fluktuationsrate; Krankheitsquote; Commitment (durchschnittliche Anzahl nicht bezahlter Überstunden)				
Lern-effektivität	Umfang und Qualität der projektinternen Wissensbestände: Anzahl der Zugriffe/Nutzungshäufigkeit; Erneuerungsquote, bewertete Qualität des Wissens durch Nutzer, Nutzungshäufigkeit des Wissens externer Beteiligter, Anzahl und Qualität der Verbesserungsvorschläge/Lessons Learned etc. Lernkultur: Zufriedenheit der Projektbeteiligten mit Bereitschaft zur Wissensteilung untereinander und Qualifikation der Kollegen (Fachkompetenz-Index über Befragung); Motivierung durch Projektleitung für Wissensmanagement				
Kultur-effektivität	Anzahl der gemeldeten Konflikte Zufriedenheit der Projektbeteiligten mit Projektatmosphäre				

Tabelle 7-8: Messgrößen und Konstrukte zur Beurteilung der M&A-Projektmanagement-Beteiligten

Enthalten ist auch das Gesamtziel, um Bereichsegoismus zu vermeiden (vgl. ähnlich Weber 2004 et al., 209-211). Kostenziele sind nicht enthalten, können aber generell auch berücksichtigt werden, sofern ein Einfluss seitens der Beteiligten besteht. Die Begründung für die Bedeutung der ausgewählten Faktoren ergibt sich aus den Ergebnissen der Erfolgsfaktorenanalyse in Verbindung mit den Aussagen aus der Theorie (vgl. Abschnitt 6.4 und weiterführend für mögliche Zielgrößen Klingler 2007; Reichmann 2006, 608; Wunderer/Jaritz 2006, 213-245; Frese 2005, 316-317; Küpper 2005, 86, 473; Weber 2004 et al., 199-203; Witt 2003, 128-136, Klingebiel 2001; Berens 1999, 239).

Die Qualitätsziele Lern- und Kultureffektivität lassen sich nur schwer einzelnen Prozessen zuordnen, da alle Prozesse auf diese Ziele auszurichten sind und einen erfolgskritischen Beitrag liefern (vgl. Abschnitt 5.2.4.2). Enthalten sind auch Kenngrößen, die über das Einzelprojekt hinausgehen – wie der Beitrag des Einzelprojekts zum Wissensmanagement auf Multiprojektebene. Damit wird vermieden, dass die Beteiligten nur das Ergebnis des laufenden Projekts im Auge haben. Anzumerken ist allerdings, dass nicht alle der Zielgrößen immer durch Maßnahmen auf Einzelprojektebene vollständig beeinflussbar sind. Einige der entsprechenden Aufgaben können ganz oder teilweise im M&A-Zentralbereich oder in der Primärorganisation angesiedelt sein. Hierauf wird in Abschnitt 7.6.3.1 noch eingegangen. Über die konkrete Gestaltung des Anreizsystems kann festgelegt werden, wie stark diese Ziele tatsächlich bei der leistungsabhängigen Belohnung berücksichtigt werden. Ausschlaggebend ist der Grad der Beeinflussung der Größen durch das Verhalten der Beurteilten.

Generell sollten das Beurteilungssystem inklusive der Ziele, die wünschenswerten Maßnahmen, die Kennzahlen und deren Erhebungs- und Auswertungsmethode sowie die zu erreichenden Soll-Werte transparent sein, damit die Belohnungswirkung auch erreicht wird.

Die Gesamtheit der Nutzenfaktoren liefert gleichzeitig die wesentliche **Grundlage für das Projektcontrolling** (vgl. im Detail noch Abschnitt 7.6). Hier sind insbesondere auch Kostenfaktoren zu berücksichtigen, die sich aus unternehmens-/projekteinheitlichen Regelungen ergeben und deren Verschulden nicht unbedingt den Beteiligten zuzurechnen ist. Mögliche Inputgrößen sind Investitionen in Projektmanagement-Tools, Anreizsysteme, Personalauswahl- und Qualifizierungsmaßnahmen etc. (Set-up-Kosten, Personalkosten, Opportunitätskosten; vgl. Abschnitt 6.4.3 mit konkreten Kosten-Beispielen in Tabelle 6-1). Der Personalführungsprozess hat hierzu insofern einen Beitrag zu leisten, als dass er für die Erhebung der personalbezogenen Kennzahlen zuständig ist, die er an das Controlling weiterzuleiten hat, welches diese mit den weiteren Kennzahlen aus den anderen Projektmanagement-Prozessen in ein integriertes Kennzahlensystem zusammenführt und somit einen Gesamtüberblick über das M&A-Projektmanagement erhält. Umgekehrt erhält der Personalführungsprozess Informationen aus dem Projektcontrolling über Ergebnisgrößen hinsichtlich der Leistung in den anderen Prozessen.

Abschließend stellt sich die Frage nach der **optimalen Granularität** des Beurteilungssystems. Diese wird maßgeblich beeinflusst durch die Art und den Umfang der zu erhebenden Größen, die wiederum bestimmte Erhebungs- und Auswertungsmethoden erfordern. Vorteile einer umfassenden Beurteilung an Ergebnisgrößen sowie an Verhaltensmessungen sind die größere Objektivität durch die Breite der abgebildeten Meinung/Daten und die Förderung einer Vertrauenskultur, da alle Projektbeteiligten an der Beurteilung partizipieren, was motivierend wirkt (Integrations-, Lern- und Kultureffektivität). Die Breite der Befragten sichert eine höhere Objektivität, da eine Manipulation einzelner Beurteilungsbereiche, die wegen der personellen Barrieren insbesondere im Integrationsprojekt gegeben sein kann, weniger ins Gewicht fällt. Zudem ist eher sichergestellt, dass die Befragten tatsächlich eine Aussage zu den Beurteilungskriterien treffen können. Bei einem Top-down-Ansatz der Bewertung als Gegenstück wird der Beurteilende beispielsweise kaum valide Aussagen zur Mitarbeiterzufriedenheit treffen können.

Problem einer Rundum-Beurteilung ist allerdings der große Aufwand. Die Liste an möglichen Beurteilungsfaktoren für die Managementebene ist lang und die möglichen, möglichst kombiniert einzusetzenden Verfahren für die Erhebung der Qualität und/oder Effizienz des M&A-Projektmanagements sind zahlreich. Ein hoher Aufwand entsteht insbesondere dann, wenn Zufriedenheitsmessungen oder Ereignisanalysen (vgl. noch Abschnitt 7.6.2.2.2), die aufwändige Befragungen erfordern, in einer hohen Frequenz erfolgen sollen (hohe Granularität). In dem Fall entstehen nicht nur direkte Set-up- und Arbeitskosten für die Umsetzung der Befragungen und deren Auswertung. Es sind auch Experten mit Kenntnissen der empirischen Sozialforschung erforderlich, die entweder extern beschafft werden müssen, wenn sie nicht intern auf Unternehmensebene bereits verfügbar sind. Es sind weiterhin Opportunitätskosten zu beachten, da die Befragten für die Befragung ihre Arbeitszeit einsetzen, die ihnen dann für die Projektarbeit nicht mehr zur Verfügung steht. Je mehr Faktoren erhoben werden und je besser das Verfahren zur Erhebung ist, desto höher ist der Aufwand, desto genauere Ergebnisse wird man aber auch erzielen. Kosten ergeben sich nicht nur durch den gestiegenen Aufwand des Systems, sondern auch durch Motivations-/Prozessverluste auf der Seite der Beurteilten (geringere Prozess- und Integration-, Lern- und Kultureffektivität). Entscheidend für die Beurteilung ist die Ausprägung des personellen Faktors. Eine intensive Umsetzung (komplexe Kennzahlen/Verfahren) und Frequenz der Beurteilung kann demotivierend wirken und damit die Motivationsvorteile, die das System eigentlich bieten soll, mindern. Gerade auf Managementebene wird der Wunsch nach Autonomie besonders groß sein und eine übermäßige Kontrolle wird sich negativ auswirken. Es besteht damit ein Spannungsfeld zwischen möglichst exakter Leistungsmessung als Grundlage für eine effiziente Anreizgestaltung mit indirekter positiver Wirkung auf alle Ziele und inkauf zu nehmenden Kosten in Form von Zeit- und Ressourcenbedarf für die Umsetzung des Systems und Motivationsverlusten. Je formalisierter und komplizierter das System ist, desto exakter ist die Leistungsbestimmung, desto eher wirkt es aber demotivierend.

Im Hinblick auf die Gestaltungsobjekte bietet es sich an, in der **Integrationsphase im Integrationsprojekt** eine hohe Granularität anzustreben, da sich hier Prozessverluste stark auswirken können und die Zufriedenheit aller Beteiligten essenziell für den Gesamterfolg ist. Die teureren Verfahren sind dann eher gerechtfertigt, sollten aber so konzipiert sein, dass der Zeitaufwand für die Beteiligten mäßig ist. Möglich ist generell **in allen Phasen und Teilprojekten**, die günstiger zu erhebenden Faktoren laufend zu prüfen und bei negativer Veränderung dieser Werte entsprechend umfangreichere Analysen anzuschließen, um bessere Hinweise für mögliche Ursachen zu erhalten. In der Vorfeldphase ist eine umfassende Erhebung noch nicht so sinnvoll, da die zu erhebenden Daten teilweise noch gar nicht vorliegen. Spätestens in der **Abschlussphase** sollte eine einmalige umfangreiche Erhebung stattfinden, um für weitere Projekte einen maximalen Lernerfolg zu sichern. Unternehmen mit mehr Erfahrung bei M&A können tendenziell eine niedrigere Granularität umsetzen, da mögliche Problemursachen besser bekannt sind.

7.4.4.3 M&A-Projektanreizsystem

Kernstück des Entlohnungssystems bildet das Anreiz- oder Incentivierungssystem, welches die Summe aller bewusst gestalteten Stimuli zur Verstärkung erwünschter und Minderung unerwünschter Verhaltensweisen bildet (vgl. Hungenberg 2001, 291).

Im Folgenden wird eine Konzeption für ein Anreizsystem für das M&A-Projektmanagement entworfen, welches das Verhalten der Projektbeteiligten auf die Ziele auf Unternehmens-/Projektebene abstimmt und damit grundsätzlich alle **Ziele** positiv beeinflusst, insbesondere aber die Integrations- und Lerneffektivität, die in allen Phasen und Teilprojekten bedeutsam sind. Kultureffektivität kann über individualisierte Anreize positiv beeinflusst werden. Daher ist generell eine sehr hohe Granularität zu wählen. Im Folgenden liegt der Fokus auf der optimalen Gestaltung des Anreizsystems unabhängig von den entstehenden Kosten. Auf diese hat die Tätigkeit der Gestaltung selbst kaum einen Einfluss. Die Kosten entstehen im Wesentlichen durch die Höhe und den Zeitpunkt von Auszahlungen sowie deren Frequenz, auf die explizit eingegangen wird. Weiterhin können nicht monetäre Auszahlungen Aufwand verursachen, z.B. weil Personal freigestellt wird. Ziel ist es, ein Maß zu finden, welches eine hohe Effektivität hinsichtlich der motivationsorientierten Ziele erreicht, aber bezahlbar ist. Hierzu sind für die einzelnen Komponenten des Anreizsystems (vgl. Tabelle 7-7 in Abschnitt 7.4.4.1) Entscheidungen hinsichtlich der Ausgestaltung zu treffen. Besonderheiten ergeben sich in Bezug auf die Bemessungsgrundlage, die im Abschnitt zuvor bereits differenziert diskutiert wurde. Die Belohnungsfunktion ist eher an Hierarchieebenen, weniger aber an den Gestaltungsobjekten auszurichten. Die Anreize sind entsprechend der persönlichen Bedürfnisse anzupassen. Die direkten Wirkungen beziehen sich im Folgenden generell auf die Integrations-, Lern- und Kultureffektivität und werden nicht mehr gesondert hervorgehoben.

Der Einfluss ergibt sich aus der Argumentation. Das Anreizsystem ist für **alle Teilprojekte und -phasen** identisch aufzubauen, um dem Gleichheitsgrundsatz nicht zu widersprechen.

Über die zu gestaltenden **Komponenten des Systems** besteht eine Reihe an Gestaltungsmöglichkeiten. Es ist über die Art des Anreizes, den Anteil der variablen Entlohnung an der Gesamtentlohnung, die Bemessungsgrundlage, die Belohnungsfunktion und den Auszahlungsmodus zu entscheiden (vgl. im Detail zu den Komponenten Weber 2004 et al., 195-207). Diese Komponenten sind so zu wählen, dass sie dazu anreizen, die M&A-Projekt- und Projektmanagement-Ziele zu erreichen. Die konkrete Ausgestaltung der Komponenten ist im Vorfeld festzulegen und transparent zu machen, damit eine Anreizwirkung gegeben ist, denn diese entsteht erst bei glaubhafter Erwartung einer angemessenen und bedürfniskonformen Entlohnung (vgl. im Detail Abschnitt 5.3.3.2).

Die **Anreizart** sollte sich an den individuellen Bedürfnissen bemessen und kann kulturell divergieren. Am einfachsten umsetzbar sind **monetäre Anreize**, die auf die extrinsische Motivation wirken – für diese dürfte eine Anreizwirkung generell gegeben sein, da sie für die Befriedigung einer Vielzahl an Bedürfnissen einsetzbar sind (vgl. auch Abschnitt 6.5.4 und empirisch Becker/Schwertner/Seubert 2005) und die Berücksichtigung eines Sättigungsniveaus damit eher unkritisch ist. Dies gilt insbesondere für eher maskuline Kulturen nach Hofstede (2001). Bei den monetären Anreizen weit verbreitete Formen sind Gewinnbeteiligungen (z.B. Tantieme/Bonus) und Beteiligungen am Eigenkapital in Form von realen/virtuellen Aktien (-optionen) oder Managementbeteiligungen mit/ohne eigene Aufbringung von Eigenkapital (vgl. Eisinger/Bühler 2008, Locarek-Junge/Imberger 2007, 546; Weber 2004 et al., 201-203). Auf diese Anreize beschränken sich aus diesem Grund und wegen der besseren Standardisierbarkeit meist auch Anreizsysteme im Rahmen einer wertorientierten Führung (vgl. Weber 2004 et al., 196). Allerdings können eine Vielzahl wichtiger Bedürfnisse nicht oder nur schwierig mit monetären Anreizen erfüllt werden. Sie sind daher um nicht-monetäre Anreize zu ergänzen.

Nicht-monetäre Anreize, wie eine bestimmte Arbeitszeitregelung, die Aussicht auf eine Wunschposition im Anschluss an das Projekt, eine Auszeit für eine ggf. mitfinanzierte vollumfängliche Ausbildungszeit, können, z.B. gekoppelt an einen bestimmten definierten Mindesterfüllungsrad bei den Zielkriterien, gewährt werden. Nicht-monetäre Anreize dürften nicht nur wegen der besonderen Problematik der zeitlichen Befristung von M&A-Projekten, sondern auch vor dem Hintergrund einer zunehmenden Bedeutung einer Work-Life-Balance bei qualifiziertem Personal an Relevanz gewinnen (vgl. Abschnitt 5.3.3.2). Allerdings ist die Berücksichtigung aufwändiger, da diese Bedürfnisse individuell unterschiedlich sind (vgl. Weber 2004 et al., 202).

Zur **Effizienzsicherung** ist zu empfehlen, ein M&A-projektspezifisches monetäres Anreizsystem basierend auf dem im Gesamtunternehmen implementierten Incentivierungssystemen zu gestalten und auf Basis der im Mitarbeitergespräch eruierten individuellen Bedürfnisse durch nicht-monetäre Anreize zu ergänzen. Auf diese Weise können Skaleneffekte in der Gestaltung des Systems erzielt werden. Mit einer Ergänzung durch nicht-monetäre, zielgruppenorientierte Anreize kann das Unternehmen sein Image als fortschrittlicher Arbeitgeber verbessern und attraktiv für qualifizierte Projektbeteiligte sein, die stärker motiviert sind. Zudem wird die Bildung einer positiven Projektkultur gefördert. Der entgegen zu rechnende Aufwand dürfte, bei entsprechend langfristiger Planung, im Verhältnis dazu zu verantworten sein (vgl. empirisch hierzu Hogarth 2001, XV).

Festzulegen ist ferner, welcher **Anteil an der Gesamtentlohnung variabel** sein soll. Der Anteil bemisst sich daran, welchen Einfluss der Beurteilte auf die Werte der Bemessungsgrundlage (vgl. Abschnitt 7.4.4.2) hat. Generell gilt, je höher der Anspruchsberechtigte in der Hierarchie angesiedelt ist, desto eher wird er einen Einfluss auf die Messgrößen haben und desto höher sollte auch der Anteil der variablen Entlohnung an der Gesamtentlohnung sein (vgl. Weber 2004 et al., 210). Eine Basissicherung sollte aber gesichert sein, damit der Lebensstandard in der Höhe nicht gefährdet ist. Empfohlen wird für Führungskräfte ein variabler Anteil von 20 – 40% der Gesamtvergütung. Dieser kann aber je nach Unternehmenshintergrund auch höher liegen. Die Incentives selbst sollten allerdings vollständig variabel sein (vgl. Plaschke 2006, 562).

Die Bestimmung der **Bemessungsgrundlage** erfolgte in Abschnitt 7.4.4.2. Viele der aufgezeigten Messgrößen im M&A-Projektmanagement sind nicht direkt monetär bewertbar. Die Messgrößen können aber nur dann als Bemessungsgrundlage dienen, wenn der Zielerreichung entsprechende monetäre Beträge zugeordnet werden. Es müsste also bestimmt werden, welchem monetären Wert ein bestimmtes Kriterium entspricht. Dies dürfte gerade für die Projektmanagement-Ziele nicht ganz einfach sein. So stellt sich die Frage, welchen monetären Wert „Zufriedenheit" der Projektbeteiligten zum Erfolg des M&A-Gesamtprojekts beiträgt.

Die genaue Festlegung erfolgt über die Bestimmung der **Belohnungsfunktion**. Sie spiegelt den Zusammenhang zwischen Ausmaß der Zielerreichung in Bezug auf die Bemessungsgrundlage einerseits und Höhe der Belohnung andererseits wider (vgl. Weber 2004 et al., 204). Festzulegen ist, wie sich die Höhe der Belohnung in einer Periode abhängig von der erreichten Ausprägung der Bemessungsgrundlage verändert. Festzulegen sind die Art des Verlaufs und Kappungsgrenzen nach oben oder unten, ab denen bzw. bis zu denen eine Veränderung der Anreizgewährung erfolgt (vgl. Weber 2004 et al., 204-205). Es wäre ein durchgehend proportionaler (lineare Funktion), degressiver oder progressiver (exponentielle Funktion) Verlauf als auch eine Mischform denkbar. Ein progressiver Verlauf wäre konsistent mit dem Gedanken der zunehmenden Grenzkosten des Projektmanagement-Systems, da ein Manager für eine Steigerung der durchschnittlichen Zielerreichung von z.B. 80% auf 90% stärkere Anstrengungen zu unternehmen haben wird als für eine Steigerung von 50% auf 60% (vgl. Abschnitt 6.4.4.1). Diese Form dürfte daher eine starke Motivierungswirkung haben. Ein Problem besteht allerdings darin, dass übereilte Entscheidungen getroffen werden könnten, was bei bestimmten M&A-Aufgaben eher zu vermeiden ist (vgl. Abschnitt 7.2.4.2). Wenn der zu beurteilende Beteiligte beispielsweise in einer Periode die vorgegebene Soll-Größe der Bemessungsgrundlage vollständig erreicht hat, dieses Ziel am Periodenende aber mit einer schnellen Entscheidung sogar um 20% übertreffen könnte, ergäbe sich für ihn, unterstellt, dass der progressive Verlauf nicht bei 100% Zielerreichung gekappt ist, eine höhere Belohnung, als wenn er die Entscheidung in der nächsten Periode mit mehr Überlegung fällen würde und dies z.B. zu einer Zielerreichung von insgesamt nur 50% führt. War die schnelle Entscheidung unüberlegt, besteht die Gefahr, dass zwar kurzfristig ein besseres Ergebnis erzielt wird, sie sich langfristig aber eher ungünstig auswirkt. Sinnvoll erscheint eher eine lineare Funktion, zumal auch ein degressiver Verlauf als Gegenstück zum progressiven Verlauf, den falschen Anreiz setzen könnte, Ergebnisse in spätere Perioden zu verlegen und ab einem bestimmten Zielerreichungsmaß keine Anstrengung mehr zu zeigen.

Die Belohnungsfunktion muss nicht durchgängig identisch definiert sein, sondern kann beispielsweise eine **Kappungsgrenze** nach oben und/oder unten aufweisen. Dies ist dann sinnvoll, wenn die Gefahr besteht, dass die Bemessungsgrundlage durch äußere Einflüsse stark beeinflusst wird, wie es bei Aktienkursen der Fall sein kann (vgl. Weber 2004 et al., 205). Dann sichern sie das Unternehmen vor zu hohem Aufwand ab und den Mitarbeiter vor nicht verschuldeten Verlusten. Bei internen Zielgrößen besteht diese Gefahr weniger, die Kappungsgrenzen können ggf. wegfallen. Eine Kappungsgrenze nach unten ist generell aus Motivationssicht sinnvoll, da eine Aussicht auf potenzielle Sanktionen die Motivation hemmt und die Projektatmosphäre eher negativ beeinflusst. Für die projektinternen Kenngrößen, auf die die M&A-Projektbeteiligten einen stärkeren Einfluss haben, sollte aber auf eine Kappungsgrenze verzichtet werden, um überdurchschnittliche Ergebnisse nicht zu hemmen.

Die Union Asset Management Holding AG empfiehlt speziell bei Aktienoptionsprogrammen eine Belohnungsfunktion erst für den Bereich zu definieren, der oberhalb einer risikobehafteten Marktrendite und der Renditen der Wettbewerber liegt (vgl. Martin 2006, 4). Die Definition eines Mindesterfolgs macht auch im M&A-Projektmanagement Sinn. So ist für jede Bemessungsgrundlage ein Zielwert zu definieren, der mindestens zu erreichen ist, um Anspruch auf eine Belohnung zu erhalten. Dieser kann sich hinsichtlich der Erreichung der Projektmanagement-Ziele an vergleichbaren M&A-Projekten, sofern vorhanden, orientieren oder ist im Rahmen einer Expertenschätzung ggf. unter Partizipation der zu beurteilenden Personen, festzulegen. Dies sichert den Anreiz für eine Erzielung überdurchschnittlicher Erfolge und begrenzt gleichzeitig die Kosten für das System. Zu beachten ist, dass die Ziele realistisch sein müssen, ansonsten würde sich Resignation wegen Überforderung und nicht ausreichend bemessener Wahrscheinlichkeit des Eintritts einer Belohnung einstellen (vgl. im Detail Abschnitt 5.3.3.2). So wird z.B. bei der Verwendung des EVA empfohlen, eine Belohnung nur an die Veränderung des EVA zur Vorperiode (ΔEVA) zu koppeln, wenn man davon ausgeht, dass der aktuelle EVA bereits im Marktpreis reflektiert wird und nur die Veränderung einen Wertgewinn darstellt (vgl. Plaschke 2006, 564).

Eine letzte wichtige Komponente ist der **Auszahlungsmodus**. Dieser legt die Zeitpunkte und die Anteile, die vom erworbenen Anspruch ausgezahlt werden, fest. Möglich wäre eine sofortige Auszahlung des gesamten Anspruchs in der Betrachtungsperiode sowie Varianten einer sukzessiven über einen längeren Zeitraum erfolgenden Auszahlung von Teilansprüchen. Ansprüche können bei ungünstiger Entwicklung der Bemessungsgrundlage auch negativ sein (vgl. Weber 2004 et al., 205-206). Gerade bei M&A-Projekten, die über mehrere Jahre laufen und deren tatsächlicher Erfolg meist erst Jahre nach dem Closing messbar ist, dürfte eine Form der sukzessiven Auszahlung von Teilansprüchen effizient sein. Die Auszahlung der Bonifikationen erfolgt so über mehrere Perioden und sichert eine langfristige Ausrichtung des Verhaltens der in zeitlich befristeten M&A-Projekten eingebundenen Mitarbeiter. Man könnte auch je zu erbringender Leistung variieren. So könnte man für schnell umzusetzende Maßnahmen, für die eher ein Erfolg messbar ist, eine sofortige Auszahlung versprechen und für langfristig ausgelegte Aufgaben eine retardierende Auszahlung (vgl. zur Unterscheidung der Maßnahmen nach ihrer Fristigkeit Abschnitt 7.2.4.2). Generell ist es sinnvoll, im M&A-Projektmanagement den Auszahlungsmodus an die Kontrollabstände anzupassen, da diese erst die Grundlage für die Bemessung der Auszahlung liefern. Die Auszahlungsansprüche werden in einer Bonusbank gesammelt. Diese sind marktgerecht zu verzinsen, um den Wert der gesammelten Ansprüche langfristig zumindest zu erhalten. Die Auszahlung der Ansprüche unterliegt einer festzusetzenden Sperrfrist (vgl. zu Bonusbanken Plaschke 2006; Weber 2004 et al., 206-207). Wird diese Variante gewählt, wäre denkbar, negative Entwicklungen zu berücksichtigen und entsprechende Werte in Abzug zu bringen. Dann ist allerdings sicherzustellen, dass der Auszahlungssaldo am Ende positiv bleibt, um nicht negative Motivationseffekte zu riskieren. Vorteil ist, dass die Anreizintensität wegen der höheren Varianz der Auszahlungshöhe steigt. Die retardierende Auszahlung entspricht einer Sicherheitshinterlegung des Agenten, die als erfolgskritisch beurteilt wurde (vgl. Abschnitt 6.5.4). Langfristiges Denken wird gefördert und der Begünstigte an das Projekt/Unternehmen gebunden, da die Ansprüche bei Verlassen des Unternehmens verfallen (vgl. Plaschke 2006, 562-563).

Tabelle 7-9 enthält beispielhaft für die M&A-Gesamtprojektleitung Empfehlungen für die einzelnen Komponenten und Hinweise auf die entsprechende Zielwirkung.

Komponente	Empfohlene Ausprägung für Gesamtprojektleitung	Zielwirkung für das M&A-Projekt
Anreize (monetär)	(Virtuelle) Aktien (-optionen) Entgeltzahlung (nicht-monetäre Anreize sollten wegen der fehlenden Standardisierbarkeit separat, gekoppelt an individuelle Zielsetzungen vereinbart werden).	Kostenziele: Ausnutzung des hohen Wirkungsgrads monetärer Anreize Sicherstellung der Effizienz des Systems durch weitestgehende Standardisierung
Anteil variable Gehaltsbestandteile	Unternehmensspezifisch festzulegen; in der Praxis genannte Werte für Bereichsleiter/Top-Führungskräfte: 40-70% variable Gehaltsbestandteile an Gesamtentlohnung.	Vorwiegend Motivationsziele: Vermeidung von Demotivation bei unzureichender Möglichkeit der Einflussnahme
Bemessungsgrundlage	M&A-Projektgesamtziel (s. Abschnitt 7.4.4.2) M&A-Projektmanagementziele (s. Abschnitt 7.4.4.2)	Ausrichtung der Aktivitäten auf das Gesamtziel der Wertsteigerung
Belohnungsfunktion	Nach Überschreitung eines Schwellenwerts linear, ggf. progressiv, wenn überdurchschnittliche Ergebnisse erzielt werden sollen. Diese sind schwieriger umzusetzen, die Anreizintensität sollte daher höher sein. In letztgenanntem Fall ist eine Kosten-Nutzen-Analyse besonders bedeutsam, da das Verfahren hohe Auszahlungen zur Folge haben kann. Kappungsgrenze nach unten, so dass kein negativer Gesamtsaldo entstehen kann (keine Maluszahlungen); bei Aktienkurs als Bemessungsgrundlage Kappungsgrenzen nach oben und unten generell empfehlenswert.	Sicherstellung überdurchschnittlicher Ergebnisse bei progressivem Verlauf Motivationsziel: Vermeidung der Demotivation bei (temporären) Misserfolgen
Auszahlungsmodus	Sammlung von Ansprüchen über die Dauer des Projekts in einer Bonusbank; Teilauszahlungen z.B. in (halb-) jährlichem Zyklus über 1/3 des gesammelten Anspruchs. Zeitintervall ist auch abhängig von den Erhebungsintervallen für die Messgrößen. Diese dürften bei aufwändigeren Verfahren wie zur Verhaltensmessung eher in größeren Zeitabständen z.B. jährlich erfolgen. Volle Auszahlung des kumulierten erworbenen und im Zeitablauf verzinsten Anspruchs nach M&A-Gesamtprojektevaluation am Ende der Abschlussphase (kann auch weit nach Auflösung der Projektorganisation erfolgen).	Sicherstellung, dass Maßnahmen derart umgesetzt werden, dass der M&A-Gesamterfolg am Projektende maximiert wird. Erhöhung des Barwerts der Auszahlungen durch Verkürzung der Gesamtdauer (Kostensenkung)

Quelle: Inhalte der zweiten Spalte in Anlehnung an Weber 2004, 218-219 zur wertorientierten Anreizgestaltung in der Praxis

Tabelle 7-9: Umsetzungsmuster einer wertorientierten Anreizgestaltung für die M&A-Projektleitung

7.4.4.4 Besonderheiten in internationalen M&A-Projekten

Bei internationalen M&A-Projekten ergibt sich aus der (unternehmens-) kulturellen Heterogenität der Beteiligten (vgl. Abschnitt 6.2.2) eine erschwerte Situation bei der Entwicklung eines M&A-projektspezifischen Beurteilungs- und Anreizsystems, weswegen dieser Bereich im Folgenden intensiver beleuchtet wird. Besonderheiten ergeben sich zwar grundsätzlich auch in den anderen Bereichen, erfordern aber weniger Anpassungen auf inhaltlicher Ebene. Eine generelle Ausrichtung auf das Ziel der Kultureffektivität berücksichtigt zudem bereits generell Besonderheiten im interkulturellen Umfeld.

Beteiligte stammen bei internationalen M&A aus unterschiedlichen Kulturkreisen und können unterschiedlich motiviert sein. Dies dürfte trotz der immer wieder vertretenen Auffassung einer zunehmenden Konvergenz von Managementkonzepten und -verhalten als gegeben angenommen werden (vgl. zu einer ausführlichen Diskussion dieser „culture-bound-These" Meckl 2006a, 265-266). Anhaltspunkte für die motivierende Wirkung von Anreizmechanismen auf Beteiligte verschiedener Kulturkreise sind in der Literatur zum Internationalen Management nachzulesen. So sind die Anreize kulturspezifisch anzupassen, wobei der Gleichheitsgrundsatz für die Behandlung von Mitarbeitern zu beachten ist. Es ist ein Lösungsansatz zu entwickeln, welcher der kulturellen Vielfalt im M&A-Projekt genauso Rechnung trägt wie dem Gleichheitsgrundsatz.

So wird es bei internationalen M&A meist notwendig sein, die Beurteilungs- und Anreizstrukturen im Projekt entsprechend der kulturellen Bedingungen inhaltlich anzupassen. Lucks und Meckl verweisen auf die kulturelle Problematik der Personalbeurteilung und der Anreizsetzung bei der Gestaltung der Primärorganisation, die grundsätzlich auch im M&A-Projekt vorzufinden ist. Zu homogenisieren sind z.B. die Verteilung von fixen und festen Lohnbestandteilen und die angesetzten Bewertungskriterien. Ähnliches gilt für die Regelung der für die Motivation indirekt wichtigen Regelungen und Zusatzleistungen wie Arbeitszeiten oder betriebliche Altersversorgung. Dabei ist zu entscheiden, ob eine generelle Homogenisierung erfolgen soll, oder ob regionale Unterschiede gewünscht sind/geduldet werden sollen. Dies kann auch nach Hierarchieebenen unterschiedlich gehandhabt werden (vgl. im Detail zu diesen Ausführungen Lucks/Meckl 2002, 151).

Ähnliche Fragen stellen sich auch innerhalb des M&A-Projekts, wobei eine Beantwortung erst vor dem Hintergrund der Kenntnis der konkreten Kulturen möglich ist. Beispielsweise wäre denkbar, bei der Anreizsystemgestaltung die Bemessungsgrundlage je nach kulturellem Hintergrund des Beurteilten zu variieren. So bietet sich z.B. eine Differenzierung nach der Ausprägung der Kulturdimensionen von Hofstede (vgl. 2001) an. Dementsprechend ist die Berücksichtigung gruppenorientierter Messgrößen für individualistisch geprägte Kulturen sinnvoll; individuelle Messgrößen sind eher in kollektivistisch geprägten Kulturen sinnvoll, da so das jeweils schwach ausgeprägte erfolgskritische Interesse durch Anreize verstärkt wird. So werden Zielgrößen, die auf den Grad der Wissensteilung schließen lassen, in individuell geprägten Kulturen wichtiger sein, als in kollektivistisch geprägten Kulturen, um nur ein Beispiel zu nennen. Konkrete Gestaltungshinweise für die kulturelle Anpassung von Beurteilungs- und Anreizsystemen sind Veröffentlichungen der interkulturellen Managementforschung zu entnehmen (vgl. Meckl 2006a, 283-286; Hofstede 2001). Diese Probleme sind grundsätzlich M&A-unspezifisch und werden daher an dieser Stelle nicht weiter vertieft.

7.5 M&A-Projektinformationsprozess

7.5.1 Vorgehensweise

Im Fokus dieses Prozesses steht die technisch-mediale Unterstützung von Wissensprozessen. Hierzu sind zum einen die Projektmedien/-techniken situationsangepasst auszuwählen, welche die Aufgaben der anderen Prozesse im Hinblick auf die Wissensprozesse nach Probst/Raub und Romhardt (2006) unterstützen. Es werden daher in einem ersten Schritt die **Anforderungen an die Auswahl der Projektmedien/-techniken** definiert. Hierzu werden in Chronologie der Wissensprozesse die zu unterstützenden Bereiche erörtert und darauf aufbauend entsprechende Anforderungen an den Informationsprozess formuliert. Entwickelt wird damit ein Entscheidungskalkül zur richtigen Auswahl der Parameter aus der Vielzahl an Möglichkeiten für die Gestaltung eines IT-Systems zur Unterstützung des M&A-Projektmanagements.

In einem zweiten Schritt sind grundsätzliche Möglichkeiten der Umsetzung aufzuzeigen, um einen Überblick über die existierenden Grundtypen an **IT-Systemen** und die sie konstituierenden Bausteine zu erhalten. Zum einen sind relevante Projektmedien/-techniken aufzuzeigen, die potenziell in der Lage sind, die Anforderungen, die sich im Hinblick auf das Informations-/Wissensmanagement ergeben, zu erfüllen. Zum zweiten ist aufzuzeigen, wie diese in ein IT-System eingebettet werden können. Dies wird insbesondere durch den Projektcontrollingprozess gefordert, der ohne eine übergreifende IT-Infrastruktur die Integration der Prozesse nicht umsetzen könnte (vgl. auch Küpper 2005, 127). In der Literatur werden ausgereifte Systeme und Medien/Techniken erörtert, die eine Unterstützung des Wissensmanagements allgemein und speziell in Projekten erlauben. Die Problematik auf dieser Ebene ergibt sich weniger aus den vorhandenen ausgereiften Systemen, sondern vielmehr in der Bestimmung möglicher Funktionalitäten, die das System bieten sollte und die ggf. auch neue Lösungen erfordern (vgl. Schindler 2002, 177). Auf diesen liegt der Schwerpunkt in den Ausführungen. Auch hier werden keine speziellen Firmenlösungen detailliert geprüft – dies könnte vor dem Hintergrund des umfangreichen Angebots im Rahmen der Arbeit nur unvollständig sein. Laut Ahlemann existierten bereits 2004 mehr als 220 Systeme von über 200 Herstellern (vgl. 2005, 814). Folgende Abbildung zeigt schematisch die Teilbereiche des Projektinformationsprozesses auf.

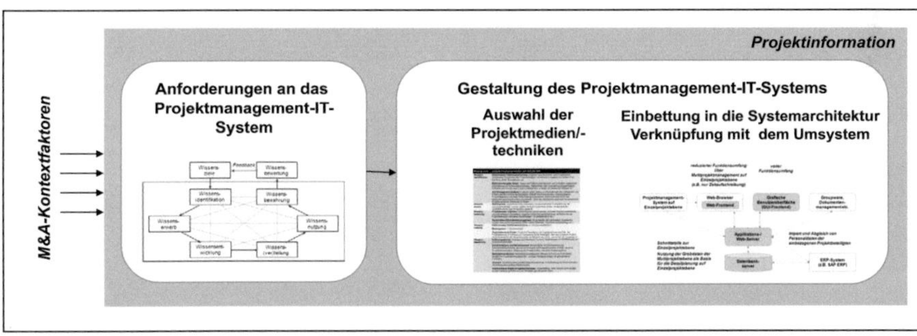

Abbildung 7-22: Zu gestaltende Wirkungsbereiche der M&A-Projektinformation

7.5.2 Anforderungen an das M&A-Projektmanagement-IT-System

Im Folgenden sind aufbauend auf den sicherzustellenden Wissensprozessen, die durch das Baustein-Konzept von Probst, Raub und Romhardt (2006) definiert sind, die Anforderungen an die einzubindenden Medien abzuleiten. Die Chronologie orientiert sich am zyklischen Ablauf der Wissensprozesse, wie sie Probst, Raub und Romhardt unterstellen. Sie unterscheiden zwischen sechs interdependenten, als Gesamtheit zu betrachtenden Kern-Wissensprozessen: Wissensidentifikation, -erwerb, -entwicklung, -teilung/-verteilung, -nutzung und Wissensbewahrung, denen sie als Aktivität die Festlegung von Wissenszielen voranstellen und die Wissensbewertung anschließen (vgl. 2006, 32). Sie sind Abbildung 7-23 zu entnehmen.

Zu analysieren ist im Anschluss, welche Bedeutung die einzelnen Prozesse für das M&A-Projekt haben, wo sie anzusiedeln sind und welche Unterstützungsfunktion dem Projektinformationsprozess zukommt. Hieraus ergeben sich die Anforderungen an die wünschenswerten Funktionalitäten des IT-Systems. Dieses ist **teilprojektunabhängig** und damit einheitlich zu gestalten. Variieren können die Zugriffsmöglichkeiten z.B. zu bestimmten Daten bei der konkreten Implementierung, auf die nicht eingegangen wird. Phasenspezifische Unterschiede ergeben sich und werden im Folgenden diskutiert. Im Vordergrund steht generell die Förderung der Effektivität und/oder Effizienz von Maßnahmen anderer Prozesse durch kostensenkende Unterstützungsmaßnahmen sowie die Prozesseffektivität im Hinblick auf die Wissensprozesse. Es werden dann die **Ziele** positiv beeinflusst, die durch die erwähnten Maßnahmen unterstützt werden. Für die Zielwirkungen wird auf die entsprechenden Abschnitte verwiesen.

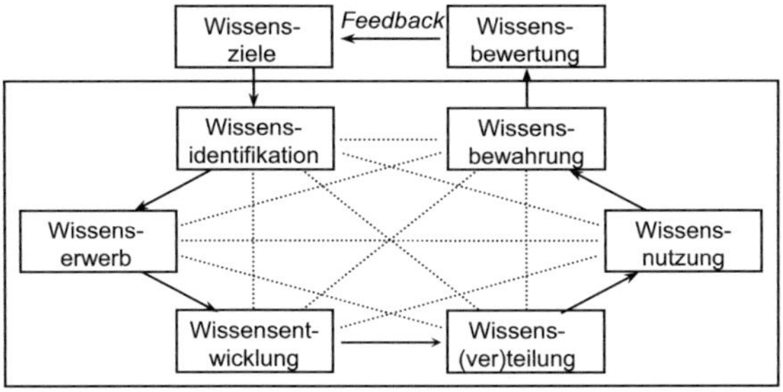

Quelle: Probst/Raub/Romhardt 2006, 32

Abbildung 7-23: Bausteine des Wissensmanagements nach Probst, Raub und Romhardt

Die Festlegung der **Wissensziele** erfolgt auf Ebene der Primäraktivitäten. So ist von den Beteiligten auf Projektebene zu identifizieren, welche Informationen/Wissensbestände über das Kaufobjekt für die erfolgreiche Umsetzung des Projekts erforderlich sind. Diese ergeben sich aus der Basisstrategie (vgl. Abschnitt 4.1.2.2). Wichtige Wissensinhalte werden in M&A-spezifischer Literatur identifiziert (vgl. z.B. ganzheitlich für das M&A-Gesamtprojekt Lucks/Meckl 2002, 156-171 und fokussiert auf das Kundenmanagement bei M&A Fischer 2008, 216-246). Wissensinhalte für ein effizientes M&A-Projektmanagement ergeben sich aus der Erörterung der M&A-Projektmanagement-Prozesse. So wurde z.B. auf die Bedeutung von Schätzwerten für die Aufwands- und Terminschätzung hingewiesen (vgl. Abschnitt 7.2.3). Ziel ist, den Gesamtbedarf an Informationen zu identifizieren. Hierzu zählen nicht nur explizite Wissensbestände (Daten/Informationen, vgl. Abschnitt 5.4.2), sondern auch der Kompetenzbedarf für die erfolgreiche Umsetzung des Projekts. So sind z.B. relevante Wissensträger mit bestimmtem Fähigkeits- und Bereitschaftsprofil zu identifizieren, die zur Abwicklung der Primäraufgaben erforderlich sind. Dies erfolgt in Abstimmung mit dem Personalführungsprozess, der entsprechende Vorgaben von den Verantwortlichen auf Projektebene benötigt, um adäquates Personal beschaffen oder entwickeln zu können (vgl. Abschnitt 7.4.2; 7.4.3). Um weitere Schritte direkt anzustoßen, sind die Ziele so zu formulieren, dass direkt erkannt wird, wer welches Wissen wo und ggf. für welche Aufgaben benötigt (vgl. zu diesem Prozess allgemein Probst/Raub/Romhardt 2006, 31; Bullinger/Wörner/Prieto 1997a, 25; North 1999, 150). Diese Ziele können auch vom Projektcontrolling als Grundlage zur Bewertung des erreichten Wissensstands im M&A-Projekt zur Bemessung der Qualität der Potenzialfaktoren (Menschen und Strukturen) herangezogen werden. Für die erforderlichen Kompetenzen auf Projekt- und Projektmanagement-Ebene ist analog vorzugehen.

Das Projektinformationssystem spielt für diesen Prozess, der in der Definitionsphase (vgl. Abschnitt 4.1.2) anzusiedeln ist, noch keine entscheidende Rolle. Es hat lediglich die Möglichkeit zu bieten, dass Beteiligte, die an der Wissenszielsetzung zusammenarbeiten und ggf. in geografisch verstreuten Bereichen der Unternehmung angesiedelt sind, effizient miteinander kommunizieren können und einen gemeinsamen Zugriff auf eine Datenbank haben, in der die Ziele fixiert sind. Die notwendige Anonymität in dieser Phase des M&A-Prozesses erfordert ein hohes Maß an Datensicherheit. So muss es möglich sein, den Zugriff gezielt zu steuern, so dass nur berechtigte Personen einen Zugriff haben.

In einem zweiten Schritt ist das im Gesamtunternehmen vorhandene Kompetenzportfolio hinsichtlich der Qualität und der Quantität zu prüfen. Probst, Raub und Romhardt definieren diese Aktivität als **Wissensidentifikation** (vgl. 2006, 29). Es ist gezielt zu eruieren, ob für die Umsetzung des M&A-Projekts, welches bestimmte Kompetenzen erfordert, die entsprechenden Experten mit dem erforderlichen Wissen im Unternehmen existieren und ob diese freie Kapazitäten haben bzw. ob die Kapazitäten für das M&A-Projekt zu vertretbaren Kosten frei gemacht werden können. Ziel ist zu vermeiden, dass Wissen doppelt erworben wird oder unnötig neues Personal eingestellt wird. Letztendlich muss Transparenz darüber bestehen, wer über welches Wissen wo verfügt. Neben einer Prüfung des personellen Bestands sind weiterhin die formulierten und dokumentierten Bestände an Wissen, an denen in der Organisation gearbeitet wird/wurde, zu identifizieren (vgl. Probst/Raub/Romhardt 2006, 63-88; Bullinger/Wörner/Prieto 1997b, 19-20).

Um die Wissensidentifikation zu ermöglichen, sind entsprechende Daten im IT-System bereitzuhalten. So sind geeignete Suchfunktionen erforderlich, die eine schnelle Prüfung ermöglichen. Auch dies hat anonymisiert zu erfolgen, da es sich generell um sensible Daten handelt, insbesondere dann, wenn nach personellen Wissensträgern gesucht wird. Entsprechende Zugriffsregelungen sind erforderlich. Die Suche nach personellen Kompetenzträgern kann auch durch die Personalführung auf Basis des Anforderungskataloges erfolgen. Dem Projektleiter kann dann zunächst in allgemeiner anonymisierter Form eine Information über bestehende Kompetenzen im Unternehmen geliefert werden. Basis der Recherche ist das im Rahmen der Personalentwicklung geförderte und durch die Organisation strukturierte M&A-Netzwerk (vgl. Abschnitt 7.4.3; 7.3.4.2.2). Der Personalbereich könnte dann als Mittler die entsprechenden Personen, die in Frage kämen, ansprechen. Das IT-System hat hierzu wiederum die effiziente Interaktion der Parteien zu fördern.

Erst wenn der Bestand an Wissen transparent ist, ist zu überlegen, wie die Lücke zwischen Bestand und Bedarf geschlossen werden kann. Dies kann über **Wissenserwerb oder Wissensgenerierung** erfolgen. Wissenserwerb wird dann erfolgen, wenn das Unternehmen nicht in ausreichend kurzer Zeit in der Lage ist, das für die Umsetzung des M&A-Projekts erforderliche Wissen selber zu generieren, wovon grundsätzlich auszugehen ist. So wird es kaum möglich sein, kurzfristig fehlende Kompetenzen durch Schulungen aufzubauen. Dies hat langfristig zu erfolgen. Bei einem effektiven Personalführungsprozess besteht eine höhere Chance, geeignete Personen kurzfristig verfügbar zu haben. Bei bestehenden Lücken sind entweder externe Spezialisten zu engagieren, dies wird insbesondere bei sehr kurzfristigem Bedarf und nicht langfristig erforderlicher Kompetenz der Fall sein, oder es ist neues Personal, ggf. auch befristet, einzustellen. Weiterhin werden externe Daten ggf. hinzugekauft werden müssen. So können z.B. spezifische Länder-, Branchen- oder Unternehmensanalysen erforderlich sein.

Der Informationsprozess kann hier insofern unterstützend beitragen, als dass er z.B. dafür sorgt, dass bei einem Einkauf externer Daten diese friktionsarm in die bestehende Wissensbasis eingefügt werden können. Werden Berater engagiert, ist zu überlegen, wie diese einen effizienten Zugriff unter gleichzeitigem Schutz sensibler Daten auf die interne Wissensdatenbank erhalten können, so dass auch sie die optimalen Voraussetzungen für ihren Leistungsbeitrag haben. Möglich ist auch, dass der Projektinformationsprozess als Wissensbroker auftritt und nach Vorgabe der Projektteams nach fehlenden Informationen am Markt sucht und diese besorgt. Dies erfordert weitreichendere fachliche Kompetenzen.

Damit der erreichte Wissensbestand im M&A-Projekt genutzt werden kann, ist er diesem zugänglich zu machen. Es ist also einerseits durch die Wissensträger (Projektbeteiligte) zu teilen (Wissensteilung), also von diesen zur Verfügung zu stellen, und andererseits an die relevanten Stellen mit geeigneten Medien/Techniken zu verteilen (Wissensverteilung) (vgl. Probst/Raub/Romhardt 2006, 141-170). Hierzu ist seitens der Wissensträger die Bereitschaft für die Teilung ihres Wissens eine Voraussetzung (vgl. im Detail z.B. Szulanski 1996).

Um die **Wissensteilung** sicherzustellen, wurde das Wissensziel der Lerneffektivität für die Ausrichtung aller Prozesse definiert. Sicherzustellen ist, dass alle M&A-Beteiligten ihr Wissen, welches auch für andere im Projekt relevant ist, zu teilen. Dies gilt teilprojekt- und phasenübergreifend, da die Aufgaben inhaltlich stark aufeinander aufbauen (vgl. Abschnitt 6.3.6 und im Detail zum Problem der Motivation in Bezug auf Wissensmanagement Abschnitt 5.4.3). Eine direkte Einwirkung ist durch die Gestaltung der IT-Infrastruktur nur schwer möglich. Ein Aspekt wäre die Benutzerfreundlichkeit des IT-Systems sicherzustellen, in welchem die zu teilenden Wissensbestände zu pflegen sind. Sinn ist, ohnehin bestehende Barrieren der

Wissensteilung durch höhere Opportunitätskosten seitens der Beteiligten nicht noch weiter zu erhöhen. Wissensteilung ist dann gestört, wenn Wissenssender und Wissensempfänger keine Vertrauensbeziehung haben. Diese entsteht durch Förderung einer wissensorientierten Unternehmens-/Projektkultur. Damit sich diese bilden kann, ist ein (langfristig ausgelegter) persönlicher Kontakt zwischen den Wissensträgern erforderlich (vgl. im Detail Szulanski 1996; Abschnitt 5.4.3). Dieser wird durch die anderen Projektmanagement-Prozesse unterstützt, wie z.B. durch entsprechende Projektorganisationsstrukturen (z.B. durch spezielle Formen der Teamorganisation, durch Netzwerkstrukturen und Konstanz in der Teambesetzung im Phasenverlauf; vgl. Abschnitt 7.3.3.3 und 7.3.4.2). Problematisch ist, dass die Projektbeteiligten geografisch sehr weit verstreut sein können. Das IT-System hat dieses Defizit durch geeignete Medien zu überwinden, um teure und zeitaufwändige Reisetätigkeit zu minimieren und dennoch über die Distanz die Bildung einer Vertrauenskultur zu fördern.

Neben der Wissensteilung verweisen Probst, Raub und Romhardt auf die Bedeutung der **Wissensverteilung**, also die Streuung des Wissens an die Stellen, die das Wissen benötigen. Sie fassen beide Aktivitäten zu einem Prozess zusammen (vgl. 2006,139-171); hier erfordert aber die grundsätzlich unterschiedliche Problematik eine getrennte Betrachtung. Zur Wissensverteilung sind Instrumente und Methoden erforderlich, die die Verteilung praktikabel machen. Die Wissensverteilung bildet einen Kern der Aufgaben des Projektinformationsprozesses (vgl. Abschnitt 4.3.2.3.2). Vehikel für die Übertragung impliziten und nur schwer transferierbaren Wissens sind insbesondere die bei der Wissensteilung genannten Strukturen. Explizites Wissen kann einfacher transferiert werden. Sicherzustellen ist im Wesentlichen, dass die System-Schnittstellen, sofern welche existieren, zwischen allen potenziellen Wissensträgern und Wissensempfängern überwunden werden, so dass diese miteinander verknüpft sind und Wissen technisch auch austauschen können. Zudem sind die Systeme stabil zu konstruieren, so dass der Wissensfluss auch in Phasen eines intensiven Wissensaustauschs, der die Verschiebung komplexer Dateien inkludieren kann, sichergestellt ist (Systemstabilität).

Eng verbunden mit dem Problem der Wissensteilung ist auch die **Wissensnutzung** als weiterer essenzieller Wissensprozess (vgl. Probst/Raub/Romhardt 2006,173-186). Hier spielen zur Sicherstellung ähnliche Aspekte eine Rolle. Im Vordergrund steht die Bereitschaft zur Wissensnutzung, das heißt, dass das bedeutsame Wissen durch die Empfänger auch angenommen und weiter zu einem Ergebnis verarbeitet wird. So ist Voraussetzung ein Vertrauen in den Wissenssender. Klassisches Problem, welches auch unabhängig von M&A besteht, ist das „not-invented-here-Syndrom“ (vgl. im Detail Szulanski 1996). Dies beschreibt die Nicht-Nutzung existierenden Wissens z.B. aus fehlendem Vertrauen in den Sender einer Information oder aus Angst, den Eindruck zu erwecken, selber nicht in der Lage zu sein, das Wissen selber entwickeln zu können (vgl. O'Dell/Grayson 1998, 157). Weiterhin muss das Individuum fähig sein, Wissen aufzunehmen. Dies ist dann besser möglich, wenn das Wissen sich in seinen bestehenden Vorrat an Basiswissen einfügt (vgl. empirisch Lane/Lubatkin 1998; Grant 1996; Szulanski 1996). Dieses Problem wird bei M&A besonders problematisch sein, da insbesondere zwischen den Beteiligten der Primärorganisationen noch kein Vertrauensverhältnis besteht und sich auch eine gemeinsame Wissensbasis noch nicht entwickeln konnte.

Den Hauptbeitrag zum Aufbau von Vertrauen zwischen den Projektbeteiligten leisten die anderen Teilprozesse (inkl. der Primärprozesse). So ist der Kommunikationsprozess inhaltlich so auszurichten, dass es die Meinungsbildung aller M&A-Beteiligten im Hinblick auf die Kollegen des jeweils anderen Unternehmens und im Hinblick auf das M&A-Vorhaben selbst positiv beeinflusst (vgl. Abschnitt 4.3.2.2). Auf Ebene der Personalführung wurde auf die Bedeutung von Konflikt- und Kultursensibilisierungsseminaren hingewiesen (vgl. Abschnitt 6.5.4). Das IT-System kann insofern einen Beitrag leisten, als es diese Maßnahmen technisch unterstützt. Weiterhin kann Vertrauen in die Wissensquelle erhöht werden, wenn der Wissenssender und seine Qualifikation transparent sind. Zudem sollte eine Möglichkeit bestehen, dass Nutzer einsehen können, wie das Wissen in der Wissensdatenbank generell bewertet wird und mit welcher Häufigkeit auf das Wissen zurückgegriffen wird. Damit das Wissen aufgenommen werden kann, ist ein gemeinsamer Vorrat an Basiswissen erforderlich – hier sind wiederum Schulungen relevant, insbesondere dann, wenn Projektbeteiligte von extern aufgenommen werden (Spezialisten oder Mitarbeiter des gekauften Unternehmens).

Wissen sollte **bewahrt** und für spätere Vorhaben der Organisation nutzbar gemacht werden. Es ist sicherzustellen, dass das Bewahrungswürdige herausgefiltert und aufbereitet wird und die Wissensbasis regelmäßig auf Aktualität der Informationen kontrolliert wird. Ziel ist es, trotz sich nicht vollständig zu vermeiden lassender Fluktuation, relevantes Wissen langfristig für das M&A-Projekt und über dieses hinaus für weitere Projekte verfügbar zu machen (vgl. allgemein Probst/Raub/Romhardt 2006, 30, 189-209; Bullinger/Wörner/Prieto 1997b, 35-37). Essenziell ist die Definition des Bewahrungswürdigen. Dies kann sich an den zu Beginn festgelegten Wissenszielen orientieren. Im Vordergrund steht nicht mehr das Einzelprojekt, sondern die Summe der Folgeprojekte. Diese können aus den Erfahrungen lernen. Zur Dokumentation der Wissensinhalte für nachfolgende Projekte wird Lernen für Folgeprojekte sichergestellt und zukünftige Projekte können noch effizienter gestaltet werden.

Das IT-System kann hierzu beitragen z.B. indem vorgefertigte Masken bereitgehalten werden, in die Wissen strukturiert einzugeben ist. Für Erfahrungsberichte können Leitlinien verfasst werden, die Angaben dazu enthalten, wie die Berichte strukturell aufzubauen und welche ergänzenden Dokumente anzuhängen sind (vgl. im Detail z.B. Schindler 2002, 193). Die technischen Möglichkeiten für die Beigabe auch größerer Dateien müssen sichergestellt sein. Speziell für diese Aufgabe bietet es sich an, einen zentralen Verantwortlichen zu bestimmen, der dafür Sorge trägt, dass Wissen richtig aufbereitet wird. Er hat zu entscheiden, welches Wissen in die Datenbank anzunehmen ist und welches als veraltet angesehen werden kann und wieder aus der Datenbank zu eliminieren ist.

Generell bietet es sich auch über den Prozess der Wissensbewahrung hinaus an, einen Verantwortlichen zu bestimmen, der die Wissensprozesse zentral sicherstellt – hierauf wurde im

Organisationsprozess hingewiesen. So wurde die Bestimmung eines CKO ergänzend zu einem IT-Experten vorgeschlagen (vgl. Abschnitt 7.3.3.2).

Phasenspezifisch ist Folgendes zu beachten: Den Prozessen der Wissensteilung, -verteilung und -bewahrung kommt im laufenden M&A-Prozess eine besondere Bedeutung zu, was auf die starke Interdependenz der Phasen und Teilprojekte zurückzuführen ist (vgl. Abschnitt 6.3.6). Zu beachten ist, dass an das IT-System in der **Vorfeldphase** noch nicht so hohe Ansprüche gestellt werden wie in der **Transaktions- oder Integrationsphase**. In der **Abschlussphase** sind ebenfalls weniger/andere Funktionalitäten und Kapazitäten erforderlich. Es muss daher, um Effizienz zu wahren, analog zur Projektorganisationsstruktur so gestaltet werden, dass an Phasenübergängen eine friktionsarme Anpassung an die neuen Gegebenheiten möglich ist. So ist von Beginn an die Struktur so zu konzipieren, dass Kapazitäten leicht erweitert werden können und Schnittstellen zu externen Systemen möglich sind. Dies kann z.B. erforderlich sein, wenn sich das Projektteam auf Beteiligte des gekauften Unternehmens ausweitet. Auch diese benötigen einen (geregelten) Zugriff auf die organisationale Wissensbasis, um im Projekt mitarbeiten zu können. Sobald ein Zugang zum gekauften Unternehmen besteht, dies wird spätestens nach dem Closing in der **Integrationsphase** der Fall sein, ist der Prozess der Wissensidentifikation erneut zu durchlaufen, damit auch das neue Wissen für das M&A-Projekt verfügbar ist. Dies ist vor allem deswegen erforderlich, da in dieser Phase in der Regel ein Kapazitätsengpass besteht. Das Projektteam könnte dann gut durch Mitarbeiter der Strategie- oder Zentralbereiche des gekauften Unternehmens ergänzt werden. Dies hat auch den Vorteil einer breiteren Wissensbasis. Damit dies möglich ist, sind ggf. Schnittstellen zum IT-System der neuen Organisation zu programmieren.

7.5.3 Gestaltungsempfehlungen für ein M&A-Projektmanagement-IT-System

Für die Sicherstellung der Anforderungen an das IT-System sind **Medien/Techniken** auszuwählen, die diese erfüllen. Das existierende Spektrum ist breit. Im Folgenden wird nur ein Überblick gegeben. Verzichtet wird auch auf eine ausführliche Darstellung der Systeme und Bausteine, da diese in entsprechender Grundlagenliteratur vorliegen und M&A-unspezifisch sind. Die überblicksartige Abhandlung der technischen Aspekte dieses Prozesses ist dem Umstand geschuldet, dass das IT-System keinen generellen Engpassfaktor im Projekt darstellt und obig gestellte Anforderungen technisch grundsätzlich möglich sein dürften (vgl. Abschnitt 6.5.5). Eventuell bestehende Probleme der Gestaltung von Schnittstellen zu externen Beteiligten oder der Verwaltung eines größeren Datenumfangs und -austauschs sind M&A-unspezifisch und nicht Thema dieser Arbeit.

Einen umfassenden Überblick inklusive einer anschaulichen Erläuterung von Projektmedien/-techniken als Bausteine eines umfassenden IT-basierten Projekt-Wissensmanagementsystems bietet Schindler. Er erörtert detailliert mit anschaulichen Praxisbeispielen die Funktionalität verschiedener Projektmedien/-techniken, die sich grundsätzlich den erörterten Wissensprozessen zuordnen lassen. Wichtige Medien/Techniken sind in Tabelle 7-10 skizziert (vgl. für Details Schindler 2002, 176-201).

Wissensprozess	Geeignete Projektwissensmedien nach Schindler 2002
Wissens-identifikation	**Elektronische Telefonverzeichnisse**: Losgelöst von Hierarchie- oder Projektstufen aufgebautes Verzeichnis aller Projektbeteiligten mit einfachen Angaben zu Telefon-/Fax-Nummer, E-Mail -/Büroadresse o.ä. **Elektronische gelbe Seiten:** Bauen auf Telefonverzeichnissen auf. Enthalten ergänzende Informationen zu Funktionsbeschreibung, Stellvertreter oder Unternehmenszugehörigkeit . Enthalten sein können auch Links zu Netzwerken, in denen der Projektbeteiligte Mitglied ist. **Skill Management-Systeme**: Ergänzen gelbe Seiten um Informationen über Fähigkeiten und Erfahrungen/Kenntnisse der Beteiligten. Enthalten Informationen über vorangegangene Projekttätigkeiten und relevante Weiterbildungsmaßnahmen. Können auch das durch den Mitarbeiter gewünschte Soll-Profil enthalten. Dienen der Identifikation von potenziell für anstehende Projekte geeignete Mitarbeiter.
Wissenserwerb	**Meetingarenen**: Asynchrone Diskussionsforen mit automatisierter Protokollierung der Diskussionsbeiträge; können selektiv für Externe geöffnet werden. Möglichkeit der Qualitätskontrolle über Moderation ist gegeben.
Wissens-verteilung	**Projektportale /-websites:** Schaffung einer gemeinsamen zentralen Benutzerschnittstelle zur übersichtlichen Darstellung logischer Strukturen und Einbindung sämtlicher für die Projektbeteiligten relevanter Anwendungen (Projektbibliothek etc.). **Persönliches Informationsmanagement**: Bietet Möglichkeiten des personellen Austauschs/ Austausches auf Gruppenebene (E-Mail, Kalender, Teamdokumentanablage etc.).
Wissensnutzung	**Elektronische Telefonverzeichnisse:** (s. Wissensidentifikation) **Meetingarenen**: s. Wissenserwerb **Organisatorische Karten:** Grafische Darstellung von Organigrammen und/oder der Projektpläne zur Schaffung von Transparenz für die Beteiligten über die komplexe Struktur. Voraussetzung für die Wissensnutzung, da bekannt sein muss, wer wo für was zuständig ist.
Wissens-bewahrung	**Erfahrungsdienste :** Nutzung von Datenbank Frontend -Applikationen zur Kodifizierung von Schlüsselerfahrungen . **Dokumentations- und Berichtswesen**: Bereitstellung von Mechanismen zur Dokumentenbearbeitung, gemeinsamer Zugriff auf Projektdokumente. Enthält gesamte Projektdokumentation; Abbildung der Projektstruktur und relevante Ansprechpartner. **Methodenhandbücher:** Bereitstellung kodifizierten Wissens in Form von Formularen, Mustern für Projektabschlussberichte und sonstigen Standardvorlagen für gebräuchliche Formulare. **Glossare**: Schaffung eines geteilten Begriffssystems zur Vereinfachung der Kommunikation (Schaffung eines geteilten Basiswissens). **Automatisierte Wiedervorlagemechanismen**: Sicherstellung, dass Wissen nicht veraltet, sondern laufend auf Relevanz und Aktualität geprüft werden kann.

Tabelle 7-10: Überblick über Techniken/Medien zur Unterstützung der M&A-bezogenen Wissensprozesse

Enthalten sind insgesamt Medien, welche die Wissensansammlung, insbesondere die Ablage des für M&A-Projekte identifizierten bewahrungswürdigen Wissens ermöglichen und durch interaktionsunterstützende Systeme auch den Austausch von Wissen fördern. Nicht enthalten sind die Wissensziele, die Wissensgenerierung, die Wissensteilung und die Wissensbewertung. Sie erfordern keine umfangreichen Techniken/Medien (Wissensziele) oder sind durch diese nur begrenzt zu unterstützen (Wissensteilung, -generierung). Die Wissensbewertung ist eher eine inhaltliche Aufgabe, die u.a. auf Basis der in den Projektmedien/-techniken enthaltenen Daten/Informationen/Wissensbeständen erfolgt.

Weitere relevante Techniken sind die zur Unterstützung der Termin- und Ablaufplanung, Aufwands- und Terminschätzung und Kapazitätsplanung. Diese würden am ehesten noch der Kategorie Wissensgenerierung zuzuordnen sein, da sie dazu dienen, Wissen über das Projekt zu generieren – nämlich insbesondere geeignete Schätzwerte, die zeit- und ressourcenminimierende Ablaufstruktur etc. Auf Primärebene sind M&A-spezifische Techniken zu ergänzen. So können im Rahmen der Abwicklung der Due Diligence auch virtuelle Datenräume eingerichtet werden, die einen Zugriff auf die unternehmensrelevanten Daten für einen festgelegten Zeitraum ermöglichen (vgl. im Detail Middelhoff 2007, 281-282).

Schindler verweist zusätzlich auf die Möglichkeit, auch implizites Wissen über diese Medien übertragen zu können (vgl. 2002, 107). Dies dürfte aber nur eingeschränkt funktionieren, schaut man sich die Definition impliziten Wissens und die Probleme der Übertragung, insbesondere beschrieben durch die Wissensspirale von Nonaka und Takeuchi (vgl. 1997), an. Eine wenigstens teilweise gegebene Möglichkeit der Übertragung kann bei Einsatz von komplexeren Medien wie video- oder webbasierte Konferenzsysteme gegeben sein, die, eine funktionierende Technik voraussetzend, einen persönlichen Kontakt auch über geographische Distanzen recht gut ermöglichen.

Die Medien können generell alle für M&A-Projekte relevant sein. Zu empfehlen ist, von Beginn an alle Funktionalitäten bereit zu halten, so dass spätestens ab Mitte der Vorfeldphase das System vollständig implementiert ist. In der Integrationsphase werden die größeren Anforderungen an das System gestellt, da dann der Umfang und die Frequenz von Datenaustausch und -sicherung zunehmen und auch mehr externe Schnittstellen erforderlich sein werden. Zudem wird Zeit zu einem sehr kritischen Faktor und das System muss entsprechend stabil sein, da eine Störung wertvolle Zeit kosten kann. Dies ist bereits bei Implementierung zu beachten, selbst wenn dann viele Faktoren noch unkritisch sind.

Diese erörterten Medien/Techniken stellen nur den Kern der Möglichkeiten dar. Sie können durch weitere ergänzt und projektspezifisch angepasst werden. So können für jede Anwendung die Zugriffsrechte gesteuert werden und der Umfang der zu pflegenden Informationen variieren. Gerade bei sensiblen Daten zu den Projektbeteiligten sollten die Zugriffsrechte sehr eng definiert sein. Für unsensible Daten sollten alle Beteiligten aber generell alle projektrelevanten Daten einsehen können (vgl. allgemein zu diesen und weiteren Konfigurationsmöglichkeiten Ahlemann 2005, 824-825).

Wenn die erforderlichen Medien/Techniken feststehen, ist es in einem zweiten Schritt erforderlich, diese einzelnen Medien in ein umfassendes **Projektmanagement-IT-System** einzubetten, welches die Elemente sinnvoll integriert. Einen Überblick über verfügbare Typen an Projektmanagement-Anwendungsarchitekturen bietet Ahlemann (vgl. 2005, 822-824). Unterschieden werden in Abhängigkeit der Komplexität der Architekturen monolithische, zwei-

oder dreischichte Client/Server- und Web-Architekturen (vgl. im Detail Ahlemann 2005, 822-823). In mehrschichtigen **Client/Server-Architekturen**, ist die Software nicht nur wie bei **monolithischen Strukturen** auf dem Arbeitsplatz der Benutzer installiert, sondern es wird für die Datenspeicherung (zweischichtige Architektur) und ggf. auch für die Informationsverarbeitung (dreischichtige Architektur) auf spezielle Server (Datenbankserver, Applikationsserver) zurückgegriffen. Vorteil der mehrschichtigen Architekturen ist, dass ein sicherer, schneller und stabiler Zugriff durch mehrere Benutzer auf die Projektdaten möglich ist. Bei Einbezug eines Applikationsservers im dreischichtigen Modell sind ferner, unter der Voraussetzung schneller Netzverbindungen, aufwändige Berechnungen schnell durchführbar (vgl. Ahlemann 2005, 823), was insbesondere im Prozess der Projektplanung und -kontrolle bei M&A hoch relevant sein dürfte. Zu empfehlen sind für M&A-Projekte **Web-Architekturen**, die zusätzlich zum dreischichtigen Client-Server-Modell einen Webserver mit einbeziehen, der die Kommunikation zwischen Browser und Applikationsserver steuert. Vorteil ist, dass auf dem Arbeitsplatz neben dem Browser keine Software mehr installiert werden muss und der Zugriff über das Internet geregelt werden kann (vgl. Ahlemann 2005, 823-824). Dies ist gerade bei internationalen M&A-Projekten von großem Vorteil, da über das Internet externe Beteiligte IT-plattformunabhängig mit in die Infrastruktur integriert werden können. Voraussetzung sind adäquate Schutzmechanismen für die Gewährleistung der Sicherheit der Daten vor schädigendem Zugriff. Die entsprechende Oberfläche wird über das Projektportal gebildet, welches einen benutzerfreundlichen Zugriff auf alle anderen Funktionalitäten erlaubt (vgl. Tabelle 7-10; Schindler 2002, 203).

Abschließend ist darauf hinzuweisen, dass das Projektmanagement-IT-System auf Einzelprojektebene auch mit dem **Umsystem** sinnvoll zu verknüpfen ist. So macht es Sinn, eine Verknüpfung zu anderen Projekten/zur Multiprojektebene bereitzuhalten. Weiterhin sind Verknüpfungen zu projektexternen Systemen (weitere Bereiche beider Primärorganisationen, externe Beteiligte) erforderlich. Folgende Abbildung zeigt beispielhaft auf, wie ein Projektmanagement-IT-System auf Einzelprojektebene, basierend auf einer Web-Architektur, mit dem Umsystem verknüpft werden kann (für einen Überblick über mögliche Einbettungssysteme vgl. Ahlemann 2005, 827-837).

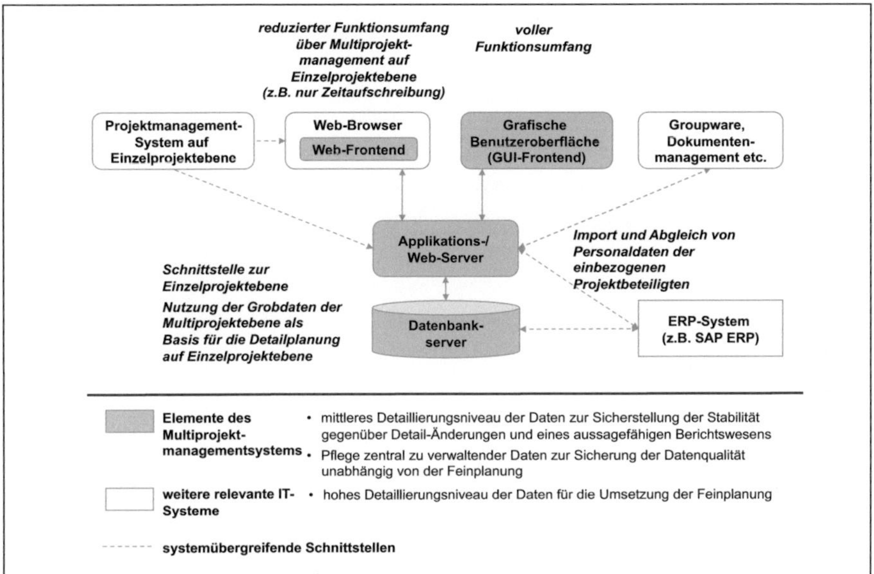

Quelle: in Anlehnung an Ahlemann 2005, 826

Abbildung 7-24: Einbettung des Projektmanagement-IT-Systems ins Umfeld

Empfohlen wird auf Ebene der Projektleitung ein mittleres Detaillierungsniveau anzustreben, so dass das Berichtswesen sich auf die wesentlichen Daten konzentriert. Der Zugriff erfolgt über das Projektportal, basierend auf einem Web-Browser. Der detaillierte Zugriff auf spezifische Applikationen für die Umsetzung der Aufgaben auf Prozess- oder Teilprojektebene erfolgt über angepasste grafische Benutzeroberflächen, auch GUI-Frontend. Auf dieser Ebene ist ein höherer Detaillierungsgrad sinnvoll und sollte, entsprechend der Detaillierung der Arbeitspakete (vgl. Abschnitt 7.2.2), den dezentralen Ebenen überlassen werden. Wichtig ist allerdings die Kompatibilität der unteren Detaillierungsebenen mit dem für den Projektleiter stärker aggregierten Niveau. Schnittstellen zur Unternehmensebene sind beispielsweise für den Zugriff auf Personaldaten der Projektbeteiligten erforderlich.

Generell ist die Gestaltung der grundlegenden Projektmanagement-IT-Infrastruktur relativ M&A-unspezifisch und wird nicht weiter vertieft. Anpassungen sind möglich und erfordern IT-Experten. Eine **sehr hohe Granularität des Gesamtsystems** ist anzustreben, da eine effektive Systeminfrastruktur ermöglicht, Kosten in den anderen Prozessen erheblich zu reduzieren – insbesondere zeitaufwändige Reise- und Kommunikationskosten.

7.6 M&A-Projektcontrollingprozess

7.6.1 Vorgehensweise

Das Projektcontrolling umfasst die **ganzheitliche Projektkoordination.** Zunächst wird auf **Einzelprojektebene** aufgezeigt, wie eine Überwachung der erfolgskritischen Variablen auf Ergebnisebene und Ebene der Potenzialfaktoren erfolgen kann. Hierzu bietet sich die Balanced Scorecard als Parameter an. Ein konkreter Entwurf für eine entsprechende Scorecard liegt in der Literatur vor (vgl. Hawranek/Meckl 2006). Der vorliegende Entwurf ist bereits für die Ergebnisebene differenziert und könnte auf dieser Ebene noch erweitert werden. Die Ebene der Potenzialfaktoren ist in einer einzelnen Dimension integriert. Um speziell die Überwachungsmöglichkeit für diese Ebene zu verbessern, ist eine Differenzierung auch auf dieser Ebene sinnvoll und erfolgt aufbauend auf der bestehenden M&A-Balanced-Scorecard auf Einzelprojektebene. Diese bildet den Ausgangspunkt für eine systematische Überwachung des konkreten Projekts. Ein Anwendungsbeispiel für einen auf dieser Scorecard aufbauenden Verbesserungsprozess in Anlehnung an die Six Sigma-Philosophie wird aufgezeigt.

In einem zweiten Schritt ist auf die Bedeutung der **Multiprojektebene** einzugehen. Diese kann zum einen Träger von Maßnahmen sein, die im Rahmen der Projektmanagement-Prozesse erörtert wurden. Entsprechend wird für die Teilprozesse aufgezeigt, welche Bereiche tendenziell auf Multiprojektebene angesiedelt sind. Die entsprechenden Kennzahlen und die Art der Umsetzung der erörterten Maßnahmen verändern sich dadurch nicht; eingegrenzt wird lediglich der Bereich, auf den der Projektleiter keinen Einfluss hat.

In einem zweiten Schritt ist aufzuzeigen, wie die **Qualitätssicherung des M&A-Projektmanagement-Ansatzes im Unternehmen** nachhaltig erfolgen kann. Hierzu sind geeignete Qualitätsmanagementsysteme vorzustellen. Es ist zudem zu zeigen, wie diese für die nachhaltige Sicherung und Verbesserung der M&A-Kompetenz des Unternehmens eingesetzt werden können.

Folgende Abbildung gibt einen Überblick über die zu gestaltenden Bereiche.

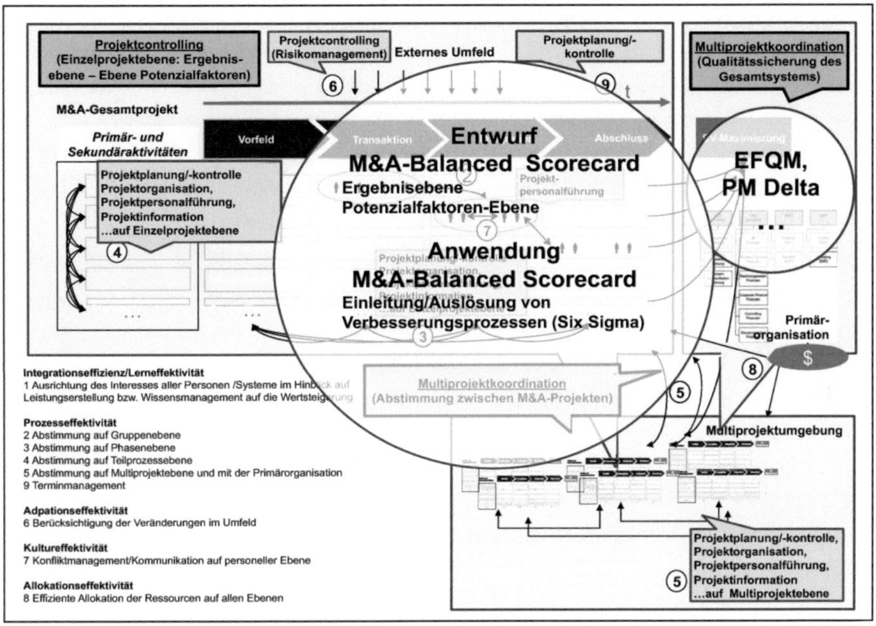

Abbildung 7-25: Zu gestaltende Wirkungsbereiche des M&A-Projektcontrollings

7.6.2 M&A-Einzelprojektcontrolling

7.6.2.1 M&A-Balanced Scorecard

Ziel des Projektcontrollings auf Einzelprojektebene ist, dem Projektleiter Informationen zu liefern, die es ihm ermöglichen, das komplexe M&A-Gesamtsystem effizient zu koordinieren. Um schnell die richtigen Entscheidungen für das Gesamtprojekt treffen zu können, benötigt er Informationen über die Effektivität und Effizienz des Projektmanagement-Systems (Ebene der Potenzialfaktoren) als auch über die erbrachten Leistungen im Transaktions- und Integrationsprojekt (Ergebnisebene). Es dient damit direkt der Sicherstellung der Wertsteigerung, in dem es einerseits dafür Sorge trägt, dass das M&A-Projektsystem (Potenzialfaktoren: Menschen und Strukturen) effektiv/qualitativ hochwertig ist und andererseits überwacht, dass auf Ergebnisebene die Kosten des Systems und die Dauer minimiert werden und die Leistungsziele auf Projektebene (Transaktion; Integration) erreicht werden. Neben diesen internen erfolgskritischen Bereichen integriert es auch eine Überwachung der externen Einflussfaktoren, die ggf. intern Anpassungen im System erforderlich machen.

Damit das Controlling diese Aufgabe effektiv erfüllen kann, ist ein Instrument erforderlich, welches Transparenz über die erfolgskritischen Bereiche und deren Zusammenhänge erlaubt (Prozesseffektivität). Dies ist möglich über die **Balanced Scorecard**, auch BSC, die speziell von Kaplan und Norton 1997 zur integrierten Steuerung komplexer Systeme entwickelt wurde. Dieses Instrument hat den Vorteil, dass es auch qualitative Kennzahlen mit integriert und damit die Ebene der Potenzialfaktoren ebenfalls gut abbilden kann. Dies ermöglichen die meisten anderen Kennzahlensysteme, zu denen auch die Balanced Scorecard zählt, nur begrenzt (vgl. zu Kennzahlensystemen allgemein z.B. Reichmann 2006, 22-38). Weitere Vorteile und Kostenaspekte werden nach der Entwicklung der Balanced Scorecard für eine integrierte M&A-Projektsteuerung im Rahmen der Effizienzbewertung des Instruments erörtert.

Die Balanced Scorecard wurde auf Basis einer empirischen Untersuchung in zwölf amerikanischen Großunternehmen entwickelt und erlangte im Zuge einer Fokussierung auf zielorientierte Führungsmethoden weite Verbreitung. Die Besonderheit ist die erweiterte Betrachtungsperspektive, die über rein finanzielle Kennzahlen hinausgeht. So werden auch qualitative Größen (Effektivitätsmaße) erfasst, was gerade bei der Erstellung personalintensiver Leistungen sinnvoll ist. Ziel der Balanced Scorecard ist, alle Teilsysteme/Elemente einer Organisation auf operativer und strategischer Ebene auf ein gemeinsames Gesamtziel auszurichten (vgl. Küpper 2005, 385). Um trotz der Breite der Perspektive pragmatisch und in der Praxis umsetzbar zu bleiben, beschränkt sie sich auf wenige zentrale Kennzahlen, denen allerdings wiederum zahlreiche Einzelkennzahlen zuzuordnen sind.

Im ursprünglichen Modell (vgl. Kaplan/Norton 2006; Kaplan/Norton 1997) werden die finanziellen Steuerungsgrößen über Ursache-Wirkungsketten mit den für die Erreichung des Gesamtziels relevanten drei Perspektiven der Leistungserstellung: Kunden, interne Prozesse und Mitarbeiter (Lernen und Entwicklung) verknüpft (vgl. Engstler/Dold 2003, 130). Die Finanzperspektive ist dabei die abhängige Variable, die sich aus der Realisierung der drei anderen Perspektiven ergibt. Sie sind in geeigneten Kennzahlen/Messgrößen abzubilden, die eine direkte Verbindung zur Finanzperspektive erlauben. Die Balanced Scorecard bietet damit einen Rahmen zur Operationalisierung des finanziellen Ziels der Wertsteigerung (vgl. Engstler/Dold 2003, 130-131). Neben Zielen und Kennzahlen zur Operationalisierung der Ziele innerhalb der Perspektiven sind auch Maßnahmen zur Zielerreichung und Soll-Werte für diese festzulegen (vgl. im Detail Meckl/Hawranek 2006, 95). Weder Kennzahlen noch Perspektiven sind als fix zu betrachten. Sie lassen sich den konkreten Bedürfnissen der Organisation anpassen. So sind andere Definitionen als auch eine andere Anzahl an Perspektiven denkbar (vgl. Horváth 2006, 246).

Eine Anwendung im M&A-Management erfolgte bisher vor allem für ein Integrationscontrolling, wobei der Schwerpunkt auf der Überwachung der Umsetzung der Integration und/oder Synergieerzielung liegt (vgl. Meckl/Hawranek 2006, 92). Einen ganzheitlichen Ansatz verfolgen Meckl und Hawranek (vgl. 2006) mit der **M&A-Balanced Scorecard**. Ihre detailliert erläuterten Perspektiven „Strategie“, „Bewertung“, „Personal“ und „prozessorientierte Wertkontrolle“ verbinden zusammen zentrale Ziele und Maßnahmen, die im Ablauf des M&A-Prozesses wichtig sind. Der Fokus liegt auf Primäraufgaben im M&A-Projekt. So soll über die Maßnahmen zur Verfolgung der Kennzahlen innerhalb der Perspektiven sicher gestellt werden, dass das M&A-Projekt die Erreichung der Unternehmensstrategie fördert. Sie fokussiert damit auf die **Ergebnisebene**. So enthält sie Kennzahlen, die z.B. Rückschlüsse darauf zulassen, ob der richtige Wert für das Zielobjekt ermittelt oder die Struktur der integrierten Einheit personell richtig ausgefüllt wird (vgl. Meckl/Hawranek 2006, 94). Die Perspektive der „prozessorientierten Wertkontrolle" umfasst alle anderen Ebenen. So z.B. auch Kennzahlen zur Beurteilung von Maßnahmen zur Beschleunigung und zur Reduktion der Kosten des M&A-Prozesses (vgl. Meckl/Hawranek 2006, 107-108) – und damit Aspekte der **Ebene der Potenzialfaktoren**. Die Autoren nennen konkrete Kennzahlen wie Anzahl der internen Berichte und Anteil der nicht rechtzeitig angefangenen/abgeschlossenen Maßnahmen, die eine Beurteilung der Lern- bzw. Prozesseffektivität einzelner Projektmanagement-Prozesse zulassen.

7.6.2.2 Ergänzende Perspektive der M&A- Balanced Scorecard: M&A-Projektmanagement

7.6.2.2.1 Entwurf des Konzepts

Zur umfassenden Beurteilung und Steuerung des M&A-Projektmanagements sind weitere Zielgrößen auf **Ebene der Potenzialfaktoren** erforderlich, die ein hohes Erfolgsbeeinflussungspotenzial haben (vgl. Abschnitt 5.2.3.2) und damit einen Kernbereich darstellen, der entsprechend der Philosophie von Kaplan und Norton explizit in der Balanced Scorecard zu überwachen ist (vgl. 2006, 153). Diesen wesentlichen Bereich in der Ganzheit über eine separate Perspektive abzubilden, erscheint daher zweckmäßig. Um auch das Projektmanagement der Transaktion ausreichend zu berücksichtigen, bietet es sich an, aus der Perspektive der „prozessorientierten Wertkontrolle" diese Ebene herauszulösen und eine Perspektive zu definieren, die konkret die Stellhebel zur Steuerung der Projektmanagement-Prozesse transparent macht und mit der Ergebnisebene verknüpft.

Abbildung 7-26 enthält einen Entwurf einer solchen **ergänzenden Perspektive**. Die Kennzahlenbeispiele zu den Perspektiven der M&A-Balanced-Scorecard sind dem Aufsatz von Meckl und Hawranek (vgl. 2006) entnommen; das Ursprungsmodell stammt von Kaplan/Norton (vgl. 1997, 9). Das Modell von Meckl und Hawranek wurde auch insofern erweitert, als dass Möglichkeiten der Erweiterung auch auf Ergebnisebene angedeutet sind. So enthält das Ursprungsmodell nur Perspektiven für die Bewertung, den Strategieprozess und den Personalprozess (vgl. Abschnitt 4.3.2.2). Hier könnte man als weitere Perspektive zum Beispiel Verhandlungen/Verträge einführen, um auch diesen Kern-Primärprozess in einer eigenen Dimension abzubilden (vgl. im Überblick über die modifizierten Primärprozesse Abschnitt 4.3.2.4).

Im Folgenden liegt der Fokus auf einer ergänzenden Perspektive des M&A-Projektmanagements zur Überwachung der Effizienz des Projektmanagement-Systems als extrahierter Teilaspekt der Perspektive „prozessorientierte Wertkontrolle".

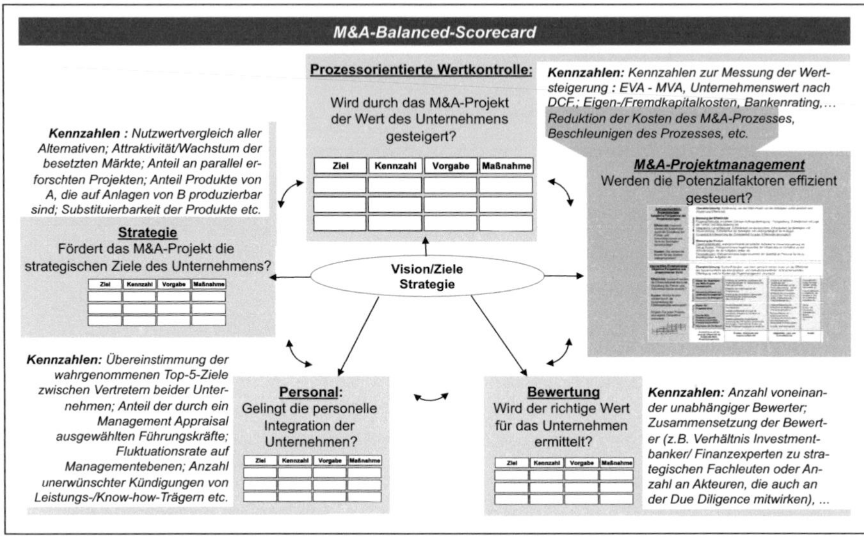

Abbildung 7-26: Erweiterung der M&A-Balanced-Scorecard von Meckl und Hawranek

Das Ziel auf dieser Ebene ist die optimierte Steuerung der M&A-Projektmanagement-Prozesse im Hinblick auf Sicherung der die motivations- und koordinationsorientierten Gestaltungsziele bei minimalen Kosten. Die Berücksichtigung der Ziele erfolgt basierend auf den Perspektiven des Ursprungsmodells von Kaplan und Norton, die modifiziert wurden. Zweckmäßig erscheint es, eine Perspektive für die unterschiedlichen Potenzialfaktoren und die durch das System verursachten Kosten einzufügen. Damit wären die Effektivitätsziele einerseits und die Kostenziele andererseits erfasst. Wenn man davon ausgeht, dass die Nutzenfaktoren das Wertsteigerungsziel vollständig abbilden, kann bei einer Gegenüberstellung die **Effizienz des Gesamtsystems** bewertet werden. Dass dies aus praktischer Sicht kaum möglich ist, wurde in Abschnitt 6.4.4.2 bereits angedeutet. Dennoch erscheint eine Beachtung dieser Ebenen sinnvoll, um auch hier eine Fehlentwicklung rechtzeitig aufdecken zu können. Die Beurteilung der Erzielung der Wertsteigerung erfolgt eher direkt auf Ergebnisebene.

Der Entwurf der ergänzenden Perspektive ist Abbildung 7-27 zu entnehmen. Die enthaltenen Kennzahlen sind nur Beispiele und dienen der Veranschaulichung der Perspektiven. Sie sind um weitere Kennzahlen zu ergänzen. Für einen umfassenderen Katalog an Kennzahlen zur Beurteilung der Effektivität des Projektmanagements sei auf Tabelle 7-8 in Abschnitt 7.4.4.2 verwiesen. Diese enthält im Überblick, geordnet nach Prozessen, Zielgrößen zur Beurteilung Projektmanagement-Prozesse.

Diese Perspektive ist in weitere Subperspektiven unterteilt, die die Effizienz aus unterschiedlicher Sicht beleuchten. So zum einen aus objektiver Sicht über die Bewertung anhand objektiver Kennzahlen für die Nutzen- und Kostenziele. Zum anderen ist die Sicht der Projektbeteiligten zur Erhebung der durch sie wahrgenommenen Qualität des Systems enthalten.

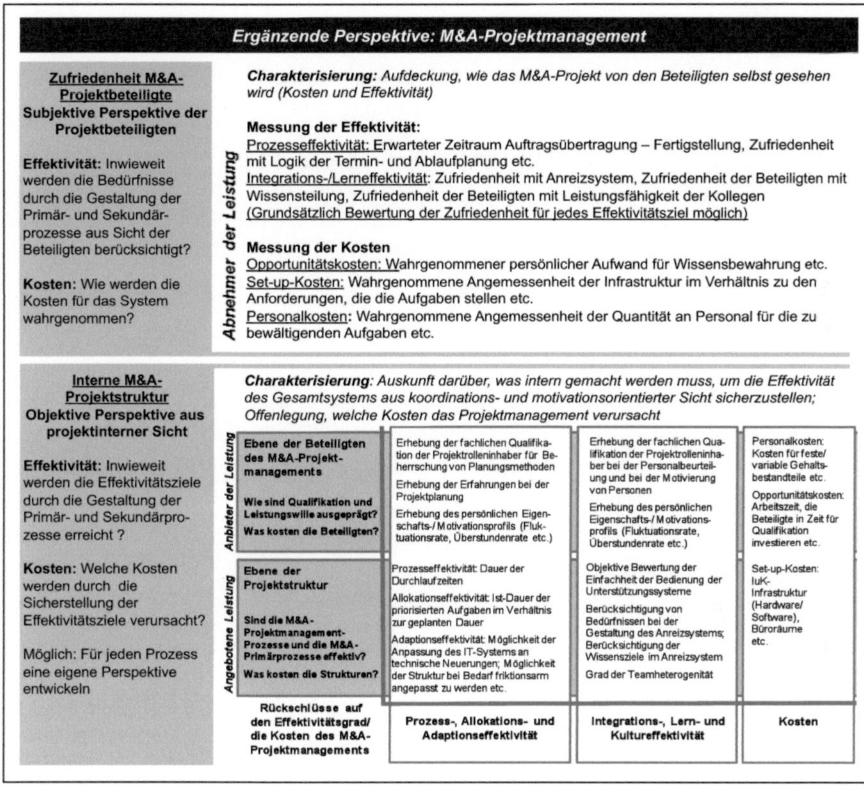

Abbildung 7-27: Konzeption der ergänzenden Perspektive zum M&A-Projektmanagement

Im Fokus stehen im Folgenden die Charakterisierung dieser beiden Subperspektiven und die Zuordnung der Zielgrößen. Kennzahlen sind der Abbildung zu entnehmen. Im konkreten Projektfall wären zusätzlich Soll-Vorgaben für die Zielgrößen festzulegen – dies erfolgt wegen der Abstraktion von einem konkreten M&A-Fall an dieser Stelle aber nicht. Maßnahmen zur Gestaltung wurden in den Unterabschnitten 7.2 bis 7.5 aufgezeigt und werden an dieser Stelle nicht erneut aufgegriffen.

Zur ganzheitlichen Erfassung des Leistungserstellungsprozesses sind sowohl Nutzen als auch Kosten der projektinternen Strukturen zu überwachen. Nutzenziele wurden abgeleitet aus den erfolgsbeeinflussenden Einflussvariablen projektintern und projektübergreifend (vgl. Abschnitt 6.4.2). Im Rahmen der Subperspektive **Interne M&A-Projektstruktur** ist zu beurteilen, wie effektiv die **Prozesse** des M&A-Projekts, gestaltet sind, um die koordinations- und motivationsorientierten Ziele zu erreichen. Hierzu zählen sowohl die Sekundärprozesse (Projektplanung/-kontrolle, -organisation, -personalführung und -information) als auch die Primärprozesse (vgl. zur Abgrenzung der Primär- und Sekundärprozesse Abschnitt 4.3.2.4 und im Detail zur Gestaltung der Primärprozesse Lucks/Meckl 2002). Sie repräsentieren zusammen die angebotene Leistung des M&A-Projektmanagements.

Weiterhin ist zu beurteilen, wie effektiv die **Projektbeteiligten auf Projektmanagementebene** in Bezug auf ihre Leistungsfähigkeit und ihren Leistungswillen sind. Die Beteiligten haben einen maßgeblichen Einfluss darauf, wie gut die Struktur ist, da sie diese gestalten. Die Struktur wirkt wieder zurück auf ihr Profil, da sie ebenfalls von der selbst geschaffenen Struktur profitieren.

Die Perspektive enthält weiterhin die Abbildung der **Kostenziele**. Aus dieser Perspektive sind alle Personal-, Set-up- und Opportunitätskosten objektiv anhand geeigneter Kennzahlen zu messen, die bei der Implementierung des Gesamtsystems anfallen (vgl. zur Erläuterung Abschnitt 6.4.3). Relativ gut bestimmbar sind die direkten Personal- und Sachmittelkosten, die im Rahmen der Termin- und Ablaufplanung laufend verfolgt werden. Schwieriger wird es sein, die Opportunitätskosten zu bestimmen. Hier könnte man Schätzwerte annehmen (z.B. durchschnittliche Zeit, die Beteiligte für (Methoden-) Schulungen, Datenpflege, Wissensdatenbankpflege etc. aufwenden). Diese Kosten wegen der schwierigen Schätzung nicht zu beachten, könnte große Risiken bergen, da ein großer Kostenblock unüberwacht bliebe und Probleme entsprechend schwieriger aufgedeckt werden könnten.

Möglich ist innerhalb dieser Subperspektive, für jeden Teilprozess eine eigene Prozess-Perspektive zu definieren (Projektpersonalprozess, Projektorganisationsprozess,...), was z.B. ermöglichen würde, diese Perspektive mit entsprechenden Perspektiven der Balanced Scorecards anderer vergleichbarer M&A-Projekte zu vergleichen.

Neben dieser objektiv zu beurteilenden Subperspektive spielt auch die Wahrnehmung der Projektbeteiligten selbst eine Rolle. Die entsprechende Perspektive wird benannt mit **Zufriedenheit M&A-Projektbeteiligte**. Sie stellen die Abnehmer der durch das M&A-Projektmanagement angebotenen Leistungen dar. Diese Perspektive einzuführen ist generell aus zwei Gründen sinnvoll.

Zum einen wird die Bestimmung von Kosten und Nutzen des M&A-Projektmanagements genauer möglich, was wiederum Voraussetzung ist für die Entscheidung, ob Kosten an bestimmten Stellen zu senken sind (z.B. Aufwand für Wissensmanagement verringern) oder der Nutzen erhöht werden muss (z.B. Anpassung des Anreizsystems), um die Effizienz des Systems kontinuierlich zu verbessern und damit letztendlich indirekt auch die Wahrscheinlichkeit der Wertsteigerung zu erhöhen. So ist es zum einen nicht ganz einfach, die zahlreichen eher qualitativen Ziele in den anderen beiden Perspektiven in geeignete Kennzahlen umzuwandeln und damit eindeutige Rückschlüsse für die Effektivität zu erhalten. Zur **Verbesserung der Bewertung des Gesamtsystems** ist auch die Beurteilung derjenigen einzuholen, die einen Bezug zur Thematik haben und die Qualität des Systems auch beurteilen können. Dies sind in erster Linie die Projektbeteiligten (auf Projekt- und Projektmanagementebene). Auf Projektebene zählen hierzu auch die extern einbezogenen Beteiligten wie Mitarbeiter der Primärorganisation des Käufers und des Zielunternehmens und ggf. sogar Kunden oder Lieferanten derselben. Sie alle werden durch die Struktur geleitet und werden eine Meinung dazu haben, ob die Struktur ihre Arbeit effektiv unterstützt. Neben der besseren Effektivitätsbestimmung ist es auch besser möglich, Opportunitätskosten des Gesamtsystems zu bestimmen, da Projektbeteiligte Auskunft darüber geben können, wie viel Zeit sie für die Implementierung von Maßnahmen benötigen. So z.B. für die Datenpflege mittels Netzplan, die Pflege der Wissensdatenbank oder auch die Befragung im Rahmen des Projektcontrollings selbst.

Zum zweiten kann der Einbezug der Beteiligten auch auf ihre **Motivation** (Integrations-, Lern- und Kultureffektivität) positiv wirken. Auch hier sind mehrere Wirkungen zu unterscheiden. So liegt eine direkte Motivationsbeeinflussung vor, da ihnen einerseits eingeräumt wird, kompetent im Hinblick auf die Bewertung des System zu sein, in dem sie arbeiten. Dies entspricht einer positiven Fremdbewertung. Weiterhin erhalten sie das Gefühl, nicht machtlos gegenüber einer durch sie wahrgenommene Fehlgestaltung zu sein, was sich ebenfalls positiv auf die motivationsorientierten Ziele auswirken kann. Hierzu ist allerdings erforderlich, dass die Wünsche tatsächlich erfüllt werden, was sicherlich nicht bei allen Wünschen empfehlenswert ist, da die Beteiligten Arbeits- und Set-up Kosten nicht einkalkulieren und ihre Wünsche damit nicht unbedingt effizient sein müssen.

Die Hauptwirkung entsteht aber durch die Möglichkeit der Verbesserung des Systems entsprechend der Bedürfnisse der Beteiligten, die es unterstützen soll. Grundüberlegung ist, dass bei Unzufriedenheit der Projektteams mit der Führung und Unterstützung durch das Projektbüro, eine Gefahr der Demotivation besteht. Diese haben zum Einen ein Interesse an einer optimierten und arbeitserleichternden Koordination der interdependenten und komplexen Prozesse. Zum anderen haben Sie ein Interesse an der Befriedigung ihrer Bedürfnisse. Die Projektmanagement-Prozesse unterstützen beide Interessen. Sie beziehen sich auf die Koordination und Schaffung von Transparenz über das komplexe System (Prozesseffektivität). Zur Bedürfnisbefriedigung wird z.B. über die Gestaltung der Anreizsysteme beigetragen. So kann bei der Gestaltung des Anreizsystems besser auf die bedürfnisorientierte Auswahl der Anreizart geachtet werden (Integrations- und Lerneffektivität).

Allerdings wird nicht jeder dieser Beteiligten zu jeder Kennzahl etwas sagen können. Hier ist prozessorientiert zu unterscheiden, was wiederum eine (gedankliche) Aufteilung der Perspektiven auch innerhalb dieser Dimension erforderlich macht. Eingezeichnet wurde dies nicht, da die Trennung eher einen Rechenschritt darstellt. So wird es wenig sinnvoll sein, je Prozess eine eigene Erhebung durchzuführen. Vielmehr erfolgt sie zielgruppenorientiert; die Ergebnisse sind dann der Bewertung der einzelnen Prozesse zuzuordnen. Für die Erhebung der Daten innerhalb dieser Perspektive können Zufriedenheitsmessungen oder sequenzielle Ereignisanalysen sinnvoll sein (vgl. noch Abschnitt 7.6.2.2.2).

Die erläuterten Subperspektiven decken alle Ebenen der M&A-Projektstruktur ab. Sie sind zwangsläufig **interdependent,** da sie sich auf dieselben Bereiche beziehen, diese aber aus einer anderen Perspektive bewerten. Auch innerhalb der Perspektiven ist z.B. bei Definition differenzierter Prozessperspektiven hohe Interdependenz gegeben. Dies ergibt sich allein schon aus der Tatsache, dass sowohl Primär- als auch Sekundärprozesse inkludiert sind. So hat der Personalprozess auch eine wesentliche Auswirkung auf die Effektivtät der anderen Prozesse, da leistungsfähiges und motiviertes Personal eher in der Lage sein wird, die Prozesse sinnvoll zu strukturieren. Liegen diese vor, so werden auch die Projektteams zufrieden mit den Projektmanagement-Prozessen sein und sie sind eher an das Projekt gebunden. Die Mitarbeiterfluktuation im M&A-Projekt sinkt, was teure Rekrutierungsanstrengungen und Wissensverlust vermeidet. Dies wirkt sich letztendlich auf die Abwicklungskosten für das M&A-Vorhaben und die zeitliche Dauer und damit auf die Wertsteigerung aus (vgl. Abschnitt 6.4.4.4).

Die Projektmanagement-Perspektive deckt insgesamt einen wichtigen Teil der M&A-Balanced Scorecard als Instrument zur Steuerung des M&A-Gesamtprozesses ab. So lassen sich über diese Perspektive alle potenziell erfolgsbeeinflussenden Variablen überwachen. Dies ermöglicht eine entsprechend ausgerichtete eine Steuerung. Über die Kennzahlen zur Messung der Effektivität des Systems wird erhoben, ob die Prozesse zeit- und ressourcenverbrauchsminimierend gestaltet sind (Prozesseffektivität), ob die Ressourcen richtig verteilt sind (Allokationseffektivität), ob Änderungen aus dem Umfeld zeitnah eingefangen und verarbeitet werden (Adaptionseffektivität), ob die Mitarbeiter motiviert sind, Leistung zu bringen und ihr Wissen sowie das Wissen der Organisation auszubauen (Integrations- und Lerneffektivität) und ob die Prozesse geeignet sind, Konflikte im M&A-Projekt zu vermeiden/zu vermindern (Konflikteffektivität; vgl. im Detail zur Ableitung und Definition dieser Effektivitätsziele 6.4.2). Über die Kostenziele (Summe aus Personalkosten, Set-up-Kosten, Opportunitätskosten) wird erfasst, welche Kosten insgesamt dem Projekt zuzurechnen sind. Aus Gegenüberstellung von Kosten und Nutzen ist, sofern eine Quantifizierung erfolgt, eine Vermutung über die Effizienz des Systems möglich. Störungen auf Ebene einzelner Prozesse oder im Hinblick auf einzelne Ziele können schneller aufgedeckt werden.

Generell wäre, je nach Anwendungsbereich, **eine weitere Differenzierung möglich**. Dies wäre z.B. für die Wissensebene sinnvoll (vgl. zu einem Entwurf einer Wissens-Scorecard Helm et al. 2004). So wurde speziell auf die Bedeutung der Rolle eines Wissensmanagers (CKO) verwiesen (vgl. Abschnitt 7.3.3.2 und 7.5), dessen Verantwortungsbereich hauptsächlich im Informationsprozess liegt, der aber per Definition in dieser Arbeit weit mehr als die reine IT-Infrastrukturbereitstellung enthält (vgl. Abschnitt 4.3.2.3.2). Wegen der hohen Bedeutung des Wissensmanagements wäre beispielsweise eine Perspektive denkbar, die speziell auf diesen Aspekt fokussiert und z.B. Kennzahlen zu den in Abschnitt 5.4.3 dargestellten Erfolgsfaktoren enthält. Dies macht insbesondere deswegen Sinn, weil Aspekte des Wissensmanagements in allen Prozessen verankert sind und durch eine reine Prozessperspektive der Erfolg des Projekts im Hinblick auf das Wissensmanagement nicht transparent wäre. In der abgeleiteten Perspektive ist es über die Kennzahlen der Lerneffektivität und der Prozesseffektivität im Hinblick auf die Wissensprozesse implizit enthalten. Rampersad (vgl. 2005) empfiehlt sogar eine Balanced Scorecard auf individueller Ebene, was sicherlich ein interessanter Denkansatz für die Personalentwicklung ist, aber als Managementtool weniger pragmatisch erscheint. Auf Prozessebene wäre eine solche Balanced Scorecard eher sinnvoll.

7.6.2.2.2 Anwendung der ergänzten M&A-Balanced Scorecard für die kontinuierliche Verbesserung des Managements des Einzelprojekts

Bei der konkreten Anwendung der M&A-Balanced Scorecard ist entsprechend der Funktionsweise des **Projektmanagement-Regelkreises** (vgl. Abschnitt 4.3.2.5) vorzugehen: Art und Mindesterfüllungsmaß der Messgrößen für die einzelnen Dimensionen sind im Detail festzulegen und in regelmäßigen Zeitständen innerhalb der Managementprozesse zu erheben und über das Projektinformationssystem an das Projektcontrolling weiterzuleiten. Auch die relative Bedeutung der Messgrößen innerhalb einer Dimension ist festzulegen. Im Rahmen einer Abweichungsanalyse, welche im Projektcontrolling anzusiedeln ist und ganzheitlich – also alle Projektmanagement-Prozesse inkludierend – erfolgen sollte, sind Soll- und Ist-Werte zu vergleichen.

Als systematisches Vorgehensmodell zur Verbesserung der internen Prozesse kann das Denkmodell des **Six Sigma** genutzt werden. Dies wurde ursprünglich zur Minimierung der Fehlerquote in Produktionsprozessen entwickelt, um das Verhältnis zwischen Qualität und Kosten zu verbessern. Es basiert dabei auf bekannten Konzepten und Gestaltungsparametern, die sinnvoll in ein Gesamtkonzept integriert werden. Six Sigma ist die zentrale Kennzahl des Konzepts. Sie diente ursprünglich als statistische Messgröße für das angestrebte Qualitätsniveau als Kennzahl zur Leistungsfähigkeit von Produktionsprozessen (Sigma als Maß für die Standardabweichung; vgl. im Detail Töpfer/Günther 2006, 3). In der letzten Zeit wird das Konzept aber auch bei Dienstleistungsunternehmen zur Verbesserung der internen Prozesse eingeführt, so z.B. bei der BNP Paribas, der Allianz SE oder T-Mobile. Weniger die Messzahl als vielmehr das gesamte hinter dieser Kennzahl stehende Managementkonzept liefert eine gute Orientierung für die Verbesserung auch von internen M&A-Prozessen.

Die Basis ist ein zyklisch ablaufender Managementprozess zur Prozessverbesserung, mit dem Begriff **DMAIC** (Define – Measure – Analyse – Improve – Control) belegt. Folgende Abbildung zeigt die wesentlichen Ziele und Vorgehensweisen im Verbesserungsprozess auf. Die Inhalte sind angelehnt an Lunau (vgl. 2007, 28, 50, 116, 196, 268).

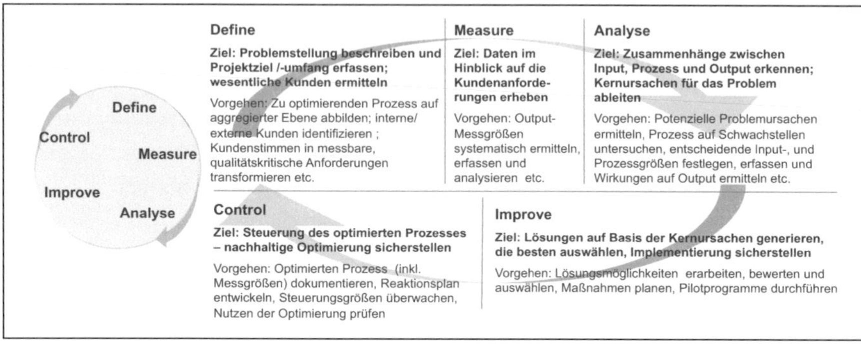

Abbildung 7-28: Ziele und Vorgehensweisen im DMAIC Zyklus nach Six Sigma

Für die M&A-Projektmanagement-Perspektive bedeutet dies Folgendes: Für die Ebene **interne M&A-Projektstruktur** sind die Zielgrößen in messbare Kennzahlen zu übersetzen. Für diese sind im Vorfeld Soll-Größen zu bestimmen und es ist jeweils ein mindestens zu erreichendes Maß festzulegen (Define). Diesen Größen sind die zu messenden Ist-Werte gegenüber zu stellen (Measure). Bei Überschreiten eines Toleranzwertes für die Abweichung zwischen Soll- und Ist-Größen innerhalb der Ebene sind Analysen im Hinblick auf die möglichen Ursachen einzuleiten (Analyse). Auf dieser Basis können dann Verbesserungsmaßnahmen initiiert werden (Improve), die wiederum einer Kontrolle zu unterwerfen sind (Control).

Die Vorgehensweise für die Schritte der Zieldefinition, Messung und Abweichungsanalyse auf Ebene der **Zufriedenheit der Projektbeteiligten** ist etwas komplizierter und erfordert Kenntnisse in der empirischen Sozialforschung, auf die an dieser Stelle nicht weiter einzugehen ist (vgl. speziell zur Erhebung von Servicequalität Zeithaml/Parasuranam/Berry 1992 und zu weiteren Methoden Woratschek 1999, 562-566; Witt 2003, 32-34). Der synoptische Überblick bei Witt enthält auch eine Beurteilung der Verfahren allgemein und im Hinblick für die Beurteilung bestimmter Dienstleistungsarten. Geht man in Anlehnung an die Erkenntnisse der Dienstleistungsforschung davon aus, dass die Mitarbeiter die Qualität des geleisteten Supports an der Diskrepanz zwischen dem erwarteten und dem wahrgenommenen geleisteten Service festmachen (vgl. Meffert 1994, 17; Zeithaml/Parasuranam/Berry 1992, 32), sind sowohl Daten zu den Erwartungen der Beteiligten als auch zu der wahrgenommenen Erfüllung hinsichtlich der als erfolgskritisch gewerteten Zielgrößen zu erheben. Relevante Dimensionen der Zufriedenheit von Mitarbeitern bei M&A-Projekten könnten beispielsweise die Zuverlässigkeit hinsichtlich der Termineinhaltungen der Zulieferer von Teilleistungen, das Vertrauen in deren Leistungen oder die Qualität der für die Leistungserstellung zur Verfügung gestellten Infrastruktur sein. Die Abweichungsanalyse bezieht sich dann auf den Vergleich der wahrgenommenen mit der erwarteten Leistung und lässt ggf. weitere Rückschlüsse auf Ursachen von Fehlentwicklungen zu. Als Denkgerüst kann hier das Modell der Service-Qualität von

Zeithaml/Parasuranam/Berry (vgl. im Detail 1992 und ähnlich Wunderer/Jaritz 2007, 58), dienen, welches konkrete mögliche Lücken zwischen erwartetem und geleistetem Service benennt und damit einen wichtigen Teilbereich der effektiven Gestaltung eines M&A-Projektmanagements beleuchtet. Es ist zwar auf Dienstleistungen im Allgemeinen ausgerichtet, liefert aber wichtige Denkanstöße für die Gestaltung von Sekundärprozessen, die für bestimmte Teilbereiche ebenfalls eine Art Dienstleistung für den internen Mitarbeiter darstellen. Die Abweichungsanalysen können sich generell auf alle Komponenten im Leistungserstellungsprozess beziehen (fehlende Potenziale, falsche/ineffiziente Prozesse, nicht erfüllte Erwartungen der Beteiligten). Je nach Ergebnis der Analyse sind Korrekturmaßnahmen im System oder Zielanpassungen erforderlich.

Folgende Abbildung zeigt beispielhaft auf, wie ein konkreter Verbesserungsprozess innerhalb der Perspektive M&A-Projektmanagement ablaufen kann. Als Beispiel wurde der Projektinformationsprozess gewählt.

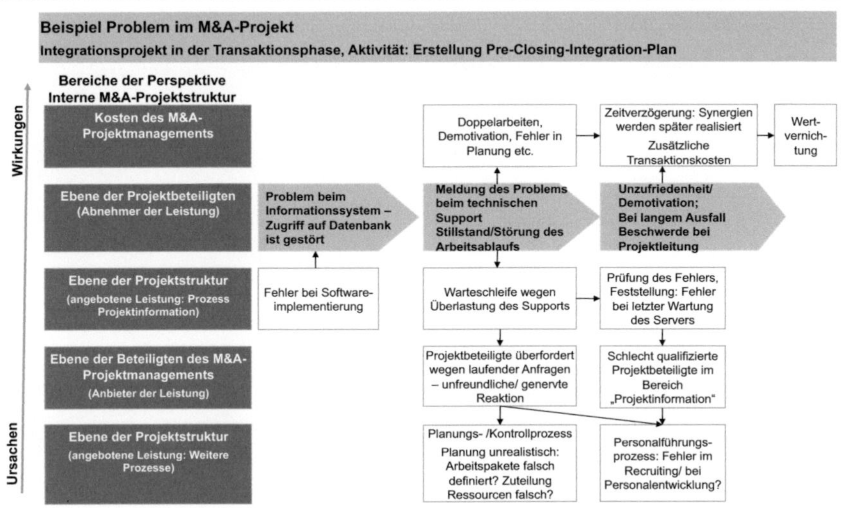

Quelle: inhaltlich modifiziert nach Töpfer 2007b, 278

Abbildung 7-29: Problemanalyse am Beispiel des M&A-Projektinformationsprozesses

Das Ergebnis ist dem Projektleiter zu berichten, der wiederum, sofern es sich um ein gravierendes Problem handelt, gegenüber dem Lenkungsausschuss berichtspflichtig ist. Im vorliegenden Beispiel wird er aber die ausreichende Kompetenz haben, Maßnahmen zur Behebung einzuleiten. Folgende Abbildung zeigt dies beispielhaft auf.

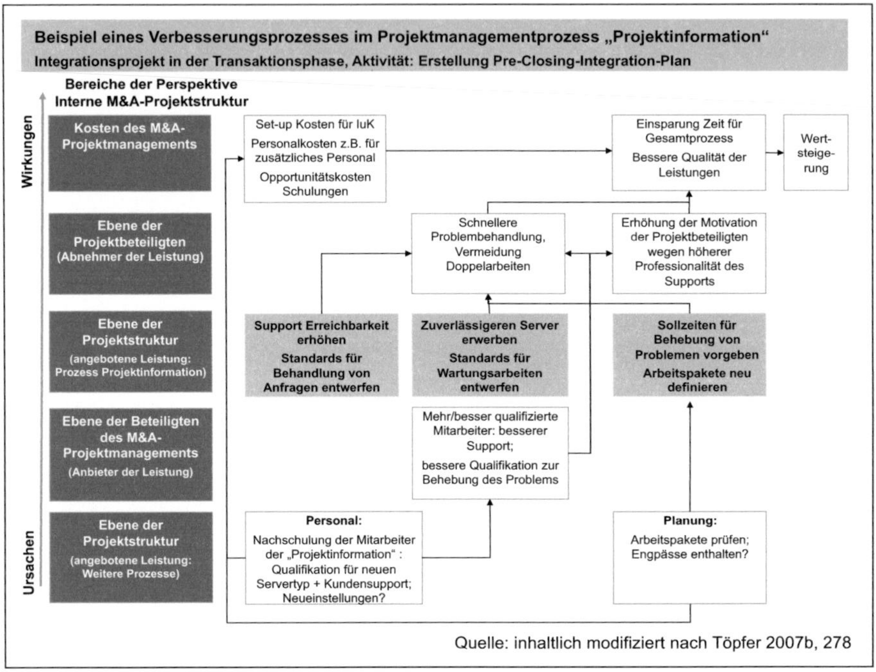

Abbildung 7-30: Verbesserungsprozess am Beispiel des M&A-Projektinformationsprozesses

Enthalten sind wiederum die Auswirkungen auf die Perspektive M&A-Projektmanagement. Gehen die Abweichungen über ein kritisches Maß hinausund verfügt der Projektleiter nicht über die Kompetenz, entsprechende Verbesserungsmaßnahmen umzusetzen, so ist das Problem auf höheren Ebenen unter Einbezug des Projektleiters zu diskutieren und entsprechende Maßnahmen zur Behebung sind einzuleiten.

7.6.2.3 Bestimmung der optimalen Granularität des M&A-Projektcontrollings

Abschließend ist über die optimale **Granularität des M&A-Projektcontrollings** zu entscheiden. Da es alle Ziele beeinflusst, ist von einem sehr hohen Nutzen des Systems auszugehen und eine hohe Granularität generell anzustreben. Die Granularität bemisst sich analog zum Personalbeurteilungssystem an der Anzahl der zu erhebenden Kennzahlen, deren Art und der Frequenz der Erhebung. Kosten entstehen insbesondere bei der Erhebung qualitativer Kennzahlen, die komplexere Erhebungs- und Auswertungsmethoden erforderlich machen, die insbesondere personalkostenintensiv sind und Opportunitätskosten verursachen. Set-up-Kosten entstehen bei intensiverem Einbezug externer Experten (vgl. im Detail zu diesen und weiteren Kosten einer hohen Granularität Abschnitt 7.4.4.2). Die Frage ist daher, in welchen Bereichen es möglich ist, bei Beibehaltung einer hohen Effektivität, Kosten zu senken.

Letztendlich muss sich auch die Balanced Scorecard dem **Effizienzziel** unterwerfen. Wichtige Faktoren, die die Granularität bestimmen, sind Umfang der Kennzahlen, Komplexität der Kennzahlen und Frequenz der Erhebung. Folgende Tabelle zeigt in Abhängigkeit der Rahmenbedingungen wichtige Argumente für eine hohe Granularität auf.

<table>
<tr><th></th><th colspan="4">Granularität (GRA) des M&A-Projektcontrollings
(Art und Umfang der Daten, Frequenz der Erhebung)</th></tr>
<tr><td>Aufgaben</td><td colspan="4">Bei eher problematisch ausgeprägten Aufgabencharakteristika und hoher Bedeutung für die Wertsteigerung können komplexe Kennzahlen und eine höhere Frequenz der Erhebung schneller Risiken aufdecken. Sind hohe Werte betroffen, so wirken sich Fehlentwicklungen entsprechend stark auf die Wertsteigerung aus und können auch zu einer Wertvernichtung führen. Diese Gefahr kann durch eine hohe Granularität gesenkt werden (direkter Einfluss auf Wertentwicklung).</td></tr>
<tr><td>Struktur</td><td colspan="4">Analog gilt dies für komplexe Strukturen. Diese erfordern tendenziell komplexere Kennzahlen, die bis in untere Ebenen durch eine Vielzahl von Einzelgrößen abgebildet sind, die auch komplexere Daten enthalten. Dies ist erforderlich, da andernfalls Veränderungen auf diesen Ebenen nicht so gut über aggregierte Größen zu überblicken sind (Prozesseffektivität).

Durch die Überwachung, welcher Bereich welchen Beitrag zum Gesamterfolg leistet und welche Kosten verursacht werden, ist eine bessere Ressourcenallokation möglich (Allokationseffektivität).

Wenn eine hohe Interdependenz gegeben ist, wirken sich Fehlentwicklungen auf einer Ebene sehr schnell auf andere Ebenen ausund es sind entsprechend viele Bereiche betroffen. Die Gefahr der Wertvernichtung steigt und ist nur durch eine hohe Granularität zu senken.

Je heterogener die Beteiligten, desto wahrscheinlicher sind motivationshemmende Konflikte oder unterschiedliche Auffassungen von Planabweichungen. In beiden Fällen sind häufigere Kontrollen tendenziell wichtiger, um Abweichungen schnell zu erkennen und eine Gegensteuerung zu ermöglichen (Integrations- und Kultureffektivität).

Generell wird Transparenz über das Gesamtsystem für die Projektbeteiligten erhöht, die eher für das Gesamtziel und die Bedeutung ihrer eigenen Arbeit sensibilisiert werden (vgl. Engstler/Dold 2003, 133) was ebenfalls die Prozess-, aber auch die Integrations- und Lerneffektivität erhöht. Transparenz erhöht auch die Kultureffektivität, da offene transparente Strukturen diese fördern.</td></tr>
<tr><td>Menschen</td><td colspan="4">Eine zu hohe Frequenz der Erhebung qualitativer Kennzahlen kann zu Demotivation bei den Beteiligten führen, da diese Arbeitszeit für die Erhebung der Daten einbringen müssen und Kontrolle eher einer wissensförderlichen Kultur entgegenwirkt (geminderte Integrations- , Lern- und Kultureffektivität). Wird das Ergebnis der Kontrolle systematisch mit dem Anreizsystem verknüpft, können die Motivationsnachteile gemindert werden.

Förderlich ist, dass bei hoher Betroffenheit fehlende Motivation bei höherer Granularität eher entdeckt werden kann (Integrations-, Lern- und Kultureffektivität).</td></tr>
<tr><td>Umfeld</td><td colspan="4">Je dynamischer und komplexer die externen Rahmenbedingungen, desto häufiger sind komplexere Kontrollen durchzuführen, um Fehlentwicklungen zeitnah aufzudecken und Anpassungen vornehmen zu können (Senkung der Gefahr der Wertvernichtung).</td></tr>
<tr><td>GRA</td><td>B : Integration
Abschluss</td><td>A: Transaktion
B: Transaktion</td><td>A: Vorfeld
B: Vorfeld</td><td>A: Integration</td></tr>
</table>

Tabelle 7-11: Granularität des M&A-Projektcontrollings

Als **Nebeneffekt** kann das Projektcontrolling bei Anwendung einer integrierten Balanced Scorecard auch Kosten in anderen Bereichen senken oder Vorteile sichern. So ist es beispielsweise möglich, die Balanced Scorecard, die in der Praxis weit verbreitet ist und leicht verständlich ist, für die Kapitalmarktkommunikation zu nutzen. So wurde anfangs festgestellt, dass Investoren Handlungsbedarf im M&A-Projektmanagement sehen (vgl. Abschnitt 1.2). Über eine um die Projektmanagement-Perspektive erweiterte M&A-Balanced Scorecard kann glaubhaft vermittelt werden, dass die Effizienz der Abwicklung von M&A im Unternehmen sichergestellt ist und das Unternehmen bei seinen M&A-Aktivitäten eine hohe Wahrscheinlichkeit des Erfolgs aufweist. Analog ist gegenüber Fremdkapitalgebern eine effizientere Kommunikation möglich. Damit ergeben sich auch Vorteile auf Gesamtunternehmensebene im Hinblick auf die Finanzierungssituation (vgl. beispielhaft Gates 2007, 8).

Einen Richtwert zu nennen für den zu rechtfertigenden Gesamtaufwand ist eher schwierig. Anzunehmen ist auch hier wieder, je komplexer das M&A-Projekt (Aufgabenkomplexität und Komplexität der Struktur) ist, je schwieriger das Interessenprofil der Beteiligten ist und je Größer die Gefahr sich verändernder externer Rahmenbedingungen mit negativer Auswirkung auf das Projekt sind, desto komplexer dürfen auch die Balanced Scorecards und das an sie gekoppelte Anreizsystem sein. Bei M&A ist generell eine hohe Kontrollfrequenz erforderlich, da bereits bei kleinen Abweichungen von den Planwerten wegen der Dimension des Projekts sich große finanzielle Verlustbeträge ergeben können (vgl. so auch Zimmer-Henrich/Winkelmann 2005, 240).

Eine hohe Granularität in Bezug auf die Art der Kennzahlen ist daher insbesondere in der **Integrationsphase im Integrationsprojekt** zu empfehlen, die sich durch hohe Komplexität und damit Opazität der Struktur auszeichnet und auch eher die Gefahr eines gesamtzielinkonformen Verhaltens birgt. Generell kommen hier alle positiven Effekte eines hoch granulären Projektcontrollingsystems zum Tragen. Kostensenkend können, analog zur Personalbeurteilung, einfachere Kennzahlen laufend (wöchentlich bis monatlich) erhoben werden und komplexe Erhebungen nur dann unterjährig stattfinden, wenn sich eine Fehlentwicklung abzeichnet (vgl. Abschnitt 7.4.4.2). Spätestens in der **Abschlussphase** ist auch hier eine vollumfängliche Erhebung bei allen Projektbeteiligten umzusetzen, um eine Aussage zur tatsächlich erzielten Wertsteigerung zu ermöglichen und für Folgeprojekte zu lernen.

Generell ist das Instrument auch **in allen anderen Phasen beider Teilprojekte effizient**, sofern bei der Auswahl und Frequenz der zu erhebenden Daten auf Angemessenheit vor dem Hintergrund der Problembereiche geachtet wird. Tendenziell wird die Komplexität des Instruments in der Vorfeldphase geringer sein als in der Transaktionsphase und die Betonung wird eher auf der Überwachung externer Einflussfaktoren liegen, da diese dann wegen der hohen Dynamik kritischer für den Gesamtprojekterfolg sind. Im Transaktionsprojekt in der Integrationsphase dürfte eine einmalige abschließende Analyse der Tätigkeiten ausreichend sein.

Letztendlich kann sich die Überwachung auf zahlreiche Ebenen im Projekt beziehen, für die wiederum differenziert zu argumentieren ist. Die größten Risiken ergeben sich bei den Primäraufgaben, da im Rahmen dieser die Investitionsmittel bestimmt werden. Im Transaktionsprojekt wird der maximal zu zahlende Kaufpreis bestimmt und im Rahmen des Integrationsprojekts die Grundlage für die Synergieberechnung gelegt – beides Bereiche, die letztendlich zu hohen Investitionssummen im Projekt führen.

Insgesamt werden im Projektcontrolling die für den Gesamterfolg wichtigen Variablen erfasst und sind so einer expliziten Steuerung zugänglich. Durch die Systematik des Ansatzes und die direkte theorie- und empiriebasierte Verknüpfung der Gestaltungsmaßnahmen mit dem Gesamtunternehmensziel ist eine durchgängige und plausible Kausalkette zwischen Maßnahmen und deren Erfolgswirkung gegeben.

7.6.3 M&A-Multiprojektmanagement

7.6.3.1 M&A-Multiprojektmanagement in Abgrenzung zum M&A-Projektmanagement des Einzelprojekts

Bisher wurde nur vereinzelt darauf hingewiesen, dass einige der Aufgaben innerhalb der Projektmanagement-Prozesse zur Abwicklung eines M&A-Projekts nicht zwangsläufig vollständig auf Einzelprojektebene angesiedelt sind. Im Folgenden werden die Prozesse, die organisatorisch eher zentralisiert auf Ebene des Multiprojekt-Büros (vgl. Abschnitt 4.3.3) oder auf einer anderen organisatorischen Ebene angesiedelt sind, geprüft.

Für die **M&A-Projektplanung und -kontrolle** liegt die Trägerschaft beim Projektcontrolling auf Einzelprojektebene, was sich durch die starke inhaltliche Verknüpfung begründen lässt. Die Abstimmungsintensität ist innerhalb dieser Bereiche hoch und sollte daher auch organisatorisch zusammengefasst werden (Prozesseffektivität). Eine Zentralisierung im Multiprojekt-Büro würde zu hohe Koordinationskosten verursachen, da dieser Zentralbereich einen schlechteren Überblick über die zu planenden Bereiche hat und einen intensiven (persönlichen) Austausch erforderlich machen würde. Generell werden aber Methoden und Erfahrungswissen im Multiprojekt-Büro zu sammeln und dem Einzelprojekt verfügbar zu machen sein. Zudem kann es sinnvoll sein, auf Ebene eines Multiprojektcontrollings die Daten gesamtheitlich zu überwachen, um die Kapazitätsplanung unternehmensweit zu optimieren. Dies kann sich auf Einzelprojektebene auch auf die Priorisierung und Parallelisierung auswirken (vgl. Abschnitt 7.2.4.2), die projektintern als Nebenbedingung bei der Optimierung zu beachten sind. Den Überblick hat hier nur das Multiprojekt-Büro. Zudem kann so sichergestellt werden, dass die Umsetzung projektübergreifend einheitlich und damit vergleichbar erfolgt, was besonders bei der Aufwands- und Terminschätzung als bedeutsam gewertet wurde (vgl. Abschnitt 7.2.3).

Im Bereich der **Projektorganisation** liegt die Einrichtung der Strukturen innerhalb des Einzelprojekts hauptsächlich in der Verantwortung der Projektleitung, wobei diese sich an Empfehlungen des M&A-Zentralbereichs orientieren wird, da dort die Erfahrungen nicht nur aus den laufenden, sondern auch aus zurückliegenden M&A-Projekten gesammelt vorliegen. So wird der Zentralbereich bei langer Erfahrung einen Kriterienkatalog haben, wie eine effiziente Projektstruktur auszusehen hat. Der Projektleiter setzt diese Vorgaben um. Die Einrichtung von projektübergreifenden Gremien/Teams erfolgt entweder über einen Zentralbereich Unternehmensstrategie/Organisationsentwicklung der Primärorganisation oder den spezifischen M&A-Bereich. Dieser steuert Verknüpfungen, die sich zwischen M&A-Einzelprojekten ergeben, so z.B. für das M&A-Netzwerk. Sobald Verknüpfungen, die diese Ebene übersteigen, erforderlich sind, ist auch die Gestaltung ggf. höher anzusiedeln oder einem horizontal verknüpften Ausschuss zu übertragen, so z.B. den Lenkungskreisen. Der M&A-Zentralbereich ist zudem bedeutsam bei der Projektauflösung, da es die Stelle im Unternehmen verkörpert, die eine langfristige Wissenssicherung gewährleisten kann und Projektbeteiligte ggf. auf weitere Projekte, koordiniert durch das Multiprojekt-Büro, verteilt, so dass diese ohne Friktionen im Unternehmen weiter beschäftigt sind. Ob überhaupt ein M&A-Zentralbereich und ein Multiprojekt-Büro sinnvoll sind, ist eine strategische Entscheidung der Gesamtunternehmensführung. Diese entscheidet darüber, welche Bedeutung dem externen Wachstumsinstrument M&A im Unternehmen zukommen soll. Allgemein kann vermutet werden, dass ein M&A-Multiprojektmanagement insbesondere für die Szenarien II und IV und ggf. auch Szenario III und V Transaktionen (beim Kauf kleinerer Unternehmen) bedeutsam ist, da hier explizit laufend Transaktionen zum Aufbau eines Marktführers, zur Abdeckung der laufenden Forschungs- und Entwicklungstätigkeit bzw. zur Neuausrichtung in einer sich verändernden Branche getätigt werden (vgl. Abschnitt 2.3.1). Diese Transaktionen sind aber auch mit eher seltener innerhalb eines Unternehmens auftretenden Transaktionen, die dem Szenario I zuzuordnen wären, abzustimmen, um zu vermeiden, dass z.B. Know-how doppelt eingekauft wird oder verloren geht. Durch die Einrichtung werden insbesondere Lern- und Prozesseffektivität aus Unternehmenssicht gefördert, welche die Kosten der Einrichtung bei hoher Häufigkeit rechtfertigen.

Für die Aufgaben der **Projektpersonalführung** wird es stärker als für die anderen Prozesse sinnvoll sein, die Trägerschaft für die Aufgaben zentralisierter zu organisieren. Den Großteil der personalwirtschaftlichen Aufgaben wird die Projektleitung zusammen mit Personalexperten der Primärorganisation sicherstellen oder vollständig von dieser beziehen, da eine Bereitstellung einer Personalabteilung auf Einzelprojekteben aus transaktionskostentheoretischer Sicht wenig sinnvoll erscheint. Dies ist mit der eher M&A-unspezifischen Aufgabe verbunden. So unterscheiden sich die personalbezogenen Aufgaben in der Primärorganisation kaum von denen in Projekten; lediglich die Art der Auswahlkriterien und Entwicklungsmaßnahmen verändert sich. Zudem kann eine zentrale Personalabteilung Spezialisierungsvorteile realisieren. Die Trägerschaft wird daher auch nur begrenzt beim Multiprojekt-Büro liegen, sondern eher im Personalmanagement der Trägerorganisation. Diese führt die Aufgaben aber in enger Kooperation mit dem M&A-Zentralbereich/ dem Multiprojekt- und Projektbüro durch, so z.B.

für die Besetzung der Stelle des Projektleiters bzw. die Besetzung der Schlüsselrollen im Einzelprojekt. Sehr stark zentral strukturierte Bereiche sind die Personalauswahl, -entwicklung und die Konzeption des Anreizsystems. Die inhaltliche Ausgestaltung der Bereiche wird aber stark durch die Projektleitung mitgetragen, so z.B. die Personalbeurteilung, die Durchführung der Mitarbeitergespräche, die Festlegung der Anforderungsprofile für die Projektbeteiligten und die Verhandlung der nicht-monetären Anreizkomponenten. Rahmengebend ist auch hier wieder der M&A-Zentralbereich.

Verantwortlich für das **Projektinformationssystem** ist die Projektleitung, die aber für die Gestaltung wiederum an einen vorgegebenen Rahmen zu binden ist. Je nach Projektgröße kann die Wartung und Betreuung des Systems zentral durch die Multiprojektkoordination oder durch den Zentralbereich IT der Trägerorganisation erfolgen oder direkt auf Einzelprojektebene angesiedelt sein. Dies ist abhängig von der Störanfälligkeit der erforderlichen Systemkomponenten und dem Umfang der sich im Laufe der Zeit ergebenden Veränderungen. Gerade zu Beginn der Implementierung und während der Integrationsphase im Integrationsprojekt kann ein speziell für das Einzelprojekt zuständiges Team erforderlich sein.

Verantwortlich für das **Projektcontrolling** auf Einzelprojektebene ist grundsätzlich der Projektleiter, für den der Projektcontroller die Balanced Scorecard umsetzt und an den er die Ergebnisse der Analyse liefert. Generell wäre es möglich auch hier dem Projektcontroller weitreichende Verantwortung zu übertragen, so z.B. über den mit dem Controlling verzahnten Prozess der Planung und Kontrolle. Dies würde die Projektleitung entlasten, setzt aber voraus, dass der Controller auch Fähigkeiten/Erfahrungen im strategischen Management hat. Während die Granularität aus Perspektive der (De-) Zentralisierung abnimmt, würde die Granularität im Hinblick auf die Anforderungen an die zu besetzende Stelle zunehmen. Die Entscheidung wird auch von der Kompetenz des Controllers abhängen. Aus Sicht des Projektleiters ist erstgenannte Version die mit der geringeren Granularität, da der Koordinationsbedarf sinkt.

Generell wäre auch denkbar, den Projektcontroller dem Controlling der Primärorganisation unterzuordnen, um damit auch die Kontrolle der Leistung des Projektleiters selbst zu ermöglichen und der besonderen Bedeutung der Aufgabe Rechnung zu tragen. Dies dürfte aber aus motivationaler Sicht problematisch sein. Eher ist es sinnvoll, nur die Kontrolle der Projektleitung auf Unternehmensebene im Controlling und/oder M&A-Zentralbereich anzusiedeln, das Projektcontrolling aber, als den Projektleiter unterstützende Funktion, ihm unterzuordnen. So verweist auch Küpper allgemein darauf, dass ein Controller auf der zweiten Führungsebene anzusiedeln ist, um Konflikte mit der Führung zu vermeiden (vgl. 1990, 286). Als Lösung könnte man zumindest eine formelle Kommunikationsverknüpfung zwischen Projektcontroller und Zentralcontrolling herstellen. Dies ist allein aus Prozesseffektivitätsgesichtspunkten sinnvoll, da dieser damit auf die Methoden des Gesamtprojektcontrollings zurückgreifen kann und fachliche Unterstützung erhält (vgl. Küpper/Weber/Zünd 1990, 288).

Das Controlling des Projektcontrollings auf Einzelprojektebene ist eine Ebene höher auf der Ebene des Multiprojekt-Büros anzusiedeln. Damit wird das Problem gelöst, dass der Projektcontroller einerseits verantwortlich für die Anwendung der Balanced Scorecard im M&A-Projekt ist, andererseits aber auch direkt der Messung unterliegt. So stellt das Projektcontrolling gleichzeitig selbst einen Prozess des M&A-Projektmanagements dar, welcher ebenfalls einer laufenden Überwachung bedarf.

In Abhängigkeit der (De-) Zentralisierung der genannten Bereiche verändert sich auch die Zuständigkeit für das Projektcontrolling. So sind zwar auf Ebene der Einzelprojekte alle wichtigen Kennzahlen zur Beurteilung des Erfolgs des Einzelprojekts zu erfassen; die Verantwortung für eventuelle Problembereiche und deren Behebung trägt aber der jeweilige Träger der Aufgabe. Um sicherzustellen, dass diese Bereiche auch einer Problemanalyse an der richtigen Stelle unterzogen werden, sind die erhobenen Kennzahlen entsprechend zuzuordnen und auf den verantwortlichen Ebenen zu überwachen. Diese können wiederum auf das Instrument der Balanced Scorecard zurückgreifen, in der die entsprechend in den Einzelprojekten erhobenen Kenngrößen enthalten sind.

Festgehalten werden kann, dass zahlreiche Gestaltungsbereiche auf Multiprojektebene anzusiedeln sind. Die Grenzen der Übertragung von Verantwortlichkeiten sind fließend und stark auch vom Führungsansatz im Unternehmen abhängig. Eher dezentral orientierte Unternehmen werden tendenziell einen autonomeren Ansatz für Einzelprojekte verfolgen; zentraler strukturierte Unternehmen werden viel Verantwortung auf die Einrichtungen der Trägerorganisation übertragen. Diese Entscheidung beeinflusst die **Granularität** aus Unternehmenssicht. Je mehr Verantwortung auf Ebene des Projekts angesiedelt wird, desto niedriger sind die Koordinationskosten aus Sicht der Trägerorganisation, desto höher sind aber die Autonomiekosten im Projekt, da bestimmte Strukturen ggf. doppelt bereit gehalten müssen (vgl. im Detail zur (De-) Zentralisierungsdiskussion Meckl 2000, 29-36).

7.6.3.2 M&A-Projekt-Qualitätsmanagement zur Sicherung des langfristigen M&A-Erfolgs

Eine Sicherung der Qualität, wie sie im Rahmen des M&A-Projektcontrollings auf Einzelprojektebene am Beispiel des Informationsprozesses aufgezeigt wurde, reicht nicht aus, um **langfristig den M&A-Erfolg im Unternehmen sicherzustellen**. Einzelprojekte orientieren sich bei der Umsetzung an einem durch die Trägerorganisation vorgegebenen Rahmen. Dieser enthält Vorgaben dazu, wie ein effizientes Projektmanagement für den konkreten Fall umzusetzen ist. Er basiert auf den langfristigen Erfahrungen, die ein Unternehmen mit der Umsetzung von M&A sammelt. Im Idealfall werden auch externe Erfahrungen berücksichtigt, die z.B. durch ein Beratungsunternehmen einfließen oder durch einen unternehmensübergreifenden Vergleich mit Konkurrenzunternehmen im Rahmen eines Benchmarking. Innerhalb dieses Rahmens handelt der Projektleiter frei. Dies ermöglicht bereits, trotz der jeweils erforderlichen Anpassungen, eine gewisse Standardisierung und damit Kostenersparnis. Gleichzeitig wird ein Qualitätsstandard vorgegeben, der einzuhalten ist und die Güte der Umsetzung erhöht. Damit langfristig ein Erfolg bei der Umsetzung von M&A gegeben ist, muss auch dieser Rahmen einer laufenden Überwachung unterzogen werden. Im Folgenden sind zunächst Möglichkeiten der Qualitätssicherung des Gesamtsystems aufzuzeigen. Abschließend wird die konkrete Umsetzung erörtert.

Für die kontinuierliche Verbesserung von (internen) Prozessen liegt eine Reihe an **Qualitätsmanagement-Konzepten/-Systemen** vor. Zu nennen sind die auf der ISO 9000 Familie aufbauende ISO 10006 (vgl. DIN 2004), Six Sigma (vgl. Töpfer 2007; Lunau 2006), das EFQM-Modell der European Foundation for Quality Management (vgl. 1999) und die Balanced Scorecard (vgl. Abschnitt 7.6.2.1). Tabelle 7-12 zeigt die zentralen Konzepte des Qualitätsmanagements im Überblick.

Qualitätsmanagement-Konzepte im Vergleich				
	ISO 10006: 2003	**Kompetenzmodelle**	**BSC**	**Six Sigma**
Ursprung	ISO 1997; 2003	z.B. EFQM 2000	Kaplan/Norton 1997	Motorola 1980; GE 1996
Inhaltliche Ausrichtung	**Kriterien effizienter Projektprozesse:** Qualitätsmanagement in Projekten. Optimierung der Prozesse und des Ergebnisses; baut auf ISO 9000 auf	**Messung der Qualität des Führungskonzepts:** Offener Rahmen inkl. Kriterienkatalog (Befähiger/ Ergebnisse) zur Selbstkontrolle der Organisationsexzellenz	**Integrierte Unternehmensführung:** Offenes Kennzahlensystem ausgerichtet auf die integrierte Unternehmenssteuerung; liefert auf konkrete Organisation anzupassendes Grundmodell	**Umsetzung der Verbesserung:** Umsetzung von Projekten zur Verbesserung des Produktionsprozesses (Produkte/Dienstleistungen) derart, dass Null-Fehler-Qualität für die für den Kunden kritischen Prozesse erreicht wird.
Zentrale Messgrößen der Prozessverbesserung				
Einbezug Kosten/ Nutzen: Innerhalb des Ansatzes, für den Ansatz selbst	Kundenanforderungen/ Kundenzufriedenheit Angaben zur Effizienz der Prozesse; k. A. zur Effizienz des Prozessmanagements	Optimierung aller Zielgrößen (Befähiger/ Ergebnisse) k.A. zur Effizienz des EFQM Modells selbst	Optimierung aller Ergebnisgrößen (Zeit/Kosten/ Qualität) innerhalb der Perspektiven, die sich in finanziellen Kennzahlen widerspiegeln k.A. zur Effizienz des Instruments selbst	Qualitätskritische Faktoren für den Kunden; für diese: Erreichung einer Null-Fehler-Qualität zu minimalen Kosten (CTQ/CTB) Effizienzanalyse des Six Sigma-Prozesses selbst enthalten
Inhalte	**Fokus auf Prozesse**	**Fokus auf Befähiger und Ergebnisse**	**Fokus: Kunden/ Mitarbeiter/ Prozesse/ finanzielle Ergebnisse**	**Fokus auf Kunden und Prozesse**
Managementzyklus	Prozessmanagement: Messung, Analyse, Verbesserung	Ergebnisse bestimmen, Vorgehen planen und entwickeln, Umsetzung, Bewertung und Prüfung (RADAR – Results – Approach – Deployment – Assessment – Review)	Formulierung/ Umsetzung von Vision/Strategie, Kommunikation und Verbindung, Planung und Vorgaben, Strategisches Feedback und Lernen	Definieren, Messen, Analysieren, Verbessern, Kontrollieren (DMAIC – Define – Measure – Analyse – Improve – Control)
Qualität des Inputs	Ressourcenbeurteilungen, Beurteilung der Lieferantenleistung etc.	Führung, Politik und Strategie , Mitarbeiter, Partnerschaften/ sonst. Ressourcen	Lern- und Entwicklungsperspektive: Mitarbeiterqualität	SIPOC (Supplier, Input, Process, Output, Customer): Lieferanten (Supplier) ; Input
Prozessqualität	Verantwortung der Leitung, Ressourcenmanagement, Produktrealisierung, Prozessmanagement	Prozesse	Prozessperspektive: Qualität der internen Prozesse; Bezugnehmend auf Total Quality Management	Prozessanalyse
Ergebnisqualität	Produktbeurteilung, Zufriedenstellung der Kunden und anderer Parteien etc.	Kunden-/ Mitarbeiterzufriedenheit, gesellschaftsbezogene Ergebnisse, Organisationsergebnisse	Finanzielle Ergebnisse Kundenperspektive: Kundenerwartungen/ -zufriedenheit	Qualität für den Kunden (Customer): Erfüllung der Kundenanforderungen (CTQ); Leistung (Output): Erfüllung der Finanzkennzahlen (CTB)

Tabelle 7-12: Qualitätsmanagementsysteme im Vergleich

Die Angaben zu den Vergleichskriterien sind obig genannten Quellen zu den Modellen/Ansätzen entnommen. Das EFQM-Modell kann als Kompetenzmodell bezeichnet werden. In der Literatur liegt eine Vielzahl ähnlicher Konzepte, die auch den Reifegradmodellen sehr ähnlich sind, vor. Das EFQM-Modell wurde stellvertretend in die Tabelle als Vergleichsmodell einbezogen. Bei der Erörterung wird auch auf Besonderheiten weiterer Modelle eingegangen (vgl. im Überblick zu Kompetenz- und Reifegradmodellen Ahlemann/Schroeder/Teuteberg 2005).

Die Konzepte weisen einige **Gemeinsamkeiten** auf. Zum einen definieren sie einen zyklischen Managementprozess zur Verbesserung von Leistungserstellungsprozessen. Zum anderen beziehen sie sich (in unterschiedlichem Aggregierungsniveau) auf dieselben Komponenten von Leistungserstellungsprozessen: Träger der Prozesse, Ressourcen zur Umsetzung der Prozesse, das Prozessdesign selbst, Abnehmer der Leistungserstellung und das Endprodukt/Ergebnis der Leistungserstellungsprozesse – sie beziehen damit grundsätzlich alle erfolgskritischen Bereiche eines M&A-Projekts mit ein (vgl. Abschnitt 5.2.1.1). Definiert sind zumeist sehr ähnliche Kriterienkataloge, mit denen ein Unternehmen seine Projektmanagementkompetenz selbst oder durch andere überprüfen lassen kann.

Obwohl sich diese Konzepte vom Aufbau her sehr ähneln, weisen sie einige **Unterschiede** auf, die im Folgenden aufzuzeigen sind. Trotz der Unterschiede sind sie zueinander konsistent und können daher integriert genutzt werden (vgl. zur Integrierbarkeit der Ansätze auch Schmutte 2007; Töpfer 2007).

Auf **ISO 10006** wurde bei der Konzeption des M&A-Projektmanagement-Ansatzes rekurriert und u.a. die Prozesssicht gerechtfertigt (vgl. insbesondere Abschnitt 4.3.2.1). Die Norm ist für ein exzellentes Projektmanagement rahmengebend und zählt zur ISO 9000 Familie, was in Tabelle 7-12 insbesondere durch die Differenzierung der Inhalte zum Ausdruck kommt. Sie legt zentrale Begriffe fest und gibt projektartunabhängige Vorschläge für häufig in Projekten sinnvoll nutzbare Prozesse. Der Beitrag dieser Norm beschränkt sich im Wesentlichen auf die Beschreibung und Systematisierung relevanter Projektprozesse für die inhaltlich Empfehlungen für einen Idealzustand ausgesprochen werden. Sie dient als Basis für die Zertifizierung des Projektmanagements im Unternehmen, hebt aber auch die Bedeutung der Selbstkontrolle hervor. Die Norm ähnelt einem umfangreichen Katalog an Empfehlungen zur Verbesserung des Projektmanagementansatzes in Unternehmen. Konkrete Empfehlungen zur Umsetzung sind nur sehr begrenzt enthalten. In Abgrenzung zu den anderen drei Modellen dient die Norm als Basiskatalog zur Entscheidung über eine Zertifizierung, welches gut als Qualitätssignal z.B. nach außen für Investoren fungieren könnte.

Eine erweiterte Perspektive enthalten Kompetenz- und Reifegradmodelle, für die stellvertretend das **EFQM-Modell** (vgl. Reuter/Faber 2005, 686 bzw. Ahlemann/Schroeder/Teuteberg 2005, 36), in Tabelle 7-12 aufgeführt ist. Diese Modelle, die in einer Vielzahl existieren (vgl. zu einem Überblick Ahlemann/Schroeder/Teuteberg 2005; Schelle 2003a) geben ebenfalls einen Rahmen vor, der ein exzellentes Unternehmen/Projekt ausmacht. Sie beziehen sich dabei konkret auch auf die Optimierung des Rahmens, innerhalb dessen Projekte abgewickelt werden. Das EFQM-Modell kann generell als Rahmen für unternehmerische Exzellenz genutzt werden; die Nutzung für Projekte ist nur ein Anwendungsbeispiel. Ein speziell für Projekte entwickeltes Modell ist das PM Delta von der GPM. Beide Modelle geben einen Kriterienkatalog vor, anhand dessen Unternehmen sich im Rahmen der Selbstbewertung gegenüber ein fiktives Idealunternehmen vergleichen können. Diese Kataloge sind dem der ISO 9000 Familie sehr ähnlich. Beide ermöglichen auch ein externes Assessment – das EFQM-Modell über die Teilnahme am European Quality Award (EQA); PM Delta bietet ein externes Benchmarking-Portal an. Dies ist bei den hier betrachteten M&A-Projekten von großem Vorteil, da Vorhaben dieser Größe für ein Unternehmen eher selten sind. Problematisch ist allerdings, dass der EQA nicht auf M&A-Projekte zugeschnitten ist und die Benchmark-Datenbanken der Modellentwickler noch recht klein sind – dies gilt insbesondere für M&A als spezielle Projektart. Der Aufbau einer entsprechenden Datenbank wird auch schwierig sein, da meist sehr sensible Daten betroffen sind.

Den Kompetenzmodellen sehr ähnlich sind **Reifegradmodelle**, die ebenfalls Kriterienkataloge für exzellentes Projektmanagement definieren. Konkrete Beispiele für Reifegradmodelle sind das CMMI des SEI speziell für Softwareentwicklungsprojekte, das PMMM von Kerzner (2005) oder das OMP3™ des PMI, welches auf dem PMBOK®Guide basiert (vgl. 2004; und im Überblick zu diesen Modellen Ahlemann/Schroeder/Teuteberg 2005). Je nach Ausprägung der Kriterien bei einem bestimmten Unternehmen/in einem bestimmten Projekt weisen diesem sie einen Reifegrad zu, der von fallweisem Projektmangement bis exzellentes Projektmangement mit inkludiertem Verbesserungsmanagement reichen kann (vgl. z.B. PMMM oder OMP3™). Weder das EFQM-Modell noch PM Delta oder weitere verbreitete Reifegradmodelle sind, wenige Ausnahmen ausgenommen, projektartspezifisch ausgerichtet. Meist ermöglichen sie jedoch eine Anpassung des Selbstbewertungstools für spezifische Projekte. So basiert das PM Delta der GPM auf den Elementen der DIN 69904, die unternehmensspezifisch ausgewählt werden können (vgl. Schelle 2003, 29 und Abschnitt 4.3.2.3.1).

Um die **Verknüpfung** der ISO 10006 und der Kompetenz- und Reifegradmodelle zu Six Sigma und zur Balanced Scorecard herzustellen, wurden diese beiden letztgenannten Konzepte, die sich letztendlich auch auf ein Qualitätsmanagement beziehen können, in den Vergleich in Tabelle 7-12 mit aufgenommen. Ein Anwendungsbeispiel ist dem Projektcontrolling auf Einzelprojektebene zu entnehmen (vgl. Abschnitt 7.6.2.2.2). Der Zusammenhang ergibt sich wie folgt: ISO 10006 und darauf aufbauend die Kompetenz- und Reifegradmodelle geben vor, wie ein exzellenter Rahmen auszusehen hat, der für die Implementierung eines Einzelprojekts handlungsleitend ist. Die Kompetenz- und Reifegradmodelle enthalten in Abgrenzung zu ISO 10006 zumindest ansatzweise Handlungsempfehlungen für die laufende Verbesserung des Rahmens und grundsätzlich auch für die Umsetzung des Ansatzes. Sie liefern zudem ein praktikables Software-basiertes Abszessen-Tool und ermöglichen zumindest in Teilen ein Benchmarking. Die Balanced Scorecard kann dann, nach Implementierung des/der Projekts/e genutzt werden, um laufend die Exzellenz des Projekts zu überwachen. Sie ermöglicht es dem Projektleiter, ausgehend von operativen Kenngrößen auf Potenzial-, Prozess- und Ergebnisebene der Einzelprojekte, auf Probleme hinsichtlich der erfolgskritischen Bereiche im M&A-Projekt zu stoßen. Diese Beobachtungen können einen Anhaltspunkt dafür liefern, ob der Rahmen, dessen Effizienz anhand der obigen Instrumente zu prüfen ist, richtig umgesetzt wurde. Zur Anwendung der Balanced Scorecard für einen kontinuierlichen Verbesserungsprozess auf Einzelprojektebene kann das Six Sigma-Konzept dienen, welches ein Vorgehensmodell beschreibt, wie laufend die optimierte Umsetzung des M&A-Projekts sichergestellt werden kann. Während also ISO 10006 und Kompetenz- und Reifegradmodelle den Rahmen für exzellentes Projektmanagement vorgeben und die Balanced Scorecard die Überprüfung des Erfolgs des innerhalb dieses Rahmens implementierten Projekts ermöglicht, liefert Six Sigma das Vorgehensmodell für die konsequente Verbesserung von Teilelementen innerhalb des implementierten Projekts (vgl. anschaulich zur Abgrenzung dieser Konzepte auch Töpfer 2007, 374-377).

Voraussetzung dafür, dass Unternehmen mit dem durch die Modelle vorgegebenen Rahmen ihre Projektmanagement-Kompetenz verbessern, ist, dass der Rahmen selbst der richtige ist. Kritik an dieser Stelle übt allerdings Schelle (2003a). So verweist er insbesondere darauf, dass die vorgegebenen Kriterienkataloge nicht mehr den Ergebnissen der Erfolgsfaktorenforschung im Projektmanagement entsprechen, da sie, Ausnahme bildet das EFQM-Modell, weiche Faktoren vernachlässigen würden. In der Summe bilden sie aber die wichtigsten Aspekte ab, die ein exzellentes Projektmanagement ausmachen und sensibilisieren das Unternehmen für die laufende Exzellenzsicherung auch des Rahmens, innerhalb dessen sie Projekte abwickeln. Die Modelle werden laufend weiterentwickelt und dürften zunehmend eine bessere Orientierung bieten.

8 Fazit

8.1 Bewertung der methodischen und theoretischen Basis und offene Forschungsfragen

Zunächst ist die Zielerreichung im Hinblick auf die zwei theoretisch ausgerichteten **Nebenziele** zu beurteilen. Die nachhaltige empirische und strategische Relevanz von M&A-Vorhaben dürfte außer Frage stehen. Gleiches gilt für die Bedeutung einer strukturierten Abwicklung dieser hoch komplexen Vorhaben. Gleichzeitig sind Defizite in der Praxis beim M&A-Projektmanagement zu erkennen. Dies verwundert, da mit dem Projektmanagement-Ansatz ein als effizient bewerteter Gestaltungsrahmen zur strukturierten Abwicklung komplexer Vorhaben vorliegt. Dieses Potenzial wird aber bisher kaum ganzheitlich genutzt. Weder in praxisorientierter noch in wissenschaftlicher Literatur ist ein vollständiger und theoretisch/empirisch gut fundierter Projektmanagement-Ansatz zu erkennen, der auf die sich durch sehr spezifische Merkmale auszeichnenden Vorhaben zugeschnitten ist. An der Schließung dieser Lücke knüpft die vorliegende Arbeit an.

Zur Vorbereitung der wissenschaftlich fundierten Ableitung von Handlungsempfehlungen im normativen Teil der Arbeit als Hauptziel (3), war die Erreichung von zwei Nebenzielen notwendig. Auf terminologisch-deskriptiver Ebene war der Objektbereich abzugrenzen und ein auf diesen angepasster Gestaltungsrahmen zur Schließung der **methodischen Lücke** (1) zu entwickeln. Auf theoretischer Ebene war die bestehende **theoretische Lücke im (M&A-) Projektmanagement** zu schließen (2). So war es erforderlich, einen Bezugsrahmen zu entwickeln, der es ermöglicht, Aussagen über die Art der Wirkung von Gestaltungsmaßnahmen auf die erfolgskritischen Ziele eines M&A-Projektmanagements abzuleiten. Die Zielerreichung für die normative Forschungsfrage (3), die den Kern der Arbeit ausmacht, erfolgt abschließend in Abschnitt 8.2.

Ausgangsbasis zur Schließung aller drei Lücken lieferte der entscheidungslogische Ansatz, ergänzt um den zur Komplexitätsreduktion beitragenden Grundgedanken der Neo-Kontingenztheorie. Unterstellt wurde, dass für die erfolgreiche Gestaltung des M&A-Projektmanagements in sich homogene, aber zueinander hinsichtlich erfolgskritischer Merkmale heterogene M&A- und Aufgabentypen existieren, für die, um erfolgreich zu sein, ein differenzierter Ansatz zu entwickeln ist. Weitere Annahme war, dass keine begrenzte Anzahl eindeutig erfolgreicher Sets an Handlungsparametern existiert, die a priori gebildet werden können, um sie den Typen ganzheitlich zuordnen zu können. Vielmehr wurde angenommen, dass die Parameter zueinander in weiten Bereichen konsistent sind und eine Feinabstimmung innerhalb des Ansatzes für die differenzierten Typen vorzuziehen ist.

Für die Ableitung der für die Entwicklung des typspezifischen Gestaltungsansatzes erforderlichen Komponenten musste in einem ersten Schritt die identifizierte **methodische Lücke (1)** geschlossen werden. Hierzu erfolgte zunächst die **Identifikation strukturgleicher M&A-**

Typen im ersten Teil von Kapitel 4. Vorbereitend hierzu wurde in Kapitel 2 ein einheitliches Begriffsverständnis für M&A-Vorhaben geschaffen und eine Typologisierung der Vorhaben vorgenommen. Ausgehend hiervon wurde in Kapitel 4 die Perspektive auf einen komplexen eher auf Konsolidierung oder Neuausrichtung ausgerichteten M&A-Fall mit starkem Projektcharakter eingegrenzt. Innerhalb dieses Projekttyps erfolgte eine weitere Typologisierung entsprechend der entscheidenden Wertkomponenten der Leistungserstellung Transaktion (Unternehmenskauf) und Integration (leistungswirtschaftliche Verflechtung/Neuordnung), die sich insbesondere hinsichtlich des Merkmals der Integrativität stark unterscheiden und einen differenzierten Gestaltungsansatz erfordern. Dies ließ sich mit der Bedeutung dieses Merkmals für den Erfolg von M&A-Projekten erklären. Die **Ableitung des Gestaltungsrahmens** erfolgte im zweiten Teil des vierten Kapitels. Die entsprechende Fundierung lieferte Kapitel 3. Neben einer begrifflichen Abgrenzung und einer Einordnung in den Leistungserstellungsprozess als Sekundärfunktion erfolgte eine inhaltliche Positionierung des Projektmanagements auf Basis des aktuellen Forschungsstands als ganzheitlicher Managementansatz für einmalige, zeitlich befristete und komplexe Vorhaben. Aufbauend auf den besonderen Charakteristika des gewählten M&A-Typs konnten die zentralen Ziele abgeleitet werden, die mit der Implementierung eines M&A-Projektmanagements verfolgt werden. Die für die Erreichung der Ziele erforderlichen **Dimensionen des M&A-Projektmanagement-Ansatzes** wurden konzeptionell in den Folgeabschnitten abgeleitet und damit die methodische Lücke (1) geschlossen. Die Ableitung des konzeptionellen Rahmens erfolgte angelehnt an die Normierung im Projektmanagement. Die Annahmen, dass ein ganzheitlicher Ansatz zu verfolgen ist, dieser prozessorientiert und projektartspezifisch anzupassen ist, werden durch die für das Projektmanagement zentralen Normen ISO 10006 und DIN 69904 gestützt.

Damit Aussagen darüber getroffen werden konnten, welche Gestaltungsmaßnahmen bei welchen Bedingungen erfolgskritisch sind und wie diese zu modifizieren sind, musste die bestehende **theoretische Lücke (2)** über die Bildung eines theoretisch und empirisch fundierten Bezugsrahmens geschlossen werden. Die **Sekundäranalyse empirischer Studien** mit Aussagekraft für erfolgskritische Gestaltungsfaktoren, bezogen auf den in Kapitel 4 konzeptionell vorgestellten Rahmen des M&A-Projektmanagements, lieferte wichtige Erkenntnisse zur Art der besonders erfolgskritischen Gestaltungsmaßnahmen innerhalb der Dimensionen. Diese ließen sich trennscharf den Projektmanagement-Prozessen als Träger der Maßnahmen zuordnen. Die Ergebnisse lieferten allerdings kaum Erkenntnisse zur konkreten Ausgestaltung der Maßnahmen bei bestimmten situationsspezifischen Bedingungen. Um im Gestaltungsteil hierzu konkrete Aussagen treffen zu können, wurden ergänzend **theoretische Ansätze**, die einen Bezug zu den erfolgskritischen Einflussbereichen aufweisen, auf ihre Aussagekraft geprüft. Hinzugezogen wurden theoretische und empirische Erkenntnisse zum Wissensmanagement, als wichtiger Teilbereich eines M&A-Projektmanagements. Aufbauend auf den Ergebnissen in Kapitel 5 wurde in Kapitel 6 das **entscheidungslogische Vorgehen** vorgestellt und die erforderlichen Komponenten abgeleitet. Weiterhin wurden die Faktoren bestimmt, die den

Erfolg der M&A-Teilprojekttypen stark beeinflussen. Anhand dieser Gestaltungsbedingungen konnten die Teilprojekttypen inhaltlich charakterisiert werden. Es zeigten sich wichtige Unterschiede in der Ausprägung der Faktoren in Abhängigkeit der Lebenszyklusphase und des Teilprojekttyps im Hinblick auf die Aufgabencharakteristika, die Komplexität der strukturellen Rahmenbedingungen, das Profil der Beteiligten und die projektexternen Bedingungen. In einem weiteren Schritt waren die Gestaltungsziele zu definieren, an denen sich der Gestaltungsansatz zu orientieren hat, wenn er einen positiven Effekt auf die Ausprägung der erfolgskritischen Gestaltungsbedingungen haben oder diese Bedingungen besser beherrschbar machen soll. Um sicher zugehen, dass der positive Effekt über den Kosten der Maßnahmen liegt, wurden zudem die Kostenfaktoren identifiziert. Zur Ableitung des Effizienzkriteriums wurde auf das Konzept des optimalen Granularitätsgrads zurückgegriffen. Zur Bestimmung der Effizienz einer Maßnahme ist entscheidend, welchen kumulierten Nutzen sie hinsichtlich der Effektivitätsmaße hat und welche Kosten gesamtheitlich entstehen. Effizienz ist dann gegeben, wenn der kumulierte Gesamtnutzen einer Maßnahme höher ist als die durch sie verursachten kumulierten Kosten.

Zur **Beurteilung der entwickelten methodischen und theoretischen Basis** lässt sich zunächst festhalten, dass sie auf dem strukturierenden und als aus wissenschaftlicher Sicht hochqualifiziert anzusehenden Grundgerüst des entscheidungslogischen Grundmodells aufbaut. Gleiches gilt für die für den Objektbereich ergänzend hinzugezogene Grundannahme der Neo-Kontingenztheorie, dass sich Komplexität strukturieren lässt. Auch der **methodische Rahmen (1)** des Projektmanagementansatzes fußt auf der aus theoretischer Sicht sehr ausgereiften Basis des Forschungsfeldes Operations Research. Die Entwicklung des methodischen Rahmens stützt sich zum einen auf als abgesichert geltende Hypothesen zu konstitutiven Merkmalen von Dienstleistungen, die bei M&A in Abhängigkeit des Aufgabentyps unterschiedlich ausgeprägt sein können, und den daraus ableitbaren erfolgskritischen Bereichen. Zum anderen ist die Anpassung des Rahmens konsistent mit der Normung im Projektmanagement.

Die für die **Ableitung der Ursache-Wirkungsbeziehungen (2)** durchgeführte Sekundäranalyse empirischer Studien liefert eine breite Basis zu Bestimmung der erfolgskritischen Einflussfaktoren auf ein M&A-Projektmanagement. Die Aussagen weisen daher ein relativ hohes Verifizierungsniveau auf. Einschränkungen ergeben sich aus den mit der Sekundäranalyse verbundenen Problemen der Heterogenität der Studien insbesondere hinsichtlich der zugrunde liegenden Definitionen, Erhebungs- und Auswertungsmethoden. Diese Problematik konnte durch eine systematische Auswahl wenigstens teilweise relativiert werden. Problematisch ist allerdings, dass für die konkrete situationsangepasste Ausprägung der Faktoren kaum Anhaltspunkte geboten werden. Für die aus diesem Grund ergänzend hinzugezogenen Theorien wurde bei der Auswahl auf ein hohes wissenschaftliches Niveau geachtet. Dennoch war es wegen des zugrunde liegenden interdisziplinären Problems erforderlich, auch auf Ansätze zurückzugreifen, denen allgemein keine Theoriequalität zugesprochen wird. Die Auswahl der

Ansätze folgte aber der Vielzahl der koordinations- und motivationsorientierten Forschungsarbeiten, so dass zumindest von einem hohen Niveau der Ansätze ausgegangen werden kann, da bisher keiner der Ansätze trotz häufiger Anwendung/Prüfung falsifiziert wurde. Für den Bereich des Wissensmanagements wurde eine mit der in dieser Arbeit durchgeführten vergleichbare Sekundäranalyse einbezogen. Generell kann für diese empirisch-theoretische Basis zwar von einem recht hohen wissenschaftlichen Niveau ausgegangen werden, durch die Übertragung der Aussagen auf den neuen Sachverhalt „M&A-Projektmanagement" übersteigen sie aber noch nicht das Niveau plausibler Hypothesen (vgl. im Detail zur Bewertung der Qualität von Hypothesen insbesondere Schanz 1988, 28). Alle weiteren Hypothesen innerhalb des entscheidungslogischen Vorgehensmodells wurden aus dieser theoretischen Basis abgeleitet und jeweils inhaltlich plausibilisiert. Die Bewertung der Qualifikation dieser Hypothesen ergibt sich entsprechend.

Aufbauend auf diesen Überlegungen ergeben sich auch für die **Beurteilung der Aussagekraft des normativen Gestaltungsansatzes (3)** für die Grundgesamtheit der betrachteten M&A-Projekte Einschränkungen. Die Ganzheitlichkeit einiger Parameter machte es erforderlich, auch Bereiche zu gestalten, für die keine empirisch gesicherten Aussagen vorliegen. So wirken die Parameter meist nicht nur gezielt auf einen Erfolgsfaktor, sondern auf ein Zusammenspiel mehrerer Faktoren, die nicht immer eindeutig als Erfolgsfaktoren identifiziert werden konnten. Die Wirkungen wurden aber umfassend plausibel erörtert. Zudem wurden nur Parameter genutzt, die als bewährt bezeichnet werden können oder einen plausiblem Mehrwert für ein M&A-Projektmanagement aufweisen. Sie entstammen in weiten Bereichen der aktuellen Projektmanagement-Literatur und wurden ergänzt um strategische Management-Methoden/-Verfahren, um dem ganzheitlichen Charakter des Ansatzes als Management-Ansatz Rechnung zu tragen. Die Anwendung im M&A-Projektmanagement ist allerdings teilweise neu. Von einer Konsistenz dieser Parameter ist ebenfalls auszugehen. So widersprechen Parameter einer hohen Granularität in einem Prozess nicht den Parametern einer niedrigen Granularität in einem anderen Prozess. Vielmehr kann eine hohe Granularität in einem Bereich aus Kostengründen ineffizient sein und Effektivitätsnachteile müssen inkauf genommen werden. Diese Nachteile können aber in bestimmten Bereichen durch eine höhere Granularität in einem anderen Prozess ausgeglichen werden. Als Beispiel zu nennen ist der geringe bis mittlere Detaillierungsgrad der Planung in der Vorfeldphase in beiden Teilprojekten im Verhältnis zur hohen Granularität des Personalführungsprozesses in dieser Phase. So können sich aus der kaum möglichen Vorgabe von Soll-Größen für die Aktivitäten in der Vorfeldphase Handlungsspielräume ergeben, die potenziell negativ ausgenutzt werden könnten. Werden aber flankierend elaborierte Anreizmechanismen implementiert, die für die Beteiligten eine wahrscheinliche und angemessene Belohnung in Aussicht stellen, so kann dieser Nachteil ausgeglichen werden. Dies stellt nur ein Beispiel dar. Im Rahmen der Gestaltung innerhalb der Prozesse wurde laufend auf Möglichkeiten flankierender Maßnahmen eingegangen, die Nachteile bei der Gestaltung innerhalb der Prozesse ausgleichen können.

Insgesamt dürfte für die der Gestaltung in Kapitel 7 implizit zugrunde liegenden Hypothesen aber ebenfalls ein Niveau, welches Schanz als „plausibel" charakterisiert (vgl. 1988, 28), gelten. Trotz des auf zwei sehr umfassenden Sekundäranalysen und einer Auswahl fundierter theoretischer Ansätze aufbauenden Hypothesengerüsts und des Rückgriffs auf bewährte und konsistente Gestaltungsparameter kann damit insgesamt nur von einem „plausiblen" Niveau des Modells gesprochen werden, da das Gesamtgerüst nicht über die Qualität der „schlechtesten" Hypothese hinausgehen kann.

Insgesamt ist festzuhalten, dass das Modell nicht nur einen mit plausiblen Hypothesen untermauerten Gestaltungsansatz für ein M&A-Projektmanagement liefert. Es stellt zudem eine gute **Basis für weitere Forschungsarbeit** dar. So bietet es sich an, den Rahmen für eine Primäranalyse zu nutzen, um zu untersuchen, inwiefern der vorliegende Ansatz tatsächlich in Unternehmen verfolgt wird. So kann das Qualifizierungsniveau der Hypothesen angehoben, neue Hypothesen entwickelt oder bestehende Hypothesen verworfen werden. Für eine solche Prüfung bietet es sich an, ausgehend von dem allgemeinen Rahmen, den diese Arbeit liefert, einen branchen- oder regionenspezifischen Ansatz zu verfolgen, um eine noch höhere Aussagekraft der Ergebnisse zu erzielen. Problematisch wird allerdings sein, alle erforderlichen Daten tatsächlich zu erhalten, da diese für die Unternehmen meist aus wettbewerblicher Sicht hoch sensibel sind. Bei der Prüfung wäre weiterhin zu beachten, dass eine fehlende Anwendung bestimmter Gestaltungsparameter nicht zu einer Ablehnung desselben führen muss. So besteht in der Praxis gerade bei M&A das Problem, dass vielfach intuitiv und zufallsgetrieben vorgegangen wird, weswegen sich auch eine Entwicklung des Ansatzes aus der Theorie anbot, um nicht die in der Praxis bestehenden Defizite (vgl. Abschnitt 1.2) in die Modellentwicklung einfließen zu lassen. Gegenstand der Überprüfung können alle die dem entscheidungslogischen Grundmodell zugrunde liegenden Hypothesen sein.

8.2 Bewertung der Handlungsempfehlungen und Dynamisierung des Modells

Abschließend wird auf die Erreichung des normativen Ziels der Arbeit (3) eingegangen, welches als Hauptziel charakterisiert wurde (vgl. Abschnitt 1.4.1) und im Wesentlichen durch Kapitel 7 abgedeckt und durch Kapitel 6 erweiterbar ist. Im Mittelpunkt stand die Entwicklung eines situativ auf die teilprojekt- und phasenspezifischen Bedingungen angepassten in sich konsistenten Gestaltungsansatzes für ein M&A-Projektmanagement, welches es insgesamt erlaubt, die Erfolgswahrscheinlichkeit von M&A-Projekten zu erhöhen.

Die **inhaltlichen Ergebnisse** auf Handlungsebene in Kapitel 7 beziehen sich auf die erfolgskritischen Bereiche eines M&A-Projekts, auf die das Management einen gestaltenden Einfluss hat. So werden Projekte innerhalb eines durch die Trägerorganisation vorgegebenen Rahmens implementiert. Auf Ebene der Potenzialfaktoren sind exzellente Projektbeteiligte als auch eine effiziente Struktur erforderlich. Die vorliegende Arbeit konzentriert sich auf die Konzipierung der effizienten Struktur der Sekundärprozesse, die letztendlich auch zur Leistungsfähigkeit und Leistungsbereitschaft der Projektbeteiligten als zentrale Potenzialfaktoren beiträgt. Die Struktur wurde differenziert für Transaktions- und Integrationsprojekt entworfen. Innerhalb der Teilprojekte wurde weiterhin bei signifikanten Unterschieden hinsichtlich der erfolgskritischen Gestaltungsbedingungen für die Phasen Vorfeld, Transaktion, Integration und Abschluss differenziert argumentiert.

Die präskriptiv-normative Qualität des Ansatzes ist wie folgt zu bewerten: In der Arbeit wird ein ganzheitlicher, **alle erfolgskritischen und direkt durch das akquirierende Unternehmen beeinflussbaren Bereiche umfassender Ansatz** entwickelt. Dies ist der wesentliche Unterschied zu bisherigen Ansätzen, die sich zumeist nur auf einen sehr fokussierten Teilbereich eines M&A-Projektmanagements konzentrieren. Die Perspektive liegt auf den Wirkungsbereichen der zentralen Unterstützungsprozesse, die für ein M&A-Einzelprojekt erfolgsentscheidend sind. Damit sind auch Gestaltungsbereiche inkludiert, die nicht zwangsläufig organisatorisch auf der Einzelprojektebene angesiedelt sein müssen. Dieser Ansatz ermöglicht es, alle erfolgskritischen Einflussbereiche auf Einzelprojektebene zu berücksichtigen und lässt aus dieser Sicht kein Gestaltungsvakuum. Der Einbezug der M&A-Kompetenz der Trägerorganisation ist in der Form in bisherigen Arbeiten vernachlässigt worden.

Eine weitere Neuigkeit ist die **Differenziertheit des Ansatzes**. So wird konsequent zwischen dem Akt des Unternehmenskaufs und der leistungswirtschaftlichen Integration der Unternehmen als auch nach Projektlebensphasen unterschieden. Im Gestaltungsteil werden für die Unterstützungsaufgaben die unterschiedlichen Charakteristika dieser zwei Leistungsarten berücksichtigt. Die Gewichtung der Ziele für die einzelnen Phasen der als Teilprojekte klassifizierten zwei Leistungsarten vereinfacht die Entscheidung über die zu wählende Feinkörnigkeit (Granularität) der Methoden/Instrumente/Prinzipien, zusammenfassend benannt als Gestaltungsparameter. Die Begründung für den Grad der Granularität dieser Parameter erfolgt konkret im Hinblick auf die situative Ausprägung der drei erfolgskritischen Bereiche: Art der Aufgaben, Komplexität der Struktur und Komplexität des projektexternen Umfelds (die Trägerorganisation, das Zielunternehmen und das sonstige externe Umfeld inkludierend).

Ein weiterer Fortschritt dieser Arbeit im Vergleich zu früheren Arbeiten ist, dass ein transparentes und systematisch aufgebautes Entscheidungsmodell entwickelt und genutzt wurde, welches konsequent auf dem aktuellen Forschungsstand zum Thema aufbaut. Die jeweils zur Beurteilung von Gestaltungsmaßnahmen herangezogenen Effektivitätskriterien richten sich direkt auf **empirisch und theoriebasiert** herausgearbeitete erfolgskritische interne und externe Einflussbereiche eines M&A-Projekts. Eine Erreichung dieser Ziele durch Umsetzung der empfohlenen Maßnahmen wirkt sich damit positiv auf diese Variablen aus. Eine Steigerung der Erfolgswahrscheinlichkeit des M&A-Projekts ist bei Beachtung der für die Zielerreichung erforderlichen Inputfaktoren zu vermuten. Der entwickelte Rahmen für ein M&A-Projektmanagement geht damit über die bisherigen Arbeiten im Projektmanagement, in denen aktuelle Forschungsergebnisse nur unzureichend berücksichtigt werden, hinaus.

Weiterhin ist der Ansatz im Vergleich zu vielen allgemeinen Modellen **M&A-projektartspezifisch**. Im Resultat ergibt sich ein Ansatz, der Wissen und Motivation der Beteiligten stärker betont. Diese als sehr erfolgskritisch eingestuften Faktoren wurden bisher ebenfalls nur unzureichend berücksichtigt.

Das zugrunde liegende **Entscheidungsmodell ist transparent** und ermöglicht es, die Ergebnisse jeweils intersubjektiv nachzuvollziehen. Zudem kann es für die Anwendung in der Praxis dynamisiert werden. So kann das Modell dazu genutzt werden, bereits gestaltete Bereiche zu überdenken und an sich verändernde Rahmenbedingungen anzupassen. Sollten sich z.B. im Rahmen eines langfristig ausgerichteten Qualitätsmanagements Hinweise ergeben, dass einige Parameter obsolet sind oder dass neue relevante Parameter emergieren, so kann für die **Implementierung weiterer/neuer Parameter** ebenfalls auf diesen Rahmen zurückgegriffen werden. Auch eine **Anpassung des Entscheidungsmodells** selbst ist wegen der gewahrten Transparenz relativ einfach möglich. Die Anpassung kann aus zwei Gründen notwendig/sinnvoll sein. Zum einen können sich Prämissen im M&A-Umfeld verändern und andere relevante erfolgskritische Faktoren könnten in den Vordergrund rücken. Dann sind die Ziele und/oder Zielgewichte entsprechend anzupassen. Eine Prämissenänderung kann auch dann sinnvoll sein, wenn der Ansatz für die hier zu Beginn aus der Betrachtung ausgeschlossenen M&A-Typen der Szenarien II und IV (vgl. Abschnitt 2.3.1) genutzt werden soll. Der Ansatz wurde zwar für einen bestimmten M&A-Typ entwickelt. Generell ist es aber möglich, ihn durch Variation der Bedeutung der Ziele entsprechend der sich verändernden Gestaltungsbedingungen anzupassen. So kann in Abhängigkeit der Veränderung eine andere Granularität in bestimmten Gestaltungsbereichen effizient sein. Die Art der Gestaltungsbereiche wird sich allerdings kaum ändern.

Abschließend ist auch auf einige **Grenzen des Ansatzes** hinzuweisen. So können **keine mathematisch exakten Aussagen** abgeleitet werden. Vielmehr lag für die Beurteilung der Kosten und Nutzen einer Gestaltungsmaßnahme ein heuristischer Entscheidungsprozess zugrunde. Dies war erforderlich, da einer Zielerreichung im Projektmanagement kein monetärer Wert zugeordnet werden kann. Dies gilt auch für die Opportunitätskosten einer Maßnahme. Nur bei der Entscheidung für eine Methode der Termin- und Ablaufplanung wurde in Abschnitt 7.2.4.4.2 auf eine heuristische Auswahl verzichtet und mit der Nutzwertanalyse ein mathematischer Algorithmus für die Entscheidung genutzt. Das Ergebnis kann aber nur als scheinbar exakt gewertet werden, entsprechend schloss sich eine Sensitivitätsanalyse an, die wiederum eine heuristische Annäherung an das effiziente Ergebnis erforderlich machte.

Trotz der angestrebten Ganzheitlichkeit des Ansatzes und der sehr konkreten und umsetzungsorientierten Handlungsempfehlungen, handelt es sich streng genommen nur um ein **Partialmodell**. Dies ergibt sich bereits aus der erforderlichen Komplexitätsreduktion in einer Forschungsarbeit. So konnten nicht alle zu gestaltenden Bereiche, die für die Abwicklung erforderlich sind, im Detail beleuchtet werden. Vielmehr lag der Schwerpunkt auf den erfolgskritischen oder neuartigen Bereichen. Dies ist aber eine Kritik, der sich Forschungsarbeiten letztendlich immer stellen müssen. Für die konkrete Anwendung sind weitere Schritte erforderlich. So ist für die ausgeklammerten Bereiche ebenfalls ein Gestaltungsansatz zu entwickeln. Hierfür bietet der in Kapitel 6 entwickelte entscheidungslogische Rahmen die Grundlage. So können für ausgelassene Bereiche in analoger Weise weitere Handlungsempfehlungen abgeleitet werden.

Eine weitere Einschränkung, die ebenfalls dem wissenschaftlichen Ansatz zuzuschreiben ist, ist die erforderliche **Abstraktion von einem konkreten M&A-Fall**. So konnten weder Länder- noch Branchen- oder Unternehmensspezifika mit in die Untersuchung einfließen. Für den konkreten Umsetzungsfall machen diese Faktoren aber eine Anpassung der Gestaltungsempfehlungen inhaltlicher Art erforderlich. So wird sich z.B. im Rahmen der Funktionspunktanalyse (vgl. Abschnitt 7.2.3) der Komplexitätsgrad für die Aktivität „Zusammenlegung des Zentralbereichs Personal" erhöhen, wenn die Unternehmen aus Kulturen mit einer hohen psychischen Distanz (vgl. zu diesem Konzept Johanson/Vahlne 1977) stammen und es wird die Gewichtung der Kenngrößen zur Beurteilung von Beteiligten unterschiedlicher Kulturkreise variieren – um nur zwei Beispiele zu nennen.

Insgesamt liegt aber ein Ansatz vor, der, trotz der genannten Kritikpunkte, wesentliche Vorteile im Vergleich zu den bisher zu diesem Thema vorliegenden Arbeiten aufweist. Der entwickelte M&A-Projektmanagement-Ansatz ist theoretisch als auch empirisch fundiert. Er enthält sehr konkrete Handlungsempfehlungen für Praktiker, die mit der Planung und Umsetzung von M&A-Vorhaben betraut sind. Die Arbeit liefert weiterhin einen wesentlichen Beitrag zur theoretischen Fundierung des Projektmanagement-Ansatzes. Hier besteht bis heute eine Forschungslücke, die mit dieser Arbeit aber teilweise geschlossen werden konnte.

Anhang A

Primäranalysen mit Ergebnissen zu Erfolgsfaktoren des Projektmanagements bei M&A			
Quelle/ Erhebungszeitraum	**Stichprobe/ Erhebungs- und Auswertungsmethoden**	**Erkenntnisinteresse/ abhängige Variable(n)**	**Unabhängige Variable(n)** (eher Primäraktivitäten/sonstige Erfolgsfaktoren, eher Sekundäraktivitäten)
1: Geighardt 2007 Sommer 2006	68 DGFP Mitgliedsunternehmen (insbesondere Großunternehmen), die in den letzten 5 Jahren ein M&A-Projekt initiiert haben; Personalmanager Befragung (online) Deskriptive Statistik; Multivariate Analyseverfahren	Personalbezogene Erfolgsfaktoren bei M&A Abhängige Variable: Erfolg (Ø aller Erfolgsindikatoren: Umsatz, Wettbewerbssituation EBITDA, Kundenzufriedenheit, Profit, Innovationskraft, Cash Flow, Leistungsträgerfluktuation, Produktqualität, Motivation der Mitarbeiter)	Information der Mitarbeiter über das andere Unternehmen**, Integrationsstrategie **, Führungskompetenz des Projektleiters**, frühzeitiges Arbeiten in gemischten Teams**, Projektmanagement-Erfahrung des Projektleiters**, Einbindung des Personalmanagements in die Integrationsprojektgruppe**, Förderung der interkulturellen Kompetenz der Mitarbeiter*, Sensibilisierung der Mitarbeiter für die Bedeutung der Unternehmenskulturen**, Einbeziehung des Personalmanagement in die Vorbereitungen des M&A-Projekts**, Reaktion auf die Äußerungen der Mitarbeiter**, Berücksichtigung landeskultureller Besonderheiten bei den Entscheidungen im Rahmen des M&A-Projekts*, den Mitarbeitern Gelegenheit geben, sich zu äußern*, Teamentwicklungsmaßnahmen*, M&A-Erfahrungen des Projektleiters*, Integrationsprojektgruppe*, Berücksichtigung von Personalaspekten bei der Entwicklung der M&A-Strategie*, M&A-Abteilung*
2: Spill 2007	189 Transaktionen börsennotierter Unternehmen der vergangenen 14 Jahre; 147 Unternehmen; 53 Stakeholder Befragung; kapitalmarktorientierte Methoden (Marktkapitalisierung) Deskriptive Methoden (Häufigkeiten in %)	Stärken und Schwächen beim Projektmanagement im Rahmen der Integration	Befragte aus Unternehmen mit Transaktionen: Stärken: Gute Organisation/Richtlinien+++; Schwächen: Projektleitung nicht stringent+ Interessengruppen: Stärken: Gute Organisation/Richtlinien++, professionelles Coaching durch Berater+, eigene Spezialisten+; Schwächen: mangelnde Erfahrung/Know-how+, Projektleitung nicht stringent+, Nichtbeachtung von kulturellen Aspekten+, Unterschätzung von Problemen+
3: Gerds/ Schewe 2005	Integrationen von mehr als 120 nationalen und internationalen Unternehmen zwischen 1990 und 1999 Befragung (standardisiert) Deskriptive Statistik (Häufigkeiten); Multivariate Analyseverfahren (Pfadanaly-	Ziel: Einfluss von 45 aus der Literatur bekannten für den Integrationserfolg oder -misserfolg verantwortliche Faktoren identifizieren Abhängige Variable: Integrationserfolg	Integrationskontext: Faktoren in Bezug auf den Integrationskontext sind eher erfolgsneutral (Merger-of-Equals (+0,12), Corporate Merger (+0,09), Cross-border Merger (+0,02) Integrationsziele: k.A. Integrationsgestaltung: Einen positiven Einfluss auf den Integrationserfolg haben die operative Verzahnung der Geschäftsaktivitäten (+0,38); die Einbindung von Promotoren (+0,35) und die Ausrichtung von indiv. Mitarbeiterverhalten durch Schulungen oder Anreizsysteme (+0,19). Erfolgsneutral sind eher der Transfer von Führungskräften (+0,07) und die Verzahnung von Führungsstrukturen (0,00). Die Benennung von Führungskräften (und Ausschluss von

	se/Regression; Erfolgswirkung in % von -0,5 bis 0,5)		Mitarbeitern) hat einen stark negativen Einfluss auf den Integrationserfolg (-0,35) Integrationsbarrieren: Nicht-Wollen und Nicht-Können Barrieren haben einen stark negativen Einfluss auf den Integrationserfolg (-0,36 bzw. -0,58) Integrationsgeschwindigkeit: Eine moderate Integrationsgeschwindigkeit (3-4 Monate) führt zum Erfolg (+0,14), eine zu langsame (unmittelbar: -0,28; 4-6 Wochen: -0,17) oder zu schnelle (6-8 Monate: -0,02) Integration zu einem Misserfolg
4: Haynes 2005	1590 M&A-Berater/Dealmaker k.A. zur Erhebungsmethode Deskriptive Statistik (Häufigkeiten in %)	Ziel: State-of-the-Art zu M&A erheben, Gründe für das Scheitern von M&A erheben	Unzureichende Integrationsplanung (60% der Antworten), zu hoher gezahlter Preis (19%), unzureichende Due Diligence (9%)
5: Ungerath/ Hoyningen-Huene 2005	130 Akquisitionen von Unternehmen aus 27 Ländern Befragung Bivariate Methoden (Pearson Korrelation; signifikanter Einfluss auf Gesamtzielerreichung und/oder Rentabilität)	PMI-Erfolgsfaktoren Abhängige Variable: Erfolg (Rentabilitätsentwicklung, durchschnittlicher Realisierungsgrad der Akquisitionsziele; Realisierung der Umsatz steigernden und Kosten senkenden Motive)	Wahl des richtigen Transaktionspartners: Ähnlichkeit nach Kundensegmenten*; Ähnlichkeit nach Produktionstechnologien* Konkretisierung der Vision über die Rolle des Zielunternehmens: Klarheit der Rolle auf den Märkten*; Klarheit der Rolle in der Organisation des Käufers*; Definition der Schritte zur Realisierung der Vision in einem möglichst vollständigen Integrationsplan und Fokussierung auf termingerechte Umsetzung: Existenz eines Integrationsplans*; Umfang des Integrationsplans*; Termintreue*; hohe Integrationsgeschwindigkeit*; Sicherstellung ausreichender Managementkapazitäten*; Zentralisierung der Entscheidungsbefugnisse, die für das Erreichen strategischer Integrationszielsetzungen wichtig sind*; intensive Kommunikation*; Förderung der Kooperationsbereitschaft der Mitarbeiter*; Bindung kritischer Kompetenzen während der Integration durch aktive Incentivierung von Schlüsselmitarbeitern*
6: Accenture 2004	109 leitende Angestellte aus Unternehmen weltweit Fragebogen Deskriptive Methoden (Häufigkeiten in %)	Erfolgsfaktoren der Post Merger Integration	Organisationskultur/Veränderungsbereitschaft (36%), Management und Führung, insbesondere M&A-Erfahrung (34%), Due Diligence (19%), M&A und PMI Fähigkeiten im Unternehmen (11%)
7: Angwin 2004	70 Großakquisitionen zwischen April 1991 und März 1994 in Großbritannien Befragung (schriftlich; 4-stufige Skala)	Einfluss der Integrationsgeschwindigkeit (Anzahl der begonnen Veränderungen innerhalb der ersten 100 Tage nach Dealabschluss) auf	Die Wahrnehmung des Erfolgs von Akquisitionen nimmt im Zeitablauf ab Akquisitionen mit mehr Veränderungen innerhalb der ersten 100 Tage wurden als erfolgreicher wahrgenommen als jene mit weniger Veränderungen (gilt für Akquisitionen, drei oder vier Jahre nach Abschluss)

	k.A. zur Auswertungsmethode	den Integrationserfolg Integrationserfolg (Subjektive Einschätzung bezüglich einzelner Kriterien eines Kriterienkatalogs)	
8: Böning/ Reuter 2004	121 M&A-Experten aus über 60 Unternehmen; branchenübergreifend; Top-Führungskräfte (75%) /Berater (25%) Befragung Deskriptive Statistik (Häufigkeiten in %)	Erfolg und Misserfolg von M&A-Prozessen	Aus Unternehmenssicht: Planung und Zielorientierung +++; Offenheit/Transparenz ++; klare/eindeutige Kommunikation Aus Beratersicht: klare, ehrliche und schnelle Kommunikation++; klare, saubere Strategie/Planung+; gute Unterstützung durch Berater/Investmentbanker+; Gutes Prozessmanagement+; frühe Einbindung der Mitarbeiter+
9: Towers Perrin 2004	201Manager aus Unternehmen in Nordamerika Befragung (online) Deskriptive Statistik (Häufigkeiten in %; 4-stufige unbalancierte Skala, > 40% sehen Aspekt als kritisch an)	Entscheidende Belange bei M&A in den ersten 6 Monaten	Effektive Führung durch ein Top-Team (87%), Auswahl des Top-Teams (84%), gut ausgearbeiteter Kommunikationsplan für Mitarbeiter (75%), Strategien zur Bindung der Schlüsselmitarbeiter ans Unternehmen (65%), Fokussierung auf kulturelle Anpassung (47%)
10: Bain 2003	724 US-amerikanische Großunternehmen (7476 Akquisitionen) Befragung (qualitative Interviews); kapitalmarktorientierte Methoden Deskriptive Statistik	Untersuchung des Transaktionsverhaltens erfolgreicher Unternehmen Abhängige Variable: Erfolg (Gesamtrückflüsse an Aktionäre, inklusive Dividenden, herausgerechnet die Kosten des Eigenkapitals)	Erfahrung: Unternehmen, die häufig Transaktionen durchführen sind um 1,7* erfolgreicher als Unternehmen, die selten Transaktionen durchführen und doppelt so erfolgreich wie unternehmen, die nie Transaktionen durchführen Größe: Kleinere Transaktionen (Target entspricht ca. 15% der Größe des Käufers) sind um 6* erfolgreicher als größere Konstanz: Unternehmen, die regelmäßig Transaktionen durchführen (auch in Rezessionen) sind um 2,3* erfolgreicher als Unternehmen, die nur in Wachstumsphasen kaufen und um 1,8* erfolgreicher als Unternehmen, die nur in Flauten kaufen Planung: Organisation und institutionalisiertes Vorgehen; erfolgreiche Unternehmen halten dauerhaft ein Kern M&A-Team mit großer M&A-Erfahrung: erfolgreiche Unternehmen beenden jeden Deal mit einer Dokumentation (Lessons Learned) Commitment: Integration der Transaktionen in Geschäftsabläufe/ in die Unternehmensstrategie (Ausrichtung der Strategie, Teams und Prozesse); Einbe-

			zug der Linienmanager in die Kaufentscheidung in einer frühen Phase; "Schlechte Deals" erkennen und abbrechen
11: Bark/ Kötzle 2003	55 erfahrene Manager im Akquisitionsbereich (Experten) Befragung Deskriptive Statistik (Arithmetisches Mittel; 5-stufige zweiseitige Skala)	Relevante Fragestellungen: Bedeutung einzelner Phasen für den Akquisitionserfolg; Identifikation von Faktoren, die zum Integrationserfolg und zur Realisierung von Synergien beitragen	Ergebnisse zu den Phasen: Die Integrationsphase ist die kritischste Phase der gesamten Akquisition (4,66); es folgen Strategiefestlegung (3,89); Due Diligence (3,75); Vertragsphase (3,57); Controlling (3,3). Weniger kritisch: Kandidatenauswahl (2,79) Ergebnisse zum Akquisitionserfolg (Mittelwert > 4): Regelmäßiger Informationsaustausch auf Managementebene (4,43), Installation eines schlagkräftigen Projektteams (4,4), Benennung eines Integrationsverantwortlichen (4,29), klare Zielvorgaben und Maßnahmenpläne (4,21), große Akquisitionserfahrung (4,15), schlüssige Akquisitionsstrategie (4,15), vorhandene Veränderungsbereitschaft (4,13), Zustimmung der Unternehmensleitung zur Akquisition (4,12), schnelle Durchführung der Integration (4,12), kontinuierliche Planfortschrittskontrolle (4,09), kontinuierliche Mitarbeiterinformation (4,04), frühzeitige Integrationsplanung (4,03), realistische Einschätzung von Synergiepotenzialen (4,02), Ähnlichkeit der Unternehmenskulturen (4,00)
12: Homburg/ Bucerius 2003	232 horizontale M&A zwischen 1996 und 1999 im deutschsprachigen Raum Befragung (schriftlich; 100-stufige zweiseitige Skala) Deskriptive Statistik (arithmetisches Mittel)	Auswirkungen einer marktorientierten Post Merger Integration (Mitarbeiterbeziehungen; Kundenbeziehungen; Marktorientierung der Integration) auf den Fusions-/Akquisitionserfolg Abhängige Variable: M&A-Erfolg (Umsatzrendite)	Eine hohe Marktorientierung der Post Merger Integration steigert die Erfolgswahrscheinlichkeit einer M&A-Transaktion (keine genaue Angabe) Erfolgsfaktoren allgemein (keine Angabe des arithmetischen Mittels): Verankerung der Marktorientierung in Integrationszielen und -aktivitäten, Ausrichtung der Integrationstiefe an Kundenanforderungen, Ermittlung der angemessenen Integrationsgeschwindigkeit, stärkere Gewichtung von Umsatz- gegenüber Kostensynergien, Vorbereitung von Mitarbeitern auf Kundenanfragen zur Fusion oder Akquisition, Durchführung temporärer Kundenbindungsmaßnahmen, Gestaltung der Mitarbeiter- und Kundenkommunikation nach den Leitlinien Offenheit, Proaktivität, Differenziertheit und Kontinuität, Anpassung der Kommunikation an die sich im Laufe der Integration ändernden Mitarbeiter- und Kundenbedürfnisse, Einbindung von Mitarbeitern in die Integration, Einbindung der Kunden in die Integration
13: KPMG 2003	M&A-erfahrene Manager von 122 Unternehmen weltweit, die zwischen 2000 und 2001 auf dem M&A-Markt aktiv waren Befragung (schriftlich; variierendes Skalenniveau s. r.); kapitalmarktorientierte Methoden	State-of-the-Art zu M&A in Unternehmen Abhängige Variable: M&A-Erfolg (relative Aktienkursveränderung im Vergleich zur durchschnittlichen Branchenentwicklung vom Vorfeld bis ein Jahr nach Abschluss der	Priorisierung einer Integrationsplanung und von Synergien führten zu einer Wertsteigerung (2,70 bzw. 2,66) (Basis: 3-stufige einseitige Skala) Erfolg bei der Erzielung bestimmter Synergien führte zu einem M&A-Erfolg: Reduktion von Gemeinkosten (5,33); Gewinnsteigerung (4,75); Senkung der operativen Kosten (3,50) (Basis: 4-stufige einseitige Skala: 10=vollständig erreicht, 5=teilweise erreicht, 2,5=zu früh um es einschätzen zu können, 0=nicht erreicht)

	(Aktienkurse) Deskriptive Statistik (arithmetisches Mittel)	Transaktion)	
14: Towers Perrin 2002 (1. Studie)	132 Manager internationaler Unternehmen Befragung (online; Kriterienkatalog: Auswahl von bis zu 3 Kriterien) Deskriptive Statistik (Häufigkeiten in %: >40% Zustimmung)	Die Rolle von „Human Resources“ bei M&A	Wesentliche Ursachen für das Scheitern von M&A: Inkompatible Unternehmenskulturen (56%), nicht vorhandene/ überschätzte Synergien (53%), mangelnde Kompetenz, Veränderungsprozesse in der neuen Organisation durchzuführen (49%); Konflikt zwischen Management-Stilen und persönlichen Interessen (43%), Unvermögen, die Zielorganisation zu leiten (24%) Die wichtigsten Personalfragen in erfolgreichen Unternehmen: Sicherstellung einer effektiven Kommunikation (62%), Zusammenführung von Unternehmenskulturen (47%), kontinuierliche Fortführung des Geschäfts in der Übergangsphase bis zum "Closing" (44%), Entwicklung eines ganzheitlichen Plans für das Veränderungsmanagement (40%)
15: Towers Perrin 2002 (2. Studie)	Interviews mit leitenden HR Spezialisten aus Unternehmen in Europa und den USA, die kürzlich ein M&A-Projekt mitgestaltet haben (Käufer- und Verkäuferperspektive) Befragung (qualitative Interviews) k.A. zur Auswertungsmethode	Die Rolle des Personals bei M&A	Erfolgsfaktoren bezüglich der Phasen: Die ersten 100 Tage bilden die Grundlage für den Erfolg aller späteren Aktivitäten, während der Frühphase kommt es auf die Geschwindigkeit an, ein Faktor, der in späteren Phasen an Bedeutung verliert Weitere Erfolgsfaktoren: Schnelle Kommunikation, möglichst rasche und reibungsarme Integration der verschiedenen Systeme und klare Entscheidungen auf Personalebene; Betonung klarer Nutzenaspekte und Ergebnisse zur Vermeidung kultureller Konflikte; Bindung und Gewinnung talentierter Mitarbeiter; Kommunikation neuer Geschäftsabschlüsse während der Merger Phase; Funktionierende Kooperation mit den neuen Mitarbeitern und dem Management durch schnelle, exakte, klare und permanente Kommunikation; Führung sollte dem M&A-Projekt das erforderliche Ausmaß an Zeit widmen; Motivation durch Top-Management: physische Präsenz (Rundgänge) und Verständnis (Anregungen aufnehmen und Informationen bereitstellen) für die Belange der Mitarbeiter zeigen; Konsistenz und Einfachheit der Mitteilungen über verschiedene Zielgruppen hinweg; unvermeidbare Entlassungen von Anfang an kommunizieren und möglichst schnell und in einem Schritt durchführen; Kommunikation in alle Hierarchieebenen durch die Brille der jeweils Beteiligten; Sicherstellung der Zusammenarbeit mit den Schlüsselpersonen für den Erfolg der Transaktion von Anfang an
16: KPMG International 2001	M&A-erfahrene Manager von 118 Unternehmen weltweit, die zwischen 1997 und 1999 auf dem M&A-Markt aktiv waren Befragung (schriftlich; 3-	State-of-the-Art zu M&A in Unternehmen Abhängige Variable: M&A-Erfolg (relative Aktienkursveränderung im Vergleich zur durchschnittlichen	Unternehmen, die früh mit der Abarbeitung von M&A-Schlüsselaktivitäten begonnen haben, Top-Management-Support und -Einbindung gewährleisteten, eine rigorose Bewertung des Zielunternehmens vorgenommen haben und einen sorgfältig ausgearbeiteten Transaktions-Plan mit klarer Verteilung von Verantwortung etablierten konnten ihren Wert um 18% steigern Unternehmen, die frühzeitig einen Prozessverantwortlichen mit angemessenen Fähigkeiten einsetzten

	stufige einseitige Skala); kapitalmarktorientierte Methoden (Aktienkurse) Deskriptive Statistik (arithmetisches Mittel)	Branchenentwicklung vom Vorfeld bis ein Jahr nach M&A-Abschluss) Unabhängige Variablen: subjektive Einschätzung der Manager zu bestimmten Faktoren	und diesen mit weit reichender Verantwortung ausstatteten konnten ihren Wert um 36% steigern Eine <u>unabhängige Bewertung der Post-Deal-Implementierung durch externe Berater</u> führte zu einer Wertsteigerung um 67%
17: Jansen/ Körner 2000	103 der größten Zusammenschlüsse mit deutscher Beteiligung zwischen 1994 und 1998 Befragung; kapitalmarktorientierte Methoden (Aktienkurse) Deskriptive Statistik (Häufigkeiten in %, arithmetisches Mittel)	Erfolgsfaktoren und Kardinalfehler beim Fusionsmanagement (Fokus Vertriebsbereich) Erfolg (subjektive Einschätzung der Befragten; Börsenkursentwicklung) Unabhängige Variablen: subjektive Einschätzung der Manager zu bestimmten Faktoren; bestimmte Dealcharakteristika	Aufgaben mit signifikant positivem Einfluss auf die relative Umsatzsteigerung: <u>Ableitung einer Integrationsplanung im Vorfeld; Entwicklung von Instrumenten für den Wissenstransfer</u>; Erarbeitung einer internen und externen Kommunikationsstrategie; Definition der Kernbelegschaft und Harmonisierung der Gehalts- und Incentive-Systeme; proaktives Fluktuationsmanagement; Konsolidierung des betrieblichen Berichtswesens; systematische Prüfung der Marketing- und Vertriebsziele (Due Diligence) Aufgaben mit signifikant positivem Einfluss auf die relative Börsenwertsteigerung: <u>Einsatz von Integrations- und Projektteams bei der Umsetzung; Aufsetzen neuer Strategien in der Zusammenarbeit mit dem Kunden; wissenschaftliche Dokumentation des Post Merger Management</u>; schnelle Konsolidierung des betrieblichen Berichtswesens; Erarbeitung einer internen und externen Kommunikationsstrategie; systematische Prüfung der Marketing- und Vertriebsziele (Due Diligence) Weitere relevante Ergebnisse: <u>Langsame Fusionen erzielen bessere Ergebnisse</u>; Merger of Equals sind tendenziell erfolgreicher an der Börse und beim Umsatz; Cross Border Transactions weisen eine signifikant höhere Börsenentwicklung auf, aber schlechtere Umsätze Kein signifikanter Einfluss: Unternehmenskultur
18: Pricewaterhouse-Coopers 2000	125 Unternehmen weltweit, welche innerhalb der letzten 4 Jahre eine M&A-Transaktion abgeschlossen haben Befragung (schriftlich); Jahresabschlussbasierte Methoden (Kennzahlen) Deskriptive Statistik (Häufigkeiten)	Untersuchung des Einflusses der Transaktionsgeschwindigkeit auf den M&A-Erfolg Abhängige Variable: Erfolg (subjektive Einschätzung zu strategischem und finanziellem Erfolg; Kennzahlen wie Bruttogewinn, Profitabilität und Cashflow) Unabhängige Variablen:	<u>Sich schnell wandelnde Unternehmen beurteilten ihre Transaktionen im Vergleich zu langsameren Unternehmen tendenziell eher als finanziellen und strategischen Erfolg (58 versus 24% bzw. 75 versus 43%)</u> Dies spiegelt auch der Einfluss der Geschwindigkeit auf objektive Kennzahlen wider

		Schnelligkeit der Durchführung des Deals (Geschwindigkeit bei Abarbeitung der Dealaufgaben ist höher im Vergleich zum normalen Arbeitstempo)	
19: Booz Allen & Hamilton 1999	34 Großunternehmen weltweit, die aktiv M&A durchführen; Best Practices der 50 letzten Projekte bei Booz Allen & Hamilton Deskriptive Statistik (Häufigkeiten in %)	Wie begegnen Unternehmen der Herausforderung, M&A erfolgreich abzuschließen? Abhängige Variable: Erfolg (subjektive Einschätzung); durchschnittliches jährliches Gewinnwachstum in % Unabhängige Variablen: Erfahrungswissen (Anzahl der abgeschlossenen Deals)	Erfahrungswissen ist von erfolgskritischer Bedeutung (Erfolgreiche Firmen hatten bereits mehr als 20 Deals hinter sich, nicht erfolgreiche nur acht) Stärkung des aktuellen Geschäfts durch M&A ist Erfolg versprechender als Diversifikation oder Expansion des Geschäfts in verwandte Produkte oder Märkte Absorbing (40% Gewinnwachstum) ist besser als Assimilierung (25%) oder Erhaltung der Autonomie (18%) Top 10 der 60 Best Practice Elemente, die statistische Erklärung bieten, warum bestimmte Unternehmen erfolgreich sind: Einsatz eines starken Verantwortlichen zur Führung des Integrationsprozesses; Verkürzung der Dauer des Wandels durch frühzeitige Durchführung großer Vorstöße; die richtigen Anreize setzen, um Ziele zu erreichen; Setzen realistischer Meilensteine und Beibehaltung eines Fortschritt-Drucks; schnelles Handeln bei Personalfragen; Generierung eines robusten Plans mit Details zu Integrationsaktivitäten; Bedeutung des Transfers wichtiger Fähigkeiten hervorheben, um Wert zu erhalten; Sicherung der Einbindung des Top-Managements bei den Integrationsaktivitäten; Übernahme von Best Practices der Kernbereiche aus dem Unternehmen oder den externen Quellen; schnellstmöglicher Einsatz von Task Forces (besetzt mit Mitarbeitern beider Firmen)
20: Habeck/ Tröger/Träm 1999	115 Transaktionen in 1998/1999 betreut durch A.T. Kearney	Erfolgsfaktoren in der Post Merger Integration Phase	Generierung einer klaren Vision und Strategie; schneller Aufbau eines Führungskonzepts; Fokussierung auf Wertsteigerung und weniger auf Kosteneinsparungen; Erzielung schneller Ergebnisse und deren Kommunikation; kulturelle Unterschiede als eigenen Prozess managen; sorgfältige Ausarbeitung eines Kommunikationskonzepts; Etablierung eines proaktiven Risikomanagements

Tabelle A-1: Primäranalysen mit Ergebnissen zu Erfolgsfaktoren des Projektmanagements bei M&A

Sekundärstudien mit Ergebnissen zu Erfolgsfaktoren des Projektmanagements betrieblicher Projekte			
Quelle/ Erhebungszeitraum	**Stichprobe/ Erhebungs- u. Auswertungsmethoden**	**Erkenntnisinteresse/ abhängige Variable(n)**	**Unabhängige Variable(n)** (eher Primäraktivitäten/sonstige Erfolgsfaktoren, eher Sekundäraktivitäten)
A: Schwaninger/Kaiser 2007	137 Projektleiter aus neun Großunternehmen Befragung (qualitative Interviews; Workshops) Multivariate Analyseverfahren (Regressionsanalyse)	Erfolgsfaktoren von Projekten der organisatorischen Veränderung Abhängige Variable: Projekterfolg (Projektzufriedenheit; Mittelwert verschiedener Indikatoren für positive Ergebnisse des Projekts)	Engagement der wichtigsten Entscheidungsträger***; Kompetenz der Entscheidungen der Steuerungsverantwortlichen***; Klarheit der Zielvorgaben***; Ausmaß der Partizipation der Betroffenen**; ganzheitlicher Ansatz der Projektrealisierung***; Sachlichkeit der der Entscheidungen des Steuerungskomitees (*** nur bei Reduktion des Modells um drei Aspekte)
B: Hyväri 2006 Dezember 2002-Februar 2003	25 Mitglieder der "Project Management Association Finland"; Branchendurchschnitt; unternehmensgrößenübergreifend; alle Positionen Befragung (schriftlich; Nennung der drei bedeutendsten Faktoren aus einer Gruppe mit jeweils sechs bis 14 Faktoren) Deskriptive Statistik (Häufigkeiten)	Erfolgsfaktoren von Projektmanagement im organisationalen Kontext	Projekt: Ausreichende Ressourcen++; klare Ziele++; End-Nutzer-Commitment++ Projektmanager: Koordinationsfähigkeit++; Führungsqualität (gute Kommunikationsfähigkeiten, Motivationsfähigkeit, Entscheidungsfreude)+; Commitment++ Projektteam: Technischer Background++; Kommunikationsfähigkeiten+++; Commitment+++ Organisation: Klare Job-Beschreibung/Zuweisung++; Top-Management-Unterstützung+++; Projektorganisationsstruktur++ Umfeld: Technologisches Umfeld++; Kunden+++; Zulieferer++
C: Frieß 1999 1978-1998	10 empirische Untersuchungen, 7 Fallbeispiele; 8 Erfahrungsberichte; 12 Expertenaussagen Sekundäranalyse keine statistische Auswertung	Schwachstellen im Projektmanagement von Organisationsprojekten	Zielpräzisierung und Planung der Problemlöseprozesse: Keine klaren Angaben zu erwarteten Projektergebnissen; Einbezug Betroffener und Projektmitglieder in den Zielentwicklungs- und -konkretisierungsprozess weder in der Startphase noch im weiteren Projektverlauf; oberflächliche/nur partiell durchgeführte Projektplanung; Versuch, eine scheinbare Planungssicherheit durch eine umfassende Gesamtplanung sowie einen detaillierten Methodeneinsatz von Projektbeginn an zu erzeugen; fehlende Definition Richtung weisender Kontrollpunkte für den Projektfortschritt; Vernachlässigung einer vorbeugenden Qualitätssicherung; Anpassung

			der Planung an aktuelle Problemsituation Fortschrittsermittlung und Steuerung der Problemlösungsprozesse: Fehlende Konkretisierung und Operationalisierung der Projektzielstellung; fehlender Bezug des Monitoring zu wichtigen, projektrelevanten Ereignissen; Vernachlässigung qualitativer Kenngrößen; nicht sachgemäße Erfassung und Bewertung von Ist-Daten; Überprüfung des Projekterfolgs in der Abschlussphase Gestaltung und Modifikation der Projektorganisation: Mangelhafte Einbindung von Projektteams in die Unternehmensorganisation; kein ausreichender Kompetenz- und Handlungsspielraum; fehlende Abgrenzung des Ressourceneinsatzes von Beteiligten; dysfunktionales Kontrollverständnis von Führungskräften; Trennung von Planung und Umsetzung; zu späte Beteiligung von Betroffenen und von unternehmensexternen Personen; Mangelhafte Koordination der Projektteams; Projektorganisation ist der Situation anzupassen; fehlende Gestaltung der formellen und informellen Beziehungen der Projektteams zu ihrer Umwelt, die eine fehlende Akzeptanz der Projektziele bewirkt unternehmensinternes Projektmarketing und Gestaltung der Projektkultur: Fehlende Vermittlung von Visionen, Zielen oder Leitbildern für die Mitarbeiter eines Unternehmens; Top-Management übt Promotorenrolle nicht angemessen aus; Vernachlässigung von Änderungen und Neuerungen im Projekt und fehlende Unterstützung hierfür; Ergebnisse und Neuerungen für die Primärorganisation vermitteln und Werbung für das Projekt betreiben ist unterentwickelt; es fehlen häufig explizite Maßnahmen zur Gestaltung der Projektkultur; vorhandene Unternehmenskultur wird von Projektteams häufig ignoriert Gestaltung der Teamarbeit und Konfliktmanagement: Falsche Auswahl der Projektbeteiligten (geringe soziale Kompetenz); nicht am Bedarf orientierte Projektzusammensetzung; fehlende Kompetenzen werden nicht ausreichend ergänzt oder durch Einbezug externer Experten kompensiert und stehen zum Einsatzzeitpunkt nicht bereit; gestörte Projektteamentwicklung, fehlende Eigenverantwortung der Teams; personelle Überforderung mangelnde Transparenz über den Projektgegenstand; Macht- und Beziehungskonflikte zwischen einzelnen Teammitgliedern; angepasstes Konfliktmanagement fehlt/ist nicht ausreichend

Tabelle A-2: Sekundärstudien mit Ergebnissen zu Erfolgsfaktoren des Projektmanagements betrieblicher Projekte

Querschnittsanalysen mit Ergebnissen zu Erfolgsfaktoren des Projektmanagements			
Quelle/ Erhebungs-zeitraum	**Stichprobe/ Erhebungs- und Auswertungs-methoden**	**Erkenntnis-interesse/ abhängige Variable(n)**	**Unabhängige Variable(n)** (eher Primäraktivitäten/sonstige Erfolgsfaktoren, eher Sekundäraktivitäten)
D: Fortune/ White 2006	63 Studien zu Erfolgsfaktoren des Projektmanagements Sekundäranalyse Deskriptive Methoden (Häufigkeiten)	Identifikation der Bestimmungsfaktoren des Projektmanagement-Erfolgs	Top-Management-Unterstützung (39); klare, realistische Ziele (31); starker, detaillierter und aktueller Plan (29); gute Kommunikation/Feedback (27); Einbezug der Beteiligten (24); ausreichend qualifizierte Beteiligte (20); effektives Change Management (19); kompetenter Projektleiter (19); gute zugrunde liegende Strategie (16); optimale Ressourcenallokation (16); gute Führung (15); bewährte/benutzerfreundliche Technik (14); realistische Zeitplanung (14); explizites Risikomanagement (13); Projektsponsor/-promoter (12); effektives Kontrollsystem (12); angemessenes Budget (11); Organisationsstruktur (10); gute Leistungen der Zulieferer/Berater (10); Akzeptanz von Fehlern/geplanter Projektabbruch (9); Versorgung der Beteiligten mit Schulungen (7); politische Stabilität (6); richtige Auswahl der Projektmanagement-Methoden und -Instrumente (6); Erfahrungen mit Projektmanagement (5); Projektgröße (4); Berücksichtigung verschiedener Interessen (3)
E: Lechler 1997 1967-1992	Meta-Analyse 44 empirischer Studien zu Erfolgsfaktoren des Projektmanagements Deskriptive Statistik (Häufigkeiten hinsichtlich signifikanter/nicht signifikanter Ergebnisse (++/-- und +/- = signifikant positiver bzw. negativer Zusammenhang, ∅ = kein Erfolgseinfluss)	Ziel: Überblick über Stand der empirischen Forschung zu Erfolgsfaktoren des Projektmanagement Projekterfolg: technischer Erfolg; Effizienz; sozialer Erfolg; wirtschaftlicher Erfolg	Kontext (7++,17+,2-,3--): Projektmerkmale (2++,9+,2-,2--); Ressourcen (3++,2+); Projektorganisation (1++,3+); technisches Umfeld (1++,1+); staatliche Eingriffe (2+,1--) Akteure (24++,14+,2∅,2-): Top-Management Support (8++,2+); Befugnisse des Projektleiters (1++,6+); Know-how des Projektleiters (4++,3+,1∅,2-); Motivation des Teams (5++,3+); Know-how des Teams (6++,1∅) Funktionen (52++,15+,2∅,1-): Zieldefinition (17++,2+,1∅); Partizipation (3++,3+); Planung (9++,3+,1∅); Controlling (7++,1+,1-); Kommunikation (16++,6+) Instrumente (4++,1+): Planungs- u. Steuerungsinstrumente (4++,1+)

Tabelle A-3: Querschnittsanalysen mit Ergebnissen zu Erfolgsfaktoren des Projektmanagements

Literaturverzeichnis

Achleitner, A. (2002): Handbuch Investment Banking, Wiesbaden.

Achleitner, A./Wecker, R./Wirtz, B. (2004a): Akteure und Phasen des M&A-Managements (I). In: Das Wirtschaftsstudium, 33. Jg., H. 11, S. 1381-1384.

Achleitner, A./Wecker, R./Wirtz, B. (2004b): Akteure und Phasen des M&A-Managements (II). In: Das Wirtschaftsstudium, 33. Jg., H. 12, S. 1504-1509.

Aders, C./Hebertinger, M./Schaffer, C./Wiedemann, F. (2003): Shareholder Value-Konzepte - Umsetzung bei den DAX100-Unternehmen. In: Finanz-Betrieb, 5. Jg., H. 11, S. 719-725.

Ahlemann, F. (2005): Erfolgsfaktor "Case" : Softwareunterstützung für das Projektmanagement. In: H. Litke (Hrsg.): Projektmanagement - Handbuch für die Praxis, München, S. 814-851.

Ahlemann, F./Schroeder, C./Teuteberg, F. (2005): Kompetenz- und Reifegradmodelle für das Projektmanagement. In: F. Ahlemann/F. Teuteberg: Arbeitsbericht Nr. 01/2005, Forschungszentrum für Informationssysteme in Projekt- und Innovationsnetzwerken (ISPRI), Universität Osnabrück.

Aiello, R./Watkins, M. (2000): The Fine Art of Friendly Acquisition. In: Harvard Business Review 78. Jg., H. 11/12, S. 100-107.

Alchian, A./Demsetz, H. (1972): Production, Information Costs, and Economic Organization. In: The American Economic Review, 62. Jg., H. 5, S. 777-795.

Alderfer, C. (1972): Existence, relatedness, and growth. Human needs in organizational settings, New York, NY.

Allen, P./Ramlogan, R./Randles, S. (2002): Complex Systems and the Merger Process. In: Technology Analysis & Strategic Management, 14. Jg., H. 3, S. 315-329.

Almeida, P. (1996): Knowledge sourcing by foreign multinationals: patent citation analysis in the US semiconductor industry. In: Strategic Management Journal, 17. Jg., winter special issue, S. 155-165.

Andersen, E. (2006): Toward a project management theory for renewal projects. In: Project Management Journal, 37. Jg., H. 4, S. 15-30.

Angerman International (2006): Deal Report 2006, Angermann International GmbH, Hamburg.

Ansoff, H. (1988): The new corporate strategy, New York, NY u.a.

Appel, H./Hein, C. (2000): Der DaimlerChrysler-Deal, München.

Appelbaum, S./Gandell, J./Shapiro, B. T./Belisle, P./Hoeven, E. (2000): Anatomy of a merger: behavior of organizational factors and processes throughout the pre- during-post-stages (part 2). In: Management Decision, 38. Jg., H. 10, S. 674-684.

Argyris, C. (1957): Personality and Organization: The Conflict between System and the Individual, New York, NY.

Ashkenas, R./DeMonaco, L./Francis, S. (1998): Making the Deal Real: How GE Capital Integrates Acquisitions. In: Harvard Business Review, 76. Jg., H. 2, Reprint 98101.

Athanassiou, N./Nigh, D. (1999): The impact of US company internationalization on top management team advice networks: a tacit knowledge perspective. In: Strategic Management Journal, 20. Jg., H. 1, S. 83-92.

Backhaus, K. (2000): Multivariate Analysemethoden: eine anwendungsorientierte Einführung, Berlin u.a.

Bain, J. (1956): Barriers to new competition: their character and consequences in manufacturing industries, Studies on competition and monopoly in American industry, Cambridge, MA.

Balck, H. (1991): Evolutionäre Wege in die Zukunft: Wie lassen sich komplexe Systeme managen? Weinheim u.a.

Balck, H. (Hrsg.) (1990): Neuorientierung im Projekt-Management: Eine Dokumentation thematisch zusammenhängender Beiträge aus GPM-Jahrestagungen und -Symposien 1987-1989, Köln.

Ballwieser, W. (1998): Unternehmensbewertung mit Discounted Cash Flow-Verfahren. In: Die Wirtschaftsprüfung, 51. Jg., H. 3, S. 81-92.

Ballwieser, W. (2004): Wertorientierte Unternehmensführung. In: G. Schreyögg/A. v. Werder (Hrsg.): Handwörterbuch Unternehmensführung und Organisation, Stuttgart, Sp. 1615-1623.

Bamberger, I./Wrona, T. (1996): Der Ressourcenansatz und seine Bedeutung für die strategische Unternehmensführung. In: Zeitschrift für betriebswirtschaftliche Forschung, 48. Jg., H. 2, S. 130-153.

Bark, C. (2002): Integrationscontrolling bei Unternehmensakquisitionen: Ein Ansatz zur Einbindung der Post-Merger-Integration in die Planung, Steuerung und Kontrolle von Unternehmensakquisitionen, Frankfurt (Main). Zugl.: Frankfurt (Oder), Europa-Univ., Diss., 2001.

Bark, C./Kötzle, A. (2003): Integrations-Controlling - Das PMI-Dashboard als Instrument zur Steuerung von Post-Merger-Integrations-Prozessen. In: Finanz-Betrieb, 5. Jg., H. 3, S. 337-346.

Barney, J. (1991): Firm Resources and Sustained Competitive Advantage. In: Journal of Management, 17. Jg., H. 1, S. 99-120.

Bausch, A. (2003): Unternehmungszusammenschlüsse: Strategien und Strukturen für kooperatives und akquisitorisches Wachstum in Industrieunternehmungen, Wiesbaden.

Bechler, K./Lange, D. (Hrsg.) (2005): DIN Normen im Projektmanagement, Berlin.

Beck, C. (1994): Interorganisationales Projekt-Management, eine alternative Kooperationsform: ein Beitrag unter Berücksichtigung des integrativen Informations-Managements als Basis für die projektbezogene Kooperation. Hamburg, Univ. der Bundeswehr, Diss., 1994.

Beck, T. (1996): Die Projektorganisation und ihre Gestaltung, Berlin. Zugl.: Tübingen, Univ., Diss., 1995.

Becker, A. (2004): Evolutionstheoretischer Ansatz. In: G. Schreyögg/A. v. Werder (Hrsg.): Handwörterbuch Unternehmensführung und Organisation, Stuttgart, Sp. 256-266.

Becker, M./Schwertner, K./Seubert, C. (2005): Strategieumsetzung mit BSC-basierten Anreizsystemen. In: Controlling, 17. Jg., H. 1, S. 33-39.

Beer, S. (1994): Beyond dispute: the invention of team syntegrity, Chichester u.a.

Belassi, W./Tukel, O. (1996): A new framework for determining critical success/failure factors in projects. In: International Journal of Project Management, 14. Jg., H. 3, S. 141-151.

Benedek, I. (2001): Mergers & Acquisitions/Due Diligence. In: W. Girkinger/H. Stiegler (Hrsg.): Mergers & Acquisitions: Konzeption - Instrumentarium - Fallstudien, Linz, S. 57-85.

Berens, W. (1999): Controlling in Fallstudien: von Erbsenzählern und Zahlenzauberinnen, Stuttgart.

Berens, W./Hoffjan, A./Strauch, J. (2005): Planung und Durchführung der Due Diligence. In: W. Berens/H. Brauner/J. Strauch (Hrsg.): Due Diligence bei Unternehmensakquisitionen, Stuttgart, S. 119-171.

Berens, W./Mertes, M./Strauch, J. (2005): Unternehmensakquisitionen. In: W. Berens/H. Brauner/J. Strauch (Hrsg.): Due Diligence bei Unternehmensakquisitionen, Stuttgart, S. 25-74.

Bertalanffy, L. v. (1956): General System Theory. In: General systems : Yearbook of the Society for the Advancement of General Systems Theory, 1. Jg., S. 1-10.

Bertalanffy, L. v. (1962): General System Theory - A Critical Review. In: General systems : Yearbook of the Society for the Advancement of General Systems Theory, 7. Jg., S. 1-20.

Besner, C./Hobbs, B. (2004): An Empirical Investigation of Project Management Practice: In Reality, Which Tool Do Practitioners Use? In: D. P. Slevin/D. I. Cleland/J. K. Pinto (Hrsg.): Innovations: Project Management Research 2004, Project Management Institute, Newtown Square, PA, S. 337-351.

Besner, C./Hobbs, B. (2006): The perceived value and potential contribution of project management practices to project success. In: Project Management Journal, 37. Jg., H. 3, S. 37-48.

Blum, A./Zaugg, R. (2007): 360-Grad-Feedback. In: N. Thom/R. Zaugg (Hrsg.): Moderne Personalentwicklung, Wiesbaden, S. 64-82.

Böckli, M. (2003): Megafusionen: Erfolgs- und Prozessaspekte, Bern u.a. Zugl.: Zürich, Univ., Diss., 2003.

Böhl, J. (2001): Wissensmanagement im Klein- und mittelständischen Unternehmen der Einzel- und Kleinserienfertigung, München. Zugl.: München, Univ., Diss., 2000.

Boehm, B. (2000): Software cost estimation with COCOMO II, Upper Saddle River, NJ.

Böning, U./Reuter, K. (2004): Passion for Excellence or Passion for Ignorance? In: M&A Review, H. 2, S. 51-60.

Bower, J. (2001): Not All M&As Are Alike - and That Matters. In: Harvard Business Review, 79. Jg., H. 3, S. 92-101.

Breidenstein, M./Glabus, W. (2007): Vor und hinter verschlossenen Türen: Das Spiel über die Bande mit den Medien macht M&A-Prozess komplexer. In: Finance, o. Jg., H. 11, S. 91.

Bresser, R. (2004): Ressourcenbasierter Ansatz. In: G. Schreyögg/A. v. Werder (Hrsg.): Handwörterbuch Unternehmensführung und Organisation, Stuttgart, Sp. 1269-1278.

Brett, J./Behfar, K./Kern, M. (2006): Managing multicultural teams. In: Harvard Business Review, 84. Jg., H. 11, S. 84-91.

Bronner, R. (2004): Entscheidungsprozesse in Organisationen. In: G. Schreyögg/A. v. Werder (Hrsg.): Handwörterbuch Unternehmensführung und Organisation, Stuttgart, Sp. 229-239.

Bruhn, M. (2006): Dienstleistungscontrolling: Forum Dienstleistungsmanagement, Wiesbaden.

Bruijn, J. d./Heuvelhof, E. t./Veld, R. i. (2002): Process management: why project management fails in complex decision making processes, Boston, MA u.a.

Brüggerhoff, J. (1992): Management von Desinvestitionen, Wiesbaden.

Bubik, M. (2005): Erfolgskriterien für Unternehmenszusammenschlüsse: Eine theoretische und exemplarische Analyse, Hohenheimer Volkswirtschaftliche Schriften, Frankfurt (Main). Zugl.: Hohenheim, Univ., Diss., 2004.

Bühner, R. (1990): Unternehmenszusammenschlüsse: Ergebnisse empirischer Analysen, Stuttgart.

Bühner, R. (1996): Kapitalmarktorientierte Unternehmenssteuerung. In: Wirtschaftswissenschaftliches Studium, 25. Jg., H. 8, S. 392-396.

Bühner, R./Stiller, P. (2004): Kapitalmarkt und Management. In: G. Schreyögg/A. v. Werder (Hrsg.): Handwörterbuch Unternehmensführung und Organisation, Stuttgart, Sp. 571-578.

Bullinger, H./Wörner, K./Prieto, J. (1997a): Wissensmanagement: Modelle und Strategien für die Praxis. In: H. D. Bürgel (Hrsg.): Wissensmanagement: Schritte zum intelligenten Unternehmen, Berlin, S. 21-39.

Bullinger, H./Wörner, K./Prieto, J. (1997b): Wissensmanagement heute: Daten, Fakten, Trends, Stuttgart.

Bundschuh, M. (2003): Projekterfolgs- und Mißerfolgskriterien. In: Bech, K./Wolff, U. (Hrsg.) (2003): Projektmanagement - Fachmann, GPM/RKW, Eschborn, S. 185-216.

Bundschuh, M./Fabry, A. (2000): Aufwandschätzung von IT-Projekten, Bonn.

Burrell, G./Morgan, G. (1979): Sociological paradigms and organisational analysis: elements of the sociology of corporate life, London.

Calori, R./Lubatkin, M./Very, P. (2002): Control mechanisms in cross-border acquisitions. In: P. Buckley/P. Ghauri (Hrsg.): International Mergers and Acquisitions: a reader, London, S. 361-379.

Campbell, J./Bownas, D./Peterson, N./Dunnette, M. (1974): The measurement of organizational effectiveness: a review of relevant research and opinion. Navy Personnel Research and Development Center, San Diego, CA.

Capron, L./Pistre, N. (2002): When do acquirers earn abnormal returns? In: Strategic Management Journal, 23. Jg., H. 9, S. 781-794.

Cartwright, S./Cooper, C. (1996): Managing mergers, acquisitions and strategic alliances: integrating people and cultures, Oxford.

Casutt, C. (2005): Projekt - oder geht es auch einfacher? Einleitung und Überblick. In: H. Litke (Hrsg.): Projektmanagement - Handbuch für die Praxis, München, S. 3-54.

Chatterjee, S. (1992): Sources of value in takeovers: synergy or restructuring - implications for target and bidder firms. In: Strategic Management Journal, 13. Jg., H. 4, S. 267-286.

Child, J./Faulkner, D./Pitkethly, R. (2001): The management of international acquisitions, Oxford u.a.

Clever, H. (1993): Fusionen erfolgreich gestalten - Prozeß eines erfolgreichen Post-Merger-Management. In: G.-M. Frank/I. Stein (Hrsg.): Management von Unternehmensakquisitionen, Stuttgart, S. 121-132.

Coase, R. (1937): The nature of the firm. In: Economica, 4. Jg., H. 16, S. 386-405.

Coenenberg, A. (1988): Strategische und finanzielle Bewertung von Unternehmensakquisitionen. In: Die Betriebswirtschaft, 48. Jg., H. 6, S. 691-710.

Coenenberg, A. (2005): Jahresabschluss und Jahresabschlussanalyse: betriebswirtschaftliche, handelsrechtliche, steuerrechtliche und internationale Grundsätze; HGB, IFRS und US-GAAP, Stuttgart.

Coenenberg, A./Biberacher, J. (2003): Akquisitionscontrolling : Grundfragen und Lösungskonzeptionen. In: D. Holtbrügge (Hrsg.): Management multinationaler Unternehmungen : Festschrift zum 60. Geburtstag von Martin K. Welge, Heidelberg, S. 327-344.

Coenenberg, A./Schultze, W./Biberacher, J. (2002): Akquisitionen und Unternehmensbewertung. In: Coenenberg, A./Kajüter, P./Busse von Colbe, W. (Hrsg.) (2002): Betriebswirtschaft für Führungskräfte, Stuttgart, S. 175-215.

Cooper, R./Kleinschmidt, E. (1995): Benchmarking the Firm's Critical Success Factors in New Product Development. In: Journal of Product Innovation, 12. Jg., H. 5, S. 374-391.

Copeland, T./Koller, T./Murrin, J. (1990): Valuation: measuring and managing the value of companies, Wiley professional banking and finance series, New York, NY u.a.

Corsten, H. (2000): Projektmanagement: Einführung, München.

Corsten, H./Reiß, M. (1999): Betriebswirtschaftslehre, München u.a.

Courth, L./Marschmann, B./Kaemper, M./Moscho, A. (2008): Spannungsfeld zwischen Geschwindigkeit und Best-in-Class-Ansätzen - PMI am Beispiel der Bayer-Schering-Übernahme. In: M&A Review, o. Jg., H. 1, S. 8-14.

Crasselt, N./Pellens, B./Schremper, R. (2000): Konvergenz wertorientierter Erfolgskennzahlen (II). In: Das Wirtschaftsstudium, 29. Jg., H. 2, S. 205-208.

Davenport, T./Prusak, L. (1998): Wenn Ihr Unternehmen wüßte, was es alles weiß : das Praxishandbuch zum Wissensmanagement, Landsberg am Lech.

Daum, A. (1993): Erfolgs- und Mißerfolgsfaktoren im Büro-Projektmanagement, München et al. Zugl.: Hannover, Univ., Diss., 1993.

Daum, A. (2001): Unternehmensübergreifendes Projektmanagement. In: C. Steinle/H. Bruch/D. Lawa (Hrsg.): Projektmanagement: Instrument effizienter Innovation, Frankfurt am Main, S. 370-396.

DePamphilis, D. (2005): Mergers, acquisitions, and other restructuring activities: an integrated approach to process, tools, cases, and solutions, Academic Press advanced finance series, Boston, MA.

Dibelius, A. (2005): Mergers & Acquisitions: Schnittstelle zwischen Unternehmen und Kapitalmärkten. In: G. Picot (Hrsg.): Handbuch Mergers & Acquisitions - Planung, Durchführung, Integration, Stuttgart, S. 41-68.

Dicken, A. (2000): Erfolg von Unternehmensfusionen aus aktueller Sicht. In: Betriebswirtschaftliche Forschung und Praxis, 52. Jg., H. 4, S. 358-372.

Dillibabu, R./Krishnaiah, K. (2005): Cost estimation of a software product using COCOMO II.2000 model - a case study. In: International Journal of Project Management, 23. Jg., H. 4, S. 297-307.

DIN (1987a): DIN 69900-1:08.87 Projektwirtschaft – Netzplantechnik – Begriffe.

DIN (1987b): DIN 69900-2:08.87 Projektwirtschaft – Netzplantechnik – Darstellungstechnik.

DIN (1987c): DIN 69901:08.87 Projektwirtschaft – Projektmanagement – Begriffe.

DIN (2000): DIN 69904:2000-11 Projektwirtschaft – Projektmanagementsysteme – Elemente und Strukturen.

DIN (2004): DIN-Fachbericht ISO 10006, Deutsches Institut für Normung, Berlin et al.

Disch, W. (1968): Netzplantechnik im Marketing, Veröffentlichungen des Hamburgischen Welt-Wirtschafts-Archivs, Hamburg.

Domschke, W./Scholl, A. (2000): Grundlagen der Betriebswirtschaftslehre: Eine Einführung aus entscheidungsorientierter Sicht, Berlin u.a.

Domschke, W./Scholl, A. (2003): Grundlagen der Betriebswirtschaftslehre: Eine Einführung aus entscheidungsorientierter Sicht, Berlin u.a.

Drews, G. (2003): Neuorientierung oder Glasperlenspiel? Kritik der systemtheoretischen Ansätze im Projektmanagement, Teil 1. In: Projektmanagement, 14. Jg., H. 2, S. 16-21.

Drucker, P. (1974): Management: tasks, responsibilities, practices, Oxford u.a.

Drukarczyk, J./Ernst, D. (2007): Branchenorientierte Unternehmensbewertung, München.

Drumm, H. (1991): Probleme bei der Erfassung und Messung von Unternehmenskulturen. In: E. Dülfer (Hrsg.): Organisationskultur: Phänomen - Philosophie - Technologie, Stuttgart, S. 129-137.

Drumm, H. (2005): Personalwirtschaft, Berlin u.a.

DuBrin, A. (1995): Leadership: research findings, practice, and skills, Boston, MA u.a.

Dülfer, E. (1982): Projekte und Projektmanagement im internationalen Kontext: Eine Einführung. In: E. Dülfer (Hrsg.): Projektmanagement international, Stuttgart, S. 2-30.

Dülfer, E. (1997): Internationales Management in unterschiedlichen Kulturbereichen, München u.a.

Duncan, R. (1972): Characteristics of organizational environments and perceived environmental uncertainty. In: Administrative Science Quarterly, 17. Jg., H. 3, S. 313-327.

Dworatschek, S. (2003): Management. In: Bech, K./Wolff, U. (Hrsg.) (2003): Projektmanagement - Fachmann, GPM/RKW, Eschborn, S. 5-24.

Ebers, M. (2004): Kontingenzansatz. In: G. Schreyögg/A. v. Werder (Hrsg.): Handwörterbuch Unternehmensführung und Organisation, Stuttgart, Sp. 653-667.

Ebers, M./Gotsch, W. (2006): Institutionenökonomische Theorien der Organisation. In: A. Kieser/M. Ebers (Hrsg.): Organisationstheorien, Stuttgart, S. 247-308.

Ecker, M./Mittermair, K. (2001): Projektmanagement im M&A-Prozess. In: W. Girkinger/H. Stiegler (Hrsg.): Mergers & Acquisitions: Konzeption - Instrumentarium - Fallstudien, Linz, S. 339-362.

Eckrich, K. (2003): Einführung - Herausforderung Projektmanagement. Phasenorientiertes Handeln: Die Umsetzung ganzheitlichen Denkens in die Praxis des Projektmanagements. In: M. Bernecker/K. Eckrich (Hrsg.): Handbuch Projektmanagement, München u.a., S. 35-49.

EFQM (1999): Das Qualitätsmodell der European Foundation for Quality Management, Kulmbach.

Ehlers, P. (1997): Integriertes Projekt- und Prozeßmanagement auf Basis innovativer Informations- und Kommunikationstechnologien: Das Group-Projekt-System, Paderborn. Zugl.: Paderborn, Univ., Diss., 1997.

Eichhorn, W. (1979): Modelle und Theorien in den Wirtschaftswissenschaften. In: H. Raffée/B. Abel (Hrsg.): Wissenschaftstheoretische Grundfragen der Wirtschaftswissenschaften, München, S. 60 - 104.

Eisenhardt, K. /Santos, F. (2002): Knowledge-based view: a new theory of strategy? In: A. Pettigrew/H. Thomas/R. Whittington (Hrsg.): Handbook of strategy and management, London u.a., S. 139-164.

Eisinger, G./Bühler, T. (2008): Management-Incentives im Lichte der aktuellen Diskussion - Eigentümerorientierte Incentivierung. In: M&A Review, o. Jg., H. 5, S. 248-250.

Ekstedt, E./Lundin, R./Söderholm, A./Wirdenius, H. (1999): Neo-Industrial Organising : Renewal by Action and Knowledge Formation in a Project-Intensive Economy, London.

Ellis, A./Kauferstein, M. (2004): Dienstleistungsmanagement: erfolgreicher Einsatz von prozessorientiertem Service Level Management, Berlin u.a.

Engstler, M./Dold, C. (2003): Einsatz der Balanced Scorecard im Projektmanagement. In: G. Kerber/R. Marré/A. Frick (Hrsg.): Zukunft im Projektmanagement - Beiträge zur gemeinsamen Konferenz 'Management und Controlling von IT-Projekten' und 'interPM' Glashütten 2003, Heidelberg, S. 127-141.

Engelhardt, W./Kleinaltenkamp, M./Reckenfelderbäumer, M. (1993): Leistungsbündel als Absatzobjekte: ein Ansatz zur Überwindung der Dichotomie von Sach- und Dienstleistungen. In: Zeitschrift für betriebswirtschaftliche Forschung, 45. Jg., H. 5, S. 395-426.

Ernst, E./Hackethal, C./Vater, H. (2006): Meilensteinkonzept. In: Finance, o. Jg., H. 10, S. 84-85.

Espinosa, A./Harnden, R. (2007): Team syntegrity and democratic group decision making: theory and practice. In: Journal of Operational Research Society, 58. Jg., S. 1056-1064.

Fähnrich, K./Opitz, M. (2006): Service Engineering - Entwicklungspfad und Bild einer jungen Disziplin. In: H. Bullinger/A. Scheer (Hrsg.): Service engineering: Entwicklung und Gestaltung innovativer Dienstleistungen, Berlin u.a., S. 85-112.

Fahey, L./Prusak, L. (1998): The Eleven Deadliest Sins of Knowledge Management. In: California Management Review, 40. Jg., H. 3, S. 265-276.

Felske, P. (2003): Integrierte Projektsteuerung. In: Bech, K./Wolff, U. (Hrsg.) (2003): Projektmanagement - Fachmann, GPM/RKW, Eschborn, S. 723-777.

Feyerabend, P. (1975): Against method: outline of an anarchistic theory of knowledge, London.

Fischer, L. (2008): Wertorientiertes Kundenmanagement bei M&A-Transaktionen, Lohmar u.a. Zugl.: Bayreuth, Univ., Diss., 2007.

Fortune, J./White, D. (2006): Framing of project critical success factors by a systems model. In: International Journal of Project Management, 24. Jg., H. 1, S. 53-65.

Frank, G.-M. (1993): Probleme und Erfolgsfaktoren bei der Übernahme von Unternehmen. In: G.-M. Frank/I. Stein (Hrsg.): Management von Unternehmensakquisitionen, Stuttgart, S. 133-145.

Freeman, R. (1984): Strategic management: a stakeholder approach, Boston, MA.

Freeman, R. (2004): The stakeholder approach revisited. In: Zeitschrift für Wirtschafts- und Unternehmensethik, 5. Jg., H. 3, S. 228-241.

Frese, E. (1980): Grundlagen der Organisation: die Organisationsstruktur der Unternehmung, Wiesbaden.

Frese, E. (2005): Grundlagen der Organisation: entscheidungsorientiertes Konzept der Organisationsgestaltung, Wiesbaden.

Frieß, P. (1999): Projektmanagement für den tiefgreifenden organisatorischen Wandel mittelgroßer Einheiten: Gestaltung eines PM-Modells unter Anwendung neuer systemtheoretischer Konzepte zur Verbesserung des Projekterfolges, Aachen.

Frieß, P. (2000): Systemische Konzepte für das Management von Organisationsprojekten. In: Projektmanagement, 11. Jg., H. 3, S. 4-14.

Frost, J. (2004): Aufbau- und Ablauforganisation. In: G. Schreyögg/A. v. Werder (Hrsg.): Handwörterbuch Unternehmensführung und Organisation, Stuttgart, Sp. 45-53.

Fuchs, M. (1999): Integriertes Projektmanagement für den Aufbau und Betrieb von Kooperationen: eine Methodik, Bern. Zugl.: St. Gallen, Univ., Diss., 1999.

Gaitanides, M. (2004): Prozessorganisation. In: G. Schreyögg/A. v. Werder (Hrsg.): Handwörterbuch Unternehmensführung und Organisation, Stuttgart, Sp. 1208-1218.

Gaitanides, M./Stock, R. (2004): Interorganisationale Teams: transaktionskostentheoretische Überlegungen und empirische Befunde zum Teamerfolg. In: Zeitschrift für betriebswirtschaftliche Forschung, 56. Jg., H. 5, S. 436-451.

Gareis, R. (2004): Happy projects!: Projekt- und Programmmanagement, Projektportfolio-Management, Management der projektorientierten Organisation, Management in der projektorientierten Gesellschaft, Wien.

Gates, S. (2007): Strategic M&A - Creating Tools and Capabilities for Successful Integration. Research Report, The Conference Board, New York, NY.

Gaupin, G./Knoepfel, H./Koch, G./Pannenbäcker, K./Pérez-Polo, F./Seabury, C. (2006): ICB - IPMA competence baseline - Version 3.0, International Projekt Management Association, Nijkerk.

Geighardt, C. (2007): Erfolgreiche M&As - was das Personalmanagement dazu beiträgt : Untersuchungsergebnisse und Handlungsempfehlungen. Deutsche Gesellschaft für Personalführung (DFGP), Düsseldorf.

Gerds, J. (2000): Post Merger Integration: eine empirische Untersuchung zum Integrationsmanagement, Wiesbaden. Zugl.: Münster (Westfalen), Univ., Diss., 2000.

Gerds, J./Schewe, G. (2004): Post Merger Integration: Unternehmenserfolg durch Integration Excellence, Berlin.

Gerpott, T. (1993): Integrationsgestaltung und Erfolg von Unternehmensakquisitionen, Stuttgart.

Ghoshal, S./Moran, P. (1996): Bad for practice: A critique of the transaction cost theory. In: Academy of Management Review, 21. Jg., H. 1, S. 13-47.

Giddens, A. (1984): The Constitution of Society: Outline of the Theory of Structuration, Los Angeles, CA.

Gioia, D. /Pitre, E. (1990): Multiparadigm Perspectives on Theory Building. In: Academy of Management Review, 15. Jg., H. 4, S. 584-602.

Göbel, E. (1997): Forschung im strategischen Management: Darstellung, Kritik, Empfehlungen. In: A. Kötzle (Hrsg.): Strategisches Management: theoretische Ansätze, Instrumente und Anwendungskonzepte für Dienstleistungsunternehmen, Stuttgart, S. 5-25.

Goldratt, E. (2002): Die kritische Kette: ein Roman über das neue Konzept im Projektmanagement, Frankfurt (Main) u.a.

Gomez, P./Weber, B. (1989): Akquisitionsstrategie: Wertsteigerung durch Übernahme von Unternehmungen, Entwicklungstendenzen im Management, Stuttgart.

Grant, R. (1996): Towards a Knowledge-Based Theory of the Firm. In: Strategic Management Journal, 17. Jg., Winter Special Issue, S. 109-122.

Grewe, A. (2005): Integration akquirierter Unternehmen, Frankfurt (Main) u.a. Zugl.: Göttingen, Univ., Diss., 2004.

Grube, R. (2006): Der Post-Merger-Integrationsprozess der DaimlerChrysler AG. In: B. W. Wirtz (Hrsg.): Handbuch Mergers & Acquisitions Management, Wiesbaden, S. 755-783.

Grünig, R./Kühn, R. (2006): Entscheidungsverfahren für komplexe Probleme: ein heuristischer Ansatz, Berlin u.a.

Grüter, H. (1991): Unternehmungsakquisitionen: Bausteine eines Integrationsmanagements in Unternehmungsakquisitionen, Bern. Zugl.: Zürich, Univ., Diss., 1991.

Güldenberg, S. (2001): Wissensmanagement und Wissenscontrolling in lernenden Organisationen: ein systemtheoretischer Ansatz, Wiesbaden. Zugl.: Wien, Wirtschaftsuniv., Diss., 1996.

Güldenberg, S./Eschenbach, R. (1996): Organisatorisches Wissen und Lernen - erste Ergebnisse einer qualitativ-empirischen Erhebung. In: Zeitschrift Führung + Organisation, 65. Jg., H. 1, S. 4-9.

Günther, T./Landrock, B./Muche, T. (2000): Gewinn- versus unternehmenswertbasierte Performancemaße - Eine empirische Untersuchung auf Basis der Korrelation von Kapitalmarktrenditen. In: Controlling, 12. Jg., H. 2, S. 69-75.

Habeck, M./Kröger, F./Träm, M. (2000): After the Merger: Seven strategies for successful post-merger integration, AT Kearney, Harlow u.a.

Haberfellner, R. (1992): Projektmanagement. In: E. Frese (Hrsg.): Handwörterbuch der Organisation, Stuttgart, Sp. 2090-2102.

Hammer, M. (2004): Das Unternehmen tief greifend verändern. In: Harvard Business Manager, 26. Jg., H. 7, S. 76-87.

Hammer, M./Champy, J. (1999): Business Reengineering: Die Radikalkur für das Unternehmen, München.

Hansen, M. (1999): The search-transfer problem: the role of weak ties in sharing knowledge across organizational subunits. In: Administrative Science Quarterly, 44. Jg., H. 1, S. 82-111.

Haspeslagh, P./Jemison, D. (1987): Acquisitions: Myths and Reality. In: Sloan Management Review, 28. Jg., H. 2, S. 53-58.

Haspeslagh, P./Jemison, D. (1992): Akquisitionsmanagement: Wertschöpfung durch strategische Neuausrichtung des Unternehmens, Frankfurt (Main).

Hauschildt, J. (1981): Zielbildung im Rahmen der Betriebswirtschaftspolitik, Stuttgart.

Hauschildt, J./Gemünden, H. (1999): Promotoren: Champions der Innovation, Wiesbaden.

Hawranek, F. (2004): Schnittstellenmanagement bei M&A-Transaktionen, Wiesbaden. Zugl.: Jena, Univ., Diss., 2004.

Heckel, W. (2005): Erfolgsfaktor "Zeit" : Terminmanagement. In: H. Litke (Hrsg.): Projektmanagement - Handbuch für die Praxis, München, S. 403-428.

Heckhausen, H. (1980): Motivation und Handeln: Lehrbuch der Motivationspsychologie, Berlin u.a.

Hedtstück, M. (2007a): Billige Kredite sind nicht mehr das Hauptmotiv für M&A. In: Finance, o. Jg., H. 11, S. 61.

Hedtstück, M. (2007b): Strategischer U-Turn: SAP wirft seine Strategie über Bord und wagt eine Milliardenakquisition. In: Finance, o. Jg., H. 11, S. 82-83.

Heeg, F. /Frieß, P. (2003): Projektstrukturierung. In: Bech, K./Wolff, U. (Hrsg.) (2003): Projektmanagement - Fachmann, GPM/RKW, Eschborn, S. 493-518.

Helm, R./Meckl, R./Sodeik, N. (2005): Wissensmanagement: ein Überblick zum Stand der empirischen Forschung. Jenaer Schriften zur Wirtschaftswissenschaft, Wirtschaftswissenschaftliche Fakultät, Friedrich-Schiller-Universität Jena.

Helm, R./Meckl, R./Sodeik, N. (2007): Systematisierung der Erfolgsfaktoren von Wissensmanagement auf Basis der bisherigen empirischen Forschung. In: Zeitschrift für Betriebswirtschaft, 77. Jg., H. 2, S. 211-241.

Helm, R./Meckl, R./Strohmayer, M./Bernau, A. (2004): Ein Wissensmanagementansatz auf Basis der Balanced Scorecard. In: Controlling, 16. Jg., H. 3, S. 133-140.

Hermann, U./Götze, L./Wahrig, G. (2003): Die deutsche Rechtschreibung, Gütersloh u.a.

Herzberg, F./Mausner, B./Snyderman, B. (1959): The motivation to work, London.

Hinne, C. (2008): Mergers & Acquisitions Management: Bedeutung und Erfolgsbeitrag unternehmensinterner M&A-Dienstleister, Wiesbaden. Zugl.: Erlangen-Nürnberg, Univ., Diss., 2007.

Högl, M. (2004): Teamorganisation. In: G. Schreyögg/A. v. Werder (Hrsg.): Handwörterbuch Unternehmensführung und Organisation, Stuttgart, Sp. 1401-1408.

Högl, M. (2005): Management von Teams: theoretische Konzepte und empirische Befunde, Wiesbaden.

Hoehne, J. (2003): Projektphasen und -lebenszyklus. In: Bech, K./Wolff, U. (Hrsg.) (2003): Projektmanagement - Fachmann, GPM/RKW, Eschborn, S. 217-248.

Hölters, W. (2005): Mergers & Acquisitions. In: W. Hölters (Hrsg.): Handbuch des Unternehmens- und Beteiligungskaufs, Köln, S. 1-73.

Hölters, W./Bauer, J. (Hrsg.) (2005): Handbuch des Unternehmens- und Beteiligungskaufs, Köln.

Hofstede, G. (2001): Lokales Denken, globales Handeln, München.

Hogarth, T./Hasluck, C./Pierre, G./Winterbotham, M./Vivian, D. (2001): Work-Life Balance 2000: Results from the Baseline Study. Institute for Employment Research in Zusammenarbeit mit IFF Research; Research Report No. 249, Department for Education and Employment, Norwich.

Holl, C. (2004): Wahrnehmung, menschliches Handeln und Institutionen: von Hayeks Institutionenökonomik und deren Weiterentwicklung, Reihe 47, Untersuchungen zur Ordnungstheorie und Ordnungspolitik, Tübingen.

Horváth, P. (2006): Controlling, München.

Hostettler, S. (2000): Economic Value Added (EVA), Bern u.a.

Hungenberg, H. (2001): Strategisches Management in Unternehmen: Ziele - Prozesse - Verfahren, Wiesbaden.

Hunziker, U./Hügel, H. (2007): Die Unternehmensstrategie nachhaltig und wirksam umsetzen: Methodik und Erfolgsfaktoren aus der Sicht von UBS Global Wealth Management Business Banking. In: Zeitschrift Führung + Organisation, 76. Jg., H. 1, S. 12-19.

Hyväri, I. (2006): Success of projects in different organizational conditions. In: Project Management Journal, 37. Jg., H. 4, S. 31-41.

Inkpen, A./Dinur, A. (1998): Knowledge management processes and international joint ventures. In: Organization Science, 9. Jg., H. 4, S. 454-468.

Jacobson, I./Booch, G./Rumbaugh, J. (2003): The unified software development process: UML, Reading, MA u.a.

Jansen, S. (2000): Mergers & Acquisitions: Unternehmensakquisitionen und -kooperationen, Wiesbaden.

Jansen, S. (2005): Trends, Tools, Thesen und empirische Tests zum Integrationsmanagement bei Unternehmenszusammenschlüssen. In: G. Picot (Hrsg.): Handbuch Mergers & Acquisitions: Planung, Durchführung, Integration, Stuttgart, S. 525-556.

Jansen, S./Picot, G./Schiereck, D. (Hrsg.) (2001): Internationales Fusionsmanagement: Erfolgsfaktoren grenzüberschreitender Unternehmenszusammenschlüsse, Stuttgart.

Jansen, A. (1986): Desinvestitionen: Ursachen, Probleme und Gestaltungsmöglichkeiten, Frankfurt (Main).

Jemison, D./Sitkin S. (1986): Corporate Acquisitions: A Process Perspective. In: Academy of Management Review, 11. Jg., H. 1, S. 145-163.

Jenner, T. (2003): Erfolg als Ursache von Misserfolg - Hintergründe und Ansätze zur Überwindung eines Paradoxons im strategischen Management. In: Die Betriebswirtschaft, 63. Jg., H. 2, S. 203-219.

Johanson, J./Vahlne, J. (1977): The internationalization process of the firm - A model of knowledge development and increasing foreign market commitments. In: Journal of International Business Studies, 8. Jg., H. 1, 23-32.

Jung, H. (1993): Erfolgsfaktoren von Unternehmensakquisitionen, Stuttgart.

KPMG (2003): Beating the Bears: making global deals enhance value in the new millennium, URL: http://www.kpmg.ie/services/ts/publications/Beatingthebears.pdf; Erstelldatum: 06.2003; Abfragedatum: 11.10.2005 (20:14 MEZ).

Kailer, N. (2004): Fort- und Weiterbildung. In: E. Gaugler/W. Oechsler/W. Weber (Hrsg.): Handwörterbuch des Personalwesens, Stuttgart, Sp. 768-777.

Kaplan, R./Norton, D. (1997): Balanced scorecard: Strategien erfolgreich umsetzen, Stuttgart.

Kaplan, R./Norton, D. (2006): The Balanced Scorecard – Measures that Drive Performance. In: D. Bennett (Hrsg.): Operations Management, London u.a., S. 149-159. (Originalquelle: Harvard Business Review, 70. Jg., H. 1/1992, S. 71-79).

Kauba, N./Dittler, G. (2001): Nutzenbewertung von Projekten. In: Controlling, 13. Jg., H. 2, S. 95-102.

Kellner, H. (2005): Erfolgsfaktor "Zeit": Zeitmanagement im Projekt. In: H. Litke (Hrsg.): Projektmanagement - Handbuch für die Praxis, München, S. 429-457.

Kengelbach, J./le Grand, H./Roos, A. (2003): Erfolg von M&A-Transaktionen in Downturns. In: Finanz-Betrieb, 5. Jg., H. 2, S. 72-78.

Kerler, P. (2000): Mergers & Acquisitions und Shareholder Value, Bern u.a. Zugl.: Zürich, Univ., Diss., 1999.

Kerzner, H. (2003): Projekt-Management: Ein systemorientierter Ansatz zur Planung und Steuerung, Bonn.

Kerzner, H. (2005): Using the project management maturity model: strategic planning for project management, Hoboken, NJ.

Kerzner, H. (2006): Project management: a systems approach to planning, scheduling, and controlling, Hoboken, NJ.

Keßler, H./Winkelhofer, G. A. (2004): Projektmanagement: Leitfaden zur Steuerung und Führung von Projekten, Berlin u.a.

Kieser, A./Kubicek, H. (1992): Organisation, Berlin u.a.

Kirchner, M. (1991): Strategisches Akquisitionsmanagement im Konzern, Wiesbaden. Zugl.: Köln, Univ., Diss., 1990.

Kirsch, W./Seidl, D. (2004): Steuerungstheorie. In: G. Schreyögg/A. v. Werder (Hrsg.): Handwörterbuch Unternehmensführung und Organisation, Stuttgart, Sp. 1365-1374.

Klingler, U. (2007): Performance Management. In: N. Thom/R. Zaugg (Hrsg.): Moderne Personalentwicklung, Wiesbaden, S. 102-118.

Klose, R./Weinert, S. (2007): Emotionen in M&A-Projekten verstehen und erfolgreich begleiten. In: M&A Review, o. Jg., H. 8/9, S. 365-369.

Kneip, P. (2004): Projektmanagement: eine systemtheoretische Analyse organisatorischer Stimmigkeit, Stuttgart. Zugl.: Saarbrücken, Univ., Diss., 2003.

Knoblich, H./Oppermann, R. (1996): Dienstleistung - ein Produkttyp. In: der markt, 35. Jg., H. 136, S. 13-22.

Koch, T. (2001): Koordination von Integrationen. In: S. A. Jansen/G. Picot/D. Schiereck (Hrsg.): Internationales Fusionsmanagement: Erfolgsfaktoren grenzüberschreitender Unternehmenszusammenschlüsse, Stuttgart, S. 87-102.

Kolhoff, L. (2004): Projektmanagement, Baden-Baden.

Kolisch, R. (2003): Projektmanagement als Methode zur Unternehmensintegration. In: H.-J. Wurl (Hrsg.): Industrielles Beteiligungscontrolling, Stuttgart, S. 203-216.

Koreimann, D. (2003): Project Controlling - eine vergessene Disziplin? In: Projektmanagement, 14. Jg., H. 3, S. 18-24.

Kraege, R. (1997): Controlling strategischer Unternehmungskooperationen: Aufgaben, Instrumente und Gestaltungsempfehlungen, München u.a. Zugl.: Hannover, Univ., Diss., 1996.

Kräkel, M. (2004): Prinzipal-Agenten-Ansatz. In: G. Schreyögg/A. v. Werder (Hrsg.): Handwörterbuch Unternehmensführung und Organisation, Stuttgart, Sp. 1174-1181.

Kraus, G./Westermann, R. (2004): Projektmanagement mit System: Organisation, Methoden, Steuerung, Wiesbaden.

Kremer, R. (2005a): Erfolgsfaktor "Organisation" : Formen der Projektorganisation. In: H. Litke (Hrsg.): Projektmanagement - Handbuch für die Praxis, München, S. 75-100.

Kremer, R. (2005b): Erfolgsfaktor "Organisation" : Projektrollen und Aufgabenbereiche. In: H. Litke (Hrsg.): Projektmanagement - Handbuch für die Praxis, München, 101-127.

Krishnan, H./Park, D. (2002): The impact of work force reduction on subsequent performance in major mergers and acquisitions - An explanatory study. In: Journal of Business Research, 55. Jg., H. 4, S. 285-292.

Kroeber-Riel, W./Weinberg, P. (2003): Konsumentenverhalten, München.

Kruse, A. (2003): Management von komplexen FuE-Projekten: Szenarien, Modelle und Instrumente zur Erfolgsbewertung in einer Multi-Projektumgebung, Bremen. Zugl.: Bremen, Univ., Diss., 2003.

Krüger, W. (1988): Management von Akquisitionsprojekten. In: Zeitschrift Führung + Organisation, 57. Jg., H. 6, S. 371-377.

Krüger, W. (1995): Projektmanagement und Führung. Stuttgart, Sp. 1780-1793.

Krüger, W. (2006a): Projektmanagement in der Post-Merger-Integration. In: B. Wirtz (Hrsg.): Handbuch Mergers & Acquisitions Management, Wiesbaden, S. 805-826.

Krüger, W./Bauermann, R. (1987): Probleme von Organisationsprojekten und Konzepte zu ihrer Bewältigung. In: Zeitschrift für betriebswirtschaftliche Forschung, 39. Jg., H. 9, S. 787-806.

Krüger, W./Coray, G./Dominizak, J./Petry, T. (2006b): Barrieren des Wandels erkennen und überwinden. In: Zeitschrift Führung + Organisation, 75. Jg., H. 3, S. 156-162.

Kubitschek, C./Meckl, R. (2000): Die ökonomischen Aspekte des Wissensmanagements - Anreize und Instrumente zur Entwicklung und Offenlegung von Wissen. In: Schmalenbachs Zeitschrift für betriebswirtschaftliche Forschung, 52. Jg., H. 12, S. 742-760.

Kübler, R. (1996): Management strategisch motivierter Akquisitionsprojekte: Ein prozeßorientierter Ansatz zur Durchführung von Unternehmenskäufen, Bergisch Gladbach. Zugl.: Köln, Univ., Diss., 1994.

Küpper, H. (2005): Controlling: Konzeption, Aufgaben, Instrumente, Stuttgart.

Küpper, H./Weber, J./Zünd, A. (1990): Zum Verständnis und Selbstverständnis des Controlling: Thesen zur Konsensbildung. In: Zeitschrift für Betriebswirtschaft, 60. Jg., H. 3, S. 281-293.

Kürsten, W. (1999): Shareholder value - Grundelemente und Schieflagen einer politökonomischen Diskussion aus finanzierungstheoretischer Sicht. Wirtschaftswissenschaftliche Fakultät, Friedrich-Schiller-Universität Jena.

Kürsten, W./Meckl, R./Krostewitz, A. (2005): Value-based M&A-Management - der M&A-Prozess im Lichte des Shareholder Value-Prinzips. Wirtschaftswissenschaftliche Fakultät, Friedrich-Schiller-Universität Jena.

Küting, K./Eidel, U. (1992): Performance-Messung und Unternehmensbewertung auf Basis des EVA. In: Die Wirtschaftsprüfung, 52. Jg., H. 21, S. 829-838.

Kuhn, T. (1962): The structure of scientific revolutions, Chicago, IL u.a.

Kuhn, T. (1988): Die Struktur wissenschaftlicher Revolutionen, Frankfurt (Main).

Kutschker, M./Schmid, S. (2002): Internationales Management, München u.a.

Lane, P./Lubatkin, M. (1998): Relative absorptive capacity and international learning. In: Strategic Management Journal, 19. Jg., H. 5, S. 461-477.

Lange, G. (Hrsg.) (2001a): Mergers & Acquisitions in der Praxis : erfolgreiches Projektmanagement bei Unternehmenstransaktionen, Frankfurt (Main).

Lange, G. (2001b): Grundsätzliche Überlegungen zu Projektmanagement und Strukturierung von Unternehmenstransaktionen. In: G. Lange (Hrsg.): Mergers & Acquisitions in der Praxis : erfolgreiches Projektmanagement bei Unternehmenstransaktionen, Frankfurt (Main), S. 11-20.

Laux, H./Liermann, F. (2005): Grundlagen der Organisation: die Steuerung von Entscheidungen als Grundproblem der Betriebswirtschaftslehre, Berlin u.a.

Lechler, T. (1997): Erfolgsfaktoren des Projektmanagements, Frankfurt (Main) u.a. Zugl.: Karlsruhe, Univ., Diss., 1996.

Lehmann, H. (1992): Organisationstheorie, systemtheoretisch-kybernetisch orientierte. In: E. Frese (Hrsg.): Handwörterbuch der Organisation, Stuttgart, Sp. 1838-1853.

Levene, R./Smart, P./Tranfield, D. (2004): Organizing for Service Delivery Projects. In: D. Slevin/D. Cleland/J. Pinto (Hrsg.): Innovations: Project Management Research 2004, Project Management Institute, Newtown Square, PA, S. 261-280.

Levitt, T. (1983): The Globalization of Markets. In: Harvard Business Review, 61. Jg., H. 3, S. 92-102.

Lewis, T./Stelter, D. (1995): Steigerung des Unternehmenswertes: Total-Value-Management, Landsberg/Lech.

Lientz, B./Rea, K. (2003): International project management, San Diego, CA.

Likert, R. (1961): New patterns of management, New York, NY u.a.

Likert, R. (1967): The human organization: its management and value, New York, NY u.a.

Litke, H. (1991): Projektmanagement: Methoden, Techniken, Verhaltensweisen, München u.a.

Litke, H. (1996): DV-Projektmanagement: Zeit und Kosten richtig einschätzen, München u.a.

Litke, H. (2002): Internationales Projektmanagement. In: U. Krystek/E. Zur (Hrsg.): Handbuch Internationalisierung : Globalisierung - eine Herausforderung für die Unternehmensführung, Berlin u.a., S. 373-391.

Litke, H. (2004): Projektmanagement: Methoden, Techniken, Verhaltensweisen, München u.a.

Litke, H. (2005b): Erfolgsfaktor "Technologie" : Projektplanung I - Was ist zu tun? In: H. Litke (Hrsg.): Projektmanagement - Handbuch für die Praxis, München, S. 303-328.

Litke, H. (2005c): Projekt - oder geht es auch einfacher? Zukunft des Projektmanagements. In: H. Litke (Hrsg.): Projektmanagement - Handbuch für die Praxis, München, S. 55-72.

Litke, H. (2005d): Erfolgsfaktor "Technologie" : Netzplantechnik im Projektmanagement. In: H. Litke (Hrsg.): Projektmanagement - Handbuch für die Praxis, München, S. 346-370.

Litke, H. (Hrsg.) (2005a): Projektmanagement - Handbuch für die Praxis, München.

Littkemann, J./Zündorf, H. (2004): Beteiligungscontrolling: ein Handbuch für die Unternehmens- und Beratungspraxis, Herne u.a.

Locarek-Junge, H./Imberger, K. (2007): Wertorientierte Anreizgestaltung: Ihre Umsetzung in der Praxis. In: N. Schweickart/A. Töpfer (Hrsg.): Wertorientiertes Management, Berlin u.a., S. 535-560.

Lock, D. (2003): Project Management, Aldershot u.a.

Lohoff, H./Lohoff, P. (2001): Von der Idee zur Implementierung. In: C. Steinle/H. Bruch/D. Lawa (Hrsg.): Projektmanagement: Instrument effizienter Innovation, Frankfurt (Main), S.69-85.

Lomnitz, G. (2004): Multiprojektmanagement: Projekte erfolgreich planen, vernetzen und steuern, Fachbuch, Frankfurt (Main).

Lord, M./Ranft, A. (1998): Transfer and sharing of local knowledge. Academy of Management Best Papers Proceedings 1998.

Lubatkin, M. (1987): Merger strategies and stockholder value. In: Strategic Management Journal, 8. Jg., H. 1, S. 39-53.

Lucks, K. (2002a): Die Organisation von M&A in internationalen Konzernen. In: Die Unternehmung, 56. Jg., H. 4, S. 197-211.

Lucks, K. (2002b): M&A: Nur systematisches Vorgehen bringt Erfolg. In: Harvard Business Manager, 24. Jg., H. 3, S. 44-53.

Lucks, K. (2002c): Strukturierung von M&A-Projekten - Der prozessorientierte Ansatz. In: M&A Review, o. Jg., H. 10, S. 494-501.

Lucks, K. (2003): Project Management for Mergers and Acquisitions. Arbeitsberichte - Working Papers, Nr. 1, Fachhochschule Ingolstadt.

Lucks, K. (2005a): Management komplexer M&A-Projekte. In: M&A Review, o. Jg., H. 4, S. 159-169.

Lucks, K. (2005b): Wertorientiertes Integrationsmanagement. In: W. Hölters (Hrsg.): Handbuch des Unternehmens- und Beteiligungskaufs, Köln, S. 871-963.

Lucks, K./Meckl, R. (2002): Internationale Mergers & Acquisitions: Der prozessorientierte Ansatz, Berlin u.a.

Luhmann, N. (1980): Komplexität. In: E. Grochla/N. Thom (Hrsg.): Handwörterbuch der Organisation, Stuttgart, Sp. 1064-1070.

Luhmann, N. (2004): Einführung in die Systemtheorie, Heidelberg.

Lunau, S. (Hrsg.) (2007): Design for Six Sigma^{+Lean} Toolset: Innovationen erfolgreich realisieren, Berlin u.a.

Macharzina, K. (2003): Unternehmensführung, Wiesbaden.

Macharzina, K./Engelhard, J. (1991): Paradigm Shift in International Business Research: From Partist and Eclectic Approaches to the GAINS Paradigm. In: Management International Review, 31. Jg., Special Issue, S. 23-43.

Madauss, B. (2000): Handbuch Projektmanagement, Stuttgart.

Madrian, J./Kröber, T./Schulte, K. (2006): Akquisitionscontrolling in der Praxis: eine theoriegeleitete Fallstudie. In: Zeitschrift für Planung & Unternehmenssteuerung, 17. Jg., H. 3, S. 345-362.

Maher, A. (2000): "String of Pearls" Integrationsmanagement. In: A. Picot/A. Nordmeyer/P. Pribilla (Hrsg.): Management von Akquisitionen: Akquisitionsplanung und Integrationsmanagement, Stuttgart, S. 163-167.

Mahler, D./Massen, S. (2006): Schneller an die Synergien. Ein neuer Ansatz optimiert den Pre-Merger-Prozess im "Clean Room". In: Finance, o. Jg., H. 7/8, S. 60.

Malik, F. (2002): Strategie des Managements komplexer Systeme: ein Beitrag zur Management-Kybernetik evolutionärer Systeme, Bern u.a.

March, J. (1991): Exploration and exploitation in organizational learning. In: Organization Science, 2. Jg., H. 1, special issue, S. 71-87.

March, J./Simon, H. (1958): Organizations, New York, NY u.a.

Marks, M./Mirvis, P. (1986): The Merger Syndrome. In: Psychology Today, 20. Jg., H. 10, S. 36-42.

Marr, R./Steiner, K. (2004): Projektmanagement. In: G. Schreyögg/A. v. Werder (Hrsg.): Handwörterbuch Unternehmensführung und Organisation, Stuttgart, Sp. 1196-1208.

Martin, H. (2006): Union Investment Studie: Aktienoptionsprogramme der DAX-Unternehmen werden zunehmend komplexer und intransparenter. Presse-Information vom 24. Oktober 2006, Frankfurt (Main).

Martinsuo, M./Hensman, N./Artto, K./Kujala, J./Jaafari, A. (2006): Project-based management as an organizational innovation: drivers, changes, and benefits of adopting project-based management. In: Project Management Journal, 37. Jg., H. 3, S. 87-97.

Maslow, A. H. (1954): Motivation and personality, New York, NY u.a.

Mason, E. (1958): Price and production policies of large-scale enterprise. In: American Economic Association (Hrsg.): Readings in industrial organization and public policy, Homewood, IL, S. 190-204.

Matta, N./Ashkenas, R. (2003): Why Good Projects Fail Anyway. In: Harvard Business Review, 81. Jg., H. 9, S. 109-114.

McClelland, D. (1984): Human motivation, Glenview, IL u.a.

McGregor, D. (1960): The human side of enterprise, New York, NY u.a.

Meckl, R. (2000): Controlling im internationalen Unternehmen: erfolgsorientiertes Management internationaler Organisationsstrukturen, München.

Meckl, R. (2003): Organisation und Führung von M&A-Projekten. In: K. Lucks (Hrsg.): Mergers & Acquisitions: Jahrbuch; Gemeinsames Jahrbuch des Bundesverbandes Mergers & Acquisitions, FINANCE und ConVent, Frankfurt (Main), S. 64-69.

Meckl, R. (2004): Organising and leading M&A projects. In: International Journal of Project Management, 22. Jg., H. 6, S. 455-462.

Meckl, R. (2006a): Internationales Management, München.

Meckl, R. (2006b): Organisation und Steuerung des Akquisitionsprozesses. In: B. Wirtz (Hrsg.): Handbuch Mergers & Acquisitions Management, Wiesbaden, S. 405-428.

Meckl, R./Hawranek, F. (2006): Eine M&A-Balanced-Scorecard als Managementinstrument für M&A-Prozesse. In: F. Borowicz/K. Mittermair (Hrsg.): Strategisches Management von Mergers & Acquisitions, Wiesbaden, S. 89-117.

Meckl, R./Sodeik, N./Fischer, L.-J. (2006): Erfolgsfaktoren für Mergers & Akquisitions - Ergebnisse einer empirischen Studie. In: W. Seidenschwarz (Hrsg.): Management von Unternehmenszusammenschlüssen, München, S. 163-181.

Meffert, H. (1994): Marketing-Management: Analyse - Strategie - Implementierung, Wiesbaden.

Meffert, H./Bruhn, M. (2006): Dienstleistungsmarketing: Grundlagen, Konzepte, Methoden, Meffert Marketing Edition, Wiesbaden.

Meier, H./Schindler, U. (2004): Laufbahn- und Nachfolgeplanung von Fach- und Führungskräften. In: E. Gaugler/W. A. Oechsler/W. Weber (Hrsg.): Handwörterbuch des Personalwesens, Stuttgart, Sp. 1053-1063.

Meredith, J./Mantel, S. (2006): Project management: a managerial approach, Hoboken, NJ.

Metz, M. (2002): Controlling des Integrationsprozesses bei Mergers & Acquisitions, Wiesbaden.

Meyer, H. (2003): Personalwirtschaft und Projektmanagement. In: Bech, K./Wolff, U. (Hrsg.) (2003): Projektmanagement - Fachmann, GPM/RKW, Eschborn, S. 1213 - 1249.

Meyer, J. (2005): Erfolgsfaktor "Personal" : Konflikte. In: H. Litke (Hrsg.): Projektmanagement - Handbuch für die Praxis: Konzepte - Instrumente - Umsetzung, München, S. 206-233.

Middelmann, U. (2000): Organisation von Akquisitionsprojekten. In: A. Picot/A. Nordmeyer/P. Pribilla (Hrsg.): Management von Akquisitionen: Akquisitionsplanung und Integrationsmanagement, Stuttgart, S. 105-120.

Mintzberg, H. (1991): The Effective Organization: Forces and Forms. In: Sloan Management Review, 32. Jg., H. 2, S. 54-67.

Mochty, L. (2001): Synergie-orientiertes Akquisitions-Controlling. In: W. Girkinger/H. Stiegler (Hrsg.): Mergers & Acquisitions: Konzeption - Instrumentarium - Fallstudien, Linz, S. 417-445.

Morosini, P. (2001): Managing cross-cultural M&As: Today's organizational imperative is how to win in execution (1. Teil). In: M&A Review, o. Jg., H. 10, S. 456-462.

Morris, P. (1994): The management of projects, London.

Morris, P./Pinto, J. (2004): The Wiley guide to managing projects, Hoboken, NJ.

Müller-Merbach, H. (2000): Führungsaufgaben im Gleichgewicht: Management von Information, Wissen und Meinung. In: M. Riekeberg/K. Stenke (Hrsg.): Banking 2000 : Perspektiven und Projekte, Wiesbaden, S. 243-261.

Müller-Merbach, H. (2006): Mittelstrass's triad: information, knowledge, opinion. In: Knowledge Management Research & Practice, 4. Jg., H. 4, S. 331-332.

Müller-Stewens, G. (2003): Wettbewerbsvorteil Corporate M&A. In: M&A Review, o. Jg., H. 2, S. 51.

Müller-Stewens, G. (2004): Fusionen und Übernahmen (Mergers and Acquisitions). In: G. Schreyögg/A. v. Werder (Hrsg.): Handwörterbuch Unternehmensführung und Organisation, Stuttgart, Sp. 332-340.

Müller-Stewens, G. (2006): Konzeptionelle Entscheidungen beim Post-Merger-Management. In: B. Wirtz (Hrsg.): Handbuch Mergers & Acquisitions Management, Wiesbaden, S. 785-803.

Müller-Stewens, G./Spickers, J./Deiß, C. (1999): Mergers & Acquisitions: Markttendenzen und Beraterprofile, Stuttgart.

Nerdinger, F. (2004): Motivation. In: G. Schreyögg/A. v. Werder (Hrsg.): Handwörterbuch Unternehmensführung und Organisation, Stuttgart, Sp. 905-914.

Nieder, P. (2004): Fluktuation. In: E. Gaugler/W. Oechsler/W. Weber (Hrsg.): Handwörterbuch des Personalwesens, Stuttgart, Sp. 757-768.

Niklas, C. (2005): Erfolgsfaktor "Personal" : Der Projektmanager als Führungskraft. In: H. Litke (Hrsg.): Projektmanagement - Handbuch für die Praxis, München, S. 165-205.

Nittbauer, G. (2005): Die richtige Struktur - Integration von Führungskräften bei M&A. In: Finance, o. Jg., H. 6, S. 80-81.

Nonaka, I. (1991): The knowledge-creating company. In: Harvard Business Review, 69. Jg., H. 6, S. 96-104.

Nonaka, I. (1995): The knowledge-creating company: how Japanese companies create the dynamics of innovation, New York, NY u.a.

Nonaka, I./Takeuchi, H. (1997): Die Organisation des Wissens: wie japanische Unternehmen eine brachliegende Ressource nutzbar machen, Frankfurt (Main) u.a.

North, K. (1999): Wissensorientierte Unternehmensführung: Wertschöpfung durch Wissen, Wiesbaden.

O'Dell, C./Grayson, C. (1998): If only we knew what we know: the transfer of internal knowledge and best practice, New York, NY.

Opfer, W./Abrams, F. (2004): Leadership: An Essential Element of Organizational Project Management Maturity. In: D. Slevin/D. Cleland/J. Pinto (Hrsg.): Innovations: Project Management Research 2004, Project Management Institute, Newtown Square, PA, S. 385-402.

Ortmann, G. (2007): Gute Besserung: Organisationen als Placebo-Responder. In: Zeitschrift Führung + Organisation, 76. Jg., H. 4, 231-237.

Ortmann, G./Sydow, J. (2001): Strukturationstheorie als Metatheorie des strategischen Managements - Zur losen Integration der Paradigmenvielfalt. In: G. Ortmann/J. Sydow (Hrsg.): Strategie und Strukturation. Strategisches Management von Unternehmen, Netzwerken und Konzernen, Wiesbaden, S. 421-447.

Osterloh, M./Frost, J. (2000): Der schwere Weg von der Organisationstheorie zum Organisationsdesign. In: Die Betriebswirtschaft, 60. Jg., H. 4, S. 485-511.

Pack, H. (2005): Due Diligence. In: G. Picot (Hrsg.): Handbuch Mergers & Acquisitions : Planung, Durchführung, Integration, Stuttgart, S. 287-319.

Palter, R./Srinivasan, D. (2006): Habits of the busiest acquirers. In: McKinsey Quarterly, o. Jg., H. 4, S. 19-27.

Paprottka, S. (1996): Unternehmenszusammenschlüsse: Synergiepotentiale und ihre Umsetzungsmöglichkeiten durch Integration, Wiesbaden. Zugl.: Hamburg, Univ., Diss., 1996.

Parsons, T. (1951): The Social System, Glencoe, IL u.a.

Patzak, G. (Hrsg.) (1989): Systemtheorie und Systemtechnik im Projektmanagement, Köln.

Patzak, G./Rattay, G. (1998): Projektmanagement: Leitfaden zum Management von Projekten, Projektportfolios und projektorientierten Unternehmen, Wien.

Patzak, G./Rattay, G. (2004): Projektmanagement: Leitfaden zum Management von Projekten, Projektportfolios und projektorientierten Unternehmen, Wien.

Pausenberger, E. (1993): Unternehmenszusammenschlüsse. In: W. Wittmann/W. Kern/R. Köhler/H. Küpper/K. v. Wysocki (Hrsg.): Handwörterbuch der Betriebswirtschaft, Wiesbaden, Sp. 4436-4448.

Penrose, E. (1972): The theory of the growth of the firm, Oxford.

Penzel, H. (2006): Post-Merger-Integrationsmanagement bei Banken. In: B. Wirtz (Hrsg.): Handbuch Mergers & Acquisitions Management, Wiesbaden, S. 827-861.

Penzel, H./Pietig, C. (2000): MergerGuide: Handbuch für die Integration von Banken, Wiesbaden.

Perlitz, M. (2004): Internationales Management, Stuttgart.

Petersen, D./Witschi, U. (2002): Komplexes Projektmanagement: Eine Synthese aus klassischem Projektmanagement und Organisationsentwicklung. In: Projektmanagement, 13. Jg., H. 1, S. 25-31.

Petri, K. (1976): Popperkriterium. In: Wirtschaftswissenschaftliches Studium, 5. Jg., H. 9, S. 427-429.

Picot, G. (Hrsg.) (2005a): Handbuch Mergers & Acquisitions: Planung, Durchführung, Integration, Stuttgart.

Picot, G. (2005b): Wirtschaftliche und wirtschaftsrechtliche Aspekte bei der Planung der Mergers & Acquisitions. In: G. Picot (Hrsg.): Handbuch Mergers & Acquisitions: Planung, Durchführung, Integration, Stuttgart, S. 121-286.

Picot, G. (2005c): Rechtliche Parameter der Integrations- bzw. Implementierungsmaßnahmen, insbesondere der Restrukturierungsmaßnahmen. In: G. Picot (Hrsg.): Handbuch Mergers & Acquisitions: Planung, Durchführung, Integration, Stuttgart, S. 427-448.

Picot, G. (2005d): Personelle und kulturelle Integration. In: G. Picot (Hrsg.): Handbuch Mergers & Acquisitions: Planung, Durchführung, Integration, Stuttgart, S. 449-490.

Picot, A. (2005): Organisation. München, S. 43-121.

Picot, A./Dietl, H./Franck, E. (2005): Organisation: eine ökonomische Perspektive, Stuttgart.

Picot, A./Reichwald, R./Wigand, R. (2003): Die grenzenlose Unternehmung: Information, Organisation und Management, Wiesbaden.

Picot, A./Schuller, S. (2004): Institutionenökonomie. In: G. Schreyögg/A. v. Werder (Hrsg.): Handwörterbuch Unternehmensführung und Organisation, Stuttgart, Sp. 514-521.

Pinkenburg, H. (1980): Projektmanagement als Führungskonzeption in Prozessen tiefgreifenden organisatorischen Wandels: theoretische Perspektiven und praktische Erfahrungen bei Reorganisationen dargestellt am Beispiel der Einführung von EDV-Systemen, München. Zugl.: München, Univ., Diss., 1980.

Pinto, J./Prescott, J. (1988): Variations in critical success factors over the stages in the project life cycle. In: Journal of Management, 14. Jg., H. 1, S. 5-18.

Plaschke, F. (2007): Wertorientierte Management-Incentivesysteme auf Basis interner Wertkennzahlen und Bonusbanken. In: N. Schweickart/A. Töpfer (Hrsg.): Wertorientiertes Management, Berlin et al., S. 561-583.

Platz, J./Schmelzer, H. (1986): Projektmanagement in der industriellen Forschung und Entwicklung: Einführung anhand von Beispielen aus der Informationstechnik, Berlin u.a.

Polanyi, M. (1966): The tacit dimension, Garden City, NY.

Porter, L./Lawler, E. (1968): Managerial attitudes and performance, Homewood, IL.

Porter, M. (1980): Competitive Strategy: techniques for analyzing industries and competitors, New York, NY u.a.

Porter, M. (1987): From Competitive Advantage to Corporate Strategy. In: Harvard Business Review, 65. Jg., H. 3, S. 43-59.

Porter, M. (1989): Globaler Wettbewerb: Strategien der neuen Internationalisierung, Wiesbaden.

Porter, M. (1990): The competitive advantage of nations. In: Harvard Business Review, 68. Jg., H. 2, S. 73-93.

Porter, M. (1999a): Wettbewerbsvorteile: Spitzenleistungen erreichen und behaupten, Frankfurt (Main) u.a.

Porter, M. (1999b): Wettbewerbsstrategie: Methoden zur Analyse von Branchen und Konkurrenten, Frankfurt (Main) u.a.

Pribilla, P. (2000): Personalmanagement bei Mergers & Acquisitions: Therapeut oder Notarzt? In: A. Picot/A. Nordmeyer/P. Pribilla (Hrsg.): Management von Akquisitionen: Akquisitionsplanung und Integrationsmanagement, Stuttgart, S. 63-76.

Probst, G./Raub, S./Romhardt, K. (2006): Wissen managen: wie Unternehmen ihre wertvollste Ressource optimal nutzen, Wiesbaden.

PMI (2000): A guide to the project management body of knowledge (PMBOK®Guide), Newtown Square, PA.

PMI (2004): OMP3 Organizational Project Management Maturity Model: Knowledge Foundation, Newtown Square, PA.

Quinn, R./Cameron, K. (1983): Organizational life cycles and shifting criteria of effectiveness: some preliminary evidence. In: Management Science, 29. Jg., H. 1, S. 33-51.

Rackelmann, G. (2003): Ablauf- und Terminmanagement. In: Bech, K./Wolff, U. (Hrsg.) (2003): Projektmanagement - Fachmann, GPM/RKW, Eschborn, S. 519-572.

Rall, W. (2002): Internes versus externes Wachstum. In: M. Glaum/U. Hommel/D. Thomaschewski (Hrsg.): Wachstumsstrategien internationaler Unternehmungen: internes vs. externes Unternehmenswachstum, Stuttgart, S. 3-19.

Rampersad, H. (2005): Total performance scorecard: the way to personal integrity and organizational effectiveness. In: Measuring Business Excellence, 9. Jg., H. 3, S. 21-35.

Rappaport, A. (1986): Creating shareholder value: the new standard for business performance, New York, NY u.a.

Rappaport, A. (1998): Creating shareholder value: the new standard for business performance, New York, NY u.a.

Ravenscraft, D./Scherer, F. (1987): Mergers, sell-offs, and economic efficiency, Washington, DC.

Rebien, A. (2001): Financial Due Diligence. Frankfurt (Main), S. 191-204.

Reed, S./Lajoux, A. (1999): The art of M&A, New York, NY u.a.

Reichmann, T. (2006): Controlling mit Kennzahlen und Management-Tools, München.

Reichwald, R. (2007): "O2 can do" - Der Telefónica-O2-Merger: Gespräch mit dem Vorstand Dr. h.c. Rudolf J. Gröger. In: Zeitschrift Führung + Organisation, 76. Jg., H. 5, S. 269-271.

Reiß, M. (2004): Koordination und Integration. In: G. Schreyögg/A. v. Werder (Hrsg.): Handwörterbuch Unternehmensführung und Organisation, Stuttgart, Sp. 688-697.

Reschke, H./Schelle, H./Schnopp, R. (Hrsg.) (1989a): Handbuch Projekt-Management: Band I, Gesellschaft für Projektmanagement, Köln.

Reschke, H./Schelle, H./Schnopp, R. (Hrsg.) (1989b): Handbuch Projekt-Management: Band II, Gesellschaft für Projektmanagement, Köln.

Reuter, A./Faber, K. (2005): Erfolgsfaktor "Qualität". In: H. Litke (Hrsg.): Projektmanagement - Handbuch für die Praxis, München, S. 679-710.

Richter, F. (2005): Mergers & Acquisitions: Investmentanalyse, Finanzierung und Prozessmanagement, München.

Right Management Consultants (2003): Creating Value through Mergers and Acquisitions, Executive Research Summary, Philadelphia, PA.

Rinza, P. (1994): Projektmanagement: Planung, Überwachung und Steuerung von technischen und nichttechnischen Vorhaben, Betriebswirtschaft und Betriebspraxis, Düsseldorf.

Risberg, A. (2006): Mergers and acquisitions: a critical reader, New York, NY.

Robbins, S. (1987): Organization theory: structure, design, and applications, Englewood Cliffs, NJ.

Rockholtz, C. (1999): Marktwertorientiertes Akquisitionsmanagement: Due Diligence-Konzeption zur Identifikation, Beurteilung und Realisation akquisitionsbedingter Synergiepotentiale, Frankfurt (Main). Zugl.: Münster (Westfalen), Univ., Diss., 1998.

Rodermann, M. (1999): Strategisches Synergiemanagement, Wiesbaden. Zugl.: Trier, Univ., Diss., 1997.

Rößl, D. (1990): Die Entwicklung eines Bezugsrahmens und seine Stellung im Forschungsprozeß. In: Journal für Betriebswirtschaft, 40. Jg., H. 2, S. 99-110.

Roth, S. (2000): Emotionen im Visier: Neue Wege des Change Managements. In: OrganisationsEntwicklung, 19. Jg., H. 2, S. 14-21.

Rothenbücher, J./Ungerath, M. (2007): Nicht nur Vollgas: Beim Fusionsrennen entscheidet der gezielte Einsatz von Gas- und Bremspedal. In: Finance, o. Jg., H. 10, S. 80-81.

Rühli, E. (1992): Koordination. In: E. Frese (Hrsg.): Handwörterbuch der Organisation, Stuttgart, Sp. 1164-1175.

Ruggles, R. (1998): The state of the notion: Knowledge management in practice. In: California Management Review, 40. Jg., H. 3, S. 80-89.

Salzmann, K. (2001): Prozeßverbesserung der Projektorganisation, Fachbereich Wirtschaftswissenschaften, Georg-August-Universität Göttingen, Univ., Diss., 2001.

Sauermann, S. (2000): Unternehmensinternes M&A-Management, Wiesbaden. Zugl.: Oestrich-Winkel, Europ. Business School, Diss., 2000 u.d.T.: S. Sauermann: Organisatorische Gestaltungsalternativen eines unternehmensinternen M-&-A-Managements.

Schanz, G. (1988): Methodologie für Betriebswirte, Stuttgart.

Schawel, C. (2002): Kulturelles Schnittstellenmanagement in der Pre-Merger-Phase: eine empirische Analyse, München u.a. Zugl.: Saarbrücken, Univ., Diss., 2001.

Schein, E. (1980): Organisationspsychologie, Wiesbaden.

Scheiter, S./Wehmeyer, M. (2006): Konzerne suchen ihr M&A-Glück auch wieder in der Ferne. In: M&A Review, o. Jg., H. 8/9, S. 373-377.

Schelle, H. (1989): Zur Lehre vom Projektmanagement. In: H. Reschke/H. Schelle/R. Schnopp (Hrsg.): Handbuch Projekt-Management: Band I, Gesellschaft für Projektmanagement, Köln, S. 3-25.

Schelle, H. (1996): Grundlagen des Projektmanagements, Projektmethoden und -techniken im Überblick. In: R. K. Streich/M. Marquardt/H. Sanden (Hrsg.): Projektmanagement: Prozesse und Praxisfelder, Stuttgart, S. 15-30.

Schelle, H. (2003a): Das aktuelle Stichwort: Projektbenchmarking. In: Projektmanagement, 14. Jg., H. 2, S. 29-32.

Schelle, H. (2003b): Ex occidente lux? Kritische Bemerkungen zum PMBOK Guide 2000 Edition. In: Projektmanagement, 14. Jg., H. 1, S. 34-37.

Schelle, H. (2003c): Projekte und Projektmanagement. In: Bech, K./Wolff, U. (Hrsg.) (2003): Projektmanagement - Fachmann, GPM/RKW, Eschborn, S. 25-58.

Schelle, H./Ottmann, R./Pfeiffer, A. (2005): ProjektManager, Nürnberg.

Scherer, A. (2006): Kritik der Organisation oder Organisation der Kritik? - Wissenschaftstheoretische Bemerkungen zum kritischen Umgang mit Organisationstheorien. In: A. Kieser/M. Ebers (Hrsg.): Organisationstheorien, Stuttgart, S. 19-61.

Scherer, A./Beyer, R. (1998): Der Konfigurationsansatz im strategischen Management: Rekonstruktion und Kritik. In: Die Betriebswirtschaft, 58. Jg., H. 3, S. 332-347.

Scherer, F. (1980): Industrial market structure and economic performance, Boston, MA u.a.

Schewe, G./Gerds, J. (2005): Das Timing der Post-Merger-Integration. In: Unternehmensbewertung & Management, 3. Jg., H. 3, S. 85-90.

Schewe, G./Lohre, S./Ortwein, G. (2007): Post-Merger-Integration: welchen Erklärungsbeitrag liefern unterschiedliche Denkschulen? In: Zeitschrift Führung + Organisation, 76. Jg., H. 5, S. 252-259.

Schindler, M. (2002): Wissensmanagement in der Projektabwicklung: Grundlagen, Determinanten und Gestaltungskonzepte eines ganzheitlichen Projektwissensmanagement, Lohmar u.a. Zugl.: St. Gallen, Univ., Diss., 2000.

Schlumberger, C. (2007): Weitgehend unbeeindruckt: Trotz der Subprime-Krise bleiben Akteure am Markt für Small- und Mid-Cap-M&A optimistisch. Zu Recht? In: Finance, o. Jg., H. 11, S. 76-78.

Schmelzer, H. (1986): Aufbauorganisation. In: J. Platz/H. J. Schmelzer (Hrsg.): Projektmanagement in der industriellen Forschung und Entwicklung: Einführung anhand von Beispielen aus der Informationstechnik, Berlin u.a., S. 55-88.

Schmidt, R. (1981): Unterstützung risikobehafteter Unternehmungsentscheidungen durch Ungewissheitstheorien. In: M. M. Geist/R. Köhler (Hrsg.): Die Führung des Betriebes : Curt Sandig zu seinem 80. Geburtstag gewidmet, Stuttgart, S. 91-104.

Schmidt, S./Hausen, S. (2005): Analyse und Optimierung der Leistungsfähigkeit im Projektmanagement - von der Projektmanagement-Diagnose zur Balanced Scorecard im PM. In: E. Schott/C. Campana (Hrsg.): Strategisches Projektmanagement, Berlin u.a., S. 45-64.

Schindler, M. (2002): Wissensmanagement in der Projektabwicklung: Grundlagen, Determinanten und Gestaltungskonzepte eines ganzheitlichen Projektwissensmanagement, Lohmar u.a. Zugl.: St. Gallen, Univ., Diss., 2000.

Schoper, Y. (2004): Teamentwicklung. In: H. - E. Hoffmann/Y. Schoper/C. J. Fitzsimons (Hrsg.): Internationales Projektmanagement: interkulturelle Zusammenarbeit in der Praxis, München, S. 101-128.

Schreyögg, G. (1998): Organisation, Wiesbaden.

Schreyögg, G. (2004): Organisationstheorie. In: G. Schreyögg/A. v. Werder (Hrsg.): Handwörterbuch Unternehmensführung und Organisation, Stuttgart, Sp. 1069-1088.

Schuler, R./Tarique, I./Jackson, S. (2004): Managing human resources in cross-border alliances. In: C. L. Cooper/S. Finkelstein (Hrsg.): Advances in Mergers and Acquisitions, Amsterdam u.a., S. 103-129.

Schwager, M./Haar, J. (1996): Erfolgsstrategien für eine dynamische Organisation: projekt- und prozeßorientierte Unternehmensgestaltung, Freiburg i. Br.

Schwaninger, M./Kaiser, C. (2007): Erfolgsfaktoren organisatorischen Wandels. In: Zeitschrift für betriebswirtschaftliche Forschung, 59. Jg., H. 3, S. 150-172.

Schwaninger, M./Körner, M. (2003): Systemisches Projektmanagement: Ein Instrumentarium für komplexe Veränderungs- und Entwicklungsprojekte. In: Zeitschrift Führung + Organisation, 72. Jg., H. 2, S. 75-85.

Schwarz, C. (2004): Erfolgsfaktoren im Post-Merger Management: zielorientierte Unternehmensintegration nach M&A mittels Integrationsscorecard, Stuttgart.

Schwarze, J. (1983): Netzplantheorie, Herne u.a.

Schwarze, J. (2001): Projektmanagement mit Netzplantechnik, Herne u.a.

Schütz, D. (1999): Der Fall der UBS: warum die Schweizerische Bankgesellschaft unterging, Zürich.

Seibert, S. (2004): Das aktuelle Stichwort: "Critical Chain-Projektmanagement". In: Projektmanagement, 15. Jg., H. 4, S. 3-11.

Selbmann, H. (1999): EFQM - Ein Finales Qualitäts-Modell? In: Ku-Sonderheft, o. Jg., H. 9, S. 4-8.

Semler, F. (2005): Der Unternehmens- und Beteiligungskaufvertrag. In: W. Hölters (Hrsg.): Handbuch des Unternehmens- und Beteiligungskaufs, Köln, S. 649-745.

Siebenhaar, K./Zeller, B. (1993): "Hinterher sind wir halt alle schlauer": Akquisitionen im Kontext unternehmenskultureller und kommunikativer Prozesse. In: G.-M. Frank/I. Stein (Hrsg.): Management von Unternehmensakquisitionen, Stuttgart, S. 147-159.

Simon, H. (1957): Models of man, social and rational, New York, NY.

Simon, H. (1991): Bounded rationality and organizational learning. In: Organization Science, 2. Jg., H. 1, special issue, S. 125-134.

Sliwka, D. (2003): Anreize, Motivationsverdrängung und Prinzipal-Agenten-Theorie. In: Die Betriebswirtschaft, 63. Jg., H. 3, S. 293-308.

Spill, J. (2007): Warum jede zweite Transaktion scheitert. In: M&A Review, o. Jg., H. 1, S. 1-20.

Srivannaboon, S./Milosevic, D. (2004): The Processes of Translating Business Strategy into Project Management Actions. In: D. Slevin/D. Cleland/J. Pinto (Hrsg.): Innovations: Project Management Research 2004, Project Management Institute, Newtown Square, PA, S. 175-192.

Staehle, W. (1999): Management: eine verhaltenswissenschaftliche Perspektive, München.

Stamm, H./Schwarb, T. (1995): Metaanalyse. Eine Einführung. In: Zeitschrift für Personalforschung, 9. Jg., H. 1, S. 5-27.

Steinle, C. (2001a): Effizientes und effektives Projektmanagement. In: C. Steinle/H. Bruch/D. Lawa (Hrsg.): Projektmanagement: Instrument effizienter Innovation, Frankfurt (Main), S. 13-21.

Steinle, C. (2001b): Erfolgsfaktoren effizienter und effektiver Projektarbeit. In: C. Steinle/H. Bruch/D. Lawa (Hrsg.): Projektmanagement: Instrument effizienter Innovation, Frankfurt (Main), S. 25-38.

Steinle, C./Bruch, H./Lawa, D. (2001): Projektmanagement: Instrument effizienter Innovation, Frankfurt (Main).

Steinle, C./Kirschbaum, J./Kirschbaum, V. (1996): Erfolgreich überlegen: Erfolgsfaktoren und ihre Gestaltung in der Praxis, Frankfurt (Main).

Steinmann, H./Schreyögg, G. (2005): Management: Grundlagen der Unternehmensführung, Wiesbaden.

Stewart, G. (1991): The quest for value: the EVA management guide, New York, NY.

Stricker, G. (1997): Beobachtung fundamentalen Wandels von Unternehmen: Bausteine einer "Erfolgsmessung" organisationalen Lernens, Bern u.a.

Strähle, J. (2006): Der Einfluß von Unternehmenskultur auf den Erfolg von Mergers & Acquisitions - eine empirische Untersuchung zur Identifikation von Risikofeldern. In: J. Strähle (Hrsg.): Interkulturelle Mergers & Acquisitions, Sternenfels, S. 38-58.

Szulanski, G. (1996): Exploring internal stickiness. In: Strategic Management Journal, 17. Jg., winter special issue, S. 27-43.

Tacke, V. (2004): Systemtheorie. In: G. Schreyögg/A. v. Werder (Hrsg.): Handwörterbuch Unternehmensführung und Organisation, Stuttgart, Sp. 1392-1400.

Takeuchi, H./Nonaka, I. (1986): The New New Product Development Game. In: Harvard Business Manager, 64. Jg., H. 1, Reprint 86116.

Techt, U. (2005): Das aktuelle Stichwort: "Critical Chain-Projektmanagement". In: Projektmanagement, 16. Jg., H. 2, S. 14-15.

Theuvsen, L. (1997): Interne Organisation und Transaktionskostenansatz: Entwicklungsstand - weiterführende Überlegungen - Perspektiven. In: Zeitschrift für Betriebswirtschaft, 67. Jg., H. 9, S. 971-996.

Thom, N./Wenger, A. (2002): Die effiziente Organisation: Bewertung und Auswahl von Organisationsformen, Glattbrugg.

Thom, N./Zaugg, R. (2007): Moderne Personalentwicklung, Wiesbaden.

Thommen, J. (2002): Betriebswirtschaftslehre, Zürich.

Thommen, J./Sauermann, S. (1999): Organisatorische Lösungskonzepte des M&A-Managements. In: Zeitschrift Führung + Organisation, 68. Jg., H. 6, S. 318-322.

Thommen, J./Achleitner, A. (2004): Allgemeine Betriebswirtschaftslehre: umfassende Einführung aus managementorientierter Sicht, Wiesbaden.

Thompson, J. (1967): Organizations in action: social science bases of administrative theory, New York, NY u.a.

Towers Perrin (2002): Die Rolle von Human Resources bei Mergers & Acquisitions, eine internationale Studie zu Fusionen und Übernahmen der letzten zehn Jahre, URL: http://www.towersperrin.com/hrservices/webcache/towers/Germany/publications/Reports/M_A_studie/M_A-Studie.pdf; Erstelldatum: 01.12.2002, Abfragedatum: 11.10.2005 (19:09 MEZ).

Triantis, J. (1999): Creating Successful Acquisition and Joint Venture Projects: A Process and Team Approach, Westport, CT.

Turner, J. (2006): Towards a theory of project management: The nature of the project. In: International Journal of Project Management, 24. Jg., H. 1, S. 1-3.

Töpfer, A. (2000): Mergers & Acquisitions - Anforderungen und Stolpersteine. In: Zeitschrift Führung + Organisation, 69. Jg., H. 1, S. 10-17.

Töpfer, A. (2007a): Der Einführungsprozess von Six Sigma. In: A. Töpfer (Hrsg.): Six Sigma: Konzeption und Erfolgsbeispiele für praktizierte Null-Fehler-Qualität, Berlin, S. 207-238.

Töpfer, A. (2007b): Six Sigma, Balanced Score Card und EFQM-Modell im Wirkungsverband. In: A. Töpfer (Hrsg.): Six Sigma: Konzeption und Erfolgsbeispiele für praktizierte Null-Fehler-Qualität, Berlin, S. 371-383.

Töpfer, A. (2007c): Six Sigma in Service und Dienstleistung. In: A. Töpfer (Hrsg.): Six Sigma: Konzeption und Erfolgsbeispiele für praktizierte Null-Fehler-Qualität, Berlin, S. 172-195.

Töpfer, A. (2007d) (Hrsg.): Six Sigma: Konzeption und Erfolgsbeispiele für praktizierte Null-Fehler-Qualität, Berlin

Töpfer, A./Günther, S. (2007): Steigerung des Unternehmenswertes durch Null-Fehler-Qualität als strategisches Ziel: Überblick und Einordnung der Beiträge. In: A. Töpfer (Hrsg.): Six Sigma: Konzeption und Erfolgsbeispiele für praktizierte Null-Fehler-Qualität, Berlin, S. 3-40.

Ulrich, H. (1981): Die Betriebswirtschaftslehre als anwendungsorientierte Sozialwissenschaft. In: M.N. Geist (Hrsg.): Die Führung des Betriebes: Herrn Prof. Dr. Dr. hc. Curt Sandig zu seinem 80. Geburtstag gewidmet, Stuttgart, S. 1-25.

Ulrich, P./Hill, W. (1976): Wissenschaftstheoretische Grundlagen der Betriebswirtschaftslehre (Teil I). In: Wirtschaftswissenschaftliches Studium, 5. Jg., H. 7, S. 304-309.

Ulrich, P./Hill, W. (1979): Wissenschaftstheoretische Grundlagen der Betriebswirtschaftslehre. In: H. Raffée/B. Abel (Hrsg.): Wissenschaftstheoretische Grundfragen der Wirtschaftswissenschaften, München, S. 161-190.

Vahs, D. (2005): Organisation: Einführung in die Organisationstheorie und -praxis, Stuttgart.

Velitchkova, T. (2003): Interne Dienstleistungsqualität: Messung und Management von internen Dienstleistungen, München.

Very, P./Schweiger, D. (2001): The acquisition process as a learning process: Evidence from a study of critical problems and solutions in domestic and cross-border deals. In: Journal of World Business, 36. Jg., H. 1, S. 11-31.

Vlasic, A. (2003): Managing Information Systems Development Projects: Essays on Improving Performance, Australian Graduate School of Management, The University of Sydney and The University of New South Wales, Sydney.

Vogel, D. (2002): M&A - Ideal und Wirklichkeit, Wiesbaden.

Volck, S. (1997): Die Wertkette im prozessorientierten Controlling, Wiesbaden.

Volkart, R. (2002): Unternehmensbewertung und Akquisitionen, Zürich.

Voss, I. (2007): M&A-Boom in Deutschland: Übernahmen erreichen neues Rekordniveau im ersten Halbjahr 2007. In: M&A Review, o. Jg., H. 7, S. 317-323.

Vroom, V. (1964): Work and motivation, San Francisco, CA.

Wagenhals, K. (2004): Konfliktmanagement in internationalen Projekten. In: H.-E. Hoffmann/Y. Schoper/C. Fitzsimons (Hrsg.): Internationales Projektmanagement: interkulturelle Zusammenarbeit in der Praxis, München, S. 187-211.

Wahl, R. (2001): Die Implementierung von Projektmanagementkonzepten in der Praxis: Eine empirische Analyse. In: Projektmanagement, 12. Jg., H. 3, 9-18.

Walger, G. (2004): Karriereplanung, individuelle. In: E. Gaugler/W. Oechsler/W. Weber (Hrsg.): Handwörterbuch des Personalwesens, Stuttgart, Sp. 989-996.

Waschek, G. (2005): Deutsche Normung im Projektmanagement. In: K. Bechler/D. Lange (Hrsg.): DIN Normen im Projektmanagement, Berlin, S. 7-11.

Weber, J. (2004): Controlling. In: G. Schreyögg/A. v. Werder (Hrsg.): Handwörterbuch Unternehmensführung und Organisation, Stuttgart, Sp. 152-159.

Weber, J./Bramsemann, U./Heineke, C./Hirsch, B. (2004): Wertorientierte Unternehmenssteuerung, Wiesbaden.

Weibler, J. (2004): Führung und Führungstheorien. In: G. Schreyögg; A. v. Werder (Hrsg.): Handwörterbuch Unternehmensführung und Organisation, Stuttgart, Sp. 294-308.

Weinert, S./Meyer, K. (2007): Cross-Border-Akquisitionen: Ein Einblick in zentrale Trends. In: M&A Review, o. Jg., H. 1, S. 14-20.

Werder, A. v. (1999): Effizienzbewertung organisatorischer Strukturen. In: Wirtschaftswissenschaftliches Studium, o. Jg., H. 8, S. 412-417.

Wesner, P. (2002): Risiken und Erfolgsfaktoren von Transaktionen. In: Betriebswirtschaftliche Forschung und Praxis, 54. Jg., H. 5, S. 478-488.

Wildemann, H. (2003): Programm zur Realisierung von Synergien nach Mergers & Acquisitions. In: Wirtschaftswissenschaftliches Studium, 32. Jg., H. 10, S. 596-602.

Wildemann, H. (2005): Fusionen. In: D. Frey/L. v. Rosenstiel/C. Hoyos (Hrsg.): Wirtschaftspsychologie, München, S. 105-110.

Wilhelm, R. (2003): Prozessorganisation, Managementwissen für Studium und Praxis, München u.a.

Willers, H. /Siegert, T. (1988): Mergers and Acquisitions - Ein strategisches Instrument. In: H. A. Henzler (Hrsg.): Handbuch Strategische Führung, Wiesbaden, S. 259-276.

Williamson, O. (1975): Markets and Hierarchies - Analysis and Antitrust Implications: A Study in the Economics of Internal Organization, London.

Williamson, O./Masten, S. (1999): Introduction. In: O. Williamson/S. Masten (Hrsg.): The Economics of Transaction Costs, Cheltenham u.a., S. IX-XXII.

Windsperger, J. (1996): Transaktionskostenansatz der Entstehung der Unternehmensorganisation, Heidelberg.

Winter, M./Andersen, E./Elvin, R./Levene, R. (2006a): Focusing on business projects as an area for future research: An exploratory discussion of four different perspectives. In: International Journal of Project Management, 24. Jg., H. 8, S. 699-709.

Winter, M./Smith, C./Morris, P./Cicmil, S. (2006b): Directions for future research in project management: The main findings of a UK government-funded research network. In: International Journal of Project Management, 24. Jg., H. 8, S. 638-649.

Wirtz, B. (2003): Mergers & Acquisitions Management: Strategie und Organisation von Unternehmenszusammenschlüssen, Wiesbaden.

Wirtz, B. (2006): Handbuch Mergers & Acquisitions Management, Wiesbaden.

Witt, F. (2003): Dienstleistungscontrolling, München.

Wolff, B./Lucas, S. (2004): Anreizsysteme. In: E. Gaugler/W. Oechsler/W. Weber (Hrsg.): Handwörterbuch des Personalwesens, Stuttgart, Sp. 20-37.

Woratschek, H. (1996): Die Typologie von Dienstleistungen aus informationsökonomischer Sicht. In: der markt, 35. Jg., H. 136, S. 59-71.

Woratschek, H. (1999): Qualitätsmeßansätze. In: W. Hartung/V. Römermann (Hrsg.): Marketing- und Management-Handbuch für Rechtsanwälte, München, S. 555-578.

Wunderer, R./Jaritz, A. (2007): Unternehmerisches Personalcontrolling: Evaluation der Wertschöpfung für das Personalmanagement, Köln.

Wurl, H. (1982): Stochastische Methoden der Planung betriebswirtschaftlicher Projekte in Entwicklungsländern. In: E. Dülfer (Hrsg.): Projektmanagement international, Stuttgart, S. 127-146.

Wurl, H. (2003): Industrielles Beteiligungscontrolling, Stuttgart.

Wöhe, G. (1990): Einführung in die Allgemeine Betriebswirtschaftslehre, München.

Wöhe, G./Döring, U. (2005): Einführung in die allgemeine Betriebswirtschaftslehre, München.

Zeithaml, V./Parasuraman, A./Berry, L. (1992): Qualitätsservice: was Ihre Kunden erwarten - was Sie leisten müssen, Frankfurt (Main) u.a.

Zell, H. (2003): Grundbegriffe und Grundstrukturen von Projekten (incl. DIN Normen). In: M. Bernecker/K. Eckrich (Hrsg.): Handbuch Projektmanagement, München u.a., S. 53-68.

Zielasek, G. (1995): Projektmanagement, Berlin u.a.

Zimmer-Henrich, W./Winkelmann, D. (2005): Erfolgsfaktor "Personal" : Spezielle Themen. In: H. Litke (Hrsg.): Projektmanagement - Handbuch für die Praxis, München, S. 233-268.

o.V. (2006): Pro Sieben Sat1 wurde Springer zu teuer, In: Handelsblatt.com vom 01.02.2006, URL: http://www.handelsblatt.com/news/Default.aspx?_p=201197&_t=ft&_b=1027398; Erstelldatum: 01.02.2006, Abfragedatum: 28.08.2007 (19:11 MEZ).